现代机械设计手册

第二版

机械制图及精度设计

郑 鹏 方东阳 主编

化学工业出版社
·北 京·

《现代机械设计手册》第二版单行本共20个分册，涵盖了机械常规设计的所有内容。各分册分别为：《机械零部件结构设计与禁忌》《机械制图及精度设计》《机械工程材料》《连接件与紧固件》《轴及其连接件设计》《轴承》《机架、导轨及机械振动设计》《弹簧设计》《机构设计》《机械传动设计》《减速器和变速器》《润滑和密封设计》《液力传动设计》《液压传动与控制设计》《气压传动与控制设计》《智能装备系统设计》《工业机器人系统设计》《疲劳强度可靠性设计》《逆向设计与数字化设计》《创新设计与绿色设计》。

本书为《机械制图及精度设计》，主要介绍了机械制图的基本规定、尺寸精度、几何公差、表面粗糙度等。本书可作为机械设计人员和有关工程技术人员的工具书，也可供高等院校相关专业师生参考。

图书在版编目（CIP）数据

现代机械设计手册：单行本．机械制图及精度设计/郑鹏，方东阳主编．—2版．—北京：化学工业出版社，2020.2

ISBN 978-7-122-35646-8

Ⅰ.①现… Ⅱ.①郑… ②方… Ⅲ.①机械设计-手册②机械制图-手册③机械-精度-设计-手册 Ⅳ.①TH122-62②TH126-62

中国版本图书馆CIP数据核字（2019）第252675号

责任编辑：张兴辉　王烨　贾娜　邢涛　项潋　曾越　金林茹　　装帧设计：尹琳琳

责任校对：边涛

出版发行：化学工业出版社（北京市东城区青年湖南街13号　邮政编码100011）

印　　装：大厂聚鑫印刷有限责任公司

787mm×1092mm　1/16　印张20¼　字数682千字　2020年2月北京第2版第1次印刷

购书咨询：010-64518888　　售后服务：010-64518899

网　　址：http://www.cip.com.cn

凡购买本书，如有缺损质量问题，本社销售中心负责调换。

定　　价：69.00元

《现代机械设计手册》第二版单行本出版说明

《现代机械设计手册》是一部面向“中国制造 2025”，适应智能装备设计开发新要求、技术先进、数据可靠、符合现代机械设计潮流的现代化机械设计大型工具书，涵盖现代机械零部件设计、智能装备及控制设计、现代机械设计方法三部分内容。旨在将传统设计和现代设计有机结合，力求体现“内容权威、凸显现代、实用可靠、简明便查”的特色。

《现代机械设计手册》自 2011 年出版以来，赢得了广大机械设计工作者的青睐和好评，先后荣获全国优秀畅销书、中国机械工业科学技术奖等，第二版于 2019 年初出版发行。为了给读者提供篇幅较小、便携便查、定价低廉、针对性更强的实用性工具书，根据读者的反映和建议，我们在深入调研的基础上，决定推出《现代机械设计手册》第二版单行本。

《现代机械设计手册》第二版单行本，保留了《现代机械设计手册》（第二版 6 卷本）的优势和特色，结合机械设计人员工作细分的实际状况，从设计工作的实际出发，将原来的 6 卷 35 篇重新整合为 20 个分册，分别为：《机械零部件结构设计与禁忌》《机械制图及精度设计》《机械工程材料》《连接件与紧固件》《轴及其连接件设计》《轴承》《机架、导轨及机械振动设计》《弹簧设计》《机构设计》《机械传动设计》《减速器和变速器》《润滑和密封设计》《液力传动设计》《液压传动与控制设计》《气压传动与控制设计》《智能装备系统设计》《工业机器人系统设计》《疲劳强度可靠性设计》《逆向设计与数字化设计》《创新设计与绿色设计》。

《现代机械设计手册》第二版单行本，是为了适应机械设计行业发展和广大读者的需要而编辑出版的，将与《现代机械设计手册》第二版（6 卷本）一起，成为机械设计工作者、工程技术人员和广大读者的良师益友。

化学工业出版社

前言

《现代机械设计手册》第一版自2011年3月出版以来，赢得了机械设计人员、工程技术人员和高等院校专业师生广泛的青睐和好评，荣获了2011年全国优秀畅销书（科技类）。同时，因其在机械设计领域重要的科学价值、实用价值和现实意义，《现代机械设计手册》还荣获2009年国家出版基金资助和2012年中国机械工业科学技术奖。

《现代机械设计手册》第一版出版距今已经8年，在这期间，我国的装备制造业发生了许多重大的变化，尤其是2015年国家部署并颁布了实现中国制造业发展的十年行动纲领——中国制造2025，发布了针对“中国制造2025”的五大“工程实施指南”，为机械制造业的未来发展指明了方向。在国家政策号召和驱使下，我国的机械工业获得了快速的发展，自主创新的能力不断加强，一批高技术、高性能、高精尖的现代化装备不断涌现，各种新材料、新工艺、新结构、新产品、新方法、新技术不断产生、发展并投入实际应用，大大提升了我国机械设计与制造的技术水平和国际竞争力。《现代机械设计手册》第二版最重要的原则就是紧密结合“中国制造2025”国家规划和创新驱动发展战略，在内容上与时俱进，全面体现创新、智能、节能、环保的主题，进一步呈现机械设计的现代感。鉴于此，《现代机械设计手册》第二版被列入了“十三五国家重点出版物规划项目”。

在本版手册的修订过程中，我们广泛深入机械制造企业、设计院、科研院所和高等院校进行调研，听取各方面读者的意见和建议，最终确定了《现代机械设计手册》第二版的根本宗旨：一方面，新版手册进一步加强机、电、液、控制技术的有机融合，以全面适应机器人等智能化装备系统设计开发的新要求；另一方面，随着现代机械设计方法和工程设计软件的广泛应用和普及，新版手册继续促进传动设计与现代设计的有机结合，将各种新的设计技术、计算技术、设计工具全面融入传统的机械设计实际工作中。

《现代机械设计手册》第二版共6卷35篇，它是一部面向“中国制造2025”，适应智能装备设计开发新要求、技术先进、数据可靠、符合现代机械设计潮流的现代化的机械设计大型工具书，涵盖现代机械零部件及传动设计、智能装备及控制设计、现代机械设计方法及应用三部分内容，具有以下六大特色。

1. 权威性。《现代机械设计手册》阵容强大，编、审人员大都来自设计、生产、教学和科研第一线，具有深厚的理论功底、丰富的设计实践经验。他们中很多人都是所属领域的知名专家，在业内有广泛的影响力和知名度，获得过多项国家和省部级科技进步奖、发明奖和技术专利，承担了许多机械领域国家重要的科研和攻关项目。这支专业、权威的编审队伍确保了手册准确、实用的内容质量。

2. 现代感。追求现代感，体现现代机械设计气氛，满足时代要求，是《现代机械设计手册》的基本宗旨。“现代”二字主要体现在：新标准、新技术、新材料、新结构、新工艺、新产品、智能化、现代的设计理念、现代的设计方法和现代的设计手段等几个方面。第二版重点加强机械智能化产品设计（3D打印、智能零部件、节能元器件）、智能装备（机器人及智能化装备）控制及系统设计、数字化设计等内容。

（1）“零件结构设计”等篇进一步完善零部件结构设计的内容，结合目前的3D打印（增材制造）技术，增加3D打印工艺下零件结构设计的相关技术内容。

“机械工程材料”篇增加3D打印材料以及新型材料的内容。

(2) 机械零部件及传动设计各篇增加了新型智能零部件、节能元器件及其应用技术，例如“滑动轴承”篇增加了新型的智能轴承，“润滑”篇增加了微量润滑技术等内容。

(3) 全面增加了工业机器人设计及应用的内容：新增了“工业机器人系统设计”篇；“智能装备系统设计”篇增加了工业机器人应用开发的内容；“机构”篇增加了自动化机构及机构创新的内容；“减速器、变速器”篇增加了工业机器人减速器选用设计的内容；“带传动、链传动”篇增加并完善了工业机器人适用的同步带传动设计的内容；“齿轮传动”篇增加了RV减速器传动设计、谐波齿轮传动设计的内容等。

(4) “气压传动与控制”“液压传动与控制”篇重点加强并完善了控制技术的内容，新增了气动系统自动控制、气动人工肌肉、液压和气动新型智能元器件及新产品等内容。

(5) 继续加强第5卷机电控制系统设计的相关内容：除增加“工业机器人系统设计”篇外，原“机电一体化系统设计”篇充实扩充形成“智能装备系统设计”篇，增加并完善了智能装备系统设计的相关内容，增加智能装备系统开发实例等。

“传感器”篇增加了机器人传感器、航空航天装备用传感器、微机械传感器、智能传感器、无线传感器的技术原理和产品，加强传感器应用和选用的内容。

“控制元器件和控制单元”篇和“电动机”篇全面更新产品，重点推荐了一些新型的智能和节能产品，并加强产品选用的内容。

(6) 第6卷进一步加强现代机械设计方法应用的内容：在3D打印、数字化设计等智能制造理念的倡导下，“逆向设计”“数字化设计”等篇全面更新，体现了“智能工厂”的全数字化设计的时代特征，增加了相关设计应用实例。

增加“绿色设计”篇；“创新设计”篇进一步完善了机械创新设计原理，全面更新创新实例。

(7) 在贯彻新标准方面，收录并合理编排了目前最新颁布的国家和行业标准。

3. 实用性。新版手册继续加强实用性，内容的选定、深度的把握、资料的取舍和章节的编排，都坚持从设计和生产的实际需要出发：例如机械零部件数据资料主要依据最新国家和行业标准，并给出了相应的设计实例供设计人员参考；第5卷机电控制设计部分，完全站在机械设计人员的角度来编写——注重产品如何选用，摒弃或简化了控制的基本原理，突出机电系统设计，控制元器件、传感器、电动机部分注重介绍主流产品的技术参数、性能、应用场合、选用原则，并给出了相应的设计选用实例；第6卷现代机械设计方法中简化了烦琐的数学推导，突出了最终的计算结果，结合具体的算例将设计方法通俗地呈现出来，便于读者理解和掌握。

为方便广大读者的使用，手册在具体内容的表述上，采用以图表为主的编写风格。这样既增加了手册的信息容量，更重要的是方便了读者的查阅使用，有利于提高设计人员的工作效率和设计速度。

为了进一步增加手册的承载容量和时效性，本版修订将部分篇章的内容放入二维码中，读者可以用手机扫描查看、下载打印或存储在PC端进行查看和使用。二维码内容主要涵盖以下几方面的内容：即将被废止的旧标准（新标准一旦正式颁布，会及时将二维码内容更新为新标准的内容）；部分推荐产品及参数；其他相关内容。

4. 通用性。本手册以通用的机械零部件和控制元器件设计、选用内容为主，主要包括机械设计基础资料、机械制图和几何精度设计、机械工程材料、机械通用零部件设计、机械传动系统设计、液压和气压传动系统设计、机构设计、机架设计、机械振动设计、智能装备系统设计、控制元器件和控制单元等，既适用于传统的通用机械零部件设计选用，又适用于智能化装备的整机系统设计开发，能够满足各类机械设计人员的工作需求。

5. 准确性。本手册尽量采用原始资料，公式、图表、数据力求准确可靠，方法、工艺、技术力求成熟。所有材料、零部件和元器件、产品和工艺方面的标准均采用最新公布的标准资料，对于标准规范的编写，手册没有简单地照抄照搬，而是采取选用、摘录、合理编排的方式，强调其科学性和准确性，尽量避免差错和谬误。所有设计方法、计算公式、参数选用均经过长期检验，设计实例、各种算例均来自工程实际。手册中收录通用性强、标准化程度高的产品，供设计人员在了解企业实际生产品种、规格尺寸、技术参数，以及产品质量和用户的实际反映后选用。

6. 全面性。本手册一方面根据机械设计人员的需要，按照“基本、常用、重要、发展”的原则选取内容，另一方面兼顾了制造企业和大型设计院两大群体的设计特点，即制造企业侧重基础性的设计内容，而大型的设计院、工程公司侧重于产品的选用。因此，本手册力求实现零部件设计与整机系统开发的和谐统一，促进机械设计与控制设计的有机融合，强调产品设计与工艺技术的紧密结合，重视工艺技术与选用材料的合理搭配，倡导结构设计与造型设计的完美统一，以全面适应新时代机械新产品设计开发的需要。

经过广大编审人员和出版社的不懈努力，新版《现代机械设计手册》将以崭新的风貌和鲜明的时代气息展现在广大机械设计工作者面前。值此出版之际，谨向所有给过我们大力支持的单位和各界朋友表示衷心的感谢！

主　编

目录

CONTENTS

第3篇 机械制图和几何精度设计

第1章 机械制图

第 2 章 尺寸精度

第3章 几何公差

第4章 表面粗糙度

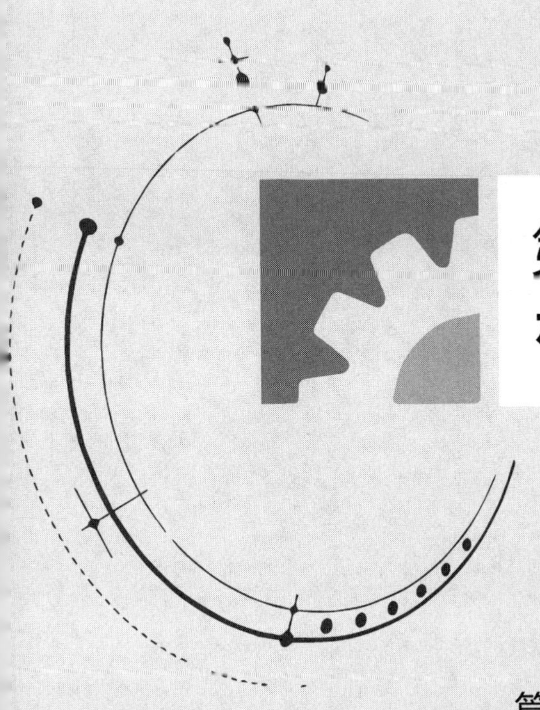

第 3 篇
机械制图和几何精度设计

篇主编：郑　鹏　方东阳
撰　　稿：郑　鹏　方东阳　张琳娜　赵凤霞
焦利敏　职占新　刘栋梁　吴江昊
王　敏　尹浩田　辛传福　武钰瑾
审　　稿：张爱梅

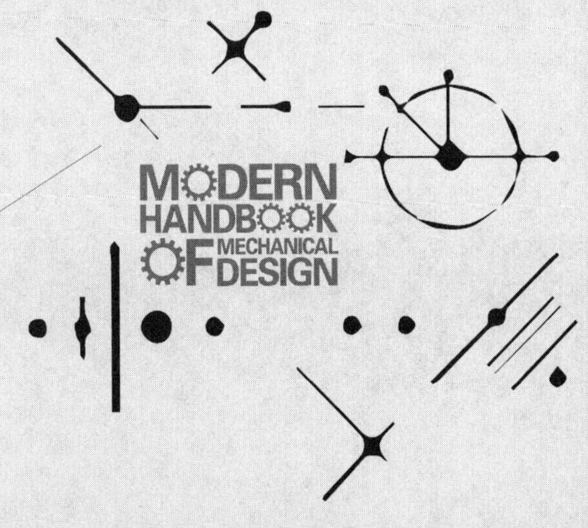

第1章　机 械 制 图

国家颁布了部分《技术制图》和《机械制图》标准，技术制图标准在技术内容上，相对于工业部门（如机械、造船、建筑、土木及电气等行业）的制图标准，具有统一性、通用性和通则性，它处于高一层次的位置，对各行业制图标准具有指导性。《机械制图》国家标准若与《技术制图》标准有不一致的内容时，应执行《技术制图》标准。本篇某些内容将《技术制图》与《机械制图》标准同时编入，使《机械制图》标准中的规定作为《技术制图》标准的补充。

1.1　制图一般规定

1.1.1　图纸幅面及格式（GB/T 14689—2008）

绘制技术图样时，应优先采用表 3-1-1 中规定的基本幅面（第一选择），必要时可以选用表中的加长幅面（第二选择或第三选择）。

加长幅面的尺寸是由基本幅面的短边按整数倍增加得出，如表 3-1-1 中的图（a）所示，图中粗实线为优先选择基本幅面，细实线为第二选择的加长幅面，虚线所示为第三选择的加长幅面。

在图纸上必须用粗实线画出图框，图框格式分为不留装订边和留装订边两种，如表 3-1-1 中图（b）所示。

表 3-1-1　　图纸幅面尺寸　　mm

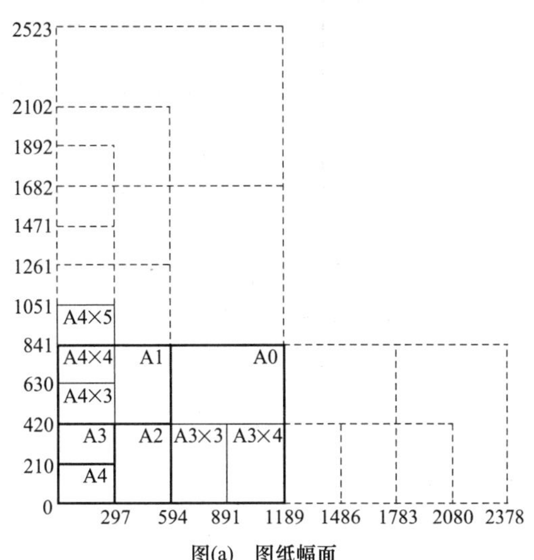

图(a)　图纸幅面

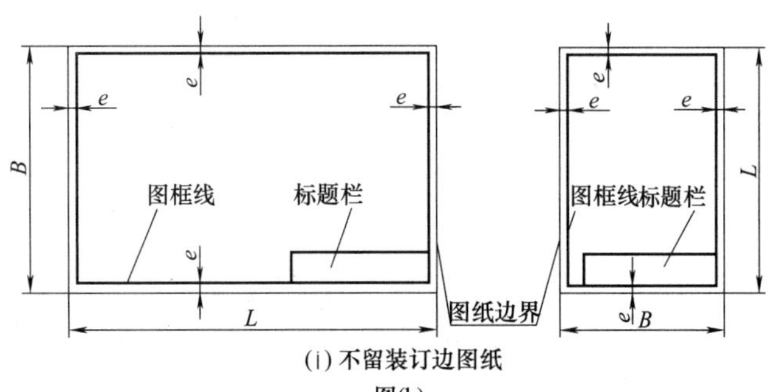

(ⅰ) 不留装订边图纸

图(b)

续表

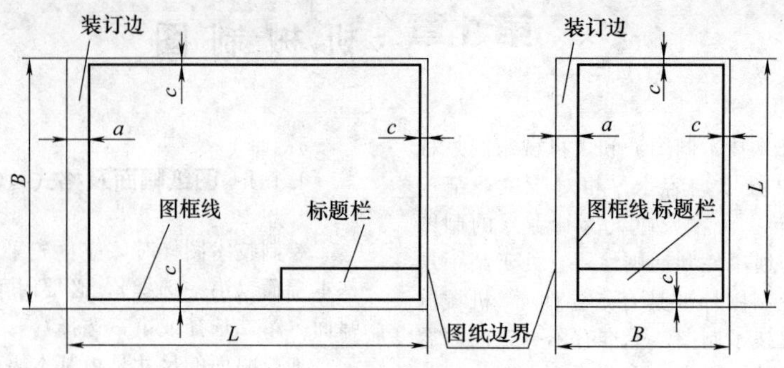

(ii) 留装订边图纸

图(b) 图纸边框格式及尺寸

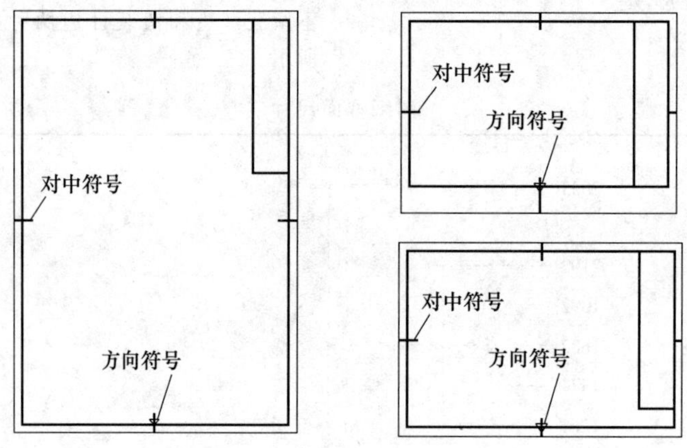

图(c) 有方向符号与对中符号的图纸

<table>
<tr><th colspan="6">基 本 幅 面</th><th colspan="6">加 长 幅 面</th></tr>
<tr><th colspan="6">第一选择</th><th colspan="2">第二选择</th><th colspan="4">第三选择</th></tr>
<tr><th>幅面代号</th><th>A0</th><th>A1</th><th>A2</th><th>A3</th><th>A4</th><th>幅面代号</th><th>$B\times L$</th><th>幅面代号</th><th>$B\times L$</th><th>幅面代号</th><th>$B\times L$</th></tr>
<tr><td>$B\times L$</td><td>841×1189</td><td>594×841</td><td>420×594</td><td>297×420</td><td>210×297</td><td rowspan="4">A3×3
A3×4
A4×3
A4×4
A4×5</td><td rowspan="4">420×891
420×1189
297×630
297×841
297×1051</td><td rowspan="4">A0×2
A0×3
A1×3
A1×4
A2×3
A2×4
A2×5</td><td rowspan="4">1189×1162
1189×2523
841×1783
841×2378
594×1261
594×1682
594×2102</td><td rowspan="4">A3×5
A3×6
A3×7
A4×6
A4×7
A4×8
A4×9</td><td rowspan="4">420×1486
420×1783
420×2080
297×1261
297×1471
297×1682
297×1892</td></tr>
<tr><td>e</td><td colspan="2">20</td><td colspan="3">10</td></tr>
<tr><td>c</td><td colspan="3">10</td><td colspan="2">5</td></tr>
<tr><td>a</td><td colspan="5">25</td></tr>
</table>

注：1. 加长幅面的图框尺寸，按所选用的基本幅面大一号的图框尺寸确定。例如 A2×3 的图框尺寸，按 A1 的图框尺寸确定，即 e 为 20（或 c 为 10），而 A3×4 的图框尺寸，按 A2 的图框尺寸确定，即 e 为 10（或 c 为 10）。

2. 看图方向的两种情况如下：第一种情况，按标题栏方向看图，即以标题栏中的文字方向为看图方向［如表中图（c）所示］；第二种情况，按方向符号指示的方向看图，若将本表中图示形式逆时针旋转 90°放置，使标题栏长边置于铅垂方向，则在下图框线的对中符号处画上等边三角形，表示第二种情况的制图和看图方向。

1.1.2　图幅分区及对中符号、方向符号

表 3-1-2　图幅分区及对中符号、方向符号

<table>
<tr><td>需要分区及采用对中符号的图幅</td><td>对于较大幅面的图纸或较复杂的图样，需指明某部分需要修改时，应用分区代号说明
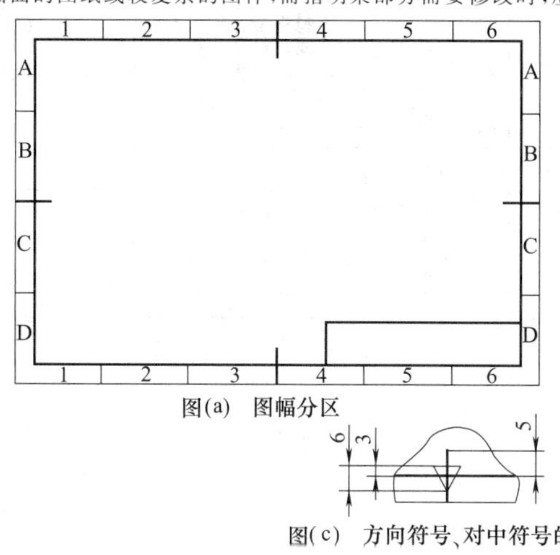

图(a)　图幅分区
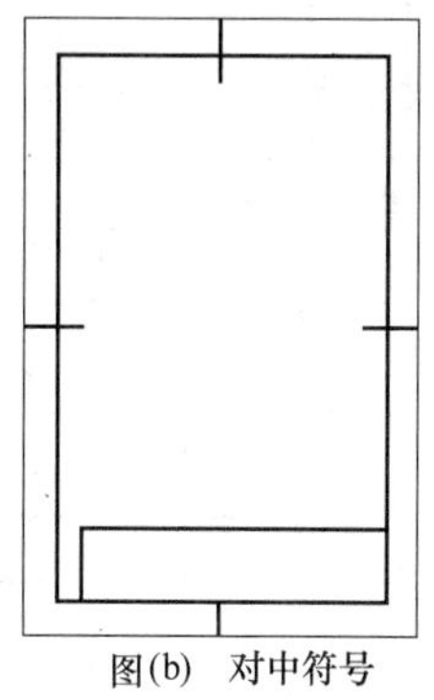
图(b)　对中符号
6 3 5
图(c)　方向符号、对中符号的画法</td></tr>
<tr><td>图幅分区的规定</td><td>①必要时，可用细实线在图纸周边内画出分区线
②图幅分区数目按图样的复杂程度确定，但必须取偶数。每一分区的长度在 25～75mm 之间选择
③分区的编号，沿上下方向(按看图方向确定图纸的上下左右)用大写的拉丁字母从上到下顺序编写；沿水平方向用阿拉伯数字从左到右编写
④分区代号由拉丁字母和阿拉伯数字组合而成，字母在前、数字在后并排书写，如 B3、C3 等。当分区代号与图形名称同时标注时，则分区代号写在图形名称的后边，中间空出一个字母的宽度，例如：A B3；$\frac{A}{2:1}$ C3；$B—B$　A7 等</td></tr>
<tr><td>对中符号与方向符号</td><td>①为了图样复制及缩微时准确定位，应在图纸各边长度中点处分别画出对中符号
②对中符号用粗实线绘制，线宽不得小于 0.5mm，长度从图纸边界开始至伸入图框内约 5mm，当对中符号处于标题栏范围时，则深入标题栏部分不画
③为了绘图与看图的方向，应画出方向符号，方向符号是细实线等边三角形，高 6mm，对称分布于对中符号两侧</td></tr>
</table>

1.1.3　标题栏和明细栏（GB/T 10609.1—2008、GB/T 10609.2—2009）

标题栏一般由更改区、签字区、其他区、名称及代号区组成，也可按实际需要增加或者减少。

表 3-1-3　标题栏的方位、格式与尺寸

<table>
<tr><td rowspan="3">标题栏的放置位置</td><td colspan="2">标题栏的长边置于水平方向并与图纸的长边平行时，构成 X 型图纸；标题栏的长边与图纸的长边垂直时，构成 Y 型图纸，此时，看图方向与看标题栏方向一致</td></tr>
<tr><td>应采用的方式</td><td>允许采用的看图方式</td></tr>
<tr><td>标题栏应位于图纸的右下角</td><td>为了利用预先印制的图纸，允许将 X 型图纸的短边置于水平位置使用；或者将 Y 型图纸的长边置于水平位置使用</td></tr>
</table>

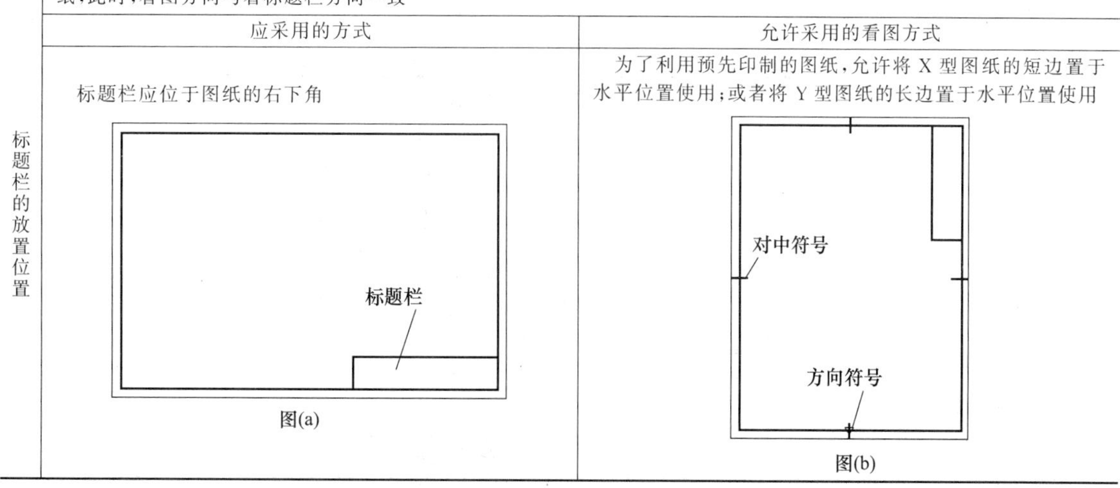

图(a)　图(b)

续表

标题栏的格式举例及尺寸		180；10、10、16、16、12、16；7；8×7(=56)；标记、处数、分区、更改文件号、签名、年、月、日；设计、(签名)、(年月日)、标准化、(签名)、(年月日)；审核；工艺；批准；12、12、16、12、12、16；(材料标记)；4×6.5(=26)、12、12；阶段标记、重量、比例；6.5；共　张 第　张；50；(单位名称)；(图样名称)；(图样代号)；(投影符号)；10、9、(9)；18、21 图(c)
填写说明	更改区填写说明	①标题栏的左上方为更改区,更改区的内容应由下而上顺序填写,也可根据实际情况顺延,或放在图样中的其他地方,但应有表头 ②标记:按有关规定或要求填写更改标记 ③处数:填写同一标记所表示的更改数量 ④分区:必要时按有关规定填写 ⑤更改文件号:填写更改所依据的文件号
	其他区填写说明	①图(c)所示标题栏格式的中间部位是其他区 ②材料标记:对于需要该项目的图样,一般应按照相应标准或者规定填写所使用的材料 ③阶段标记:按有关规定自左向右填写图样各个生产阶段 ④重量:填写所绘制图样相应产品的计算重量,以千克(kg)为计量单位时,允许不写出其计量单位

表 3-1-4　　明细栏的格式与说明

配置在装配图标题栏上方的明细栏

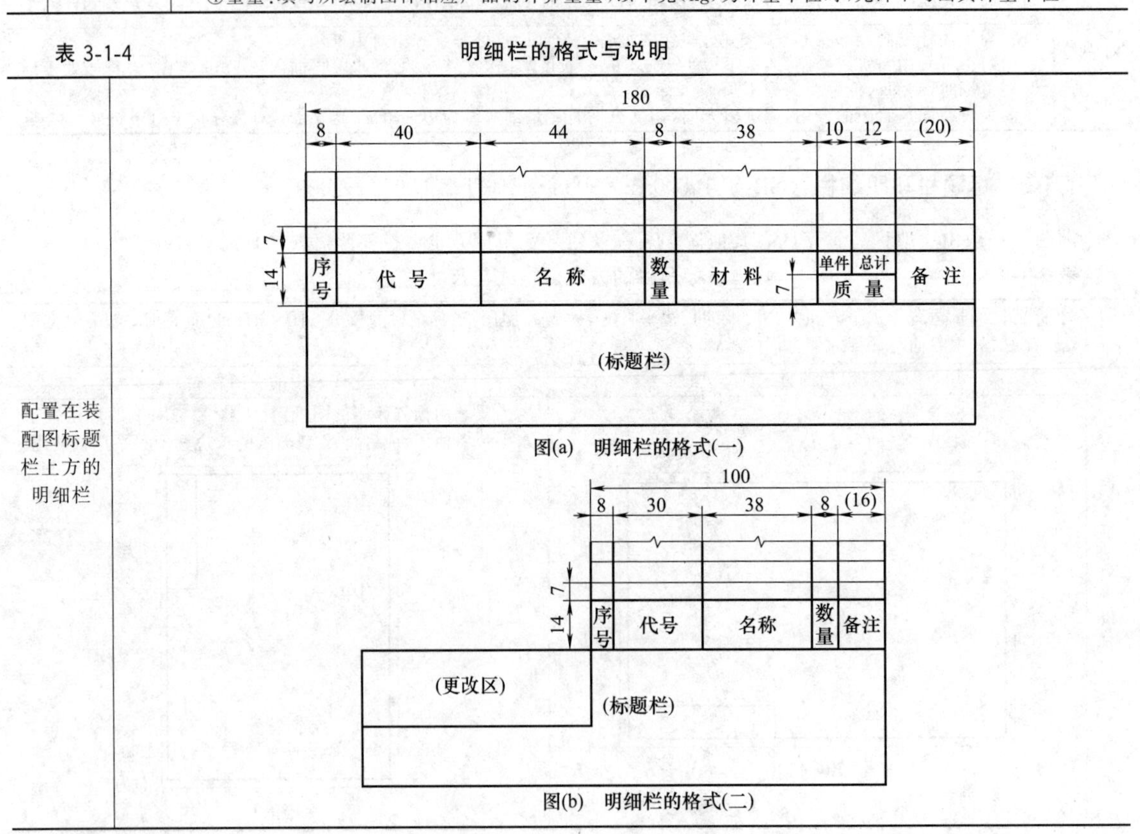

图(a)　明细栏的格式(一)

图(b)　明细栏的格式(二)

续表

明细栏可作为装配图的续页，按 A4 幅面单独给出	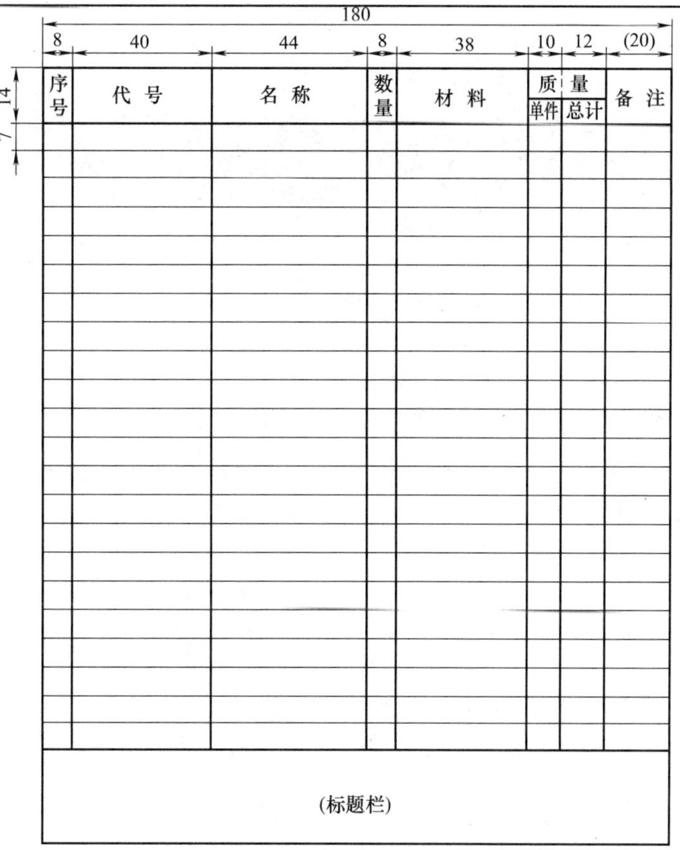 180 8 40 44 8 38 10 12 (20) 14 7 序号 代号 名称 数量 材料 质量（单件 总计） 备注 (标题栏) 图(c) 作为装配图续页的明细栏格式
填写说明	①序号：填写图样中相应部分的序号 ②代号：填写图样中相应组成部分的图样代号或标准号 ③名称：填写图样中相应组成部分的名称，必要时，也可写出其形式与尺寸 ④数量：填写图样中相应组成部分在装配图中所需的数量 ⑤材料：填写图样中相应组成部分的材料标记 ⑥质量：填写图样中相应组成部分单件和总件数的计算重量，以千克(kg)为计量单位时，允许不写出其计量单位 ⑦备注：填写该项的附加说明或其他有关内容，如分区代号等

1.1.4 比例（GB/T 14690—1993）

图样的比例是指图形与实物相应要素的线性尺寸之比。线性尺寸是指能用直线表达的尺寸，例如直线长度、圆的直径等。

图样比例分为原值比例、放大比例、缩小比例三种。绘制图样时，应根据实际需要按表 3-1-5 中规定的标准比例系列选取适当的比例。一般应尽量按机件的实际大小采用 1∶1 的比例画图，以便能直接从图样上看出机件的真实大小。必要时，亦允许采用表中带括号的比例。

1.1.5 字体（GB/T 14691—1993）

图样中的字体书写必须做到：字体工整、笔画清楚、间隔均匀、排列整齐。

字体高度即字的号数，用 h 表示，单位为 mm。字体高度的标准系列为：1.8，2.5，3.5，5，7，10，14，20。

如需书写更大的字，其字体高度应按 $\frac{1}{\sqrt{2}}$ 的比率递增。

1.1.5.1 汉字

汉字应写成长仿宋体字，并应采用中华人民共和国国务院正式公布推行的《汉字简化方案》中规定的简化字。汉字的高度 h 不应小于 3.5mm，其字宽一般为 $\frac{h}{\sqrt{2}}$。

第3篇

表 3-1-5 图样比例

比例		应用说明
原值比例	1∶1	①绘制同一机件的各个视图时，应尽量采用相同的比例，以方便绘图和看图 ②比例应标注在标题栏的比例一栏内，必要时，可在视图名称的上方或右侧标注比例，例如：$\frac{1}{2:1}$，$\frac{A}{1:10}$，$\frac{B-B}{5:1}$ ③当图形中孔的直径或薄片的厚度小于或等于 2mm，以及斜度和锥度较小时，可不按比例而夸大画出 ④表格图或空白图不必标注比例
缩小比例	1∶2　1∶5　1∶10 1∶2×10^n　1∶5×10^n　1∶10×10^n (1∶1.5)(1∶2.5)(1∶3)(1∶4)(1∶6) (1∶1.5×10^n)(1∶2.5×10^n) (1∶3×10^n)(1∶4×10^n) (1∶6×10^n)	
放大比例	2∶1　5∶1　10∶1 2×10^n∶1　5×10^n∶1　10×10^n∶1 (2.5∶1)(4∶1) (2.5×10^n∶1)(4×10^n∶1)	

注：1. n 为正整数。
2. 必要时允许采用带括号的比例。

1.1.5.2 数字和字母

数字和字母分为 A 型和 B 型。A 型字体的笔画宽度（d）为字高（h）的 1/14；B 型字体的笔画宽度 d 为字高 h 的 1/10。数字和字母均可写成斜体或直体，斜体字字头向右倾斜，与水平线成约 75°角。在同一张图样上，只允许选用一种形式的字体。

1.1.5.3 图样中书写规定

用作指数、分数、极限偏差、注脚等的数字及字母，一般应采用小一号的字体。

表 3-1-6 字体书写示例

汉字	机械图样中书写汉字、字母、数字必须做到： 字体端正　笔画清楚　间隔均匀　排列整齐 汉字书写要领： 横平竖直　注意起落　结构均匀　填满方格 制图 审核 比例 技术要求 螺纹连接 齿轮 弹簧 滚动轴承 零件图 装配图 图(a)
数字	1 2 3 4 5 6 7 8 9 0 数字直体 1 2 3 4 5 6 7 8 9 0 数字斜体 图(b)

续表

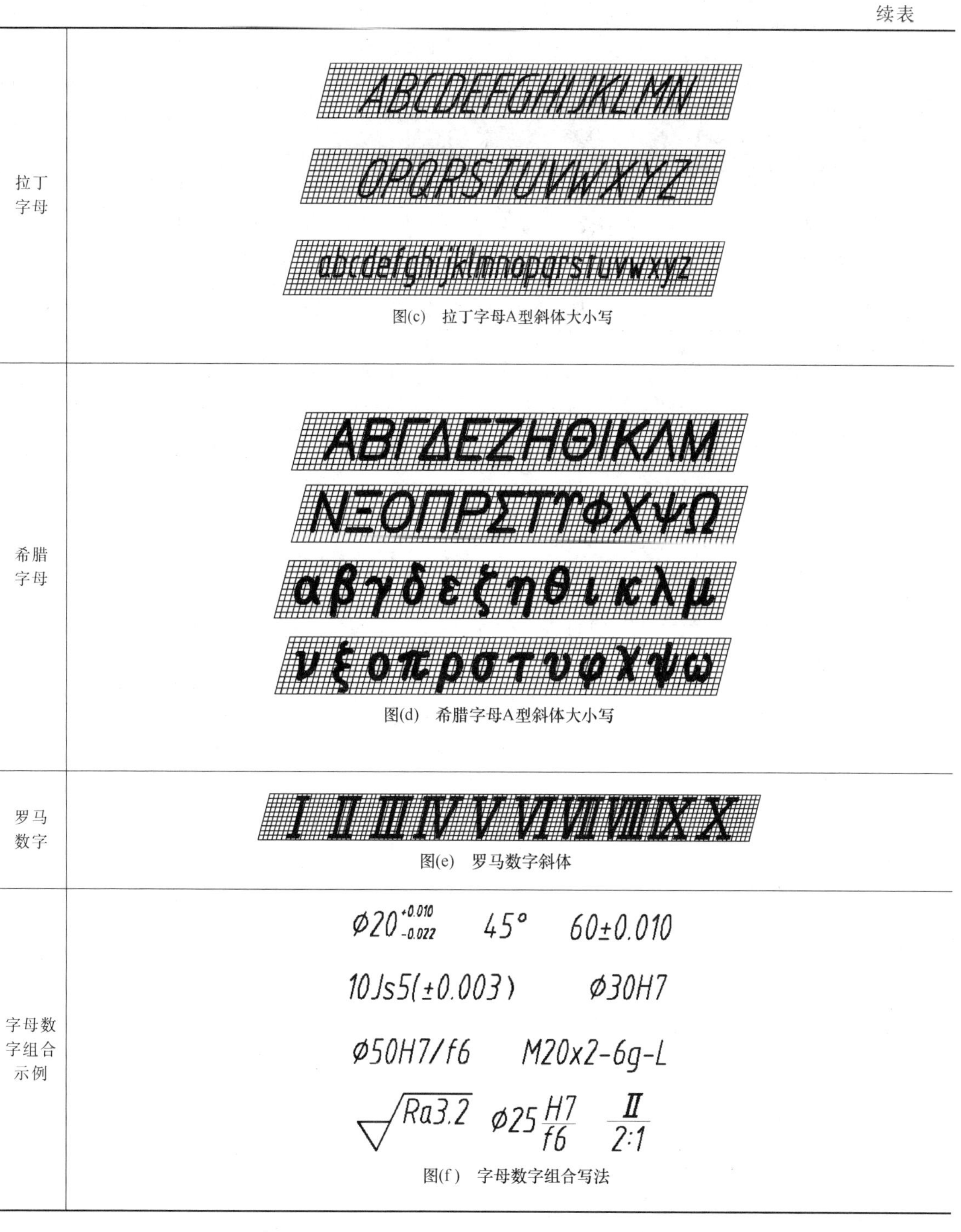

拉丁字母	图(c) 拉丁字母A型斜体大小写
希腊字母	图(d) 希腊字母A型斜体大小写
罗马数字	图(e) 罗马数字斜体
字母数字组合示例	图(f) 字母数字组合写法

1.1.6 图线（GB/T 17450—1998、GB/T 4457.4—2002）

国家标准规定了技术制图所用图线的名称、形式、结构、标记及画法规则，适用于各种技术图样，如机械、电气、土木工程图样等。

1.1.6.1 线型

国家标准规定了绘制各种技术图样的15种基本线型，以及线型的变形和相互组合。表3-1-7给出了机械图样中常用线型的名称、画法和应用。

1.1.6.2 图线宽度

国家标准规定了9种图线宽度，其中三种为粗线（粗实线、粗虚线、粗点画线），其余六种均为细线。绘制工程图样时所用线型宽度 d 应在下面系列中选择：0.13，0.18，0.25，0.35，0.5，0.7，1，1.4，2（mm）。

同一张图样中，同类线型的宽度应一致，如有特殊需要，线宽应按 $1:\sqrt{2}$ 的级数派生。

技术制图中图线分为粗线、中粗线、细线三种，它们的宽度比例为4∶2∶1。国标GB/T 4457.4—2002规定，在机械制图当中通常采用粗细两种线宽，其比例关系为2∶1，粗线宽度优先采用0.5，0.7。各种图线线宽组合见表3-1-7。

为了保证图样清晰易读，便于复制，图样上尽量避免出现线宽小于0.18mm的图线。

机械图样中的线型及应用见表3-1-7和表3-1-8。

表3-1-7 **机械制图中的线型及应用**

图线名称	线型	代码No.	宽度	一般应用	
细实线		01.1	细	①过渡线 ②尺寸线 ③尺寸界线 ④指引线和基准线 ⑤剖面线 ⑥重合断面的轮廓线 ⑦短中心线 ⑧螺纹牙底线 ⑨尺寸线的起止线 ⑩表示平面的对角线 ⑪零件成形前的弯折线 ⑫范围线及分界线 ⑬重复要素表示线，如：齿轮的齿根线 ⑭锥形结构的基面位置线 ⑮叠片结构位置线，如：变压器叠钢片 ⑯辅助线 ⑰不连续同一表面连线 ⑱成规律分布的相同要素连线 ⑲投影线 ⑳网络线	
波浪线		01.1	细	断裂处边界线；视图与剖视图的分界线	注：在一张图样上，表示断裂边界，一般统一采用波浪线或双折线中的一种
双折线		01.1	细	断裂处边界线；视图与剖视图的分界线	
粗实线		01.2	粗	①可见棱边线 ②可见轮廓线 ③相贯线 ④螺纹牙顶线 ⑤螺纹长度终止线 ⑥齿顶圆（线） ⑦表格图、流程图中的主要表示线 ⑧系统结构线（金属结构工程） ⑨模样分型线 ⑩剖切符号用线	
细虚线		02.1	细	①不可见棱边线 ②不可见轮廓线	
粗虚线		02.2	粗	允许表面处理的表示线，例如：热处理	

续表

图线名称	线　型	代码 No.	宽度	一般应用
细点画线		04.1	细	①轴线 ②对称中心线 ③分度圆(线) ④孔系分布的中心线 ⑤剖切线
粗点画线		04.2	粗	限定范围表示线
细双点画线		05.1	细	①相邻辅助零件的轮廓线 ②可动零件极限位置的轮廓线 ③重心线 ④成形前轮廓线 ⑤剖切面前的结构轮廓线 ⑥轨迹线 ⑦毛坯图中制成品的轮廓线 ⑧特定区域线 ⑨延伸公差带表示线 ⑩工艺用结构的轮廓线 ⑪中断线

<table>
<tr><td rowspan="3">图线组别和图线宽度/mm</td><td>线型组别</td><td></td><td>0.25</td><td>0.35</td><td>0.5</td><td>0.7</td><td>1</td><td>1.4</td><td>2</td><td rowspan="3">①在机械图样中采用粗、细两种宽度，它们之间的比例为 2：1
②线型组别 0.5 和 0.7 为优先采用的图线组别
③图线组别和图线宽度的选择，应根据图样的类型、尺寸、比例和缩微复制的要求确定</td></tr>
<tr><td rowspan="2">与线型代码对应的线型宽度</td><td>01.2
02.2
04.2</td><td>0.25</td><td>0.35</td><td>0.5</td><td>0.7</td><td>1</td><td>1.4</td><td>2</td></tr>
<tr><td>01.1
02.1
04.1
05.1</td><td>0.13</td><td>0.18</td><td>0.25</td><td>0.35</td><td>0.5</td><td>0.7</td><td>1</td></tr>
</table>

注：1. 本标准是对 GB/T 17450—1998 的补充，即补充规定了机械图样中各种线型的具体应用，GB/T 17450—1998 是本标准的基础。图线标准中所涉及的基本线型的结构、尺寸、标记和绘制规则见 GB/T 17450—1998。

2. 对图线缩微复制的要求见 GB/T 10609.4—2009。

表 3-1-8　　部分线型的应用示例

细实线	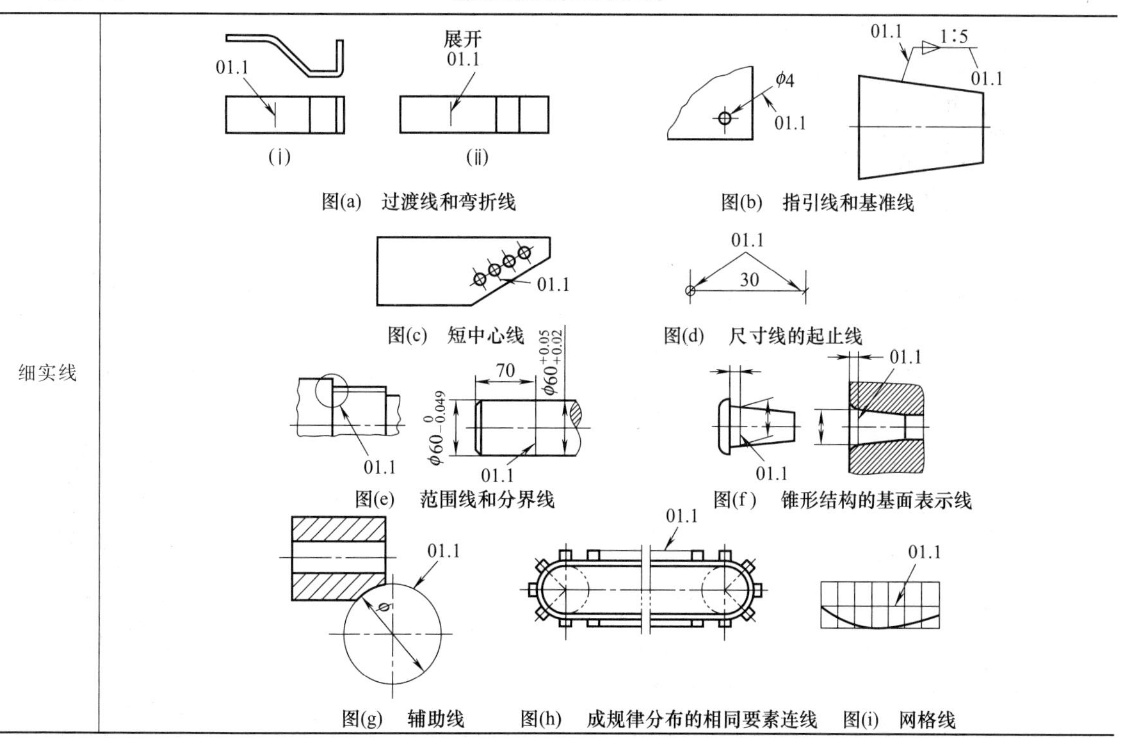

图(a)　过渡线和弯折线　图(b)　指引线和基准线　图(c)　短中心线　图(d)　尺寸线的起止线　图(e)　范围线和分界线　图(f)　锥形结构的基面表示线　图(g)　辅助线　图(h)　成规律分布的相同要素连线　图(i)　网格线

续表

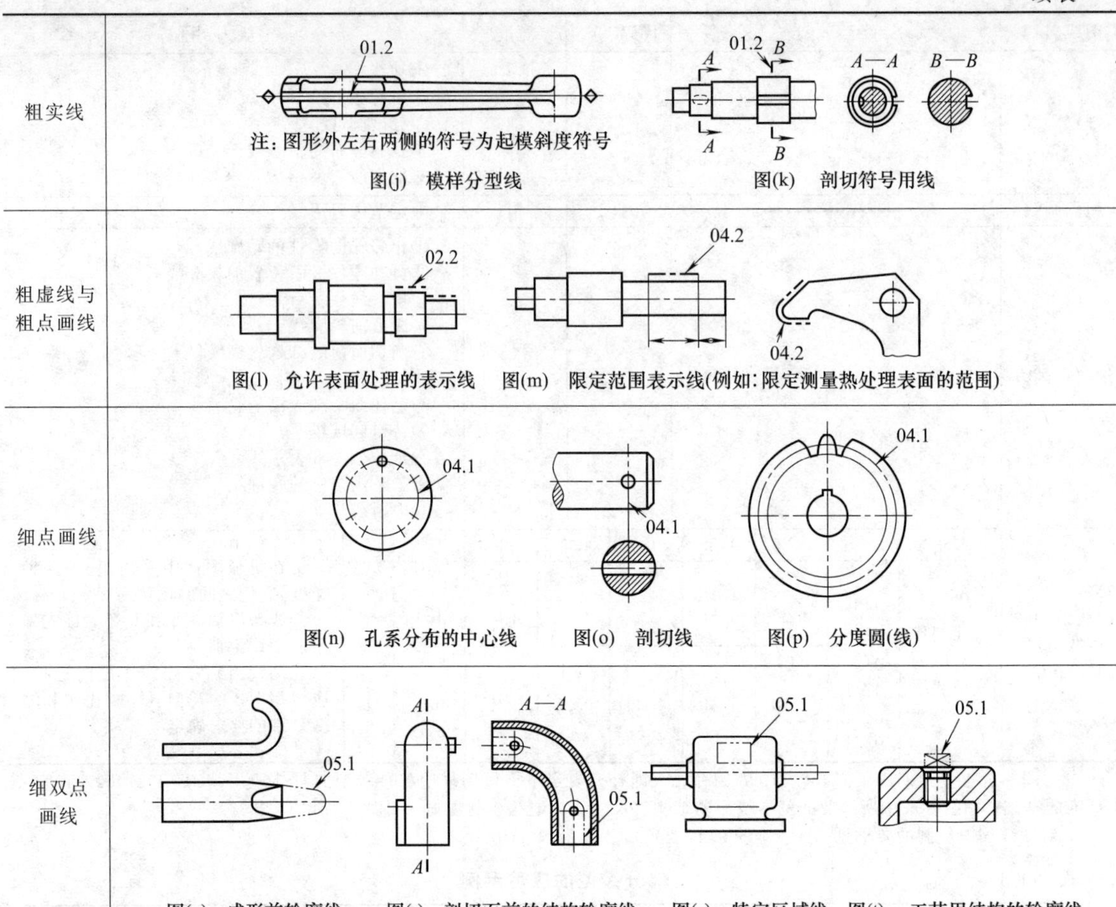

图(j) 模样分型线 图(k) 剖切符号用线

图(l) 允许表面处理的表示线 图(m) 限定范围表示线(例如：限定测量热处理表面的范围)

图(n) 孔系分布的中心线 图(o) 剖切线 图(p) 分度圆(线)

图(q) 成形前轮廓线 图(r) 剖切面前的结构轮廓线 图(s) 特定区域线 图(t) 工艺用结构的轮廓线

1.1.7 剖面符号（GB/T 4457.5—2013）

为区分实体与空腔，绘制剖视图或断面图时，在机件与剖切平面接触的部分画出剖面符号。剖面符号与机件的材料有关，如表 3-1-9 所示，其画法如表 3-1-10所示。

表 3-1-9 剖面符号

材料	剖面符号	材料	剖面符号
金属材料 （已有规定剖面符号者除外）		木质胶合板 （不分层数）	
线圈绕组元件		基础周围的泥土	
转子、电枢、变压器和 电抗器等叠钢片		混凝土	
非金属材料 （已有规定剖面符号者除外）		钢筋混凝土	
型砂、填砂、粉末冶金砂轮、 陶瓷刀片、硬质合金刀片等		砖、固体材料	
玻璃及供观察用 的其他透明材料		格网 （筛网、过滤网等）	

续表

木材	纵剖面		液体	
	横剖面			

注：1. 剖面符号仅表示材料类别，材料的名称和代号必须另行注明。

2. 叠钢片的剖面线方向应与束装中钢片的方向一致。

3. 液面用细实线绘制。

4. 另有 GB/T 17453—2005《技术制图图样画法剖面区域的表示法》适用于各种技术图样，如机械、电气、建筑和土木工程图样等，所以机械制图应同时执行 GB/T 17453 的规定。

表 3-1-10　剖面符号的画法

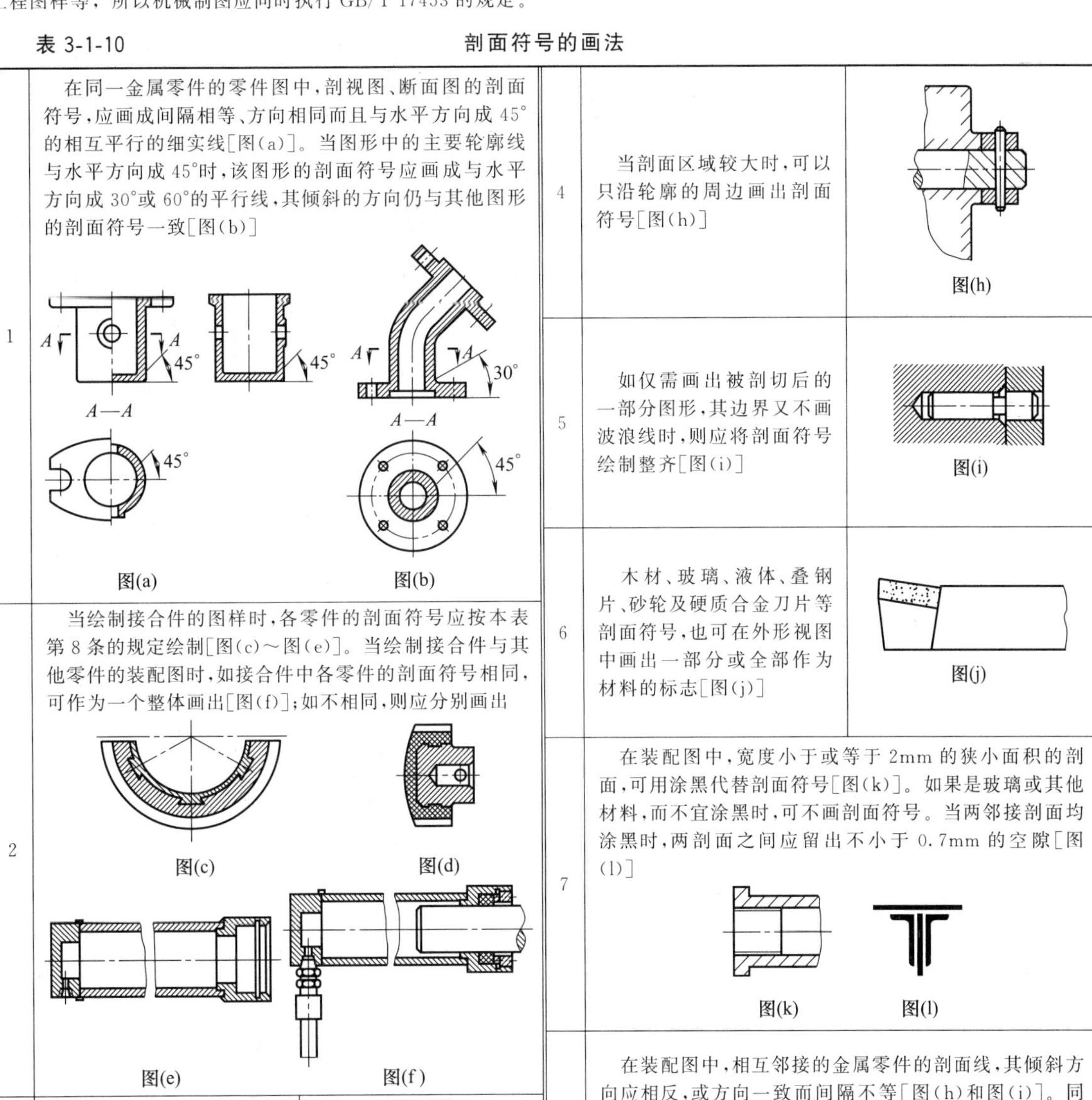

序号	说明	图示	序号	说明	图示
1	在同一金属零件的零件图中，剖视图、断面图的剖面符号，应画成间隔相等、方向相同而且与水平方向成 45°的相互平行的细实线[图(a)]。当图形中的主要轮廓线与水平方向成 45°时，该图形的剖面符号应画成与水平方向成 30°或 60°的平行线，其倾斜的方向仍与其他图形的剖面符号一致[图(b)]	图(a)　图(b)	4	当剖面区域较大时，可以只沿轮廓的周边画出剖面符号[图(h)]	图(h)
			5	如仅需画出被剖切后的一部分图形，其边界又不画波浪线时，则应将剖面符号绘制整齐[图(i)]	图(i)
2	当绘制接合件的图样时，各零件的剖面符号应按本表第 8 条的规定绘制[图(c)～图(e)]。当绘制接合件与其他零件的装配图时，如接合件中各零件的剖面符号相同，可作为一个整体画出[图(f)]；如不相同，则应分别画出	图(c)　图(d)　图(e)　图(f)	6	木材、玻璃、液体、叠钢片、砂轮及硬质合金刀片等剖面符号，也可在外形视图中画出一部分或全部作为材料的标志[图(j)]	图(j)
			7	在装配图中，宽度小于或等于 2mm 的狭小面积的剖面，可用涂黑代替剖面符号[图(k)]。如果是玻璃或其他材料，而不宜涂黑时，可不画剖面符号。当两邻接剖面均涂黑时，两剖面之间应留出不小于 0.7mm 的空隙[图(l)]	图(k)　图(l)
3	相邻辅助零件(或部件)，一般不画剖面符号[图(g)]。当需要画出时，仍按表 3-1-9 的规定绘制	图(g)	8	在装配图中，相互邻接的金属零件的剖面线，其倾斜方向应相反，或方向一致而间隔不等[图(h)和图(i)]。同一装配图中的同一零件的剖面符号应方向相同、间隔相等。当绘制剖面符号相同的相邻非金属零件时，应采用疏密不一的方法以示区别。由不同材料嵌入或粘贴在一起的成品，用其中主要材料的剖面符号表示。例如：夹丝玻璃的剖面符号，用玻璃的剖面符号表示；复合钢板的剖面符号，用钢板的剖面符号表示	

1.1.8 尺寸注法（GB/T 4458.4—2003）

1.1.8.1 基本规则

① 机件的真实大小应以图样上所标注尺寸数值为依据，与绘图的比例及绘图的准确度无关。

② 图样中（包括技术要求和其他说明）的尺寸，以 mm 为单位时，不需标注计量单位的代号或名称，如采用其他单位，则必须注明相应计量单位的代号或名称，如 30cm、35°等。

③ 机件的每一个尺寸，在图样中一般只标注一次。

④ 图样中所标注的尺寸，为该机件的最后完工尺寸，否则应另加说明。

1.1.8.2 尺寸标注示例

表 3-1-11 尺寸注法

尺寸界线	基本画法	尺寸界线用细实线绘制，并应由图形的轮廓线、轴线或对称中心线处引出。也可利用轮廓线、轴线或对称中心线作为尺寸界线 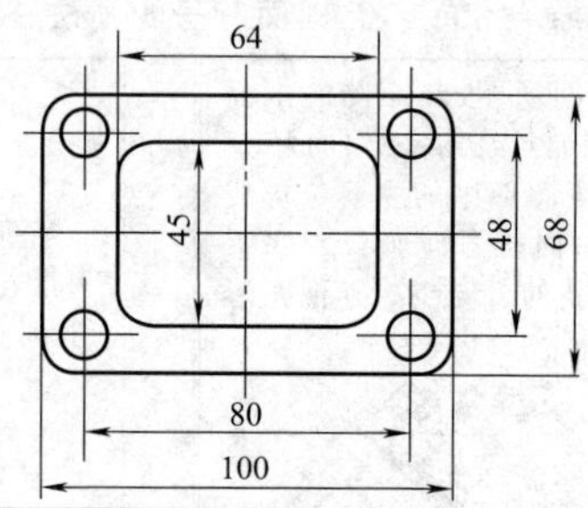
	曲线轮廓	当表示曲线轮廓上各点的坐标时，可将尺寸线或其延长线作为尺寸界线[图(a)、图(b)] 14 8.5 9.8 11 12 12.7 13.3 13.7 5 5 5 5 5 5 8 7 100 图(a) 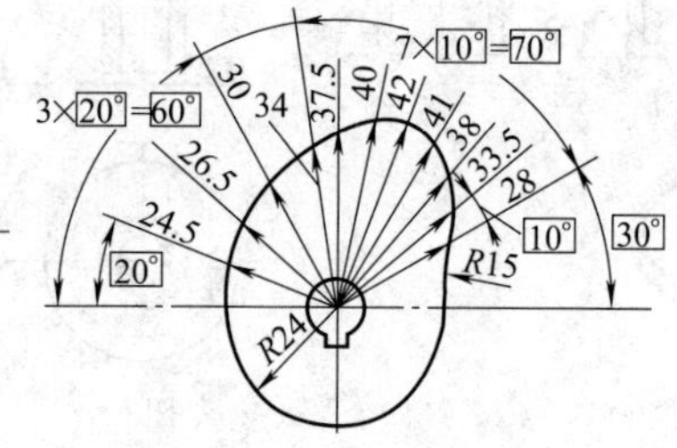 图(b) 图中方框中的尺寸表示理论正确尺寸，测量时由工艺装备的精度或手工调整的精度来保证
	光滑过渡处	尺寸界线一般应与尺寸线垂直，必要时才允许倾斜。在光滑过渡处标注尺寸时，必须用细实线将轮廓线延长，从它们的交点处引出尺寸界线[图(c)、图(d)] 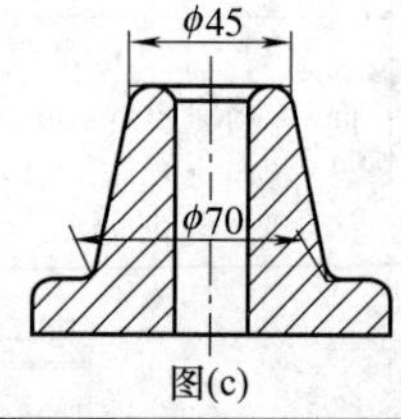 图(c) 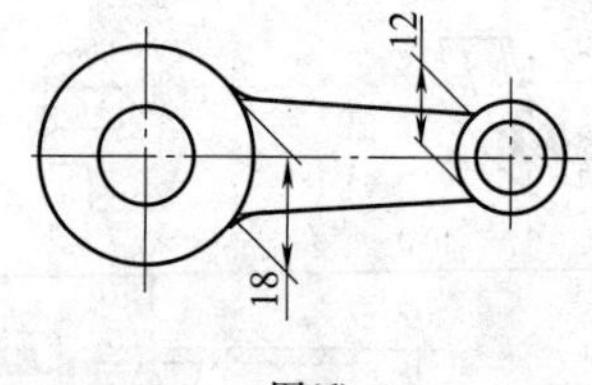 图(d)
	角度、弦长、弧长	标注角度的尺寸界线应沿径向引出[图(e)]；标注弦长的尺寸界线应平行于该弦的垂直平分线[图(f)]；标注弧长的尺寸界线应平行于该弧所对圆心角的平分线[图(g)]，当弧度较大时，可沿径向引出[图(h)]。表示弧长的尺寸数字前加注符号"⌒" 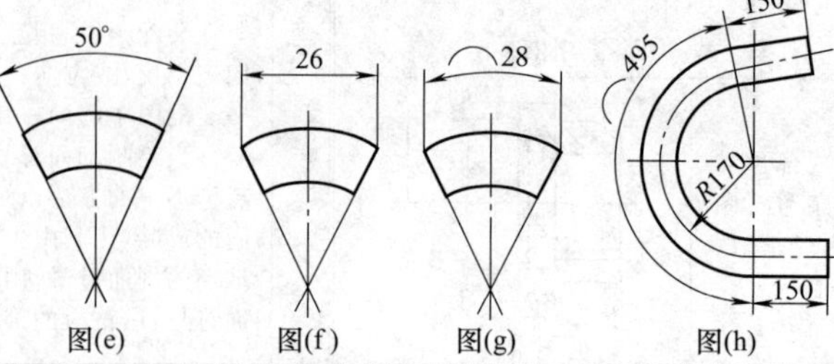 图(e) 图(f) 图(g) 图(h)

续表

尺寸线	尺寸线及其终端	尺寸线用细实线绘制，其终端可以有两种选择形式，即箭头和 45°斜线。当尺寸线与尺寸界线相互垂直时，同一张图样中只能采用一种尺寸终端的形式。机械图样中一般采用箭头作为尺寸线的终端。标注线性尺寸时，尺寸线应与所标注的线段平行。尺寸线不能用其他图线代替，也不得与其他图线重合或画在其延长线上。尺寸线的终端采用斜线形式时，尺寸线与尺寸界线应相互垂直[图(i)] 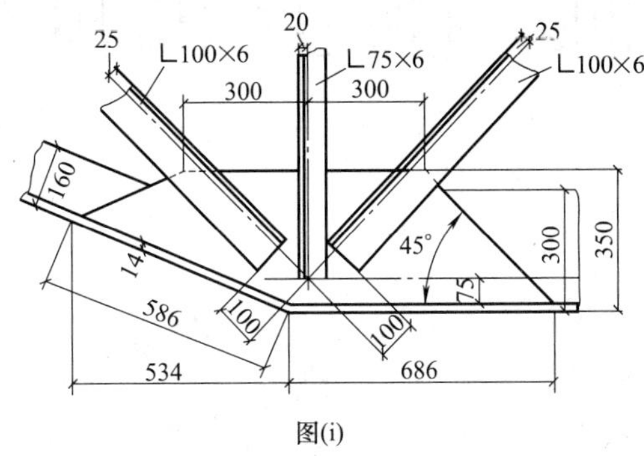 图(i)
	直径与半径	圆的直径和圆弧半径的注法见图(j)。当圆弧的半径过大或在图纸范围内无法标出其圆心位置时，可按图(k)的形式标注。若不需要标出其圆心时，可按图(l)的形式标注 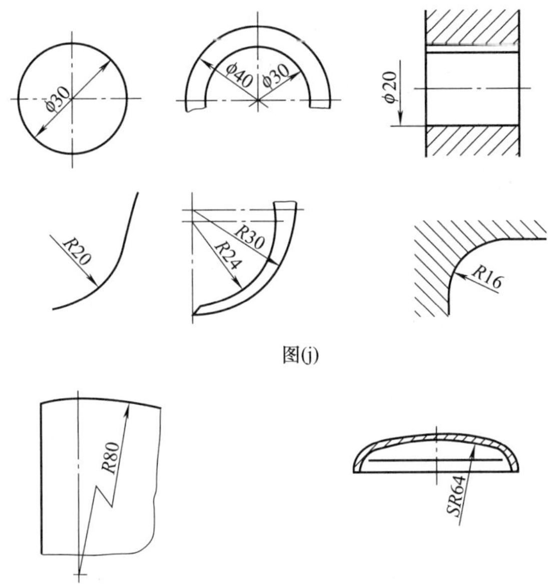 图(j) 图(k)　图(l)
	角度	标注角度时，尺寸线应画成圆弧，其圆心是该角的顶点
	对称机件	当对称机件的图形只画出一半或略大于一半时，尺寸线应略超过对称中心线或断裂处的边界，此时仅在尺寸线的一端画出箭头[图(m)、图(n)] 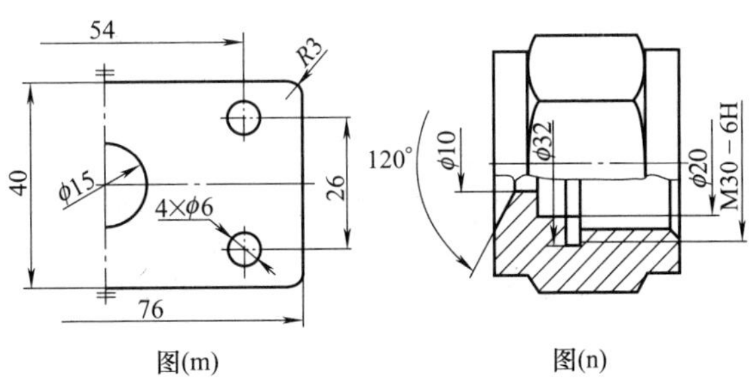 图(m)　图(n)

续表

尺寸线	小尺寸的标注	在没有足够的位置画箭头或注写数字时，可按图(o)的形式标注，此时，允许用圆点或斜线代替箭头 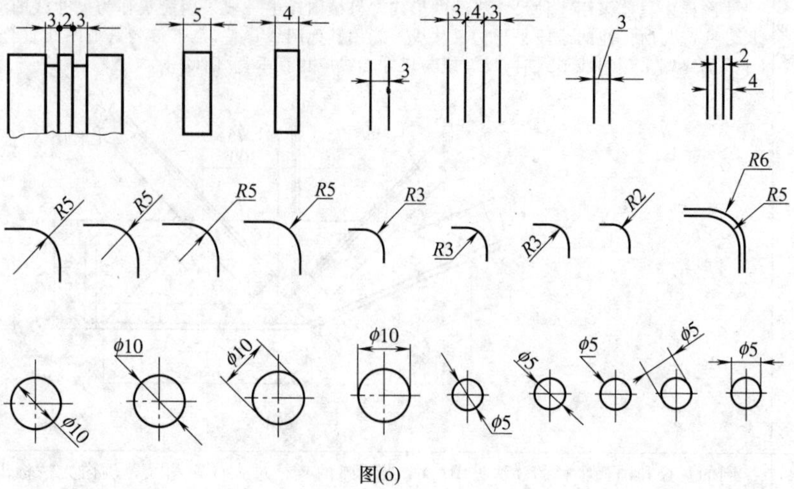 图(o)
尺寸数字	线性尺寸数字	线性尺寸的数字一般应注写在尺寸线的上方，也允许注写在尺寸线的中断处[图(p)]。线性尺寸数字的方向，有以下两种注写方法：一般应采用图(q)所示的方向注写，并尽可能避免在图示30°范围内标注尺寸，当无法避免时，可按图(r)的形式标注；在不致引起误解时，也允许采用如图(s)和图(t)所示的方法标注。非水平方向的尺寸，其数字可水平地注写在尺寸线的中断处。在一张图样中，应尽可能采用同一种注写方法 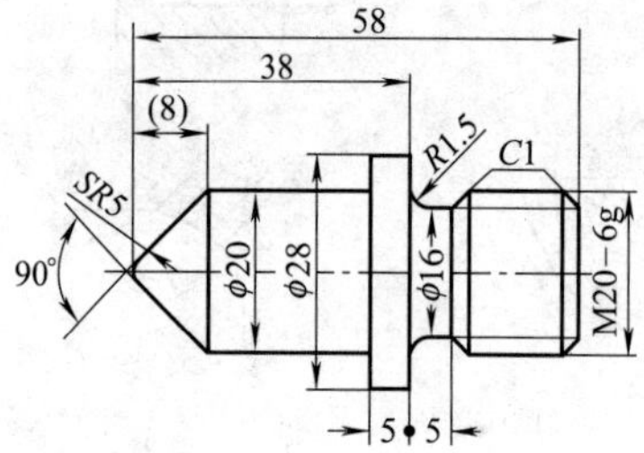 图(p) 　图(q) 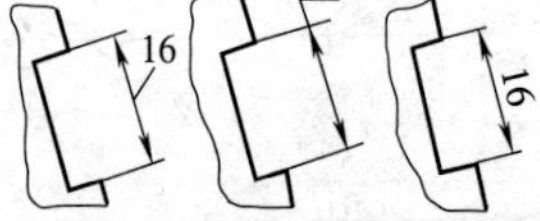 图(r) 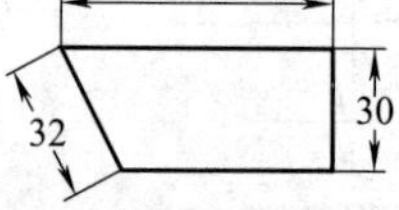　图(s) 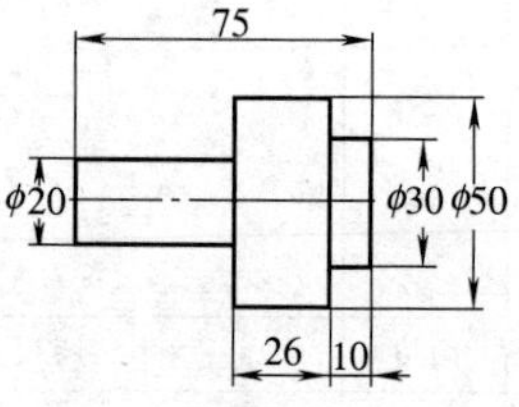　图(t)
	角度数字	角度数字一律写成水平方向，一般注写在尺寸线的中断处[图(u)]，必要时也可按[图(v)]形式标注 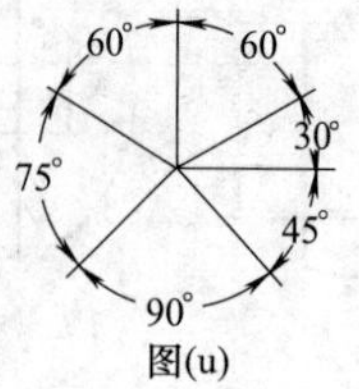 图(u) 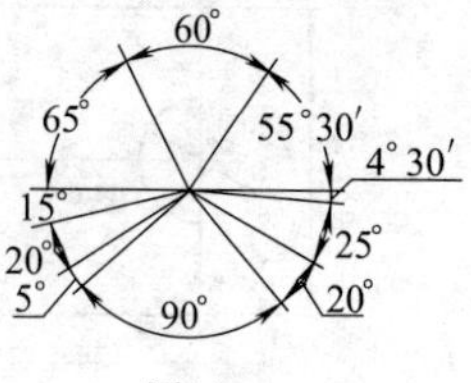　图(v)

续表

尺寸数字	尺寸数字	不可被任何图线所通过，否则应将该图线断开[图(w)] 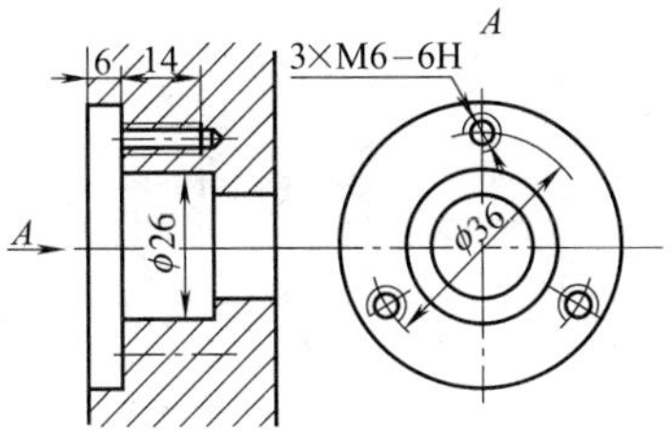 图(w)
标注尺寸的符号及缩写词	直径、半径、球面	标注直径时，应在尺寸数字前加注符号"φ"；标注半径时，应在尺寸数字前加注符号"R"；标注球面的直径或半径时，应在符号"φ"或"R"前再加注符号"S"。对于螺钉、铆钉的头部，轴(包括螺杆)的端部以及手柄的端部，在不致引起误解的情况下可省略符号"S"[图(x)] 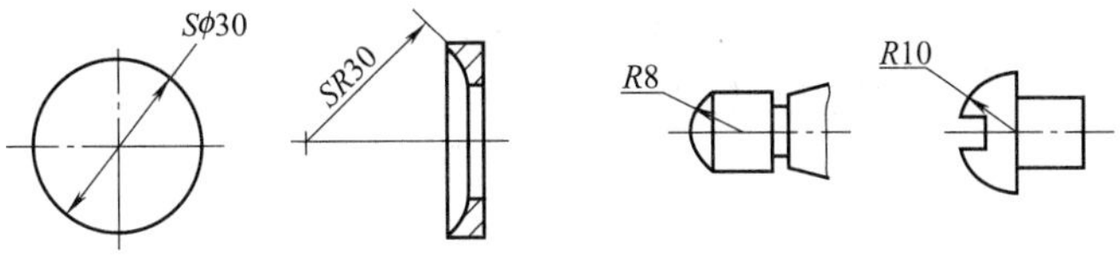 图(x)
	参考尺寸	标注参考尺寸时，应将尺寸数字加上括号[图(y)] 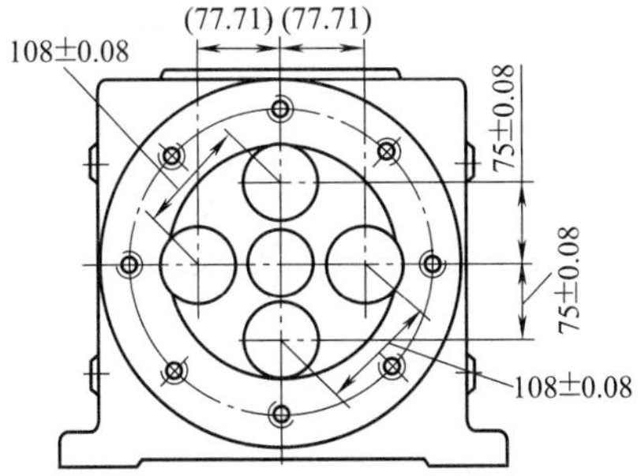 图(y)
	弧长	标注弧长时，应在尺寸数字的左方加注符号"⌒"[图(z)] 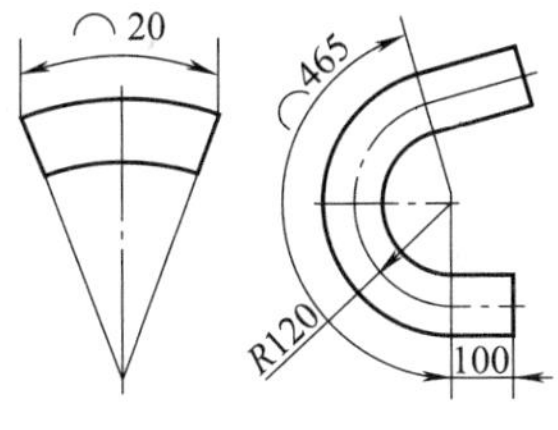 图(z)
	剖面为正方形结构	标注剖面为正方形结构的尺寸时，可在正方形边长尺寸数字前加注符号"□"[图(a′)、图(b′)]或用"B×B"(B 为正方形的对边距离)[图(c′)、图(d′)] 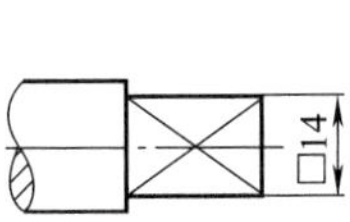 图(a′) 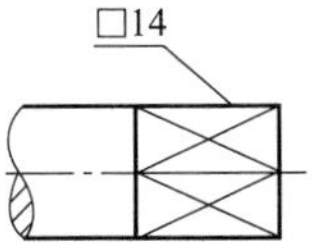　图(b′) 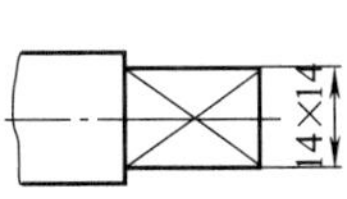　图(c′) 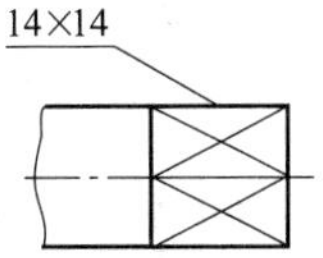　图(d′)

续表

标注尺寸的符号及缩写词

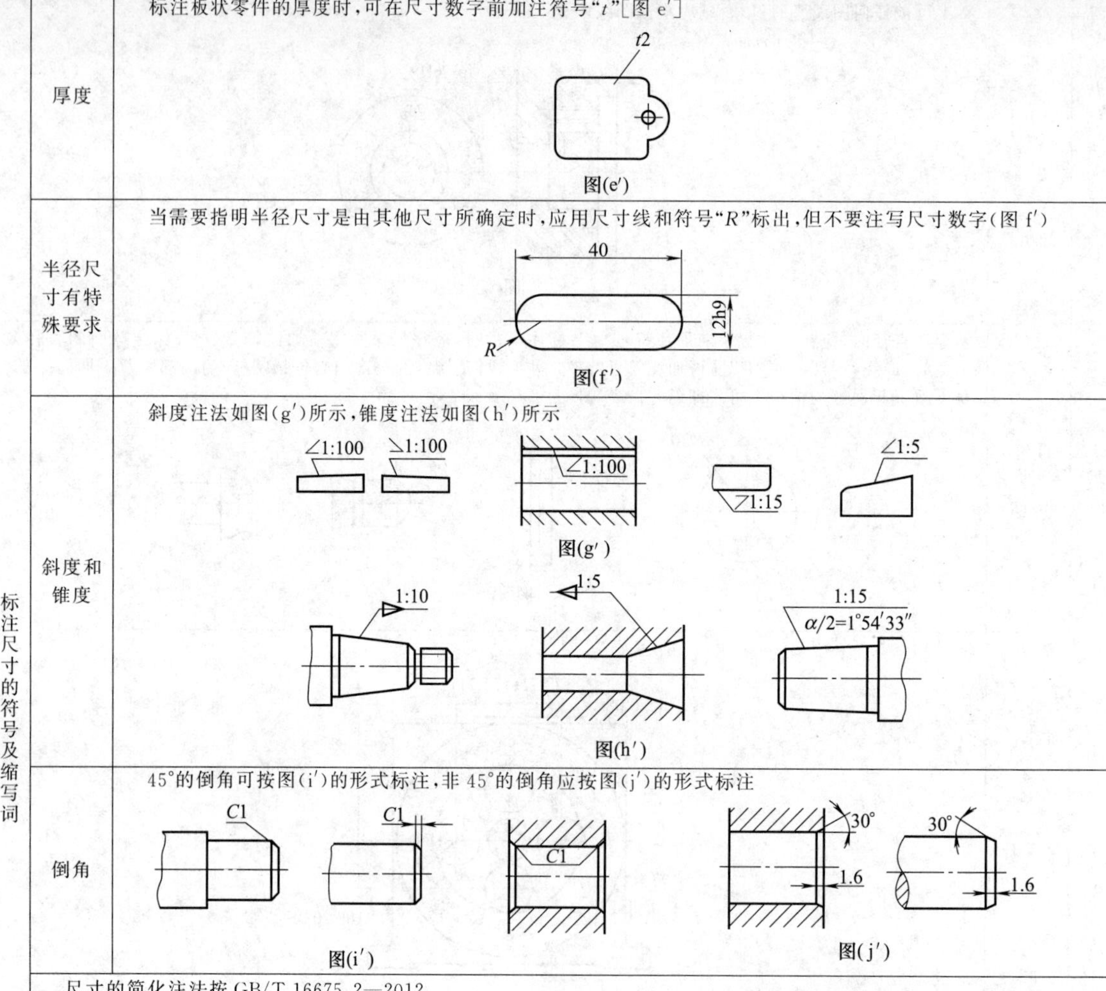

尺寸的简化注法按 GB/T 16675.2—2012

序号	符号及缩写词			序号	符号及缩写词		
	含义	现行	曾用		含义	现行	曾用
1	直径	ϕ	(未变)	9	深度	↧	深
2	半径	R	(未变)	10	沉孔或锪平	⌴	沉孔、锪平
3	球直径	$S\phi$	球 ϕ	11	埋头孔	⌵	沉孔
4	球半径	SR	球 R	12	弧长	⌒	(仅变注法)
5	厚度	t	厚，δ	13	斜度	∠	(未变)
6	均布	EQS	均布	14	锥度	◁	(仅变注法)
7	45°倒角	C	1×45°	15	展开长	○→	(新增)
8	正方形	□	(未变)	16	型材截面形状	新：GB/T 4656.1—2000 旧：GB/T 4656—1984	

展开符号○→标在展开图上方的名称字母后面(如：*A*—*A* ○→)；当弯曲成形前的材料叠加在成形后的视图画出时，则该图上方不必标注展开符号，但图中的展开尺寸应按照“○→ 200”(其中200为尺寸值)的形式注写

未定义形状边的注法

需要确切地指定边的形状和给出极限尺寸要求时，应按 GB/T 19096—2003/ISO 13715：2000 进行标注

1.1.8.3　尺寸注法的简化表示法

表 3-1-12　简化注法

类别		简化后	简化前	说明
标注尺寸要素简化注法	单边箭头	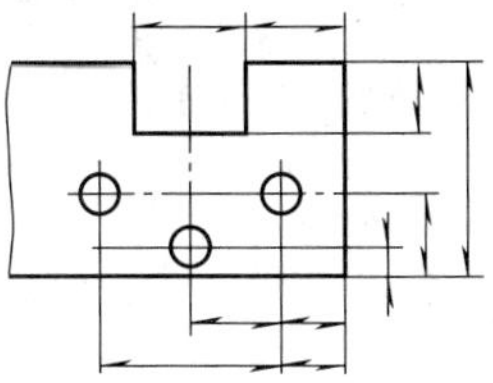	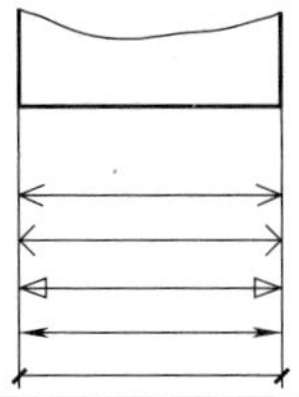	这里主要反映尺寸线箭头的简化前后的注法，但未选用相同的图形。对于机械图样应（同时）执行 GB/T 4458.4—2003
	带箭头指引线	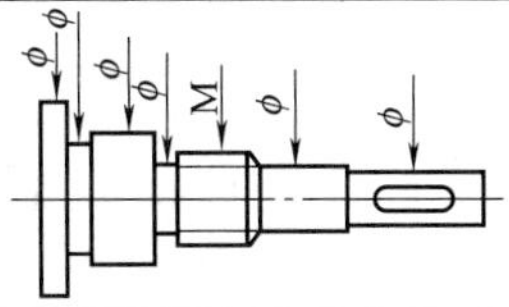	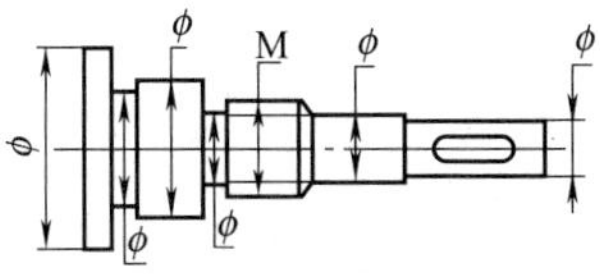	标注尺寸时，可采用带箭头的指引线
	不带箭头指引线	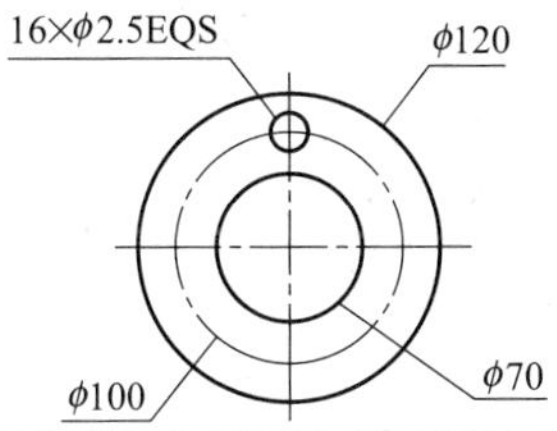	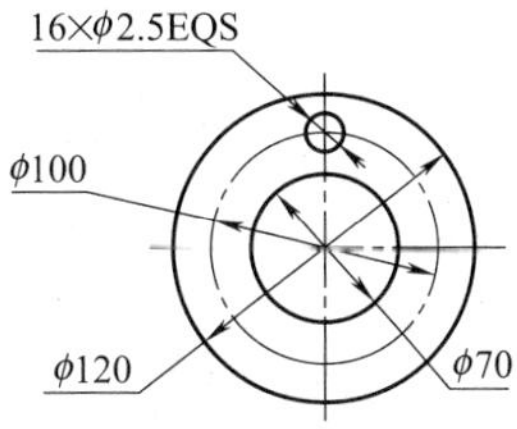	标注尺寸时，也可采用不带箭头的指引线
	共用尺寸线和箭头（同心圆弧和不同心圆弧）	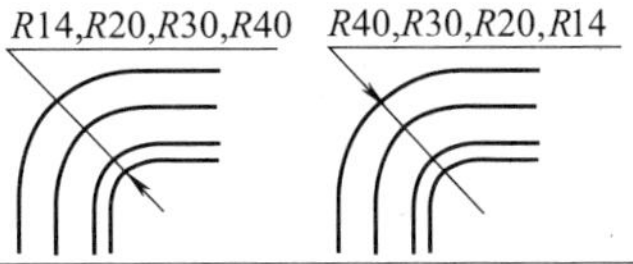	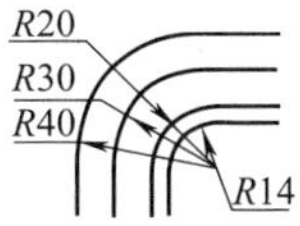	一组同心圆弧或圆心位于一条直线上的多个不同心圆弧的尺寸，可用共用的尺寸线和箭头依次表示
	共用尺寸线和箭头（同心圆和台阶孔）	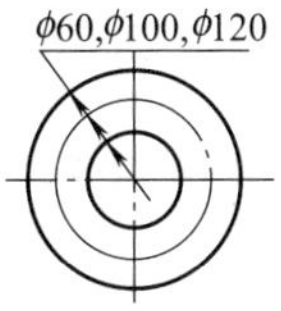	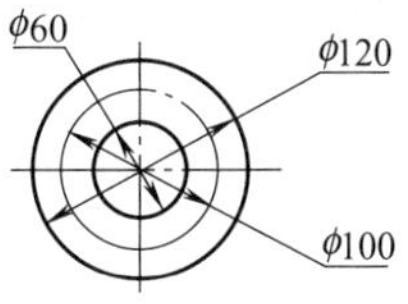	一组同心圆或尺寸较多的台阶孔的尺寸，也可用共用的尺寸线和箭头依次表示
规定注法	梯式尺寸注法	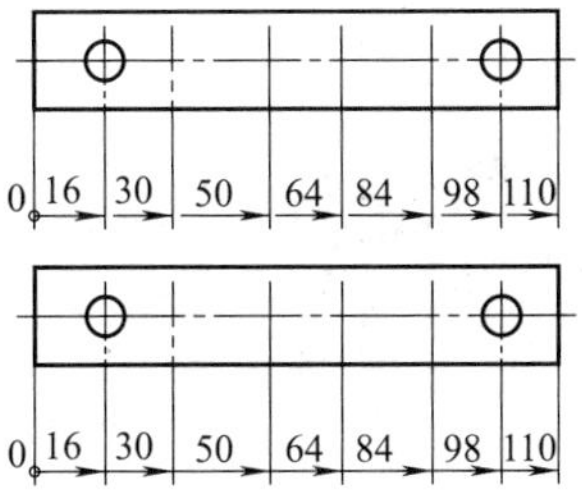	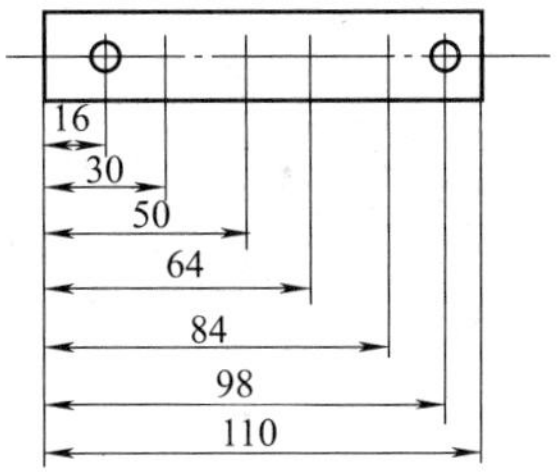	从同一基准出发的尺寸可按简化后的形式标注

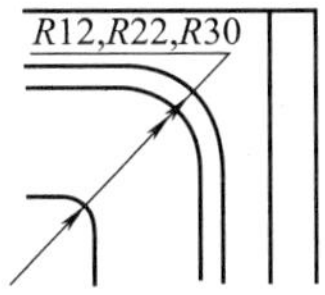

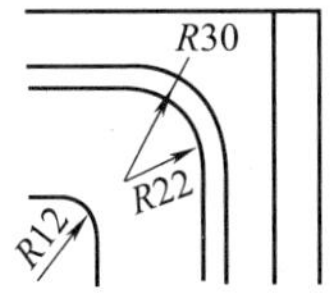

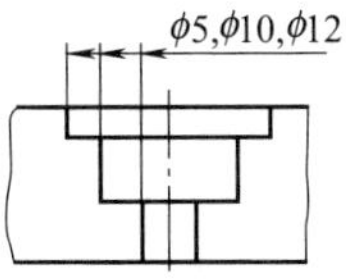

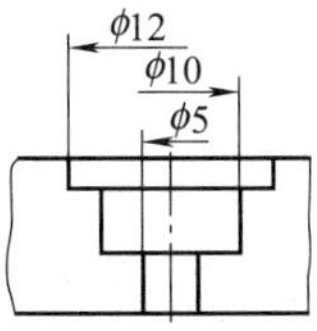

续表

类别		简化后	简化前	说明
规定注法	梯式尺寸注法	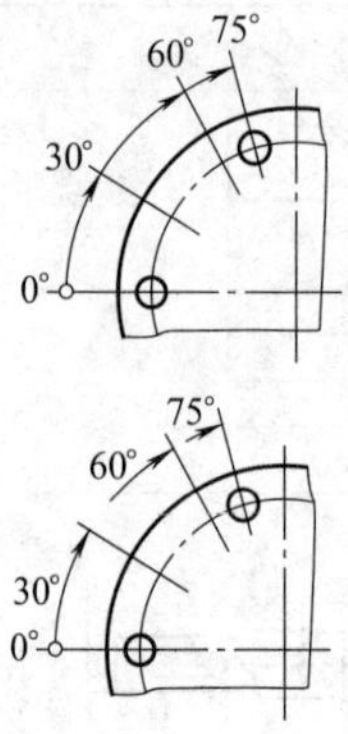 0° 30° 60° 75° 0° 30° 60° 75°	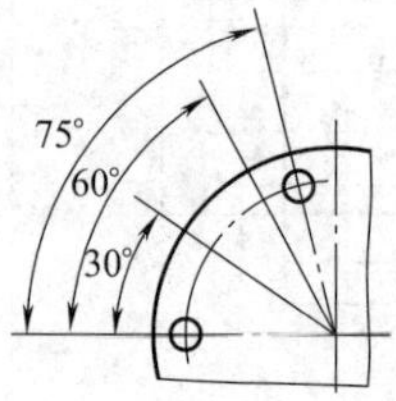 75° 60° 30°	从同一基准出发的尺寸可按简化后的形式标注
	链式尺寸注法	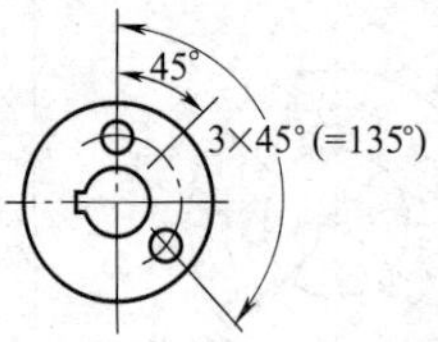 45° 3×45°(=135°)	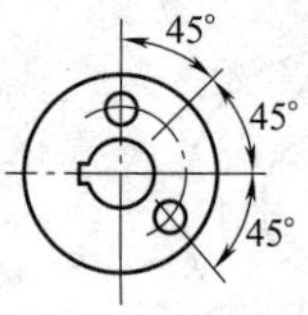 45° 45° 45°	间隔相等的链式尺寸,可采用简化后的形式标注
	真实尺寸注法	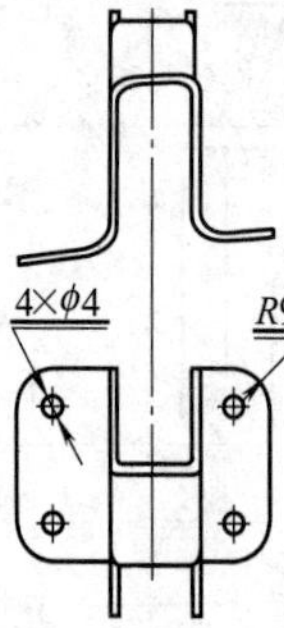 4×ϕ4 R9	A A R9 4×ϕ4	在不反映真实大小的投影上,用在尺寸数值下加画粗实线短画的方法标注其真实尺寸。如图倾斜结构的尺寸4×ϕ4、R9
	坐标网格注法	47×ϕ0.8 4×ϕ3 0 20 40 60 80 100 120 20 40 60		对于印制板类的零件,可直接采用坐标网格注法

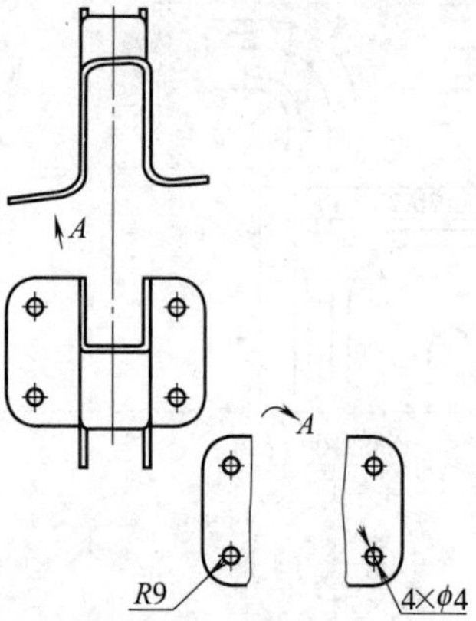

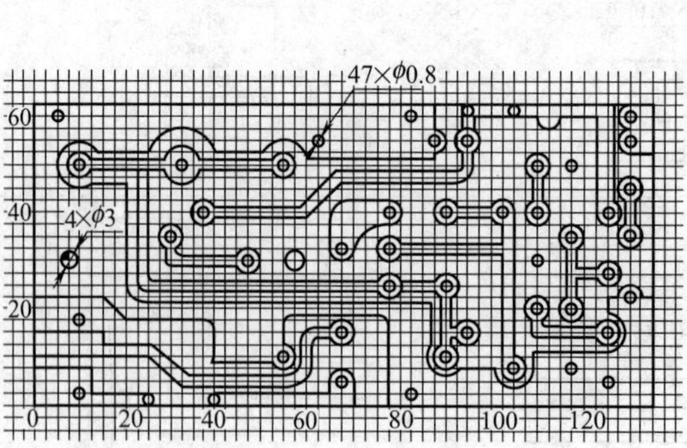

续表

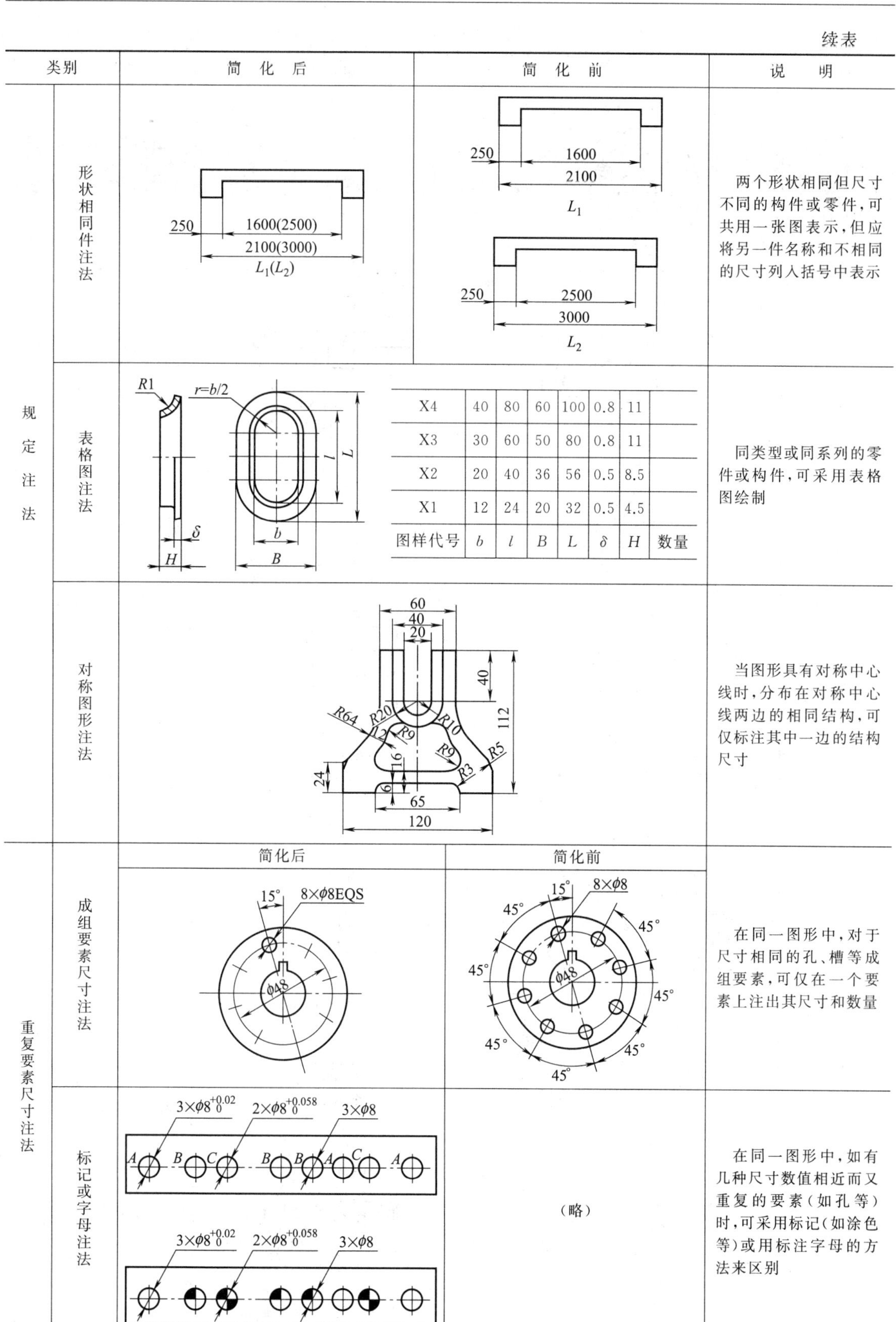

类别		简化后	简化前	说明
规定注法	形状相同件注法	250　1600(2500)　2100(3000)　$L_1(L_2)$	250　1600　2100　L_1；250　2500　3000　L_2	两个形状相同但尺寸不同的构件或零件，可共用一张图表示，但应将另一件名称和不相同的尺寸列入括号中表示
	表格图注法	R1　r=b/2　δ　H　b　B　l　L（见下表）		同类型或同系列的零件或构件，可采用表格图绘制
	对称图形注法	60　40　20　40　112　R64　R20　R10　12　R9　R9　R5　R3　16　24　6　65　120		当图形具有对称中心线时，分布在对称中心线两边的相同结构，可仅标注其中一边的结构尺寸
重复要素尺寸注法	成组要素尺寸注法	15°　8×ϕ8EQS　ϕ48	15°　8×ϕ8　45°　ϕ48	在同一图形中，对于尺寸相同的孔、槽等成组要素，可仅在一个要素上注出其尺寸和数量
	标记或字母注法	3×$\phi8^{+0.02}_{0}$　2×$\phi8^{+0.058}_{0}$　3×ϕ8　A B C B B A C A	（略）	在同一图形中，如有几种尺寸数值相近而又重复的要素（如孔等）时，可采用标记（如涂色等）或用标注字母的方法来区别

X4	40	80	60	100	0.8	11	
X3	30	60	50	80	0.8	11	
X2	20	40	36	56	0.5	8.5	
X1	12	24	20	32	0.5	4.5	
图样代号	b	l	B	L	δ	H	数量

续表

类别		简化后	简化前	说明
重复要素尺寸注法	成组要素省略定位尺寸注法	 8×ϕ6　ϕ48	（略）	当成组要素的定位和分布情况在图形中已明确时，可不标注其角度，并省略缩写词“EQS”
特定结构或要素注法	正方形注法	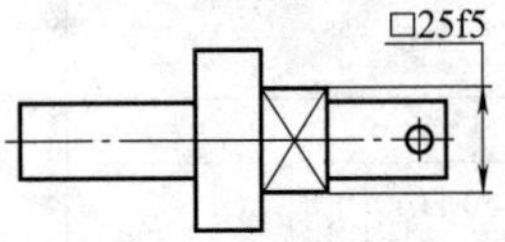 □25f5	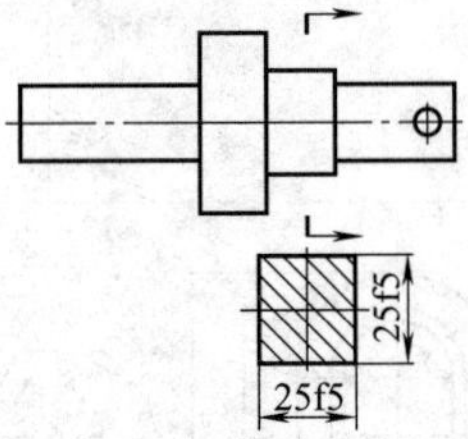 25f5　25f5	标注正方形结构尺寸时，可在正方形边长尺寸数字前加注“□”符号
	倒角注法	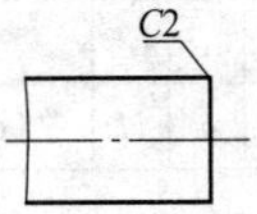 C2	2×45°	在不致引起误解时，零件图中的倒角可以省略不画，其尺寸也可简化标注
		2×C2	2×45°　2×45°	
	孔的旁注法	4×ϕ4↧10　或　4×ϕ4↧10	4×ϕ4　10	各类孔（光孔、螺孔、沉孔等）可采用旁注和符号相结合的方法标注。指引线应从在装配时的装入端或孔的圆形视图的中心引出；指引线的基准线上方应注写主孔尺寸，下方应注写辅助孔等内容
		6×ϕ6.5 ⌵ϕ10×90°　或　6×ϕ6.5 ⌵ϕ10×90° 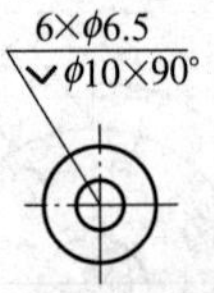	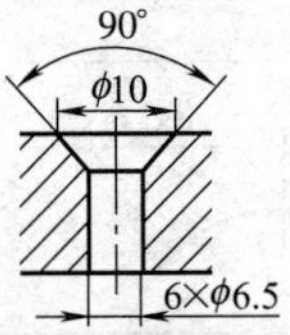 90°　ϕ10　6×ϕ6.5	
		8×ϕ6.4 ⌴ϕ12↧4.5　或　8×ϕ6.4 ⌴ϕ12↧4.5 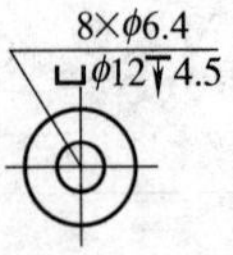	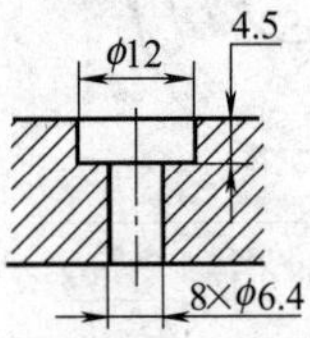 ϕ12　4.5　8×ϕ6.4	
		3×M6–7H 2×C1　3×M6–7H 2×C1 图(a)　螺孔	4×ϕ4H7↧10,C1 孔↧12　4×ϕ4H7↧10,C1 孔↧12 图(b)　有配合要求的孔	

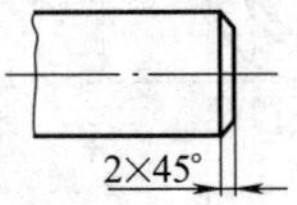

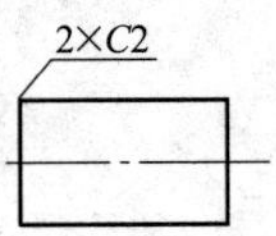

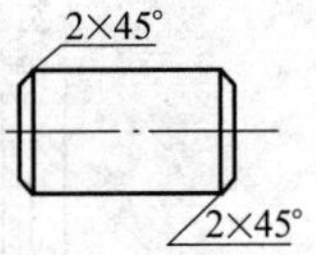

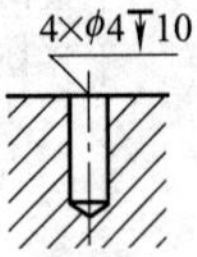

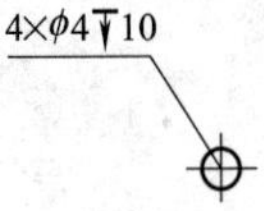

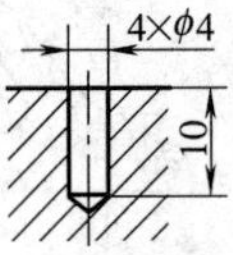

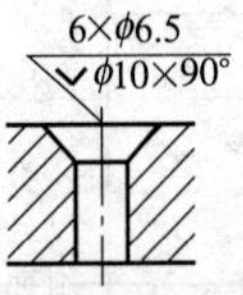

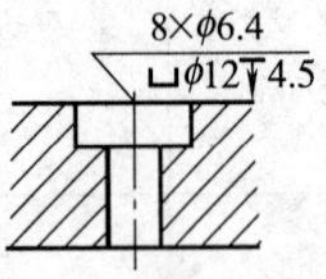

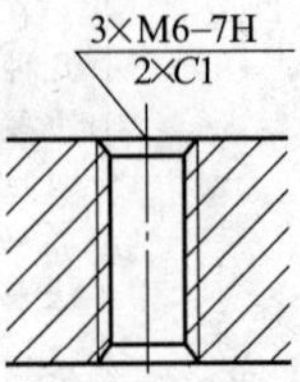

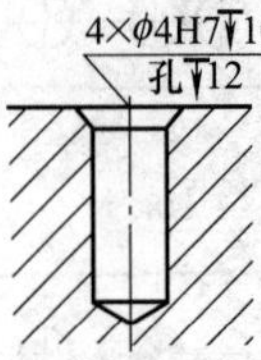

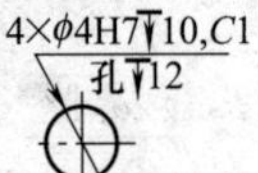

续表

类别		简　化　后	简　化　前	说　　明
特定结构或要素注法	锪平孔注法	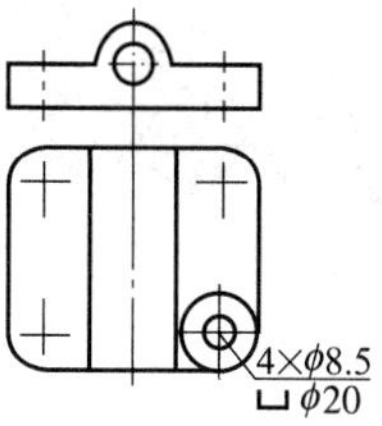4×ϕ8.5 ⌴ϕ20	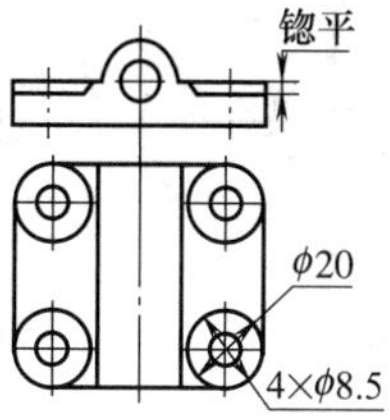锪平 ϕ20 4×ϕ8.5	对于锪平孔，也可采用表 3-1-12 中的符号简化标注
	滚花注法	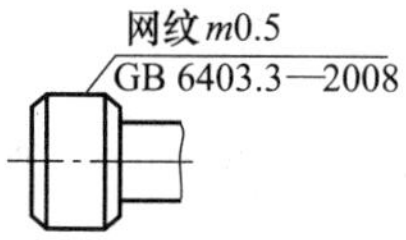网纹 m0.5 GB 6403.3—2008	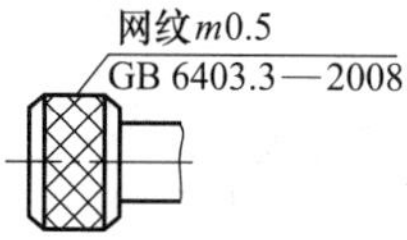网纹 m0.5 GB 6403.3—2008	滚花可采用简化后的方法标注
		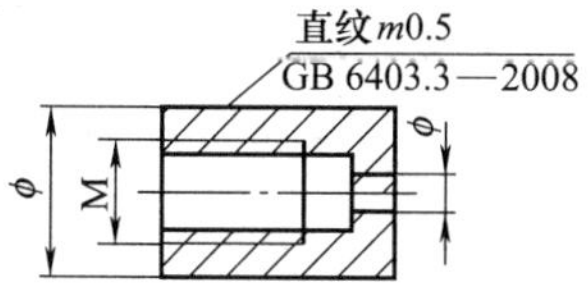直纹 m0.5 GB 6403.3—2008 ϕ M ϕ	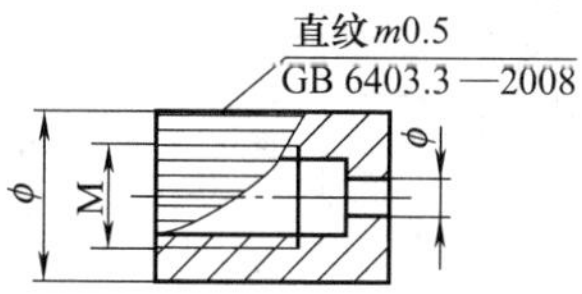直纹 m0.5 GB 6403.3—2008 ϕ M ϕ	
	退刀槽尺寸注法	简　化　后		一般的退刀槽可按"槽宽×直径"[图(a)]或"槽宽×槽深"[图(b)]的形式标注
		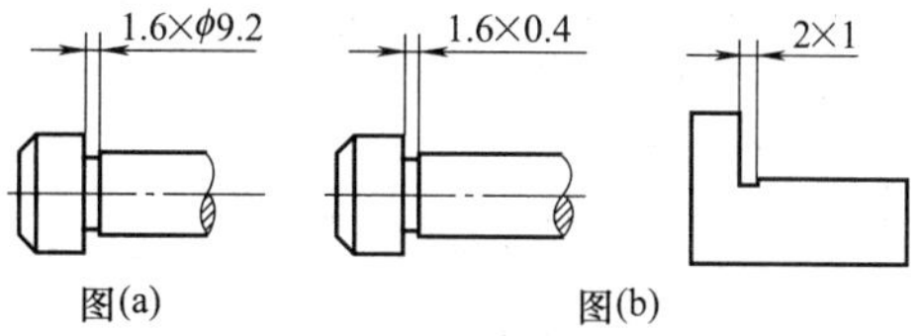1.6×ϕ9.2 1.6×0.4 2×1 图(a) 图(b)		
	圆锥孔尺寸注法	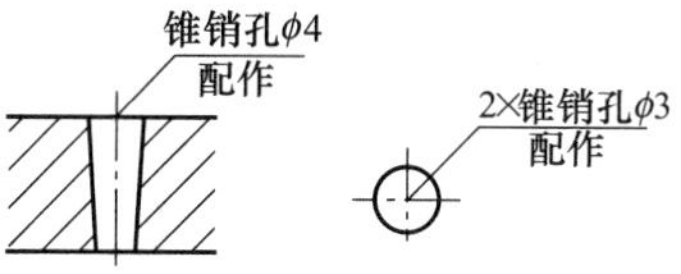锥销孔ϕ4 配作 2×锥销孔ϕ3 配作		标注圆锥销孔的尺寸，应按图示的形式引出标注，其中 ϕ4 和 ϕ3 都是所配的圆锥销的公称直径（小端直径）。指引线应由圆锥销装入端或销孔圆形视图中心引出标注
特定表面注法	不连续表面注法	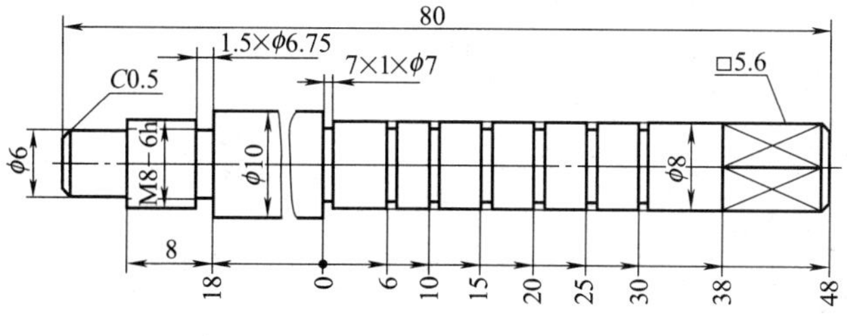80 1.5×ϕ6.75 7×1×ϕ7 C0.5 □5.6 ϕ6 M8−6h ϕ10 ϕ8 8 18 0 6 10 15 20 25 30 38 48		对不连续的同一表面，可用细实线连接后标注一次尺寸

第 3 篇

续表

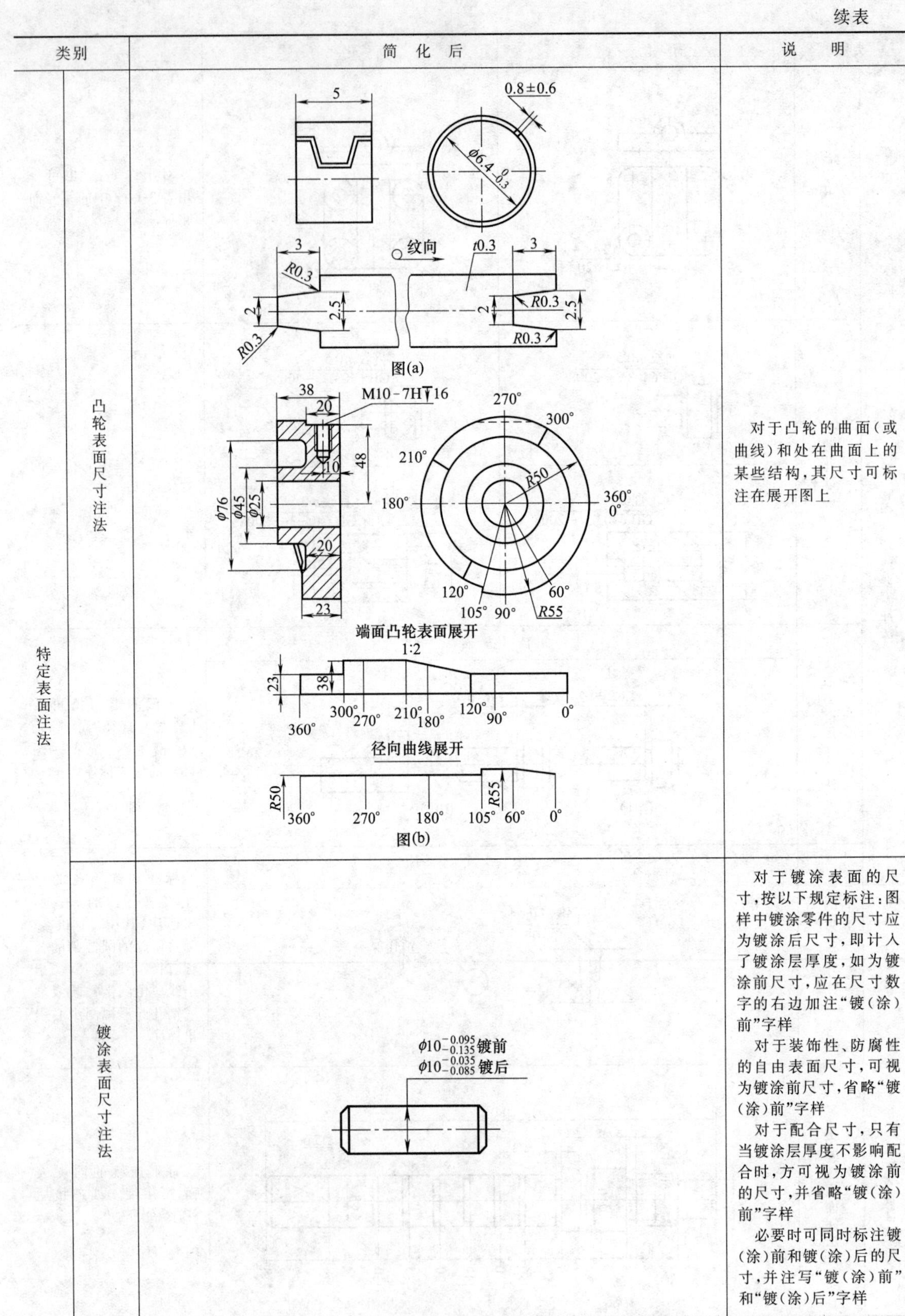

类别		简化后	说明
特定表面注法	凸轮表面尺寸注法	图(a) 图(b)	对于凸轮的曲面(或曲线)和处在曲面上的某些结构,其尺寸可标注在展开图上
	镀涂表面尺寸注法		对于镀涂表面的尺寸,按以下规定标注:图样中镀涂零件的尺寸应为镀涂后尺寸,即计入了镀涂层厚度,如为镀涂前尺寸,应在尺寸数字的右边加注“镀(涂)前”字样 对于装饰性、防腐性的自由表面尺寸,可视为镀涂前尺寸,省略“镀(涂)前”字样 对于配合尺寸,只有当镀涂层厚度不影响配合时,方可视为镀涂前的尺寸,并省略“镀(涂)前”字样 必要时可同时标注镀(涂)前和镀(涂)后的尺寸,并注写“镀(涂)前”和“镀(涂)后”字样

续表

类别		简　化　后	说　　明
特定件尺寸注法	桁架、钢筋、管子长度尺寸注法	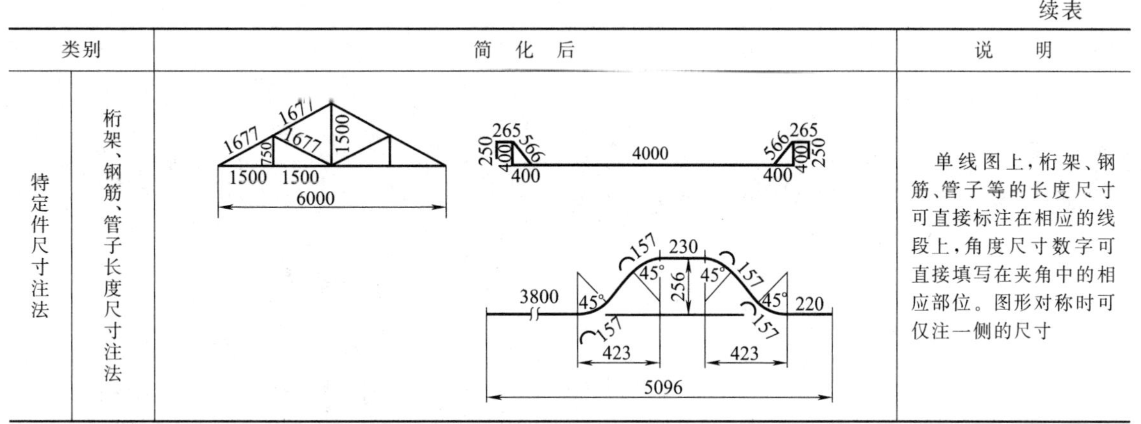	单线图上，桁架、钢筋、管子等的长度尺寸可直接标注在相应的线段上，角度尺寸数字可直接填写在夹角中的相应部位。图形对称时可仅注一侧的尺寸

表 3-1-13　　简化注法——应用举例及与曾用表示方法的对照

项目名称	GB/T 16675.2—1996(GB/T 16675.2—2012)	GB/T 4458.4—1984(曾用)
倒角	C　1：1—角宽；C—45°倒角符号 2×C1：2—两端	1×45°：45°—角度；1—角宽 2-1×45°：2—两端
退刀槽与砂轮越程槽	2×ϕ8：ϕ8—直径；2—槽宽 2×1：1—槽深；2—槽宽 7×1×ϕ7：7—个数	2×ϕ8：ϕ8—直径；2—槽宽 2×1：1—槽深；2—槽宽 7-1×ϕ7：7—个数
方形结构	□　14：14—边长；□—正方形符号 14×14：边长；边长	14×14：边长；边长
沉头用沉孔	⌵　ϕ12.8×90°：90°—沉孔锥角；ϕ12.8—沉孔端面直径；⌵—沉头沉孔符号	沉孔　ϕ12.8×90°：90°—沉孔锥角；ϕ12.8—沉孔端面直径
圆柱头用沉孔	⌴　ϕ12　↧　4.5：4.5—深度；↧—深度符号；ϕ12—直径；⌴—圆柱头沉孔符号	沉孔　ϕ12　深4.5：4.5—深度；ϕ12—直径
锥销孔	2×锥销孔ϕ3：ϕ3—圆锥销公称直径；2—两端	2-锥销孔ϕ3：ϕ3—圆锥销公称直径；2—两端
中心孔	2×B　2.5/8：8—中心孔大端直径；2.5—中心孔直径；B—中心孔型式；2—两端	2-B　2.5/8：8—中心孔大端直径；2.5—中心孔直径；B—中心孔型式；2—两端
成组要素(孔)	8×ϕ4：ϕ4—直径；8—个数 8×ϕ4↧10 / 4 组 8×ϕ4 / EQS	8-ϕ4：ϕ4—直径；8—个数 8-ϕ4 深 10 / 4 组 8-ϕ4 / 均布

续表

项目名称	GB/T 16675.2—1996(GB/T 16675.2—2012)	GB/T 4458.4—1984(曾用)
成组要素(长圆孔槽)	7×15×50 长度 宽度 个数	7-15×50 长度 宽度 个数
矩形花键	⎍ 6×23 H7×26 H10×6 H11 GB/T 1144—2001 标准编号 公差带代号 键宽 公差带代号 大径 公差带代号 小径 键数 矩形花键符号	6×23 H7×26 H10×6 H11 GB/T 1144—2001 标准编号 公差带代号 键宽 公差带代号 大径 公差带代号 小径 键数
渐开线花键	⎍ EXT 24Z×2.5m×30R×5h GB/T 3478.1—1995 标准代号 公差带代号 30°圆齿根 模数 齿数 外花键代号 渐开线花键符号	EXT 24Z×2.5m×30R×5h GB/T 3478.1—1995 标准代号 公差带代号 30°圆齿根 模数 齿数 外花键代号
链式尺寸	4×20±0.1 (=80) 总长 每个间隔长度 间隔数	4×20±0.1 (=80) 总长 每个间隔长度 间隔数
球直(半)径	$S\phi30$ $SR30$ 球半径符号 球直径符号	球$\phi30$ 球$R30$ 球半径 球直径
厚度	t 5 厚度符号	δ 5 厚度符号

1.1.9　尺寸公差与配合的标注（GB/T 4458.5—2003）

表 3-1-14　尺寸公差与配合的标注

线性尺寸公差的标注

线性尺寸的公差标准应按三种形式：当采用公差带代号标注线性尺寸的公差时，公差带的代号应注在公称尺寸的右边[图(a)]。当采用极限偏差标注线性尺寸的公差时，上偏差应注在公称尺寸的右上方；下偏差应与公称尺寸注在同一底线上。上下偏差的数字的字号应比公称尺寸的数字的字号小一号[图(b)]。当同时标注公差带代号和相应的极限偏差时，则后者应加圆括号[图(c)]

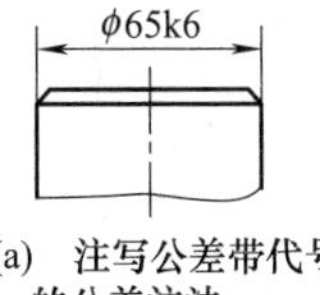

图(a)　注写公差带代号的公差注法

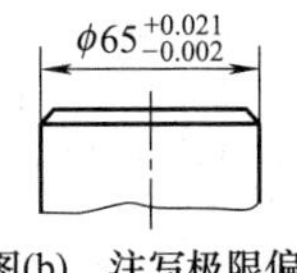

图(b)　注写极限偏差的公差注法

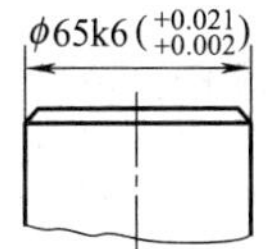

图(c)　注写公差带代号和极限偏差的公差注法

当标注极限偏差时，上下偏差的小数点必须对齐，小数点后右端的“0”一般不予注出；如果为了使上、下偏差值的小数点后的位数相同，可以用“0”补齐。当上偏差或下偏差为“零”时，用数字“0”标出，并与下偏差或上偏差的小数点前的个位数对齐[图(d)～图(f)]。当公差带相对于公称尺寸对称配置，即上下偏差的绝对值相同时，偏差数字可以只注写一次，并应在偏差数字与公称尺寸之间注出符号“±”，且两者数字高度相同[图(g)]

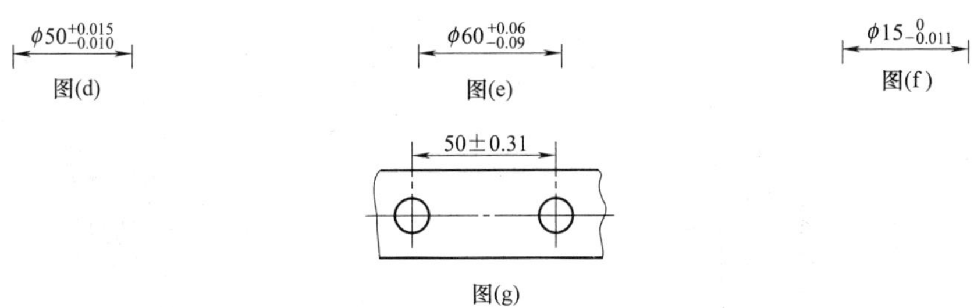

图(d)　图(e)　图(f)

图(g)

当尺寸仅需要限制单个方向的极限时，应在该极限尺寸的右边加注符号“max”或“min”[图(h)]。同一公称尺寸的表面，若有不同的公差时，应用细实线分开，并分别标注其公差[图(i)]

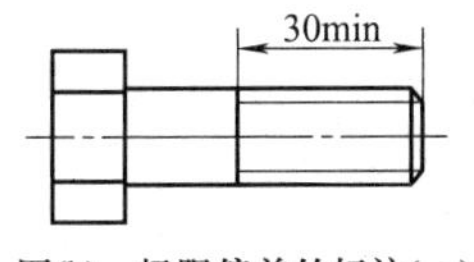

图(h)　极限偏差的标注(一)

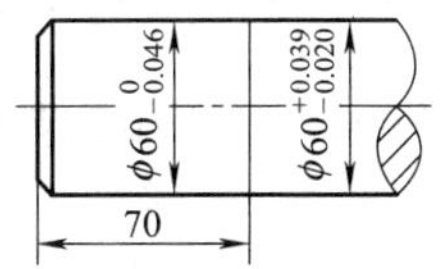

图(i)　极限偏差的标注(二)

如要素的尺寸公差和形状公差的关系需满足包容要求时，应按 GB/T 1182 的规定在尺寸公差的右边加注符号“Ⓔ”。[图(j)、图(k)]

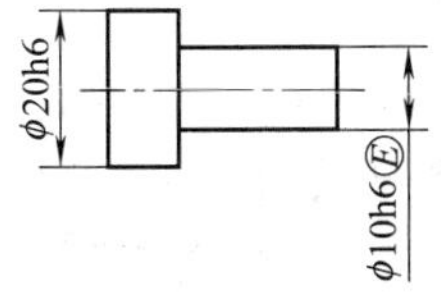

图(j)　线性尺寸公差需满足包容要求的注法(一)

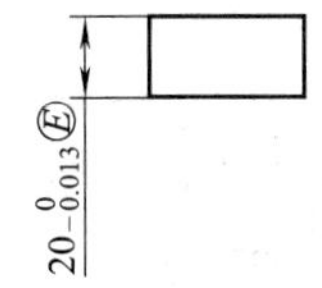

图(k)　线性尺寸公差需满足包容要求的注法(二)

续表

角度公差的标注	角度公差的标注如图(l)所示，其基本规则与线性尺寸公差的标注方法类同 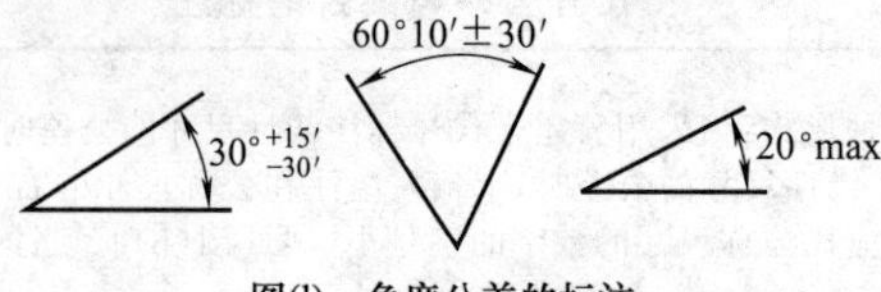 图(l)　角度公差的标注
在装配图上的配合标注	在装配图中标注线性尺寸的配合代号时，必须在基本尺寸的右边用分数的形式注出，分子位置注孔的公差带代号，分母位置注轴的公差带代号[图(m)]。必要时也允许按图(n)或图(o)的形式标注。标注与标准件配合的零件(轴或孔)的配合要求时，可以仅标注该零件的公差带代号[图(p)] 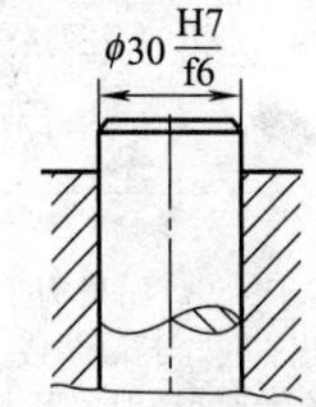 图(m)　线性尺寸的配合代号注法(一) 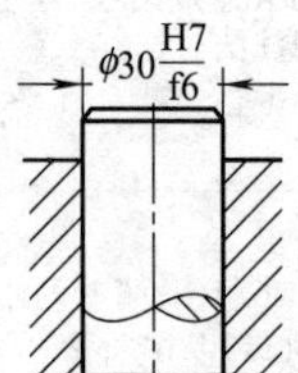 图(n)　线性尺寸的配合代号注法(二) 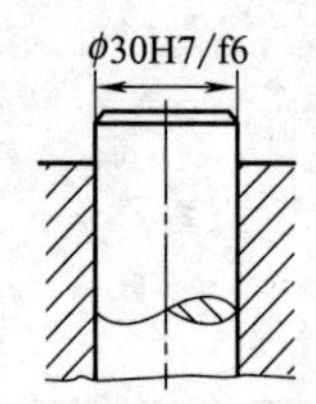 图(o)　线性尺寸的配合代号注法(三) 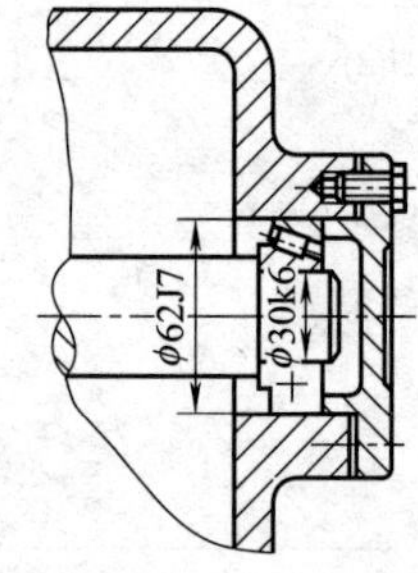 图(p)　标准件、外购件的配合要求的注法
	当某零件需与外购件(均为非标准件)配合时，应按图(m)～图(o)的形式标注

1.1.10　圆锥的尺寸和公差标注（GB/T 15754—1995）

表 3-1-15　　圆锥的尺寸和公差标注

	特征参数及字母符号		锥度 C	圆锥角 α	最大圆锥直径 D	最小圆锥直径 d	给定横截面处圆锥直径 d_x	圆锥长度 L	总长 L'	给定横截面处的长度 L_x
圆锥尺寸注法	尺寸标注	优先方法	1∶5 1/5	35°						
		可选方法	0.2∶1 20%	0.6rad						
	图(a)									

续表

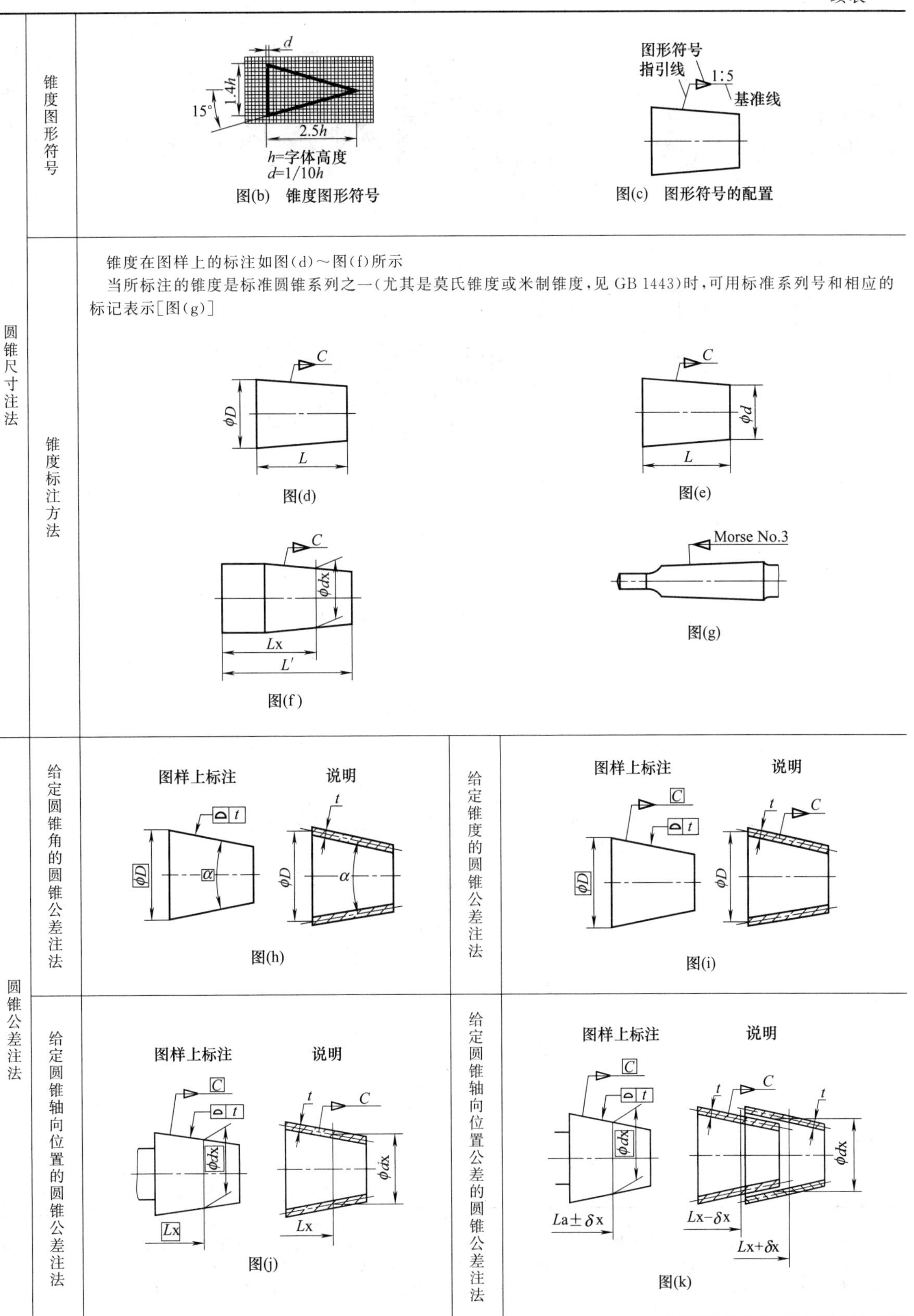

图(b)　锥度图形符号

图(c)　图形符号的配置

图(d)

图(e)

图(f)

图(g)

图(h)

图(i)

图(j)

图(k)

第3篇

续表

<table>
<tr><td rowspan="2">圆锥公差注法</td><td>与基准线有关的圆锥公差注法</td><td>图样上标注　说明
图(l)</td></tr>
<tr><td>相配合的圆锥公差注法</td><td>根据 GB/T 12360 的要求，相配合的圆锥应保证各装配件的径向和(或)轴向位置。标注两个相配圆锥的尺寸及公差时，应确定：具有相同的锥度或圆锥角；标注尺寸公差的圆锥直径的公称尺寸应一致；确定直径[图(ⅰ)]和位置[图(ⅱ)]的理论正确尺寸与两装配件的基准平面有关
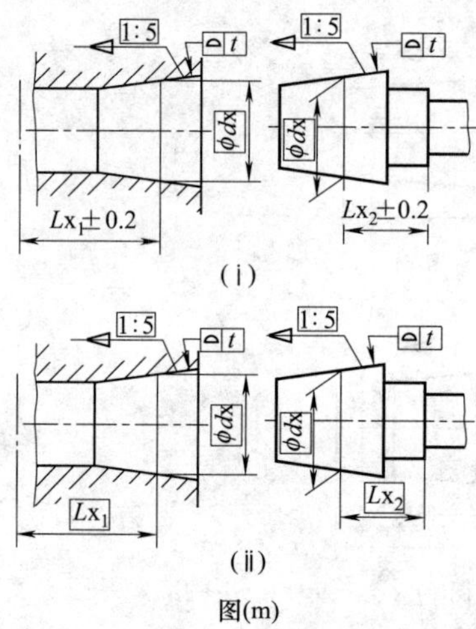

(ⅰ)
(ⅱ)
图(m)</td></tr>
<tr><td rowspan="3">限定条件</td><td colspan="2">必要时，可给出限定条件以保证圆锥实际要素不超过给定的公差带。这些限定条件可在图样上直接给出或在技术要求中说明</td></tr>
<tr><td>附加几何公差要求</td><td>如图(n)所示，圆锥的形状公差一般不单独给出，而是由对应的面轮廓度公差带或圆锥直径公差带限定。只有为了满足某一功能需要，对圆锥的形状公差有更高的要求时，才给出圆锥的形状公差，但它应小于面轮廓度公差 t 或圆锥直径公差 T_D 的一半
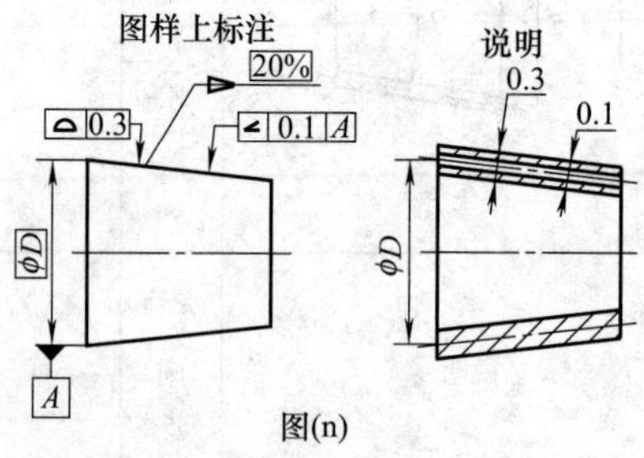

图(n)
注：倾斜度公差带(包括素线的直线度)在轮廓度公差带内浮动</td></tr>
<tr><td>在技术要求中说明</td><td>如：量规涂色检验，接触率大于 80%</td></tr>
</table>

注：本标准规定的是光滑正圆锥的尺寸和公差注法。正圆锥是要求圆锥的锥顶与基本圆锥相重合，且其母线是直的。光滑圆锥是指在机械结构中所使用的具有圆锥结构的工件，这种工件利用圆锥的自动定心、自锁性好、密封性好、间隙或过盈可以自由调整等特点工作，例如圆锥滑动轴承、圆锥阀门、钻头的锥柄、圆锥心轴等。而对于像锥齿轮、锥螺纹、圆锥滚动轴承的锥形套圈等零件，它们虽然也具有圆锥结构，但其功能与前述情况不同，它们的圆锥部分的要求都由该零件的专门标准所确定。

1.1.11　装配图中零、部件序号及编排方法（GB/T 4458.2—2003）

表 3-1-16　装配图中零、部件序号及编排方法

<table>
<tr><td>基本要求</td><td>装配图中所有的零、部件均应编号。装配图中一个部件可以只编写一个序号；同一装配图中相同的零、部件用一个序号，一般只标注一次；多次出现的相同的零部件，必要时也可以重复标注
装配图中零、部件的序号，应与明细栏中的序号一致。装配图中所用的指引线和基准线应按 GB/T 4457.2—2003《技术制图　图样画法　指引线和基准线的基本规定》的规定绘制。装配图中字体的写法应符合 GB/T 14691—1993《技术制图　字体》的规定</td></tr>
<tr><td>序号的编排方法</td><td>装配图中编写零、部件序号的表示方法有以下三种：在水平的基准（细实线）上或圆（细实线）内注写序号，序号字号比该装配图中所注尺寸数字的字号大一号或大两号[图(a)、图(b)]；在指引线的非零件端的附近注写序号，序号字号比该装配图中所注尺寸数字的字号大一号或两号[图(c)]
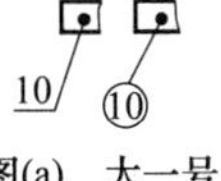

图(a)　大一号
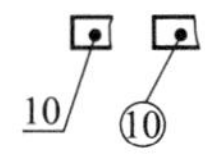

图(b)　大两号

图(c)
同一装配图中编排序号的形式应一致。装配图中序号应按水平或竖直方向排列整齐，可按下列两种方法编排：按顺时针或逆时针方向顺次排列，在整个图上无法连续时，可只在每个水平或竖直方向顺次排列；也可按装配图明细栏中的序号排列，采用此种方法时，应尽量在每个水平或竖直方向顺次排列</td></tr>
<tr><td>指引线的表示方法</td><td>指引线应自所指部分的可见轮廓内引出，并在末端画一圆点[图(a)～图(c)]，若所指部分（很薄的零件或涂黑的剖面）内不便画圆点时，可在指引线的末端画出箭头，并指向该部分的轮廓[图(d)]
一组紧固件以及装配关系清楚的零件组，可以采用公共指引线[图(e)]
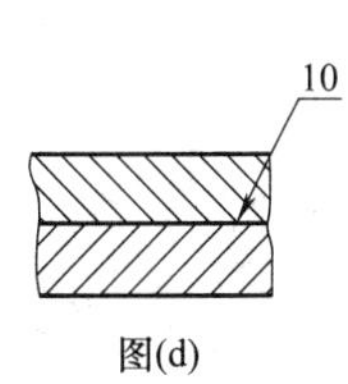

图(d)
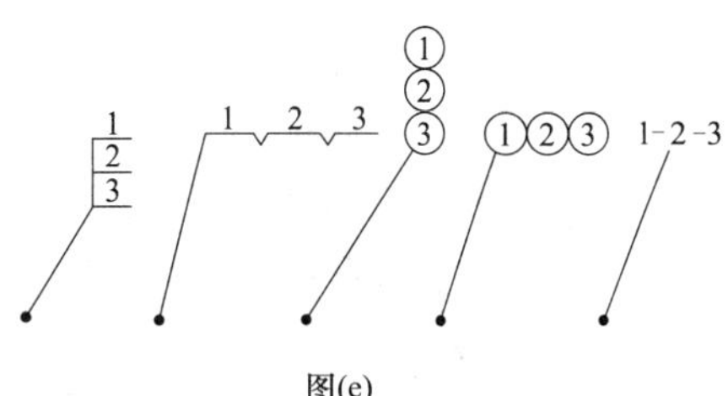

图(e)
指引线不能相交。当指引线通过有剖面线的区域时，它不应与剖面线平行。指引线可以画成折线，但只可曲折一次[图(f)]
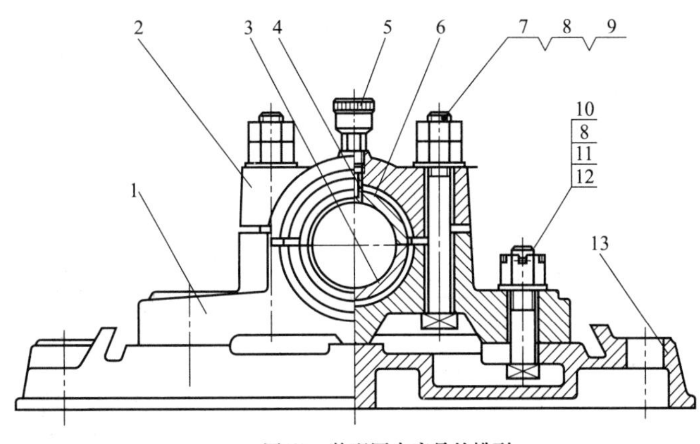

图(f)　装配图中序号的排列</td></tr>
</table>

1.2 图样画法

1.2.1 第一角投影、第三角投影、轴测投影

绘制机械图样是应采用投射线与投影面垂直的正投影法。正投影有单面正投影与多面正投影（物体在多个互相垂直的投影面上的投影）之分，将物体置于第一分角内，并使其处于观察者与投影之间的多面投影称为第一角投影或第一角画法；将物体置于第三分角内，并使投影面处于观察者和物体间的多面投影，称为第三角投影或第三角画法。

根据国家标准（GB/T 14692—2008）规定，我国工程图样按正投影绘制，并优先采用第一角投影，必要时（如合同规定），允许使用第三角画法。

表 3-1-17 第一角投影与第三角投影（GB/T 14692—2008、GB/T 4458.3—2013）

	第一角投影	第三角投影
投射线、物体、投影面之间的关系及展开	将机件置于观察者与投影面之间，形成观察者—机件—投影面的相互关系，如图(a)所示 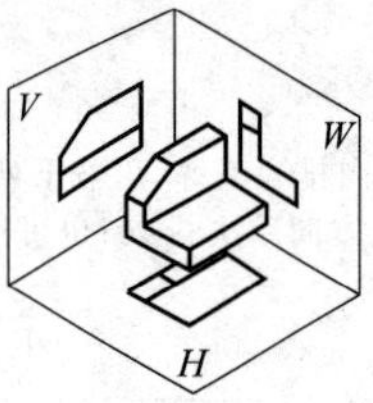 第一角投影 图(a) 保持 V 面不动，将 H 面和 W 面连同其上的图形旋转到与 V 面共面，从而使各视图保持投影对应关系，如图(c)所示 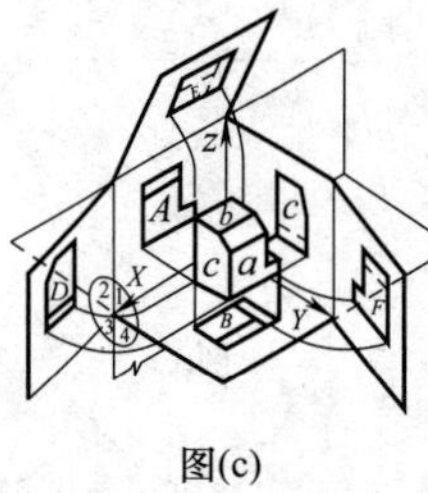 图(c)	将投影面置于观察者与机件之间，如同隔着玻璃观察物体并在玻璃上绘图一样，形成观察者—投影面—机件的相互关系，如图(b)所示 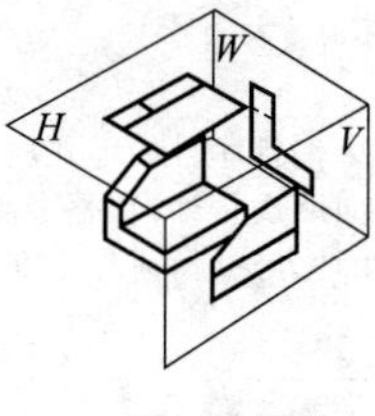 第三角投影 图(b) 投影面的展开方法与第一角投影一致，即保持 V 面不动，将 H 面和 W 面连同其上的图形旋转到与 V 面共面，从而使各视图保持投影对应关系，如图(d)所示 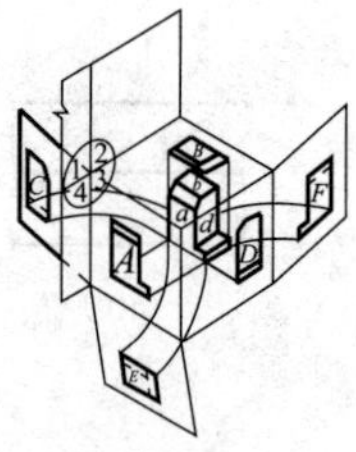 图(d)
基本视图的名称与配置	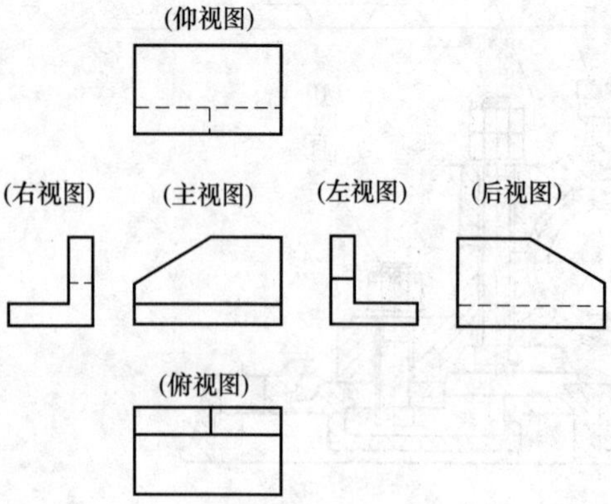 (仰视图) (右视图) (主视图) (左视图) (后视图) (俯视图) 图(e)	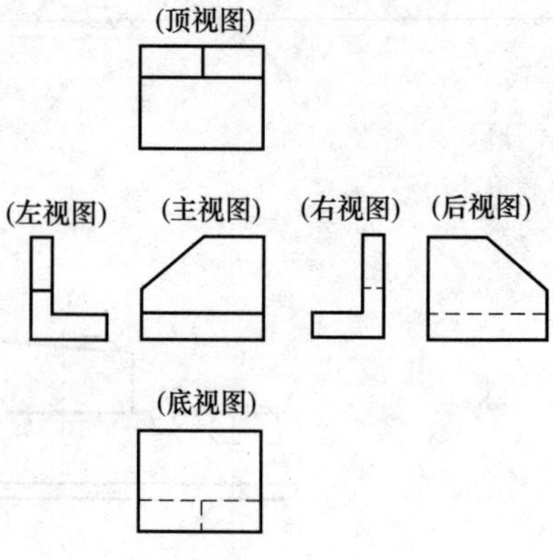 (顶视图) (左视图) (主视图) (右视图) (后视图) (底视图) 图(f)

续表

图样上的识别符号	第一角投影	第三角投影
	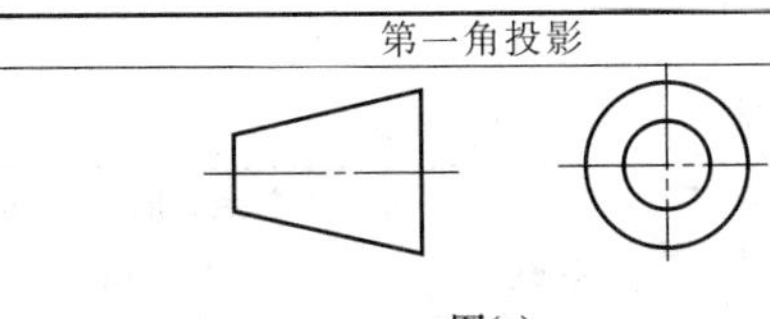 图(g)	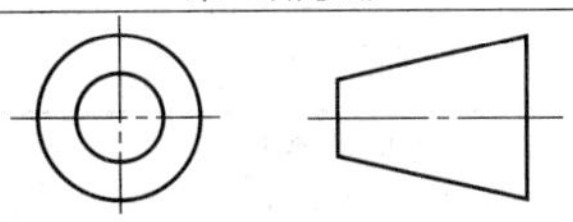 图(h)
	我国规定采用第一角投影，在图样中此符号省略不画	采用第三角投影时，必须在图样中画出识别符号

轴测投影			正轴测图			斜轴测图		
	特性		投射线与投影面垂直			投射线与投影面倾斜		
	轴测类型		等测投影	二测投影	三测投影	等测投影	二测投影	三测投影
	简称		正等测	正二测	正三测	斜等测	斜二测	斜三测
	应用举例	伸缩系数	$p_1=q_1=r_1=0.82$	$p_1=r_1=0.94$ $q_1=p/2=0.47$	视具体要求选用	视具体要求选用	$p_1=r_1=1$ $q_1=0.5$	视具体要求选用
		简化系数	$p_1=q_1=r_1=1$	$p_1=r_1=1$ $q_1=p/2=0.5$			无	
		轴间角	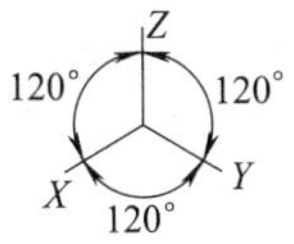 Z 120° 120° X Y 120° 图(i)	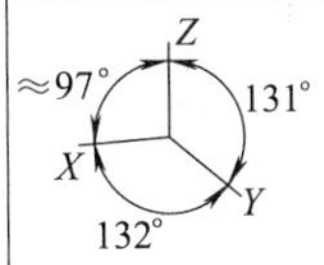 Z ≈97° 131° X Y 132° 图(j)			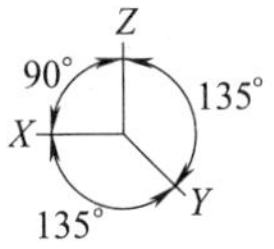 Z 90° 135° X Y 135° 图(k)	
		例图	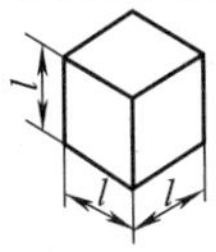 图(l)	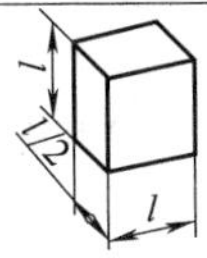 图(m)			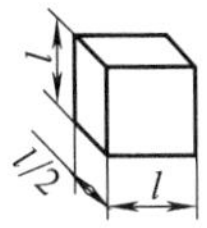 图(n)	
	注：轴向伸缩系数之比值应采用简化的数值，以便于作图							

轴测图的剖切画法

表示零件的内部形状时可假想用剖切平面将零件的一部分剖去，各种轴测图中剖面线应按规定画出，如图(o)和图(p)所示

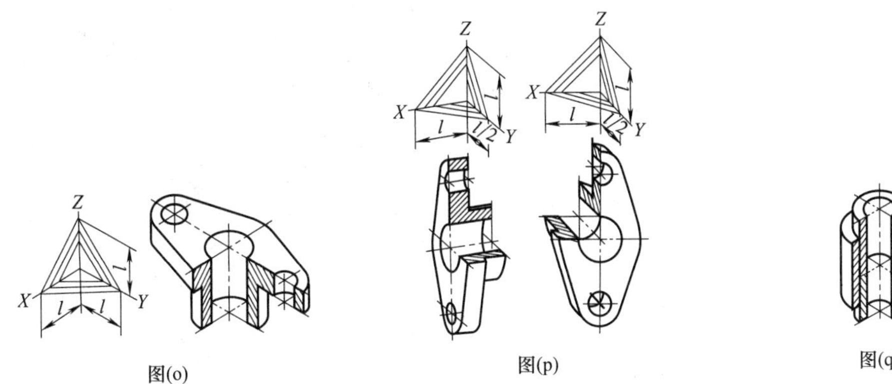

图(o)　图(p)　图(q)

在轴测装配图中可用将剖面线画成方向相反或不同的间隔的方法来区别相邻的零件图，如图(q)所示

剖切平面通过零件的肋或薄壁等结构的纵向对称平面时，这些结构都不画剖面符号，而用粗实线将其与邻接部分分开，如图(r)所示；在图中表现不够清晰时，允许在肋或薄壁部分用细点表示被剖切部分，如图(s)所示；表示零件中间折断或局部断裂时，断裂处的边界线应画波浪线，并在可见断裂面内加画细点以代替剖面线，如图(t)和图(u)所示

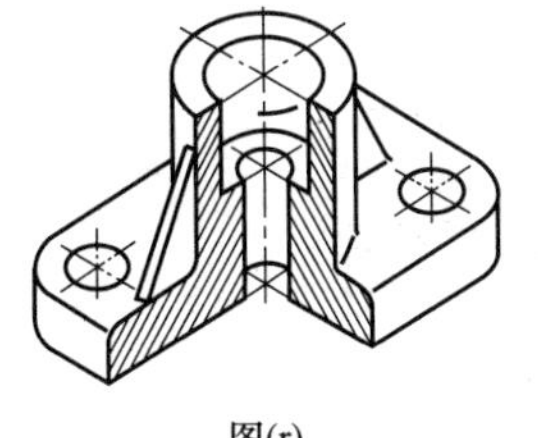

图(r)

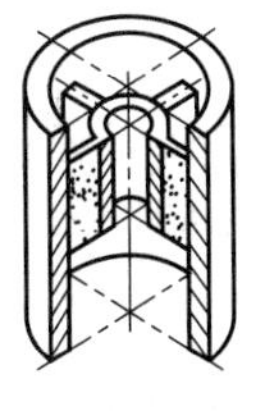

图(s)

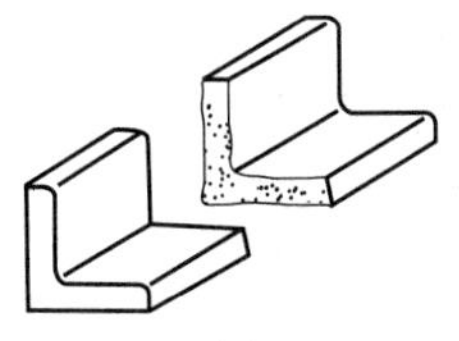

图(t)

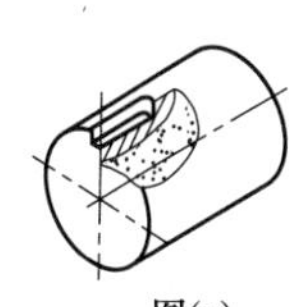

图(u)

1.2.2　视图

表 3-1-18　　视图（GB/T 4458.1—2002、GB/T 17451—1998、GB/T 14692—2008）

基本视图	基本视图是物体向基本投影面投射所得的视图。六个基本视图(见 GB/T 14692—2008)的配置关系如图(a)所示。在同一张图纸内按图(a)配置视图时,可不标注视图的名称 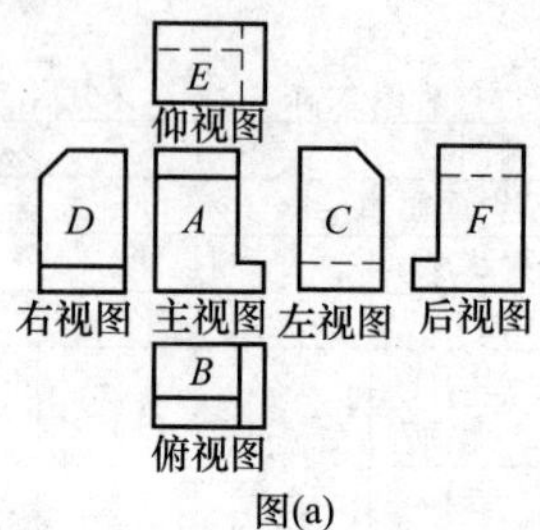 图(a)
向视图	向视图是可自由配置的视图。根据专业的需要,只允许从以下两种表达方式中选择一种 ①在向视图的上方标注“×”(“×”为大写拉丁字母),在相应视图的附近用箭头指明投射方向,并标注相同的字母[图(b)] ②在视图下方(或上方)标注图名。标注图名的各视图的位置,应根据需要和可能,按相应的规则布置[图(b)中的(ⅱ)] 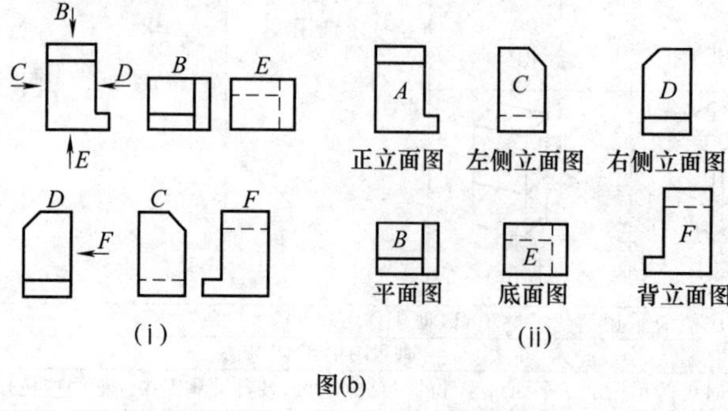 图(b)
局部视图	局部视图是将物体的某一部分向基本投影面投射所得的视图。局部视图可按基本视图的配置形式[图(c)的俯视图];也可按向视图的配置形式配置并标注[图(d)]。画局部视图时,其断裂边界用波浪线或双折线绘制,见图(c)和图(d)中的 *A* 向视图。当所表示的外轮廓成封闭时,则不必画出其断裂边界线,见图(d)中的 *B* 向视图 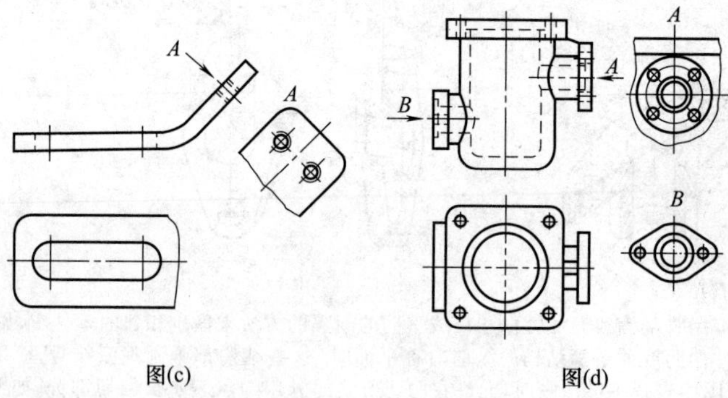 图(c)　　图(d) 为了节省绘图时间和图幅,对称构件或零件的视图可只画一半或 1/4,并在对称中心线的两端画出两条与其垂直的平行细实线(见 GB/T 17450—1998),如图(e)～图(g)所示 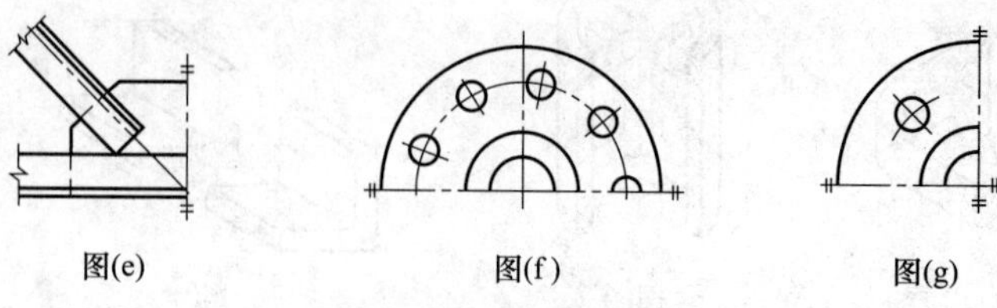 图(e)　　图(f)　　图(g)

第3篇

续表

局部视图(GB/T 4458.1—2002)		局部视图按第三角画法(见 GB/T 14692—2008)配置在视图上所需表示物体局部结构的附近,并用细点画线将二者相连,见图(h)～图(k) 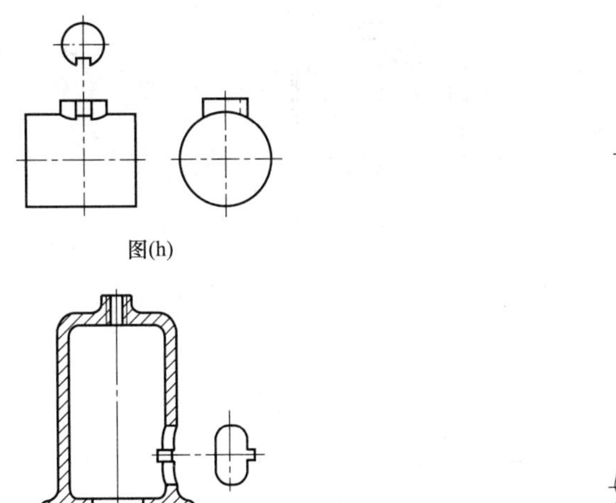 图(h) 图(j) 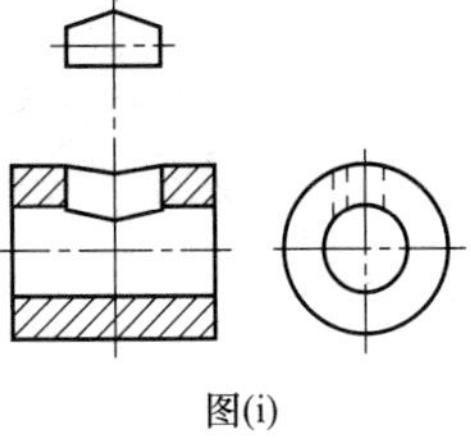 图(i) 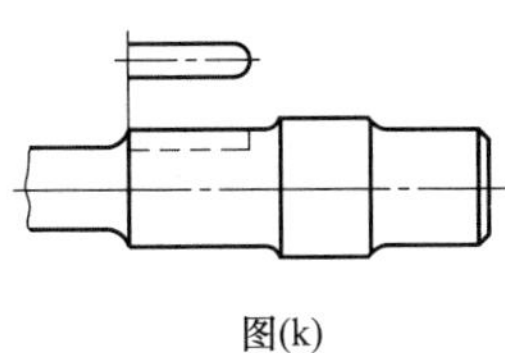 图(k) 标注局部视图时,通常在其上方用大写的拉丁字母标出视图的名称,在相应视图附近用箭头指明投射方向,并注上相同的字母。当局部视图按其本视图配置,中间又没有其他图形隔开时,则不必标出
斜视图		斜视图是物体向不平行于基本投影面的平面投影所得的视图。斜视图通常按向视图的配置形式配置并标注[图(l)]。必要时,允许将斜视图旋转配置并标注旋转符号。表示该视图名称的大写拉丁字母应靠近旋转符号的箭头端[图(m)],也允许将旋转角度标注在字母之后[图(n)] 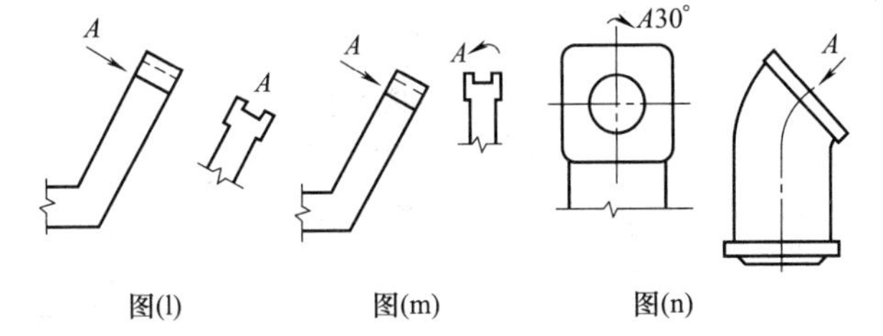 图(l) 图(m) 图(n)
视图其他表示法(GB/T 4458.1—2002)	相邻的辅助零件与特定区域	相邻的辅助零件用细双点画线绘制。相邻的辅助零件不应覆盖主要零件,而可以被主要零件遮挡[图(o)、图(p)],相邻的辅助零件的断面不画剖面符号 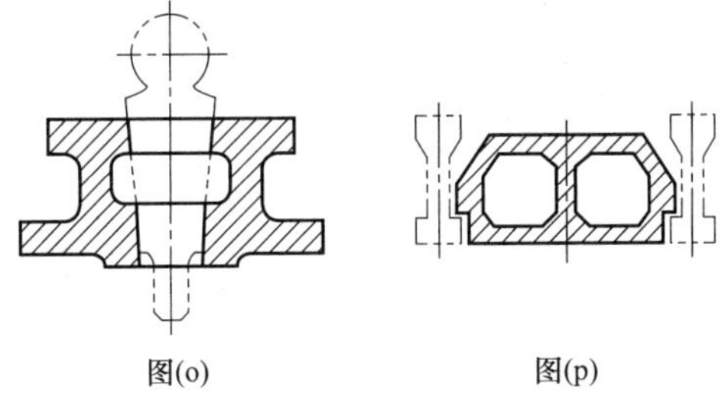 图(o) 图(p)
		当轮廓线无法明确绘制时,则其特定的封闭区域应用细双点画线绘制[图(q)] 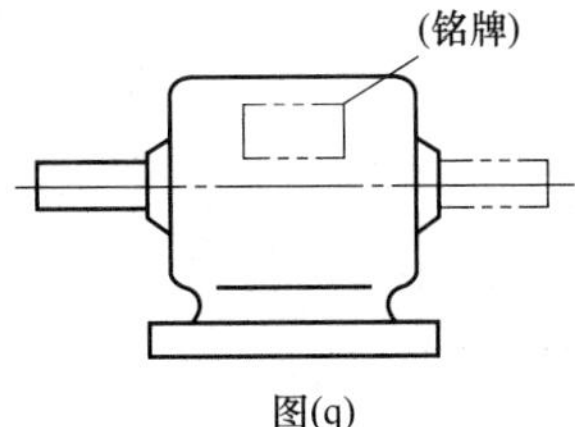 图(q)

第3篇

第3篇

续表

<table>
<tr>
<td rowspan="5">视图其他表示法(GB/T 4458.1—2002)</td>
<td rowspan="2">表面交线</td>
<td>过渡线应用细实线绘制，且不宜与轮廓线相连，见图(r)
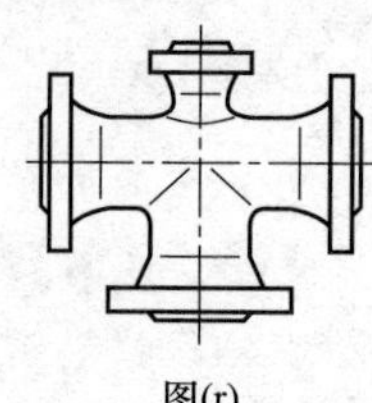
图(r)</td>
</tr>
<tr>
<td>可见相贯线用粗实线绘制，见图(s)。不可见相贯线用细虚线绘制。相贯线的简化画法按 GB/T 16675.1—2012 的规定，见图(s)中的细虚线。但当使用简化画法会影响对图形的理解时，则应避免使用
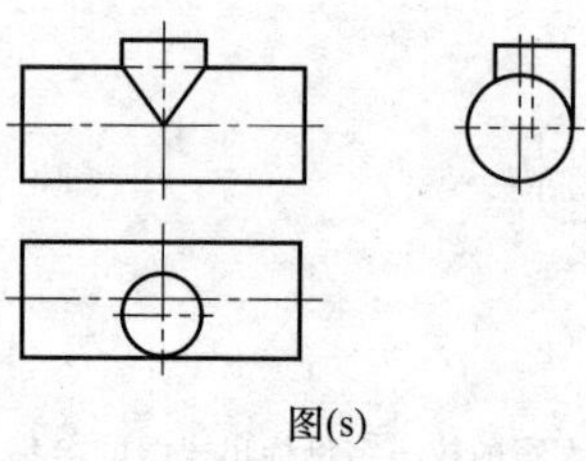
图(s)</td>
</tr>
<tr>
<td>平面画法</td>
<td>为了避免增加视图、剖视图，可用细实线绘出对角线表示平面，见图(t)和图(u)
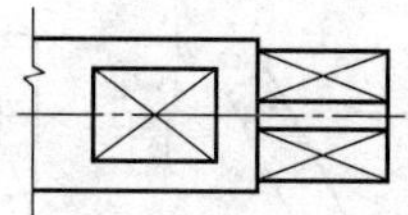
图(t) 轴上矩形平面画法
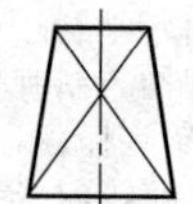
图(u) 梯形平面画法</td>
</tr>
<tr>
<td>断裂画法</td>
<td>较长的机件(轴、杆、型材、连杆等)沿长度方向的形状一致或按一定规律变化时，可断开绘制，其断裂边界用波浪线绘制，见图(v)和图(w)。断裂边界也可用双折线或细双点画线绘制
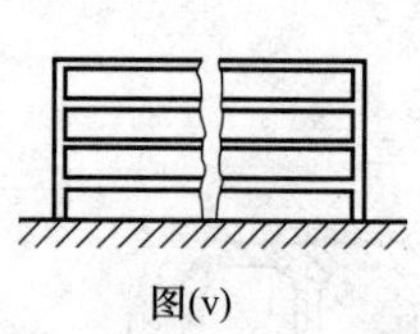
图(v)
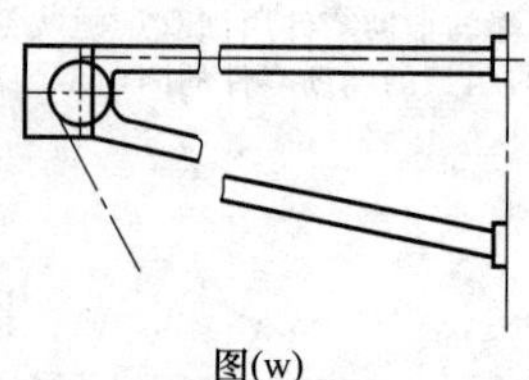
图(w)</td>
</tr>
<tr>
<td>重复结构要素</td>
<td>零件中成规律分布的重复结构，允许只绘制出其中一个或几个完整的结构，并反映其分布情况。重复结构的数量和类型的表示应遵循 GB/T 4458.4—2003 中的有关要求
对称的重复结构用细点画线表示对称结构要素的位置，见图(x)和图(y)。不对称的重复结构则用相连的细实线代替，见图(z)
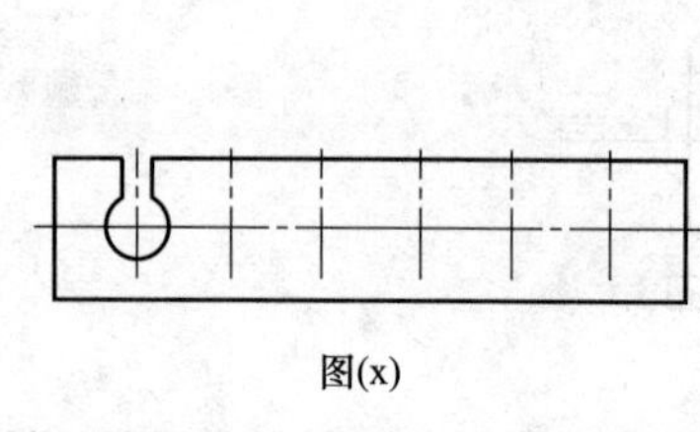
图(x)
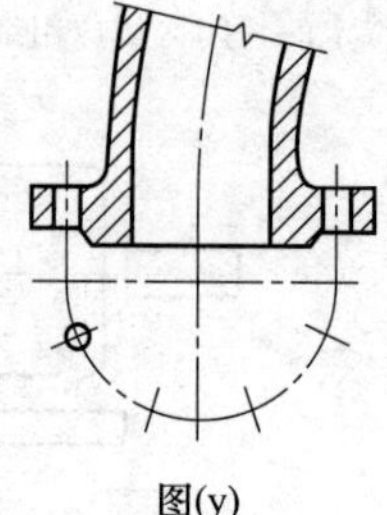
图(y)
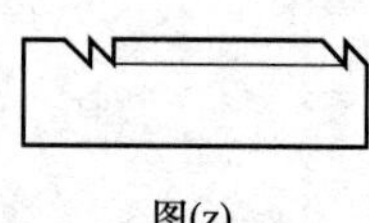
图(z)</td>
</tr>
</table>

续表

视图其他表示法(GB/T 4458.1—2002)

局部放大图

局部放大图是指将机件的部分结构，用大于原图形所采用的比例画出的图形。局部放大图可画成视图，也可画成剖视图、断面图，它与被放大部分的表示方法无关，见图(a′)。局部放大图应尽量配置在被放大部位的附近。绘制局部放大图时，除螺纹牙型、齿轮和链轮的齿形外，应按图(a′)、图(b′)所示用细实线圈出被放大的部位。当同一机件上有几个被放大的部分时，应用罗马数字依次表明被放大的部位，并在局部放大图的上方标注出相应的罗马数字和所采用的比例，见图(a′)

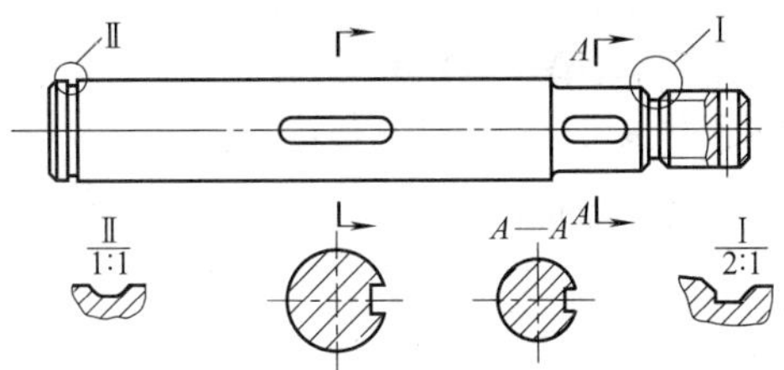

图(a′) 有几个被放大部分的局部放大图画法

当机件上被放大的部分仅一个时，在局部放大图的上方只需标明所采用的比例，见图(b′)

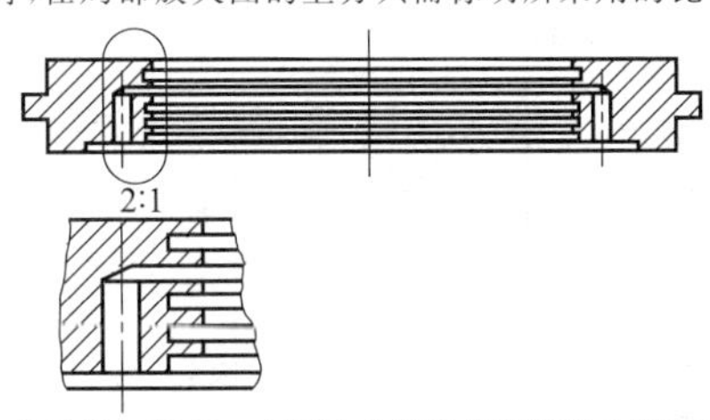

图(b′) 仅有一个被放大部分的局部放大图画法

同一机件上不同部位的局部放大图，当图形相同或对称时，只需画出一个，见图(c′)

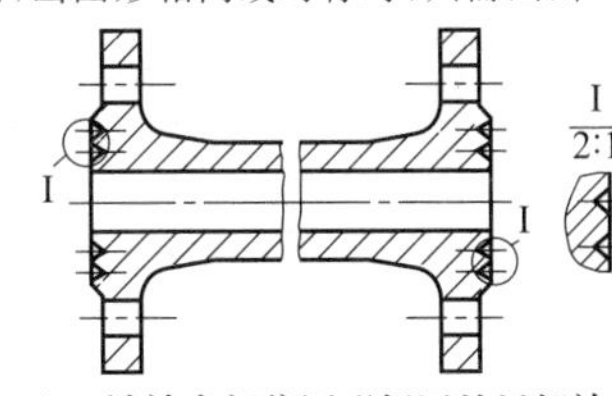

图(c′) 被放大部位图形相同的局部放大图画法

必要时可用几个图形来表达同一个被放大部位的结构，见图(d′)

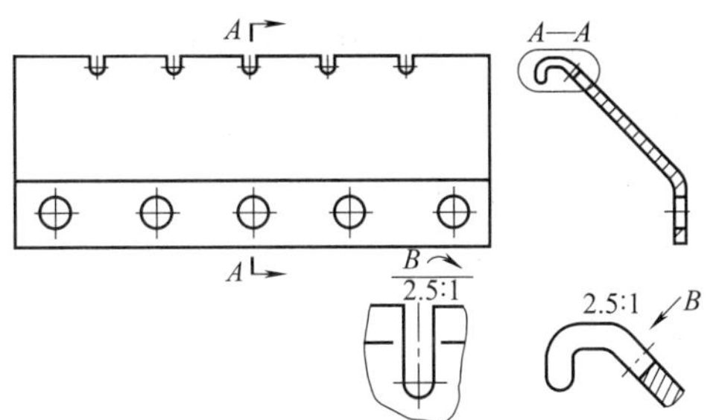

图(d′) 用几个图形表达同一个被放大部位的局部放大图画法

初始轮廓与弯折线

当有必要表示零件成形前的初始轮廓时，应用细双点画线绘制，见图(e′)

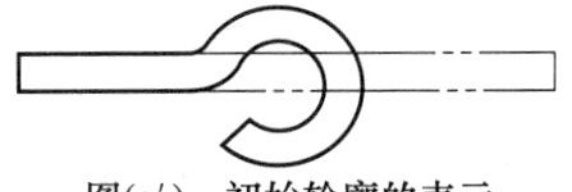

图(e′) 初始轮廓的表示

弯折线在展开图中应用细实线绘制，见图(f′)

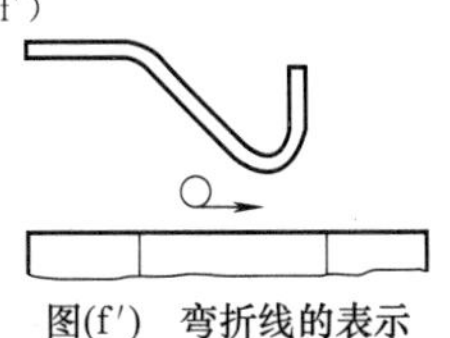

图(f′) 弯折线的表示

续表

视图其他表示法(GB/T 4458.1—2002)	较小斜度和锥度结构	机件上斜度和锥度等较小的结构，如在一个图形中已表达清楚时，其他图形可按小端画出，见图(g′)、图(h′) 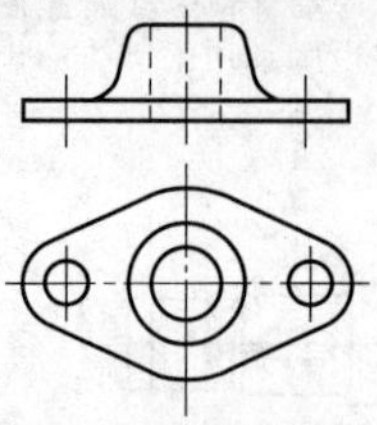 图(g′) 较小锥度的画法 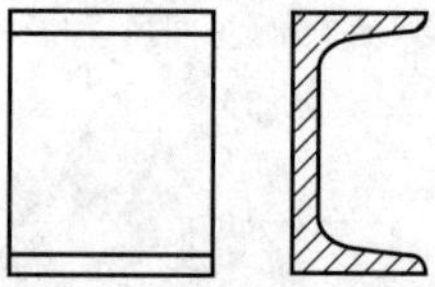 图(h′) 较小斜度的画法	
	透明件与运动件	透明材料制成的零件按不透明绘制，见图(i′) 在装配图中，供观察用的透明材料后的零件按可见轮廓线绘制，见图(j′) 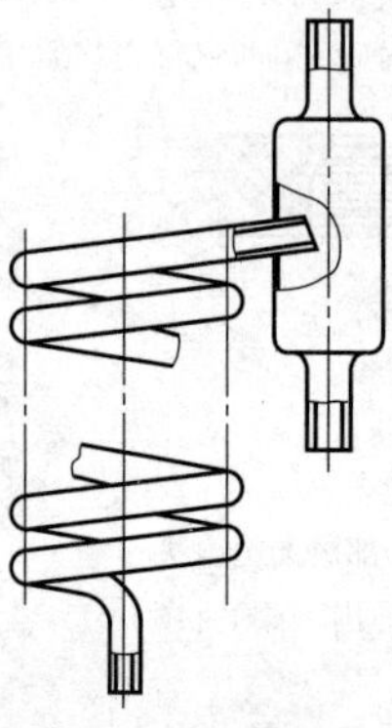 图(i′) 透明件的画法  图(j′) 供观察用的透明件的表示	在装配图中，运动零件的变动和极限状态，用细双点画线表示，见图(k′) 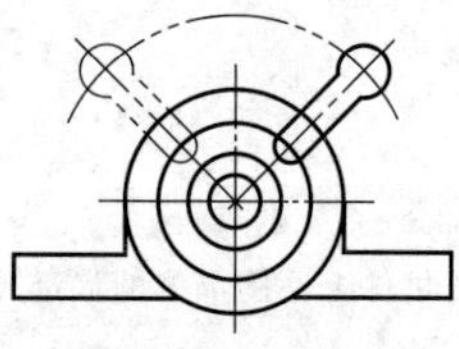 图(k′) 运动件的表示
	成形零件和毛坯件	允许用细双点画线在毛坯图中画出完工零件的形状，或者在完工零件图上画出毛坯的形状，见图(l′)、图(m′) 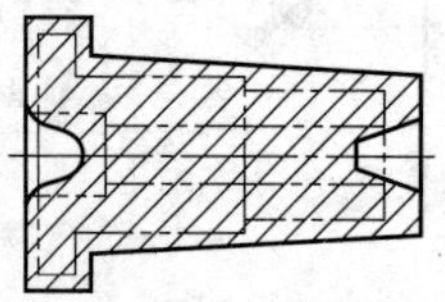 图(l′) 在毛坯图中表示完工零件的画法 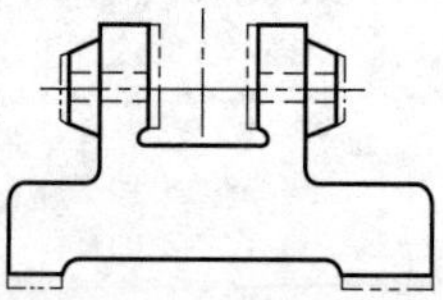 图(m′) 在完工零件图上表示毛坯的画法	
	分隔的相同元素的制成件和网状结构	分隔的相同元素的制成件，可局部地用细实线表示其组合情况，见图(n′) 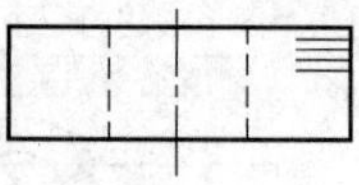 图(n′)	
		滚花、槽沟等网状结构应用粗实线完全或部分地表示出来，见图(o′) 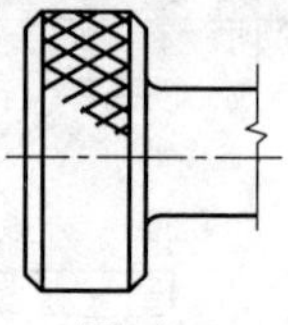 图(o′)	

第3篇

续表

视图其他表示法(GB/T 4458.1—2002)	纤维方向	材质的纤维方向和轧制方向，一般不必示出，必要时，应用带箭头的细实线表示，见图(p′)、图(q′) 纤维方向　　轧制方向 图(p′)　　图(q′)
	零件图中有两个或两个以上相同视图的表示	一个零件上有两个或两个以上图形相同的视图，可以只画一个视图，并用箭头、字母和数字表示其投射方向和位置，见图(r′)、图(s′) 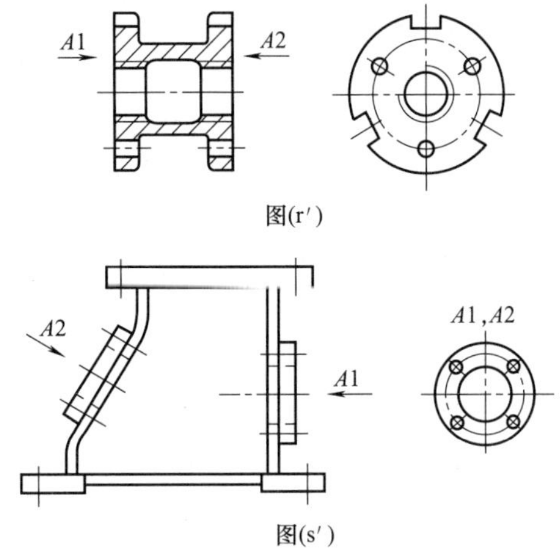 图(r′) 图(s′)
	镜像零件	对于左右手零件或装配件，可用一个视图表示，并按 GB/T 16675.1—2012 在图形下方注写必要的说明，见图(t′) 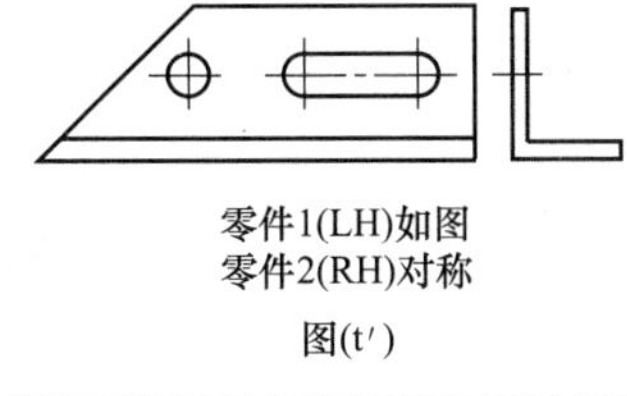 零件1(LH)如图 零件2(RH)对称 图(t′)

注：1. GB/T 4458.1—2002 规定，本部分适用于在机械制图中用正投影法（见 GB/T 14692）绘制的技术图样，图样画法为第一角画法。在 GB/T 17451—1998 中规定优先采用第一角画法，必要时可按 GB/T 14692—2008 的规定选用第三角画法，二者不矛盾。

2. 视图的简化画法见 GB/T 16675.1—2012。

1.2.3　剖视图和断面图

剖视图是假想用剖切面剖开物体，将处在观察者和剖切面之间的部分移去，而将其余部分向投影面投射所得的图形。剖视图可简称为剖视。

断面图是假想用剖切面将物体的某处切断，仅画出该剖切面与物体接触部分的图形。断面图可简称为断面。

剖面区域是用假想剖切面剖切物体，剖切面与物体的接触部分。

表 3-1-19　剖视图和断面图基本概念（GB/T 17452—1998）

剖切面的分类	根据物体的结构特点，可选择以下剖切面剖开物体： ①单一剖切面(平面或柱面)[图(a)、图(b)] ②几个平行的剖切平面[图(c)] ③几个相交的剖切面[交线垂直于某一投影面，图(d)]

第3篇

续表

剖切面的分类		 图(a) 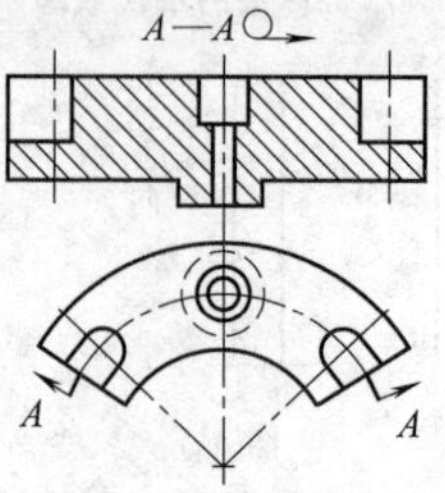　图(b) 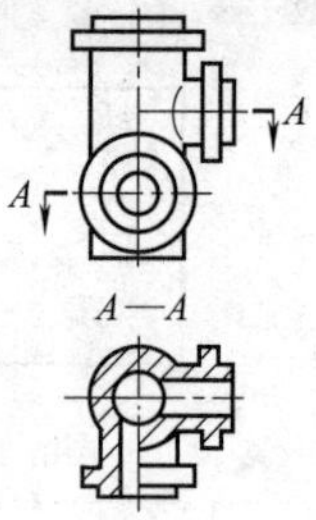　图(c) 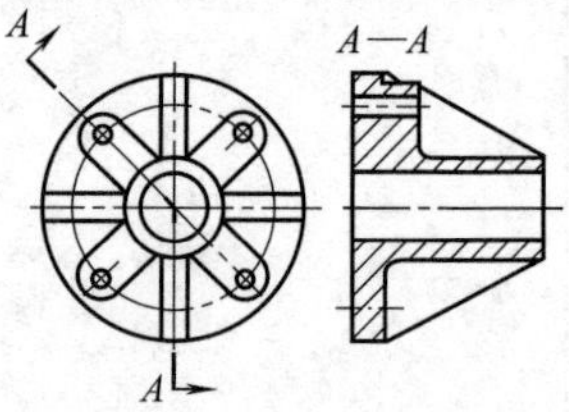　图(d)
剖视图的分类	全剖视图	用剖切面完全地剖开物体所得的剖视图[图(e)] 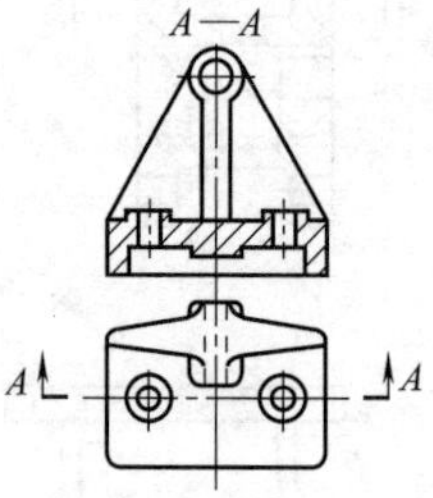 图(e)
	半剖视图	当物体具有对称平面时，向垂直于对称平面的投影面上投射所得的图形，可以对称中心线为界，一半画成剖视图，另一半画成视图[图(f)] 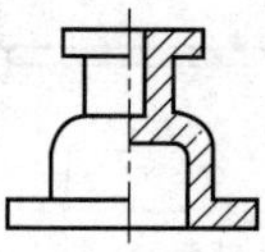 图(f)
	局部剖视图	用剖切面局部地剖开物体所得的剖视图[图(g)] 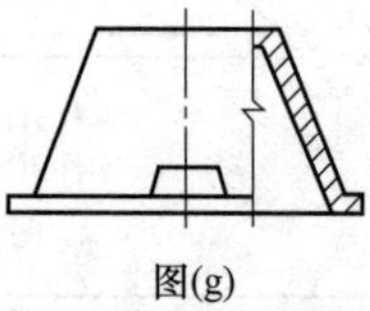 图(g)
断面图的分类	移出断面图	移出断面图的图形应画在视图之外，轮廓线用粗实线绘制，配置在剖切线的延长线上[图(h)]或其他适当的位置 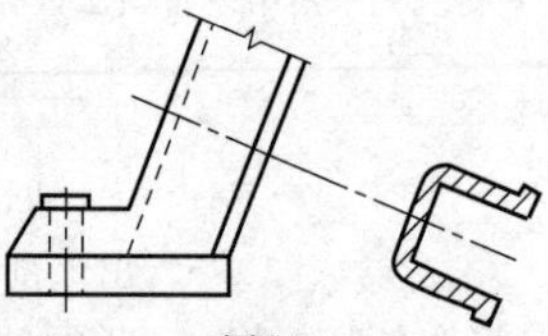 图(h)
	重合断面图	重合断面图的图形应画在视图之内，断面轮廓线用实线[通常机械类制图用细实线，如图(i)所示；建筑类制图用粗实线]绘出。当视图中轮廓线与重合断面图的图形重叠时，视图中的轮廓线仍应连续画出，不可间断 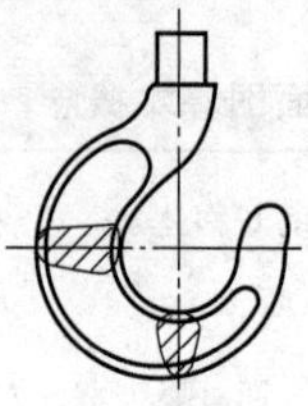 图(i)

续表

<table>
<tr><td>剖视图和断面图的标注</td><td>一般应标注剖视图或移出断面图的名称"×—×"(×为大写拉丁字母或阿拉伯数字)。在相应的视图上用剖切符号和箭头表示剖切位置和投射方向,并标注相同的字母或数字
剖切符号、剖切线和字母的组合标注如图(j)所示。剖切线也可省略不画,如图(k)所示
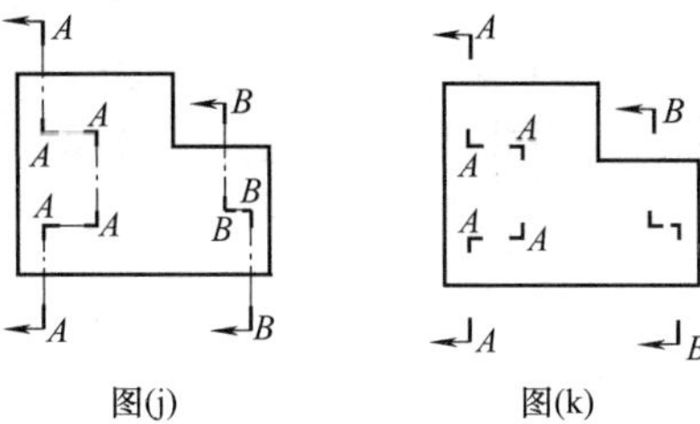
图(j)　图(k)</td></tr>
</table>

表 3-1-20　**剖视图和断面图**（GB/T 4458.6—2002）

<table>
<tr><td>基本要求</td><td>GB/T 17451、GB/T 4458.1 中基本视图的配置规定同样适用于剖视图和断面图[图(a)中的 A—A、图(b)中的 B—B]。剖视图和断面图也可按投影关系配置在与剖切符号相对应的位置[图(b)中的 A—A],必要时允许配置在其他适当位置
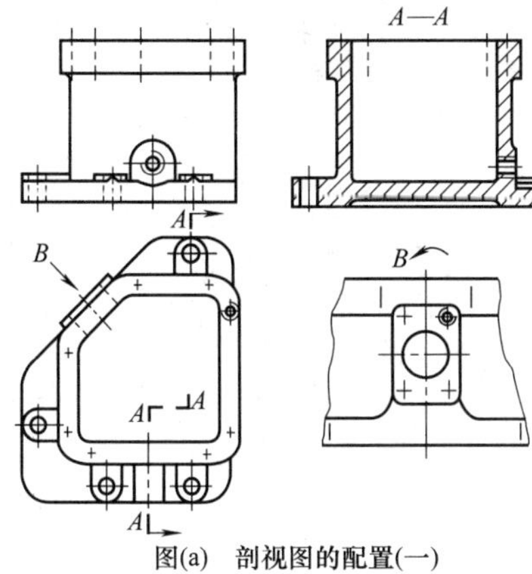
图(a)　剖视图的配置(一)
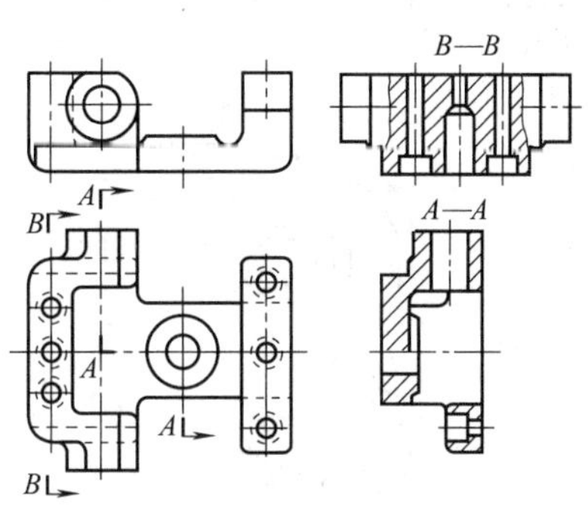
图(b)　剖视图的配置(二)</td></tr>
<tr><td>剖视图</td><td>采用单一剖切平面剖切立体[图(c)、图(d)]
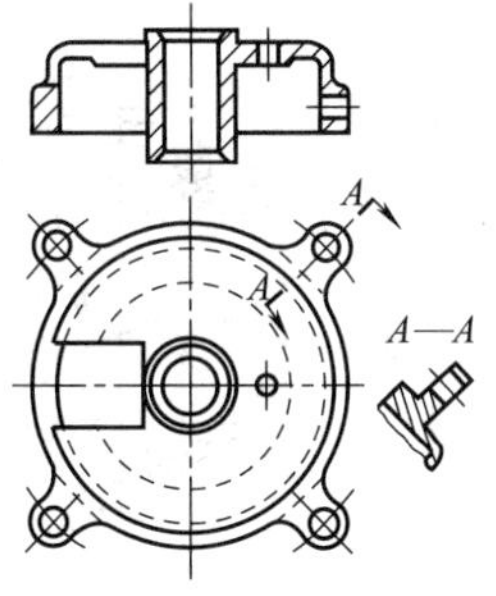
图(c)　单一剖切平面获得的剖视图(一)
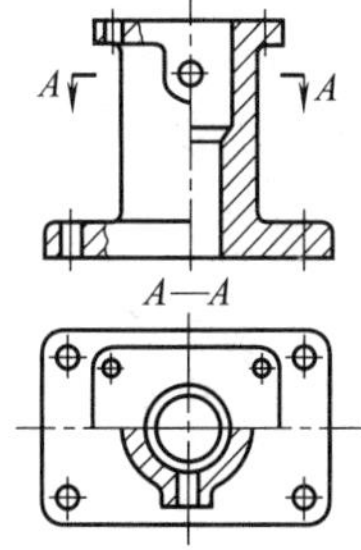
图(d)　单一剖切平面获得的剖视图(二)
采用单一柱面剖切机件时,剖视图一般应展开绘制[图(e)中的 B—B]
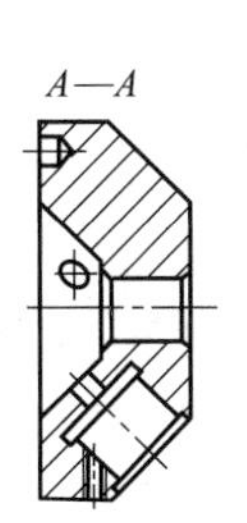
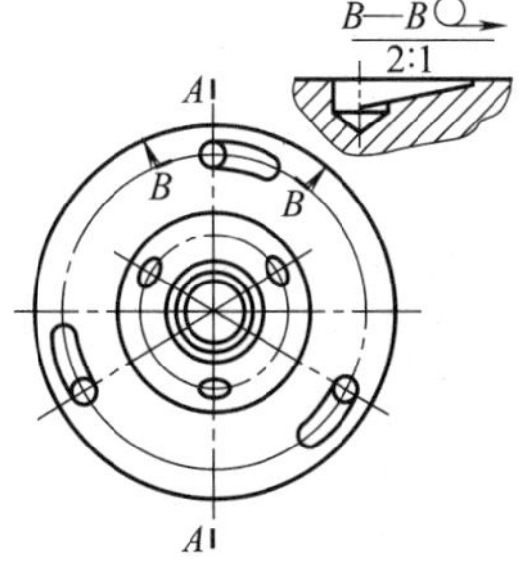
图(e)　单一剖切柱面获得的剖视图</td></tr>
</table>

第3篇

续表

剖视图

用几个平行的剖切面获得的剖视图见图(f)，采用这种方法画剖视图时，在图形内不应出现不完整的结构要素，仅当两个要素在图形上具有公共对称中心线或轴线时，可以各画一半，此时应以对称中心线或轴线为界[图(g)]

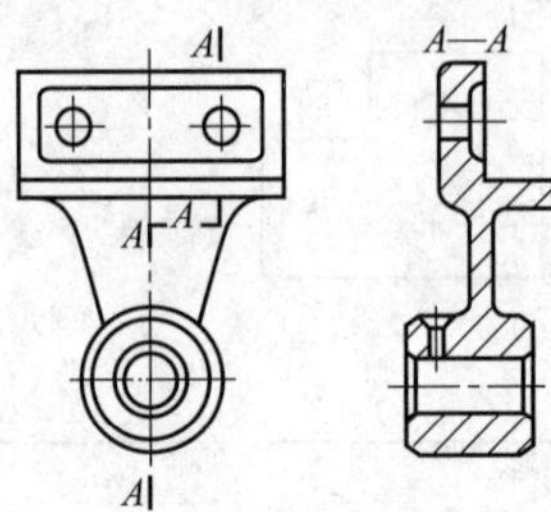

图(f)　两个平行剖切平面获得的剖视图

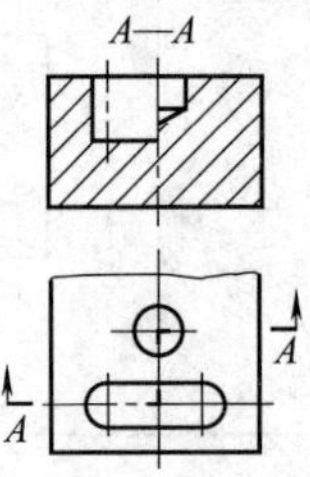

图(g)　具有公共对称中心线的剖视图

用几个相交的剖切平面获得的剖视图应旋转到一个投影平面上[图(h)、图(i)]。采用这种方法画剖视图时，先假想按剖切位置剖开机件，然后将被剖切平面剖开的结构及其有关部分旋转到与选定的投影面平行再进行投射[图(j)～图(l)]；或采用展开画法，此时应标注"×—×○"[图(m)]。在剖切平面后的其他结构，一般仍按原来位置投射[图(n)中的油孔]。当剖切后产生不完整要素时，应将此部分按不剖绘制[图(o)中的臂]

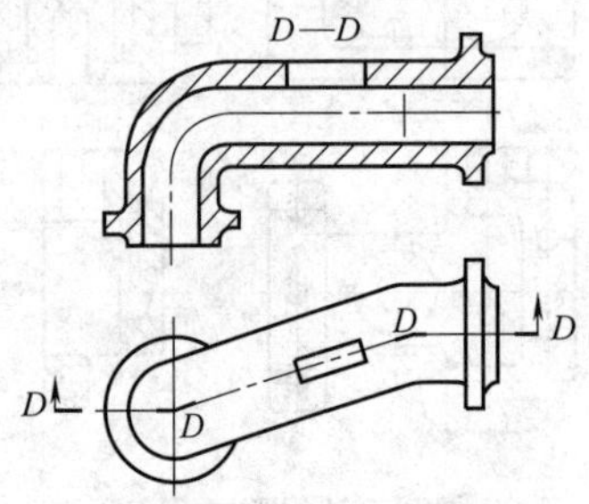

图(h)　用几个相交的剖切平面获得的剖视图(一)

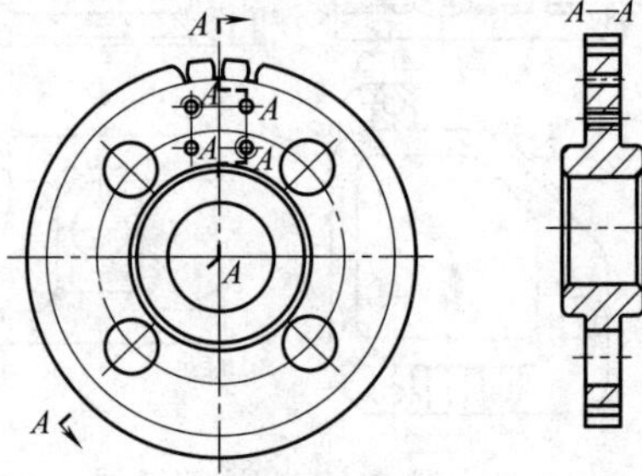

图(i)　用几个相交的剖切平面获得的剖视图(二)

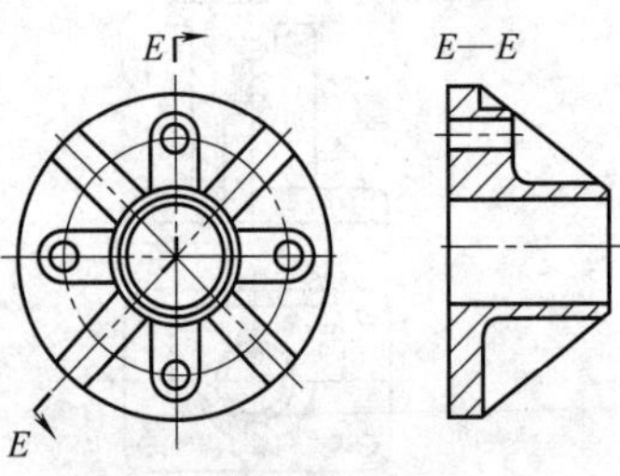

图(j)　旋转绘制的剖视图(一)

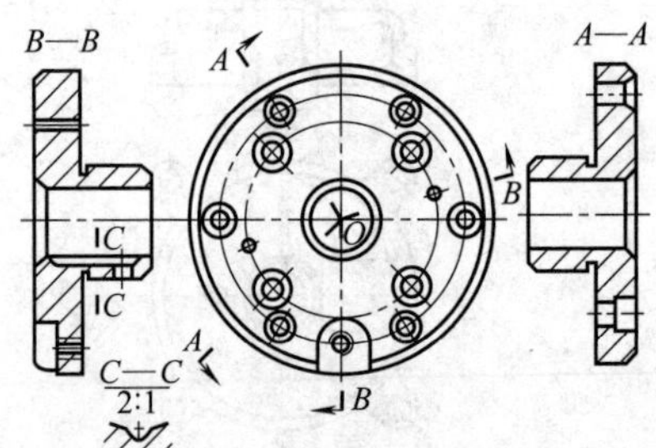

图(k)　旋转绘制的剖视图(二)

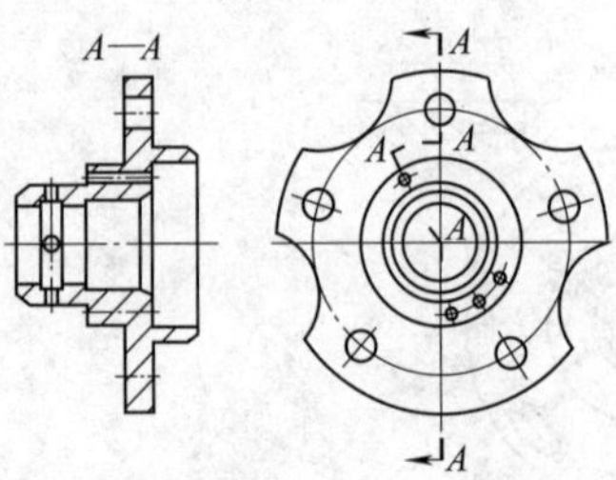

图(l)　旋转绘制的剖视图(三)

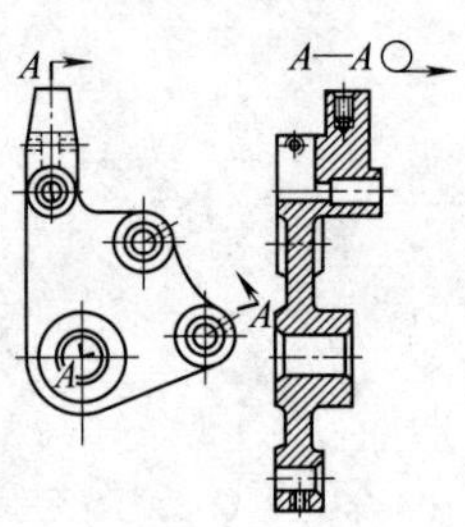

图(m)　展开绘制的剖视图

续表

剖视图

图(n) 剖切平面的其他结构的处理

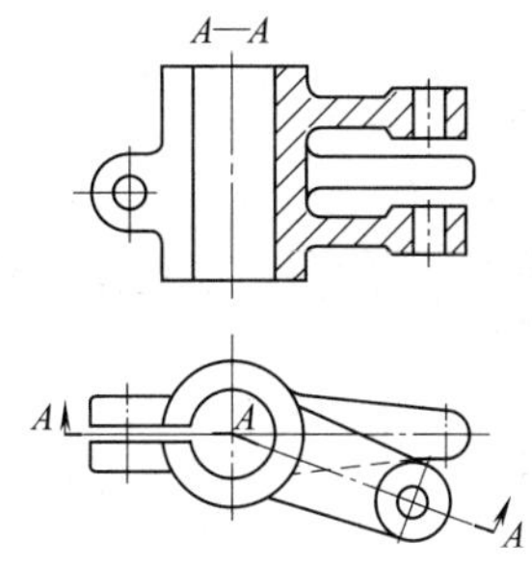

图(o) 剖切产生的不完整要素的处理

机件的形状接近于对称，且不对称部分已另有图形表达清楚时，也可以画成半剖视图[图(p)、图(q)]

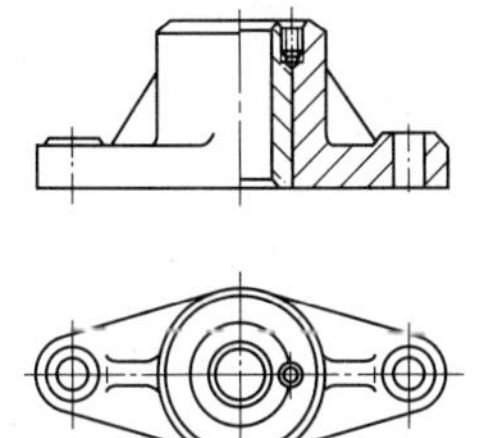

图(p) 机件接近于对称的半剖视图(一)

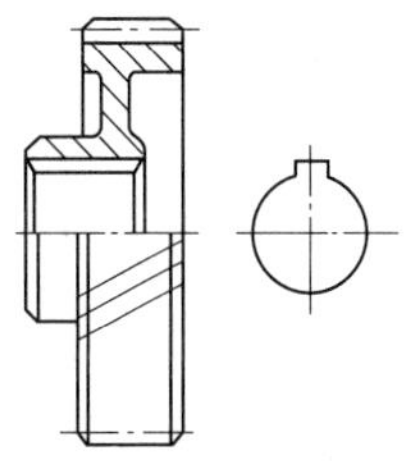

图(q) 机件接近于对称的半剖视图(二)

局部剖视图用波浪线或双折线分界，波浪线和双折线不应与图样上其他图线重合，当被剖切结构为回转体时，允许将该结构的轴线作为局部剖视与视图的分界线[图(r)]

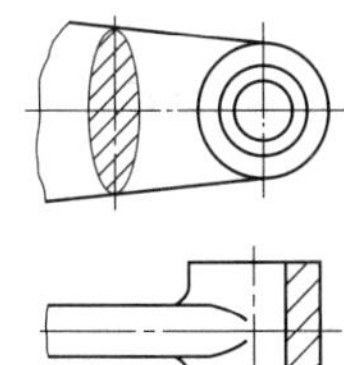

图(r) 被剖切结构为回转体的局部剖视图

带有规则分布结构要素的回转零件，需要绘制剖视图时，可以将其结构要素旋转到剖切平面上绘制[图(s)]

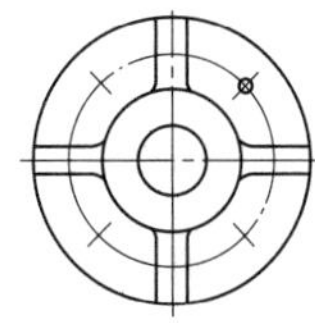

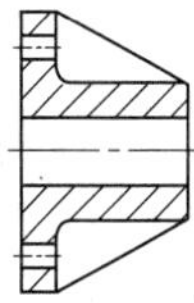

图(s) 带有规则结构要素的回转零件的剖视图

当只需剖切绘制零件的部分结构时，应用细点画线将剖切符号相连，剖切面可位于零件实体之外，见图(t)

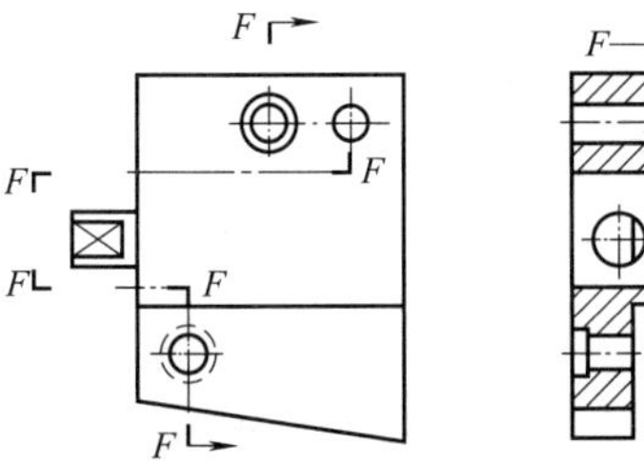

图(t) 部分剖切结构的表示

用几个剖切平面分别剖开机件，得到的剖视图为相同的图形时，可按图(u)的形式标注

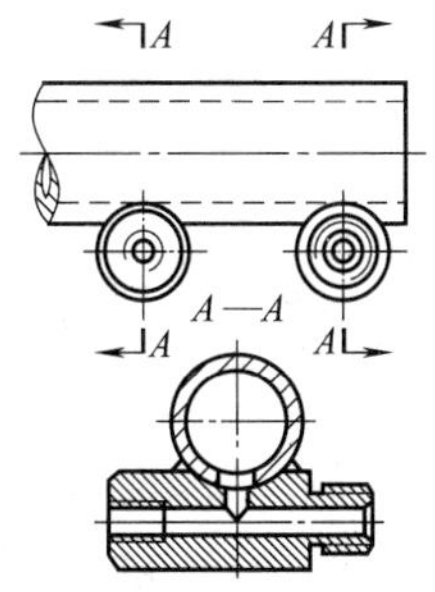

图(u) 用几个剖切平面获得相同图形的剖视图

续表

剖视图	用一个公共剖切平面剖开机件,按不同方向投射得到的两个剖视图,应按图(v)的形式标注 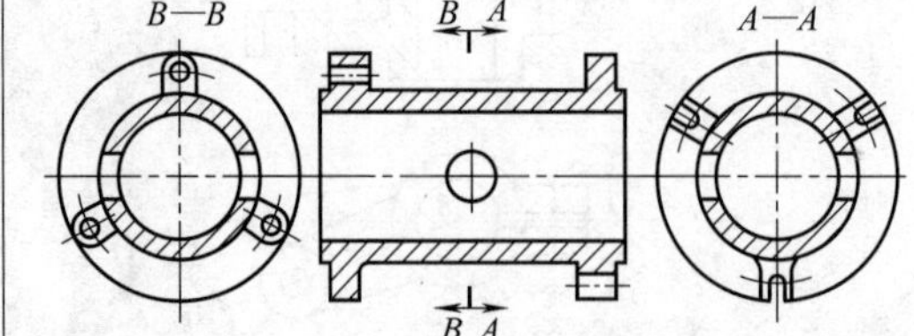 图(v) 用一个公共剖切平面获得的两个剖视图	可将投射方向一致的几个对称图形各取一半(或1/4)合并成一个图形。此时应在剖视图附近标出相应的剖视图名称"×—×",见图(w) 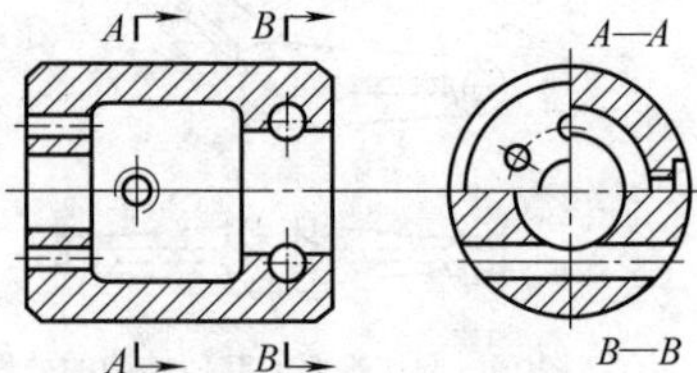 图(w) 合成图形的剖视图
剖切位置与剖视图的标注	一般应在剖视图的上方用大写的拉丁字母标出剖视图的名称"×—×"。在相应的视图上用剖切符号表示剖切面位置和投射方向(用箭头表示),并标注相同的字母,见图(a)、图(b)、图(g)和图(t)。剖切符号之间的剖切线可省略不画	
	当剖视图按投影关系配置,中间又没有其他图形隔开时,可省略箭头,见图(e)中的 $A—A$、图(f)、图(x) 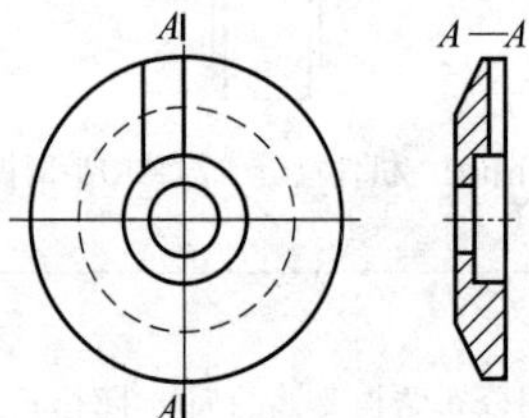 图(x) 省略标注箭头的剖视图	当单一剖切平面通过机件的对称平面或基本对称的平面,且剖视图按投影关系配置,中间又没有其他图形隔开时,不必标注,见图(c)中的主视图、图(d)中的主视图、图(y)中的主视图 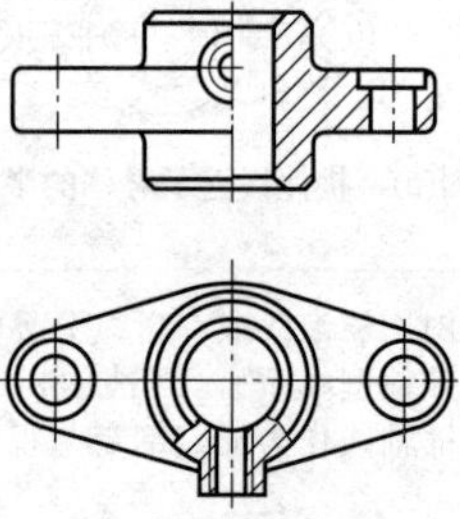 图(y) 不需标注的剖视图
	当单一剖切平面的剖切位置明确时,局部剖视图不必标注,见图(d)中主视图上的两个小孔、图(y)中的俯视图	
断面图	移出断面的轮廓线用粗实线绘制,通常配置在剖切线的延长线上,见图(z) 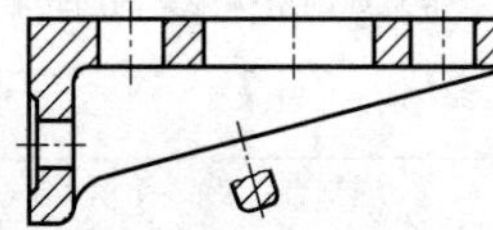 图(z) 移出断面图	移出断面的图形对称时也可画在视图的中断处,见图(a′) 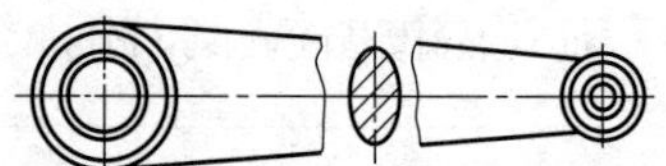 图(a′) 配置在视图中断处的移出断面图
	必要时可将移出断面配置在其他适当的位置,在不引起误解时,允许将图形旋转,其标注形式见图(b′) 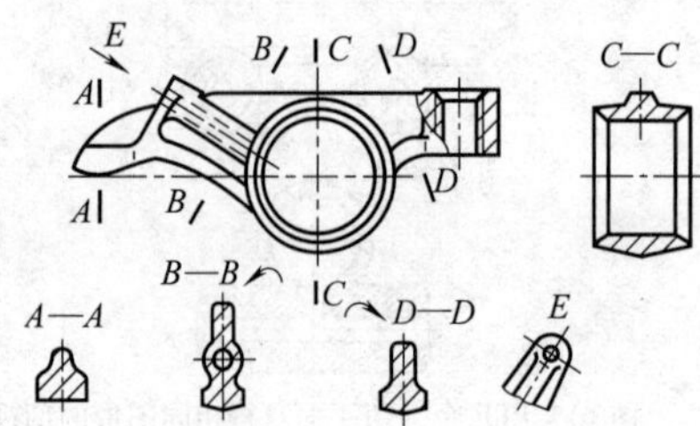 图(b′) 配置在适当位置的移出断面图	由两个或多个相交的剖切平面剖切得出的移出断面图,中间一般应断开,见图(c′) 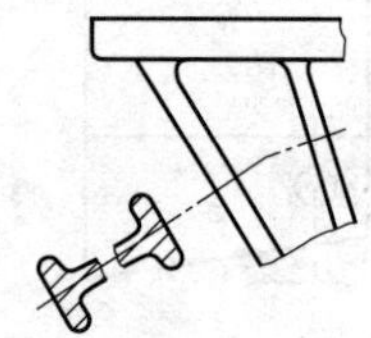 图(c′) 断开的移出断面图

续表

<table>
<tr><td rowspan="3">断面图</td><td>当剖切平面通过回转面形成的孔或凹坑的轴线时，这些结构按剖视图的要求绘制，见图(d′)中的 A—A、图(e′)～图(g′)
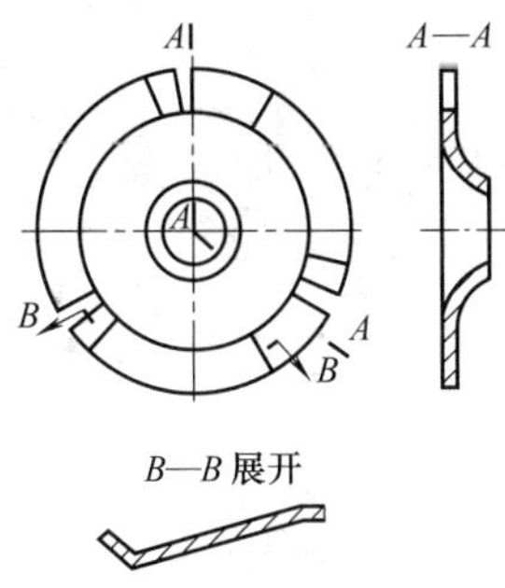
图(d′)　按剖视图要求绘制的移出断面图(一)
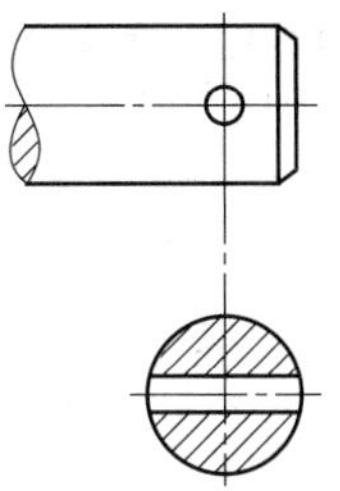
图(e′)　按剖视图要求绘制的移出断面图(二)
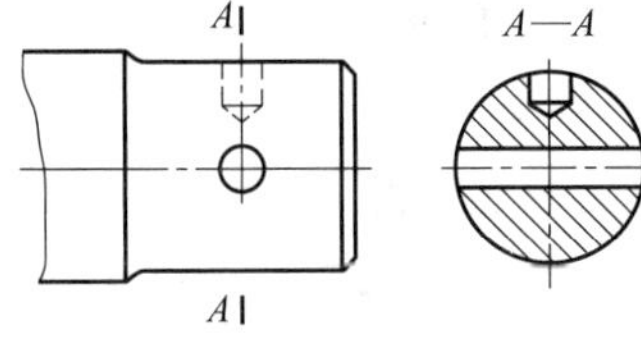
图(f′)　按剖视图要求绘制的移出断面图(三)
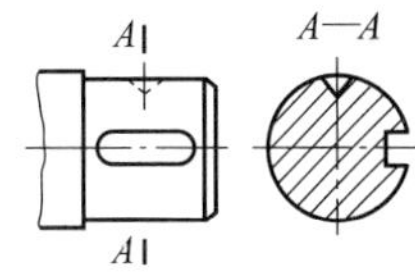
图(g′)　按剖视图要求绘制的移出断面图(四)</td></tr>
<tr><td>当剖切平面通过非圆孔，会导致出现完全分离的断面时，这些结构应按剖视图的要求绘制，见图(h′)
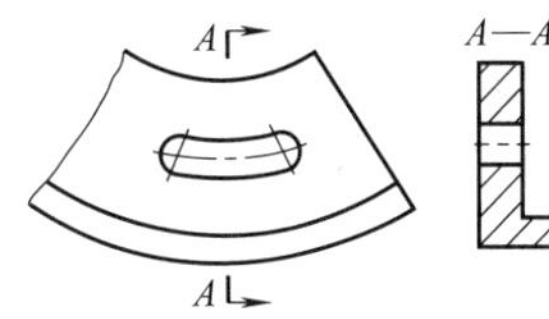
图(h′)　按剖视图要求绘制的移出断面图(五)</td></tr>
<tr><td>为便于读图，逐次剖切的多个断面图可按图(i′)～图(k′)的形式配置
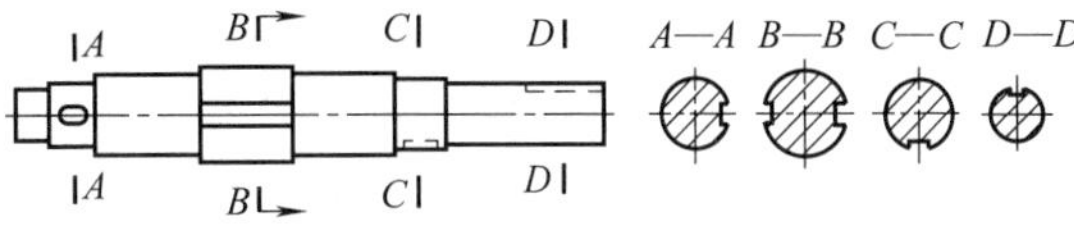
图(i′)　逐次剖切的多个断面图配置(一)
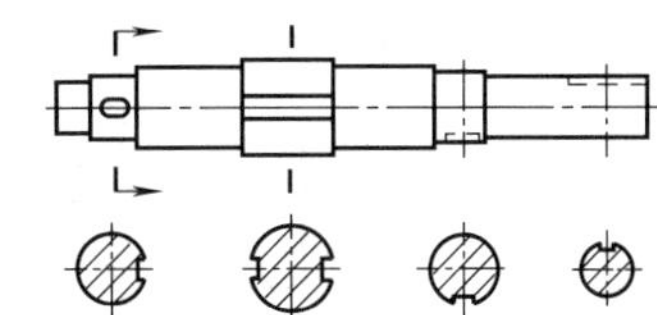
图(j′)　逐次剖切的多个断面图配置(二)
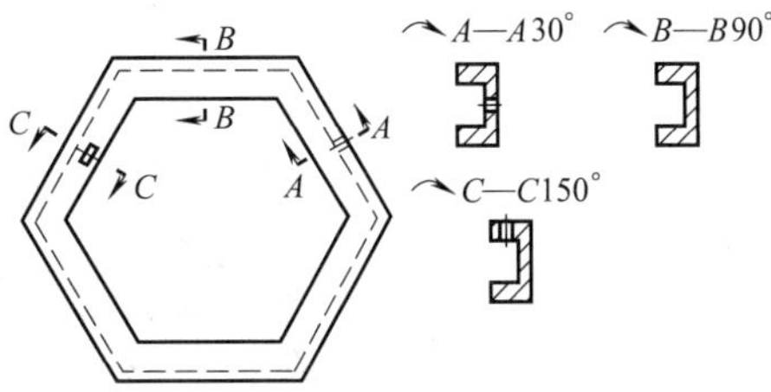
图(k′)　逐次剖切的多个断面图配置(三)</td></tr>
</table>

第3篇

续表

剖切位置与断面图的标注	一般应用大写的拉丁字母标注移出断面图的名称"×—×",在相应的视图上用剖切符号表示剖切位置和投射方向(用箭头表示),并标注相同的字母,见图(l′)中的 *A*—*A*。剖切符号之间的剖切线可省略不画 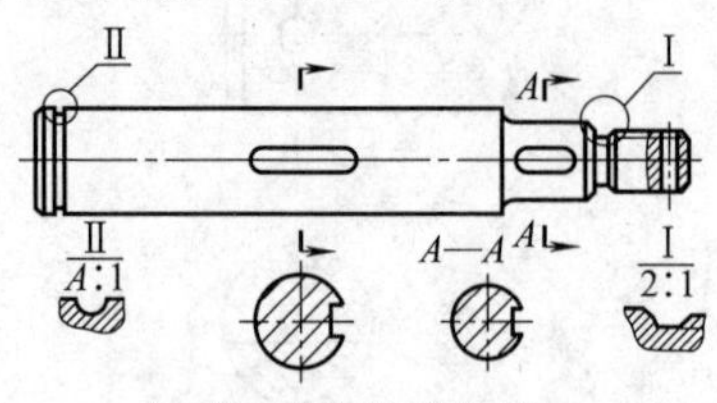 图(l′)　移出断面图标注	配置在剖切符号延长线上的不对称移出断面不必标注字母,见图(m′),不配置在剖切符号延长线上的对称移出断面[见图(b′)中的 *A*—*A*、图(i′)中的 *C*—*C* 和 *D*—*D*],以及按投影关系配置的移出断面[图(f′)和图(g′)],一般不必标注箭头。配置在剖切线延长线上的对称移出断面,不必标注字母和箭头,见图(e′)及图(j′) 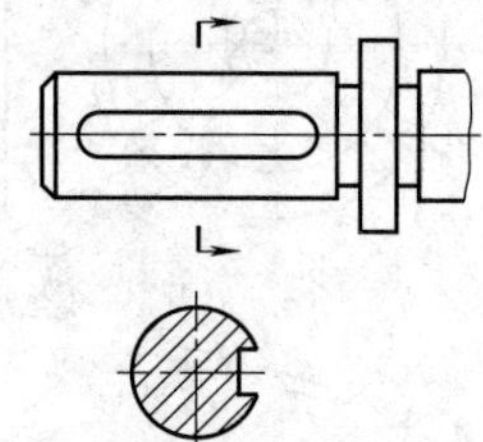 图(m′)　省略字母的不对称移出断面
	对称的重合断面及配置在视图中断处的对称移出断面不必标注,见图(n′)和图(o′) 不对称的重合断面可省略标注,见图(o′) 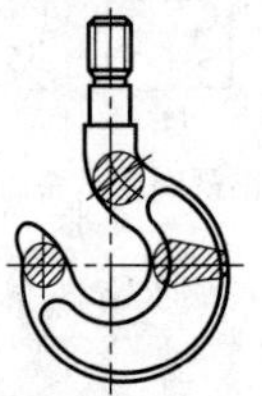 图(n′)　不必标注的重合断面图	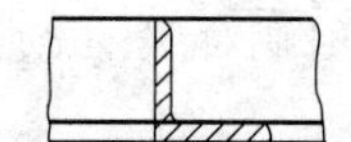 图(o′)　不必标注的重合断面图
简化表示法	剖视图和断面图的简化表示法见 GB/T 16675.1—2012	

1.2.4　图样的规定画法和简化画法(GB/T 16675.1—2012)

1.2.4.1　特定画法

表 3-1-21　　特定画法

画法	简化前	简化后	说　明
左右手零件画法	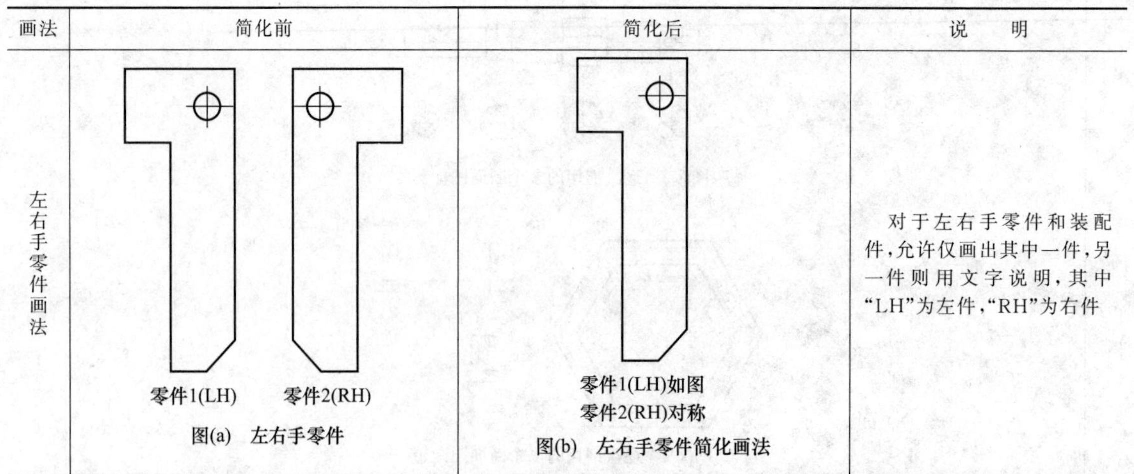 零件1(LH)　零件2(RH) 图(a)　左右手零件	零件1(LH)如图 零件2(RH)对称 图(b)　左右手零件简化画法	对于左右手零件和装配件,允许仅画出其中一件,另一件则用文字说明,其中"LH"为左件,"RH"为右件

续表

画法	简化前	简化后	说　明
简化被放大部位画法	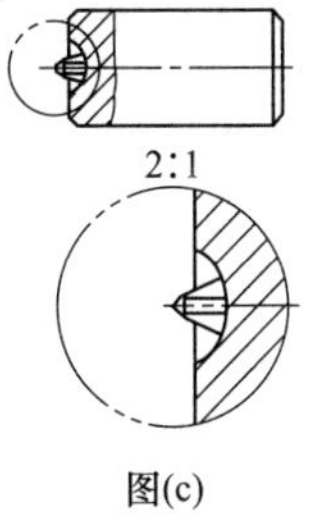 2:1 图(c)	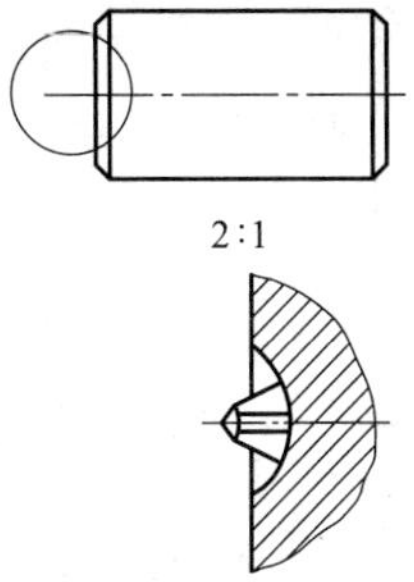 2:1 图(d)	在局部放大图表达完整的前提下，允许在原视图中简化被放大部位的图形，如图(d)所示
剖中剖画法	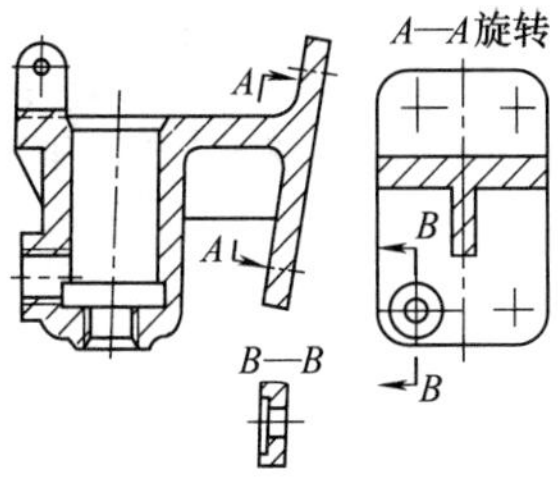 A—A旋转 A　A　B　B　B—B 图(e)	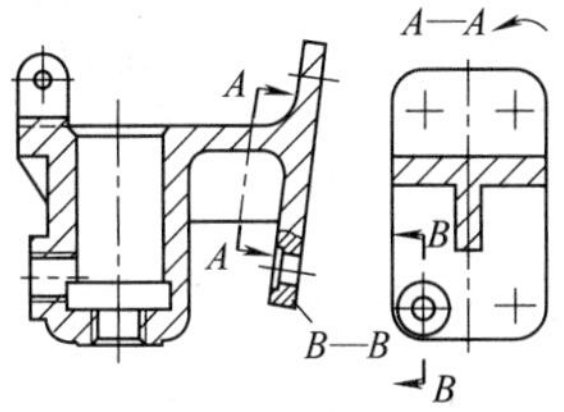 A—A A　A　B　B—B　B 图(f)	在剖视图的剖画面中可再作一次局部剖视。采用这种方法表达时，两个剖面的剖面线应同方向、同间隔，但要互相错开，并用引出线标注其名称，如图(f)所示
较长件画法	简化后 图(g)		较长的机件沿长度方向的形状一致或按一定规律变化时，可断开后缩短绘制。断裂处的边界线可采用波浪线、细双点画线或双折线绘制，如图(g)所示
复杂曲面的画法	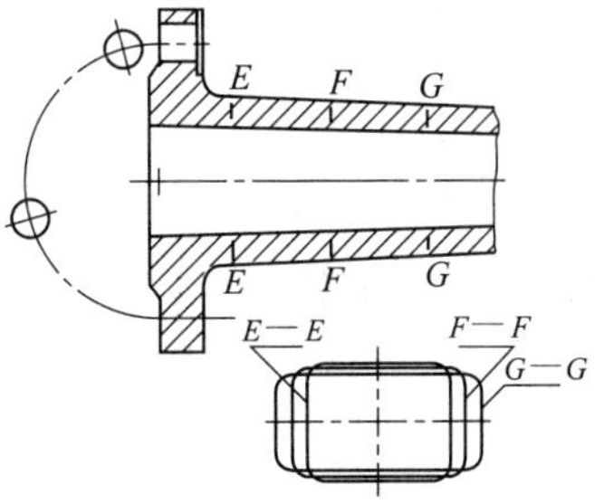 E　F　G　E　F　G　E—E　F—F　G—G 图(h)		用一系列剖面表示机件上较复杂的曲面时，可只画出剖面轮廓，并可配置在同一个位置上，如图(h)所示

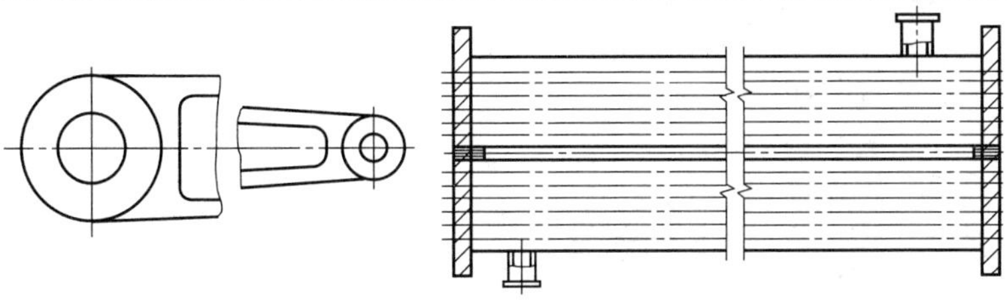

续表

画法	简化后	说明
拆卸画法	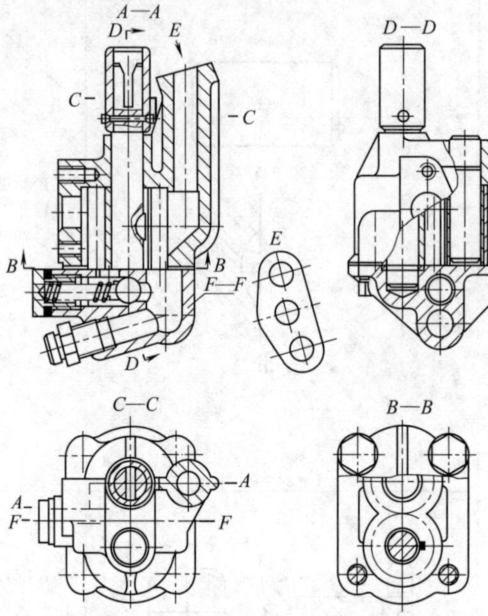 图(i) 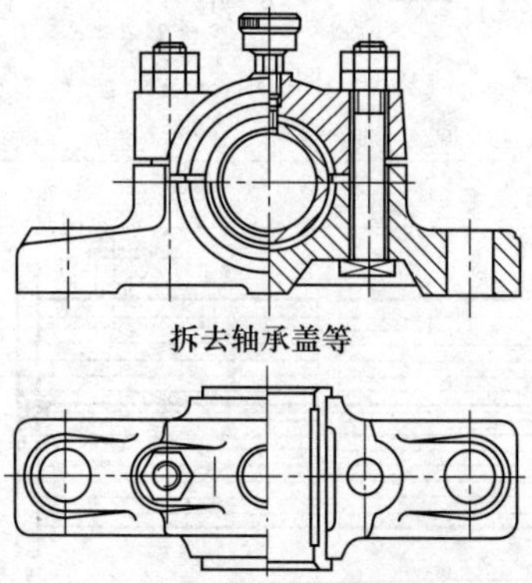 拆去轴承盖等 图(j)	在装配图中,可假想沿某些零件的结合面剖切[图(i)中的 B—B],或假想将某些零件拆卸后绘制,需要说明时可加注“拆去××等”[图(j)]。这种表示法,允许在装配图中将一些标准件或简单零件等拆卸去,将需要表示的重要零件详细绘出,既表达了装配关系,又突出了重点
单独绘出某一零件的画法	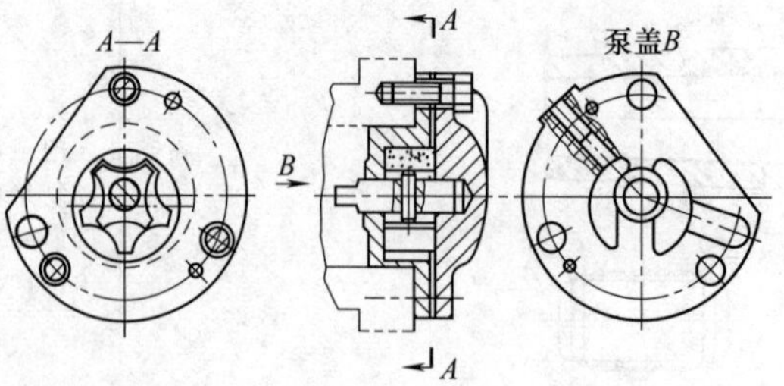 图(k)	在装配图中,可以单独画出某一零件的视图,但必须在所画视图的上方注出该零件的视图名称,在相应视图的附近用箭头指明投射方向,并注上同样字母

1.2.4.2　对称画法

表 3-1-22　对称画法

画法	简　化　前	简　化　后	说　　明
基本对称画法	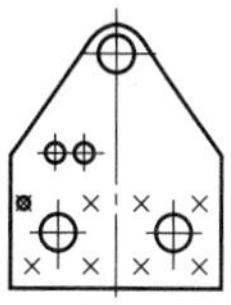 图(a)	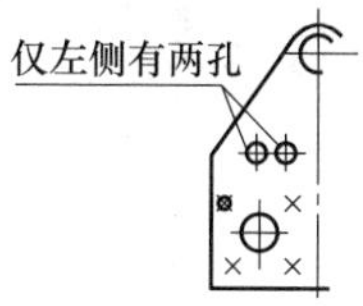 仅左侧有两孔 图(b)	基本对称的零件仍可按对称零件的方式绘制，但应对其中不对称的部分加注说明。如本图中的图形适当超过对称中心线，此时不画对称符号
对称件画法	简　化　后 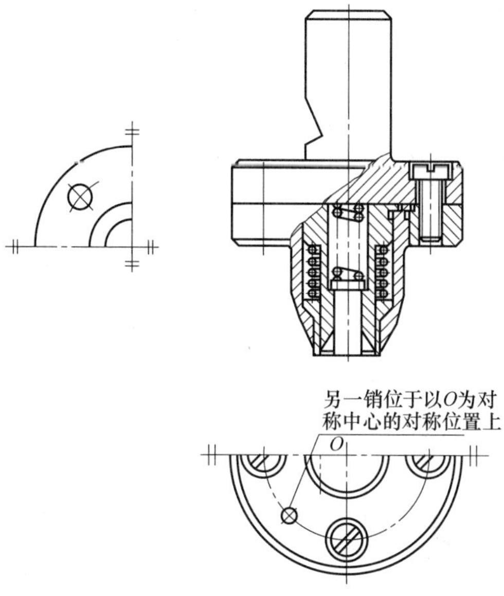 另一销位于以*O*为对称中心的对称位置上 O 图(c)		在不致引起误解时，对于对称机件的视图可只画一半或四分之一，并在对称中心线的两端画出两条与其垂直的平行细实线（即对称符号）。这条规定不仅适用于零件图，也适用于装配图

1.2.4.3　剖切平面前、后结构的画法

表 3-1-23　剖切平面前、后结构的画法

画法	简　化　前	简　化　后	说　　明
剖切平面前结构的画法	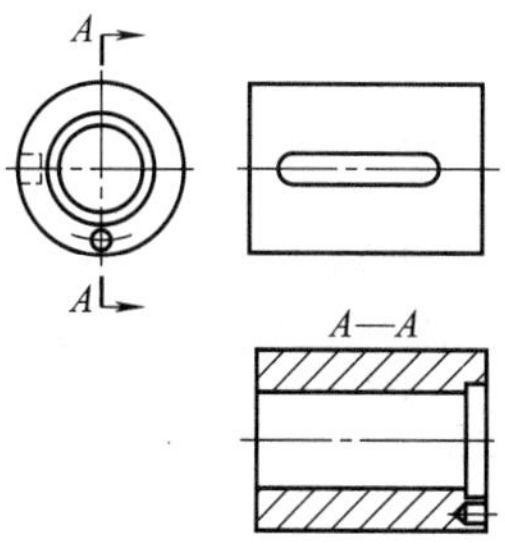 A A A—A 图(a)	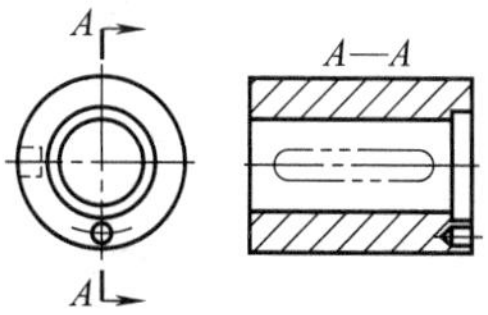 A A A—A 图(b)	在需要表示位于剖切平面前的结构时，这些结构按假想投影的轮廓线绘制

续表

画法	简化前	简化后	说明
剖切平面后结构的省略画法	A—A 1:10 B—B 1:10 图(c)	A—A 1:10 B—B 1:10 图(d)	在不致引起误解时，剖切平面后不需要表达的部分允许省略不画（见简化后的 A—A 剖视）

1.2.4.4　轮廓

表 3-1-24　　轮廓

画法	简化前	简化后	说明
外形轮廓的画法	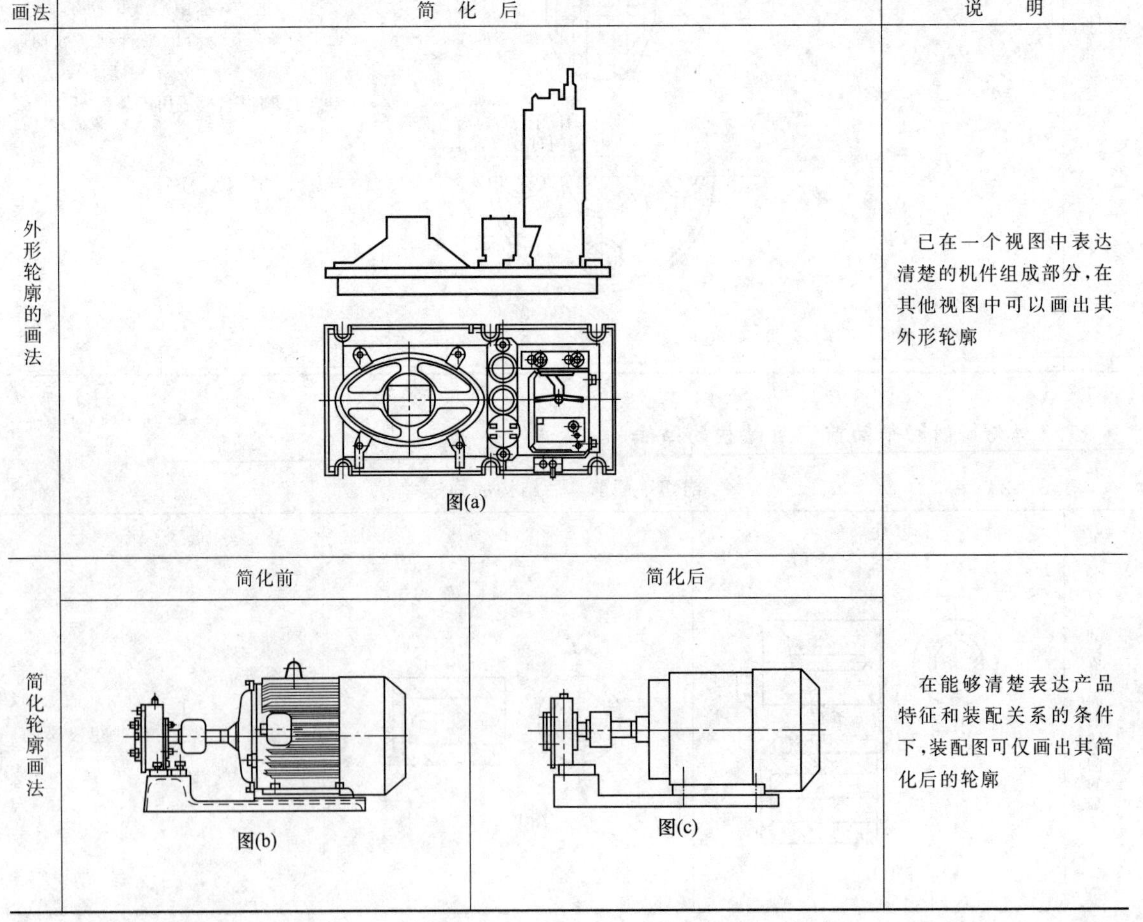	图(a)	已在一个视图中表达清楚的机件组成部分，在其他视图中可以画出其外形轮廓
简化轮廓画法	图(b)	图(c)	在能够清楚表达产品特征和装配关系的条件下，装配图可仅画出其简化后的轮廓

续表

画法	简　化　后	说　　明
不剖画法	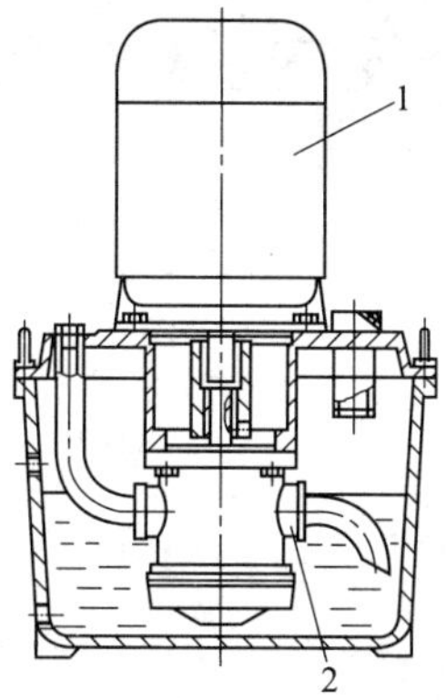 1 2 图(d)	在装配图中，当剖切平面通过的某些部件为标准产品或该部件已由其他图形表示清楚时，可按不剖绘制，如图(d)中件 1(电动机)、件 2(油泵)，按不剖绘制

1.2.4.5　剖面符号的简化

表 3-1-25　剖面符号的简化

画法	简　化　前	简　化　后	说　　明
省略剖面符号画法	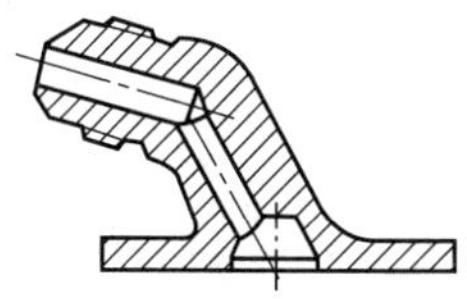 图(a)	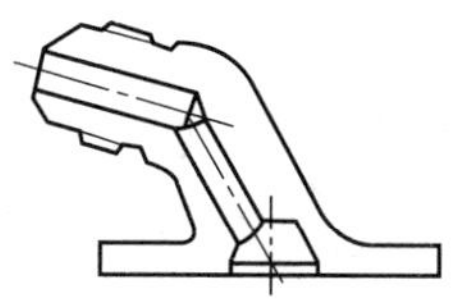 图(b)	在不致引起误解的情况下，剖面符号可省略
	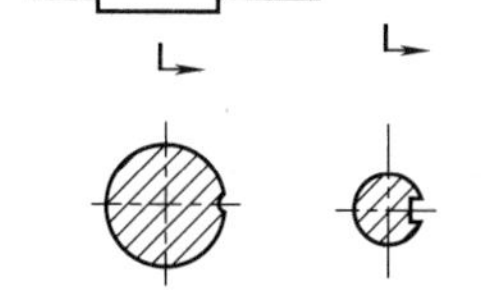 图(c)	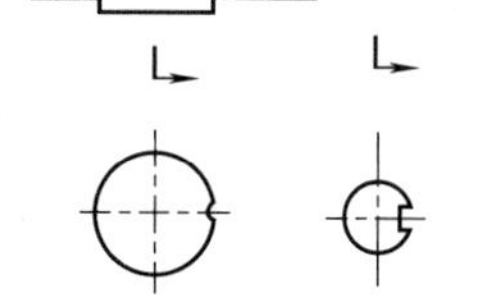 图(d)	

续表

画法	简化前	简化后	说明
涂色画法	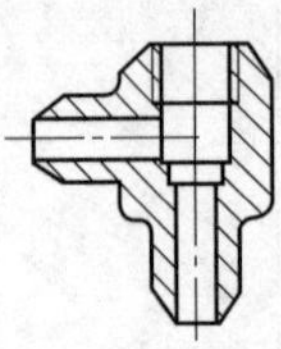 图(e)	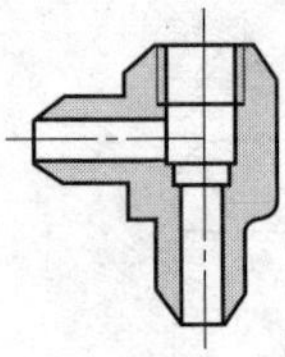 图(f)	在零件图中可以用涂色代替剖面符号
	简化后		
	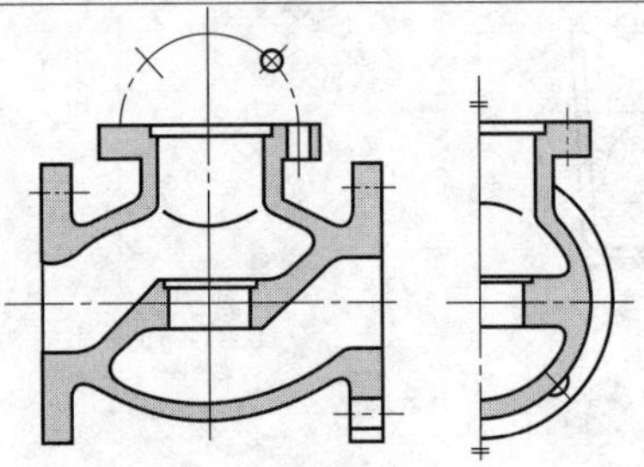 图(g)		
较大剖面画法	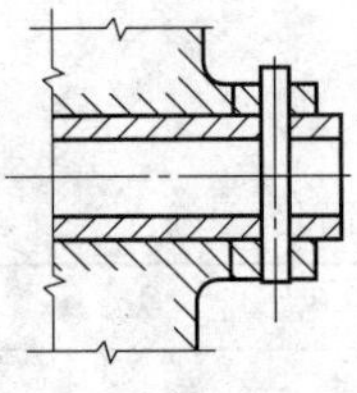 图(h)		在装配图中，装配关系已清楚表达时，较大面积的剖面可只沿周边画出部分剖面符号或沿周边涂色

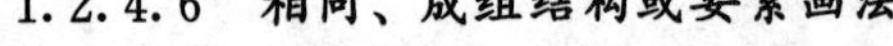

1.2.4.6 相同、成组结构或要素画法

表 3-1-26 相同、成组结构或要素画法

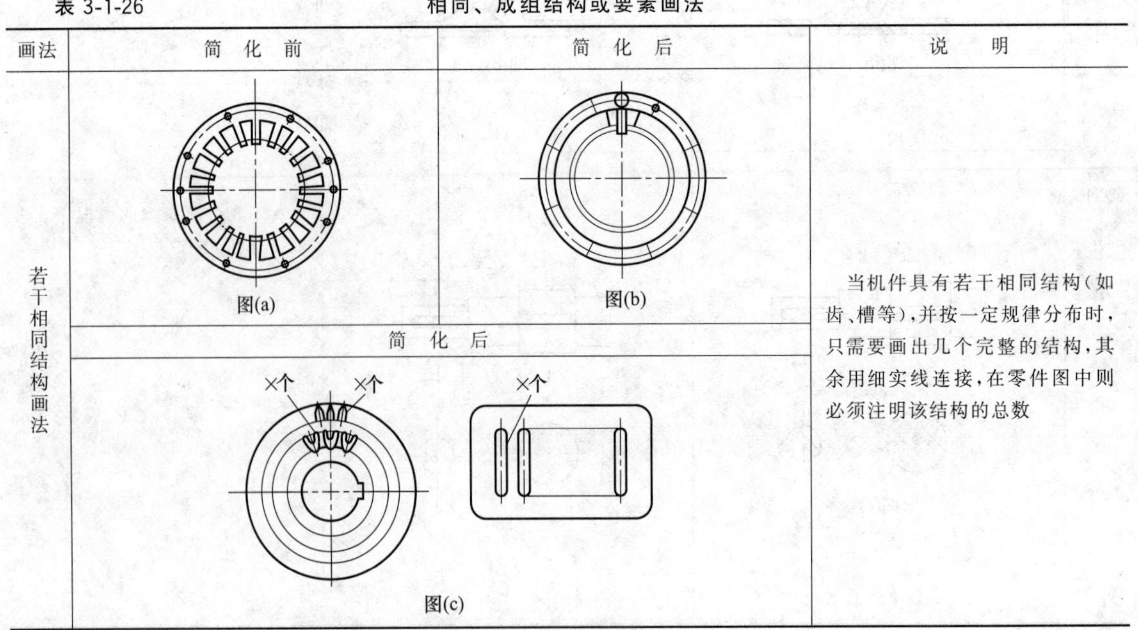

画法	简化前	简化后	说明
若干相同结构画法	图(a)	图(b)	当机件具有若干相同结构（如齿、槽等），并按一定规律分布时，只需要画出几个完整的结构，其余用细实线连接，在零件图中则必须注明该结构的总数
	简化后		
	图(c)		

续表

<table>
<tr><th>画法</th><th>简　化　前</th><th>简　化　后</th><th>说　　明</th></tr>
<tr><td rowspan="3">若干相同直径孔的画法</td><td>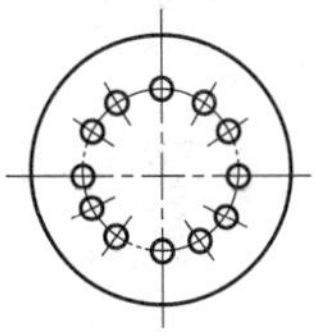
图(d)</td><td>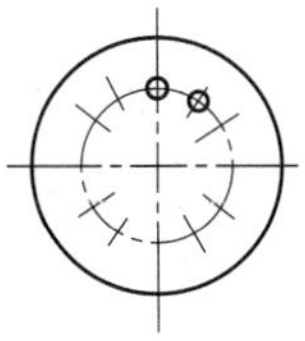
图(e)</td><td rowspan="3">若干直径相同且成规律分布的孔，可以仅画出一个或少量几个，其余用细实线或“-◆-”表示其中心位置</td></tr>
<tr><td>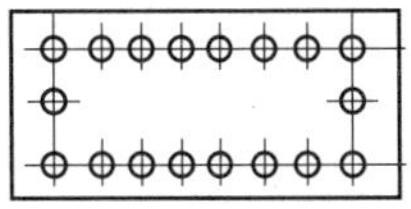
图(f)</td><td>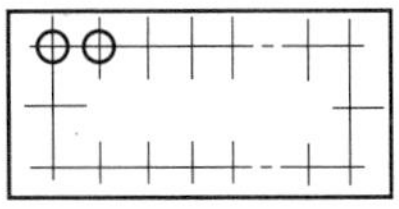
图(g)</td></tr>
<tr><td>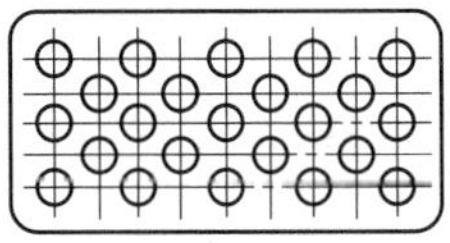
图(h)</td><td>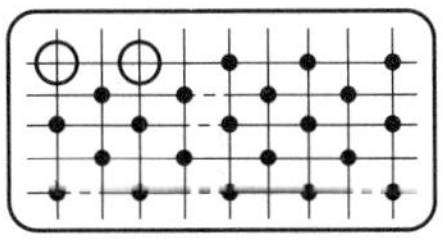
图(i)</td></tr>
<tr><td>若干相同零部件组画法</td><td>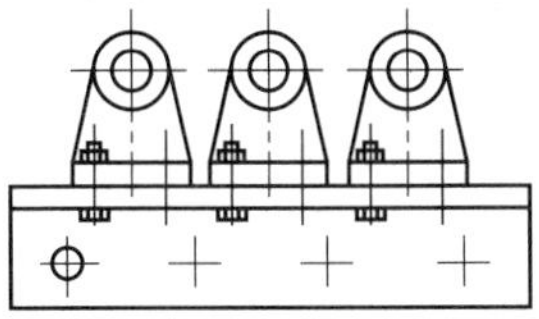
图(j)</td><td>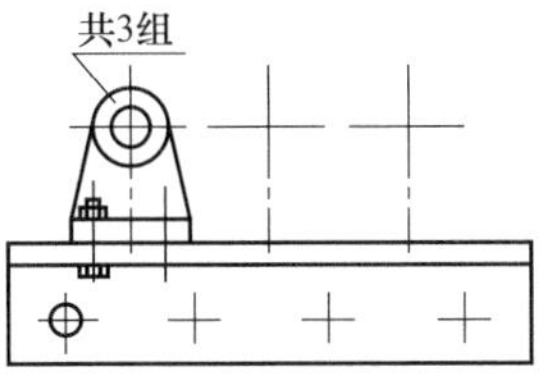共3组
图(k)</td><td>对于装配图中若干相同的零部件组，可仅详细地画出一组，其余只需用细点画线表示出其位置，并给出零部件总数</td></tr>
<tr><td rowspan="2">若干相同零部件组画法</td><td colspan="2">简　化　后</td><td rowspan="2">对于装配图中若干相同的零部件组，可仅详细地画出一组，其余只需用细点画线表示出其位置</td></tr>
<tr><td colspan="2">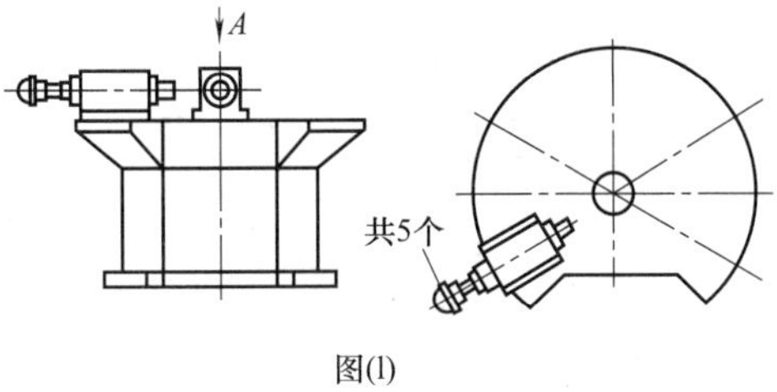A
共5个
图(l)</td></tr>
<tr><td rowspan="2">若干相同单元画法</td><td>简　化　前</td><td>简　化　后</td><td rowspan="2">对于装配图中若干相同单元，可仅详细地画出一组，其余可采用如图所示的简化方法表示</td></tr>
<tr><td>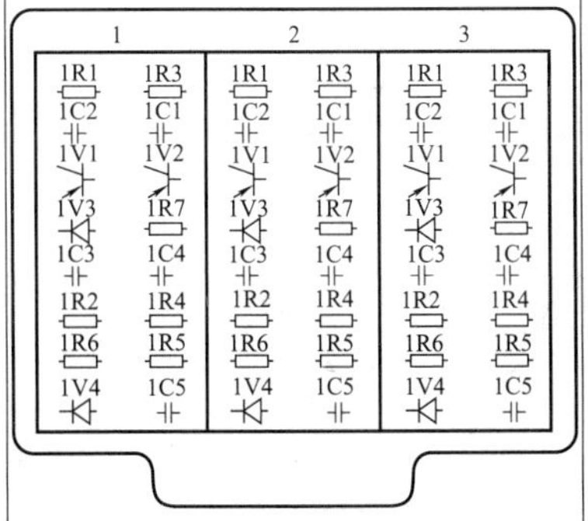1
2
3
1R1 1R3 1C2 1C1 1V1 1V2 1V3 1R7 1C3 1C4 1R2 1R4 1R6 1R5 1V4 1C5
1R1 1R3 1C2 1C1 1V1 1V2 1V3 1R7 1C3 1C4 1R2 1R4 1R6 1R5 1V4 1C5
1R1 1R3 1C2 1C1 1V1 1V2 1V3 1R7 1C3 1C4 1R2 1R4 1R6 1R5 1V4 1C5
图(m)</td><td>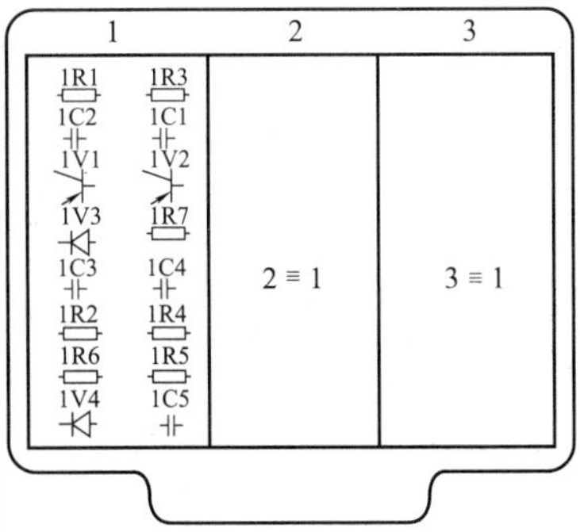1
2
3
1R1 1R3 1C2 1C1 1V1 1V2 1V3 1R7 1C3 1C4 1R2 1R4 1R6 1R5 1V4 1C5
2 ≡ 1
3 ≡ 1
图(n)</td></tr>
</table>

续表

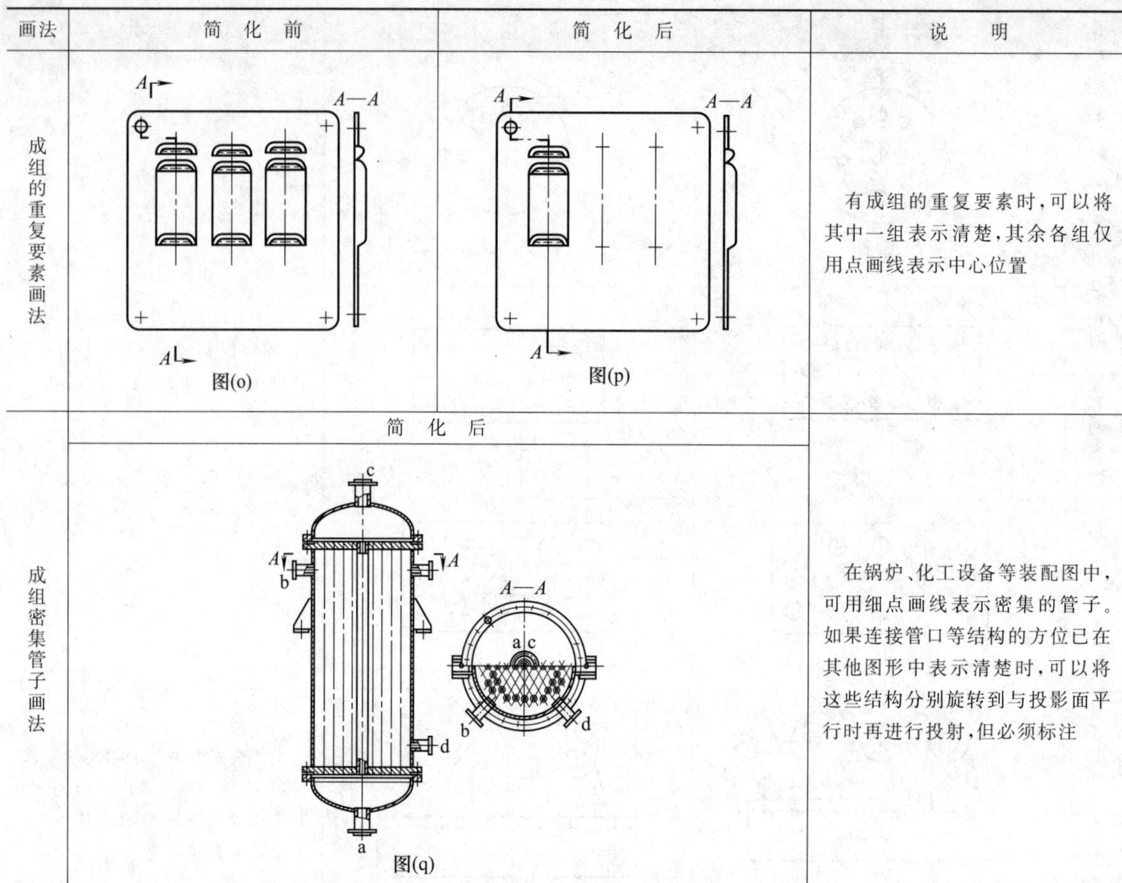

画法	简化前	简化后	说明
成组的重复要素画法	图(o)	图(p)	有成组的重复要素时，可以将其中一组表示清楚，其余各组仅用点画线表示中心位置
成组密集管子画法	简化后 图(q)		在锅炉、化工设备等装配图中，可用细点画线表示密集的管子。如果连接管口等结构的方位已在其他图形中表示清楚时，可以将这些结构分别旋转到与投影面平行时再进行投射，但必须标注

1.2.4.7 特定结构或要素画法

表 3-1-27　　特定结构或要素画法

画法	简化前	简化后	说明
倾斜圆或圆弧画法	A—A 图(a)	A—A 图(b)	与投影面倾斜角度小于或等于30°的圆或圆弧，手工绘图时其投影可用圆或圆弧代替
过渡线或相贯线画法	图(c)	图(d)	在不致引起误解时，图形中的过渡线、相贯线可以简化，例如用圆弧或直线代替非圆曲线 也可采用模糊画法表示相贯形体

续表

画法	简　化　前	简　化　后	说　　明
过渡线或相贯线画法	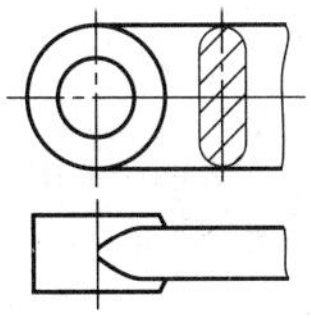 图(e)	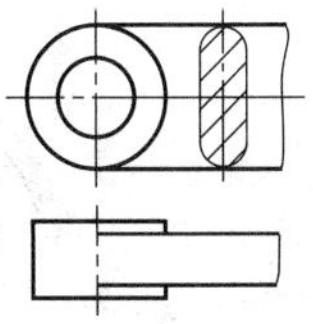 图(f)	在不致引起误解时，图形中的过渡线、相贯线可以简化，例如用圆弧或直线代替非圆曲线 也可采用模糊画法表示相贯形体
	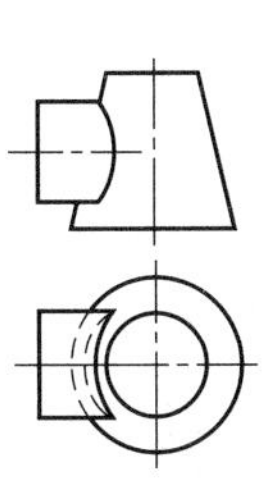 图(g)	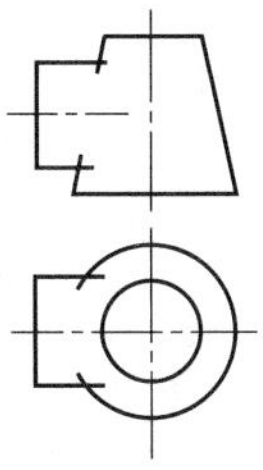 (模糊画法) 图(h)	
极小结构及斜度画法	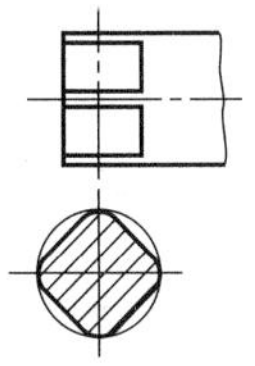 图(i)	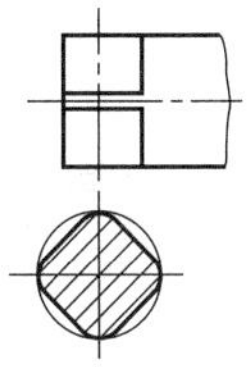 图(j)	当机件上较小的结构及斜度等已在一个图形中表达清楚时，在其他图形中应当简化或省略
	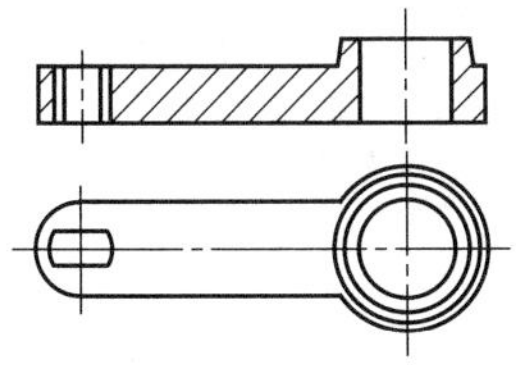 图(k)	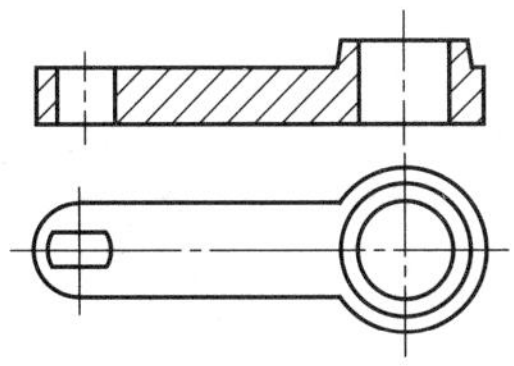 图(l)	
圆角画法	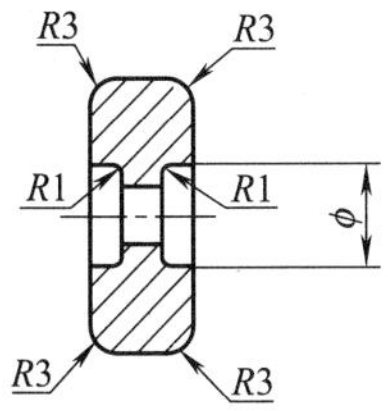 *R*3　*R*3　*R*1　*R*1　ϕ　*R*3　*R*3 图(m)	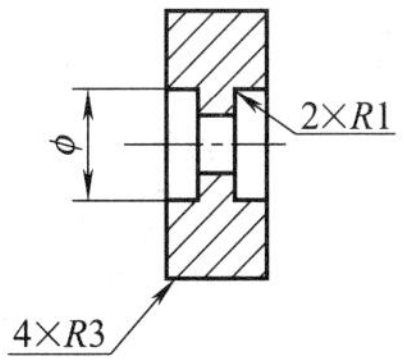 ϕ　2×*R*1　4×*R*3 图(n)	除确属需要表示的某些结构圆角外，其他圆角在零件图中均可不画，但必须注明尺寸或在技术要求中加以说明
	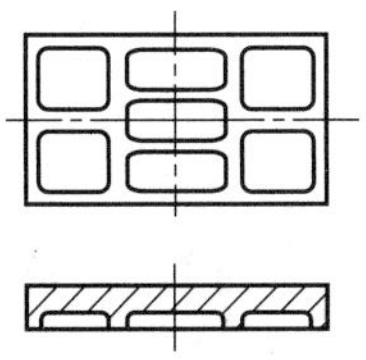 全部铸造圆角*R*5 图(o)	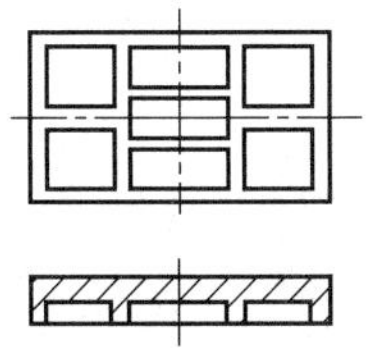 全部铸造圆角*R*5 图(p)	

续表

画法	简化前	简化后	说明
倒角等细节画法	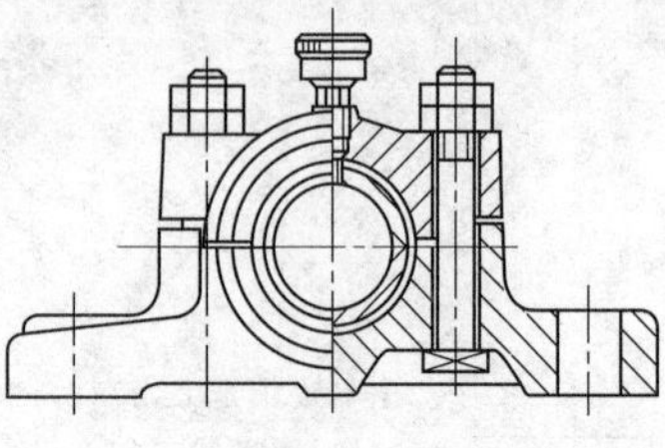 图(q)	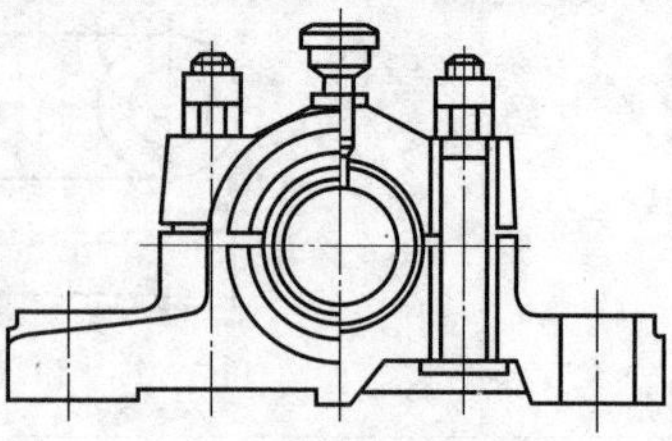 图(r)	在装配图中，零件的剖面线、倒角、圆角、凹坑、凸台、沟槽、滚花、刻线及其他细节等可不画出
滚花画法	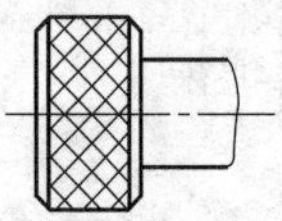 图(s)	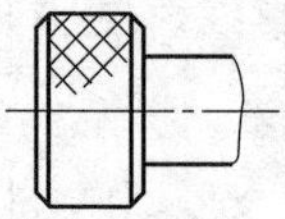 图(t)	滚花一般采用在轮廓线附近用细实线局部画出的方法表示，也可省略不画
	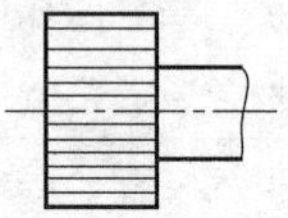 图(u)	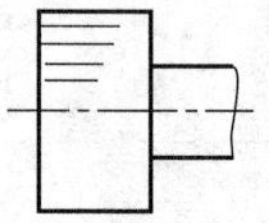 图(v)	
平面画法	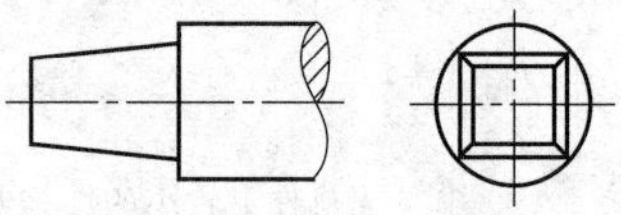 图(w)	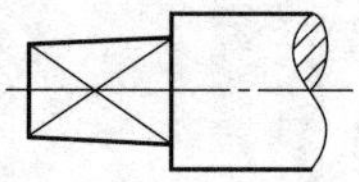 图(x)	当回转体零件上的平面在图形中不能充分表达时，可用两条相交的细实线表示这些平面
	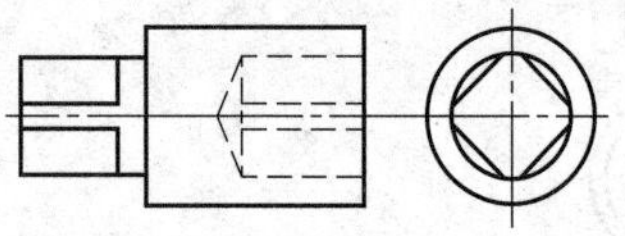 图(y)	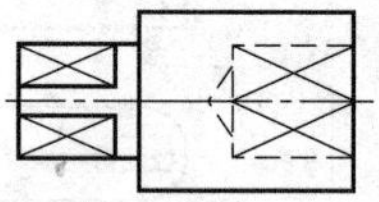 图(z)	

表 3-1-28 特定件画法

画法	简化前	简化后	说明
元件符号化画法	（略）	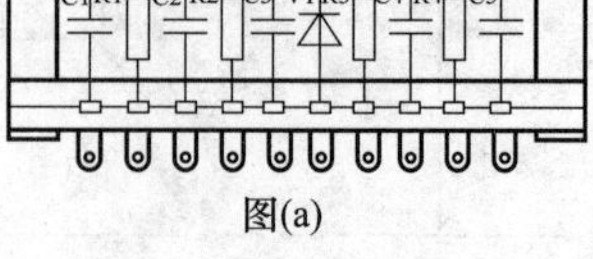 C1 R1 C2 R2 C3 V1 R3 C4 R4 C5 图(a)	仅以焊接固定而无其他紧固工序的电子元器件，可用 GB/T 4728.4—2018、GB/T 4728.5—2018 中规定的图形符号绘制
软管接头画法	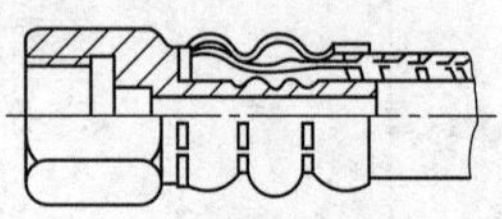 图(b)	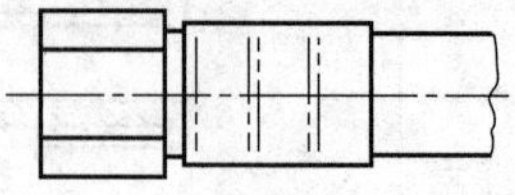 图(c)	软管接头可参照图(c)所示的简化表示法绘制

续表

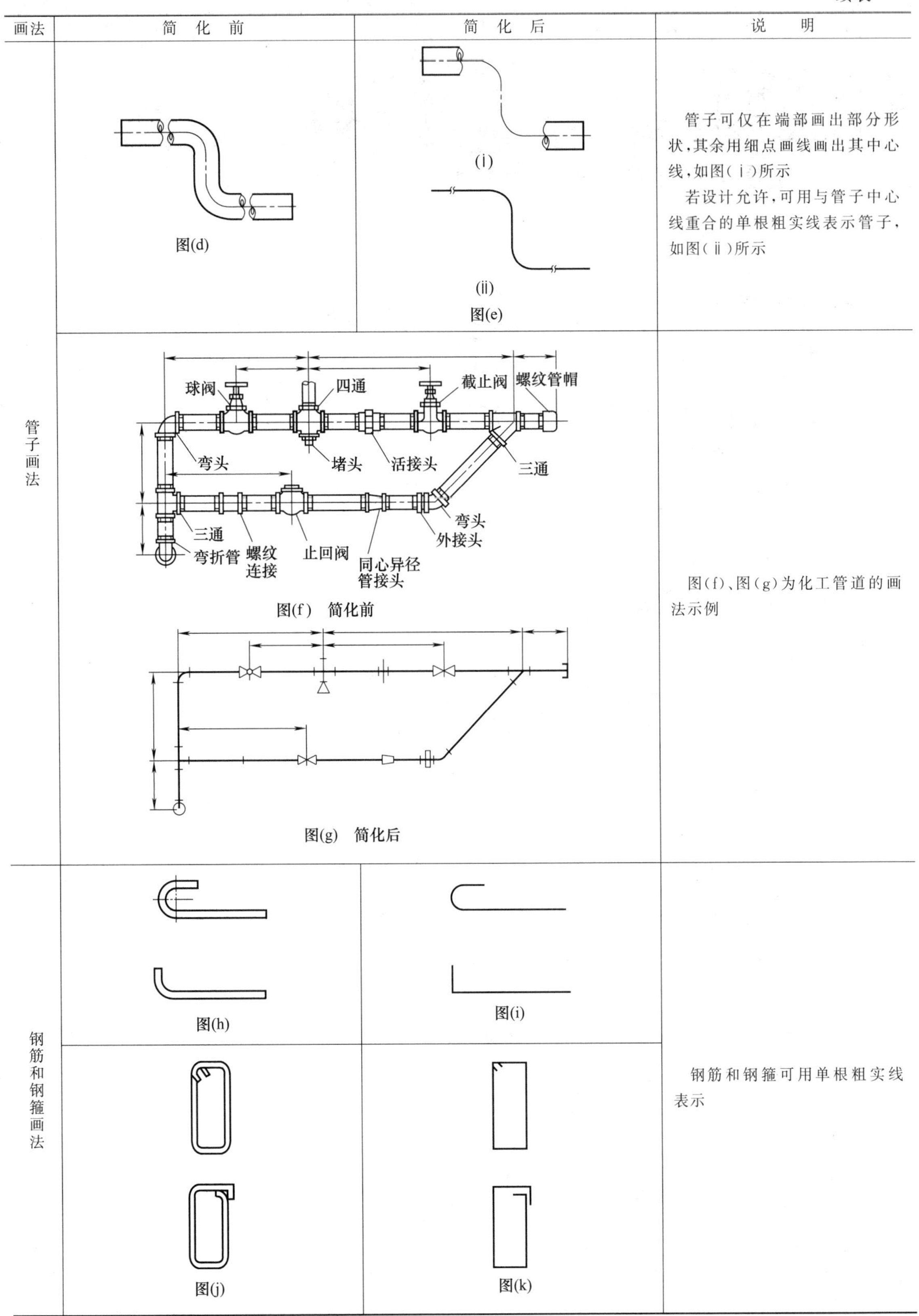

画法	简化前	简化后	说明
管子画法	图(d)	(ⅰ) (ⅱ) 图(e)	管子可仅在端部画出部分形状，其余用细点画线画出其中心线，如图(ⅰ)所示 若设计允许，可用与管子中心线重合的单根粗实线表示管子，如图(ⅱ)所示
管子画法	图(f)　简化前 图(g)　简化后		图(f)、图(g)为化工管道的画法示例
钢筋和钢箍画法	图(h)	图(i)	钢筋和钢箍可用单根粗实线表示
	图(j)	图(k)	

续表

画法	简化前	简化后	说明
带、链条画法	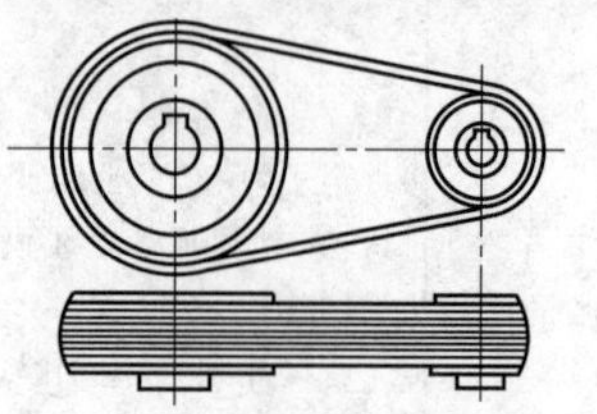 图(l)	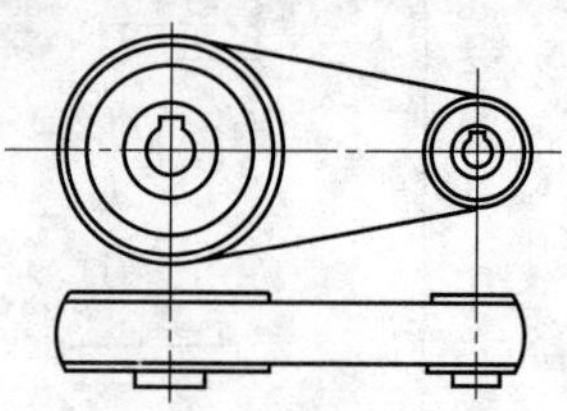 图(m)	在装配图中，可用粗实线表示带传动中的带，用细点画线表示链传动中的链
	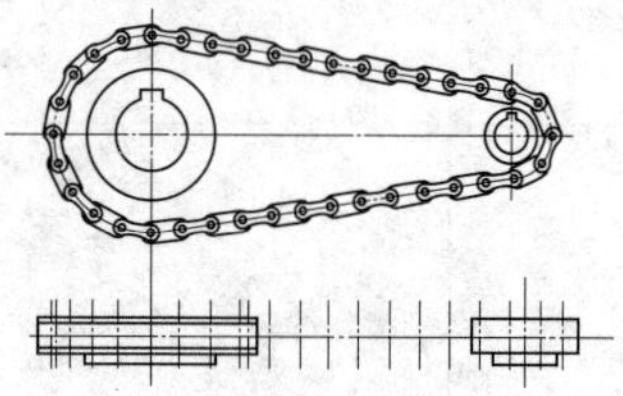 图(n)	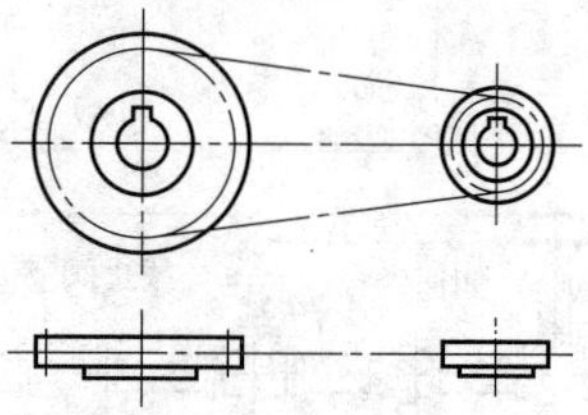 图(o)	
	简化后		
圆柱法兰画法	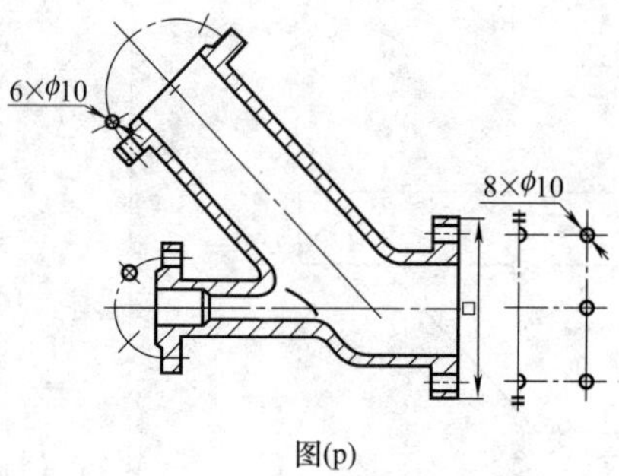 6×ϕ10　8×ϕ10　图(p)		圆柱形法兰和类似零件上均匀分布的孔可按图(p)所示的方法表示(由机件外向该法兰端面方向投射)
紧固件画法	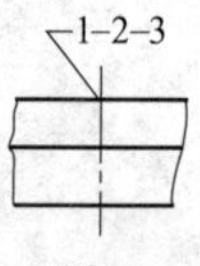 1-2-3　图(q)　1　2　3　图(r)	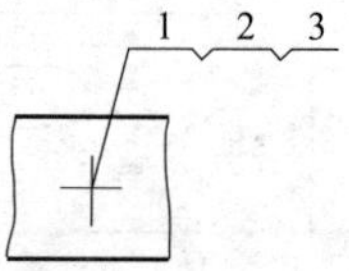	在装配图中，可省略螺栓、螺母、销等紧固件的投影，而用点画线和指引线指明它们的位置。此时，表示紧固件组的公共指引线应根据其不同类型从被连接件的某一端引出，如螺钉、螺柱、销连接从其装入端引出，螺栓连接从其装有螺母的一端引出
牙嵌式离合器齿画法	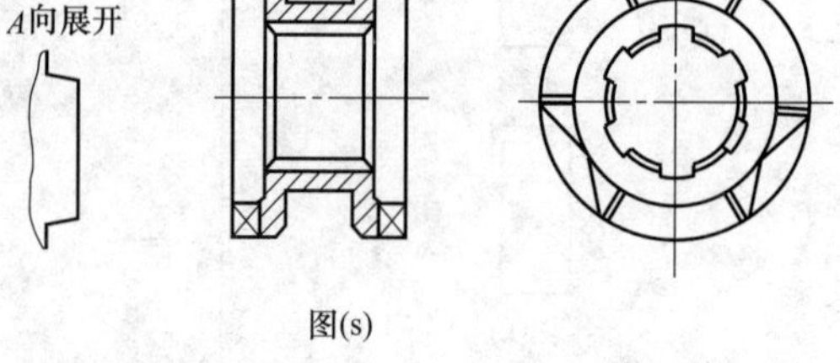 A向展开　A　图(s)		在剖视图中，类似牙嵌式离合器的齿等相同结构可按图(s)所示简化

续表

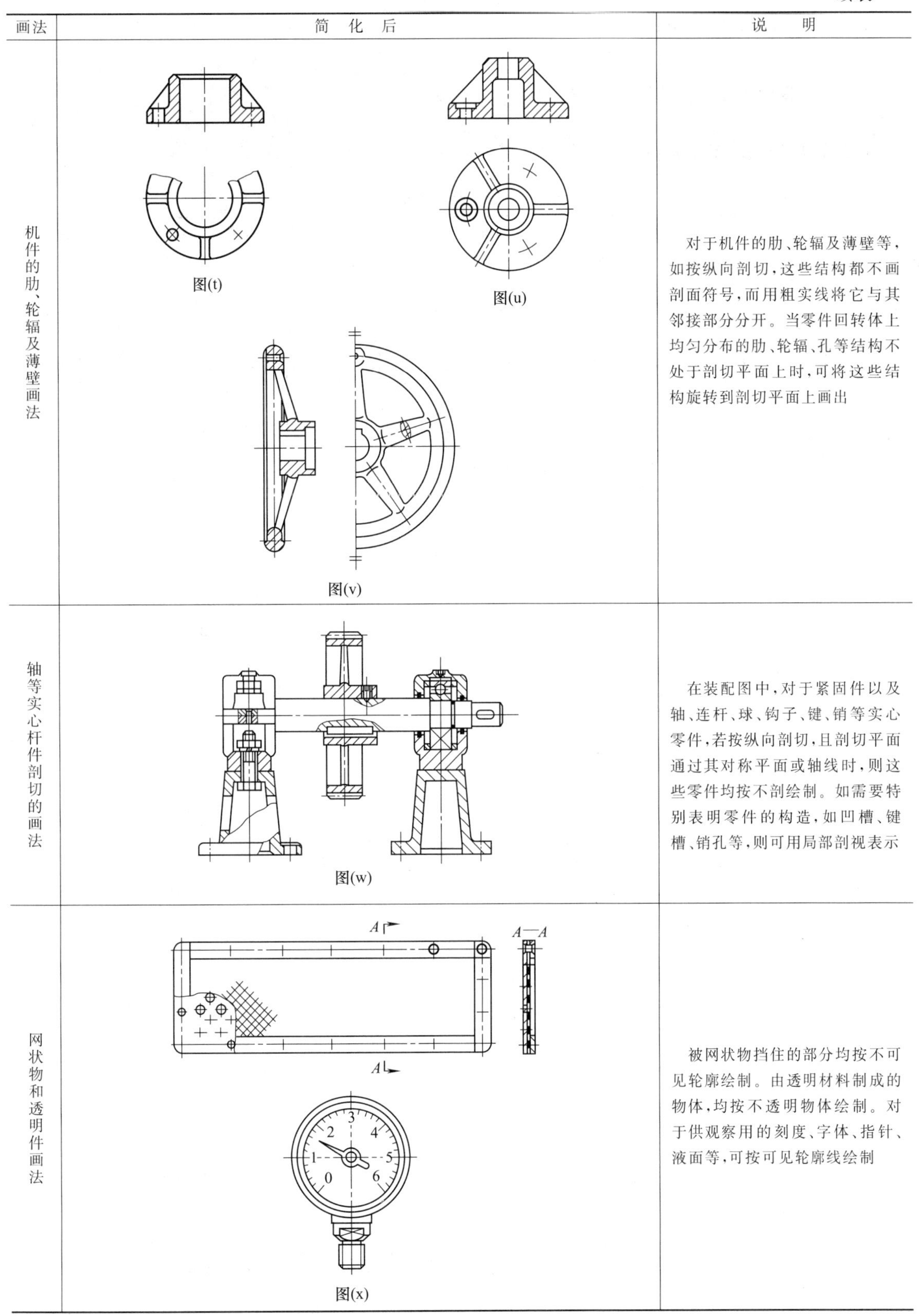

画法	简化后	说明
机件的肋、轮辐及薄壁画法	图(t)　图(u)　图(v)	对于机件的肋、轮辐及薄壁等，如按纵向剖切，这些结构都不画剖面符号，而用粗实线将它与其邻接部分分开。当零件回转体上均匀分布的肋、轮辐、孔等结构不处于剖切平面上时，可将这些结构旋转到剖切平面上画出
轴等实心杆件剖切的画法	图(w)	在装配图中，对于紧固件以及轴、连杆、球、钩子、键、销等实心零件，若按纵向剖切，且剖切平面通过其对称平面或轴线时，则这些零件均按不剖绘制。如需要特别表明零件的构造，如凹槽、键槽、销孔等，则可用局部剖视表示
网状物和透明件画法	图(x)	被网状物挡住的部分均按不可见轮廓绘制。由透明材料制成的物体，均按不透明物体绘制。对于供观察用的刻度、字体、指针、液面等，可按可见轮廓线绘制

1.3 常见结构表示法

1.3.1 螺纹及螺纹紧固件表示法（GB/T 4459.1—1995）

1.3.1.1 螺纹的表示法

表 3-1-29 螺纹及螺纹连接的表示法

螺纹牙顶圆的投影用粗实线表示，牙底圆的投影用细实线表示，在螺杆的倒角或倒圆部分也应画出。在垂直于螺纹轴线的投影面的视图中，表示牙底圆的细实线只画约 3/4 圈（空出约 1/4 圈的位置不作规定），此时，螺杆或螺孔上的倒角投影不应画出[图(a)～图(c)]

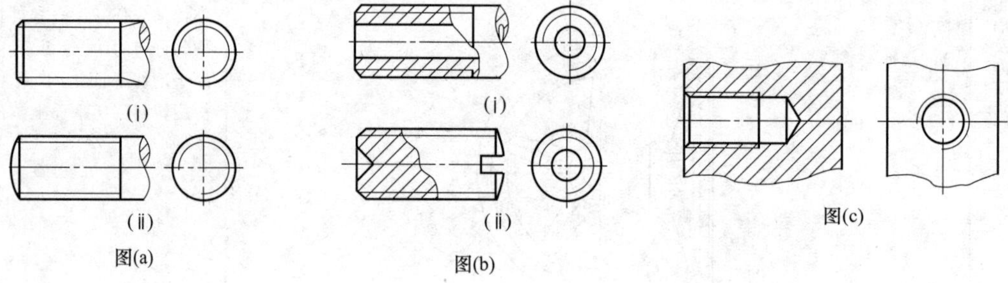

(i) (ii) 图(a)　(i) (ii) 图(b)　图(c)

在垂直于螺纹轴线的投影面的视图中，需要表示部分螺纹时，表示牙底圆的细实线也应适当地空出一段，如图(d)所示

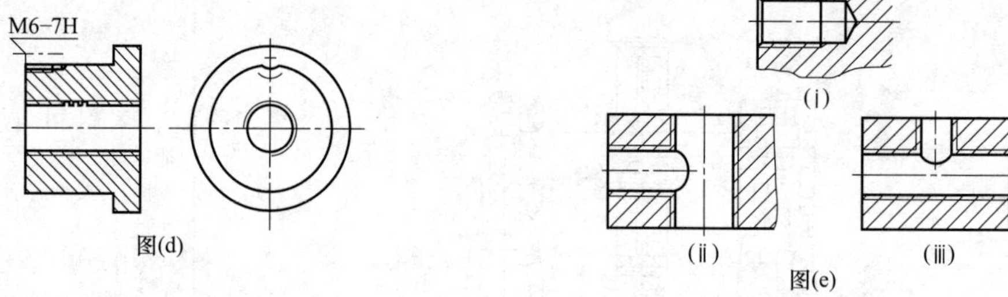

图(d)　(i) (ii) (iii) 图(e)

有效螺纹的终止界限（简称螺纹终止线）用粗实线表示，外螺纹终止线的画法如图(a)的(i)和图(b)的(i)；内螺纹终止线的画法如图(c)和图(e)的(i)。螺尾部分一般不必画出，当需要表示螺尾时，该部分用与轴线成 30°的细实线画出[图(a)的(i)和图(e)的(i)]。不可见螺纹的所有图线用虚线绘制[图(f)]。无论是外螺纹或内螺纹，在剖视或断面图中的剖面线都应画到粗实线[图(b)～图(e)]。绘制不穿通的螺孔时，一般应将钻孔深度与螺纹部分的深度分别画出[图(c)、图(e)的(i)]。当需要表示螺纹牙形时，可按图(g)～图(i)的形式绘制

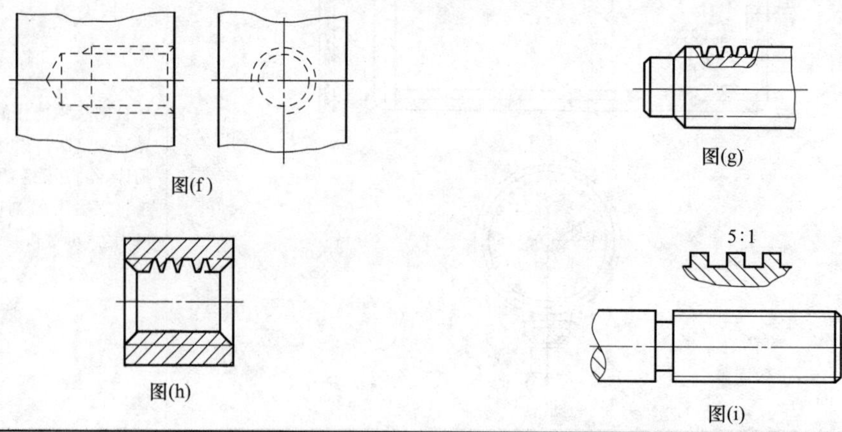

图(f)　图(g)　图(h)　图(i)

续表

螺纹零件	圆锥外螺纹和圆锥内螺纹的表示方法如图(j)、图(k)所示 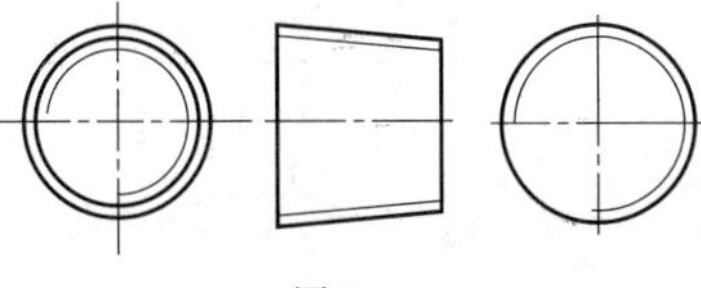 图(j) 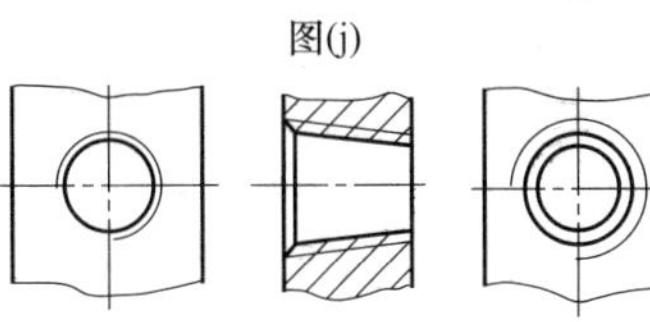 图(k)
螺纹连接	以剖视图表示内外螺纹的连接时，其旋合部分应按外螺纹的画法绘制，其余部分仍按各自的画法表示，如图(l)、图(m)所示 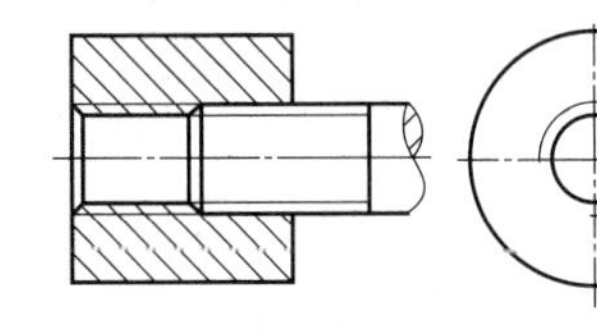 图(l) 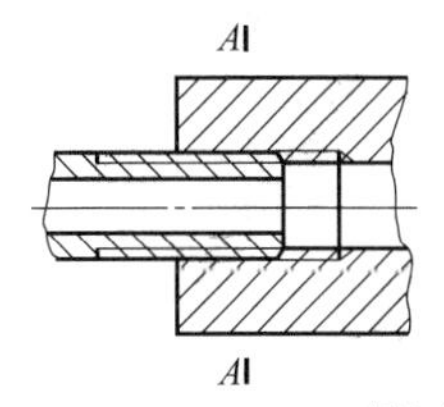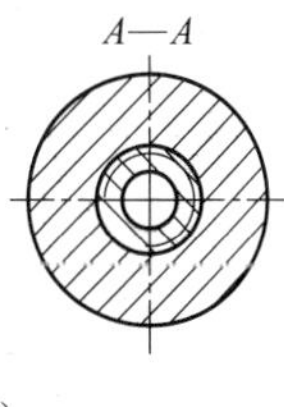 图(m)
螺纹紧固件装配	在装配图中，当剖切平面通过螺杆的轴线时，对于螺柱、螺栓、螺钉、螺母及垫圈等均按未剖切绘制[图(n)～图(q)]；螺纹紧固件的工艺结构，如倒角、退刀槽、缩颈、凸肩等均可省略不画[图(o)～图(q)] 在装配图中，不穿通的螺纹孔可不画出钻孔深度，仅按有效螺纹部分的深度(不包括螺尾)画出，如图(o)～图(q)所示 在装配图中，常用螺栓、螺钉的头部以及螺母等也可采用简化画法，如图(q)所示 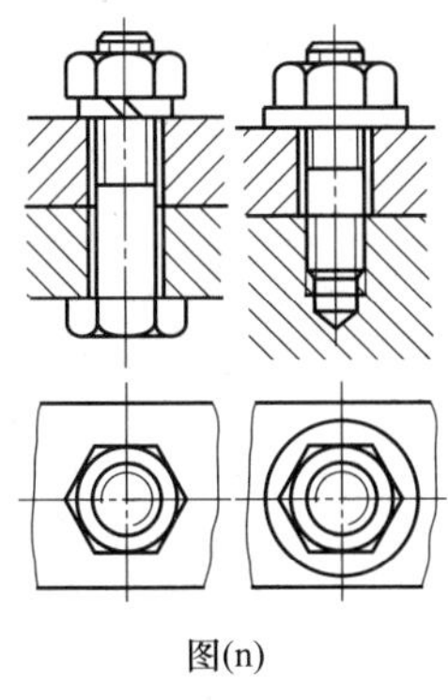 图(n) 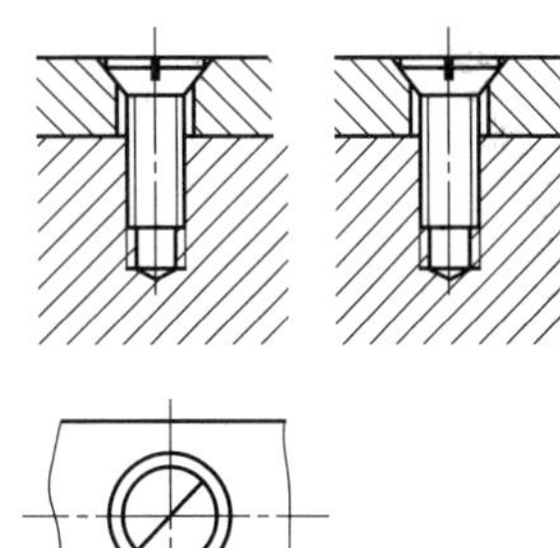 图(o) 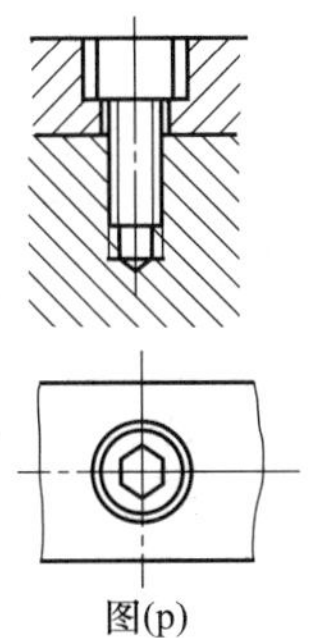 图(p) 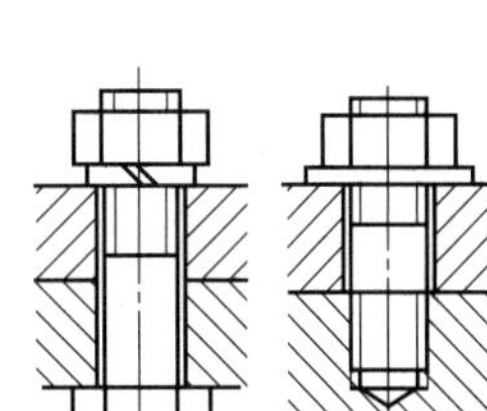 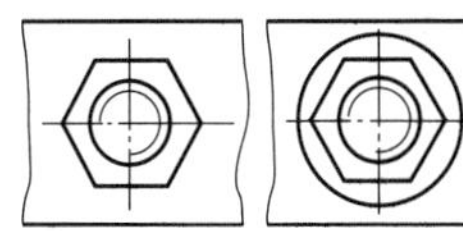 图(q)

第3篇

1.3.1.2 螺纹的标注方法

表 3-1-30 螺纹的标注方法

螺纹类别		特征代号	公称直径	螺距	导程	线数	旋向	公差带代号	旋合长度代号	标记实例	附注
标准普通螺纹	粗牙	M	10	—	—	—	右	6H	L	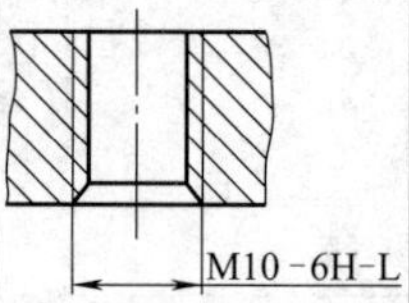 M10-6H-L 图(a)	标准 GB/T 197—2018 普通螺纹粗牙不注螺距，中等旋合长度不标 N(以下同)。短、长旋合长度分别用字母 S、L 表示。右旋不标注。多线时注出 Ph(导程)、P(螺距)(下同) 螺纹标记示例：M10×1-5H6H 内螺纹，细牙，中径和顶径公差带分别为 5G 和 6G
	细牙		16	1.5	—	—	LH(左)	5g6g	S	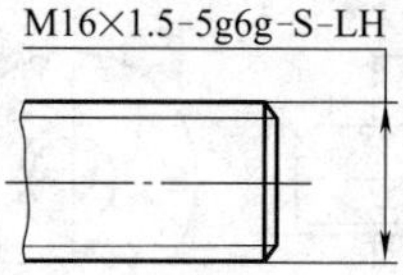 M16×1.5-5g6g-S-LH 图(b)	
小螺纹		S	0.8	—	—	—	—	4H5	—	S0.8 4H5	标准 GB/T 15054.2—2018 内螺纹中径公差带为 4H，顶径公差等级为 5 级。外螺纹中径公差带为 5h，顶径公差等级为 3 级。顶径公差带位置仅一种，故只注等级 螺纹副标注示例：S0.9 4H5/5h3
			1.2	—	—	—	LH(左)	5h3	—	S1.2LH5h3	
梯形螺纹		Tr	32	6	—	—	LH(左)	7e	L	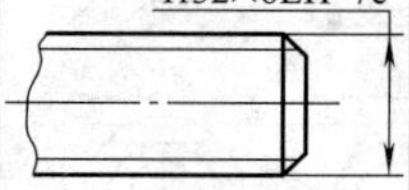 Tr32×6LH-7e 图(c)	标准 GB/T 5796.4—2005 多线螺纹螺距和导程都可参照此格式标注 螺纹副标记示例：Tr36×6-7H/7e
			40	7	14	2	LH(左)	7e	L	Tr40×14(P7)LH-7e-L	
锯齿形螺纹		B	40	7	14	2	LH(左)	8c	L	B40×14(P7)LH-8c-L	标准 GB/T 13576.4—2008 螺纹副标记示例：B40×7-7A/7c
非标准螺纹		非标准螺纹，应画出螺纹的牙型，并注出所需要的尺寸及有关要求，如图(d)所示 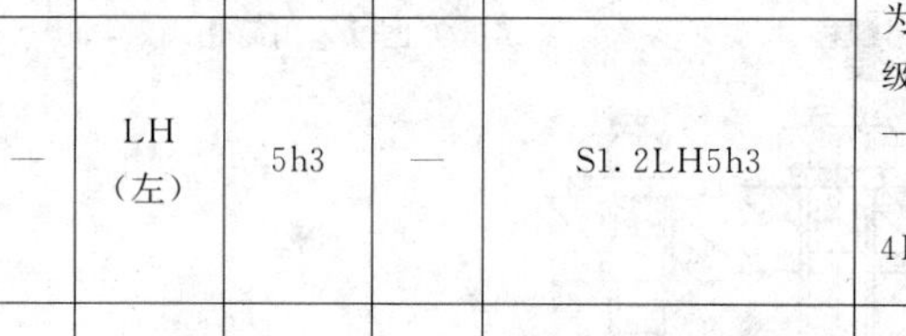 M12×0.5-6H、$\phi 16_{-0.268}^{-0.032}$；60° 10:1、15、$\phi 14.8$、$\phi 15_{-0.172}^{-0.032}$、$\phi 16_{-0.268}^{-0.032}$ 图(d)									

续表

螺纹长度	图(e)中(ⅰ)所标注的螺纹长度，均指不包括螺尾在内的有效螺纹长度。当需要标出螺尾长度时，其标注方法见图(e)中(ⅱ)或另加说明 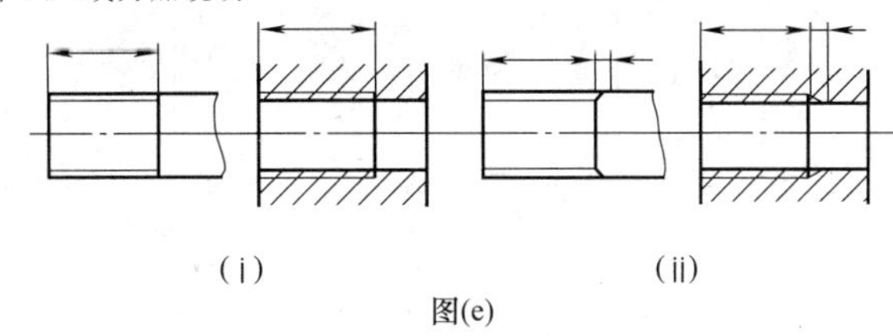 (ⅰ) (ⅱ) 图(e)

螺纹类别		特征代号	尺寸代号	旋向	公差等级	基距代号	标记示例	附注
米制密封螺纹	圆锥螺纹	Mc	公称直径14	LH（左）	—	N	Mc12×1 图(f)	标准GB/T 1415—2008 S为短基距代号，标准基距不注代号（下同） 1指螺距为1mm 螺纹副标记示例：Mp/Mc 20×1.5-S
	圆柱内螺纹	Mp						
60°密封管螺纹	圆锥螺纹	NPT	3/4	LH（左）	—	—	NPT3/4-LH 图(g)	标准GB/T 12716—2011 内、外螺纹均仅有一种公差带，故不注公差带代号（下同）
	圆柱内螺纹	NPSC						
55°非螺纹密封管螺纹		G	1½	LH（左）	—	—	G1½-LH	标准GB/T 7307—2001 内螺纹公差等级只有一种，不标记。外螺纹公差等级分A级和B级两种 标记螺纹副时，仅标注外螺纹的标记代号，如G1½A
			1/2	LH（左）	A	—	G1/2A-LH 图(h)	
55°螺纹密封的管螺纹	圆锥外螺纹	R(R_1、R_2)	3/4	LH	—	—	R3/4-LH 图(i)	标准GB/T 7306—2000（GB/T 7306.1—2000《圆柱内螺纹与圆锥外螺纹》；GB/T 7306.2—2000《圆锥内螺纹与圆锥外螺纹》） 内、外螺纹均只有一种公差带，故省略不注 R_1表示与圆柱内螺纹相配合的圆锥外螺纹；R_2表示与圆锥内螺纹相配合的圆锥外螺纹。如$R_1$3或$R_2$3 表示螺纹副时，尺寸代号只标注一次，如R_p/$R_1$3；R_c/$R_2$3
	圆锥内螺纹	R_c	1/2	—	—	—	R_c1/2 图(j)	
	圆柱内螺纹	R_p	1/2	—	—	—	R_p1/2	

续表

螺纹类别	特征代号	尺寸代号	旋向	公差等级	基距代号	标记示例	附注
自攻螺钉螺纹	ST	公称直径 3.5	—	—	—	ST3.5	标准 GB/T 5280—2002 使用时，应先制出螺纹底孔（预制孔）
自攻锁紧螺钉用螺纹（粗牙普通螺纹）	M	公称直径 5	—	—	—	M5×20	标准 GB/T 6559—1986 使用时，先制预制孔，标记示例中的 20 为螺杆长度
螺纹副的标注方法	装配图中螺纹副的标记与螺纹的标注方法相同，米制螺纹一般直接标注在大径的尺寸线上或其引出线上，如图（ⅰ）所示。管螺纹应采用引出线由配合部分的大径处引出标注，如图（ⅱ）所示。米制锥螺纹一般采用引出线由配合部分的大径处引出标注，也可直接标注在从基面处画出的尺寸线上，如图（ⅲ）所示。图（ⅱ）中斜线分开的左边表示内螺纹，右边表示外螺纹 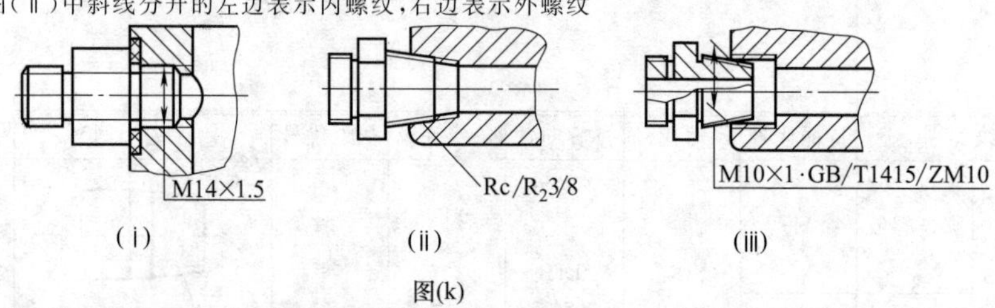 （ⅰ）　（ⅱ）　（ⅲ） 图(k)						

注：60°圆锥管螺纹和55°螺纹密封及非螺纹密封管螺纹来源于英制，被采用制定为我国标准螺纹时已米制化。特征代号后的数字是定性地表征螺纹大小的“尺寸代号”，不是定量地将其数值换成 mm，故不得称为“公称直径”。

表 3-1-31　　新旧管螺纹代号对照

螺纹种类	圆锥内螺纹	圆柱内螺纹	圆锥外螺纹	圆柱内、外螺纹（非螺纹密封）	圆锥内、外螺纹
	（螺纹密封）				
GB/T 4459.1—1995 规定的标准号及管螺纹标准代号	GB/T 7306—2000（55°密封管螺纹）			GB/T 7307—2001（55°非密封管螺纹）	GB/T 12716—2002（60°密封管螺纹）
	R_c	R_p*	R(R_1、R_2)	G*	NPT
旧标准 GB/T 4459.1—1984 中的螺纹代号	ZG	G	ZG	G	Z

注：R_p* 和 G* 是公差不同的两种圆柱内螺纹，不能完全互换。

1.3.2　齿轮表示法（GB/T 4459.2—2003）

1.3.2.1　齿轮及齿轮啮合的表示法

表 3-1-32　　齿轮及齿轮啮合的表示法

齿轮、齿条、蜗杆、蜗轮及链轮的画法	齿顶圆和齿顶线用粗实线绘制，分度圆和分度线用细点画线绘制，齿根圆和齿根线用细实线绘制，也可省略不画，在剖视图中，齿根线用粗实线绘制。表示齿轮、蜗轮一般用两个视图，或者用一个视图和一个局部视图[图(a)～图(c)]。在剖视图中，当剖切平面通过齿轮的轴线时，轮齿一律按不剖处理[图(a)～图(c)、图(e)、图(f)]。如需表明齿形，可在图形中用粗实线画出一个或两个齿；或用适当比例的局部放大图表示[图(d)～图(f)]。当需要表示齿线的特征时，可用三条与齿线方向一致的细实线表示[图(d)、图(e)、图(g)]。直齿则不需表示。如需要注出齿条的长度，可在画出齿形的图中注出，并在另一视图中用粗实线画出其范围线[图(e)] 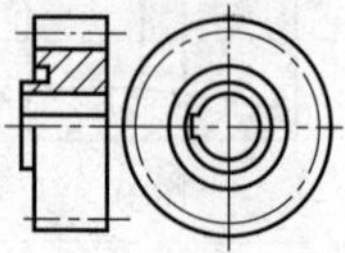 图(a)　圆柱齿轮 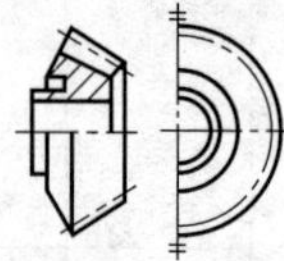 图(b)　锥齿轮 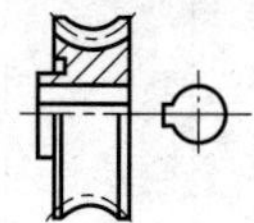 图(c)　蜗轮

续表

齿轮、齿条、蜗杆、蜗轮及链轮的画法

图(d)　圆弧齿轮　　图(e)　齿条

图(f)　链轮　　图(g)　齿线

齿轮、蜗轮、蜗杆啮合画法

在垂直于圆柱齿轮轴线的投影面的视图中，啮合区内的齿顶圆均用粗实线绘制[图(h)、图(l)]，其省略画法如图(i)所示。在平行于圆柱齿轮、锥齿轮轴线的投影面的视图中，啮合区的齿顶线不需画出，节线用粗实线绘制，其他处的节线用点画线绘制[图(j)、图(n)]。在啮合的剖视图中，当剖切平面通过两啮合齿轮的轴线时，在啮合区内，将一个齿轮的轮齿用粗实线绘制，另一个齿轮的轮齿被遮挡的部分用细虚线绘制[图(k)、图(p)]，也可省略不画[图(l)、图(m)、图(o)]。在剖视图中，当剖切平面不通过啮合齿轮的轴线时，齿轮一律按不剖绘制

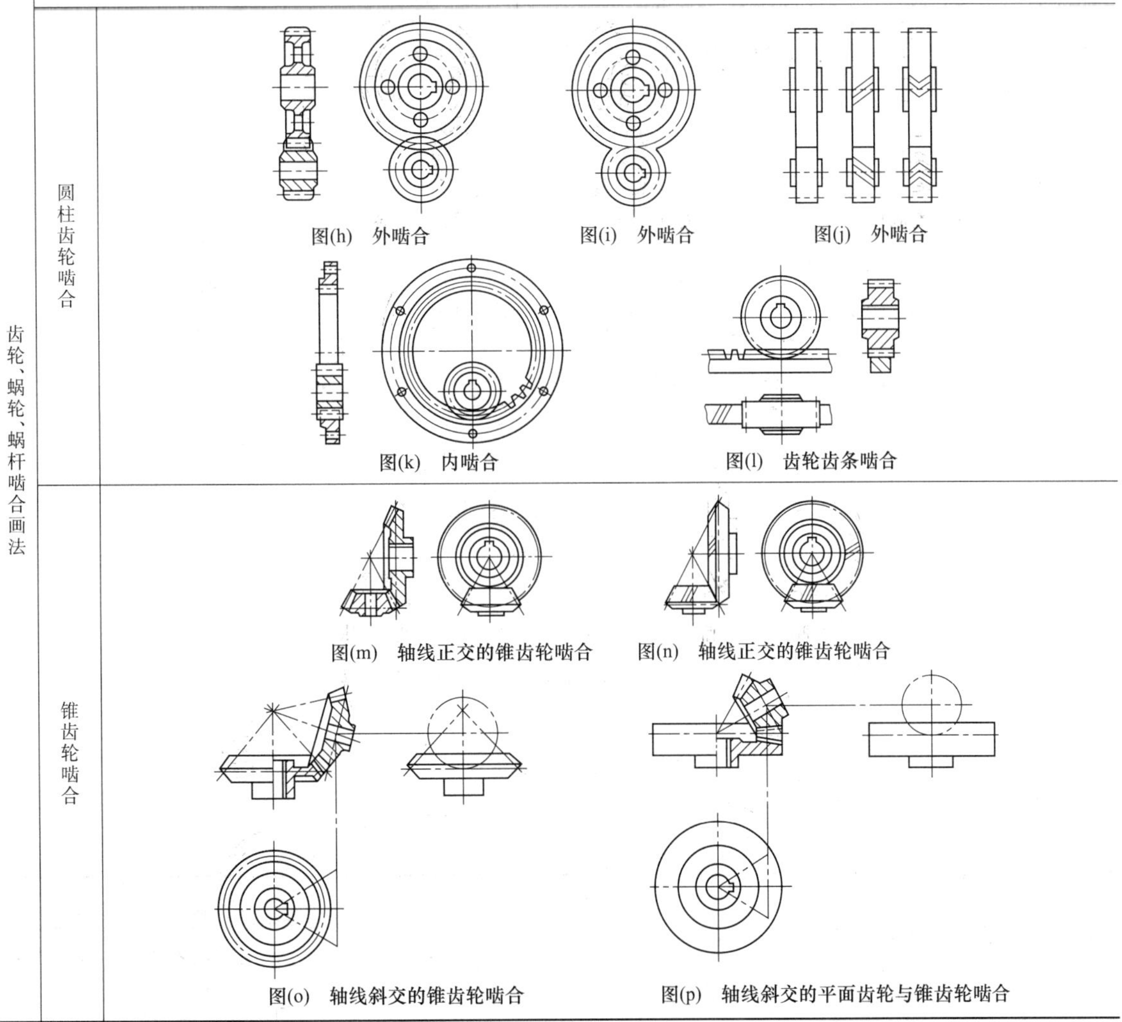

圆柱齿轮啮合

图(h)　外啮合　　图(i)　外啮合　　图(j)　外啮合

图(k)　内啮合　　图(l)　齿轮齿条啮合

锥齿轮啮合

图(m)　轴线正交的锥齿轮啮合　　图(n)　轴线正交的锥齿轮啮合

图(o)　轴线斜交的锥齿轮啮合　　图(p)　轴线斜交的平面齿轮与锥齿轮啮合

续表

齿轮、蜗轮、蜗杆啮合画法	锥齿轮啮合	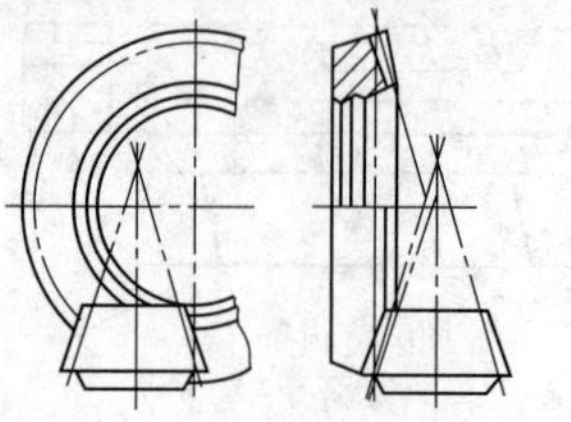 图(q) 准双曲面齿轮副的啮合 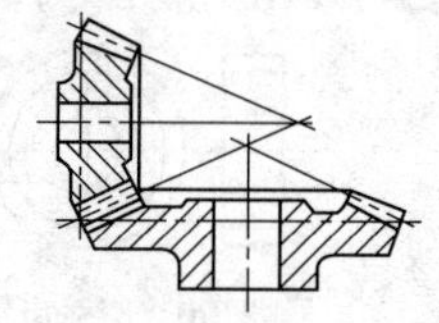　　图(r) “8”字啮合锥齿轮副的啮合
	螺旋齿轮啮合	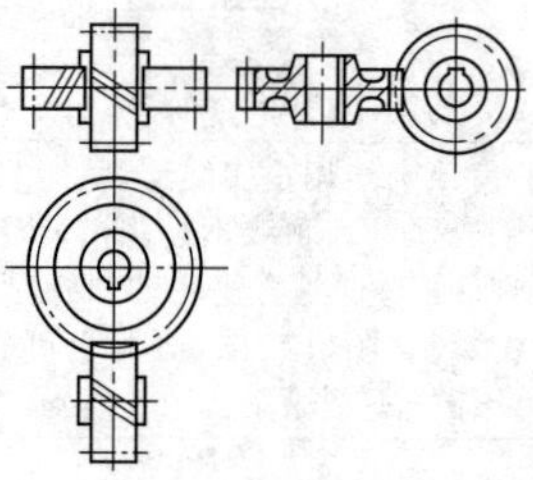 图(s) 轴线垂直交错的螺旋齿轮副啮合 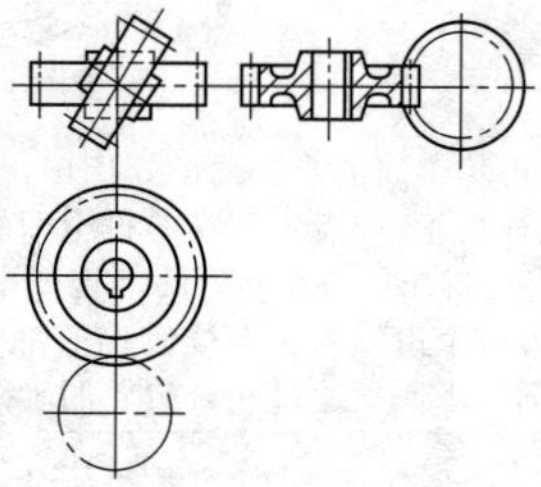　　图(t) 轴线不垂直交错的啮合
	蜗轮蜗杆啮合	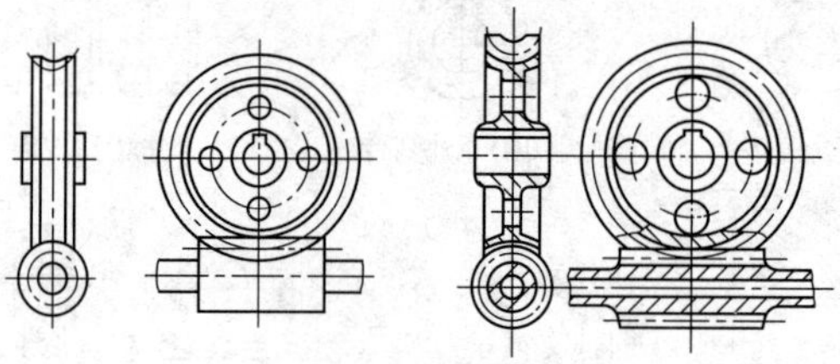 图(u) 圆柱蜗轮蜗杆副啮合 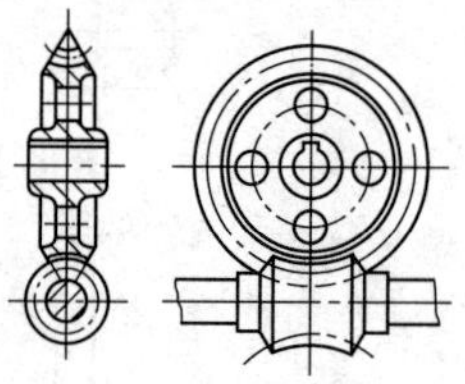　　图(v) 环面蜗轮蜗杆副啮合
	圆弧齿轮副啮合	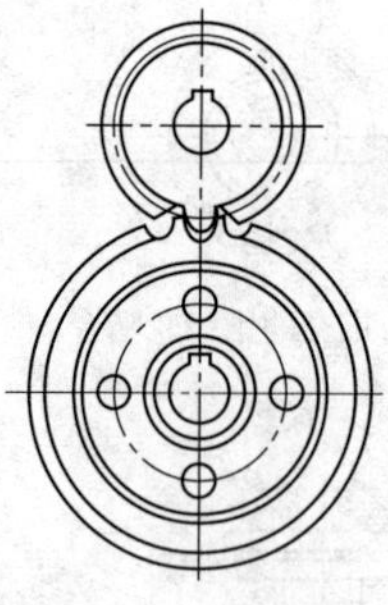 图(w) 圆弧齿轮副啮合

1.3.2.2 齿轮的图样格式

齿轮的参数表一般应放在图的右上角；参数表中列出的项目可以根据需要增减，检查项目按功能要求而定，技术要求一般放在该图样的右下角。示例如图 3-1-1～图 3-1-4 所示。

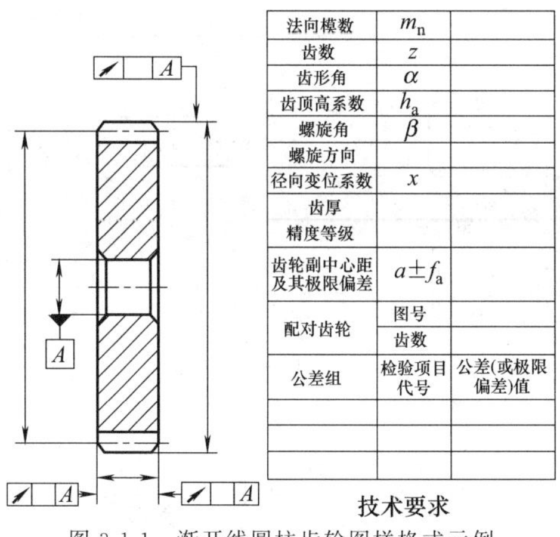

图 3-1-1　渐开线圆柱齿轮图样格式示例

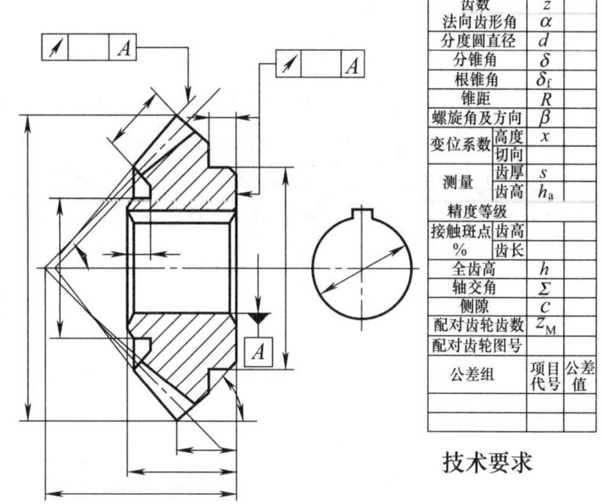

图 3-1-2　锥齿轮图样格式示例

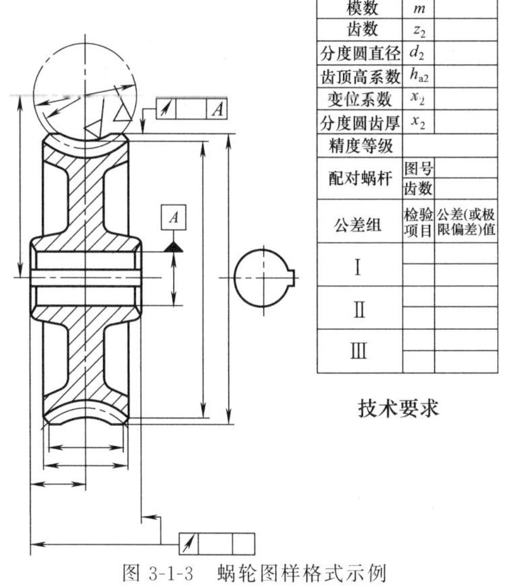

图 3-1-3　蜗轮图样格式示例

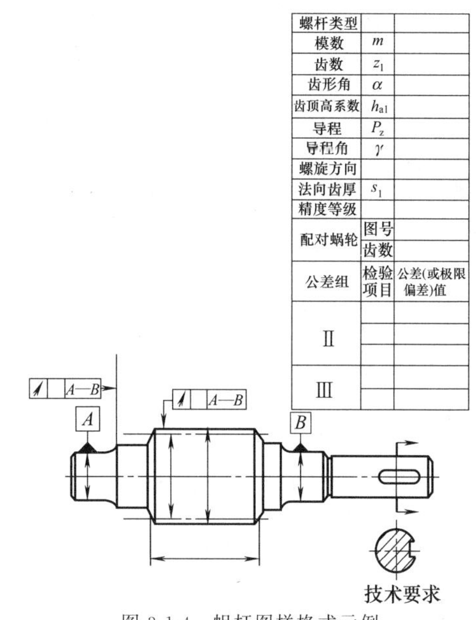

图 3-1-4　蜗杆图样格式示例

1.3.3　花键表示法（GB/T 4459.3—2000）

表 3-1-33　**花键表示法**

<table>
<tr><td rowspan="2">花键画法及尺寸标注</td><td rowspan="2">矩形花键</td><td>外花键大径用粗实线、小径用细实线绘制，并在断面图中画出一部分或全部齿形。外花键工作长度的终止端和尾部长度的末端均用细实线绘制，并与轴线垂直，尾部则画成斜线，其倾斜角度一般与轴线成30°，必要时，可按实际情况画出［图(a)］</td><td>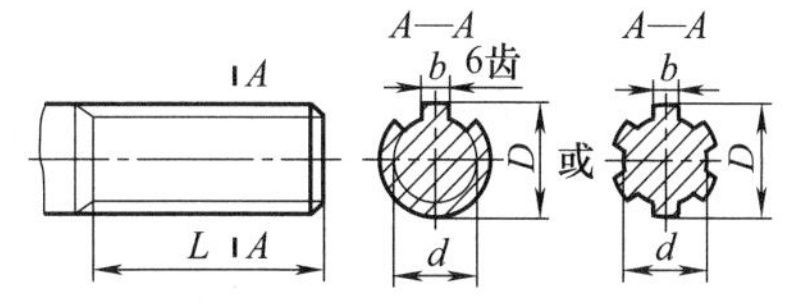

图(a)　外花键</td></tr>
<tr><td>内花键剖视图中大径及小径均用粗实线绘制，在局部视图中画出一部分或全部齿形［图(b)］</td><td>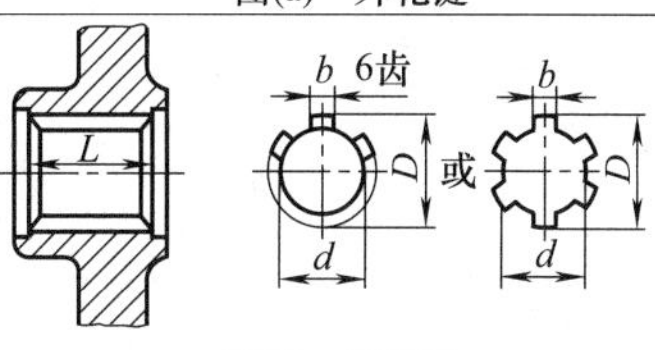

图(b)　内花键</td></tr>
</table>

续表

花键画法及尺寸标注	矩形花键	外花键局部剖视的画法见图(c),垂直于花键轴线的投影面的视图的画法见图(d)。大径、小径及键宽采用一般尺寸标注时,其注法见图(a)、图(b)。花键长度应采用以下三种形式之一标注:标注工作长度图(a)、图(b)、图(e);标注工作长度和尾部长度图(f);标注工作长度及全长图(g) 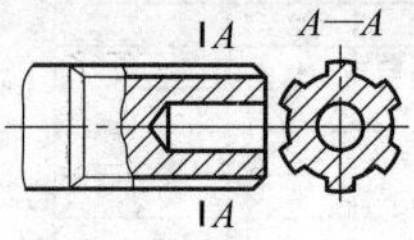 图(c) 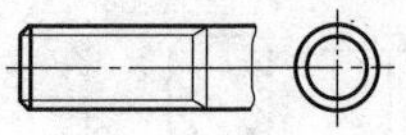　图(d) 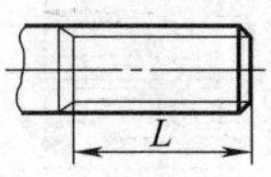　图(e) 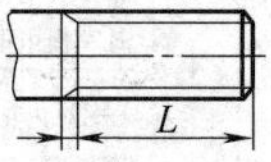　图(f) 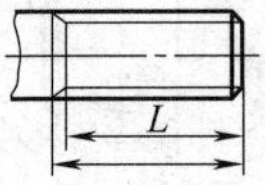　图(g)
	渐开线花键	除分度圆及分度线用细点画线绘制外,其余部分与矩形花键画法相同[图(h)] 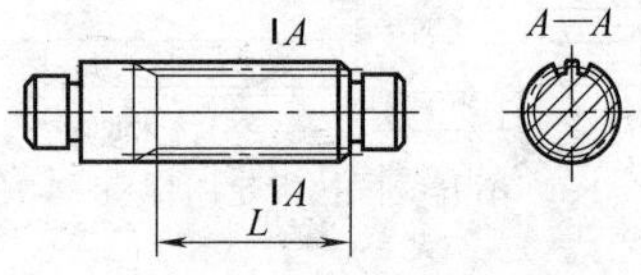 图(h)
	花键连接	花键连接用剖视图或断面图表示时,其连接部分按外花键的绘制,矩形花键的连接画法见图(i),渐开线花键的连接画法见图(j) 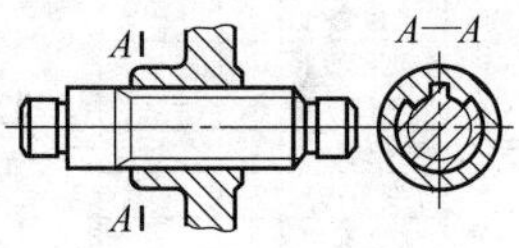 图(i)　矩形花键 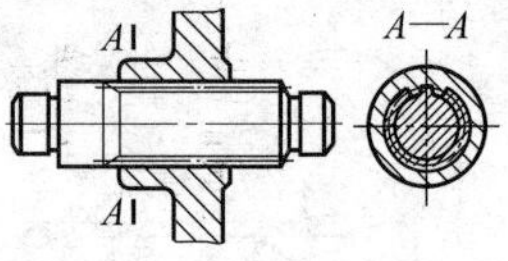　图(j)　渐开线花键
		花键的类型有图形符号表示,矩形花键(GB/T 1144—2001)的图形符号见图(k),渐开线花键(GB/T 3478.1—2008)的图形符号见图(l) 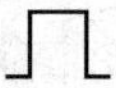 图(k) 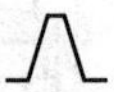　图(l)
	花键的标注	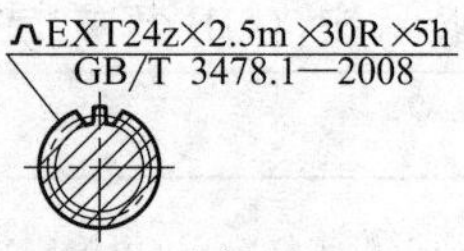 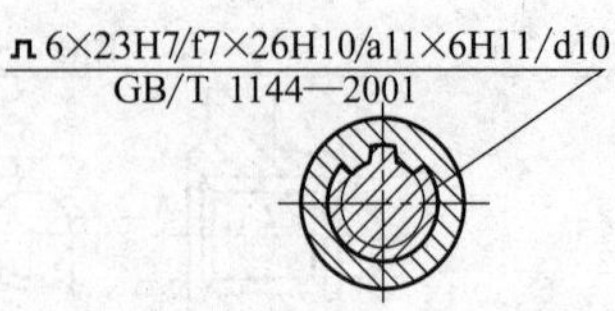 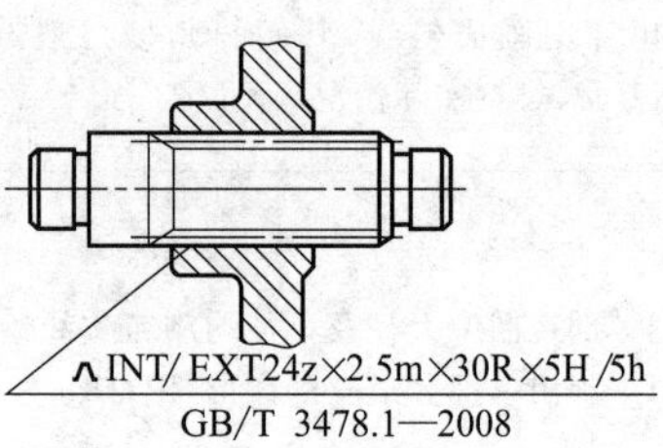 花键的标记应注写在指引线的基准线上,标注方法如图(m)~图(p)所示。当所注花键标记不能全部满足要求时,则其必要的数据可在图中列表表示或在其他相关文件中说明 矩形花键及花键副的表示见图(m)、图(o)。标记顺序为:N(键数)×d(小径)×D(大径)×B(键宽)。字母代号为大写时为内花键,小写时为外花键 渐开线花键及花键副的表示见图(n)、图(p)。标记中代号(含义):INT(内花键)、EXT(外花键)、INT/EXT(花键副)、z(齿数符号)、m(模数符号)、30P(30°平齿根)、30R(30°圆齿根)45(45°圆齿根)、5H/5h(内、外花键公差等级均为 5 级,配合类别为 H/h) 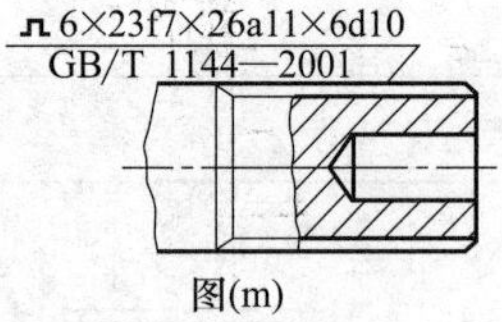 ⎍6×23f7×26a11×6d10 GB/T 1144—2001 图(m) ⋀EXT24z×2.5m×30R×5h GB/T 3478.1—2008 图(n) ⎍6×23H7/f7×26H10/a11×6H11/d10 GB/T 1144—2001 图(o) ⋀INT/EXT24z×2.5m×30R×5H/5h GB/T 3478.1—2008 图(p)

1.3.4 弹簧表示法（GB/T 4459.4—2003）

1.3.4.1 弹簧的画法

表 3-1-34 单个弹簧的画法

名称	视图	剖视图	示意图
圆柱螺旋压缩弹簧	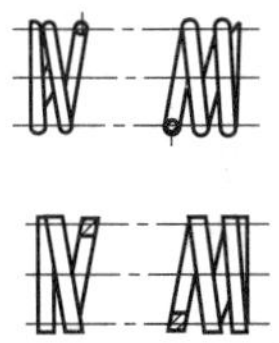	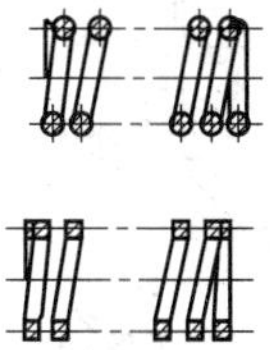	
截锥螺旋压缩弹簧	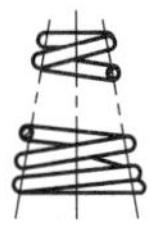	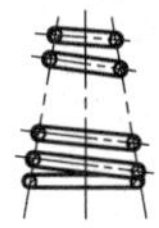	
圆柱螺旋拉伸弹簧	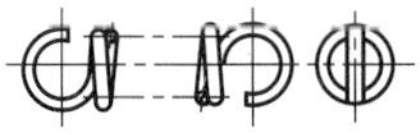	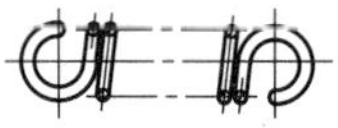	
圆柱螺旋扭转弹簧	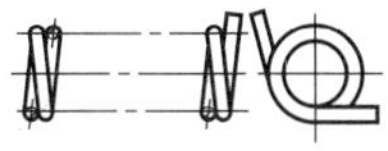	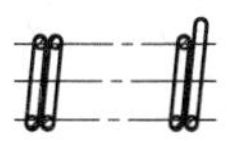	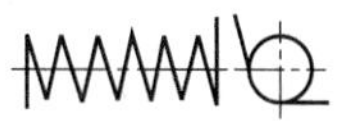
截锥涡卷弹簧	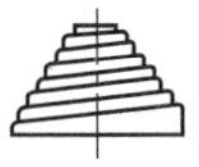		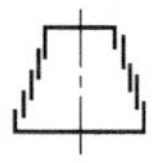
碟形弹簧			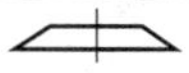
平面涡卷弹簧	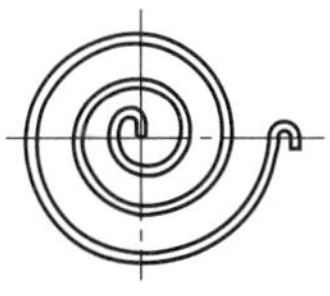	—	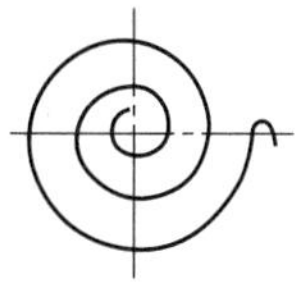
说明	螺旋弹簧均可画成右旋，对必须保证的旋向要求应在"技术要求"中注明，必要时也可按支撑圈的实际结构绘制。螺旋压缩弹簧，如要求两端并紧且磨平时，无论支撑圈数多少和末端贴紧情况如何，均按本表图示形式绘制。有效圈数在四圈以上的螺旋弹簧，中间部分可以省略。圆柱螺旋弹簧中间部分省略后，允许适当缩短图形的长度。截锥涡卷弹簧中间部分省略后用细实线相连。片弹簧的视图一般按自由状态下的形式绘制		

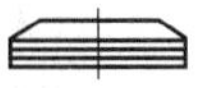

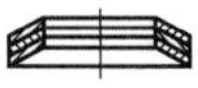

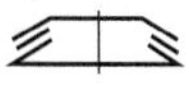

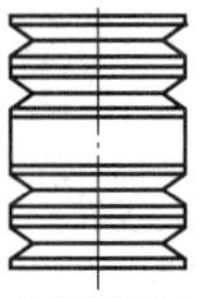

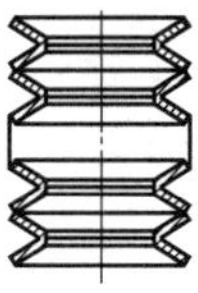

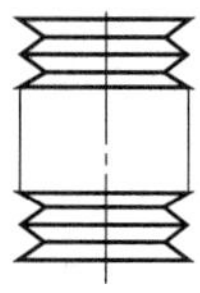

表 3-1-35 装配图中弹簧的画法

装配图中弹簧的画法	装配图中，被弹簧挡住的结构一般不画出，可见部分应从弹簧的外轮廓线或从弹簧钢丝剖面的中心线画起[图(a)]。型材直径或厚度在图形上小于或等于 2mm 的螺旋弹簧、碟形弹簧、片弹簧允许用示意图绘制[图(b)～图(d)]，当弹簧被剖切时，剖面直径或厚度在图形上小于或等于 2mm 时也可用涂黑表示[图(e)]。四束以上的碟形弹簧，中间部分省略后用细实线画出轮廓范围[图(c)]。被剖切弹簧的直径在图形上小于或等于 2mm，如果弹簧内部还有零件，为了便于表达，可按图(f)的示意图形式绘制。板弹簧允许仅画出外形轮廓[图(g)、图(h)]，平面涡卷弹簧的装配图画法见图(i)，弓形板弹簧由多种零件组成，其画法见图(j) 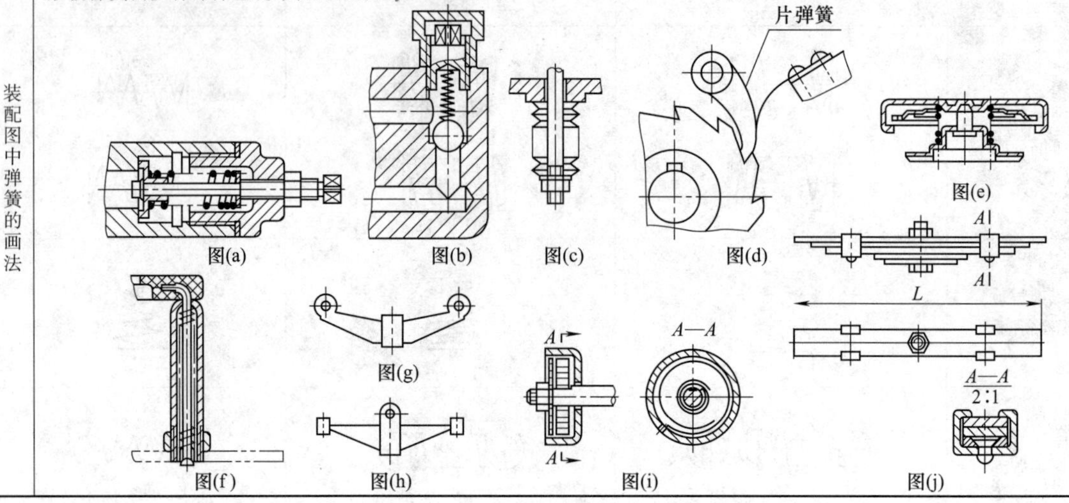

1.3.4.2 弹簧的图样格式（GB/T 4459.4—2003）

弹簧的参数应直接注在图形上，当标注有困难时可在“技术要求”中说明。一般用图解方式表示弹簧特性。圆柱压缩（拉伸）弹簧的力学性能曲线均画成直线，标注在主视图上方。圆柱螺旋扭转弹簧的力学性能曲线一般标注在左视图上方，也允许标注在主视图上方，性能曲线画成直线。力学性能曲线（或直线形式）用粗实线绘制。如图 3-1-5～图 3-1-8 所示。弹簧术语及代号见表 3-1-36。

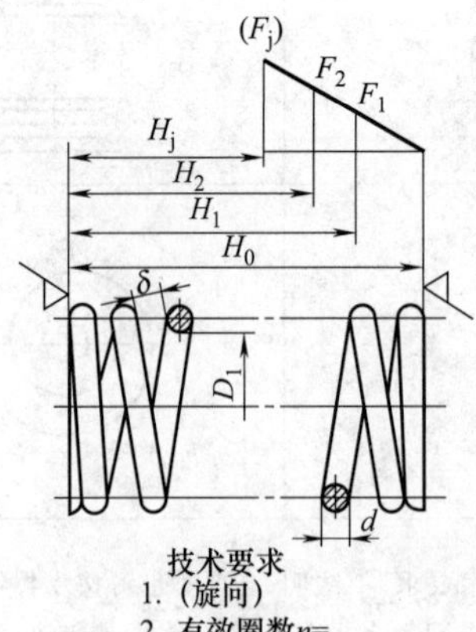

图 3-1-5 圆柱螺旋压缩弹簧的图样格式

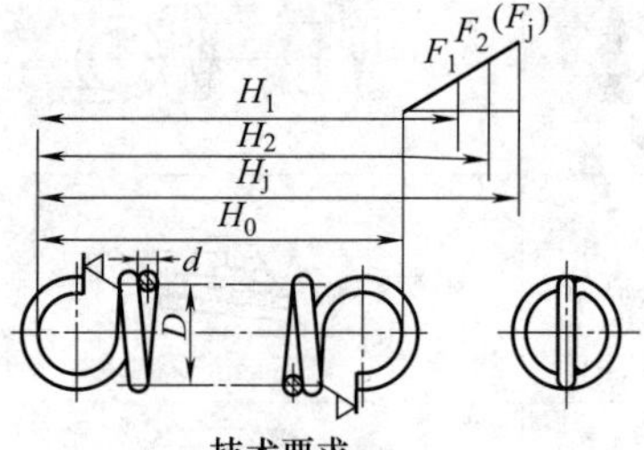

图 3-1-6 圆柱螺旋拉伸弹簧的图样格式

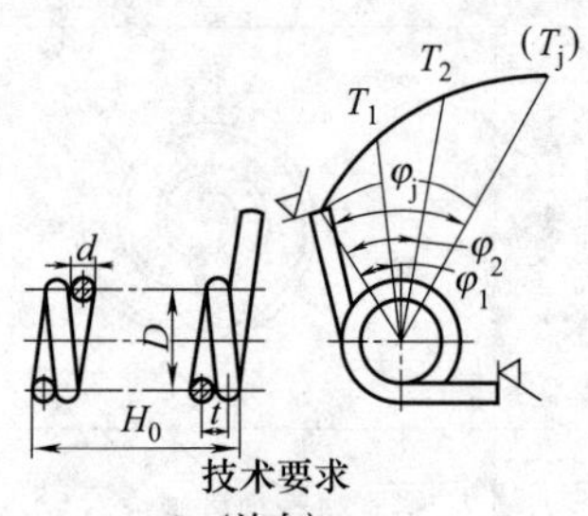

图 3-1-7 圆柱螺旋扭转弹簧的图样格式（一）

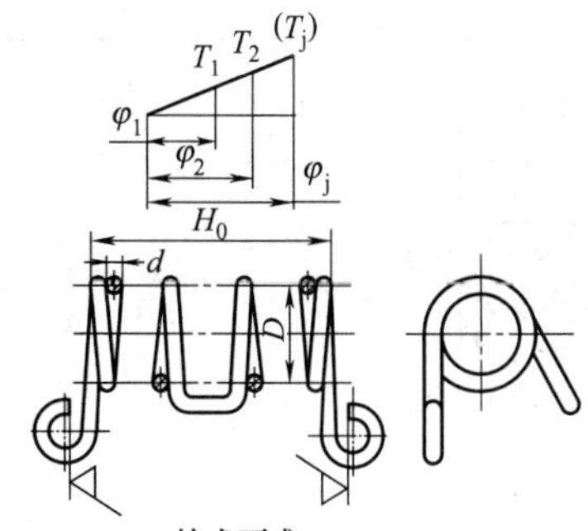

技术要求
1. 有效圈数n=
2. 工作极限应力τ_j=
3. (热处理要求)
4. (检验要求)
……

图 3-1-8　圆柱螺旋扭转弹簧的图样格式（二）

1.3.5　滚动轴承表示法（GB/T 4459.7—2017）

本标准主要适用于在装配图中不需要确切地表示其形状和结构的标准滚动轴承。各种符号、矩形线框和轮廓线均用粗实线。本标准规定了滚动轴承的简化画法和规定画法。简化画法又分为通用画法（见表 3-1-37）和特征画法（见表 3-1-38），特征画法中的要素符号组合见表 3-1-39。在同一图样中一般只采用通用画法或特征画法中的一种。采用规定画法绘制滚动轴承的剖视图时，其滚动体不画剖面线，各套圈等可画成方向和间隔相同的剖面线（见表 3-1-38 中的应用实例）；在不致引起误解时，也允许省略不画；若滚动轴承带有其他零件或附件（偏心套、挡圈等），其剖面线应与套圈剖面线呈不同方向或不同间隔，在不致引起误解时，也允许省略不画。

表 3-1-36　**弹簧的术语及代号**

序号	术　语	代　号	序号	术　语	代　号
1	工作负荷	F_1、F_2、F_3、…、F_n T_1、T_2、T_3、…、T_n	15	极限扭转角	φ_j
2	极限负荷	F_j、T_j	16	试验扭转角	φ_3
3	试验负荷	F_s	17	弹簧刚度	F'、T'
4	压并负荷	F_b	18	初拉力	F_0
5	压并应力	τ_b	19	有效圈数	n
6	变形量(挠度)	f_1、f_2、f_3、…、f_n	20	总圈数	n_1
7	极限负荷下变形量	f_j	21	支撑圈数	N_z
8	自由高度(长度)	H_0	22	弹簧外径	D_2
9	自由角度(长度)	Φ_0	23	弹簧内径	D_1
10	工作高度(长度)	H_1、H_1、H_3、…、H_n	24	弹簧中径	D
11	极限高度(长度)	H_j	25	线径	d
12	实验负荷下的高度(长度)	H_s	26	节距	t
13	压并高度	H_b	27	间距	δ
14	工作扭转角	φ_1、φ_2、φ_3、…、φ_n	28	旋向	

表 3-1-37　**滚动轴承的通用画法**

通用画法	说　明	通用画法	说　明
图(a)	在剖视图中，当不需要确切地表示滚动轴承的外形轮廓、载荷特性、结构特征时，可用矩形线框及位于线框中央正立的十字形符号表示，十字符号不应与矩形线框接触	图(c)	如需确切地表示滚动轴承的外形，则应画出其剖面轮廓，并在轮廓中央画出正立的十字形符号，十字符号不应与剖面轮廓线接触
图(b)	通用画法应绘制在轴的两侧	1 2 图(d) 1—外球面球轴承 2—紧定套	滚动轴承带有附件或零件时，则这些附件或零件也可只画出其外形轮廓

第 3 篇

续表

通用画法	说明	通用画法	说明
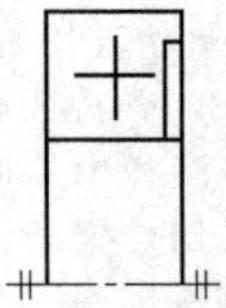 (ⅰ)一面带防尘盖 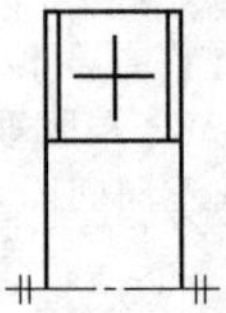 (ⅱ)两面带密封圈 图(e)	当需要表示滚动轴承自带的防尘盖和密封圈时，可分别按图示方法绘制	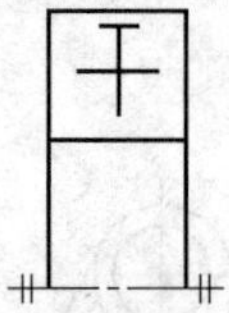 (ⅰ)外圈无挡边 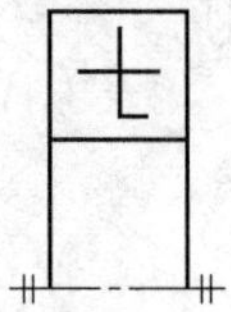 (ⅱ)内圈右侧无挡边 图(f)	当需要表示滚动轴承内圈或外面有无挡边时，可按图示的方法绘制。在十字符号上附加一粗实线短画，表示内圈或外圈无挡边的方向
		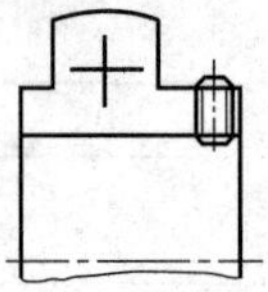 图(g) 绘制出相关零件	在装配图中，为了表达滚动轴承的安装方法，可画出与滚动轴承相关的零件

表 3-1-38 滚动轴承的特征画法及规定画法

轴承类别	特征画法	规定画法	
	在剖视图中，如需较形象地表示滚动轴承的结构特征，可采用表中所示在矩形线框内画出其结构特征要素符号的方法表示 表 3-1-37 中图(d)～图(g)的规定也适用于特征画法。特征画法应绘在轴的两侧	必要时，在滚动轴承的产品图样、产品样本、用户手册和使用说明书中可采用表中的规定画法绘制。规定画法一般绘制在轴的一侧，另一侧按通用画法绘制	
		球轴承	滚子轴承
球和滚子轴承	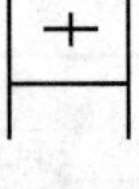	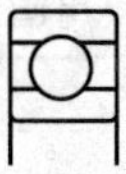	
	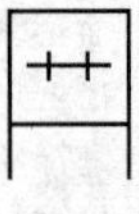	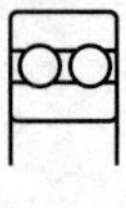	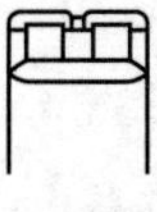
		—	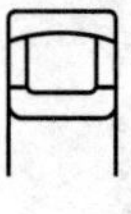
	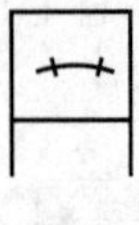	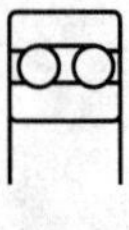	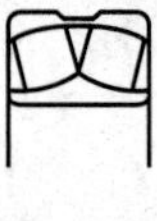

续表

轴承类别	特征画法	规定画法	
球和滚子轴承	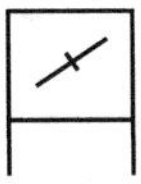	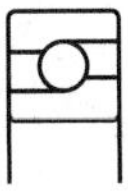	
	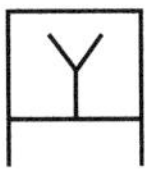	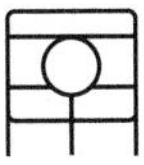 （三点接触）	—
	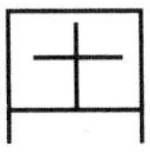	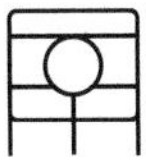 （四点接触）	—
		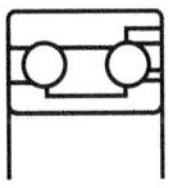	—
	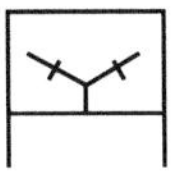	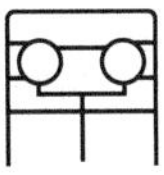	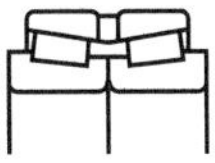
	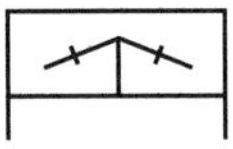	—	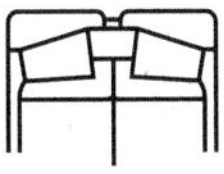
滚针轴承	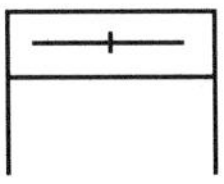	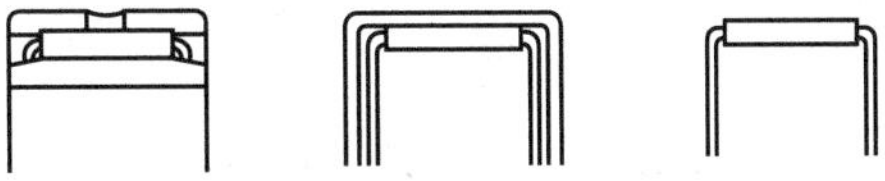	
	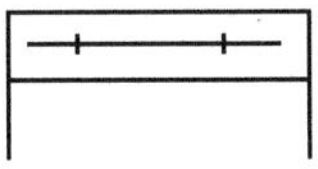	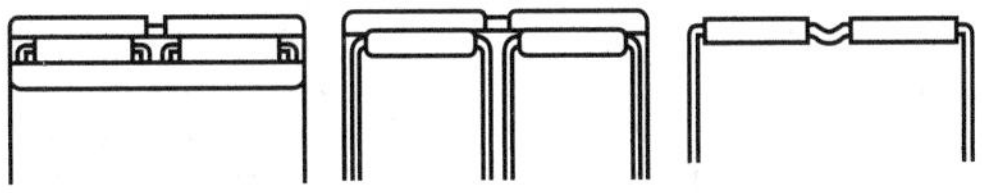	
	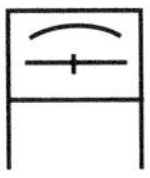	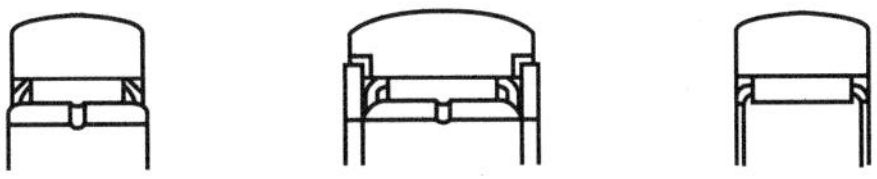	
滚针和球或滚子组合	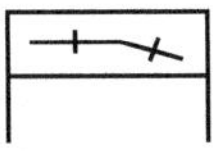	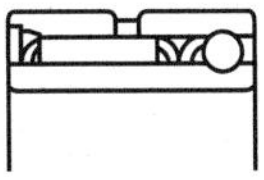	
	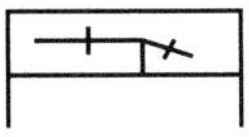	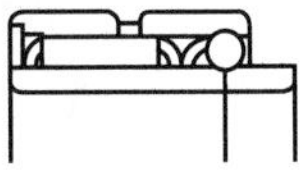	

续表

轴承类别	特征画法	规定画法	
滚针和球或滚子组合	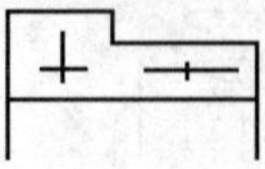	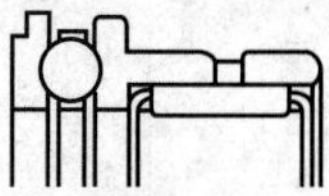	
	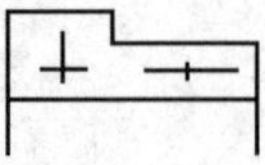	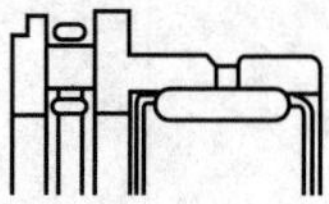	
推力轴承		球轴承	滚子轴承
	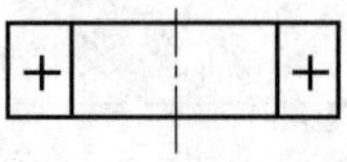	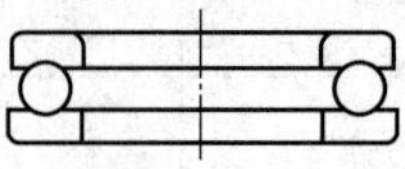	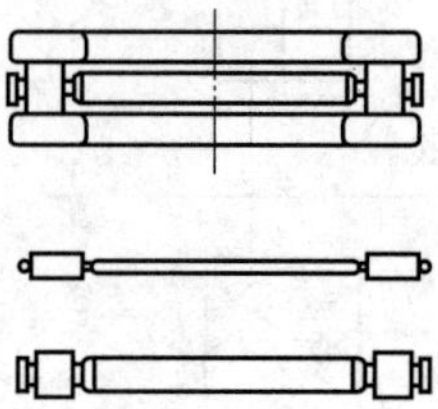
	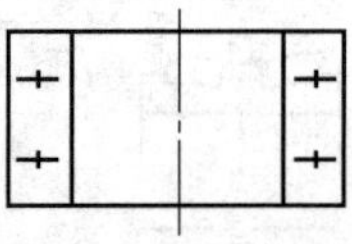	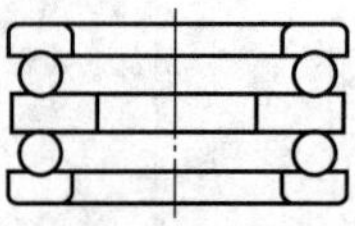	—
	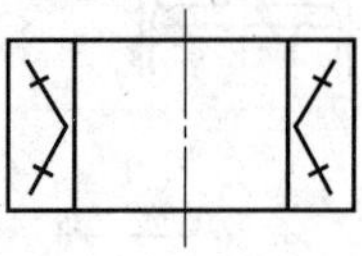	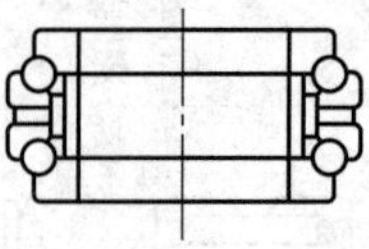	—
	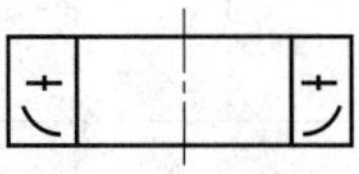	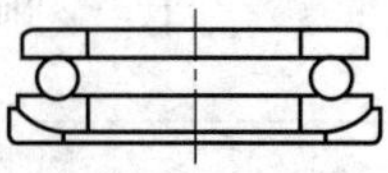	—
	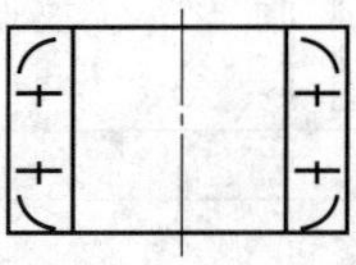	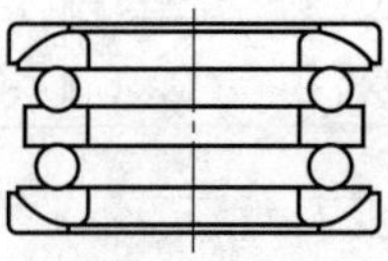	—
	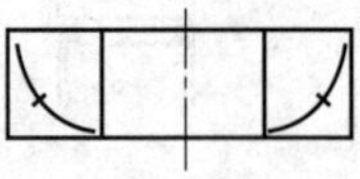	—	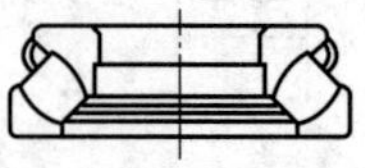
滚动轴承轴线垂直于投影面的特征画法	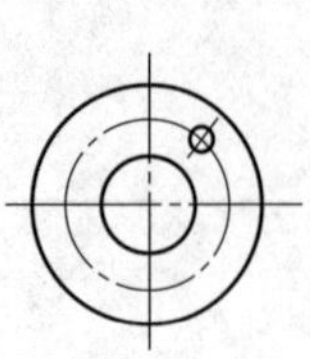	在垂直于滚动轴承轴线的投影面的视图上，无论滚动体的形状（球、柱、针等）及尺寸如何，均可按本图的方法绘制	

续表

轴承类别	特征画法	规定画法
应用实例	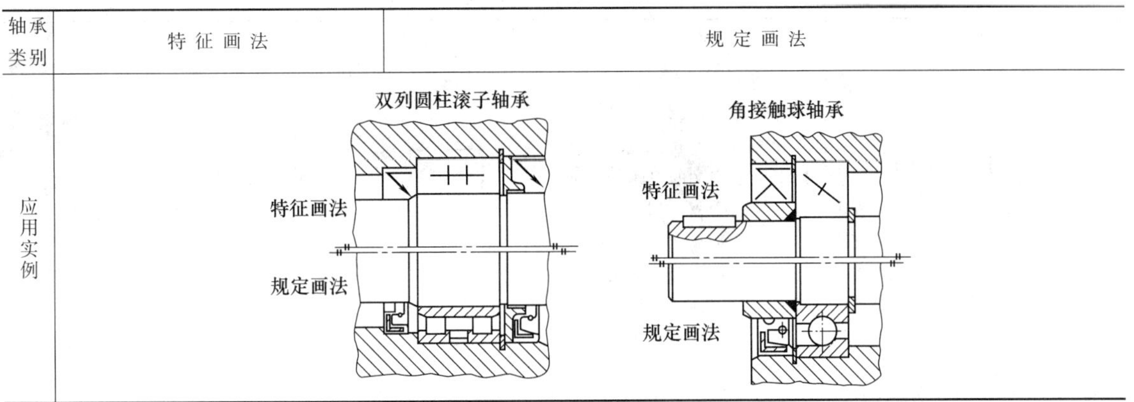	

表 3-1-39　　**滚动轴承特征画法中要素符号的组合**

轴承承载特性		轴承结构特性			
		两个套圈		三个套圈	
		单　列	双　列	单　列	双　列
径向承载	非调心				
	调心				
轴向承载	非调心				
	调心				
径向和轴向承载	非调心				
	调心				

注：表中滚动轴承只画出了其轴线一侧的部分。

1.3.6　动密封圈表示法（GB/T 4459.8—2009、GB/T 4459.9—2009）

GB/T 4459.8—2009 规定了动密封圈通用简化表示法（见表 3-1-40）。GB/T 4459.9—2009 规定了动密封圈特征简化表示法（见表 3-1-41）。在同一图样中一般只采用通用画法或特征画法的一种。在剖视图和断面图中，采用通用画法绘制密封圈时，不画剖面符号。特殊情况下，需要更详细地表示时，可按 GB/T 4459.9 中的规定画法（见表 3-1-41），将密封圈的所有嵌入元件画出剖面符号或涂黑，如图 3-1-9 和图 3-1-10 所示。

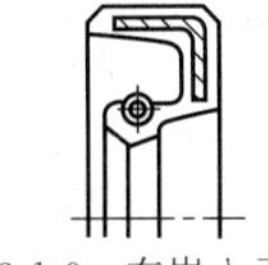

图 3-1-9　在嵌入元件上画出剖面符号

图 3-1-10　在嵌入元件上涂黑

表 3-1-40 **动密封圈的通用画法**

通用画法	说明	通用画法	说明
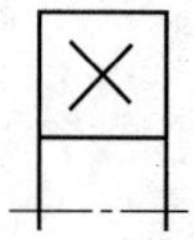 图(a)	通用画法是在剖视图中，如不需要确切地表示密封圈的外形的轮廓和内部结构(包括唇、骨架、弹簧等)时，可采用在矩形线框的中央画出十字交叉的对角线符号的一种表示方法(十字交叉的对角线不应与矩阵线框的轮廓线接触)。多数已标准化的密封圈的型号已在其装配图的明细栏中注出，所以只需在装配图中明确其具体装配位置就可以了。通用画法简易方便，是本标准推荐的一种方法	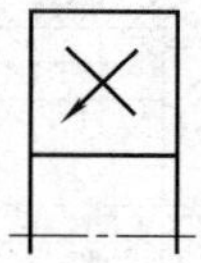 图(c)	如需要表示密封方向，则应在对角线符号的一端画出一个箭头，指向密封的一侧，以便给装配提供指示
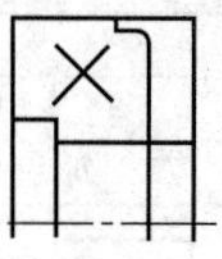 图(b)	如需要确切地表示密封圈的外形轮廓，则应该画出其真实的剖面轮廓，并在其中央画出对角线符号	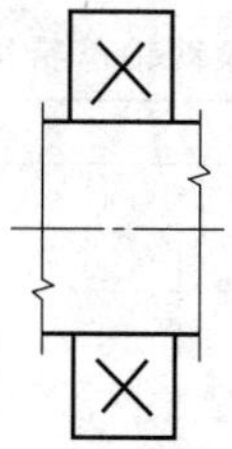 图(d)	通用画法应绘制在轴的一侧或两侧。图(d)为水平轴的两侧画法

表 3-1-41 **动密封圈的特征画法和规定画法**

	特征画法	应用	规定画法
常用旋转轴唇形密封圈	特征画法是指在剖视图中，如需要比较形象地表示出密封圈的密封结构特征时，可采用在矩形线框的中间画出密封要素符号的一种表示方法		必要时可在产品图样、产品样本、用户手册中采用规定画法绘制密封圈，这种画法可绘制在轴的两侧；也可绘制在轴的一侧，另一侧按通用画法绘制
	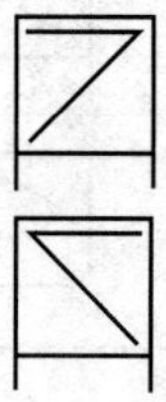	主要用于旋转轴唇形密封圈，也可用于往复运动活塞杆唇形密封圈及结构类似的防尘圈 (单唇形单向轴用)	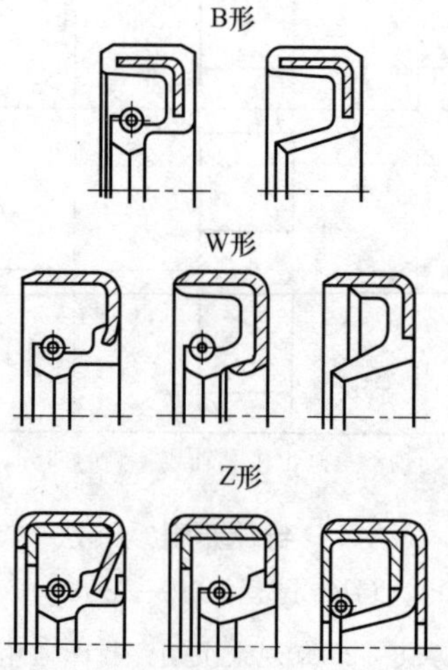 B形 W形 Z形
	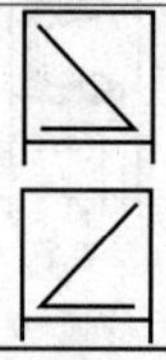	主要用于旋转轴唇形密封圈，也可用于往复运动活塞杆唇形密封圈及结构类似的防尘圈 (单唇形单向孔用)	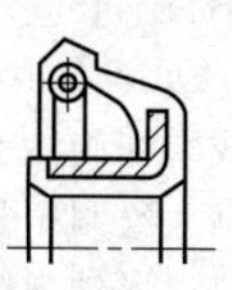

续表

	特征画法	应用	规定画法
常用旋转轴唇形密封圈	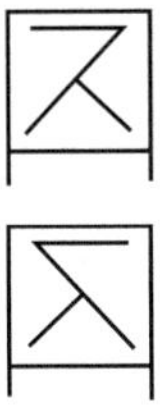	主要用于有副唇的旋转轴唇形密封圈，也可用于结构类似的往复运动活塞杆唇形密封圈 （双唇形单向轴用）	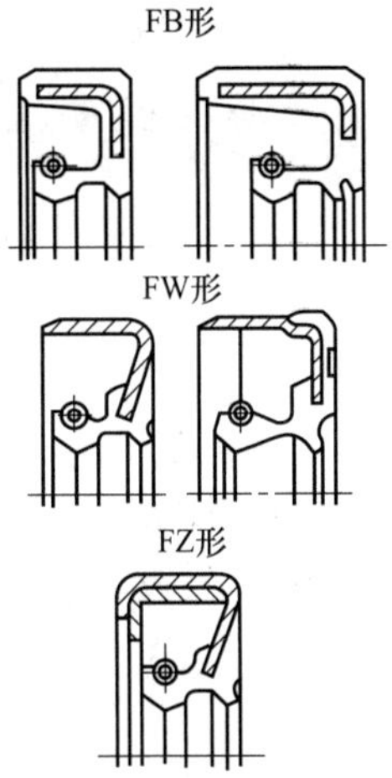 FB形 FW形 FZ形
	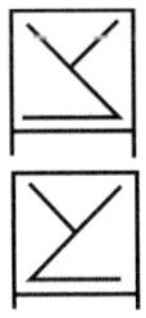	主要用于有副唇的旋转轴唇形密封圈，也可用于结构类似的往复运动活塞杆唇形密封圈 （双唇形单向孔用）	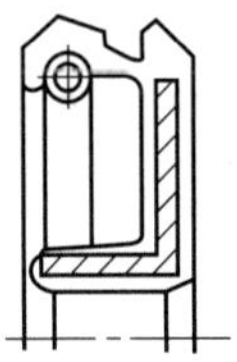
	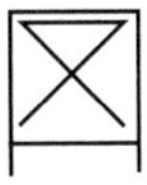	主要用于双向密封旋转轴唇形密封圈，也可用于结构类似的往复运动活塞杆唇形密封圈 （双唇形双向轴用）	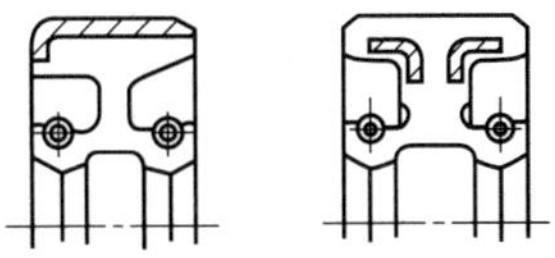
		主要用于双向密封旋转轴唇形密封圈，也可用于结构类似的往复运动活塞杆唇形密封圈 （双唇形双向孔用）	
常用往复运动橡胶密封圈	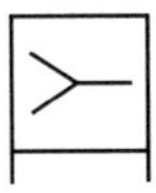	用于Y形、U形及蕾形橡胶密封圈	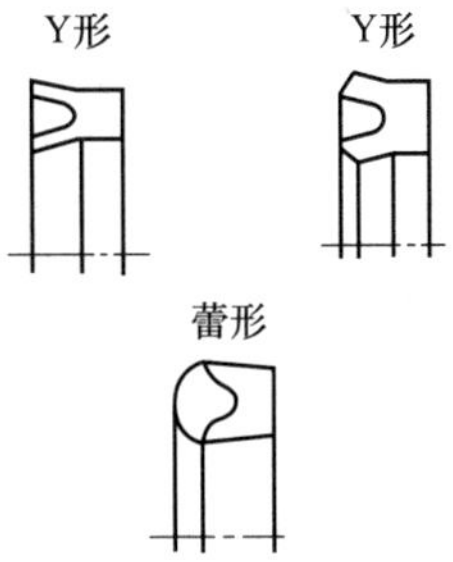 Y形　Y形 蕾形
		用于V形橡胶密封圈 V形密封圈由一个压环、数个重叠的密封环和一个支承环组成，不能单环使用，其他几种密封圈均可单独使用	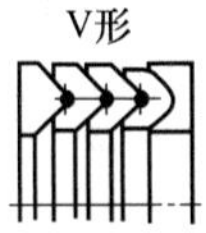 V形

续表

	特征画法	应用	规定画法
常用往复运动橡胶密封圈		用于J形橡胶密封圈	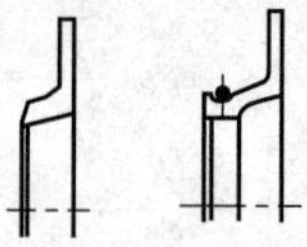
	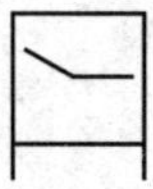	用于高低唇Y形橡胶密封圈（孔用）和橡胶防尘密封圈	Y形 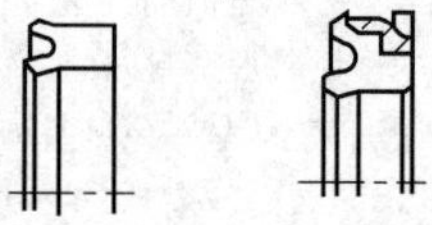
		用于起端面密封和防尘功能的V_D形橡胶密封圈	S形、A形 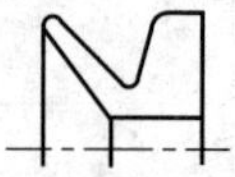
	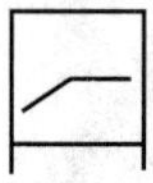	用于高低唇Y形橡胶密封圈（轴用）和橡胶防尘密封圈	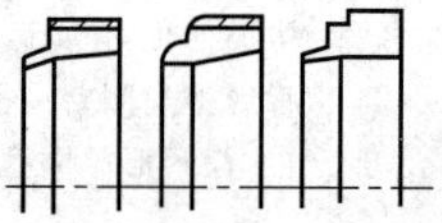 Y形 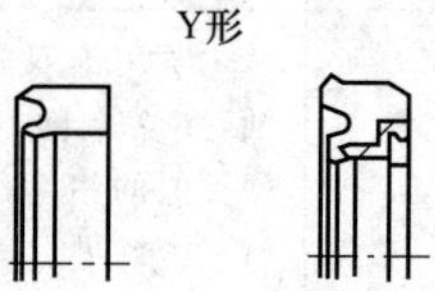 A形 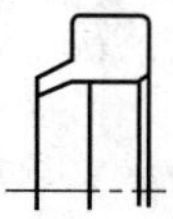 B形 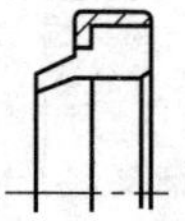
		用于有双向唇的橡胶防尘密封圈，也可用于结构类似的防尘密封圈（轴用）	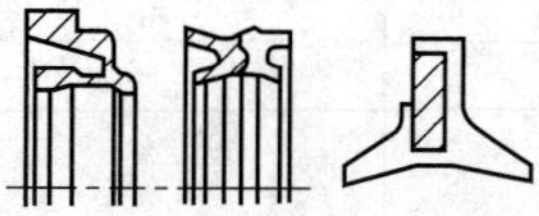 C形 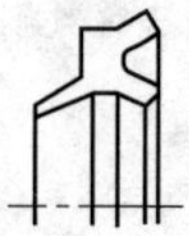
		用于有双向唇的橡胶防尘密封圈，也可用于结构类似的防尘密封圈（孔用）	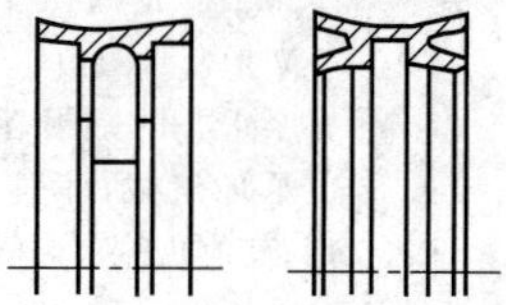

续表

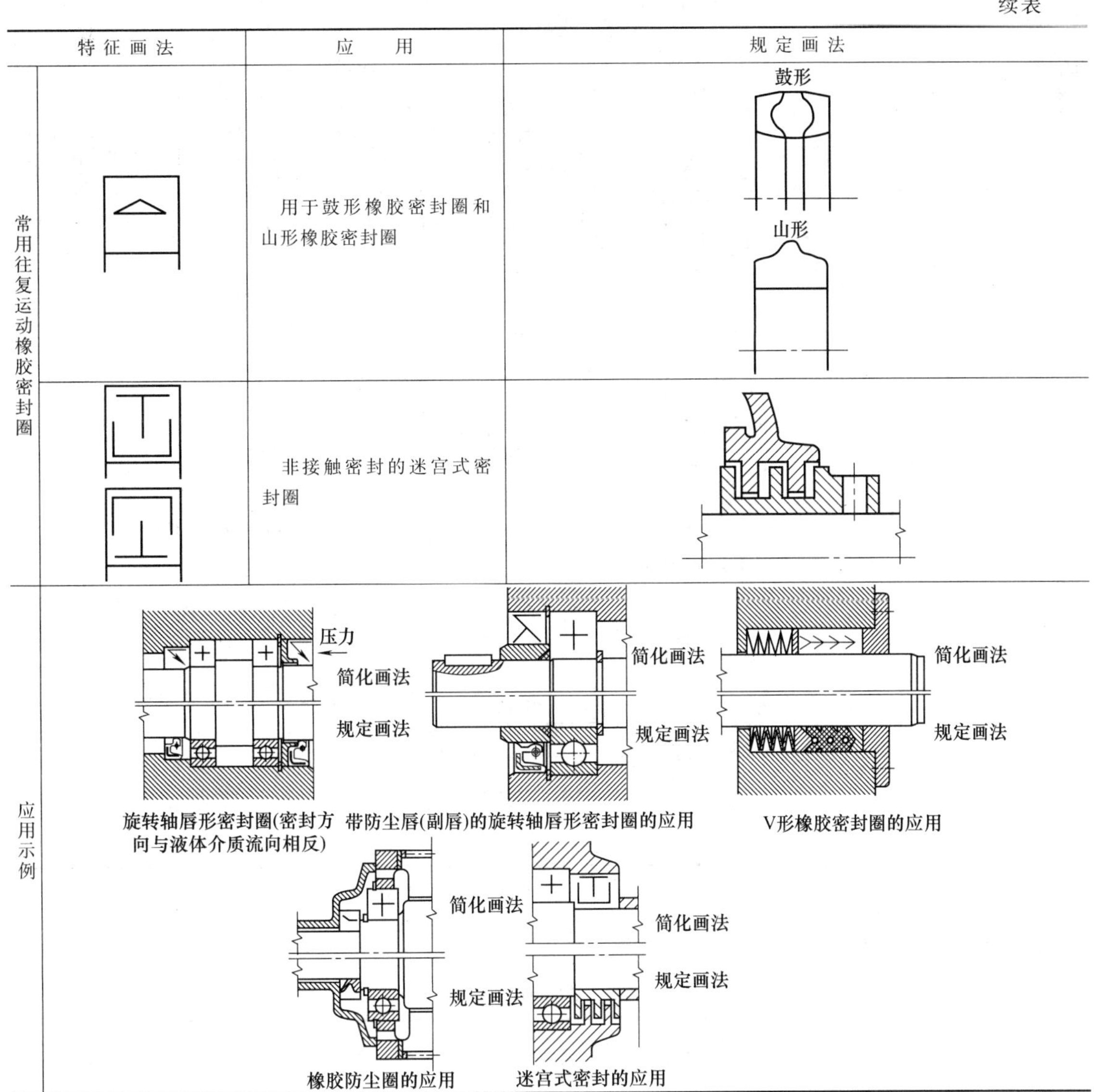

	特征画法	应用	规定画法
常用往复运动橡胶密封圈		用于鼓形橡胶密封圈和山形橡胶密封圈	鼓形 山形
		非接触密封的迷宫式密封圈	
应用示例	旋转轴唇形密封圈(密封方向与液体介质流向相反)　带防尘唇(副唇)的旋转轴唇形密封圈的应用　V形橡胶密封圈的应用　橡胶防尘圈的应用　迷宫式密封的应用		

1.3.7 中心孔表示法（GB/T 4459.5—1999）

表 3-1-42　　中心孔表示法

	要　求	符　号	表示法示例	说　明
完工零件上是否保留中心孔的规定符号	在完工的零件上要求保留中心孔		GB/T 4459.5-B2.5/8	采用 B 型中心孔 $D=2.5\text{mm}$，$D_1=8\text{mm}$ 在完工的零件上要求保留
	在完工的零件上可以保留中心孔		GB/T 4459.5-A4/8.5	采用 A 型中心孔 $D=4\text{mm}$，$D_1=8.5\text{mm}$ 在完工的零件上保留与否都可以

续表

完工零件上是否保留中心孔的规定符号	要求	符号	表示法示例	说明
	在完工的零件上不允许保留中心孔		GB/T 4459.5-A1.6/3.35	采用A型中心孔 $D=1.6$mm，$D_1=3.35$mm 在完工的零件上不保留

中心孔在图上的表示法		
	规定表示法	对于已经有相应标准规定的中心点，在图样中可不绘制其详细结构，只需在零件轴端面绘制出对中心孔要求的符号，随后标注出其相应标记。中心孔的规定表示法示例见本表上方的表示法示例 如需指明中心孔标记中的标准编号时，也可按图(a)、图(b)的方法标注 CM10L30/16.3 GB/T 4459.5 图(a) A4/8.5 GB/T 4459.5 图(b) 以中心孔的轴线为基准时，基准代号可按图(c)、图(d)的方法标注。中心孔工作表面的粗糙度应在引出线上标出，如图(c)、图(d)所示 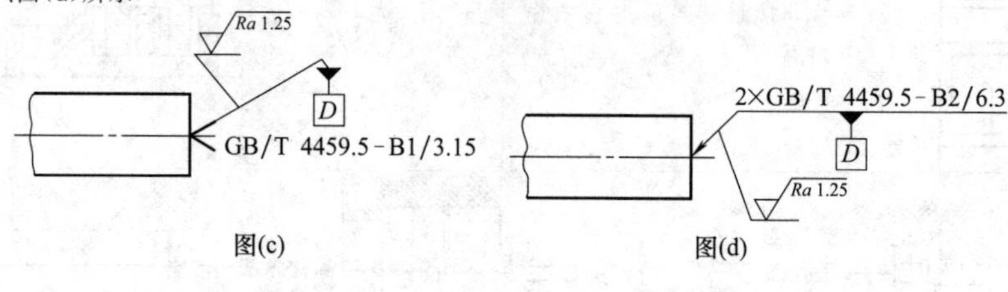 图(c) 图(d)
	简化表示法	在不致引起误解时，可省略标记中的标准编号，如图(e)所示 2×R3.15/6.7 图(e) 如同一轴的两端中心孔相同，可只在其一端标出，但应注出其数量，见图(d)和图(e)

注：四种标准中心孔（R型、A型、B型及C型）的标记说明见GB/T 145—2001。

1.3.8 展开图画法

表 3-1-43 展开图画法

名称	画法
大小圆管过渡接头	①用已知尺寸画出主视图和俯视图 ②12等分俯视图圆周标记1、2、3、…、7各点，并投影到主视图底线得相应的1、2、3、…、7各点，各点与锥体顶点o相连 ③以o为圆心，$o1$为半径作圆弧1—1，使弧长等于底圆周长，展开图上各弧长1—2、2—3、3—4等分别等于俯视图上的圆弧长1—2、2—3、3—4等（在一般情况下可以用弦长代替弧长直接量取，因此适当地提高圆周等分数可提高展开图的准确性），并与o点相连 ④以o为圆心，$o1'$为半径作圆弧$1'$—$1'$，即得所求的展开图 图(a)

续表

名称	画法
顶部斜截的正圆锥	①用已知尺寸画出主视图和俯视图 ②12 等分俯视图，圆周标记 1、2、3、…、7 各点，并投影到主视图底线得相应的 1、2、3、…、7 各点。各点与锥体顶点 o 相连，与顶部斜截线相交得 1′、2′、3′、…、7′各点 ③自主视图顶部斜截线上的 1′、2′、3′、…、7′各点作底边平行线与 o7 线相交得 1′、2′、3′、…、7′各点 ④以 o 为圆心，o1 为半径作圆弧 1—1，其弧长等于俯视图圆周长，展开图上各弧长 1—2、2—3、3—4 等分别等于俯视图上的圆弧长 1—2、2—3、3—4 等 ⑤连 o—1、o—2、o—3 等各线，在相应的线段上截取 1″、2″、3″等各点，使 $o1''=o1'$、$o2''=o2'$、$o3''=o3'$、…、$o7''=o7'$。光滑连接 1″、2″、3″、…、7″各点，即得所求的展开图 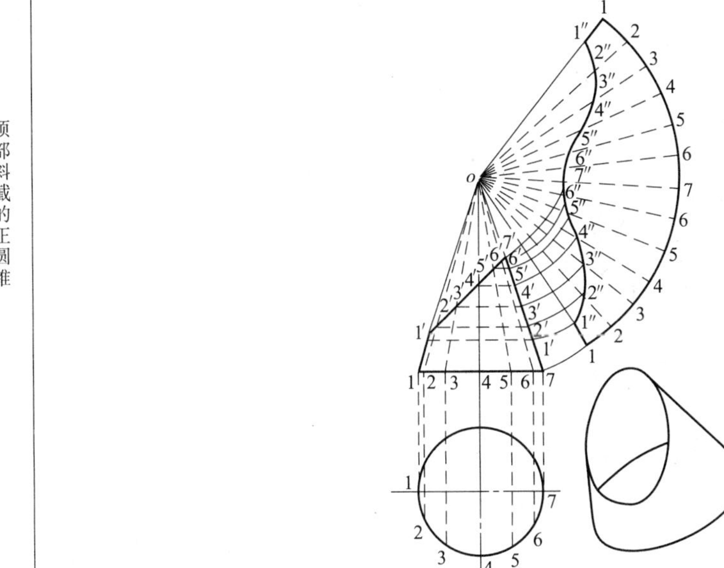 图(b)
圆筒弯管(虾米弯)	圆筒弯管是一段圆环不可展曲面。其近似展开图可用若干节圆柱面的展开图代替。一般每节进出口之间的角度宜大于 10° 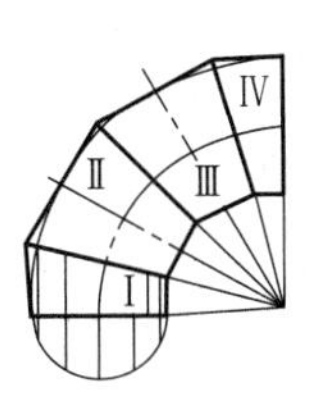 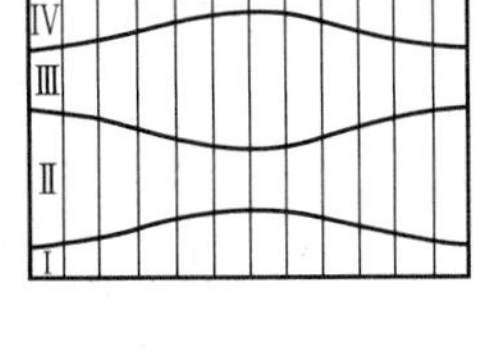 图(c)
斜口圆筒	①用已知尺寸画出主视图和俯视图 ②12 等分俯视图圆周，在主视图上作出从等分点引出的与轴线平行的直线 1—1、2—2、3—3、…、7—7 ③作一直线段，使其长度等于圆筒的圆周长，并分成 12 等份，自等分点作垂线，在各垂线上分别截取 1—1、2—2、3—3、…、7—7，使它们的长度与主视图上的 1—1、2—2、3—3、…、7—7 相等。光滑连接 1、2、3、…、7 各点，即得所求的展开图 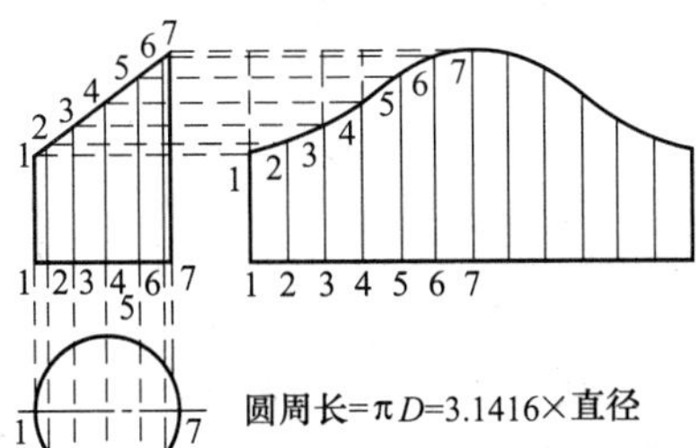 图(d)

续表

<table>
<tr><th>名称</th><th>画法</th></tr>
<tr><td>圆顶方底漏斗</td><td>①用已知尺寸画出主视图和俯视图
②12等分俯视图圆周，标记1、2、3、4各点，并分别与A、B、C、D连接
③求D1、D2等展开线实长：在主视图中上下两边的延长线上作垂线JK，取K—1(4)等于c，K—2(3)等于d，连接J—1(4)、J—2(3)即为实长c′、d′
④取水平线AB等于a，分别以A、B为圆心，以c′为半径作弧交于1。以A为圆心，d′为半径作弧，与以1为圆心，俯视图中1—2为半径作弧交于2。同法得3、4点。以4为圆心，c′为半径作弧与以A为圆心，以a为半径作弧交于D。又以同法得3、2、1各点。以1为圆心，主视图中e为半径作弧，与以D为圆心，a/2为半径作弧交于o。用同样方法得出与之对称的展开图右边各点。光滑连接各点，即得所求的展开图
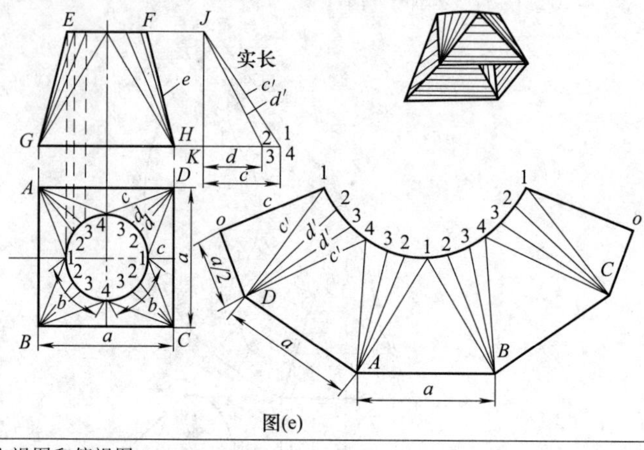
图(e)</td></tr>
<tr><td>圆顶方底人形管</td><td>①用已知尺寸画出主视图和俯视图
②设CD等于DE。以D为圆心，DE为半径作3/4圆，得E—4—4—C圆弧。三等分E4、4C得等分点1、2、3、…、7。分别向DE、CD作垂线得2′、3′和5′、6′。连接A与2′、3′、4′，B与4′、5′、6′
③求A1、A2′、A3′、A4′、B4′、B5′、B6′、B7展开线实长：画水平线A′4′，在其上分别取长为主视图中的A1、A2′、A3′、A4′，得各点1、2′、3′、4′，由A′、2′、3′、4′点向上作垂线并依次取长为a、e、d、R得A、2、3、4，连接A与1、2、3、4，即得A1、A2′、A3′、A4′各线的实长A1、A2、A3、A4，同法求出B4′、B5′、B6′、B7各线实长B4、B5、B6、B7
④取AA为2a，以A、A为圆心，A1为半径分别作弧交于1。以1为圆心，主视图中1—2为半径作弧，与以A为圆心，A2为半径作弧交于2。同法可得3、4。以4为圆心、B4为半径作弧与以A为圆心，AB为半径作弧交于B。以B为圆心，B5、B6、B7为半径画同心圆弧，与以4为圆心，主视图中等分弧4—5、5—6、6—7为半径顺序画弧交于5、6、7。以7为圆心，主视图中BC为半径作弧，与以B为圆心，以a为半径作弧交于o。用同样方法得出与之对称的展开图右边各点，光滑连接各点，即得所求的展开图
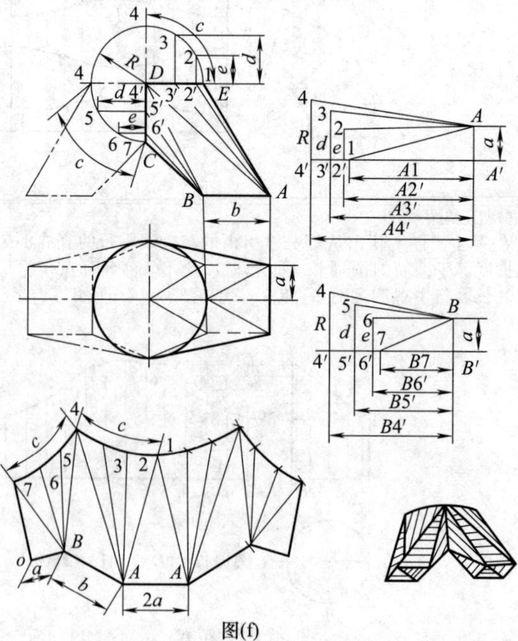
图(f)</td></tr>
</table>

续表

<table>
<tr><th>名称</th><th>画　　法</th></tr>
<tr><td>渐开线螺旋面</td><td>

以其内缘螺旋线为脊线的切线曲面，用垂直于轴的截平面截切时，截交线为渐开线，故称渐开线螺旋面，是可展曲面。其展开图是半径为 $R1$ 及 $R2$ 的同心圆围成的环形平面，有圆心角为 α 的缺口

$$\cos\theta=\frac{2\pi r_1}{\sqrt{(2\pi r_1)^2+s^2}}$$

$$R_1=\frac{r_1}{\cos^2\theta}=r_1+\frac{s^2}{4\pi^2 r_1}$$

$$R_2=\sqrt{\frac{r_2^2-r_1^2}{\cos^2\theta}+R_1^2}$$

$$\alpha=2\pi(1-\cos\theta),\alpha=(1-\cos\theta)\times 360^\circ$$

式中，θ 为内缘螺旋线升角；r_1、r_2 分别为内、外缘螺旋线半径；s 为内、外缘螺旋线导程

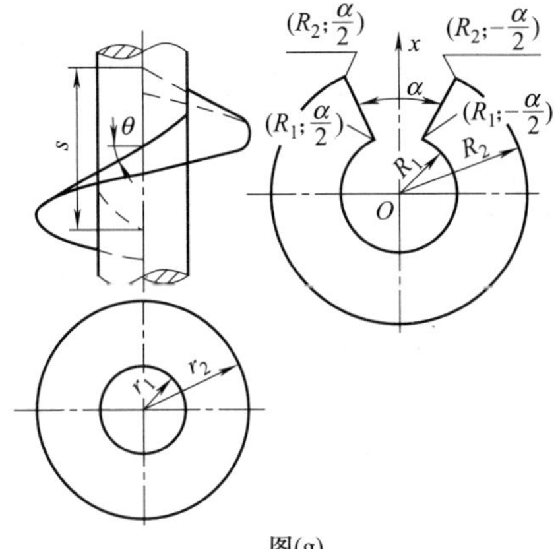

图(g)

</td></tr>
<tr><td>正螺旋面</td><td>

其近似展开图是一带缺口的环形，环形的内、外弧长分别等于内、外螺旋线的长度 l、L。设正螺旋面内径为 d_1，外径为 d_2，导程为 s，则

$$D_1=(d_2-d_1)\frac{\sqrt{(\pi d_1)^2+s^2}}{\sqrt{(\pi d_2)^2+s^2}-\sqrt{(\pi d_1)^2+s^2}}$$

$$D_2=D_1+(d_2-d_1)$$

$$\alpha=[\pi D_1-\sqrt{(\pi d_1)^2+s^2}]\times 360^\circ/(\pi D_1)$$

作图步骤是：作竖线段 $AB=\frac{d_2-d_1}{2}$，过 A、B 作横线 AE 和 BF，分别等于内、外螺旋线的长度[图(h)中各是该长度的 1/4]，连 FE 交 BA 的延长线于 O，以 O 为圆心，OA、OB 为半径便可画出此环形

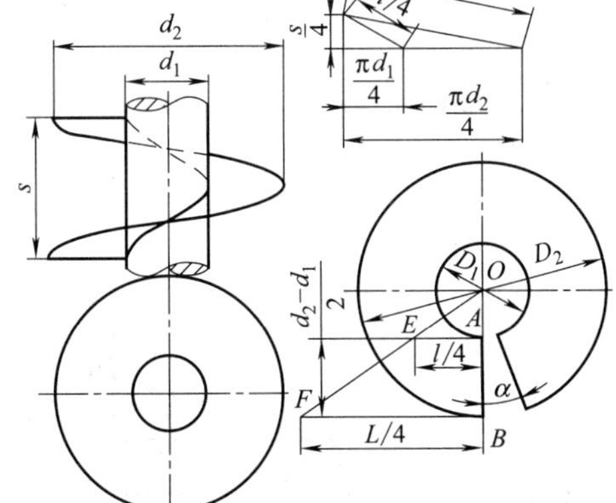

图(h)

</td></tr>
</table>

1.4　CAD 制图有关规定（GB/T 18229—2000）

CAD 制图标准采用 GB/T 13361 和 GB/T 15751 的有关术语。

1.4.1　CAD 工程制图的基本设置要求

1.4.1.1　图纸幅面与格式

表 3-1-44　　图纸幅面与格式

图框格式

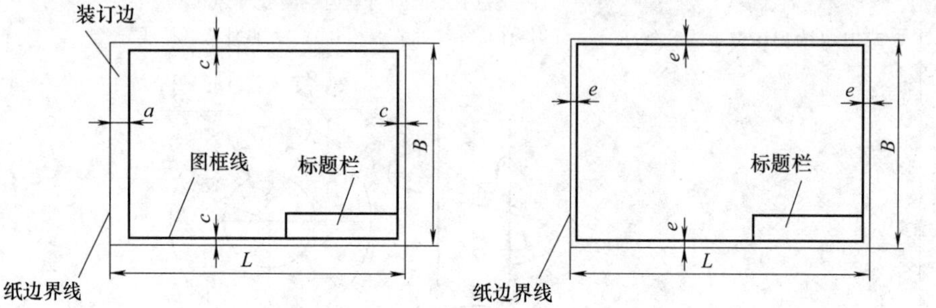

装订边　图框线　标题栏　纸边界线

（ⅰ）带有装订边的图纸幅面　　（ⅱ）不带装订边的图纸幅面

图(a)　图框格式

图纸幅面

mm

幅面代号	A0	A1	A2	A3	A4
$B \times L$	841×1189	594×841	420×594	297×420	210×297
e	20		10		
c	10			5	
a	25				

注：在 CAD 绘图中对图纸有加长加宽的要求时，应按基本幅面的短边（B）成整数倍增加

方向符号、对中符号、剪切符号

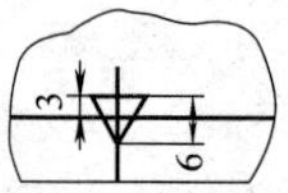

图(b)　方向符号 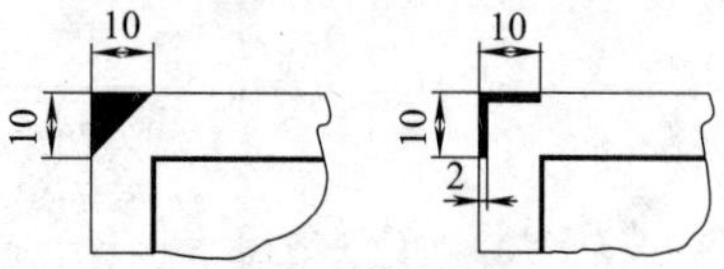　　图(c)　剪切符号

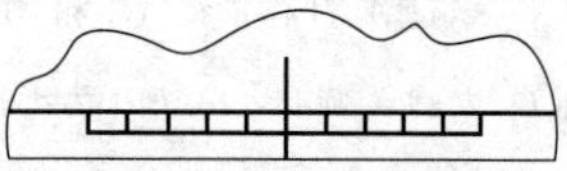

图(d)　米制参考分度

图幅分区

复杂的 CAD 装配图一般应设置图幅分区，如图(e)所示

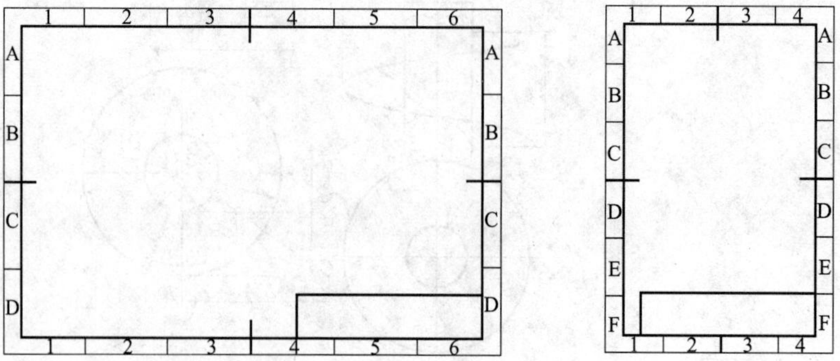

图(e)　图幅分区及对中符号

1.4.1.2　比例

用计算机绘制工程图样时的比例大小应按 GB/T 14690—1993 中的规定，CAD 工程图样中需要按比例绘制图形时，按表 3-1-45 中规定的系列选用适当的比例。

表 3-1-45　比例

类别	种　类	比　例	说　明
第一系列	原值比例	1∶1	优先选用
	放大比例	5∶1　2∶1 5×10^n∶1　2×10^n∶1　10^n∶1	
	缩小比例	1∶2　1∶5　1∶10 1∶2×10^n　1∶5×10^n　1∶10^n	
第二系列	原值比例	1∶1	必要时选用
	放大比例	4∶1　2.5∶1 4×10^n∶1　2.5×10^n∶1	
	缩小比例	1∶1.5　1∶2.5　1∶3　1∶4　1∶6 1∶1.5×10^n　1∶2.5×10^n　1∶3×10^n　1∶4×10^n　1∶6×10^n	

注：n 为正整数。

1.4.1.3　字体

CAD 工程图的字体与图纸幅面之间的大小关系、CAD 工程图样中字体的字（词）距、行距及间隔线或基准线与书写字体之间的最小距离、CAD 工程图中的字体选用范围，见表 3-1-46。

表 3-1-46　CAD 工程图的字体

	图幅 / 字体		A0	A1	A2	A3	A4
字体与图幅的关系	字母数字		3.5				
	汉字		5				
间距	字　体		最小距离				
	汉字	字距	1.5				
		行距	2				
		间隔线或基准线与汉字的间距	1				
	拉丁字母、阿拉伯数字、希腊字母、罗马数字	字符	0.5				
		词距	1.5				
		行距	1				
		间隔线或基准线与字母、数字的间距	1				
	注：当汉字与字母、数字混合使用时，字体的最小字距、行距等应按汉字的规定使用						

1.4.1.4　图线

CAD 工程图中使用的图线，除按以下规定外，还应遵守 GB/T 17450—1998 和 GB/T 4457.4—2002 中的规定。

（1）CAD 工程图中的基本线型

表 3-1-47　基本线型

代码 No.	基本线型	名　称	代码 No.	基本线型	名　称
01	————————	实线	05	——‥——‥——‥——	双点长画线
02	‐‐‐‐‐‐‐‐‐‐‐‐‐‐‐‐	虚线	06	——…——…——…——	三点长画线
03	— — — — — — — —	间隔画线	07	…………………………	点线
04	——·——·——·——	单点长画线	08	——-——-——-——	长画短画线

续表

代码 No.	基本线型	名　　称	代码 No.	基本线型	名　　称
09		长画双点画线	13		双点双画线
10		点画线	14		三点画线
11		单点双画线	15		三点双画线
12		双点画线			

（2）基本线型的变形

表 3-1-48　　基本线型的变形

基本线型的变形	名　　称
	规则波浪连续线
	规则螺旋连续线
	规则锯齿连续线
	波浪线

注：本表仅包括表 3-1-47 中的 No. 01 基本线型的变形，No. 02～No. 15 可采用同样方法的变形表示。

（3）基本图线的颜色

屏幕上的图线一般应按表 3-1-49 中提供的颜色显示，相同类型的图线应采用图样的颜色。

表 3-1-49　　基本图线的颜色

图线线型		屏幕上的颜色	图线线型		屏幕上的颜色
粗实线		白色/黑色	细虚线		黄色
细实线		绿色	粗虚线		白色
波浪线			细点画线		红色
双折线	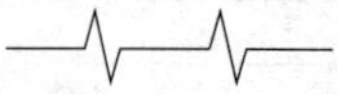		粗点画线		棕色
			细双点画线		粉红色

（4）基本图线的线宽

CAD 制图中的线宽分为 5 组，如表 3-1-50 所示。

表 3-1-50　　基本图线的线宽（GB/T 14665—2012）

分组						一般用途
组别	1	2	3	4	5	
线宽	2.0	1.4	1.0	0.7	0.5	粗实线、粗点画线、粗虚线
mm	1.0	0.7	0.5	0.35	0.25	细实线、波浪线、双折线、细虚线、细点画法、细双点画线

1.4.1.5　剖面符号

CAD 工程图中剖切面的剖切区域的表示见表3-1-51。

表 3-1-51　　剖切面的剖切区域表示

剖面区域的式样	名　　称	剖面区域的式样	名　　称
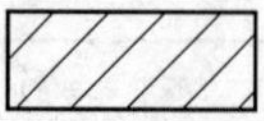	金属材料/普通砖		非金属材料（除普通砖外）
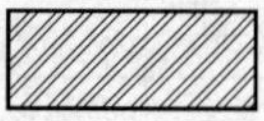	固体材料	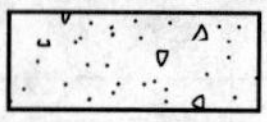	混凝土
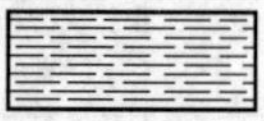	液体材料		木质件
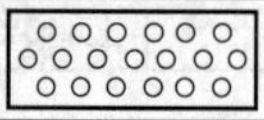	气体材料		透明材料

1.4.2　CAD 工程图的尺寸标注

CAD 工程图中使用的箭头形式见表 3-1-52，当采用箭头位置不够时，允许用圆点或斜线代替箭头。

1.4.3　CAD 工程图的管理

(1) CAD 工程图的图层管理（表 3-1-53）。

(2) CAD 工程图及文件管理应遵照相关标准的规定，详见 1.5 节。

表 3-1-52　CAD 工程图的尺寸标注

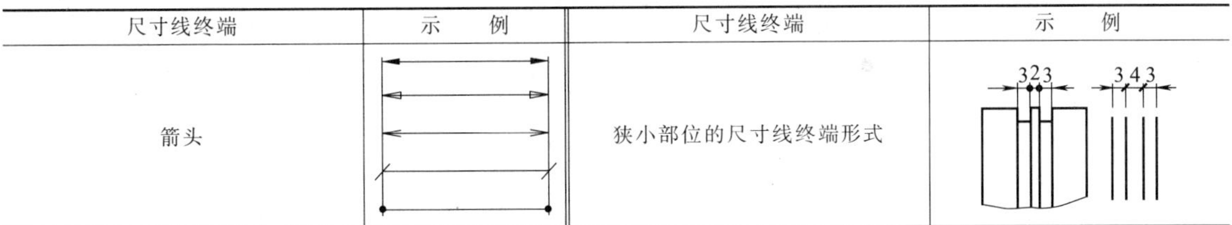

注：1. CAD 工程图中的尺寸数字、尺寸线、尺寸界线按有关标准进行绘制。

2. 必要时，在不引起误解的前提下，CAD 工程制图可采用简化标注方式进行，简化方式见 GB/T 16675.2—2012。

表 3-1-53　CAD 工程图的图层管理（GB/T 14665—2012）

层　号	描　　述	图　　例
01	粗实线	——
02	细实线,波浪线,双折线	——
03	粗虚线	- - - -
04	细虚线	- - - -
05	细点画线	—·—·—
06	粗点画线	—·—·—
07	细双点画线	——··——
08	尺寸线,投影连线,尺寸终端与符号细实线,尺寸和公差	423±1
09	参考圆,包括引出线及其终端(如箭头)	
10	剖面符号	//////////
11	文本(细实线)	ABCD
12	文本(粗实线)	**KLMN**
13,14,15	用户选用	—

1.5　产品图样及设计文件有关规定（JB/T 5054—2000）

1.5.1　基本要求（JB/T 5054.2—2000）

表 3-1-54　产品图样及设计文件有关规定

要求	内　　容
一般要求	①图样应按照现行的技术制图、机械制图、电气制图等国家标准及其他相关标准或规定绘制，达到正确、完整、统一、清晰。采用 CAD 制图时，应符合 GB/T 14665—2012 及其他相关标准或规定；采用的 CAD 软件应经过标准化审查 ②图样上术语、符号、代号、文字、图形符号、结构要素及计量单位等，均应符合相应标准 ③图样上的视图与技术要求，应能表明产品和零部件的功能、结构、轮廓及制造、检验时所必要的技术依据 ④图样在能清楚表达产品和零部件的功能、结构、轮廓、尺寸及各部分相互关系的前提下，视图的数量应尽可能少

第3篇

续表

要求		内　容
一般要求		⑤每个产品或零部件，应尽可能分别绘制在单张图样上。如果必须分布在数张图样时，主要视图、明细栏、技术要求，一般应配置在第一张图样上 ⑥图样上的产品及零部件名称，应符合相应标准。如无规定时，应尽量简短、确切 ⑦图样上一般不列入有限制工艺要求的说明。必要时，允许标注采用一定加工方法和工艺说明，如“同加工”“配作”“车削”等 ⑧每张图样按规定应填写标题栏，在签署栏内必须经“技术责任制”规定的有关人员签署。在计算机上交换信息和图样，应按 GB/T 17825.7—1999 标准规定或按产品数据或工程图档案管理系统进行授权管理
图样绘制的要求	零件图	①每个专用零件一般应单独绘制零件图样，特殊情况可不绘制图样，如 a. 型材垂直切断的零件 b. 形状和最后尺寸均需根据安装位置确定的零件 ②零件图一般应根据装配时所需要的几何形状、尺寸和表面粗糙度绘制。零件在装配过程中加工的尺寸，应标注在装配图上，如必须在零件图上标注时，应在有关尺寸近旁注明“配作”等字样或在技术要求中说明。装配尺寸链的补偿量，一般应标注在有关零件图上 ③两个呈镜像对称的零件，一般应分别绘制图样。也可按 GB/T 16675.1—2012 标准规定，采用简化画法 ④必须整体加工，成对或成组使用、形状相同且尺寸相等的分切零件，允许视为一个零件绘制在一张图样上，标注一个图样代号，视图上分切处的连线用粗实线连接；当有关尺寸不相等时，同样可绘制在一张图样上，但应编不同的图样代号，用引出线标明不同代号，并按表格图的规定用表格列出代号、数量等参数的对应关系 ⑤单独使用而采用整体加工比较合理的零件，在视图中一般可采用双点画线表示零件以外的其他部分 ⑥零件有正反面(如皮革、织物)或加工方向(如硅钢片、电刷等)要求时，应在视图上注明或在技术要求中说明 ⑦在图样上，一般应以零件结构基准面作为标注尺寸的基准，同时考虑检验此尺寸的可能性 ⑧图样上的未注尺寸公差和未注形位公差，应按 GB/T 1184—1996、GB/T 1804—2000 等有关标准的规定。一般不单独标出公差，而是在图样上、技术文件或标准中予以说明 ⑨对零件的局部有特殊要求(如不准倒钝、热处理)及标记时，应在图样上所指部位近旁标注说明
	装配图及总图	①产品、部件装配图一般包括下列内容 a. 产品或部件结构及装配位置的图形 b. 主要装配尺寸和配合代号 c. 装配时需要加工的尺寸、极限偏差、表面粗糙度等 d. 产品或部件的外形尺寸、连接尺寸及技术要求等 e. 组成产品或部件的明细栏(有明细表时可省略) ②总图一般包括下列内容 a. 产品轮廓或成套设备的组成部分的安装位置图形 b. 产品或成套设备的基本特性类别、主要参数及型号、规格等 c. 产品的外形尺寸(无外形图时)、安装尺寸(无安装图时)及技术要求或成套设备正确安装位置的尺寸及安装要求 d. 机构运动部件的极限位置 e. 操作机构的手柄、旋钮、指示装置等 f. 组成成套设备的明细栏(有明细表时可省略) ③当零件采用改变形状或黏合等方法组合连接时，应在视图中的变形及黏合部位，用指引线引出说明(如翻边、扩管、铆平、凿毛、胶粘等)或在技术要求中说明 ④材料与零件组成一体时(如双金属浇注嵌件等)，其附属在零件上的成形材料，可填写在图样的明细栏内，不绘制零件图 ⑤标注出型号(代号)、名称、规格，即可购置的外购件不绘制图样。需改制的外购件一般应绘制图样，视图中除改制部位应标明结构形状、尺寸、表面粗糙度及必要的说明外，其余部分均可简化绘制
	外形图	① 绘制轮廓图形，标注必要的外形、安装和连接尺寸 ②绘制图形或用简化图样表示应按 GB/T 16675.1—2012 的规定。必要时，应绘制机构运动部件的极限位置轮廓，并标注其尺寸 ③当产品的重心不在图样的中心位置时，应标注出重心的位置和尺寸

续表

要求		内　容
图样绘制的要求	安装图	①绘制产品及其组成部分的轮廓图形，标明安装位置及尺寸。用简化图样表示出对基础的要求应按 GB/T 16675.1—2012 的规定 ②应附安装技术要求。必要时可附连接图及符号等说明 ③对有关零部件或配套产品应列入明细栏（有明细表时可省略） ④有特殊要求的吊运件，应表明吊运要求
	包装图	①应分别绘制包装箱及内包装图，标注其必要的尺寸，并符合 GB/T 13385—2008 等有关标准的规定；当能表达清楚时，亦可绘制一张图样 ②产品及其附件的包装应符合有关标准的规定，按 GB/T 13385—2008 的要求绘制或用简化图样表示产品及其附件在包装箱内的轮廓图形、安放位置和固定方法。必要时，在明细栏内标明包装材料的规格及数量 ③箱面应符合有关标准或按合同要求，标明包装、储运图示等标记
	表格图	①一系列形状相似的同类产品或零部件，均可绘制表格图 ②表格图中的变动参数，可包括尺寸、极限偏差、材料、重量、数量、覆盖层、技术要求等。表格中的变数项可用字母或文字标注，标注的字母与符号的含义应统一 ③形状基本相同，仅个别要素有差异的产品或零部件，在绘制表格图时，应分别绘制出差异部分的局部图形，并在表格的图形栏内，标注与局部图形相应的标记代号 ④表格图的视图，应选择表格中较适当的一种规格，按比例或用简化图样绘制应符合 GB/T 16675.1—2012 的规定。凡图形失真或尺寸相对失调易造成错觉的规格，不允许列入表格
	简图	①系统图 a. 一般绘制方框图，应概略表示系统、分系统、成套设备等基本组成部分的功能关系及其主要特征 b. 系统图可在不同的层次上绘制，要求信息与过程流向布局清晰，代号（符号）及术语应符合有关标准的规定 ②原理图 a. 应表示输入与输出之间的连接，并清楚地表明产品动作及工作程序等功能 b. 图形符号（代号）应符合有关标准和规定 c. 元件的可动部分应绘制在正常位置上 d. 应注明各环节功能的说明，复杂产品可采用分原理图 ③接线图 a. 绘制接线图应符合 GB/T 6988.3—1997 的规定 b. 应标明系统内部各元件间相互连接的回路标号及方位序号。必要时加注接线的图线规定及色别 c. 较复杂的产品或设备可使用若干分接线图组成总接线图。必要时，应表示出接线的固定位置与要求
	技术要求的书写	① 产品及零、部件，当不能用视图充分表达清楚时，应在“技术要求”标题下用文字说明，其位置尽量置于标题栏的上方或左方 ②技术要求的条文应编顺序号，仅一条时，不写顺序号 ③技术要求的内容应符合有关标准的要求，简明扼要，通顺易懂，一般包括下列内容 a. 对材料、毛坯、热处理要求（如电磁参数、化学成分、湿度、硬度、金相要求等） b. 视图中难以表达的尺寸公差、形状和位置公差，表面粗糙度等 c. 对有关结构要素的统一要求（如圆角、倒角、尺寸等） d. 对零、部件表面质量的要求（如涂层、镀层、喷丸等） e. 对间隙、过盈及个别结构要素的特殊要求 f. 对校准、调整及密封的要求 g. 对产品及零、部件的性能和质量的要求（如噪声、耐振性、自动、制动及安全等） h. 试验条件和方法 i. 其他说明 ④技术要求中引用各类标准、规范、专用技术条件以及实验方法与验收规则等文件时，应注明引用文件的编号和名称。在不致引起辨认困难时，允许只标注编号 ⑤技术要求中列举明细栏内零、部件时，允许只写序号或图样代号

1.5.2 编号原则（JB/T 5054.4—2000）

机械工业产品图样及设计文件，包括CAD图和设计文件（以下简称图样和文件或CAD文件）编号的基本原则和要求，应遵照JB/T 5054.4—2000的规定，详见表3-1-55。

表3-1-55 产品图样及设计文件编号原则

编号原则与要求	具体内容
基本原则	①图样和文件编号可采用下列字符 a. 0～9阿拉伯数字 b. A～Z拉丁字母(O、I除外) c. —(短横线)、·(圆点)、/(斜线) ②编号的基本原则 a. 科学性：选择事物或概念的最稳定的本质属性或特征作为信息分类的基础和依据 b. 系统性：将选定的事物、概念的属性或特征按一定排列顺序予以系统化，并形成一个合理的科学分类体系 c. 唯一性：一个代码只能唯一地标识一个分类对象 d. 可延性：设置收容类目，以保证增加新的事物和概念时，不致打乱已建立的分类体系，同时，还应为下级信息管理系统在原有基础上的延拓、细化创造条件 e. 规范性：同一层级代码的编写格式必须统一
一般要求	①每个产品、部件、零件的图样和文件均应有独立的代号 a. 采用表格图时，表中每种规格的产品、部件、零件都应标出独立的代号 b. 同一产品、部件、零件的图样用数张图纸绘制时，各张图样标注同一代号 c. 同一CAD文件使用两种以上的存储介质时，每种存储介质中的CAD文件都应标注同一代号 d. 通用件的编号应参照JB/T 5054.8—2001或按企业标准的规定 e. 借用件的编号应采用被借用件的代号 ②图样和文件的编号一般有分类编号和隶属编号两大类。也可按各行业有关标准规定编号 ③图样和文件的编号应与企业计算机辅助管理分类编号要求相协调
分类编号	分类码位表见表1 ①按对象(产品、零部件)功能、形状的相似性，采用十进位分类法进行编号 ②分类编号其代号的基本部分由分类号(大类)、特征号(中类)和识别号(小类)三部分组成，中间以圆点或短横线分开，圆点在下方，短横线在中间，必要时可以在尾部加尾注号 ③大、中、小类的编号按十进位分类编号法。每类的码位一般由1～4位数(如级、类、型、种)组成。每位数一般分为十挡，如十级(0～9)，每级分十类(0～9)，每类分十型(0～9)，每型分十种(0～9)等 ④尾注号表示产品改进和设计文件种类。一般改进的尾注号用拉丁字母表示，设计文件尾注号用拼音字头表示 ⑤用计算机自动生成产品代号时，应在代号终端加校验号(校验码)。校验号应按GB/T 17710—2008的规定计算、确定 表1 分类码位表 （见下表） 注：1. 分类号可参照JB/T 8823—1998的规定编号。企业已开展计算机辅助管理者，应将信息分类码中相应的大类号编入分类号 2. 识别号中的零件也可编顺序号 3. 根据需要可在分类号前增加企业代号、图样幅面代号

表1 分类码位表

分类号(大类)	特征号(中类)	识别号(小类)	尾注号	校验号
产品、部件、零件的区分码位	产品按类型，部件按特征、结构，零件按品种、规格编码	产品按品种，部件按用途，零件按形状、尺寸、特征等编码	设计文件、产品，改进尾注号	检验产品代号的码位

续表

<table>
<tr><th>编号原则与要求</th><th>具 体 内 容</th></tr>
<tr><td>隶属编号</td><td>
①隶属编号是按产品、部件、零件的隶属关系编号。其代号由产品代号和隶属号组成。中间可用圆点或短横线隔开，必要时可加尾注号
②隶属编号码位表见表 2。需要时在首位前加分类号表示计算机辅助管理信息分类编码系统的大类号
表 2 隶属编号码位表
<table>
<tr><td rowspan="2">码位</td><td rowspan="2">1 2</td><td colspan="2">（隶属号）</td><td rowspan="2">9 10</td></tr>
<tr><td>3 4 5</td><td>6 7 8</td></tr>
<tr><td>含义</td><td>产品代号码位</td><td>各级部件序号码位</td><td>零件序号码位</td><td>设计文件、产品改进码位</td></tr>
</table>
③产品代号由字母和数字组成
④隶属号由数字组成，其级数和位数应按产品结构的复杂程度而定
a. 零件的序号应在其所属(产品或部件)的范围内编号
b. 部件的序号应在其所属(产品或上一级部件)的范围内编号
⑤尾注号由字母组成，表示产品改进和设计文件种类。如两种尾注号同时出现，两者所用字母应予以区别，改进尾注号在前，设计文件尾注号在后，并在两者之间空一字间隔、或加一短横线，见图(a)
B328 2.3 a —JT
技术条件尾注号
改进尾注号
部件序号
产品代号
图(a)
</td></tr>
<tr><td>部分分类编号和部分隶属编号</td><td>
①部分分类编号其代号的构成和各码位的含义见表 3
表 3 部分分类码位表
<table>
<tr><th>分类号(大类)</th><th>特征号(中类)</th><th>识别号(小类)</th><th>尾注号</th></tr>
<tr><td>产品代号</td><td>部件按特征、结构，零件按品种、规格码位</td><td>部件按用途，零件按形状、尺寸、特征码位</td><td>设计文件、产品改进码位</td></tr>
</table>
注：计算机辅助管理，应将信息分类码中相应的大类号编入分类号。
②部分隶属编号，其代号由产品代号、隶属号和识别号组成。隶属号为部件序号，见图(b)，部件序号编到哪一级由企业自行规定。识别号是对一级或二级以下的部件(称分部件)与零件混合编序号(流水号)。分部件、零件序号推荐三种编号方法。必要时尾部可加尾注号
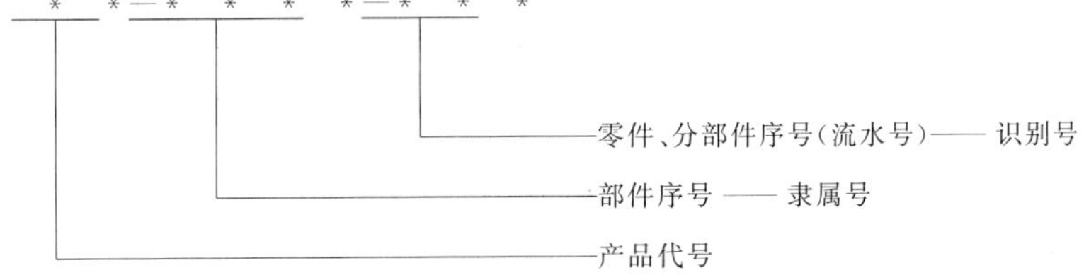

图(b)
a. 零件、分部件序号，规定其中 * * *—* * *(如 001～099)为分部件序号，* * *—* * *(101～999)为零件序号。零件序号也可按材料性质分类编号
b. 零件、分部件序号，规定其中逢十的整数(如常 0、20、30…)为分部件序号，余者为零件序号
c. 零件、分部件序号的数字后再加一字母 P、Z(如 1P、2P、3P…)为分部件序号，无字母者为零件序号
</td></tr>
</table>

1.5.3 产品图样及设计文件标准化审查(JB/T 5054.7—2001)

凡是新设计、整顿和改进的产品图样及设计文件都必须进行标准化审查。在设计、审核人员自觉执行各类标准的前提下，标准化审查贯彻产品的初步设计、技术设计、工作图设计的各阶段。经标准化审查后应达到如下要求。

① 设计的产品符合国家有关技术法规。

② 所设计的产品符合国家标准、行业标准及企业标准规定。

③ 优先采用定型的设计方案和结构方案，并最大限度地采用标准件、通用件、借用件，以提高设计的继承性和产品的标准化程度。

④ 合理选用优先数系、零件的结构要素等基础标准和原材料标准。

⑤ 产品图样及设计文件符合有关标准规定，达到正确、完整、清晰、统一。

另外，外购或开发的CAD软件也应进行标准化审查，检查其是否符合国家标准及有关标准的规定。

表 3-1-56　标准化审查内容与项目

序号	审查项目	审查内容
1	技术(设计)任务书	①内容应符合JB/T 5054.5—2000的规定 ②所设计的产品规格、基本参数、性能指标、寿命、可靠性是否符合有关产品标准或合同的规定 ③标准化综合要求及其实现的可能性
2	试制鉴定大纲、产品标准(草案)、使用说明书	①内容应符合JB/T 5054.5—2000的规定 ②产品型号、形式、参数、性能指标、寿命、可靠性、精度、包装、储运、标志等是否符合有关标准的规定 ③技术要求、试验方法、检验规则是否符合有关产品标准及试验方法标准的规定 ④编制的产品标准是否符合GB/T 1.3—1997的规定 ⑤使用说明书是否符合JB/T 5995—1992的规定
3	目录、明细表、汇总表	①内容应符合JB/T 5054.5—2000的规定 ②目录、明细表、汇总表是否按规定顺序及格式填写 ③目录、明细表、汇总表中的标准件、外购件引用的标准是否正确、有效
4	各种设计文件	①文件的幅面、格式、名称、代号是否符合有关规定,责任签署是否完整、齐全 ②文件中的术语、代号、计量单位等是否符合有关标准的规定 ③文件中的编号方法和叙述是否符合有关标准的规定,文件中引用的标准是否正确、清晰 ④文件完整性
5	总图、装配图、外形图和安装	①产品和附件连接部位的形式和尺寸是否符合有关标准的规定 ②选用的公差配合是否符合有关标准的规定 ③是否标明了必要的外形尺寸、连接尺寸、安装尺寸 ④是否最大限度地采用了标准件、通用件、借用件、外购件 ⑤装配图明细栏内容和填写方法是否符合有关标准的规定,内容是否正确、有效 ⑥产品或成套设备的基本类别、主要参数及型号、规格是否符合有关标准的规定
6	零件图	①本表序号5的①、②所列内容 ②图样上标注的尺寸、表面粗糙度、热处理及表面处理等是否符合有关标准的规定 ③选用的尺寸公差、形位公差是否符合标准的规定 ④有配合要求的零件表面粗糙度与尺寸公差、形位公差是否相互适应 ⑤选用的结构要素、材料牌号、规格等是否符合有关标准的规定,以及大小相近、形状和用途相似的要素统一的可能性
7	各种图样	①图样的幅面、格式、名称、代号是否符合有关标准的规定,责任签署是否完整、齐全 ②图样标题栏内容和填写方法是否符合有关标准的规定 ③图样的绘制是否符合《机械制图》国家标准及有关标准的规定 ④图样中的术语、符号、代号、计量单位等是否符合有关标准的规定 ⑤技术要求及必要的文字说明是否简明、扼要、通顺、易懂,符合有关标准的规定。文字书写是否工整、清晰,所引用的标准是否正确、有效

续表

序号	审查项目	审查内容
8	CAD 软件	①CAD 软件应符合 GB/T 14665—2012 的规定 ②CAD 软件应能设置满足 GB/T 17825.1～17825.8—1999 及有关机械行业标准和企业标准的功能 ③标准设计库、工程数据库、图形符号库、基础标准库、标准件库、材料库中的标准是否符合开发时的现行标准

表 3-1-57　　标准化审查的程序和办法

标准化审查程序	①纸质图样及文件 a. 产品图样、设计文件绘制完毕，并经设计、(校对)审核、工艺签署后，送交标准化审查 b. 标准化审查应在原图上进行，并填写"标准化审查记录单"，然后将图样、设计文件及"标准化审查记录单"返回设计部门 c. 设计人员根据"标准化审查记录单"进行修改后，送标准化审查员复审并签署 d. 在底图上，有关人员按规定顺序签署后，送标准化审查人员签署 ②CAD 电子文件 按 CAD 管理软件中 CAD 电子文件标准化审查流程，标准化审查后，将"标准化审查记录单"传递回设计，经设计修改后，再按流程传递并签署
标准化审查的办法	①纸质图样及文件的标准化审查，标准化审查人员在审查过程中，一般在需要修改处做标记或指明部位，并将审查意见简要地填写在"标准化审查记录单"上 ②软(磁)盘 CAD 文件的标准化审查，必须认真填写"标准化审查记录单"，清楚标明存在问题的部位 ③磁盘(硬盘)CAD 电子文件标准化审查，应由标准化审查人员在 CAD 管理软件 JB/T 5054.7—2001 设置的标准化审查层中进行审查，在审查层上做标记并填写"标准化审查记录单"
标准化审查人员的职责和权限	①标准化审查人员有权拒绝审查 a. 产品或部件的图样及设计文件不成套 b. 责任签署不完整 c. 外购或开发 CAD 软件未经标准化审查 d. 编制粗糙、字迹潦草 ②有权要求设计人员对审查时发现的问题给予说明或作必要的修改补充 ③对违反有关标准规定而又坚持不修改的图样及设计文件，标准化审查人员有权拒绝签署 ④标准化审查人员与设计人员发生意见分歧时，由主管领导协商解决，如仍不能解决，则呈请企业技术负责人做出决定 ⑤对图样及设计文件标准化审查的全部记录是评价设计质量的依据之一 ⑥未经标准化审查、签署的图样及设计文件不得入库或转入下道工序

1.5.4　通用件管理（JB/T 5054.8—2001）

表 3-1-58　　通用件管理

要　求	内　容
基本要求	①产品设计时继承已有的零部件，扩大产品的通用化系数，可显著提高设计工作效率，缩短产品设计、试制、生产周期，确保质量，降低成本。因此，在产品设计和改进时，应尽量采用通用件 ②为建立正常的技术管理秩序，应加强通用件管理。通用件的管理应符合规定

续表

<table>
<tr><th>要求</th><th>内容</th></tr>
<tr><td>构成通用件的条件和方法</td><td>①通用件的构成一般具有下列条件
a. 需技术负责人批准
b. 适用产品范围较大
c. 有专用的代号
d. 一般应编成图册
②通用件的构成可有以下方法
a. 扩大了使用范围的借用件转为通用件
b. 产品中通用性高，使用范围较广的零部件变为通用件
c. 根据已有零部件的相似特征，对其中基本形状、结构要素出现率较高的零部件，进行汇总与调整，设计成通用零部件</td></tr>
<tr><td>通用件选用原则</td><td>①跨系列产品中可广泛采用的零部件，应尽量地设计为通用件
②通用部件中可以有标准件、通用件及外购件
③通用部件中不应有借用件</td></tr>
<tr><td>通用件的编号方法</td><td>通用件应有专用的代号，代号由大写汉语拼音字母和阿拉伯数字构成
本标准推荐三种编号方法
①产品图样为隶属编号且通用件数量和种类较少时，可采用顺序编号，表示方法如下 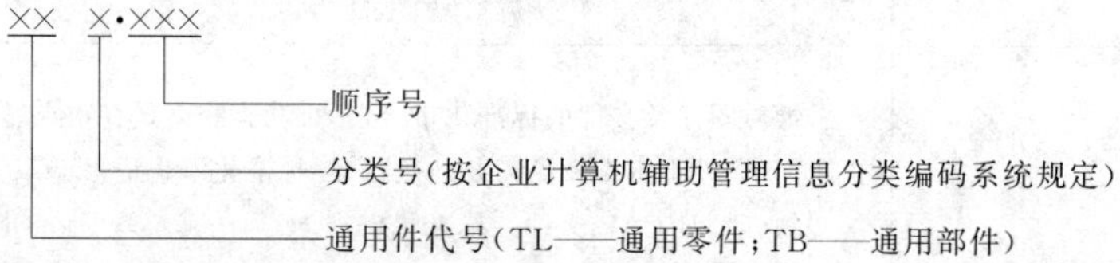
××　×·×××
顺序号
分类号（按企业计算机辅助管理信息分类编码系统规定）
通用件代号（TL——通用零件；TB——通用部件）
②产品图样为部分隶属编号且通用件数量和种类较多时，可采用部分分类编号，表示方法如下 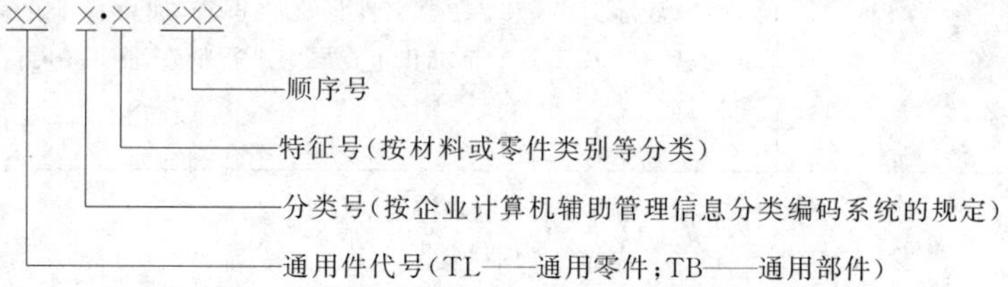
××　×·×　×××
顺序号
特征号（按材料或零件类别等分类）
分类号（按企业计算机辅助管理信息分类编码系统的规定）
通用件代号（TL——通用零件；TB——通用部件）
③产品图样为分类编号且通用件数量和种类较多时，可采用分类编号，表示方法如下 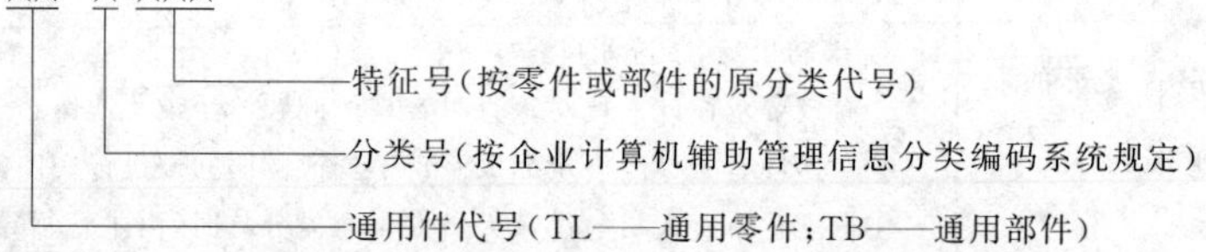
××　×·×××
特征号（按零件或部件的原分类代号）
分类号（按企业计算机辅助管理信息分类编码系统规定）
通用件代号（TL——通用零件；TB——通用部件）</td></tr>
<tr><td>通用件的管理</td><td>①通用件的申请应对通用件的结构、性能及适用范围等进行分析、论证后，填写通用件申请表，经主管部门审阅，由标准化部门报技术负责人批准。通用件申请表的格式见图 3-1-11
②通用件图样和文件应经设计、校对、审核、工艺和标准化签署，并经批准后方可生效
③通用件图样和文件应按 JB/T 5054.10—2001 的规定整理、归档
④通用件图样和文件可分类汇总成通用件图册（库），编制通用件汇总表，其格式应符合 JB/T 5054.3—2000 的规定，发送各有关单位使用
⑤通用件被采用后，由生产部门根据通用件图样和文件、工艺文件安排生产
⑥通用件可以利用计算机数据库技术进行登记、存档、查询、汇总等管理工作</td></tr>
<tr><td>通用件的更改</td><td>①通用件图样应严格控制更改，必须更改时，仍应保持互换性，并经主管部门批准，由标准化部门备案
②通用件图样的更改应符合 JB/T 5054.6—2000 的规定</td></tr>
</table>

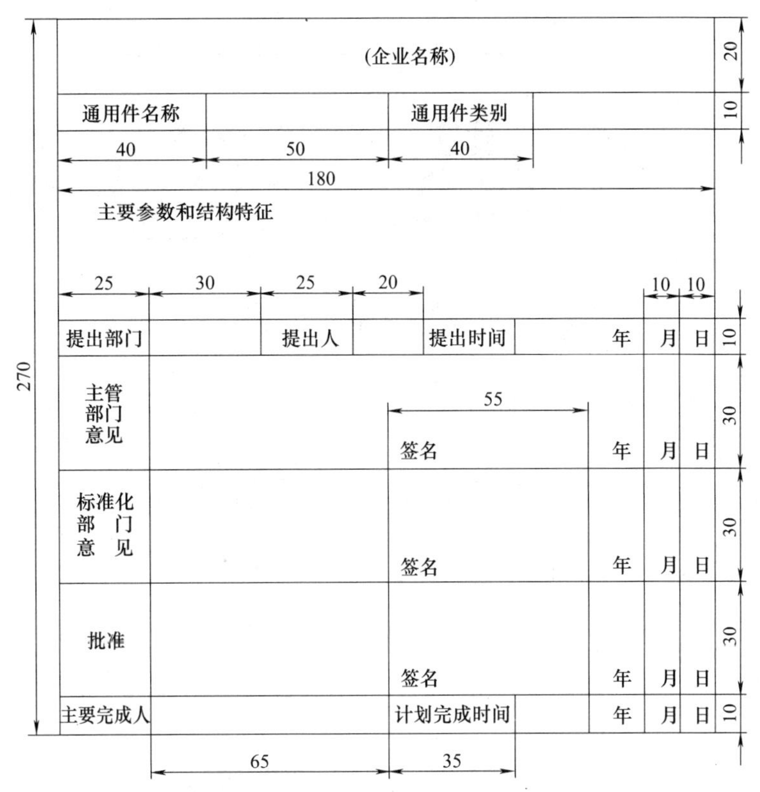

图 3-1-11　通用件申请表

1.5.5　借用件管理（JB/T 5054.9—2001）

产品设计时继承已有的零部件，扩大产品的标准化系数，可显著提高设计工作效率，缩短产品设计、试制、生产周期，确保质量，降低成本。因此，在产品设计和改进时，应尽量采用已有零部件。机械工业产品借用已有零部件，简称借用件。被借用件应是已经通过样机试制鉴定的产品零部件。

同系列产品以及同一产品的各专用部件之间，应最大限度地建立借用关系；变型产品应尽量地借用原产品的零部件；同时设计的同系列产品，虽然图样未经样机试制鉴定，仍可建立借用关系。采用借用件的同系列产品，虽然图样未经样机试制鉴定，仍可建立借用关系。一次性产品的零部件不应借用，借用件不允许间接借用。借用件的汇总、管理及登记见表3-1-59，借用件使用情况登记表见图 3-1-12。

表 3-1-59　借用件的汇总、管理及登记

要　　求	内　　容
汇总、管理及登记	①借用件的编号应采用被借用件的图样代号 ②产品(或部件)的借用件应编制借用件汇总表，其格式应符合 JB/T 5054.3—2000 的规定 a. 当借用某一部件及其所有零件时，在借用件汇总表中仅填写部件代号，并在“备注”栏“整体借用”字样 b. 当借用某一部件的几个零件时，在借用件汇总表中应逐一填写这几个零件代号 ③借用件如使用广泛，应及时转换为通用件或标准件，以便简化管理 ④借用件可以利用计算机数据库技术进行登记、存档、查询、汇总等管理工作 ⑤凡已被采用的借用件均应进行使用登记。借用件使用登记应依据产品(或部件)借用件汇总表，一般应在样机鉴定后进行登记，登记一般可采用下列方法 a. 在“借用件使用情况登记表”上登记 b. 在被借用件图样附加栏上方(见下图)空白处登记 c. 在被借用件的汇总表(明细表)上登记，其格式应符合 JB/T 5054.3—2000 的规定

续表

要 求	内 容
汇总、管理及登记	登记借用产品或部件代号 / 借用件登记 / (附加栏) ⑥借用件使用登记步骤如下 a. 登记人根据产品(或部件)借用件汇总表(明细表)登记 b. 变更借用件关系时,登记人根据更改通知单办理增加或注销手续。如在“借用件使用情况表”上登记时,需注明变更所依据的更改通知单编号及更改日期 c. 借用件转换为通用件或标准件时,应在“借用件使用情况登记表”上注明通用件代号或标准号
更改	①被借用件图样的更改,应不破坏原有借用关系,否则可按下述任意一种办法处理 a. 被借用件图样保留不改,加盖“保留借用”章或标明其他特殊标记,底图单独保存,供借用者继续借用。被借用者需将要更改的图样重新制图,另编图样代号 b. 被借用件图样照常更改,但更改通知单需经借用者会签,借用者在通知单中提出“保持或变更”借用关系的处理意见,并据此更改借用件的登记。此时,更改通知单应符合 JB/T 5054.6—2000,并增加借用会签栏 ②采用隶属编号制的企业,当被借用件所属的产品淘汰或被借用件在本产品上被取消时,可按下述任意一种方法处理 a. 保留原图样代号,按①中 a 项处理,列为“保留借用” b. 按原底图复制成新底图,新底图另编图样代号,归属某一借用产品,并注明“与×××相同”,其他借用者按新图样代号修改(附加栏)

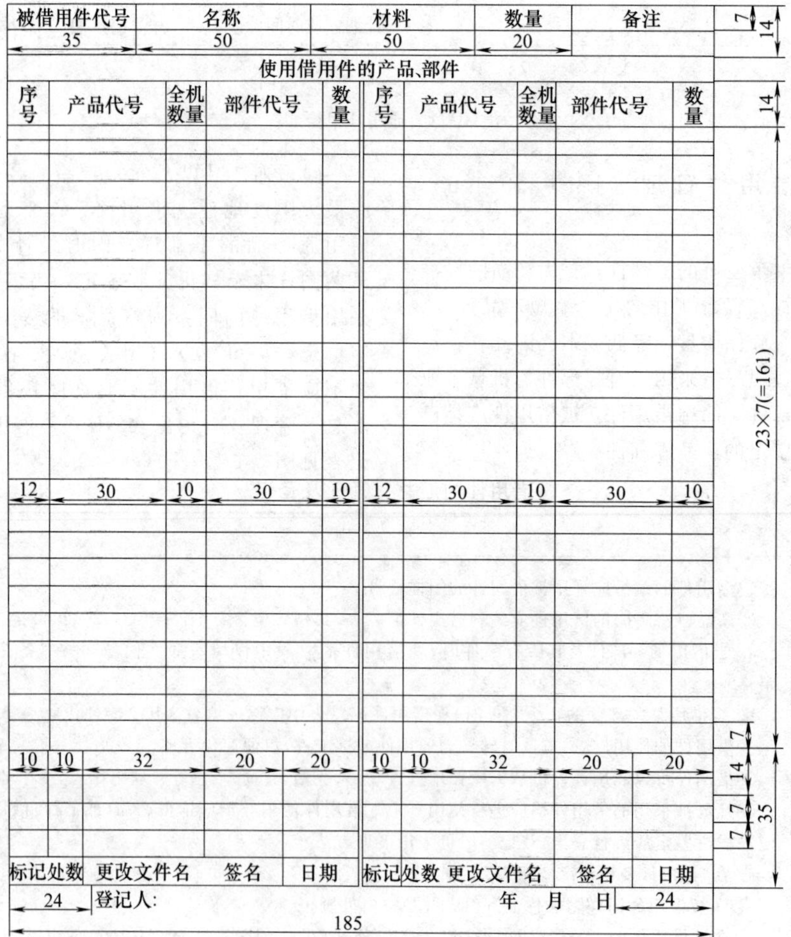

图 3-1-12 借用件使用情况登记表

第2章 尺寸精度

2.1 尺寸精度基本概念

2.1.1 精度设计

在机械设计中，精度设计是必不可少的一个环节。精度设计包括零、部件精度设计与整机精度设计，其中最基本的是零件精度设计。零件精度设计的内容包括几何尺寸精度、形状精度及零件几何要素之间的位置精度等。

孔、轴结合在机器和仪器中应用最广泛，其公差与配合标准是尺寸精度设计最基本的依据。为保证零件的互换性，需要对零件的尺寸精度与零件之间的配合实行标准化。

极限与配合标准是针对零件的尺寸精度、配合性质以及配合精度的标准化而制定的一项重要的技术标准。极限与配合中的“极限”是由公差所定义的，工程实际中通常也称“极限”为“公差”。“公差”主要用以协调机器零（部）件的使用要求与制造工艺和成本之间的矛盾；而“配合”主要是体现组成机器的零（部）件之间在功能要求上的相互关系。因此，极限与配合的标准化不仅有利于机器的设计、制造、使用和维修，而且直接关系到产品的精度、性能和寿命的提高与改善，是评定产品质量的重要技术指标。现行的极限与配合国家标准主要有：

GB/T 1800.1—2009《产品几何技术规范（GPS）极限与配合第1部分：公差、偏差和配合的基础》

GB/T 1800.2—2009《产品几何技术规范（GPS）极限与配合第2部分：标准公差等级和孔、轴的极限偏差表》

GB/T 1801—2009《产品几何技术规范（GPS）极限与配合公差带和配合的选择》

GB/T 1803—2003《极限与配合尺寸至18mm孔、轴公差带》

GB/T 1804—2000《一般公差未注公差的线性和角度尺寸的公差》

GB/T 4458.5—2003《机械制图尺寸公差与配合注法》

2.1.2 互换性

互换性是指同一规格的一批零件或部件中，不需任何挑选或附加修配、调整，任取其一装在机器上，并能满足机械产品预定使用性能要求的一种特性。

互换性表现在产品零、部件装配过程的三个阶段：装配前，不需挑选；装配时，不经修配或调整；装配后满足预定的使用要求。

当前，互换性原则是许多工业部门产品设计和制造中应遵循的重要原则。它不仅涉及产品制造中零、部件的可装配性，而且还涉及机械设计、生产及其使用的重大技术和经济问题。

根据使用要求以及互换的参数、程度、部位或范围的不同，互换性可分为不同的种类，如表3-2-1所示。

表3-2-1 互换性分类

分类方法	分类	内容
按决定参数或使用要求分类	几何参数互换性	指通过规定几何参数极限范围以保证产品的几何参数值充分近似所达到的互换性。此为狭义的互换性，即通常所讲的互换性，有时也局限于反映保证零件尺寸配合或装配要求的互换性
	功能互换性	指通过规定功能参数的极限范围所达到的互换性。功能参数既包括几何参数，也包括其他一些参数，如材料物理力学性能参数、化学、光学、电学、流体力学等参数。此为广义互换性，往往着重于保证除几何参数互换性或装配互换性以外的其他功能参数的互换性要求
按程度分类	完全互换	若零件在装配或更换时，不需选择、辅助加工或修配，则其互换性为完全互换性。当装配精度要求较高时，采用完全互换将使零件制造公差很小，加工困难，成本高
	不完全互换	若采用其他技术手段来满足装配要求，例如分组装配法，就是将零件的制造公差适当地放大，使之便于加工。而在零件完工后装配前，用测量器具将零件按实际尺寸的大小分为若干组，使每组零件间实际尺寸的差别减小，装配时按相应组进行（即大孔与大轴相配，小孔与小轴相配）。这样，既可保证装配精度和使用要求，又能减少加工难度、降低成本。此时，仅组内零件可以互换，组与组之间不可互换

续表

分类方法	分类	内容
按部位或范围分类	外互换	指部件或机械与其相配件间的互换性，例如滚动轴承内圈内径与轴的配合，外圈外径与机座孔的配合
	内互换	指部件或机构内部组成零件间的互换性，例如滚动轴承内、外圈滚道直径与滚珠（滚柱）直径的装配

2.1.3 优先数和优先数系

2.1.3.1 优先数系

优先数系是由公比为 $\sqrt[5]{10}$、$\sqrt[10]{10}$、$\sqrt[20]{10}$、$\sqrt[40]{10}$ 和 $\sqrt[80]{10}$，且项值中含有10的整数幂的理论等比数列导出的一组近似等比的数列。各数列分别用符号R5、R10、R20、R40和R80表示，称为R5系列、R10系列、R20系列、R40系列和R80系列。

优先数系的系列和理论公比，一般以Rr及 q_r（$q_r=\sqrt[r]{10}$）表示，其中 r 取5、10、20、40或80，是系列中1～10、10～100等各个十进段内项值的分级数。

2.1.3.2 优先数

优先数系中的任一个项值均为优先数。优先数系因其公比 $\sqrt[r]{10}$ 为无理数，各项值的理论值也为无理数，根据项值取值的精确程度，可分为以下四种。

(1) 优先数的理论值

$(\sqrt[5]{10})^N$、$(\sqrt[10]{10})^N$ 等理论等比数列的连续项值，其中 N 为任意整数。理论值一般是无理数，不便于实际使用。

(2) 优先数的计算值

优先数的计算值是对理论值取五位有效数字的近似值，计算值对理论值的相对误差小于1/20000。在作参数系列的精确计算时可用来代替理论值。

(3) 优先数的常用值

优先数的常用值即通常所称的优先数。它是为了便于实际应用而对计算值进行适当圆整后统一规定的数值。

(4) 优先数的化整值

优先数的化整值是对R5、R10、R20、R40和R80系列中的常用值作进一步圆整后所得的值，只在某些特殊情况下才允许采用。

2.1.3.3 系列的种类和代号

(1) 基本系列

R5、R10、R20和R40四个系列是优先数系中的常用系列，称为基本系列（见表3-2-2）。各系列的公比为：

$$R5:\ q_5=\sqrt[5]{10}=1.5849\approx1.60$$

$$R10:\ q_{10}=\sqrt[10]{10}=1.2589\approx1.25$$

$$R20:\ q_{20}=\sqrt[20]{10}=1.1220\approx1.12$$

$$R40:\ q_{40}=\sqrt[40]{10}=1.0593\approx1.06$$

表3-2-2中列出了1～10这个十进段内基本系列的项值，大于10和小于1的优先数，可按十进延伸方法求得。表中的序号 N 是优先数在R40系列中序号 N_{40} 的简写。

优先数系是一个在两个方向不受限制的无穷数列，但实际应用的只是其中的一小段，取值范围由实际需要确定。实际使用时，系列无限定范围可用R5、R10系等代号表示；系列有限定范围，则应注明界限值。例如：

R10（1.25，…）——以1.25为下限的R10系列；

R20（…，45）——以45为上限的R20系列；

R40（75，…，300）——以75为下限、300为上限的R40系列。

(2) 补充系列

R80系列称为补充系列（见表3-2-3），它的公比为：$q_{80}=\sqrt[80]{10}=1.0292\approx1.03$，仅在参数分级很细或基本系列中的优先数不能适应实际情况时，才考虑采用。

(3) 派生系列和移位系列

派生系列是从基本系列或补充系列Rr中，每p项取值导出的系列，以Rr/p表示。比值r/p是1～10、10～100等各个十进段内项值的分级数。其公比为

$$q_{r/p}=q_r^p=(\sqrt[r]{10})^p=10^{p/r}$$

比值 r/p 相等的派生系列具有相同的公比，但其项值是多义的。例如，派生系列R10/3的公比 $q_{10/3}=10^{\frac{3}{10}}=1.2589^3\approx2$，可导出三种不同项值的系列：

1.00，2.00，4.00，8.00，…；

1.25，2.50，5.00，10.0，…；

1.60，3.15，6.30，12.5，…。

移位系列是指与某一基本系列有相同分级，但起始项不属于该基本系列的一种系列。它只用于因变量参数的系列。例如：R80/8（25.8，…，165）系列与

R10 系列有同样的分级，但从 R80 系列的一个项开始，相当于由 25 开始的 R10 系列的移位。

（4）化整值系列

化整值系列是由优先数的常用值和一部分化整值所组成的系列，仅在参数取值受到特殊限制时才允许采用。化整值误差较小的系列称为第一化整值系列，用符号 R′r 表示；误差较大的系列称为第二化整值系列，用符号 R″r 表示。

表 3-2-2　基本系列

基本系列(常用值)				序号	理论值		基本系列和计算值间的相对误差/%
R5	R10	R20	R40		对数尾数	计算值	
(1)	(2)	(8)	(4)	(5)	(6)	(7)	(8)
1.00	1.00	1.00	1.00	0	000	1.0000	0
			1.06	1	025	1.0593	−0.07
		1.12	1.12	2	050	1.1220	−0.18
			1.18	3	075	1.1885	−0.71
	1.25	1.25	1.25	4	100	1.2589	−0.71
			1.32	5	125	1.3335	−1.01
		1.40	1.40	6	150	1.4125	−0.88
			1.50	7	175	1.4962	−0.25
1.60	1.60	1.60	1.60	8	200	1.5849	+0.95
			1.70	9	225	1.6788	+1.26
		1.80	1.80	10	250	1.7783	+1.22
			1.90	11	275	1.8836	−0.87
	2.00	2.00	2.00	12	300	1.9953	+0.24
			2.12	13	325	2.1135	+0.31
		2.24	2.24	14	350	2.2387	+0.06
			2.36	15	375	2.3714	−0.48
2.50	2.50	2.50	2.50	16	400	2.5119	−0.47
			2.65	17	425	2.6607	−0.40
		2.80	2.80	18	450	2.8184	−0.65
			3.00	19	475	2.9854	−0.49
	3.15	3.15	3.15	20	500	3.1623	−0.39
			3.35	21	525	3.3497	−0.01
		3.55	3.55	22	550	3.5481	−0.05
			3.75	23	575	3.7584	−0.22
4.00	4.00	4.00	4.00	24	600	3.9811	+0.47
			4.25	25	625	4.2170	+0.78
		4.50	4.50	26	650	4.4668	+0.74
			4.75	27	675	4.7315	+0.39
	5.00	5.00	5.00	28	700	5.0119	−0.24
			5.30	29	725	5.3088	−0.17
		5.60	5.60	30	750	5.6234	−0.42
			6.00	31	775	5.9866	+0.73
6.30	6.30	6.30	6.30	32	800	6.3096	−0.15
			6.70	33	825	6.6634	+0.25
		7.10	7.10	34	850	7.0795	−0.29

第 3 篇

续表

基本系列(常用值)				序号	理论值		基本系列和计算值间的相对误差/%
R5	R10	R20	R40		对数尾数	计算值	
(1)	(2)	(8)	(4)	(5)	(6)	(7)	(8)
			7.50	35	875	7.4989	−0.01
	8.00	8.00	8.00	36	900	7.9433	−0.71
			8.50	37	925	8.4140	−1.02
		9.00	9.00	38	950	8.9125	−0.98
			9.50	39	975	9.4406	−0.63
10.00	10.00	10.00	10.00	40	000	10.0000	0

表 3-2-3 补充系列 R80

1.00	1.60	2.50	4.00	6.30
1.03	1.65	2.58	4.12	6.50
1.06	1.70	2.65	4.25	6.70
1.09	1.75	2.72	4.37	6.90
1.12	1.80	2.80	4.50	7.10
1.15	1.85	2.90	4.62	7.30
1.18	1.90	3.00	4.75	7.50
1.22	1.95	3.07	4.87	7.75
1.25	2.00	3.15	5.00	8.00
1.28	2.06	3.25	5.15	8.25
1.32	2.12	3.35	5.30	8.50
1.36	2.18	3.45	5.45	8.75
1.40	2.24	3.55	5.60	9.00
1.45	2.30	3.65	5.80	9.25
1.50	2.35	3.75	6.00	9.50
1.55	2.43	3.85	6.15	9.75

2.1.4 标准化

要实现互换性，零部件要严格按照统一的标准进行设计、制造、装配和检验。标准化是实现互换性的重要技术手段。GB/T 2000.1—2002《标准化工作指南第1部分：标准化和相关活动的通用词汇》规定了标准化和有关领域的通用术语及其定义。标准化定义为：为了在一定范围内获得最佳秩序，对现实问题或潜在问题制定共同使用和重复使用的条款的活动。由标准化的定义可以看出，标准化不是一个孤立的概念，而是一个活动过程，这个过程包括制订、贯彻、修订标准，循环往复，不断提高；制订、修订、贯彻标准是标准化活动的主要任务；在标准化的全部活动中，贯彻标准是核心环节。

技术标准（简称标准）是标准化的具体体现形式，标准化是制定、贯彻各项标准，获得最佳次序和最佳效益的全过程。

标准分为国际标准、国家标准、地方标准、行业标准和企业标准五类。

① 国际标准：代号 ISO、IEC。

② 国家标准：代号 GB 或 GB/T。GB 为强制执行的国家标准，GB/T 为推荐执行的国家标准。

③ 地方标准：DB+ * 为强制性地方标准代号，省级质量技术监督局制定；DB+ */T 为推荐性地方标准代号，由各省级质量技术监督局制定。

④ 行业标准：如 JB（机械行业标准）、YB（冶金行业标准）等。

⑤ 企业标准：QB 企业内部标准。

2.2 极限与配合基础

2.2.1 基本术语和定义

表 3-2-4 基本术语和定义

序号	术语	定义
1	尺寸要素	由一定大小的线性尺寸或角度尺寸确定的几何形状
2	实际(组成)要素	由接近实际(组成)要素所限定的工件实际表面的组成要素部分
3	提取组成要素	按规定方法,由实际(组成)要素提取有限数目的点所形成的实际(组成)要素的近似替代
4	拟合组成要素	按规定方法,由提取(组成)要素形成的并具有理想形状的组成要素
5	轴	通常指工件的圆柱形外尺寸要素,也包括非圆柱形的外尺寸要素(由两平行平面或切面形成的被包容)

续表

序号	术语	定义
6	基准轴	在基轴制配合中选作基准的轴(即上极限偏差为零的轴)
7	孔	通常指工件的圆柱形内尺寸要素,也包括非圆柱形的内尺寸要素(由两平行平面或切面形成的包容面)
8	基准孔	在基孔制配合中选作基准的孔(即下极限偏差为零的孔)
9	尺寸	以特定单位表示线性尺寸值的数值
10	公称尺寸	由图样规范确定的理想形状要素的尺寸(见图 3-2-1) 通过公称尺寸应用上、下偏差可算出极限尺寸。公称尺寸可以是一个整数或一个小数值,如 32,15,8.75,0.5 等
11	提取组成要素的局部尺寸	一切提取组成要素上两对应点之间距离的统称 注:为方便起见,可将提取组成要素的局部尺寸简称为提取要素的局部尺寸
12	提取圆柱面的局部尺寸	要素上两对应点之间的距离。其中,两对应点之间的连线通过拟合圆圆心;横截面垂直于由提取表面得到的拟合圆柱面的轴线
13	两平行提取表面的局部尺寸	两平行对应提取表面上两对应点之间的距离。其中,所有对应点的连线均垂直于拟合中心平面;拟合中心平面是由两平行提取表面得到的两拟合平行平面的中心平面(两拟合平行平面之间的距离有可能与公称距离不同)
14	极限尺寸	尺寸要素允许的尺寸的两个极端。提取组成要素的局部尺寸应位于其中,也可达到极限尺寸。尺寸要素允许的最大尺寸称为上极限尺寸,在以前的标准中,被称为最大极限尺寸(见图 3-2-1)。尺寸要素允许的最小尺寸称为下极限尺寸,在以前的标准中,被称为最小极限尺寸(见图 3-2-1)
15	极限制	经过标准化的公差与偏差制度
16	零线	在极限与配合图解中,表示公称尺寸的一条直线,以其为基准确定偏差和公差(见图 3-2-1)。通常零线沿水平方向绘制,正偏差位于其上,负偏差位于其下(见图 3-2-2)
17	偏差	某一尺寸(实际尺寸、极限尺寸等)减其公称尺寸所得的代数差
18	极限偏差	上极限偏差和下极限偏差的统称。轴的上、下极限偏差代号用小写字母“es”“ei”表示;孔的上、下极限偏差代号用大写字母“ES”“EI”表示(见图 3-2-2)
19	上极限偏差(ES,es)	上极限尺寸减去其公称尺寸所得的代数差
20	下极限偏差(EI,ei)	下极限尺寸减去其公称尺寸所得的代数差
21	基本偏差	在极限与配合制中,确定公差带相对于零线位置的那个极限偏差 基本偏差可以是上极限偏差或下极限偏差,一般为靠近零线的那个偏差(见图 3-2-2)
22	尺寸公差(简称公差)	上极限尺寸减下极限尺寸之差,或上极限偏差减下极限偏差之差。它是允许尺寸的变动量
23	标准公差	极限与配合制中规定的任一公差,字母 IT 为“国际公差”的英文缩略语
24	标准公差等级	同一公差等级(如 IT7)对所有公称尺寸的一组公差被认为具有同等精确程度
25	公差带	在公差带图解中,由代表上极限偏差和下极限偏差或上极限尺寸和下极限尺寸的两条直线所限定的一个区域。它由公差大小和其相对零线的位置(如基本偏差)来确定(见图3-2-2)
26	标准公差因子	用以确定标准公差的基本单位,该因子是公称尺寸的函数。公差标准因子 i 用于公称尺寸至 500mm;标准公称因子 I 用于公称尺寸大于 500mm
27	间隙	孔的尺寸减去相配合的轴的尺寸之差为正(见图 3-2-3)
28	最小间隙	在间隙配合中,孔的下极限尺寸与轴的上极限尺寸之差(见图 3-2-4)
29	最大间隙	在间隙配合或过渡配合中,孔的上极限尺寸与轴的下极限尺寸之差(见图 3-2-4、图 3-2-5)
30	过盈	孔的尺寸减去相配合的轴的尺寸之差为负(见图 3-2-6)
31	最小过盈	在过盈配合中,孔的上极限尺寸与轴的下极限尺寸之差(见图 3-2-7)
32	最大过盈	在过盈配合或过渡配合中,孔的下极限尺寸与轴的上极限尺寸之差(见图 3-2-5、图 3-2-7)
33	配合	公称尺寸相同的并且相互结合的孔和轴的公差带之间的关系
34	间隙配合	具有间隙(包括最小间隙等于零)的配合。此时,孔的公差带在轴的公差带之上(见图 3-2-8)
35	过盈配合	具有过盈(包括最小过盈等于零)的配合。此时,孔的公差带在轴的公差带之下(见图 3-2-9)
36	过渡配合	可能具有间隙或过盈的配合。此时,孔的公差带与轴的公差带相互交叠(见图 3-2-10)

续表

序号	术语	定　义
37	配合公差	同一极限制的孔与轴的公差之和。它是允许间隙或过盈的变动量 配合公差是一个没有符号的绝对值
38	配合制	同一极限制的孔与轴组成的一种配合制度。一般情况下，优先选用基孔制配合。如有特殊需要，允许将任一孔、轴公差带组成配合
39	基轴制配合	基本偏差为一定的轴的公差带，与不同基本偏差的孔的公差带形成各种配合的一种制度，是轴的上极限尺寸与公称尺寸相等、轴的上极限偏差为零的一种配合制（见图 3-2-11）。基轴制配合中，基本偏差 A～H 用于间隙配合；基本偏差 J ～ZC 用于过渡配合和过盈配合
40	基孔制配合	基本偏差为一定的孔的公差带，与不同基本偏差的轴的公差带形成各种配合的一种制度，是孔的下极限尺寸与公称尺寸相等、孔的下极限偏差为零的一种配合制（见图 3-2-12）。基孔制配合中，基本偏差 a～h 用于间隙配合；基本偏差 j ～zc 用于过渡配合和过盈配合

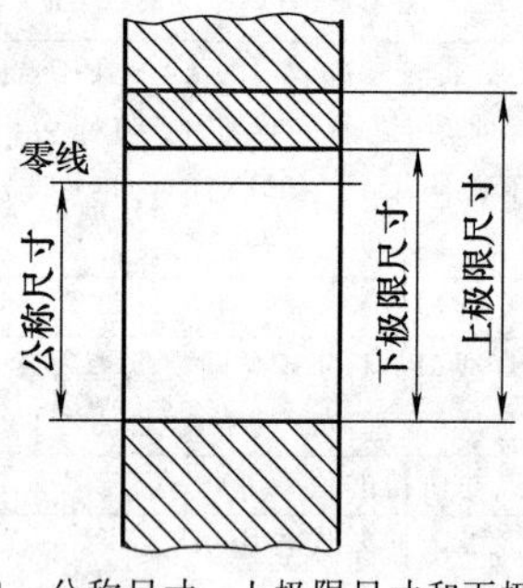

图 3-2-1　公称尺寸、上极限尺寸和下极限尺寸

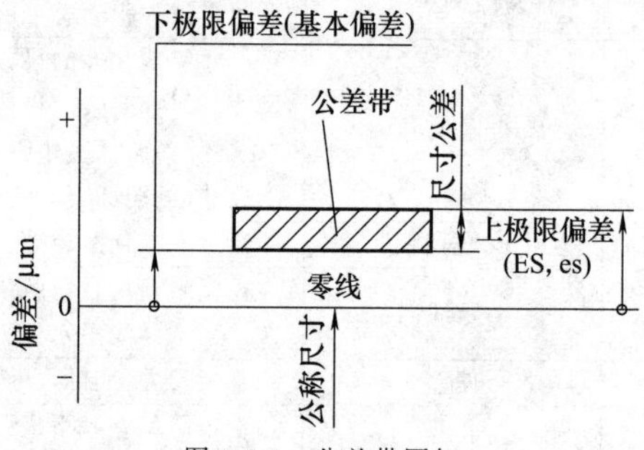

图 3-2-2　公差带图解

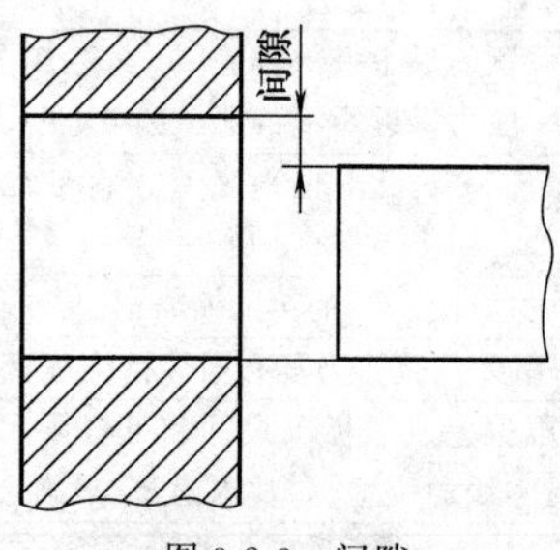

图 3-2-3　间隙

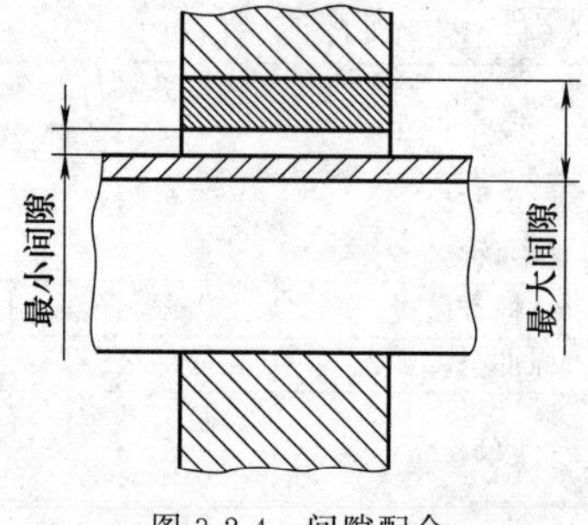

图 3-2-4　间隙配合

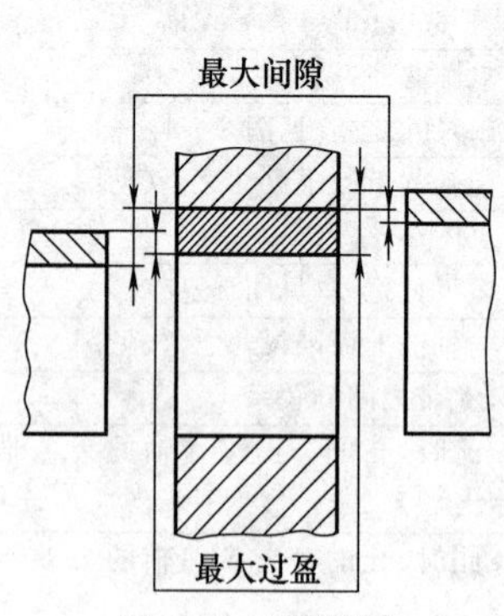

图 3-2-5　过渡配合

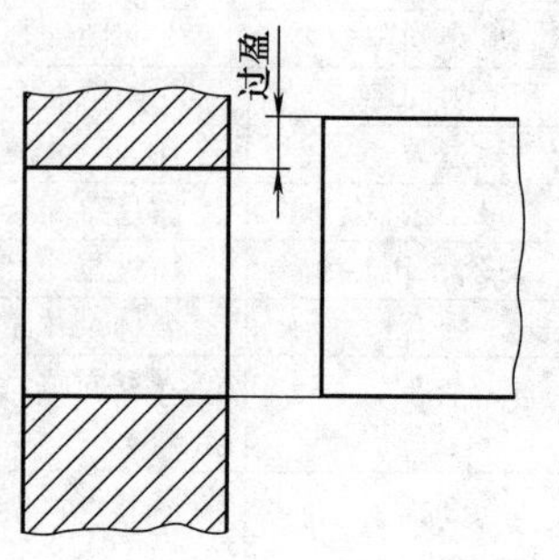

图 3-2-6　过盈

第3篇

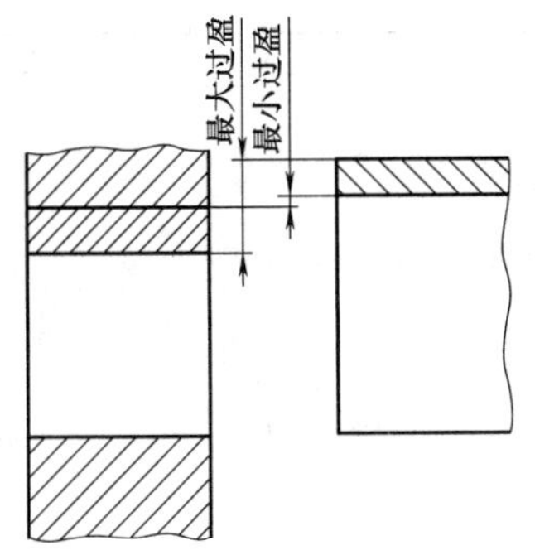

图 3-2-7 过盈配合

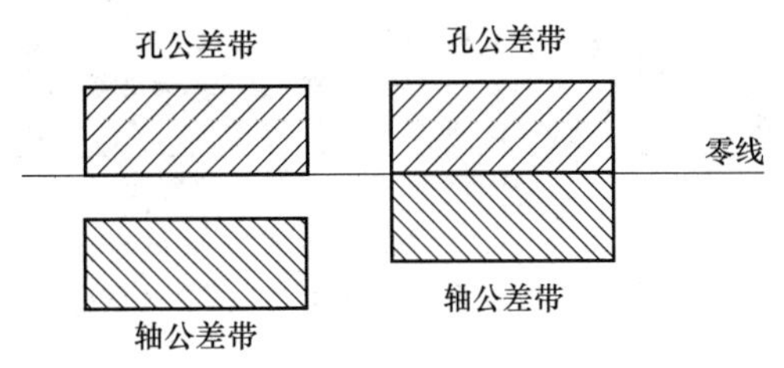

图 3-2-8 间隙配合示意图

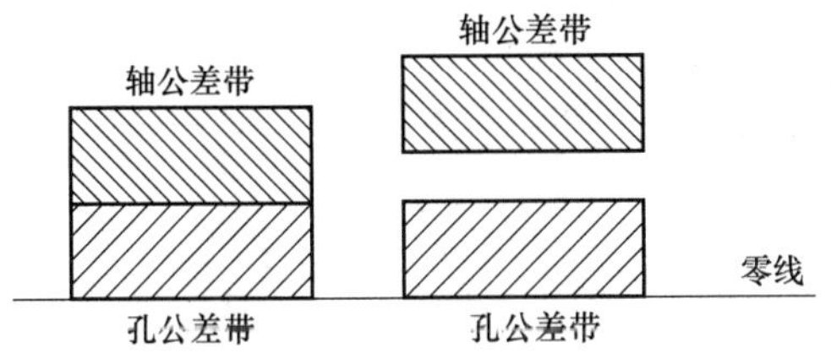

图 3-2-9 过盈配合示意图

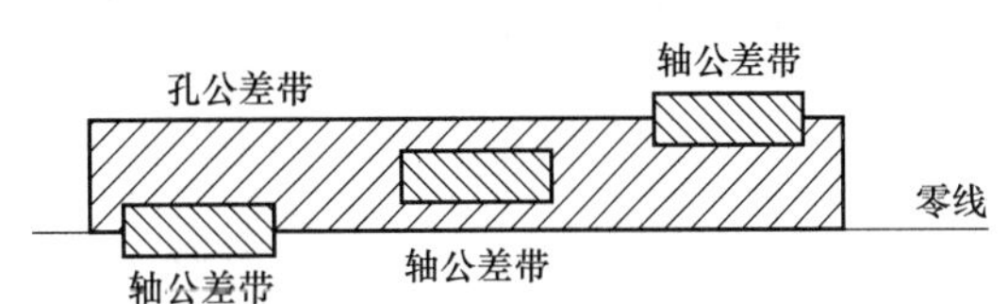

图 3-2-10 过渡配合示意图

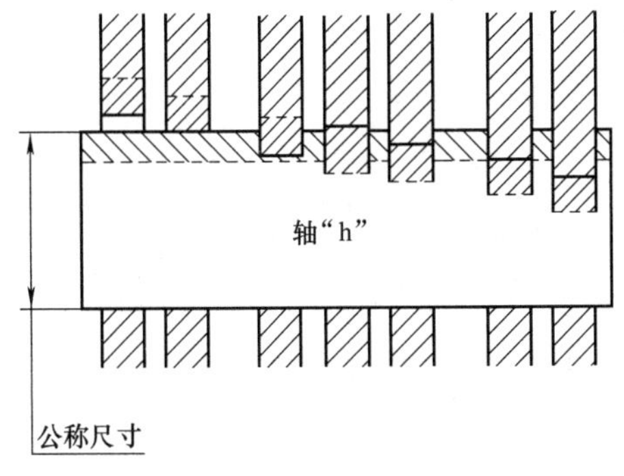

图 3-2-11 基轴制配合

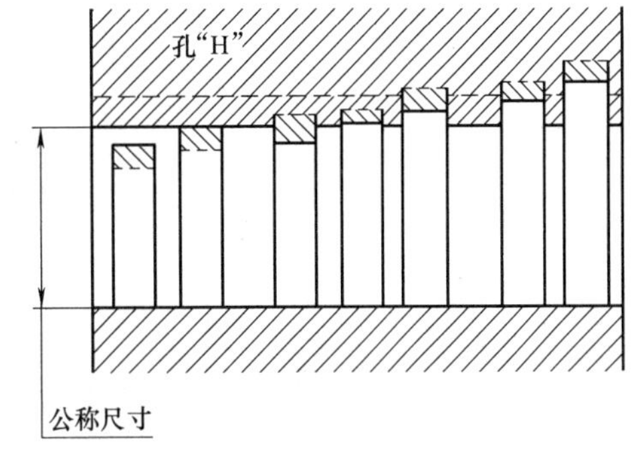

图 3-2-12 基孔制配合

2.2.2 公差、偏差和配合的代号及表示

表 3-2-5 公差、偏差和配合代号术语

术语		定义
公差	标准公差等级代号	标准公差等级代号用符号 IT 和数字表示，如 IT7。当其与代表基本偏差的字母一起组成公差带时，省略 IT 字母，如 h7 GB/T 1800.1—2009 将标准公差分为 IT01 、IT0 、IT1 、… 、IT18 共 20 个标准公差等级
	尺寸公差的表示	注公差的尺寸用公称尺寸后跟所要求的公差带或(和)对应的偏差值表示，例如：32H7、80js15、100g6 当使用字母组的装置传输信息时，在标注前加注以下字母：对孔为 H 或 h，对轴为 S 或 s。例如 50H5 可以为 H50H5，或为 h50h5；50h6 可以为 S50H6，或为 s50h6

续表

<table>
<tr><th colspan="2">术　语</th><th>定　义</th></tr>
<tr><td rowspan="5">偏差</td><td>基本偏差代号</td><td>对孔用大写字母 A 、… 、ZC 表示，对轴用小写字母 a 、…、zc 表示，如图 3-2-13 所示，各 28 个。其中，基本偏差 H 代表基准孔；h 代表基准轴
为避免混淆，基本偏差不采用下列字母：I，i；L，l；O，o；Q，q；W，w</td></tr>
<tr><td>轴的基本偏差</td><td>轴的基本偏差 a～h 和 k～zc 及其“ ＋ ”或“－”。轴的另一个偏差、下极限偏差（ei）或上极限偏差（es）可由轴的基本偏差和标准公差求得</td></tr>
<tr><td>轴的基本偏差</td><td> 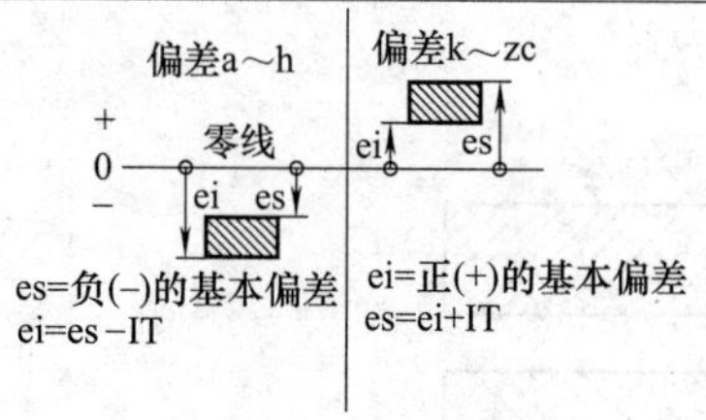
图(a)　轴的偏差</td></tr>
<tr><td>孔的基本偏差</td><td>孔的基本偏差 A～H 和 K～ZC 及其“＋”或“－”。孔的另一个偏差，下极限偏差（ES）或上极限偏差（EI）可由轴的基本偏差和标准公差（IT）求得 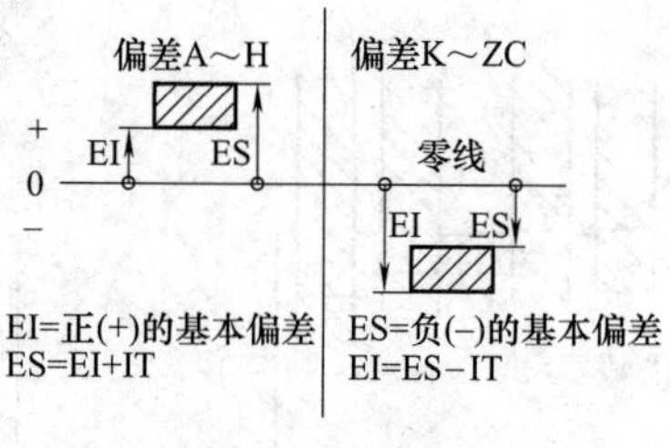

图(b)　孔的偏差</td></tr>
<tr><td>基本偏差 js 和 JS</td><td>基本偏差 js 和 JS 标准公差（IT）带对称分布于零线的两侧
对 js：es＝IT/2，ei＝-IT/2
对 JS：ES＝IT/2，EI＝－IT/2 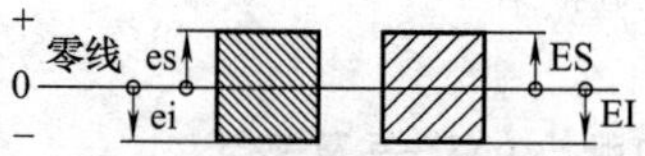

图(c)　偏差 js和JS</td></tr>
<tr><td rowspan="3">表示</td><td>公差带的表示</td><td>公差带用基本偏差的字母和公差等级数字表示，如 H7 为孔公差带，h7 为轴公差带</td></tr>
<tr><td>注公差尺寸的表示</td><td>注公差的尺寸用公称尺寸后跟所要求的公差带或（和）对应的偏差值表示，例如：32H7、80js15、100g6
当使用字母组的装置传输信息时，在标注前加注以下字母：对孔为 H 或 h，对轴为 S 或 s。例如：50H5 可以为 H50H5，或为 h50h5；50h6 可以为 S50H6，或为 s50h6。这种表示方法不能在图样上使用</td></tr>
<tr><td>配合的表示</td><td>配合用相同的公称尺寸后跟孔、轴公差带表示。孔、轴公差带写成分数形式，分子为孔公差带，分母为轴公差带，如 52H7/g6
当使用字母组的装置传输信息时，在标注前加注以下字母：对孔为 H 或 h，对轴为 S 或 s，例如：52H7/g6 可以为 H52H7/S52G6 或为 h52h7/52g6。这种表示方法不能在图样上使用</td></tr>
</table>

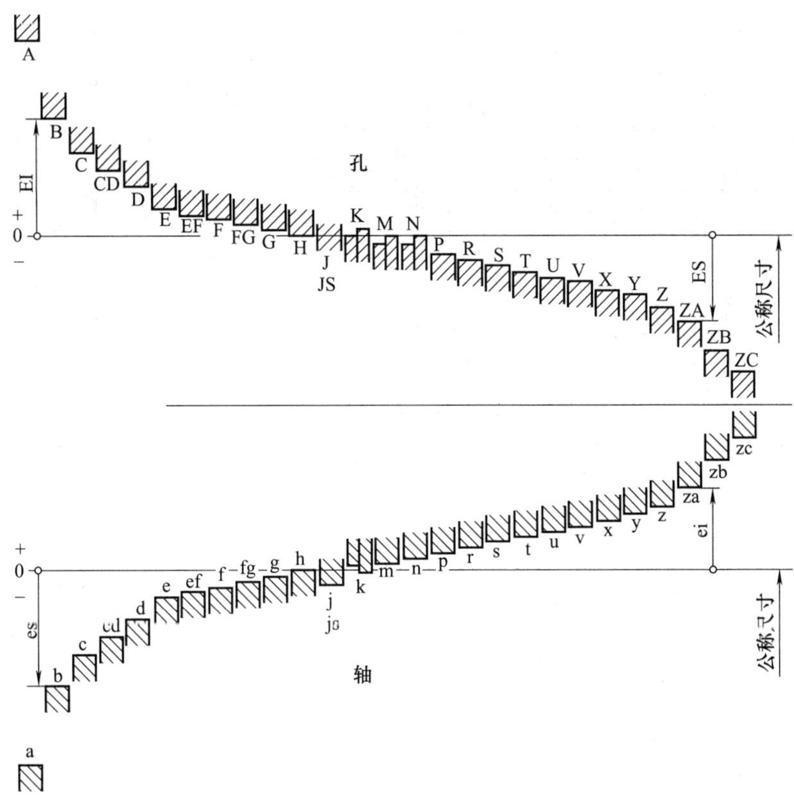

图 3-2-13　基本偏差系列示意图

2.3　标准公差和基本偏差系列

2.3.1　标准公差系列

标准公差是国家标准规定的用以确定公差带大小的任一公差值。规定标准公差的目的在于实现公差带大小的标准化。

标准公差值主要取决于公称尺寸和公差等级两个因素。公称尺寸至 3150mm，标准公差等级 IT1～IT18 的标准公差数值规定见表 3-2-6。标准公差等级 IT01 和 IT0 在工业中很少用到，所以在标准正文中没有给出它们的标准公差数值，但为满足使用者需要，表 3-2-7 中给出了这些数值。公称尺寸为 3150～10000mm 的标准公差值规定见表 3-2-8。

表 3-2-6　公称尺寸至 3150mm 的标准公差数值

公称尺寸/mm		标准公差等级																	
		IT1	IT2	IT3	IT4	IT5	IT6	IT7	IT8	IT9	IT10	IT11	IT12	IT13	IT14	IT15	IT16	IT17	IT18
大于	至	μm											mm						
—	3	0.8	1.2	2	3	4	6	10	14	25	40	60	0.1	0.14	0.25	0.4	0.6	1	1.4
3	6	1	1.5	2.5	4	5	8	12	18	30	48	75	0.12	0.18	0.3	0.48	0.75	1.2	1.8
6	10	1	1.5	2.5	4	6	9	15	22	36	58	90	0.15	0.22	0.36	0.58	0.9	1.5	2.2
10	18	1.2	2	3	5	8	11	18	27	43	70	110	0.18	0.27	0.43	0.7	1.1	1.8	2.7
18	30	1.5	2.5	4	6	9	13	21	33	52	84	130	0.21	0.33	0.52	0.84	1.3	2.1	3.3
30	50	1.5	2.5	4	7	11	16	25	39	62	100	160	0.25	0.39	0.62	1	1.6	2.5	3.9
50	80	2	3	5	8	13	19	30	46	74	120	190	0.3	0.46	0.74	1.2	1.9	3	4.6
80	120	2.5	4	6	10	15	22	35	54	87	140	220	0.35	0.54	0.87	1.4	2.2	3.5	5.4
120	180	3.5	5	8	12	18	25	40	63	100	160	250	0.4	0.63	1	1.6	2.5	4	6.3
180	250	4.5	7	10	14	20	29	46	72	115	185	290	0.46	0.72	1.15	1.85	2.9	4.6	7.2
250	315	6	8	12	16	23	32	52	81	130	210	320	0.52	0.81	1.3	2.1	3.2	5.2	8.1

续表

公称尺寸/mm		标准公差等级																	
		IT1	IT2	IT3	IT4	IT5	IT6	IT7	IT8	IT9	IT10	IT11	IT12	IT13	IT14	IT15	IT16	IT17	IT18
大于	至	μm											mm						
315	400	7	9	13	18	25	36	57	89	140	230	360	0.57	0.89	1.4	2.3	3.6	5.7	8.9
400	500	8	10	15	20	27	40	63	97	155	250	400	0.63	0.97	1.55	2.5	4	6.3	9.7
500	630	9	11	16	22	32	44	70	110	175	280	440	0.7	1.1	1.75	2.8	4.4	7	11
630	800	10	13	18	25	36	50	80	125	200	320	500	0.8	1.25	2	3.2	5	8	12.5
800	1000	11	15	21	28	40	56	90	140	230	360	560	0.9	1.4	2.3	3.6	5.6	9	14
1000	1250	13	18	24	33	47	66	105	165	260	420	660	1.05	1.65	2.6	4.2	6.6	10.5	16.5
1250	1600	15	21	29	39	55	78	125	195	310	500	780	1.25	1.95	3.1	5	7.8	12.5	19.5
1600	2000	18	25	35	46	65	92	150	230	370	600	920	1.5	2.3	3.7	6	9.2	15	23
2000	2500	22	30	41	55	78	110	175	280	440	700	1100	1.75	2.8	4.4	7	11	17.5	28
2500	3150	26	36	50	68	96	135	210	330	540	860	1350	2.1	3.3	5.4	8.6	13.5	21	33

注：1. 公称尺寸＞500mm 的 IT1～IT5 的标准公差数值为试行的。

2. 公称尺寸≤1mm 时，无 IT14～IT18。

表 3-2-7 IT01 和 IT0 的标准公差数值

公称尺寸/mm		标准公差等级	
		IT01	IT0
大于	至	公差/μm	
—	3	0.3	0.5
3	6	0.4	0.6
6	10	0.4	0.6
10	18	0.5	0.8
18	30	0.6	1
30	50	0.6	1
50	80	0.8	1.2
80	120	1	1.5
120	180	1.2	2
180	250	2	3
250	315	2.5	4
315	400	3	5
400	500	4	6

表 3-2-8 公称尺寸为 3150～10000mm 的标准公差值

公称尺寸/mm		公差等级												
		IT6	IT7	IT8	IT9	IT10	IT11	IT12	IT13	IT14	IT15	IT16	IT17	IT18
大于	至	μm						mm						
3150	4000	165	260	410	660	1050	1650	2.60	4.10	6.6	10.5	16.5	26.0	41.0
4000	5000	200	320	500	800	1300	2000	3.20	5.00	8.0	13.0	20.0	32.0	50.0
5000	6300	250	400	620	980	1550	2500	4.00	6.20	9.8	15.5	25.0	40.0	62.0
6300	8000	310	490	760	1200	1950	3100	4.90	7.60	12.0	19.5	31.0	49.0	76.0
8000	10000	380	600	940	1500	2400	3800	6.00	9.40	15.0	24.0	38.0	60.0	94.0

2.3.2 基本偏差系列

基本偏差是国家标准规定的，用以确定公差带相对于零线位置的上极限偏差或下极限偏差，一般指靠近零线的那个极限偏差。规定基本偏差的目的在于实现公差带位置的标准化。

2.3.2.1 轴的基本偏差

轴的基本偏差数值见表 3-2-9。

轴的另一个偏差，下极限偏差（ei）或上极限偏差（es）可由轴的基本偏差和标准公差（IT）按下列关系求得

$$ei=es-IT \quad (3\text{-}2\text{-}1)$$

$$es=ei+IT \quad (3\text{-}2\text{-}2)$$

表 3-2-9 **轴的基本偏差数值** μm

公称尺寸/mm		基本偏差数值(上极限偏差 es)												基本偏差数值(下极限偏差 ei)			
大于	至	所有标准公差等级												IT5 和 IT6	IT7	IT8	IT4～IT7
		a	b	c	cd	d	e	ef	f	fg	g	h	js	j			k
—	3	−270	−140	−60	−34	−20	−14	−10	−6	−4	−2	0		−2	−4	−6	0
3	6	−270	−140	−70	−46	−30	−20	−14	−10	−6	−4	0		−2	−4		+1
6	10	−280	−150	−80	−56	−40	−25	−18	−13	−8	−5	0		−2	−5		+1
10	14	−290	−150	−95		−50	−32		−16		−6	0		−3	−6		+1
14	18																
18	24	−300	−160	−110		−65	−40		−20		−7	0		−4	−8		+2
24	30																
30	40	−310	−170	−120		−80	−50		−25		−9	0		−5	−10		+2
40	50	−320	−180	−130													
50	65	−340	−190	−140		−100	−60		−30		−10	0		−7	−12		+2
65	80	−360	−200	−150													
80	100	−380	−220	−170		−120	−72		−36		−12	0		−9	−15		+3
100	120	−410	−240	−180													
120	140	−460	−260	−200		−145	−85		−43		−14	0		−11	−18		+3
140	160	−520	−280	−210													
160	180	−580	−310	−230													
180	200	−660	−340	−240		−170	−100		−50		−15	0	偏差 = $\pm\frac{ITn}{2}$ 式中,ITn 是 IT 数值	−13	−21		+4
200	225	−740	−380	−260													
225	250	−820	−420	−280													
250	280	−920	−480	−300		−190	−110		−56		−17	0		−16	−26		+4
280	315	−1050	−540	−330													
315	355	−1200	−600	−360		−210	−125		−62		−18	0		−18	−28		+4
355	400	−1350	−680	−400													
400	450	−1500	−760	−440		−230	−135		−68		−20	0		−20	−32		+5
450	500	−1650	−840	−480													
500	560					−260	−145		−76		−22	0					0
560	630																
630	710					−290	−160		−80		−24	0					0
710	800																
800	900					−320	−170		−86		−26	0					0
900	1000																
1000	1120					−350	−195		−98		−28	0					0
1120	1250																
1250	1400					−390	−220		−110		−30	0					0
1400	1600																
1600	1800					−430	−240		−120		−32	0					0
1800	2000																
2000	2240					−480	−260		−130		−34	0					0
2240	2500																
2500	2800					−520	−290		−145		−38	0					0
2800	3150																

续表

公称尺寸/mm		基本偏差数值(下极限偏差 ei)														
大于	至	≤IT3 >IT7	所有标准公差等级													
		k	m	n	p	r	s	t	u	v	x	y	z	za	zb	zc
—	3	0	+2	+4	+6	+10	+14		+18		+20		+26	+32	+40	+60
3	6	0	+4	+8	+12	+15	+19		+23		+28		+35	+42	+50	+80
6	10	0	+6	+10	+15	+19	+23		+28		+34		+42	+52	+67	+97
10	14	0	+7	+12	+18	+23	+28		+33		+40		+50	+64	+90	+130
14	18									+39	+45		+60	+77	+108	+150
18	24	0	+8	+15	+22	+28	+35		+41	+47	+54	+63	+73	+98	+136	+188
24	30							+41	+48	+55	+64	+75	+88	+118	+160	+218
30	40	0	+9	+17	+26	+34	+43	+48	+60	+68	+80	+94	+112	+148	+200	+274
40	50							+54	+70	+81	+97	+114	+136	+180	+242	+325
50	65	0	+11	+20	+32	+41	+53	+66	+87	+102	+122	+144	+172	+226	+300	+405
65	80					+43	+59	+75	+102	+120	+146	+174	+210	+274	+360	+480
80	100	0	+13	+23	+37	+51	+71	+91	+124	+146	+178	+214	+258	+335	+445	+585
100	120					+54	+79	+104	+144	+172	+210	+254	+310	+400	+525	+690
120	140	0	+15	+27	+43	+63	+92	+122	+170	+202	+248	+300	+365	+470	+620	+800
140	160					+65	+100	+134	+190	+228	+280	+340	+415	+535	+700	+900
160	180					+68	+108	+146	+210	+252	+310	+380	+465	+600	+780	+1000
180	200	0	+17	+31	+50	+77	+122	+166	+236	+284	+350	+425	+520	+670	+880	+1150
200	225					+80	+130	+180	+258	+310	+385	+470	+575	+740	+960	+1250
225	250					+84	+140	+196	+284	+340	+425	+520	+640	+820	+1050	+1350
250	280	0	+20	+34	+56	+94	+158	+218	+315	+385	+475	+580	+710	+920	+1200	+1550
280	315					+98	+170	+240	+350	+425	+525	+650	+790	+1000	+1300	+1700
315	355	0	+21	+37	+62	+108	+190	+268	+390	+475	+590	+730	+900	+1150	+1500	+1900
355	400					+114	+208	+294	+435	+530	+660	+820	+1000	+1300	+1650	+2100
400	450	0	+23	+40	+68	+126	+232	+330	+490	+595	+740	+920	+1100	+1450	+1850	+2400
450	500					+132	+252	+360	+540	+660	+820	+1000	+1250	+1600	+2100	+2600
500	560	0	+26	+44	+78	+150	+280	+400	+600							
560	630					+155	+310	+450	+660							
630	710	0	+30	+50	+88	+175	+340	+500	+740							
710	800					+185	+380	+560	+840							
800	900	0	+34	+56	+100	+210	+430	+620	+940							
900	1000					+220	+470	+680	+1050							
1000	1120	0	+40	+66	+120	+250	+520	+780	+1150							
1120	1250					+260	+580	+840	+1300							
1250	1400	0	+48	+78	+140	+300	+640	+960	+1450							
1400	1600					+330	+720	+1050	+1600							
1600	1800	0	+58	+92	+170	+370	+820	+1200	+1850							
1800	2000					+400	+920	+1350	+2000							
2000	2240	0	+68	+110	+195	+440	+1000	+1500	+2300							
2240	2500					+460	+1100	+1650	+2500							
2500	2800	0	+76	+135	+240	+550	+1250	+1900	+2900							
2800	3150					+580	+1400	+2100	+3200							

注：公称尺寸≤1mm 时，基本偏差 a 和 b 均不采用。公差带 js7～js11，若 ITn 数值是奇数，则取偏差＝$\pm\frac{ITn-1}{2}$。

2.3.2.2 孔的基本偏差

孔的基本偏差数值见表 3-2-10。

孔的另一个偏差，上极限偏差（ES）和下极限偏差（EI）可由孔的基本偏差和标准公差（IT）求得

$$EI=ES-IT \tag{3-2-3}$$

$$ES=EI+IT \tag{3-2-4}$$

表 3-2-10 孔的基本偏差数值 μm

公称尺寸/mm		基本偏差数值																				
		下极限偏差 EI												上极限偏差 ES								
大于	至	所有标准公差等级												IT6	IT7	IT8	≤IT8	>IT8	≤IT8	>IT8	≤IT8	>IT8
		A	B	C	CD	D	E	EF	F	FG	G	H	JS	J			K		M		N	
—	3	+270	+140	+60	+34	+20	+14	+10	+6	+4	+2	0	偏差=$\pm\frac{ITn}{2}$，式中，ITn是IT数值	+2	+4	+6	0	0	−2	−2	−4	−4
3	6	+270	+140	+70	+46	+30	+20	+14	+10	+6	+4	0		+5	+6	+10	−1+Δ		−4+Δ	−4	−8+Δ	0
6	10	+280	+150	+80	+56	+40	+25	+18	+13	+8	+5	0		+5	+8	+12	−1+Δ		−6+Δ	−6	−10+Δ	0
10	14	+290	+150	+95		+50	+32		+16		+6	0		+6	+10	+15	−1+Δ		−7+Δ	−7	−12+Δ	0
14	18																					
18	24	+300	+160	+110		+65	+40		+20		+7	0		+8	+12	+20	−2+Δ		−8+Δ	−8	−15+Δ	0
24	30																					
30	40	+310	+170	+120		+80	+50		+25		+9	0		+10	+14	+24	−2+Δ		−9+Δ	−9	−17+Δ	0
40	50	+320	+180	+130																		
50	65	+340	+190	+140		+100	+60		+30		+10	0		+13	+18	+28	−2+Δ		−11+Δ	−11	−20+Δ	0
65	80	+360	+200	+150																		
80	100	+380	+220	+170		+120	+72		+36		+12	0		+16	+22	+34	−3+Δ		−13+Δ	−13	−23+Δ	0
100	120	+410	+240	+180																		
120	140	+460	+260	+200		+145	+85		+43		+14	0		+18	+26	+41	−3+Δ		−15+Δ	−15	−27+Δ	0
140	160	+520	+280	+210																		
160	180	+580	+310	+230																		
180	200	+660	+340	+240		+170	+100		+50		+15	0		+22	+30	+47	−4+Δ		−17+Δ	−17	−31+Δ	0
200	225	+740	+380	+260																		
225	250	+820	+420	+280																		
250	280	+920	+480	+300		+190	+110		+56		+17	0		+25	+36	+55	−4+Δ		−20+Δ	−20	−34+Δ	0
280	315	+1050	+540	+330																		
315	355	+1200	+600	+360		+210	+125		+62		+18	0		+29	+39	+60	−4+Δ		−21+Δ	−21	−37+Δ	0
355	400	+1350	+680	+400																		
400	450	+1500	+760	+440		+230	+135		+68		+20	0		+33	+43	+66	−5+Δ		−23+Δ	−23	−40+Δ	0
450	500	+1650	+840	+480																		
500	560					+260	+145		+76		+22	0					0		−26		−44	
560	630																					
630	710					+290	+160		+80		+24	0					0		−30		−50	
710	800																					
800	900					+320	+170		+86		+26	0					0		−34		−56	
900	1000																					
1000	1120					+350	+195		+98		+28	0					0		−40		−66	
1120	1250																					
1250	1400					+390	+220		+110		+30	0					0		−48		−78	
1400	1600																					
1600	1800					+430	+240		+120		+32	0					0		−58		−92	
1800	2000																					
2000	2240					+480	+260		+130		+34	0					0		−68		−110	
2240	2500																					
2500	2800					+520	+290		+145		+38	0					0		−76		−135	
2800	3150																					

第3篇

续表

公称尺寸/mm		基本偏差数值													Δ值					
		上极限偏差ES																		
大于	至	≤IT7	标准公差等级大于IT7												标准公差等级					
		P～ZC	P	R	S	T	U	V	X	Y	Z	ZA	ZB	ZC	IT3	IT4	IT5	IT6	IT7	IT8
—	3	在大于IT7的相应数值上增加一个Δ值	-6	-10	-14		-18		-20		-26	-32	-40	-60	0	0	0	0	0	0
3	6		-12	-15	-19		-23		-28		-35	-42	-50	-80	1	1.5	1	3	4	6
6	10		-15	-19	-23		-28		-34		-42	-52	-67	-97	1	1.5	2	3	6	7
10	14		-18	-23	-28		-33		-40		-50	-64	-90	-130	1	2	3	3	7	9
14	18							-39	-45		-60	-77	-108	-150						
18	24		-22	-28	-35		-41	-47	-54	-63	-73	-98	-136	-188	1.5	2	3	4	8	12
24	30					-41	-48	-55	-64	-75	-88	-118	-160	-218						
30	40		-26	-34	-43	-48	-60	-68	-80	-94	-112	-148	-200	-274	1.5	3	4	5	9	14
40	50					-54	-70	-81	-97	-114	-136	-180	-242	-325						
50	65		-32	-41	-53	-66	-87	-102	-122	-144	-172	-226	-300	-405	2	3	5	6	11	16
65	80			-43	-59	-75	-102	-120	-146	-174	-210	-274	-360	-480						
80	100		-37	-51	-71	-91	-124	-146	-178	-214	-258	-335	-445	-585	2	4	5	7	13	19
100	120			-54	-79	-104	-144	-172	-210	-254	-310	-400	-525	-690						
120	140		-43	-63	-92	-122	-170	-202	-248	-300	-365	-470	-620	-800	3	4	6	7	15	23
140	160			-65	-100	-134	-190	-228	-280	-340	-415	-535	-700	-900						
160	180			-68	-108	-146	-210	-252	-310	-380	-465	-600	-780	-1000						
180	200		-50	-77	-122	-166	-236	-284	-350	-425	-520	-670	-880	-1150	3	4	6	9	17	26
200	225			-80	-130	-180	-258	-310	-385	-470	-575	-740	-960	-1250						
225	250			-84	-140	-196	-284	-340	-425	-520	-640	-820	-1050	-1350						
250	280		-56	-94	-158	-218	-315	-385	-475	-580	-710	-920	-1200	-1550	4	4	7	9	20	29
280	315			-98	-170	-240	-350	-425	-525	-650	-790	-1000	-1300	-1700						
315	355		-62	-108	-190	-268	-390	-475	-590	-730	-900	-1150	-1500	-1900	4	5	7	11	21	32
355	400			-114	-208	-294	-435	-530	-660	-820	-1000	-1300	-1650	-2100						
400	450		-68	-126	-232	-330	-490	-595	-740	-920	-1100	-1450	-1850	-2400	5	5	7	13	23	34
450	500			-132	-252	-360	-540	-660	-820	-1000	-1250	-1600	-2100	-2600						
500	560		-78	-150	-280	-400	-600													
560	630			-155	-310	-450	-660													
630	710		-88	-175	-340	-500	-740													
710	800			-185	-380	-560	-840													
800	900		-100	-210	-430	-620	-940													
900	1000			-220	-470	-680	-1050													
1000	1120		-120	-250	-520	-780	-1150													
1120	1250			-260	-580	-840	-1300													
1250	1400		-140	-300	-640	-960	-1450													
1400	1600			-330	-720	-1050	-1600													
1600	1800		-170	-370	-820	-1200	-1850													
1800	2000			-400	-920	-1350	-2000													
2000	2240		-195	-440	-1000	-1500	-2300													
2240	2500			-460	-1100	-1650	-2500													
2500	2800		-240	-550	-1250	-1900	-2900													
2800	3150			-580	-1400	-2100	-3200													

注：1. 公称尺寸≤1mm时，基本偏差A和B及大于IT8的N均不采用。公差带JS7～JS11，若ITn值数是奇数，则取偏差=±$\frac{ITn-1}{2}$。

2. 对小于或等于IT8的K、M、N和小于或等于IT7的P～ZC，所需Δ值从表内右侧选取。例如：18～30mm段的K7，Δ=8μm，所以ES=-2+8=+6μm；18～30mm段的S6，Δ=4μm，所以ES=-35+4=-31μm。特殊情况：250～315mm段的M6，ES=-9μm（代替-11μm）。

2.3.2.3 基本偏差js和JS

基本偏差js和JS是标准公差（IT）带对称分布于零线的两侧（见图3-2-13），即

对js：

$$es=+\frac{IT}{2};\ ci=-\frac{IT}{2}$$

对JS：

$$ES=+\frac{IT}{2};\ EI=-\frac{IT}{2}$$

2.3.2.4 基本偏差j和J

大部分基本偏差j和J是标准公差（IT）带不对称分布于零线的两侧。

2.3.3 孔与轴的极限偏差

GB/T 1800.2—2009《产品几何技术规范（GPS）极限与配合 标准公差等级和孔、轴和极限偏差表》规定了孔和轴的常用公差带的极限偏差数值，该数值是按GB/T 1800.1—2009《产品几何技术规范（GPS）极限与配合 公差、偏差和配合的基础》计算得到的。它包括孔、轴的上极限偏差和下极限偏差的数值，见表3-2-11～表3-2-41。

表3-2-11 孔A、B和C的极限偏差 μm

公称尺寸/mm		A					B						C					
大于	至	9	10	11	12	13	8	9	10	11	12	13	8	9	10	11	12	13
—	3	+295 +270	+310 +270	+330 +270	+370 +270	+410 +270	+154 +140	+165 +140	+180 +140	+200 +140	+240 +140	+280 +140	+74 +60	+85 +60	+100 +60	+120 +60	+160 +60	+200 +60
3	6	+300 +270	+318 +270	+345 +270	+390 +270	+450 +270	+158 +140	+170 +140	+188 +140	+215 +140	+250 +140	+320 +140	+88 +70	+100 +70	+118 +70	+145 +70	+190 +70	+250 +70
6	10	+316 +280	+338 +280	+370 +280	+430 +280	+500 +280	+172 +150	+186 +150	+208 +150	+240 +150	+300 +150	+370 +150	+102 +80	+116 +80	+138 +80	+170 +80	+230 +80	+300 +80
10	18	+333 +290	+360 +290	+400 +290	+470 +290	+560 +290	+177 +150	+193 +150	+220 +150	+260 +150	+330 +150	+420 +150	+122 +95	+138 +95	+165 +95	+205 +95	+275 +95	+365 +95
18	30	+352 +300	+384 +300	+430 +300	+510 +300	+630 +300	+193 +160	+212 +160	+244 +160	+290 +160	+370 +160	+490 +160	+143 +110	+162 +110	+194 +110	+240 +110	+320 +110	+440 +110
30	40	+372 +310	+410 +310	+470 +310	+560 +310	+700 +310	+209 +170	+232 +170	+270 +170	+330 +170	+420 +170	+560 +170	+159 +120	+182 +120	+220 +120	+280 +120	+370 +120	+510 +120
40	50	+382 +320	+420 +320	+480 +320	+570 +320	+710 +320	+219 +180	+242 +180	+280 +180	+340 +180	+430 +180	+570 +180	+169 +130	+192 +130	+230 +130	+290 +130	+380 +130	+520 +130
50	65	+414 +340	+460 +340	+530 +340	+640 +340	+800 +340	+236 +190	+264 +190	+310 +190	+380 +190	+490 +190	+650 +190	+186 +140	+214 +140	+260 +140	+330 +140	+440 +140	+600 +140
65	80	+434 +360	+480 +360	+550 +360	+660 +360	+820 +360	+246 +200	+274 +200	+320 +200	+390 +200	+500 +200	+660 +200	+196 +150	+224 +150	+270 +150	+340 +150	+450 +150	+610 +150
80	100	+467 +380	+520 +380	+600 +380	+730 +380	+920 +380	+274 +220	+307 +220	+360 +220	+440 +220	+570 +220	+760 +220	+224 +170	+257 +170	+310 +170	+390 +170	+520 +170	+710 +170
100	120	+497 +410	+550 +410	+630 +410	+760 +410	+950 +410	+294 +240	+327 +240	+380 +240	+460 +240	+590 +240	+780 +240	+234 +180	+267 +180	+320 +180	+400 +180	+530 +180	+720 +180
120	140	+560 +460	+620 +460	+710 +460	+860 +460	+1090 +460	+323 +260	+360 +260	+420 +260	+510 +260	+660 +260	+890 +260	+263 +200	+300 +200	+360 +200	+450 +200	+600 +200	+830 +200
140	160	+620 +520	+680 +520	+770 +520	+920 +520	+1150 +520	+343 +280	+380 +280	+440 +280	+530 +280	+680 +280	+910 +280	+273 +210	+310 +210	+370 +210	+460 +210	+610 +210	+840 +210
160	180	+680 +580	+740 +580	+830 +580	+980 +580	+1210 +580	+373 +310	+410 +310	+470 +310	+560 +310	+710 +310	+940 +310	+293 +230	+330 +230	+390 +230	+480 +230	+630 +230	+860 +230
180	200	+775 +660	+845 +660	+950 +660	+1120 +660	+1380 +660	+412 +340	+455 +340	+525 +340	+630 +340	+800 +340	+1060 +340	+312 +240	+355 +240	+425 +240	+530 +240	+700 +240	+960 +240
200	225	+855 +740	+925 +740	+1030 +740	+1200 +740	+1460 +740	+452 +380	+495 +380	+565 +380	+670 +380	+840 +380	+1100 +380	+332 +260	+375 +260	+445 +260	+550 +260	+720 +260	+980 +260
225	250	+935 +820	+1005 +820	+1110 +820	+1280 +820	+1540 +820	+492 +420	+535 +420	+605 +420	+710 +420	+880 +420	+1140 +420	+352 +280	+395 +280	+465 +280	+570 +280	+740 +280	+1000 +280
250	280	+1050 +920	+1130 +920	+1240 +920	+1440 +920	+1730 +920	+561 +480	+610 +480	+690 +480	+800 +480	+1000 +480	+1290 +480	+381 +300	+430 +300	+510 +300	+620 +300	+820 +300	+1110 +300
280	315	+1180 +1050	+1260 +1050	+1370 +1050	+1570 +1050	+1860 +1050	+621 +540	+670 +540	+750 +540	+860 +540	+1060 +540	+1350 +540	+411 +330	+460 +330	+540 +330	+650 +330	+850 +330	+1140 +330
315	355	+1340 +1200	+1430 +1200	+1560 +1200	+1770 +1200	+2000 +1200	+689 +600	+740 +600	+830 +600	+960 +600	+1170 +600	+1490 +600	+449 +360	+500 +360	+590 +360	+720 +360	+930 +360	+1250 +360
355	400	+1490 +1350	+1580 +1350	+1710 +1350	+1920 +1350	+2240 +1350	+769 +680	+820 +680	+910 +680	+1040 +680	+1250 +680	+1570 +680	+489 +400	+540 +400	+630 +400	+760 +400	+970 +400	+1290 +400
400	450	+1655 +1500	+1750 +1500	+1900 +1500	+2130 +1500	+2470 +1500	+857 +760	+915 +760	+1010 +760	+1160 +760	+1390 +760	+1730 +760	+537 +440	+595 +440	+690 +440	+840 +440	+1070 +440	+1410 +440
450	500	+1805 +1650	+1900 +1650	+2050 +1650	+2280 +1650	+2620 +1650	+937 +840	+995 +840	+1090 +840	+1240 +840	+1470 +840	+1810 +840	+577 +480	+635 +480	+730 +480	+880 +480	+1110 +480	+1450 +480

注：公称尺寸<1mm时，各级的A和B均不采用。

表 3-2-12　　孔 CD、D 和 E 的极限偏差　　μm

公称尺寸/mm		CD					D								E					
大于	至	6	7	8	9	10	6	7	8	9	10	11	12	13	5	6	7	8	9	10
—	3	+40	+44	+48	+59	+74	+26	+30	+34	+45	+60	+80	+120	+160	+18	+20	+24	+28	+39	+54
		+34	+34	+34	+34	+34	+20	+20	+20	+20	+20	+20	+20	+20	+14	+14	+14	+14	+14	+14
3	6	+54	+58	+64	+76	+94	+38	+42	+48	+60	+78	+105	+150	+210	+25	+28	+32	+38	+50	+68
		+46	+46	+46	+46	+46	+30	+30	+30	+30	+30	+30	+30	+30	+20	+20	+20	+20	+20	+20
6	10	+65	+71	+78	+92	+114	+49	+55	+62	+76	+98	+130	+190	+260	+31	+34	+40	+47	+61	+83
		+56	+56	+56	+56	+56	+40	+40	+40	+40	+40	+40	+40	+40	+25	+25	+25	+25	+25	+25
10	18						+61	+68	+77	+93	+120	+160	+230	+320	+40	+43	+50	+59	+75	+102
							+50	+50	+50	+50	+50	+50	+50	+50	+32	+32	+32	+32	+32	+32
18	30						+78	+86	+98	+117	+149	+195	+275	+395	+49	+53	+61	+73	+92	+124
							+65	+65	+65	+65	+65	+65	+65	+65	+40	+40	+40	+40	+40	+40
30	50						+96	+105	+119	+142	+180	+240	+330	+470	+61	+66	+75	+89	+112	+150
							+80	+80	+80	+80	+80	+80	+80	+80	+50	+50	+50	+50	+50	+50
50	80						+119	+130	+146	+174	+220	+290	+400	+560	+73	+79	+90	+106	+134	+180
							+100	+100	+100	+100	+100	+100	+100	+100	+60	+60	+60	+60	+60	+60
80	120						+142	+155	+174	+207	+260	+340	+470	+660	+87	+94	+107	+125	+159	+212
							+120	+120	+120	+120	+120	+120	+120	+120	+72	+72	+72	+72	+72	+72
120	180						+170	+185	+208	+245	+305	+395	+545	+775	+103	+110	+125	+148	+185	+245
							+145	+145	+145	+145	+145	+145	+145	+145	+85	+85	+85	+85	+85	+85
180	250						+199	+216	+242	+285	+355	+460	+630	+890	+120	+129	+146	+172	+215	+285
							+170	+170	+170	+170	+170	+170	+170	+170	+100	+100	+100	+100	+100	+100
250	315						+222	+242	+271	+320	+400	+510	+710	+1000	+133	+142	+162	+191	+240	+320
							+190	+190	+190	+190	+190	+190	+190	+190	+110	+110	+110	+110	+110	+110
315	400						+246	+267	+299	+350	+440	+570	+780	+1100	+150	+161	+182	+214	+265	+355
							+210	+210	+210	+210	+210	+210	+210	+210	+125	+125	+125	+125	+125	+125
400	500						+270	+293	+327	+385	+480	+630	+860	+1200	+162	+175	+198	+232	+290	+385
							+230	+230	+230	+230	+230	+230	+230	+230	+135	+135	+135	+135	+135	+135

注：各级的 CD 主要用于精密机械和钟表制造业。

表 3-2-13　　孔 EF 和 F 的极限偏差　　μm

公称尺寸/mm		EF								F							
大于	至	3	4	5	6	7	8	9	10	3	4	5	6	7	8	9	10
—	3	+12	+13	+14	+16	+20	+24	+35	+50	+8	+9	+10	+12	+16	+20	+31	+46
		+10	+10	+10	+10	+10	+10	+10	+10	+6	+6	+6	+6	+6	+6	+6	+6
3	6	+16.5	+18	+19	+22	+26	+32	+44	+62	+12.5	+14	+15	+18	+22	+28	+40	+58
		+14	+14	+14	+14	+14	+14	+14	+14	+10	+10	+10	+10	+10	+10	+10	+10
6	10	+20.5	+22	+24	+27	+33	+40	+54	+76	+15.5	+17	+19	+22	+28	+35	+49	+71
		+18	+18	+18	+18	+18	+18	+18	+18	+13	+13	+13	+13	+13	+13	+13	+13
10	18									+19	+21	+24	+27	+34	+43	+59	+86
										+16	+16	+16	+16	+16	+16	+16	+16
18	30									+24	+26	+29	+33	+41	+53	+72	+104
										+20	+20	+20	+20	+20	+20	+20	+20
30	50									+29	+32	+36	+41	+50	+64	+87	+125
										+25	+25	+25	+25	+25	+25	+25	+25
50	80											+43	+49	+60	+76	+104	
												+30	+30	+30	+30	+30	

续表

公称尺寸/mm		EF								F							
大于	至	3	4	5	6	7	8	9	10	3	4	5	6	7	8	9	10
80	120											+51 +36	+58 +36	+71 +36	+90 +36	+123 +36	
120	180											+61 +43	+68 +43	+83 +43	+106 +43	+143 +43	
180	250											+70 +50	+79 +50	+96 +50	+122 +50	+165 +50	
250	315											+79 +56	+88 +56	+108 +56	+137 +56	+186 +56	
315	400											+87 +62	+98 +62	+119 +62	+151 +62	+202 +62	
400	500											+95 +68	+108 +68	+131 +68	+165 +68	+223 +68	

注：各级的 EF 主要用于精密机械和钟表制造业。

表 3-2-14　孔 FG 和 G 的极限偏差　μm

公称尺寸/mm		FG								G							
大于	至	3	4	5	6	7	8	9	10	3	4	5	6	7	8	9	10
—	3	+6 +4	+7 +4	+8 +4	+10 +4	+14 +4	+18 +4	+29 +4	+44 +4	+4 +2	+5 +2	+6 +2	+8 +2	+12 +2	+16 +2	+27 +2	+42 +2
3	6	+8.5 +6	+10 +6	+11 +6	+14 +6	+18 +6	+24 +6	+36 +6	+54 +6	+6.5 +4	+8 +4	+9 +4	+12 +4	+16 +4	+22 +4	+34 +4	+52 +4
6	10	+10.5 +8	+12 +8	+14 +8	+17 +8	+23 +8	+30 +8	+44 +8	+66 +8	+7.5 +5	+9 +5	+11 +5	+14 +5	+20 +5	+27 +5	+41 +5	+63 +5
10	18									+9 +6	+11 +6	+14 +6	+17 +6	+24 +6	+33 +6	+49 +6	+76 +6
18	30									+11 +7	+13 +7	+16 +7	+20 +7	+28 +7	+40 +7	+59 +7	+91 +7
30	50									+13 +9	+16 +9	+20 +9	+25 +9	+34 +9	+48 +9	+71 +9	+109 +9
50	80											+23 +10	+29 +10	+40 +10	+56 +10		
80	120											+27 +12	+34 +12	+47 +12	+66 +12		
120	180											+32 +14	+39 +14	+54 +14	+77 +14		
180	250											+35 +15	+44 +15	+61 +15	+87 +15		
250	315											+40 +17	+49 +17	+69 +17	+98 +17		
315	400											+43 +18	+54 +18	+75 +18	+107 +18		
400	500											+47 +20	+60 +20	+83 +20	+117 +20		

注：各级的 FG 主要用于精密机械和钟表制造业。

表 3-2-15　　孔 H 的极限偏差

公称尺寸/mm		H																	
		1	2	3	4	5	6	7	8	9	10	11	12	13	14	15	16	17	18
大于	至	偏差																	
		μm											mm						
—	3	+0.8 0	+1.2 0	+2 0	+3 0	+4 0	+6 0	+10 0	+14 0	+25 0	+40 0	+60 0	+0.1 0	+0.14 0	+0.25 0	+0.4 0	+0.6 0		
3	6	+1 0	+1.5 0	+2.5 0	+4 0	+5 0	+8 0	+12 0	+18 0	+30 0	+48 0	+75 0	+0.12 0	+0.18 0	+0.3 0	+0.48 0	+0.75 0	+1.2 0	+1.8 0
6	10	+1 0	+1.5 0	+2.5 0	+4 0	+6 0	+9 0	+15 0	+22 0	+36 0	+58 0	+90 0	+0.15 0	+0.22 0	+0.36 0	+0.58 0	+0.9 0	+1.5 0	+2.2 0
10	18	+1.2 0	+2 0	+3 0	+5 0	+8 0	+11 0	+18 0	+27 0	+43 0	+70 0	+110 0	+0.18 0	+0.27 0	+0.43 0	+0.7 0	+1.1 0	+1.8 0	+2.7 0
18	30	+1.5 0	+2.5 0	+4 0	+6 0	+9 0	+13 0	+21 0	+33 0	+52 0	+84 0	+130 0	+0.21 0	+0.33 0	+0.52 0	+0.84 0	+1.3 0	+2.1 0	+3.3 0
30	50	+1.5 0	+2.5 0	+4 0	+7 0	+11 0	+16 0	+25 0	+39 0	+62 0	+100 0	+160 0	+0.25 0	+0.39 0	+0.62 0	+1 0	+1.6 0	+2.5 0	+3.9 0
50	80	+2 0	+3 0	+5 0	+8 0	+13 0	+19 0	+30 0	+46 0	+74 0	+120 0	+190 0	+0.3 0	+0.46 0	+0.74 0	+1.2 0	+1.9 0	+3 0	+4.6 0
80	120	+2.5 0	+4 0	+6 0	+10 0	+15 0	+22 0	+35 0	+54 0	+87 0	+140 0	+220 0	+0.35 0	+0.54 0	+0.87 0	+1.4 0	+2.2 0	+3.5 0	+5.4 0
120	180	+3.5 0	+5 0	+8 0	+12 0	+18 0	+25 0	+40 0	+63 0	+100 0	+160 0	+250 0	+0.4 0	+0.63 0	+1 0	+1.6 0	+2.5 0	+4 0	+6.3 0
180	250	+4.5 0	+7 0	+10 0	+14 0	+20 0	+29 0	+46 0	+72 0	+115 0	+185 0	+290 0	+0.46 0	+0.72 0	+1.15 0	+1.85 0	+2.9 0	+4.6 0	+7.2 0
250	315	+6 0	+8 0	+12 0	+16 0	+23 0	+32 0	+52 0	+81 0	+130 0	+210 0	+320 0	+0.52 0	+0.81 0	+1.3 0	+2.1 0	+3.2 0	+5.2 0	+8.1 0
315	400	+7 0	+9 0	+13 0	+18 0	+25 0	+36 0	+57 0	+89 0	+140 0	+230 0	+360 0	+0.57 0	+0.89 0	+1.4 0	+2.3 0	+3.6 0	+5.7 0	+8.9 0
400	500	+8 0	+10 0	+15 0	+20 0	+27 0	+40 0	+63 0	+97 0	+155 0	+250 0	+400 0	+0.63 0	+0.97 0	+1.55 0	+2.5 0	+4 0	+6.3 0	+9.7 0

注：IT14～IT18 只用于大于 1mm 的公称尺寸。

表 3-2-16　　孔 JS 的极限偏差

公称尺寸/mm		JS																	
		1	2	3	4	5	6	7	8	9	10	11	12	13	14	15	16	17	18
大于	至	偏差																	
		μm											mm						
—	3	±0.4	±0.6	±1	±1.5	±2	±3	±5	±7	±12	±20	±30	±0.05	±0.07	±0.125	±0.2	±0.3		
3	6	±0.5	±0.75	±1.25	±2	±2.5	±4	±6	±9	±15	±24	±37	±0.06	±0.09	±0.15	±0.24	±0.375	±0.6	±0.9
6	10	±0.5	±0.75	±1.25	±2	±3	±4.5	±7	±11	±18	±29	±46	±0.075	±0.11	±0.18	±0.29	±0.45	±0.75	±1.1
10	18	±0.6	±1	±1.5	±2.5	±4	±5.5	±9	±13	±21	±36	±55	±0.09	±0.135	±0.215	±0.35	±0.55	±0.9	±1.35
18	30	±0.75	±1.25	±2	±3	±4.5	±6.5	±10	±16	±26	±42	±65	±0.105	±0.165	±0.26	±0.42	±0.65	±1.05	±1.65
30	50	±0.75	±1.25	±2	±3.5	±5.5	±8	±12	±19	±31	±50	±80	±0.125	±0.195	±0.31	±0.5	±0.8	±1.25	±1.95
50	80	±1	±1.5	±2.5	±4	±6.5	±9.5	±15	±23	±37	±60	±95	±0.15	±0.23	±0.37	±0.6	±0.95	±1.5	±2.3
80	120	±1.25	±2	±3	±5	±7.5	±11	±17	±27	±43	±70	±110	±0.175	±0.27	±0.435	±0.7	±1.1	±1.75	±2.7
120	180	±1.75	±2.5	±4	±6	±9	±12.5	±20	±31	±50	±80	±125	±0.2	±0.315	±0.5	±0.8	±1.25	±2	±3.15
180	250	±2.25	±3.5	±5	±7	±10	±14.5	±23	±36	±57	±92	±145	±0.23	±0.36	±0.575	±0.925	±1.45	±2.3	±3.6
250	315	±3	±4	±6	±8	±11.5	±16	±26	±40	±65	±105	±160	±0.28	±0.405	±0.65	±1.05	±1.6	±2.6	±4.05
315	400	±3.5	±4.5	±6.5	±9	±12.5	±18	±28	±44	±70	±115	±180	±0.285	±0.445	±0.7	±1.15	±1.8	±2.85	±4.45
400	500	±4	±5	±7.5	±10	±13.5	±20	±31	±48	±77	±125	±200	±0.315	±0.485	±0.775	±1.25	±2	±3.15	±4.85

注：1. 为避免相同值的重复，表列值以“±×”给出，可为 ES=+×，EI=−×，例如，$^{+0.23}_{-0.23}$mm。

2. IT14～IT18 只用于大于 1mm 的公称尺寸。

表 3-2-17　孔 J 和 K 的极限偏差　μm

公称尺寸/mm		J				K							
大于	至	6	7	8	9	3	4	5	6	7	8	9	10
—	3	+2 −4	+4 −6	+6 −8		0 −2	0 −3	0 −4	0 −6	0 −10	0 −14	0 −25	0 −40
3	6	+5 −3	±6	+10 −8		0 −2.5	+0.5 −3.5	0 −5	+2 −6	+3 −9	+5 −13		
6	10	+5 −4	+8 −7	+12 −10		0 −2.5	+0.5 −3.5	+1 −5	+2 −7	+5 −10	+6 −16		
10	18	+6 −5	+10 −8	+15 −12		0 −3	+1 −4	+2 −6	+2 −9	+6 −12	+8 −19		
18	30	+8 −5	+12 −9	+20 −13		−0.5 −4.5	0 −6	+1 −8	+2 −11	+6 −15	+10 −23		
30	50	+10 −6	+14 −11	+24 −15		−0.5 −4.5	+1 −6	+2 −9	+3 −13	+7 −18	+12 −27		
50	80	+13 −6	+18 −12	+28 −18				+3 −10	+4 −15	+9 −21	+14 −32		
80	120	+16 −6	+22 −13	+34 −20				+2 −13	+4 −18	+10 −25	+16 −38		
120	180	+18 −7	+16 −14	+41 −22				+3 −15	+4 −21	+12 −28	+20 −43		
180	250	+22 −7	+30 −16	+47 −25				+2 −18	+5 −24	+13 −33	+22 −50		
250	315	+25 −7	+36 −16	+55 −26				+3 −20	+5 −27	+16 −36	+25 −56		
315	400	+29 −7	+39 −18	+60 −29				+3 −22	+7 −29	+17 −40	+28 −61		
400	500	+33 −7	+43 −20	+66 −31				+2 −25	+8 −32	+18 −45	+29 −68		

注：1. J9、J10 等公差带对称于零线，其偏差值可见 JS9、JS10 等。

2. 公称尺寸＞3mm 时，大于 IT8 的 K 的偏差值不作规定。

3. 公称尺寸＞3～6mm 的 J7 的偏差值与对应尺寸段的 JS7 等值。

表 3-2-18　孔 M 和 N 的极限偏差　μm

公称尺寸/mm		M								N								
大于	至	3	4	5	6	7	8	9	10	3	4	5	6	7	8	9	10	11
—	3	−2 −4	−2 −5	−2 −6	−2 −8	−2 −12	−2 −16	−2 −27	−2 −42	−4 −6	−4 −7	−4 −8	−4 −10	−4 −14	−4 −18	−4 −29	−4 −44	−4 −64
3	6	−3 −5.5	−2.5 −6.5	−3 −8	−1 −9	0 −12	+2 −16	−4 −34	−4 −52	−7 −9.5	−6.5 −10.5	−7 −12	−5 −13	−4 −16	−2 −20	0 −30	0 −48	0 −75
6	10	−5 −7.5	−4.5 −8.5	−4 −10	−3 −12	0 −15	+1 −21	−6 −42	−6 −64	−9 −11.5	−8.5 −12.5	−8 −14	−7 −16	−4 −19	−3 −25	0 −36	0 −58	0 −90
10	18	−6 −9	−5 −10	−4 −12	−4 −15	0 −18	+2 −25	−7 −50	−7 −77	−11 −14	−10 −15	−9 −17	−9 −20	−5 −23	−3 −30	0 −43	0 −70	0 −110
18	30	−6.5 −10.5	−6 −12	−5 −14	−4 −17	0 −21	+4 −29	−8 −60	−8 −92	−13.5 −17.5	−13 −19	−12 −21	−11 −24	−7 −28	−3 −36	0 −52	0 −84	0 −130
30	50	−7.5 −11.5	−6 −13	−5 −16	−4 −20	0 −25	+5 −34	−9 −71	−9 −109	−15.5 −19.5	−14 −21	−13 −24	−12 −28	−8 −33	−3 −42	0 −62	0 −100	0 −160
50	80			−6 −19	−5 −24	0 −30	+5 −41					−15 −28	−14 −33	−9 −39	−4 −50	0 −74	0 −120	0 −190
80	120			−8 −23	−6 −28	0 −35	+6 −48					−18 −33	−16 −38	−10 −45	−4 −58	0 −87	0 −140	0 −220

续表

公称尺寸/mm		M								N								
大于	至	3	4	5	6	7	8	9	10	3	4	5	6	7	8	9	10	11
120	180			−9 −27	−8 −23	0 −40	+8 −55					−21 −39	−20 −45	−12 −52	−4 −67	0 −100	0 −160	0 −250
180	250			−11 −31	−8 −37	0 −46	+9 −63					−25 −45	−22 −51	−14 −60	−5 −77	0 −115	0 −185	0 −290
250	315			−13 −36	−9 −41	0 −52	+9 −72					−27 −50	−25 −57	−14 −66	−5 −86	0 −130	0 −210	0 −320
315	400			−14 −39	−10 −46	0 −57	+11 −78					−30 −55	−26 −62	−16 −73	−5 −94	0 −140	0 −230	0 −360
400	500			−16 −43	−10 −50	0 −63	+11 −86					−33 −60	−27 −67	−17 −80	−6 −103	0 −155	0 −250	0 −400

注：公差带 N9、N10 和 N11 只用于大于 1mm 的公称尺寸。

表 3-2-19　　孔 P 的极限偏差　　μm

公称尺寸/mm		P							
大于	至	3	4	5	6	7	8	9	10
—	3	−6 −8	−6 −9	−6 −10	−6 −12	−6 −16	−6 −20	−6 −31	−6 −46
3	6	−11 −13.5	−10.5 −14.5	−11 −16	−9 −17	−8 −20	−12 −30	−12 −42	−12 −60
6	10	−14 −16.5	−13.5 −17.5	−13 −19	−12 −21	−9 −24	−15 −37	−15 −51	−15 −73
10	18	−17 −20	−16 −21	−15 −23	−15 −26	−11 −29	−18 −45	−18 −61	−18 −88
18	30	−20.5 −24.5	−20 −26	−19 −28	−18 −31	−14 −35	−22 −55	−22 −74	−22 −106
30	50	−24.5 −28.5	−23 −30	−22 −33	−21 −37	−17 −42	−26 −65	−26 −88	−26 −126
50	80			−27 −40	−26 −45	−21 −51	−32 −78	−32 −106	
80	120			−32 −47	−30 −52	−24 −59	−37 −91	−37 −124	
120	180			−37 −55	−36 −61	−28 −68	−43 −106	−43 −143	
180	250			−44 −64	−41 −70	−33 −79	−50 −122	−50 −165	
250	315			−49 −72	−47 −79	−36 −88	−56 −137	−56 −186	
315	400			−55 −80	−51 −87	−41 −98	−62 −151	−62 −202	
400	500			−61 −88	−55 −95	−45 −108	−68 −165	−68 −223	

表 3-2-20　　孔 R 的极限偏差　　μm

公称尺寸/mm		R							
大于	至	3	4	5	6	7	8	9	10
—	3	−10 −12	−10 −13	−10 −14	−10 −16	−10 −20	−10 −24	−10 −35	−10 −50
3	6	−14 −16.5	−13.5 −17.5	−14 −19	−12 −20	−11 −23	−15 −33	−15 −45	−15 −63

续表

公称尺寸/mm		R							
大于	至	3	4	5	6	7	8	9	10
6	10	−18 −20.5	−17.5 −21.5	−17 −23	−16 −25	−13 −28	−19 −41	−19 −55	−19 −77
10	18	−22 −25	−21 −26	−20 −28	−20 −31	−16 −34	−23 −50	−23 −66	−23 −93
18	30	−26.5 −30.5	−26 −32	−25 −34	−24 −37	−20 −41	−28 −61	−28 −80	−10 −112
30	50	−32.5 −36.5	−31 −38	−30 −41	−29 −45	−25 −50	−34 −73	−34 −96	−34 −134
50	65			−36 −49	−35 −54	−30 −60	−41 −87		
65	80			−38 −51	−37 −56	−32 −62	−43 −89		
80	100			−46 −61	−44 −66	−38 −73	−51 −105		
100	120			−49 −64	−47 −69	−41 −76	−54 −108		
120	140			−57 −75	−56 −81	−48 −88	−63 −126		
140	160			−59 −77	−58 −83	−50 −90	−65 −128		
160	180			−62 −80	−61 −86	−53 −93	−68 −131		
180	200			−71 −91	−68 −97	−60 −106	−77 −149		
200	225			−74 −94	−71 −100	−63 −109	−80 −152		
225	250			−78 −98	−75 −104	−67 −113	−84 −156		
250	280			−87 −110	−85 −117	−74 −126	−94 −175		
280	315			−91 −114	−89 −121	−78 −130	−98 −179		
315	355			−101 −126	−97 −133	−87 −144	−108 −197		
355	400			−107 −132	−103 −139	−93 −150	−114 −203		
400	450			−119 −146	−113 −153	−103 −166	−126 −223		
450	500			−125 −152	−119 −159	−109 −172	−132 −229		

表 3-2-21　孔 S 的极限偏差　μm

公称尺寸/mm		S							
大于	至	3	4	5	6	7	8	9	10
—	3	−14 −16	−14 −17	−14 −18	−14 −20	−14 −24	−14 −28	−14 −39	−14 −54
3	6	−18 −20.5	−17.5 −21.5	−18 −23	−16 −24	−15 −27	−19 −37	−19 −49	−19 −67

续表

公称尺寸/mm		S							
大于	至	3	4	5	6	7	8	9	10
6	10	−22 −24.5	−21.5 −25.5	−21 −27	−20 −29	−17 −32	−23 −45	−23 −59	−23 −81
10	18	−27 −30	−26 −31	−25 −33	−25 −36	−21 −39	−28 −55	−28 −71	−28 −98
18	30	−33.5 −37.5	−33 −39	−32 −41	−31 −44	−27 −48	−35 −68	−35 −87	−35 −119
30	50	−41.5 −45.5	−40 −47	−39 −50	−38 −54	−34 −59	−43 −82	−43 −105	−43 −143
50	65			−48 −61	−47 −66	−42 −72	−53 −99	−53 −127	
65	80			−54 −67	−53 −72	−48 −78	−59 −105	−59 −133	
80	100			−66 −81	−64 −86	−58 −93	−71 −125	−71 −158	
100	120			−74 −89	−72 −94	−66 −101	−79 −133	−79 −166	
120	140			−86 −104	−85 −110	−77 −117	−92 −155	−92 −192	
140	160			−94 −112	−93 −118	−85 −125	−100 −163	−100 −200	
160	180			−102 −120	−101 −126	−93 −133	−108 −171	−108 −208	
180	200			−116 −136	−113 −142	−105 −151	−122 −194	−122 −237	
200	225			−124 −144	−121 −150	−113 −159	−130 −202	−130 −245	
225	250			−134 −154	−131 −160	−123 −169	−140 −212	−140 −255	
250	280			−151 −174	−149 −181	−138 −190	−158 −239	−158 −288	
280	315			−163 −186	−161 −193	−150 −202	−170 −251	−170 −300	
315	355			−183 −208	−179 −215	−169 −226	−190 −279	−190 −330	
355	400			−201 −226	−197 −233	−187 −244	−208 −297	−208 −348	
400	450			−225 −252	−219 −259	−209 −272	−232 −329	−232 −387	
450	500			−245 −272	−239 −279	−229 −292	−252 −349	−252 −407	

表 3-2-22 **孔 T 和 U 的极限偏差** μm

公称尺寸/mm		T				U					
大于	至	5	6	7	8	5	6	7	8	9	10
—	3					−18 −22	−18 −24	−18 −28	−18 −32	−18 −43	−18 −58
3	6					−22 −27	−20 −28	−19 −31	−23 −41	−23 −53	−23 −71

第3篇

续表

公称尺寸/mm		T				U					
大于	至	5	6	7	8	5	6	7	8	9	10
6	10					−26 −32	−25 −34	−22 −37	−28 −50	−28 −64	−28 −86
10	18					−30 −38	−30 −41	−26 −44	−33 −60	−33 −76	−33 −103
18	24					−38 −47	−37 −50	−33 −54	−41 −74	−41 −93	−41 −125
24	30	−38 −47	−37 −50	−33 −54	−41 −74	−45 −54	−44 −57	−40 −61	−48 −81	−48 −100	−48 −132
30	40	−44 −55	−43 −59	−39 −64	−48 −87	−56 −67	−55 −71	−51 −76	−60 −99	−60 −122	−60 −160
40	50	−50 −61	−49 −65	−45 −70	−54 −93	−66 −77	−65 −81	−61 −86	−70 −109	−70 −132	−70 −170
50	65		−60 −79	−55 −85	−66 −112		−81 −100	−76 −106	−87 −133	−87 −161	−87 −207
65	80		−69 −88	−64 −94	−75 −121		−96 −115	−91 −121	−102 −148	−102 −176	−102 −222
80	100		−84 −106	−78 −113	−91 −145		−117 −139	−111 −146	−124 −178	−124 −211	−124 −264
100	120		−97 −119	−91 −126	−104 −158		−137 −159	−131 −166	−144 −198	−144 −231	−144 −284
120	140		−115 −140	−107 −147	−122 −185		−163 −188	−155 −195	−170 −233	−170 −270	−170 −330
140	160		−127 −152	−119 −159	−134 −197		−183 −208	−175 −215	−190 −253	−190 −290	−190 −350
160	180		−139 −164	−131 −171	−146 −209		−203 −228	−195 −235	−210 −273	−210 −310	−210 −370
180	200		−157 −186	−149 −195	−166 −238		−227 −256	−219 −265	−236 −308	−236 −351	−236 −421
200	225		−171 −200	−163 −209	−180 −252		−249 −278	−241 −287	−258 −330	−258 −373	−258 −443
225	250		−187 −216	−179 −225	−196 −268		−275 −304	−267 −313	−284 −356	−284 −399	−284 −469
250	280		−209 −241	−198 −250	−218 −299		−306 −338	−295 −347	−315 −396	−315 −445	−315 −525
280	315		−231 −263	−220 −272	−240 −321		−341 −373	−330 −382	−350 −431	−350 −480	−350 −560
315	355		−257 −293	−247 −304	−268 −357		−379 −415	−369 −426	−390 −479	−390 −530	−390 −620
355	400		−283 −319	−273 −330	−294 −383		−424 −460	−414 −471	−435 −524	−435 −575	−435 −665
400	450		−317 −357	−307 −370	−330 −427		−477 −517	−467 −530	−490 −587	−490 −645	−490 −740
450	500		−347 −387	−337 −400	−360 −457		−527 −567	−517 −580	−540 −637	−540 −695	−540 −790

注：公称尺寸至 24mm 的 T5～T8 的偏差值未列入表内，建议以 U5～U8 代替。如非要用 T5～T8，则可按 GB/T 1800.1—2009 计算。

表 3-2-23　　　　孔 V、X 和 Y 的极限偏差　　　　μm

公称尺寸/mm		V				X						Y				
大于	至	5	6	7	8	5	6	7	8	9	10	6	7	8	9	10
—	3					-20 -24	-20 -26	-20 -30	-20 -34	-20 -45	-20 -60					
3	6					-27 -32	-25 -33	-24 -36	-28 -46	-28 -58	-28 -76					
6	10					-32 -38	-31 -40	-28 -43	-34 -56	-34 -70	-34 -92					
10	14					-37 -45	-37 -48	-33 -51	-40 -67	-40 -83	-40 -110					
14	18	-36 -44	-36 -47	-32 -50	-39 -66	-42 -50	-42 -53	-38 -56	-45 -72	-45 -88	-45 -115					
18	24	-44 -53	-43 -56	-39 -60	-47 -80	-51 -60	-50 -63	-46 -67	-54 -87	-54 -106	-54 -138	-59 -72	-55 -76	-63 -96	-63 -115	-63 -147
24	30	-52 -61	-51 -64	-47 -68	-55 -88	-61 -70	-60 -73	-56 -77	-64 -97	-64 -116	-64 -148	-71 -84	-67 -88	-75 108	-75 -127	-75 -159
30	40	-64 -75	-63 -79	-59 -84	-68 -107	-76 -87	-75 -91	-71 -96	-80 -119	-80 -142	-80 -180	-89 -105	-85 -110	-94 -133	-94 -156	-94 -194
40	50	-77 -88	-76 -92	-72 -97	-81 -120	-93 -104	-92 -108	-88 -113	-97 -136	-97 -159	-97 -197	-109 -125	-105 -130	-114 -153	-114 -176	-114 -214
50	65		-96 -115	-91 -121	-102 -148		-116 -135	-111 -141	-122 -168	-122 -196		-138 -157	-133 -163	-144 -190		
65	80		-114 -133	-109 -139	-120 -166		-140 -159	-135 -165	-146 -192	-146 -220		-168 -187	-163 -193	-174 -220		
80	100		-139 -161	-133 -168	-146 -200		-171 -193	-165 -200	-178 -232	-178 -265		-207 -229	-201 -236	-214 -268		
100	120		-165 -187	-159 -194	-172 -226		-203 -225	-197 -232	-210 -264	-210 -297		-247 -269	-241 -276	-254 -308		
120	140		-195 -220	-187 -227	-202 -265		-241 -266	-233 -273	-248 -311	-248 -348		-293 -318	-285 -325	-300 -363		
140	160		-221 -246	-213 -253	-228 -291		-273 -298	-265 -305	-280 -343	-280 -380		-333 -358	-325 -365	-340 -403		
160	180		-245 -270	-237 -277	-252 -315		-303 -328	-295 -335	-310 -373	-310 -410		-373 -398	-365 -405	-380 -443		
180	200		-275 -304	-267 -313	-284 -356		-341 -370	-333 -379	-350 -422	-350 -465		-416 -445	-408 -454	-425 -497		
200	225		-301 -330	-293 -339	-310 -382		-376 -405	-368 -414	-385 -457	-385 -500		-461 -490	-453 -499	-470 -542		
225	250		-331 -360	-323 -369	-340 -412		-416 -445	-408 -454	-425 -497	-425 -540		-511 -540	-503 -549	-520 -592		
250	280		-376 -408	-365 -417	-385 -466		-466 -498	-455 -507	-475 -556	-475 -605		-571 -603	-560 -612	-580 -661		
280	315		-416 -448	-405 -457	-425 -506		-516 -548	-505 -557	-525 -606	-525 -655		-641 -673	-630 -682	-650 -731		
315	355		-464 -500	-454 -511	-475 -564		-579 -615	-569 -626	-590 -679	-590 -730		-719 -755	-709 -766	-730 -819		
355	400		-519 -555	-509 -566	-530 -619		-649 -685	-639 -696	-660 -749	-660 -800		-809 -845	-799 -856	-820 -909		
400	450		-582 -622	-572 -635	-595 -692		-727 -767	-717 -780	-740 -837	-740 -895		-907 -947	-897 -960	-920 -1017		
450	500		-647 -687	-637 -700	-660 -757		-807 -847	-797 -860	-820 -917	-820 -975		-987 -1027	-977 -1040	-1000 -1097		

注：1. 公称尺寸至 14mm 的 V5～V8 的偏差值未列入表内，建议以 X5～X8 代替。如非要用 V5～V8，则可按 GB/T 1800.1—2009 计算。

2. 公称尺寸至 18mm 的 Y6～Y10 的偏差值未列入表内，建议以 Z6～Z10 代替。如非要用 Y6～Y10，则可按 GB/T 1800.1—2009 计算。

表 3-2-24　　孔 Z 和 ZA 的极限偏差　　μm

公称尺寸/mm		Z						ZA					
大于	至	6	7	8	9	10	11	6	7	8	9	10	11
—	3	−26 −32	−26 −36	−26 −40	−26 −51	−26 −66	−26 −86	−32 −38	−32 −42	−32 −46	−32 −57	−32 −72	−32 −92
3	6	−32 −40	−31 −43	−35 −53	−35 −65	−35 −83	−35 −110	−39 −47	−38 −50	−42 −60	−42 −72	−42 −90	−42 −117
6	10	−39 −48	−36 −51	−42 −64	−42 −78	−42 −100	−42 −132	−49 −58	−46 −61	−52 −74	−52 −88	−52 −110	−52 −142
10	14	−47 −58	−43 −61	−50 −77	−50 −93	−50 −120	−50 −160	−61 −72	−57 −75	−64 −91	−64 −107	−64 −134	−64 −174
14	18	−57 −68	−53 −71	−60 −87	−60 −103	−60 −130	−60 −170	−74 −85	−70 −88	−77 −104	−77 −120	−77 −147	−77 −187
18	24	−69 −82	−65 −86	−73 −106	−73 −125	−73 −157	−73 −203	−94 −107	−90 −111	−98 −131	−98 −150	−98 −182	−98 −228
24	30	−84 −97	−80 −101	−88 −121	−88 −140	−88 −172	−88 −218	−114 −127	−110 −131	−118 −151	−118 −170	−118 −202	−118 −248
30	40	−107 −123	−103 −128	−112 −151	−112 −174	−112 −212	−112 −272	−143 −159	−139 −164	−148 −187	−148 −210	−148 −248	−148 −308
40	50	−131 −147	−127 −152	−136 −175	−136 −198	−136 −236	−136 −296	−175 −191	−171 −196	−180 −219	−180 −242	−180 −280	−180 −340
50	65		−161 −191	−172 −218	−172 −246	−172 −292	−172 −362		−215 −245	−226 −272	−226 −300	−226 −346	−226 −416
65	80		−199 −229	−210 −256	−210 −284	−210 −330	−210 −400		−263 −293	−274 −320	−274 −348	−274 −394	−274 −464
80	100		−245 −280	−258 −312	−258 −345	−258 −398	−258 −478		−322 −357	−335 −389	−335 −422	−335 −475	−335 −555
100	120		−297 −332	−310 −364	−310 −397	−310 −450	−310 −530		−387 −422	−400 −454	−400 −487	−400 −540	−400 −620
120	140		−350 −390	−365 −428	−365 −465	−365 −525	−365 −615		−455 −495	−470 −533	−470 −570	−470 −630	−470 −720
140	160		−400 −440	−415 −478	−415 −515	−415 −575	−415 −665		−520 −560	−535 −598	−535 −635	−535 −695	−535 −785
160	180		−450 −490	−465 −528	−465 −565	−465 −625	−465 −715		−585 −625	−600 −663	−600 −700	−600 −760	−600 −850
180	200		−503 −549	−520 −592	−520 −635	−520 −705	−520 −810		−653 −699	−670 −742	−670 −785	−670 −855	−670 −960
200	225		−558 −604	−575 −647	−575 −690	−575 −760	−575 −865		−723 −769	−740 −812	−740 −855	−740 −925	−740 −1030
225	250		−623 −669	−640 −712	−640 −755	−640 −825	−640 −930		−803 −849	−820 −892	−820 −935	−820 −1005	−820 −1110
250	280		−690 −742	−710 −791	−710 −840	−710 −920	−710 −1030		−900 −952	−920 −1001	−920 −1050	−920 −1130	−920 −1240
280	315		−770 −822	−790 −871	−790 −920	−790 −1000	−790 −1110		−980 −1032	−1000 −1081	−1000 −1130	−1000 −1210	−1000 −1320
315	355		−879 −936	−900 −989	−900 −1040	−900 −1130	−900 −1260		−1129 −1186	−1150 −1239	−1150 −1290	−1150 −1380	−1150 −1510
355	400		−979 −1036	−1000 −1089	−1000 −1140	−1000 −1230	−1000 −1360		−1279 −1336	−1300 −1389	−1300 −1440	−1300 −1530	−1300 −1660
400	450		−1077 −1140	−1100 −1197	−1100 −1255	−1100 −1350	−1100 −1500		−1427 −1490	−450 −1547	−1450 −1605	−1450 −1700	−1450 −1850
450	500		−1227 −1290	−1250 −1347	−1250 −1405	−1250 −1500	−1250 −1650		−1577 −1640	−1600 −1697	−1600 −1755	−1600 −1850	−1600 −2000

表 3-2-25　　**孔 ZB 和 ZC 的极限偏差**　　μm

公称尺寸/mm		ZB					ZC				
大于	至	7	8	9	10	11	7	8	9	10	11
—	3	−40 −50	−40 −54	−40 −65	−40 −80	−40 −100	−60 −70	−60 −74	−60 −85	−60 −100	−60 −120
3	6	−46 −58	−50 −68	−50 −80	−50 −98	−50 −125	−76 −88	−80 −98	−80 −110	−80 −128	−80 −155
6	10	−61 −76	−67 −89	−67 −103	−67 −125	−67 −157	−91 −106	−97 −119	−97 −133	−97 −155	−97 −187
10	14	−83 −101	−90 −117	−90 −133	−90 −160	−90 −200	−123 −141	−130 −157	−130 −173	−130 −200	−130 −240
14	18	−101 −119	−108 −135	−108 −151	−108 −178	−108 −218	−143 −161	−150 −177	−150 −193	−150 −220	−150 −260
18	24	−128 −149	−136 −169	−136 −188	−136 −220	−136 −266	−180 −201	−188 −221	−188 −240	−188 −272	−188 −318
24	30	−152 −173	−160 −193	−160 −212	−160 −244	−160 −290	−210 −231	−218 −251	−218 −270	−218 −302	−218 −348
30	40	−191 −216	−200 −239	−200 −262	−200 −300	−200 −360	−265 −290	−274 −313	−274 −336	−274 −374	−274 −434
40	50	−233 −258	−242 −281	−242 −304	−242 −342	−242 −402	−316 −341	−325 −364	−325 −387	−325 −425	−325 −485
50	65	−289 −319	−300 −346	−300 −374	−300 −420	−300 −490	−394 −424	−405 −451	−405 −479	−405 −525	−405 −595
65	80	−349 −379	−360 −406	−360 −434	−360 −480	−360 −550	−469 −499	−480 −526	−480 −554	−480 −600	−480 −670
80	100	−432 −467	−445 −499	−445 −532	−445 −585	−445 −665	−572 −607	−585 −639	−585 −672	−585 −725	−585 −805
100	120	−512 −547	−525 −579	−525 −612	−525 −665	−525 −745	−677 −712	−690 −744	−690 −777	−690 −830	−690 −910
120	140	−605 −645	−620 −683	−620 −720	−620 −780	−620 −870	−785 −825	−800 −863	−800 −900	−800 −960	−800 −1050
140	160	−685 −725	−700 −763	−700 −800	−700 −860	−700 −950	−885 −925	−900 −963	−900 −1000	−900 −1060	−900 −1150
160	180	−765 −805	−780 −843	−780 −880	−780 −940	−780 −1030	−985 −1025	−1000 −1063	−1000 −1100	−1000 −1160	−1000 −1250
180	200	−863 −909	−880 −952	−880 −995	−880 −1065	−880 −1170	−1133 −1179	−1150 −1222	−1150 −1265	−1150 −1335	−1150 −1440
200	225	−943 −989	−960 −1032	−960 −1075	−960 −1145	−960 −1250	−1233 −1279	−1250 −1322	−1250 −1365	−1250 −1435	−1250 −1540
225	250	−1033 −1079	−1050 −1122	−1050 −1165	−1050 −1235	−1050 −1340	−1333 −1379	−1350 −1422	−1350 −1465	−1350 −1535	−1350 −1640
250	280	−1180 −1232	−1200 −1281	−1200 −1330	−1200 −1410	−1200 −1520	−1530 −1582	−1550 −1631	−1550 −1680	−1550 −1760	−1550 −1870
280	315	−1280 −1332	−1300 −1381	−1300 −1430	−1300 −1510	−1300 −1620	−1680 −1732	−1700 −1781	−1700 −1830	−1700 −1910	−1700 −2020
315	355	−1479 −1536	−1500 −1589	−1500 −1640	−1500 −1730	−1500 −1860	−1879 −1936	−1900 −1989	−1900 −2040	−1900 −2130	−1900 −2260
355	400	−1629 −1686	−1650 −1739	−1650 −1790	−1650 −1880	−1650 −2010	−2079 −2136	−2100 −2189	−2100 −2240	−2100 −2330	−2100 −2460
400	450	−1827 −1890	−1850 −1947	−1850 −2005	−1850 −2100	−1850 −2250	−2377 −2440	−2400 −2497	−2400 −2555	−2400 −2650	−2400 −2800
450	500	−2077 −2140	−2100 −2197	−2100 −2255	−2100 −2350	−2100 −2500	−2577 −2640	−2600 −2697	−2600 −2755	−2600 −2850	−2600 −3000

表 3-2-26　　　　**轴 a、b 和 c 的极限偏差**　　　　μm

公称尺寸/mm		a					b						c				
大于	至	9	10	11	12	13	8	9	10	11	12	13	8	9	10	11	12
—	3	−270 −295	−270 −310	−270 −330	−270 −370	−270 −410	−140 −154	−140 −165	−140 −180	−140 −200	−140 −240	−140 −280	−60 −74	−60 −85	−60 −100	−60 −120	−60 −160
3	6	−270 −300	−270 −318	−270 −345	−270 −390	−270 −450	−140 −158	−140 −170	−140 −188	−140 −215	−140 −260	−140 −320	−70 −88	−70 −100	−70 −118	−70 −145	−70 −190
6	10	−280 −316	−280 −338	−280 −370	−280 −430	−280 −500	−150 −172	−150 −186	−150 −208	−150 −240	−150 −300	−150 −370	−80 −102	−80 −116	−80 −138	−80 −170	−80 −230
10	18	−290 −333	−290 −360	−290 −400	−290 −470	−290 −560	−150 −177	−150 −193	−150 −220	−150 −260	−150 −330	−150 −420	−95 −122	−95 −138	−95 −165	−95 −205	−95 −275
18	30	−300 −352	−300 −384	−300 −420	−300 −510	−300 −630	−160 −193	−160 −212	−160 −244	−160 −290	−160 −370	−160 −490	−110 −143	−110 −162	−110 −194	−110 −240	−110 −320
30	40	−310 −372	−310 −410	−310 −470	−310 −560	−310 −700	−170 −209	−170 −232	−170 −270	−170 −330	−170 −420	−170 −560	−120 −159	−120 −182	−120 −220	−120 −280	−120 −370
40	50	−320 −382	−320 −420	−320 −480	−320 −570	−320 −710	−180 −219	−180 −242	−180 −280	−180 −340	−180 −430	−180 −570	−130 −169	−130 −192	−130 −230	−130 −290	−130 −380
50	65	−340 −414	−340 −460	−340 −530	−340 −640	−340 −800	−190 −236	−190 −264	−190 −310	−190 −380	−190 −490	−190 −650	−140 −186	−140 −214	−140 −260	−140 −330	−140 −440
65	80	−360 −434	−360 −480	−360 −550	−360 −660	−360 −820	−200 −246	−200 −274	−200 −320	−200 −390	−200 −500	−200 −660	−150 −196	−150 −224	−150 −270	−150 −340	−150 −450
80	100	−380 −467	−380 −520	−380 −600	−380 −730	−380 −920	−220 −274	−220 −307	−220 −360	−220 −440	−220 −570	−220 −760	−170 −224	−170 −257	−170 −310	−170 −390	−170 −520
100	120	−410 −497	−410 −550	−410 −630	−410 −760	−410 −950	−240 −294	−240 −327	−240 −380	−240 −460	−240 −590	−240 −780	−180 −234	−180 −267	−180 −320	−180 −400	−180 −530
120	140	−460 −560	−460 −620	−460 −710	−460 −860	−460 −1090	−260 −323	−260 −360	−260 −420	−260 −510	−260 −660	−260 −890	−200 −263	−200 −300	−200 −360	−200 −450	−200 −600
140	160	−520 −620	−520 −680	−520 −770	−520 −920	−520 −1150	−280 −343	−280 −380	−280 −440	−280 −530	−280 −680	−280 −910	−210 −273	−210 −310	−210 −370	−210 −460	−210 −610
160	180	−580 −680	−580 −740	−580 −830	−580 −980	−580 −1210	−310 −373	−310 −410	−310 −470	−310 −560	−310 −710	−310 −940	−230 −293	−230 −330	−230 −390	−230 −480	−230 −630
180	200	−660 −775	−660 −845	−660 −950	−660 −1120	−660 −1380	−340 −412	−340 −455	−340 −525	−340 −630	−340 −800	−340 −1060	−240 −312	−240 −355	−240 −425	−240 −530	−240 −700
200	225	−740 −855	−740 −925	−740 −1030	−740 −1200	−740 −1460	−380 −452	−380 −495	−380 −565	−380 −670	−380 −840	−380 −1100	−260 −332	−260 −375	−260 −445	−260 −550	−260 −720
225	250	−820 −935	−820 −1005	−820 −1110	−820 −1280	−820 −1540	−420 −492	−420 −535	−420 −605	−420 −710	−420 −880	−420 −1140	−280 −352	−280 −395	−280 −465	−280 −570	−280 −740
250	280	−920 −1050	−920 −1130	−920 −1240	−920 −1440	−920 −1730	−480 −561	−480 −610	−480 −690	−480 −800	−480 −1000	−480 −1290	−300 −381	−300 −430	−300 −510	−300 −620	−300 −820
280	315	−1050 −1180	−1050 −1260	−1050 −1370	−1050 −1570	−1050 −1860	−540 −621	−540 −670	−540 −750	−540 −860	−540 −1060	−540 −1350	−330 −411	−330 −460	−330 −540	−330 −650	−330 −850
315	355	−1200 −1340	−1200 −1430	−1200 −1560	−1200 −1770	−1200 −2090	−600 −689	−600 −740	−600 −830	−600 −960	−600 −1170	−600 −1490	−360 −449	−360 −500	−360 −590	−360 −720	−360 −930
355	400	−1350 −1490	−1350 −1580	−1350 −1710	−1350 −1920	−1350 −2240	−680 −769	−680 −820	−680 −910	−680 −1040	−680 −1250	−680 −1570	−400 −489	−400 −540	−400 −630	−400 −760	−400 −970
400	450	−1500 −1655	−1500 −1750	−1500 −1900	−1500 −2130	−1500 −2470	−760 −857	−760 −915	−760 −1010	−760 −1160	−760 −1390	−760 −1730	−440 −537	−440 −595	−440 −690	−440 −840	−440 −1070
450	500	−1650 −1805	−1650 −1900	−1650 −2050	−1650 −2280	−1650 −2620	−840 −937	−840 −995	−840 −1090	−840 −1240	−840 −1470	−840 −1810	−480 −577	−480 −635	−480 −730	−480 −880	−480 −1110

注：公称尺寸＜1mm 时，各级的 a 和 b 均不采用。

表 3-2-27　　轴 cd 和 d 的极限偏差　　μm

公称尺寸/mm		cd						d								
大于	至	5	6	7	8	9	10	5	6	7	8	9	10	11	12	13
—	3	−34 −38	−34 −40	−34 −44	−34 −48	−34 −59	−34 −74	−20 −24	−20 −26	−20 −30	−20 −34	−20 −45	−20 −60	−20 −80	−20 −120	−20 −160
3	6	−46 −51	−46 −54	−46 −58	−46 −64	−46 −76	−46 −94	−30 −35	−30 −38	−30 −42	−30 −48	−30 −60	−30 −78	−30 −105	−30 −150	−30 −210
6	10	−56 −62	−56 −65	−56 −71	−56 −78	−56 −92	−56 −114	−40 −46	−40 −49	−40 −55	−40 −62	−40 −76	−40 −98	−40 −130	−40 −190	−40 −260
10	18							−50 −58	−50 −61	−50 −68	−50 −77	−50 −93	−50 −120	−50 −160	−50 −230	−50 −320
18	30							−65 −74	−65 −78	−65 −86	−65 −98	−65 −117	−65 −149	−65 −195	−65 −275	−65 −395
30	50							−80 −91	−80 −96	−80 −105	−80 −119	−80 −142	−80 −180	−80 −240	−80 −330	−80 −470
50	80							−100 −113	−100 −119	−100 −130	−100 −146	−100 −174	−100 −220	−100 −290	−100 −400	−100 −560
80	120							−120 −135	−120 −142	−120 −155	−120 −174	−120 −207	−120 −260	−120 −340	−120 −470	−120 −660
120	180							−145 −163	−145 −170	−145 −185	−145 −208	−145 −245	−145 −305	−145 −395	−145 −545	−145 −775
180	250							−170 −190	−170 −199	−170 −216	−170 −242	−170 −285	−170 −355	−170 −460	−170 −630	−170 −890
250	315							−190 −213	−190 −222	−190 −242	−190 −271	−190 −320	−190 −400	−190 −510	−190 −710	−190 −1000
315	400							−210 −235	−210 −246	−210 −267	−210 −299	−210 −350	−210 −440	−210 −570	−210 −780	−210 −1100
400	500							−230 −257	−230 −270	−230 −293	−230 −327	−230 −385	−230 −480	−230 −630	−230 −860	−230 −1200

注：各级的 cd 主要用于精密机械和钟表制造业。

表 3-2-28　　轴 e 和 ef 的极限偏差　　μm

公称尺寸/mm		e						ef							
大于	至	5	6	7	8	9	10	3	4	5	6	7	8	9	10
—	3	−14 −18	−14 −20	−14 −24	−14 −28	−14 −39	−14 −54	−10 −12	−10 −13	−10 −14	−10 −16	−10 −20	−10 −24	−10 −35	−10 −50
3	6	−20 −25	−20 −28	−20 −32	−20 −38	−20 −50	−20 −68	−14 −16.5	−14 −18	−14 −19	−14 −22	−14 −26	−14 −32	−14 −44	−14 −62
6	10	−25 −31	−25 −34	−25 −40	−25 −47	−25 −61	−25 −83	−18 −20.5	−18 −22	−18 −24	−18 −27	−18 −33	−18 −40	−18 −54	−18 −76
10	18	−32 −40	−32 −43	−32 −50	−32 −59	−32 −75	−32 −102								
18	30	−40 −49	−40 −53	−40 −61	−40 −73	−40 −92	−40 −124								
30	50	−50 −61	−50 −66	−50 −75	−50 −89	−50 −112	−50 −150								
50	80	−60 −73	−60 −79	−60 −90	−60 −106	−60 −134	−60 −180								
80	120	−72 −87	−72 −94	−72 −107	−72 −126	−72 −212	−72 −159								
120	180	−85 −103	−85 −110	−85 −125	−85 −148	−85 −185	−85 −245								

续表

公称尺寸/mm		e						ef							
大于	至	5	6	7	8	9	10	3	4	5	6	7	8	9	10
180	250	−100 −120	−100 −129	−100 −146	−100 −172	−100 −215	−100 −285								
250	315	−110 −133	−110 −142	−110 −162	−110 −191	−110 −240	−110 −320								
315	400	−125 −150	−125 −161	−125 −182	−125 −214	−125 −265	−125 −355								
400	500	−135 −162	−135 −175	−135 −198	−135 −232	−135 −290	−135 −385								

注：各级的 ef 主要用于精密机械和钟表制造业。

表 3-2-29　　轴 f 和 fg 的极限偏差　　μm

公称尺寸/mm		f								fg							
大于	至	3	4	5	6	7	8	9	10	3	4	5	6	7	8	9	10
—	3	−6 −8	−6 −9	−6 −10	−6 −12	−6 −16	−6 −20	−6 −31	−6 −46	−4 −6	−4 −7	−4 −8	−4 −10	−4 −14	−4 −18	−4 −29	−4 −44
3	6	−10 −12.5	−10 −14	−10 −15	−10 −18	−10 −22	−10 −28	−10 −40	−10 −58	−6 −8.5	−6 −10	−6 −11	−6 −14	−6 −18	−6 −24	−6 −36	−6 −54
6	10	−13 −15.5	−13 −17	−13 −19	−13 −22	−13 −28	−13 −35	−13 −49	−13 −71	−8 −10.5	−8 −12	−8 −14	−8 −17	−8 −23	−8 −30	−8 −44	−8 −66
10	18	−16 −19	−16 −21	−16 −24	−16 −27	−16 −34	−16 −43	−16 −59	−16 −86								
18	30	−20 −24	−20 −26	−20 −29	−20 −33	−20 −41	−20 −53	−20 −72	−20 −104								
30	50	−25 −29	−25 −32	−25 −36	−25 −41	−26 −50	−25 −64	−25 −87	−25 −125								
50	80		−30 −38	−30 −43	−30 −49	−30 −60	−30 −76	−30 −104									
80	120		−36 −46	−36 −51	−36 −58	−36 −71	−36 −90	−36 −123									
120	180		−43 −55	−43 −61	−43 −68	−43 −83	−43 −106	−43 −143									
180	250		−50 −64	−50 −70	−50 −79	−50 −96	−50 −122	−50 −165									
250	315		−56 −72	−56 −79	−56 −88	−56 −108	−56 −137	−56 −185									
315	400		−62 −80	−62 −87	−62 −98	−62 −119	−62 −151	−62 −202									
400	500		−68 −88	−68 −95	−68 −108	−68 −131	−68 −165	−68 −223									

注：各级的 fg 主要用于精密机械和钟表制造业。

表 3-2-30　　轴 g 的极限偏差　　μm

公称尺寸/mm		g							
大于	至	3	4	5	6	7	8	9	10
—	3	−2 −4	−2 −5	−2 −6	−2 −8	−2 −12	−2 −16	−2 −27	−2 −42
3	6	−4 −6.5	−4 −8	−4 −9	−4 −12	−4 −16	−4 −22	−4 −34	−4 −52
6	10	−5 −7.5	−5 −9	−5 −11	−5 −14	−5 −20	−5 −27	−5 −41	−5 −63

续表

公称尺寸/mm		g							
大于	至	3	4	5	6	7	8	9	10
10	18	−6 −9	−6 −11	−6 −14	−6 −17	−6 −24	−6 −33	−6 −49	−6 −76
18	30	−7 −11	−7 −13	−7 −16	−7 −20	−7 −28	−7 −40	−7 −59	−7 −91
30	50	−9 −13	−9 −16	−9 −20	−9 −25	−9 −34	−9 −48	−9 −71	−9 −109
50	80		−10 −18	−10 −23	−10 −29	−10 −40	−10 −56		
80	120		−12 −22	−12 −27	−12 −34	−12 −47	−12 −66		
120	180		−14 −26	−14 −32	−14 −39	−14 −54	−14 −77		
180	250		−15 −29	−15 −35	−15 −44	−15 −61	−15 −87		
250	315		−17 −33	−17 −40	−17 −49	−17 −69	−17 −98		
315	400		−18 −36	−18 −43	−18 −54	−18 −75	−18 −107		
400	500		−20 −40	−20 −47	−20 −60	−20 −83	−20 −117		

表 3-2-31　**轴 h 的极限偏差**

公称尺寸/mm		h																	
		1	2	3	4	5	6	7	8	9	10	11	12	13	14	15	16	17	18
大于	至	偏差																	
		μm											mm						
—	3	0 −0.8	0 −1.2	0 −2	0 −3	0 −4	0 −6	0 −10	0 −14	0 −25	0 −40	0 −60	0 −0.1	0 −0.14	0 −0.25	0 −0.4	0 −0.6		
3	6	0 −1	0 −1.5	0 −2.5	0 −4	0 −5	0 −8	0 −12	0 −18	0 −30	0 −48	0 −75	0 −0.12	0 −0.18	0 −0.3	0 −0.48	0 −0.75	0 −1.2	0 −1.8
6	10	0 −1	0 −1.5	0 −2.5	0 −4	0 −6	0 −9	0 −15	0 −22	0 −36	0 −58	0 −90	0 −0.15	0 −0.22	0 −0.36	0 −0.58	0 −0.9	0 −1.5	0 −2.2
10	18	0 −1.2	0 −2	0 −3	0 −5	0 −8	0 −11	0 −18	0 −27	0 −43	0 −70	0 −110	0 −0.18	0 −0.27	0 −0.43	0 −0.7	0 −1.1	0 −1.8	0 −2.7
18	30	0 −1.5	0 −2.5	0 −4	0 −6	0 −9	0 −13	0 −21	0 −33	0 −52	0 −84	0 −130	0 −0.21	0 −0.33	0 −0.52	0 −0.84	0 −1.3	0 −2.1	0 −3.3
30	50	0 −1.5	0 −2.5	0 −4	0 −7	0 −11	0 −16	0 −25	0 −39	0 −62	0 −100	0 −160	0 −0.25	0 −0.39	0 −0.62	0 −1	0 −1.6	0 −2.5	0 −3.9
50	80	0 −2	0 −3	0 −5	0 −8	0 −13	0 −19	0 −30	0 −46	0 −74	0 −120	0 −190	0 −0.3	0 −0.46	0 −0.74	0 −1.2	0 −1.9	0 −3	0 −4.6
80	120	0 −2.5	0 −4	0 −6	0 −10	0 −15	0 −22	0 −35	0 −54	0 −87	0 −140	0 −220	0 −0.35	0 −0.54	0 −0.87	0 −1.4	0 −2.2	0 −3.5	0 −5.4
120	180	0 −3.5	0 −5	0 −8	0 −12	0 −18	0 −25	0 −40	0 −63	0 −100	0 −160	0 −250	0 −0.4	0 −0.63	0 −1	0 −1.6	0 −2.5	0 −4	0 −6.3
180	250	0 −4.5	0 −7	0 −10	0 −14	0 −20	0 −29	0 −46	0 −72	0 −115	0 −185	0 −290	0 −0.46	0 −0.72	0 −1.15	0 −1.85	0 −2.9	0 −4.6	0 −7.2
250	315	0 −6	0 −8	0 −12	0 −16	0 −23	0 −32	0 −52	0 −81	0 −130	0 −210	0 −320	0 −0.52	0 −0.81	0 −1.3	0 −2.1	0 −3.2	0 −5.2	0 −8.1
315	400	0 −7	0 −9	0 −13	0 −18	0 −25	0 −36	0 −57	0 −89	0 −140	0 −230	0 −360	0 −0.57	0 −0.89	0 −1.4	0 −2.3	0 −3.6	0 −5.7	0 −8.9
400	500	0 −8	0 −10	0 −15	0 −20	0 −27	0 −40	0 −63	0 −97	0 −155	0 −250	0 −400	0 −0.63	0 −0.97	0 −1.55	0 −2.5	0 −4	0 −6.3	0 −9.7

注：IT14～IT18 只用于大于 1mm 的公称尺寸。

表 3-2-32　　轴 js 的极限偏差

公称尺寸/mm		js																	
		1	2	3	4	5	6	7	8	9	10	11	12	13	14	15	16	17	18
大于	至	偏差																	
		μm											mm						
—	3	±0.4	±0.6	±1	±1.5	±2	±3	±5	±7	±12	±20	±30	±0.05	±0.07	±0.125	±0.2	±0.3		
3	6	±0.5	±0.75	±1.25	±2	±2.5	±4	±6	±9	±15	±24	±37	±0.06	±0.09	±0.15	±0.24	±0.375	±0.6	±0.9
6	10	±0.5	±0.75	±1.25	±2	±3	±4.5	±7	±11	±18	±29	±45	±0.075	±0.11	±0.18	±0.29	±0.45	±0.75	±1.1
10	18	±0.6	±1	±1.5	±2.5	±4	±5.5	±9	±13	±21	±35	±55	±0.09	±0.135	±0.215	±0.35	±0.55	±0.9	±1.35
18	30	±0.75	±1.25	±2	±3	±4.5	±6.5	±10	±16	±26	±42	±65	±0.105	±0.165	±0.26	±0.42	±0.65	±1.05	±1.65
30	50	±0.75	±1.25	±2	±3.5	±5.5	±8	±12	±19	±31	±50	±80	±0.125	±0.195	±0.31	±0.5	±0.8	±1.25	±1.95
50	80	±1	±1.5	±2.5	±4	±6.5	±9.5	±15	±23	±37	±60	±95	±0.15	±0.23	±0.37	±0.6	±0.95	±1.5	±2.3
80	120	±1.25	±2	±3	±5	±7.5	±11	±17	±27	±43	±70	±110	±0.175	±0.27	±0.435	±0.7	±1.1	±1.75	±2.7
120	180	±1.75	±2.5	±4	±6	±9	±12.5	±20	±31	±50	±80	±125	±0.2	±0.315	±0.5	±0.8	±1.25	±2	±3.15
180	250	±2.25	±3.5	±5	±7	±10	±14.5	±23	±36	±57	±92	±145	±0.23	±0.36	±0.575	±0.925	±1.45	±2.3	±3.6
250	315	±3	±4	±6	±8	±11.5	±16	±26	±40	±65	±105	±160	±0.26	±0.405	±0.65	±1.05	±1.6	±2.6	±4.05
315	400	±3.5	±4.5	±6.5	±9	±12.5	±18	±28	±44	±70	±115	±180	±0.285	±0.445	±0.7	±1.15	±1.8	±2.85	±4.45
400	500	±4	±5	±7.5	±10	±13.5	±20	±31	±48	±77	±125	±200	±0.315	±0.485	±0.775	±1.25	±2	±3.16	±4.85

注：1. 为避免相同值的重复，表列值以“±×”给出，可为 es=+×、ei=−×，例如$^{+0.23}_{-0.23}$mm。

2. IT14～IT18 只用于大于 1mm 的公称尺寸。

表 3-2-33　　轴 j 和 k 的极限偏差　　μm

公称尺寸/mm		j				k										
大于	至	5	6	7	8	3	4	5	6	7	8	9	10	11	12	13
—	3	±2	+4 −2	+6 −4	+8 −6	+2 0	+3 0	+4 0	+6 0	+10 0	+14 0	+25 0	+40 0	+60 0	+100 0	+140 0
3	6	+3 −2	+6 −2	+8 −4		+2.5 0	+5 +1	+6 +1	+9 +1	+13 +1	+18 0	+30 0	+48 0	+75 0	+120 0	+180 0
6	10	+4 −2	+7 −2	+10 −5		+2.5 0	+5 +1	+7 +1	+10 +1	+16 +1	+22 0	+36 0	+58 0	+90 0	+150 0	+220 0
10	18	+5 −3	+8 −3	+12 −6		+3 0	+6 +1	+9 +1	+12 +1	+19 +1	+27 0	+43 0	+70 0	+110 0	+180 0	+270 0
18	30	+5 −4	+9 −4	+13 −8		+4 0	+8 +2	+11 +2	+15 +2	+23 +2	+33 0	+52 0	+84 0	+130 0	+210 0	+330 0
30	50	+6 −5	+11 −5	+15 −10		+4 0	+9 +2	+13 +2	+18 +2	+27 +2	+39 0	+62 0	+100 0	+160 0	+250 0	+390 0
50	80	+6 −7	+12 −7	+18 −12			+10 +2	+15 +2	+21 +2	+32 +2	+46 0	+74 0	+120 0	+190 0	+300 0	+460 0

续表

公称尺寸/mm		j				k										
大于	至	5	6	7	8	3	4	5	6	7	8	9	10	11	12	13
80	120	+6 −9	+13 −9	+20 −15			+13 +3	+18 +3	+25 +3	+38 +3	+54 0	+87 0	+140 0	+220 0	+350 0	+540 0
120	180	+7 −11	+14 −11	+22 −18			+15 +3	+21 +3	+28 +3	+43 +3	+63 0	+100 0	+160 0	+250 0	+400 0	+630 0
180	250	+7 −13	+16 −13	+25 −21			+18 +4	+24 +4	+33 +4	+50 +4	+72 0	+115 0	+185 0	+290 0	+460 0	+720 0
250	315	+7 −16	±16	±26			+20 +4	+27 +4	+36 +4	+56 +4	+81 0	+130 0	+210 0	+320 0	+520 0	+810 0
315	400	+7 −18	±18	+29 −18			+22 +4	+29 +4	+40 +4	+61 +4	+89 0	+140 0	+230 0	+360 0	+570 0	+890 0
400	500	+7 −20	±20	+31 −32			+25 +5	+32 +5	+45 +5	+68 +5	+97 0	+155 0	+250 0	+400 0	+630 0	+970 0

注：j5、j6 和 j7 的某些极限值与 js5、js6 和 js7 一样用“±×”表示。

表 3-2-34 **轴 m 和 n 的极限偏差** μm

公称尺寸/mm		m							n						
大于	至	3	4	5	6	7	8	9	3	4	5	6	7	8	9
—	3	+4 +2	+5 +2	+6 +2	+8 +2	+12 +2	+16 +2	+27 +2	+6 +4	+7 +4	+8 +4	+10 +4	+14 +4	+18 +4	+29 +4
3	6	+6.5 +4	+8 +4	+9 +4	+12 +4	+16 +4	+22 +4	+34 +4	+10.5 +8	+12 +8	+13 +8	+16 +8	+20 +8	+26 +8	+38 +8
6	10	+8.5 +6	+10 +6	+12 +6	+15 +6	+21 +6	+28 +6	+42 +6	+12.5 +10	+14 +10	+16 +10	+19 +10	+25 +10	+32 +10	+46 +10
10	18	+10 +7	+12 +7	+15 +7	+18 +7	+25 +7	+34 +7	+50 +7	+15 +12	+17 +12	+20 +12	+23 +12	+30 +12	+39 +12	+55 +12
18	30	+12 +8	+14 +8	+17 +8	+21 +8	+29 +8	+41 +8	+60 +8	+19 +15	+21 +15	+24 +15	+28 +15	+36 +15	+48 +15	+67 +15
30	50	+13 +9	+16 +9	+20 +9	+25 +9	+34 +9	+48 +9	+71 +9	+21 +17	+24 +17	+28 +17	+33 +17	+42 +17	+56 +17	+79 +17
50	80		+19 +11	+24 +11	+30 +11	+41 +11				+28 +20	+33 +20	+39 +20	+50 +20		
80	120		+23 +13	+28 +13	+35 +13	+48 +13				+33 +23	+38 +23	+45 +23	+58 +23		
120	180		+27 +15	+33 +15	+40 +15	+55 +15				+39 +27	+45 +27	+52 +27	+67 +27		
180	250		+31 +17	+37 +17	+46 +17	+63 +17				+45 +31	+51 +31	+60 +31	+77 +31		
250	315		+36 +20	+43 +20	+52 +20	+72 +20				+50 +34	+57 +34	+66 +34	+86 +34		
315	400		+39 +21	+46 +21	+57 +21	+78 +21				+55 +37	+62 +37	+73 +37	+94 +37		
400	500		+43 +23	+50 +23	+63 +23	+86 +23				+60 +40	+67 +40	+80 +40	+103 +40		

第3篇

表 3-2-35 轴 p 的极限偏差 μm

公称尺寸/mm		p							
大于	至	3	4	5	6	7	8	9	10
—	3	+8 +6	+9 +6	+10 +6	+12 +6	+16 +6	+20 +6	+31 +6	+46 +6
3	6	+14.5 +12	+16 +12	+17 +12	+20 +12	+24 +12	+30 +12	+42 +12	+60 +12
6	10	+17.5 +15	+19 +15	+21 +15	+24 +15	+30 +15	+37 +15	+51 +15	+73 +15
10	18	+21 +18	+23 +18	+26 +18	+29 +18	+36 +18	+45 +18	+61 +18	+88 +18
18	30	+26 +22	+28 +22	+31 +22	+35 +22	+43 +22	+55 +22	+74 +22	+106 +22
30	50	+30 +26	+33 +26	+37 +26	+42 +26	+51 +26	+65 +26	+88 +26	+126 +26
50	80		+40 +32	+45 +32	+51 +32	+62 +32	+78 +32		
80	120		+47 +37	+52 +37	+59 +37	+72 +37	+91 +37		
120	180		+55 +43	+61 +43	+68 +43	+83 +43	+106 +43		
180	250		+64 +50	+70 +50	+79 +50	+96 +50	+122 +50		
250	315		+72 +56	+79 +56	+88 +56	+108 +56	+137 +56		
315	400		+80 +62	+87 +62	+98 +62	+119 +62	+151 +62		
400	500		+88 +68	+95 +68	+108 +68	+131 +68	+165 +68		

表 3-2-36 轴 r 的极限偏差 μm

公称尺寸/mm		r							
大于	至	3	4	5	6	7	8	9	10
—	3	+12 +10	+13 +10	+14 +10	+16 +10	+20 +10	+24 +10	+35 +10	+50 +10
3	6	+17.5 +15	+19 +15	+20 +15	+23 +15	+27 +15	+33 +15	+45 +15	+63 +15
6	10	+21.5 +19	+23 +19	+25 +19	+28 +19	+34 +19	+41 +19	+55 +19	+77 +19
10	18	+26 +23	+28 +23	+31 +23	+34 +23	+41 +23	+50 +23	+66 +23	+93 +23
18	30	+32 +28	+34 +28	+37 +28	+41 +28	+49 +28	+61 +28	+80 +28	+112 +28
30	50	+38 +34	+41 +34	+45 +34	+50 +34	+59 +34	+73 +34	+96 +34	+134 +34
50	65		+49 +41	+54 +41	+60 +41	+71 +41	+87 +41		
65	80		+51 +43	+56 +43	+62 +43	+72 +43	+89 +43		
80	100		+61 +51	+66 +51	+73 +51	+86 +51	+105 +51		

续表

公称尺寸/mm		r							
大于	至	3	4	5	6	7	8	9	10
100	120		+64 +54	+69 +54	+76 +54	+89 +54	+108 +54		
120	140		+75 +63	+81 +63	+88 +63	+103 +63	+126 +63		
140	160		+77 +65	+83 +65	+90 +65	+105 +65	+128 +65		
160	180		+80 +68	+86 +68	+93 +68	+108 +68	+131 +68		
180	200		+91 +77	+97 +77	+106 +77	+123 +77	+149 +77		
200	225		+94 +80	+100 +80	+109 +80	+126 +80	+152 +80		
225	250		+98 +84	+104 +84	+113 +84	+130 +84	+156 +84		
250	280		+110 +94	+117 +94	+126 +94	+146 +94	+175 +94		
280	315		+114 +98	+121 +98	+130 +98	+150 +98	+179 +98		
315	355		+126 +108	+133 +108	+144 +108	+165 +108	+197 +108		
355	400		+132 +114	+139 +114	+150 +114	+171 +114	+203 +114		
400	450		+146 +126	+153 +126	+166 +126	+189 +126	+223 +126		
450	500		+152 +132	+159 +132	+172 +132	+195 +132	+229 +132		

表 3-2-37 轴 s 的极限偏差 μm

公称尺寸/mm		s							
大于	至	3	4	5	6	7	8	9	10
—	3	+16 +14	+17 +14	+18 +14	+20 +14	+24 +14	+28 +14	+39 +14	+54 +14
3	6	+21.5 +19	+23 +19	+24 +19	+27 +19	+31 +19	+37 +19	+49 +19	+67 +19
6	10	+25.5 +23	+27 +23	+29 +23	+32 +23	+38 +23	+45 +23	+59 +23	+81 +23
10	18	+31 +28	+33 +28	+36 +28	+39 +28	+46 +28	+55 +28	+71 +28	+98 +28
18	30	+39 +35	+41 +35	+44 +35	+48 +35	+56 +35	+68 +35	+87 +35	+119 +35
30	50	+47 +43	+50 +43	+54 +43	+59 +43	+68 +43	+82 +43	+105 +43	+143 +43
50	65		+61 +53	+66 +53	+72 +53	+83 +53	+99 +53	+127 +53	
65	80		+67 +59	+72 +59	+78 +59	+89 +59	+105 +59	+133 +59	
80	100		+81 +71	+86 +71	+93 +71	+106 +71	+125 +71	+158 +71	

续表

公称尺寸/mm		s							
大于	至	3	4	5	6	7	8	9	10
100	120		+89 +79	+94 +79	+101 +79	+114 +79	+133 +79	+166 +79	
120	140		+104 +92	+110 +92	+117 +92	+132 +92	+155 +92	+192 +92	
140	160		+112 +100	+118 +100	+125 +100	+140 +100	+163 +100	+200 +100	
160	180		+120 +108	+126 +108	+133 +108	+148 +108	+171 +108	+208 +108	
180	200		+136 +122	+142 +122	+151 +122	+168 +122	+194 +122	+237 +122	
200	225		+144 +120	+150 +120	+159 +120	+176 +120	+202 +120	+245 +120	
225	250		+154 +140	+160 +140	+169 +140	+186 +140	+212 +140	+255 +140	
250	280		+174 +158	+181 +158	+190 +158	+210 +158	+239 +158	+288 +158	
280	315		+186 +170	+193 +170	+202 +170	+222 +170	+251 +170	+300 +170	
315	355		+208 +190	+215 +190	+226 +190	+247 +190	+279 +190	+330 +190	
355	400		+226 +208	+233 +208	+244 +208	+265 +208	+297 +208	+348 +208	
400	450		+252 +232	+259 +232	+272 +232	+295 +232	+329 +232	+387 +232	
450	500		+272 +252	+279 +252	+292 +252	+315 +252	+349 +252	+407 +252	

表 3-2-38 轴 t 和 u 的极限偏差 μm

公称尺寸/mm		t				u				
大于	至	5	6	7	8	5	6	7	8	9
—	3					+22 +18	+24 +18	+28 +18	+32 +18	+43 +18
3	6					+28 +23	+31 +23	+35 +23	+41 +28	+53 +23
6	10					+34 +28	+37 +28	+43 +28	+50 +28	+64 +28
10	18					+41 +33	+44 +33	+51 +33	+60 +33	+76 +33
18	24					+50 +41	+54 +41	+62 +41	+74 +41	+93 +41
24	30	+50 +41	+54 +41	+62 +41	+74 +41	+57 +48	+61 +48	+69 +48	+81 +48	+100 +48
30	40	+59 +48	+64 +48	+73 +48	+87 +48	+71 +60	+76 +60	+85 +60	+99 +60	+122 +60
40	50	+65 +54	+70 +54	+79 +54	+93 +54	+81 +70	+86 +70	+95 +70	+109 +70	+132 +70
50	65	+79 +66	+85 +66	+96 +66	+112 +66	+100 +87	+106 +87	+117 +87	+133 +87	+161 +87

第3篇

续表

公称尺寸/mm		t				u				
大于	至	5	6	7	8	5	6	7	8	9
65	80	+88 +75	+94 +75	+105 +75	+121 +75	+115 +102	+121 +102	+132 +102	+148 +102	+176 +102
80	100	+106 +91	+113 +91	+126 +91	+145 +91	+139 +124	+146 +124	+159 +124	+178 +124	+211 +124
100	120	+119 +104	+126 +104	+139 +104	+158 +104	+159 +144	+166 +144	+179 +144	+198 +144	+231 +144
120	140	+140 +122	+147 +122	+162 +122	+185 +122	+188 +170	+195 +170	+210 +170	+233 +170	+270 +170
140	160	+152 +134	+159 +134	+174 +134	+197 +134	+208 +190	+215 +190	+230 +190	+253 +190	+290 +190
160	180	+164 +146	+171 +146	+186 +146	+209 +146	+228 +210	+235 +210	+250 +210	+273 +210	+310 +210
180	200	+186 +166	+195 +166	+212 +166	+238 +166	+256 +236	+265 +236	+282 +236	+308 +236	+351 +236
200	225	+200 +180	+209 +180	+226 +180	+252 +180	+278 +258	+287 +258	+304 +258	+330 +258	+373 +258
225	250	+216 +196	+225 +196	+242 +196	+268 +196	+304 +284	+313 +284	+330 +284	+356 +284	+399 +284
250	280	+241 +218	+250 +218	+270 +218	+299 +218	+338 +315	+347 +315	+367 +315	+396 +315	+445 +315
280	315	+263 +240	+272 +240	+292 +240	+321 +240	+373 +350	+382 +350	+402 +350	+431 +350	+480 +350
315	355	+293 +268	+304 +268	+325 +268	+357 +268	+415 +390	+426 +390	+447 +390	+479 +390	+530 +390
355	400	+319 +294	+330 +294	+351 +294	+383 +294	+460 +435	+471 +435	+492 +435	+524 +435	+575 +435
400	450	+357 +330	+370 +330	+393 +330	+427 +330	+517 +490	+530 +490	+553 +490	+587 +490	+645 +490
450	500	+387 +360	+400 +360	+423 +360	+457 +360	+567 +540	+580 +540	+603 +540	+637 +540	+695 +540

注：公称尺寸至24mm的t5～t8的偏差值未列入表内，建议以u5～u8代替。如非要用t5～t8，则可按GB/T 1800.1—2009计算。

表 3-2-39 轴 v、x 和 y 的极限偏差 μm

公称尺寸/mm		v				x						y				
大于	至	5	6	7	8	5	6	7	8	9	10	6	7	8	9	10
—	3					+24 +20	+26 +20	+30 +20	+34 +20	+45 +20	+60 +20					
3	6					+33 +28	+36 +28	+40 +28	+46 +28	+58 +28	+76 +28					
6	10					+40 +34	+43 +34	+49 +34	+56 +34	+70 +34	+92 +34					
10	14					+48 +40	+51 +40	+58 +40	+67 +40	+83 +40	+110 +40					
14	18	+47 +39	+50 +39	+57 +39	+66 +39	+53 +45	+56 +45	+63 +45	+72 +45	+88 +45	+115 +45					
18	24	+56 +47	+60 +47	+68 +47	+80 +47	+63 +54	+67 +54	+75 +54	+87 +54	+106 +54	+138 + 54	+76 +63	+84 +63	+96 +63	+115 +63	+147 +63

续表

公称尺寸/mm		v				x						y				
大于	至	5	6	7	8	5	6	7	8	9	10	6	7	8	9	10
24	30	+64 +55	+68 +55	+76 +55	+88 +55	+73 +64	+77 +64	+85 +64	+97 +64	+116 +64	+148 +64	+88 +75	+96 +75	+108 +75	+127 +75	+159 +75
30	40	+79 +68	+84 +68	+93 +68	+107 +68	+91 +80	+96 +80	+105 +80	+119 +80	+142 +80	+180 +80	+110 +94	+119 +94	+133 +94	+156 +94	+194 +94
40	50	+92 +81	+97 +81	+106 +81	+120 +81	+108 +97	+113 +97	+122 +97	+136 +97	+159 +97	+197 +97	+130 +114	+139 +114	+153 +114	+176 +114	+214 +114
50	65	+115 +102	+121 +102	+132 +102	+148 +102	+135 +122	+141 +122	+152 +122	+168 +122	+196 +122	+242 +122	+163 +144	+174 +144	+190 +144		
65	80	+133 +120	+139 +120	+150 +120	+166 +120	+159 +146	+165 +146	+176 +146	+192 +146	+220 +146	+266 +146	+193 +174	+204 +174	+220 +174		
80	100	+161 +146	+168 +146	+181 +146	+200 +146	+193 +178	+200 +178	+213 +178	+232 +178	+265 +178	+318 +178	+236 +214	+249 +214	+268 +214		
100	120	+187 +172	+194 +172	+207 +172	+226 +172	+225 +210	+232 +210	+245 +210	+264 +210	+297 +210	+350 +210	+276 +254	+289 +254	+308 +254		
120	140	+220 +202	+227 +202	+242 +202	+265 +202	+266 +248	+273 +248	+288 +248	+311 +248	+348 +248	+408 +248	+325 +300	+340 +300	+363 +300		
140	160	+246 +228	+253 +228	+268 +228	+291 +228	+298 +280	+305 +280	+320 +280	+343 +280	+380 +280	+440 +280	+365 +340	+380 +340	+403 +340		
160	180	+270 +252	+277 +252	+292 +252	+315 +252	+328 +310	+335 +310	+350 +310	+373 +310	+410 +310	+470 +310	+405 +380	+420 +380	+443 +380		
180	200	+304 +284	+313 +284	+330 +284	+356 +284	+370 +350	+379 +350	+396 +350	+422 +350	+465 +350	+535 +350	+454 +425	+471 +425	+497 +425		
200	225	+330 +310	+339 +310	+356 +310	+382 +310	+405 +385	+414 +385	+431 +385	+457 +385	+500 +385	+570 +385	+499 +470	+516 +470	+542 +470		
225	250	+360 +340	+369 +340	+386 +340	+412 +340	+445 +425	+454 +425	+471 +425	+497 +425	+540 +425	+610 +425	+549 +520	+566 +520	+592 +520		
250	280	+408 +385	+417 +385	+437 +385	+466 +385	+498 +475	+507 +475	+527 +475	+556 +475	+605 +475	+685 +475	+612 +580	+632 +580	+661 +580		
280	315	+448 +425	+457 +425	+477 +425	+506 +425	+548 +525	+557 +525	+577 +525	+606 +525	+655 +525	+735 +525	+682 +650	+702 +650	+731 +650		
315	355	+500 +475	+511 +475	+532 +475	+564 +475	+615 +590	+626 +590	+647 +590	+679 +590	+730 +590	+820 +590	+766 +730	+787 +730	+819 +730		
355	400	+555 +530	+566 +530	+587 +530	+619 +530	+685 +660	+696 +660	+717 +660	+749 +660	+800 +660	+890 +660	+856 +820	+877 +820	+909 +820		
400	450	+622 +595	+635 +595	+658 +595	+692 +595	+767 +740	+780 +740	+803 +740	+837 +740	+895 +740	+990 +740	+960 +920	+983 +920	+1017 +920		
450	500	+687 +660	+700 +660	+723 +660	+757 +660	+847 +820	+860 +820	+883 +820	+917 +820	+975 +820	+1070 +820	+1040 +1000	+1063 +1000	+1097 +1000		

注：1. 公称尺寸至 14mm 的 v5～v8 的偏差值未列入表内，建议以 x5～x8 代替。如非要用 v5～v8，则可按 GB/T 1800.1—2009 计算。

2. 公称尺寸至 18mm 的 y6～y10 的偏差值未列入表内，建议以 z6～z10 代替。如非要用 y6～y10，则可按 GB/T 1800.1—2009 计算。

表 3-2-40　　轴 z 和 za 的极限偏差　　μm

公称尺寸/mm		z						za					
大于	至	6	7	8	9	10	11	6	7	8	9	10	11
—	3	+32 +26	+36 +26	+40 +26	+51 +26	+66 +26	+86 +26	+38 +32	+42 +32	+46 +32	+57 +32	+72 +32	+92 +32
3	6	+43 +35	+47 +35	+53 +35	+65 +35	+83 +35	+110 +35	+50 +42	+54 +42	+60 +42	+72 +42	+90 +42	+117 +42
6	10	+51 +42	+57 +42	+64 +42	+78 +42	+100 +42	+132 +42	+61 +52	+67 +52	+74 +52	+88 +52	+110 +52	+142 +52

续表

公称尺寸/mm		z						za					
大于	至	6	7	8	9	10	11	6	7	8	9	10	11
10	14	+61 +50	+68 +50	+77 +50	+93 +50	+120 +50	+160 +50	+75 +64	+82 +64	+91 +64	+107 +64	+134 +64	+174 +64
14	18	+71 +60	+78 +60	+87 +60	+103 +60	+130 +60	+170 +60	+88 +77	+95 +77	+104 +77	+120 +77	+147 +77	+187 +77
18	24	+86 +73	+94 +73	+106 +73	+125 +73	+157 +73	+203 +73	+111 +98	+119 +98	+131 +98	+150 +98	+182 +98	+228 +98
24	30	+101 +88	+109 +88	+121 +88	+140 +88	+172 +88	+218 +88	+131 +118	+139 +118	+151 +118	+170 +118	+202 +118	+248 +118
30	40	+128 +112	+137 +112	+151 +112	+174 +112	+212 +112	+272 +112	+164 +148	+173 +148	+187 +148	+210 +148	+248 +148	+308 +148
40	50	+152 +136	+161 +136	+175 +136	+198 +136	+236 +136	+296 +136	+196 +180	+205 +180	+219 +180	+242 +180	+280 +180	+340 +180
50	65	+191 +172	+202 +172	+218 +172	+246 +172	+292 +172	+362 +172	+245 +226	+256 +226	+272 +226	+300 +226	+346 +226	+416 +226
65	80	+229 +210	+240 +210	+256 +210	+284 +210	+330 +210	+400 +210	+293 +274	+304 +274	+320 +274	+348 +274	+394 +274	+464 +274
80	100	+280 +258	+293 +258	+312 +258	+345 +258	+398 +258	+478 +258	+357 +335	+370 +335	+389 +335	+422 +335	+475 +335	+555 +335
100	120	+332 +310	+345 +310	+364 +310	+397 +310	+450 +310	+530 +310	+422 +400	+435 +400	+454 +400	+487 +400	+540 +400	+620 +400
120	140	+390 +365	+405 +365	+428 +365	+465 +365	+525 +365	+615 +365	+495 +470	+510 +470	+533 +470	+570 +470	+630 +470	+720 +470
140	160	+440 +415	+455 +415	+478 +415	+515 +415	+575 +415	+665 +415	+560 +535	+575 +535	+598 +535	+635 +535	+695 +535	+785 +535
160	180	+490 +465	+505 +465	+528 +465	+565 +465	+625 +465	+715 +465	+625 +600	+640 +600	+663 +600	+700 +600	+760 +600	+850 +600
180	200	+549 +520	+566 +520	+592 +520	+635 +520	+705 +520	+810 +520	+699 +670	+716 +670	+742 +670	+785 +670	+855 +670	+960 +670
200	225	+604 +575	+621 +575	+647 +575	+690 +575	+760 +575	+865 +575	+769 +740	+786 +740	+812 +740	+855 +740	+925 +740	+1030 +740
225	250	+669 +640	+686 +640	+712 +640	+755 +640	+825 +640	+930 +640	+849 +820	+866 +820	+892 +820	+935 +820	+1005 +820	+1110 +820
250	280	+742 +710	+762 +710	+791 +710	+840 +710	+920 +710	+1030 +710	+952 +920	+972 +920	+1001 +920	+1050 +920	+1130 +920	+1240 +920
280	315	+822 +790	+842 +790	+871 +790	+920 +790	+1000 +790	+1110 +790	+1032 +1000	+1052 +1000	+1081 +1000	+1130 +1000	+1210 +1000	+1320 +1000
315	355	+936 +900	+957 +900	+989 +900	+1040 +900	+1130 +900	+1260 +900	+1186 +1150	+1207 +1150	+1239 +1150	+1290 +1150	+1380 +1150	+1510 +1150
355	400	+1036 +1000	+1057 +1000	+1089 +1000	+1140 +1000	+1230 +1000	+1360 +1000	+1336 +1300	+1357 +1300	+1389 +1300	+1440 +1300	+1530 +1300	+1660 +1300
400	450	+1140 +1100	+1163 +1100	+1197 +1100	+1255 +1100	+1350 +1100	+1500 +1100	+1490 +1450	+1513 +1450	+1547 +1450	+1605 +1450	+1700 +1450	+1850 +1450
450	500	+1290 +1250	+1313 +1250	+1347 +1250	+1405 +1250	+1500 +1250	+1650 +1250	+1640 +1600	+1663 +1600	+1697 +1600	+1755 +1600	+1850 +1600	+2000 +1600

第3篇

表 3-2-41　　轴 zb 和 zc 的极限偏差　　μm

公称尺寸/mm		zb					zc				
大于	至	7	8	9	10	11	7	8	9	10	11
—	3	+50 +40	+54 +40	+65 +40	+80 +40	+100 +40	+70 +60	+74 +60	+85 +60	+100 +60	+120 +60
3	6	+62 +50	+68 +50	+80 +50	+98 +50	+125 +50	+92 +80	+98 +80	+110 +80	+128 +80	+155 +80
6	10	+82 +67	+89 +67	+103 +67	+125 +67	+157 +67	+112 +97	+119 +97	+133 +97	+155 +97	+187 +97
10	14	+108 +90	+117 +90	+133 +90	+160 +90	+200 +90	+148 +130	+157 +130	+173 +130	+200 +130	+240 +130
14	18	+126 +108	+135 +108	+151 +108	+178 +108	+218 +108	+168 +150	+177 +150	+193 +150	+220 +150	+260 +150
18	24	+157 +136	+169 +136	+188 +136	+220 +136	+266 +136	+209 +188	+221 +188	+240 +188	+272 +188	+318 +188
24	30	+181 +160	+193 +160	+212 +160	+244 +160	+290 +160	+239 +218	+251 +218	+270 +218	+302 +218	+348 +218
30	40	+225 +200	+239 +200	+262 +200	+300 +200	+360 +200	+299 +274	+313 +274	+336 +274	+374 +274	+434 +274
40	50	+267 +242	+281 +242	+304 +242	+342 +242	+402 +242	+350 +325	+364 +325	+387 +325	+425 +325	+485 +325
50	65	+330 +300	+346 +300	+374 +300	+420 +300	+490 +300	+435 +405	+451 +405	+479 +405	+525 +405	+595 +405
65	80	+390 +360	+406 +360	+434 +360	+480 +360	+550 +360	+510 +480	+526 +480	+554 +480	+600 +480	+670 +480
80	100	+480 +445	+499 +445	+532 +445	+585 +445	+665 +445	+620 +585	+639 +585	+672 +585	+725 +585	+805 +585
100	120	+560 +525	+579 +525	+612 +525	+665 +525	+745 +525	+725 +690	+744 +690	+777 +690	+830 +690	+910 +690
120	140	+660 +620	+683 +620	+720 +620	+780 +620	+870 +620	+840 +800	+863 +800	+900 +800	+960 +800	+1050 +800
140	160	+740 +700	+763 +700	+800 +700	+860 +700	+950 +700	+940 +900	+963 +900	+1000 +900	+1060 +900	+1150 +900
160	180	+820 +780	+843 +780	+880 +780	+940 +780	+1030 +780	+1040 +1000	+1063 +1000	+1100 +1000	+1160 +1000	+1250 +1000
180	200	+926 +880	+952 +880	+995 +880	+1065 +880	+1170 +880	+1196 +1150	+1222 +1150	+1265 +1150	+1335 +1150	+1440 +1150
200	225	+1006 +960	+1032 +960	+1075 +960	+1145 +960	+1250 +960	+1296 +1250	+1322 +1250	+1365 +1250	+1435 +1250	+1540 +1250
225	250	+1096 +1050	+1122 +1050	+1165 +1050	+1235 +1050	+1340 +1050	+1396 +1350	+1422 +1350	+1465 +1350	+1535 +1350	+1640 +1350
250	280	+1252 +1200	+1281 +1200	+1330 +1200	+1410 +1200	+1520 +1200	+1602 +1550	+1631 +1550	+1680 +1550	+1760 +1550	+1870 +1550
280	315	+1352 +1300	+1381 +1300	+1430 +1300	+1510 +1300	+1620 +1300	+1752 +1700	+1781 +1700	+1830 +1700	+1910 +1700	+2020 +1700
315	355	+1557 +1500	+1589 +1500	+1640 +1500	+1730 +1500	+1860 +1500	+1957 +1900	+1989 +1900	+2040 +1900	+2130 +1900	+2260 +1900
355	400	+1707 +1650	+1739 +1650	+1790 +1650	+1880 +1650	+2010 +1650	+2157 +2100	+2189 +2100	+2240 +2100	+2330 +2100	+2460 +2100
400	450	+1913 +1850	+1947 +1850	+2005 +1850	+2100 +1850	+2250 +1850	+2463 +2400	+2497 +2400	+2555 +2400	+2650 +2400	+2800 +2400
450	500	+2163 +2100	+2197 +2100	+2255 +2100	+2350 +2100	+2500 +2100	+2663 +2600	+2697 +2600	+2755 +2600	+2850 +2600	+3000 +2600

2.4 公差带与配合的标准化

2.4.1 公称尺寸至500mm公差带与配合的规定

2.4.1.1 轴、孔公差带

在尺寸至500mm内，国家标准规定有20个公差等级的标准公差和孔、轴各有28种的基本偏差，其中，基本偏差j限用于4个公差等级，J限用于3个公差等级。由此可以组成很多种孔、轴公差带，孔有20×27＋3＝543个，轴有20×27＋4＝544个。由孔、轴公差带又可以组成大量的配合（数十万种之多）。如此繁多的孔、轴公差带及配合种类，对于满足实际需要绰绰有余，但同时应用这么多公差带显然是不经济的，这势必会导致公差表格过于庞大，定值刀具、量具规格不必要的繁杂等诸多问题。事实上，有许多种公差带在实际生产中很少或几乎不用。国家标准GB/T 1801—2009对于常用尺寸段所选用的公差带及配合种类做了必要的限制，规定了孔和轴的一般、常用和优先公差带，如图3-2-14和图3-2-15所示。图3-2-14和图3-2-15所列为一般用途轴、孔公差带，轴有119个，孔有105个；线框内所示为常用公差带，轴有50个，孔有44个；圆圈内所示为优先选用公差带，轴、孔各有13个。在设计选用时，应首先考虑选用优先公差带，其次选用常用公差带，再次选用一般用途公差带。仅仅在特殊情况下，当一般公差带不能满足要求时，才允许按GB/T 1800.1—2009规定的标准公差与基本偏差组成所需要的公差带，甚至按给定的公式用插入或延伸的方法计算新的标准公差与基本偏差，然后组成所需公差带。

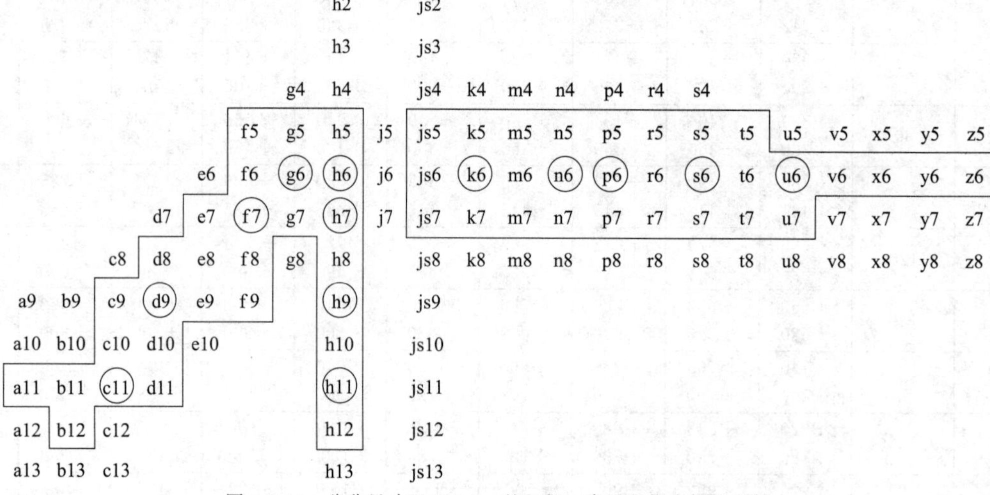

图3-2-14　公称尺寸至500mm的一般、常用和优先轴公差带

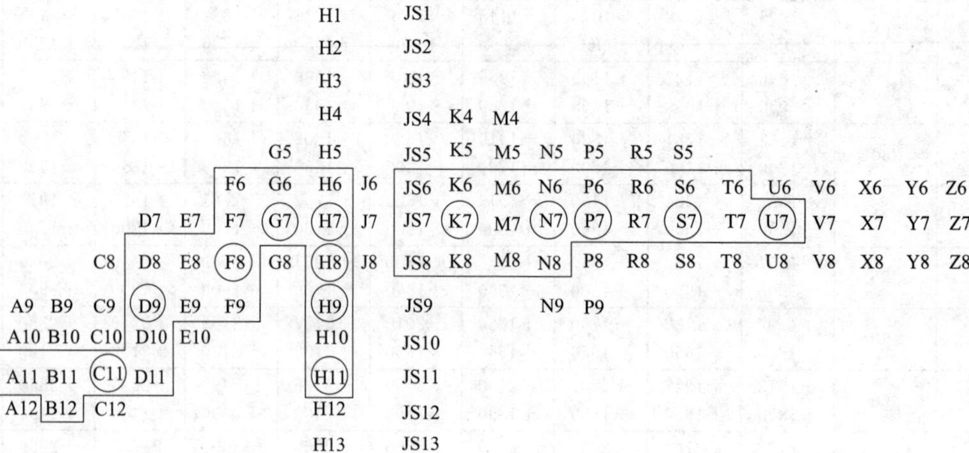

图3-2-15　公称尺寸至500mm的一般、常用和优先孔公差带

2.4.1.2　配合

在上述推荐的轴、孔公差带的基础上，GB/T 1801—2009 规定了基孔制优先和常用配合，见表 3-2-42，基轴制优先和常用配合见表 3-2-43。对基孔制规定了常用配合 59 个，优先配合 13 个；对基轴制规定了常用配合 47 个，优先配合 13 个。选择时，首先选用表中的优先配合，其次选用常用配合。对于这些配合，分别列出了它们的极限间隙或极限过盈，便于设计选用，见表 3-2-44。

表 3-2-42　基孔制优先和常用配合

基准孔	轴																				
	a	b	c	d	e	f	g	h	js	k	m	n	p	r	s	t	u	v	x	y	z
	间隙配合								过渡配合			过盈配合									
H6						H6/f5	H6/g5	H6/h5	H6/js5	H6/k5	H6/m5	H6/n5	H6/p5	H6/r5	H6/s5	H6/t5					
H7						H7/f6	◤H7/g6	◤H7/h6	H7/js6	◤H7/k6	H7/m6	◤H7/n6	◤H7/p6	H7/r6	◤H7/s6	H7/t6	◤H7/u6	H7/v6	H7/x6	H7/y6	H7/z6
H8					H8/e7	◤H8/f7	H8/g7	◤H8/h7	H8/js7	H8/k7	H8/m7	H8/n7	H8/p7	H8/r7	H8/s7	H8/t7	H8/u7				
				H8/d8	H8/e8	H8/f8		H8/h8													
H9			H9/c9	◤H9/d9	H9/e9	H9/f9		◤H9/h9													
H10			H10/c10	H10/d10				H10/h10													
H11	H11/a11	H11/b11	◤H11/c11	H11/d11				◤H11/h11													
H12		H12/b12						H12/h12													

注：1. 标有◤符号者为优先配合。

2. $\frac{H6}{n5}$、$\frac{H7}{p6}$在公称尺寸≤3mm 和$\frac{H8}{r7}$在公称尺寸≤100mm 时，为过渡配合。

表 3-2-43　基轴制优先和常用配合

基准轴	孔																				
	A	B	C	D	E	F	G	H	JS	K	M	N	P	R	S	T	U	V	X	Y	Z
	间隙配合											过盈配合									
h5						F6/h5	G6/h5	H6/h5	JS6/h5	K6/h5	M6/h5	N6/h5	P6/h5	R6/h5	S6/h5	T6/h5					
h6						F7/h6	◤G7/h6	◤H7/h6	JS7/h6	◤K7/h6	M7/h6	◤N7/h6	◤P7/h6	R7/h6	◤S7/h6	T7/h6	◤U7/h6				
h7					E8/h7	◤F8/h7		◤H8/h7	JS8/h7	K8/h7	M8/h7	N8/h7									
h8				D8/h8	E8/h8	F8/h8		H8/h8													
h9				◤D9/h9	E9/h9	F9/h9		◤H9/h9													
h10				D10/h10				H10/h10													
h11	A11/h11	B11/h11	◤C11/h11	D11/h11				◤H11/h11													
h12		B12/h12						H12/h12													

注：标有◤符号者为优先配合。

表 3-2-44　　**极限间隙或极限过盈**（公称尺寸至500mm）　　μm

基孔制		H6/f5	H6/g5	H6/h5	H7/f6	H7/g6	H7/h6	H8/e7	H8/f7	H8/g7	H8/h7	H8/d8	H8/e8	H8/f8	H8/h8	H9/c9	H9/d9
基轴制		F6/h5	G6/h5	H6/h5	F7/h6	G7/h6	H7/h6	E8/h7	F8/h7		H8/h7	D8/h8	E8/h8	F8/h8	H8/h8		D9/h9
公称尺寸/mm		间隙配合															
大于	至																
—	3	+16 +6	+12 +2	+10 0	+22 +6	+18 +2	+16 0	+38 +14	+30 +6	+26 +2	+24 0	+48 +20	+42 +14	+34 +6	+28 0	+110 +60	+70 +20
3	6	+23 +10	+17 +4	+13 0	+30 +10	+24 +4	+20 0	+50 +20	+40 +10	+34 +4	+30 0	+66 +30	+56 +20	+46 +10	+36 0	+130 +70	+90 +30
6	10	+28 +13	+20 +5	+15 0	+37 +13	+29 +5	+24 0	+62 +25	+50 +13	+42 +5	+37 0	+84 +40	+69 +25	+57 +13	+44 0	+152 +80	+112 +40
10	14	+35	+25	+19	+45	+35	+29	+77	+61	+51	+45	+104	+86	+70	+54	+181	+136
14	18	+16	+6	0	+16	+6	0	+32	+16	+6	0	+50	+32	+16	0	+95	+50
18	24	+42	+29	+22	+54	+41	+34	+94	+76	+61	+54	+131	+106	+86	+66	+214	+169
24	30	+20	+7	0	+20	+7	0	+40	+20	+7	0	+65	+40	+20	0	+110	+65
30	40	+52 +25	+36 +9	+27 0	+66 +25	+50 +9	+41 0	+114 +50	+89 +25	+73 +9	+64 0	+158 +80	+128 +50	+103 +25	+78 0	+244 +120	+204 +80
40	50															+254 +130	
50	65	+62 +30	+42 +10	+32 0	+79 +30	+59 +10	+49 0	+136 +60	+106 +30	+86 +10	+76 0	+192 +100	+152 +60	+122 +30	+92 0	+288 +140	+248 +100
65	80															+298 +150	
80	100	+73 +36	+49 +12	+37 0	+93 +36	+69 +12	+57 0	+161 +72	+125 +36	+101 +12	+89 0	+228 +120	+180 +72	+144 +36	+108 0	+344 +170	+294 +120
100	120															+354 +180	
120	140	+86 +43	+57 +14	+43 0	+108 +43	+79 +14	+65 0	+188 +85	+146 +43	+117 +14	+103 0	+271 +145	+211 +85	+169 +43	+126 0	+400 +200	+345 +145
140	160															+410 +210	
160	180															+430 +230	
180	200	+99 +50	+64 +15	+49 0	+125 +50	+90 +15	+75 0	+218 +100	+168 +50	+133 +15	+118 0	+314 +170	+244 +100	+194 +50	+144 0	+470 +240	+400 +170
200	225															+490 +260	
225	250															+510 +280	
250	280	+111 +56	+72 +17	+55 0	+140 +56	+101 +17	+84 0	+243 +110	+189 +56	+150 +17	+133 0	+352 +190	+272 +110	+218 +56	+162 0	+560 +300	+450 +190
280	315															+590 +330	
315	355	+123 +62	+79 +18	+61 0	+155 +62	+111 +18	+93 0	+271 +125	+208 +62	+164 +18	+146 0	+388 +210	+303 +125	+240 +62	+178 0	+640 +360	+490 +210
355	400															+680 +400	
400	450	+135 +68	+87 +20	+67 0	+171 +68	+123 +20	+103 0	+295 +135	+228 +68	+180 +20	+160 0	+424 +230	+329 +135	+262 +68	+194 0	+750 +440	+540 +230
450	500															+790 +480	

基孔制		H9/e9	H9/f9	H9/h9	H10/c10	H10/d10	H10/h10	H11/a11	H11/b11	H11/c11	H11/d11	H11/h11	H12/b12	H12/h12	H6/js5	
基轴制		E9/h9	F9/h9	H9/h9		D10/h10	H10/h10	A11/h11	B11/h11	C11/h11	D11/h11	H11/h11	B12/h12	H12/h12		JS6/h5
公称尺寸/mm		间隙配合													过渡配合	
大于	至															
—	3	+64 +14	+56 +6	+50 0	+140 +60	+100 +20	+80 0	+390 +270	+260 +140	+180 +60	+140 +20	+120 0	+340 +140	+200 0	+8 −2	+7 −3
3	6	+80 +20	+70 +10	+60 0	+166 +70	+126 +30	+96 0	+420 +270	+290 +140	+220 +70	+180 +30	+150 0	+380 +140	+240 0	+10.5 −2.5	+9 −4
6	10	+97 +25	+85 +13	+72 0	+196 +80	+156 +40	+116 0	+460 +280	+330 +150	+260 +80	+220 +40	+180 0	+450 +150	+300 0	+12 −3	+10.5 −4.5

续表

基孔制		H9/e9	H9/f9	H9/h9	H10/c10	H10/d10	H10/h10	H11/a11	H11/b11	H11/c11	H11/d11	H11/h11	H12/b12	H12/h12	H6/js5	
基轴制		E9/h9	F9/h9	H9/h9		D10/h10	H10/h10	A11/h11	B11/h11	C11/h11	D11/h11	H11/h11	B12/h12	H12/h12		JS6/h5
公称尺寸/mm		间隙配合													过渡配合	
大于	至															
10	14	+118 +32	+102 +16	+86 0	+235 +95	+190 +50	+140 0	+510 +290	+370 +150	+315 +95	+270 +50	+220 0	+510 +150	+360 0	+15 −4	+13.5 −5.5
14	18															
18	24	+144 +40	+124 +20	+104 0	+278 +110	+233 +65	+168 0	+560 +300	+420 +160	+370 +110	+325 +65	+260 0	+580 +160	+420 0	+17.5 −4.5	+15.5 −6.5
24	30															
30	40	+174 +50	+149 +25	+124 0	+320 +120	+280 +80	+200 0	+630 +310	+490 +170	+440 +120	+400 +80	+320 0	+670 +170	+500 0	+21.5 −5.5	+19 −8
40	50				+330 +130			+640 +320	+500 +180	+450 +130			+680 +180			
50	65	+208 +60	+178 +30	+148 0	+380 +140	+340 +100	+240 0	+720 +340	+570 +190	+520 +140	+480 +100	+380 0	+790 +190	+600 0	+25.5 −6.5	+22.5 −9.5
65	80				+390 +150			+740 +360	+580 +200	+530 +150			+800 +200			
80	100	+246 +72	+210 +36	+174 0	+450 +170	+400 +120	+280 0	+820 +380	+660 +220	+610 +170	+560 +120	+440 0	+920 +220	+700 0	+29.5 −7.5	+26 −11
100	120				+460 +180			+850 +410	+680 +240	+620 +180			+940 +240			
120	140				+520 +200			+960 +460	+760 +260	+700 +200			+1060 +260			
140	160	+285 +85	+243 +43	+200 0	+530 +210	+465 +145	+320 0	+1020 +520	+780 +280	+710 +210	+645 +145	+500 0	+1080 +280	+800 0	+34 −9	+30.5 −12.5
160	180				+550 +230			+1080 +580	+810 +310	+730 +230			+1110 +310			
180	200				+610 +240			+1240 +660	+920 +340	+820 +240			+1260 +340			
200	225	+330 +100	+280 +50	+230 0	+630 +260	+540 +170	+370 0	+1320 +740	+960 +380	+840 +260	+750 +170	+580 0	+1300 +380	+920 0	+39 −10	+34.5 −14.5
225	250				+650 +280			+1400 +820	+1000 +420	+860 +280			+1340 +420			
250	280	+370 +110	+316 +56	+260 0	+720 +300	+610 +190	+420 0	+1560 +920	+1120 +480	+940 +300	+830 +190	+640 0	+1520 +480	+1040 0	+43.5 −11.5	+39 −16
280	315				+750 +330			+1690 +1050	+1180 +540	+970 +330			+1580 +540			
315	355	+405 +125	+342 +62	+280 0	+820 +360	+670 +210	+460 0	+1920 +1200	+1320 +600	+1080 +360	+930 +210	+720 0	+1740 +600	+1140 0	+48.5 −12.5	+43 −18
355	400				+860 +400			+2070 +1350	+1400 +680	+1120 +400			+1820 +680			
400	450	+445 +135	+378 +68	+310 0	+940 +440	+730 +230	+500 0	+2300 +1500	+1560 +760	+1240 +440	+1030 +230	+800 0	+2020 +760	+1260 0	+53.5 −13.5	+47 −20
450	500				+980 +480			+2450 +1650	+1640 +840	+1280 +480			+2100 +840			

续表

基孔制		H6/k5		H6/m5		H7/js6		H7/k6		H7/m6		H7/n6		H8/js7		H8/k7	
基轴制			K6/h5		M6/h5		JS7/h6		K7/h6		M7/h6		N7/h6		JS8/h7		K8/h7
公称尺寸/mm		过渡配合															
大于	至																
—	3	+6 −4	+4 −6	+4 −6	+2 −8	+13 −3	+11 −5	+10 −6	+6 −10	±8	+4 −12	+6 −12	+2 −14	+19 −5	+17 −7	+14 −10	+10 −14
3	6	+7 −6		+4 −9		+16 −4	+14 −6	+11 −9		+8 −12		+4 −16		+24 −6	+21 −9	+17 −13	
6	10	+8 −7		+3 −12		+19.5 −4.5	+16 −7	+14 −10		+9 −15		+5 −19		+29 −7	+26 −11	+21 −16	
10	14	+10 −9		+4 −15		+23.5 −5.5	+20 −9	+17 −12		+11 −18		+6 −23		+36 −9	+31 −13	+26 −19	
14	18																
18	24	±11		+5 −17		+27.5 −6.5	+23 −10	+19 −15		+13 −21		+6 −28		+43 −10	+37 −16	+31 −23	
24	30																
30	40	+14 −13		+7 −20		+33 −8	+28 −12	+23 −18		+16 −25		+8 −33		+51 −12	+44 −19	+37 −27	
40	50																
50	65	+17 −15		+8 −24		+39.5 −9.5	+34 −15	+28 −21		+19 −30		+10 −39		+61 −15	+53 −23	+44 −32	
65	80																
80	100	+19 −18		+9 −28		+46 −11	+39 −17	+32 −25		+22 −35		+12 −45		+71 −17	+62 −27	+51 −38	
100	120																
120	140	+22 −21		+10 −33		+52.5 −12.5	+45 −20	+37 −28		+25 −40		+13 −52		+83 −20	+71 −31	+60 −43	
140	160																
160	180																
180	200	+25 −40		+12 −37		+60.5 −14.5	+52 −33	+42 −33		+29 −46		+15 −60		+95 −23	+82 −36	+68 −50	
200	225																
225	250																
250	280	+28 −27		+12 −43	+14 −41	+68 −16	+58 −26	+48 −36		+32 −52		+18 −66		+107 −26	+92 −40	+77 −56	
280	315																
315	355	+32 −29		+15 −46		+75 −18	+64 −28	+53 −40		+36 −57		+20 −73		+117 −28	+101 −44	+85 −61	
355	400																
400	450	+35 −32		+17 −50		+83 −20	+71 −31	+58 −45		+40 −63		+23 −80		+128 −31	+111 −48	+92 −68	
450	500																

基孔制		H8/m7		H8/n7		H8/p7	H6/n5		H6/p5		H6/r5		H6/s5		H6/t5	H7/p6	
基轴制			M8/h7		N8/h7			N6/h5		P6/h5		R6/h5		S6/h5	T6/h5		P7/h6
公称尺寸/mm		过渡配合					过盈配合										
大于	至																
—	3	+12 −12	+8 −16	+10 −14	+6 −18	+8 −16	+2 −8	0 −10	0 −10	−2 −12	−4 −14	−6 −16	−8 −18	−10 −20	—	+4 −12	0 −16
3	6	+14 −16		+10 −20		+6 −24	0 −13		−4 −17		−7 −20		−11 −24		—	0 −20	
6	10	+16 −21		+12 −25		+7 −30	−1 −16		−6 −21		−10 −25		−14 −29		—	0 −24	
10	14	+20 −25		+15 −30		+9 −36	−1 −20		−7 −26		−12 −31		−17 −36		—	0 −29	
14	18																
18	24	+25 −29		+18 −36		+11 −43	−2 −24		−9 −31		−15 −37		−22 −44		—	−1 −35	
24	30														−28 −50		

续表

基孔制		H8/m7	H8/n7	H8/p7	H6/n5	H6/p5	H6/r5	H6/s5	H6/t5	◤H7/p6
基轴制		M8/h7	N8/h7		N6/h5	P6/h5	R6/h5	S6/h5	T6/h5	◤P7/h6
公称尺寸/mm		过渡配合			过盈配合					
大于	至									
30	40	+30 −34	+22 −42	+13 −51	−1 −28	−10 −37	−18 −45	−27 −54	−32 −59	−1 −42
45	50								−38 −65	
50	65	+35 −41	+26 −50	+14 −62	−1 −33	−13 −45	−22 −54	−34 −66	−47 −79	−2 −51
65	80						−24 −56	−40 −72	−56 −88	
80	100	+41 −48	+31 −58	+17 −72	−1 −38	−15 −52	−29 −66	−49 −86	−69 −106	−2 −59
100	120						−32 −69	−57 −94	−82 −119	
120	140	+48 −55	+36 −67	+20 −83	−2 −45	−18 −61	−38 −81	−67 −110	−97 −140	−3 −68
140	160						−40 −83	−75 −118	−109 −152	
160	180						−43 −86	−83 −126	−121 −164	
180	200	+55 −63	+41 −77	+22 −96	−2 −51	−21 −70	−48 −97	−93 −142	−137 −186	−4 −79
200	225						−51 −100	−101 −150	−151 −200	
225	250						−55 −104	−111 −160	−167 −216	
250	280	+61 −72	+47 −86	+25 −108	−2 −57	−24 −79	−62 −117	−126 −181	−186 −241	−4 −88
280	315						−66 −121	−138 −193	−208 −263	
315	355	+68 −78	+52 −94	+27 −119	−1 −62	−26 −87	−72 −133	−154 −215	−232 −293	−5 −98
355	400						−78 −139	−172 −233	−258 −319	
400	450	+74 −86	+57 −103	+29 −131	0 −67	−28 −95	−86 −153	−192 −259	−290 −357	−5 −108
450	500						−92 −159	−212 −279	−320 −387	

基孔制		H7/r6		◤H7/s6		H7/t6	◤H7/u6		H7/v6	H7/x6	H7/y6	H7/z6	H8/r7	H8/s7	H8/t7	H8/u7
基轴制			R7/h6		◤S7/h6	T7/h6		◤U7/h6								
公称尺寸/mm		过盈配合														
大于	至															
—	3	0 −16	−4 −20	−4 −20	−8 −24	—	−8 −24	−12 −28	—	−10 −26	—	−16 −32	+4 −20	0 −24	—	−4 −28
3	6	−3 −23		−7 −27		—	−11 −31		—	−16 −36	—	−23 −43	+3 −27	−1 −31	—	−5 −35
6	10	−4 −28		−8 −32		—	−13 −37		—	−19 −43	—	−27 −51	+3 −34	−1 −38	—	−6 −43

第3篇

续表

基孔制		$\frac{H7}{r6}$	▼$\frac{H7}{s6}$	$\frac{H7}{t6}$	▼$\frac{H7}{u6}$	$\frac{H7}{v6}$	$\frac{H7}{x6}$	$\frac{H7}{y6}$	$\frac{H7}{z6}$	$\frac{H8}{r7}$	$\frac{H8}{s7}$	$\frac{H8}{t7}$	$\frac{H8}{u7}$
基轴制		$\frac{R7}{h6}$	▼$\frac{S7}{h6}$	$\frac{T7}{h6}$	▼$\frac{U7}{h6}$								
公称尺寸/mm		过盈配合											
大于	至												
10	14	−5 −34	−10 −39	—	−15 −44	—	−22 −51	—	−32 −61	+4 −41	−1 −46	—	−6 −51
14	18					−21 −50	−27 −56	—	−42 −71				
18	24	−7 −41	−14 −48	—	−20 −54	−26 −60	−33 −67	−42 −76	−52 −86	+5 −49	−2 −56	—	−8 −62
24	30			−20 −54	−27 −61	−34 −68	−43 −77	−54 −88	−67 −101			−8 −62	−15 −69
30	40	−9 −50	−18 −59	−23 −64	−35 −76	−43 −84	−55 −96	−69 −110	−87 −128	+5 −59	−4 −68	−9 −73	−21 −85
40	50			−29 −70	−45 −86	−56 −97	−72 −113	−89 −130	−111 −152			−15 −79	−31 −95
50	65	−11 −60	−23 −72	−36 −85	−57 −106	−72 −121	−92 −141	−114 −163	−142 −191	+5 −71	−7 −83	−20 −96	−41 −117
65	80	−13 −62	−29 −78	−45 −94	−72 −121	−90 −139	−116 −165	−144 −193	−180 −229	+3 −73	−13 −89	−29 −105	−56 −132
80	100	−16 −73	−36 −93	−56 −113	−89 −146	−111 −168	−143 −200	−179 −236	−223 −280	+3 −86	−17 −106	−37 −126	−70 −159
100	120	−19 −76	−44 −101	−69 −126	−109 −166	−137 −194	−175 −232	−219 −276	−275 −332	0 −89	−25 −114	−50 −139	−90 −179
120	140	−23 −88	−52 −117	−82 −147	−130 −195	−162 −227	−208 −273	−260 −325	−325 −390	0 −103	−29 −132	−59 −162	−107 −210
140	160	−25 −90	−60 −125	−94 −159	−150 −215	−188 −253	−240 −305	−300 −365	−375 −440	−2 −105	−37 −140	−71 −174	−127 −230
160	180	−28 −93	−68 −133	−106 −171	−170 −235	−212 −277	−270 −335	−340 −405	−425 −490	−5 −108	−45 −148	−83 −186	−147 −250
180	200	−31 −106	−76 −151	−120 −195	−190 −265	−238 −313	−304 −379	−379 −454	−474 −549	−5 −123	−50 −168	−94 −212	−164 −282
200	225	−34 −109	−84 −159	−134 −209	−212 −287	−264 −339	−339 −414	−424 −499	−529 −604	−8 −126	−58 −176	−108 −226	−186 −304
225	250	−38 −113	−94 −169	−150 −225	−238 −313	−294 −369	−379 −454	−474 −549	−594 −669	−12 −130	−68 −186	−124 −242	−212 −330
250	280	−42 −126	−106 −190	−166 −250	−263 −347	−333 −417	−423 −507	−528 −612	−658 −742	−13 −146	−77 −210	−137 −270	−234 −367
280	315	−46 −130	−118 −202	−188 −272	−298 −382	−373 −457	−473 −557	−598 −682	−738 −822	−17 −150	−89 −222	−159 −292	−269 −402
315	355	−51 −144	−133 −226	−211 −304	−333 −426	−418 −511	−533 −626	−673 −766	−843 −936	−19 −165	−101 −247	−179 −325	−301 −447
355	400	−57 −150	−151 −244	−237 −330	−378 −471	−473 −566	−603 −696	−763 −856	−943 −1036	−25 −171	−119 −265	−205 −351	−346 −492
400	450	−63 −166	−169 −272	−267 −370	−427 −530	−532 −635	−677 −780	−857 −960	−1037 −1140	−29 −189	−135 −295	−233 −393	−393 −553
450	500	−69 −172	−189 −292	−297 −400	−477 −580	−597 −700	−757 −860	−937 −1040	−1187 −1290	−35 −195	−155 −315	−263 −423	−443 −603

注：1. 表中“+”值为间隙量，“−”值为过盈量。

2. 标注▼的配合为优先配合。

3. $\frac{H6}{n5}$、$\frac{H7}{p6}$在公称尺寸≤3mm时，为过渡配合。

4. $\frac{H8}{r7}$在公称尺寸≤100mm时，为过渡配合。

2.4.2　公称尺寸大于500～3150mm公差带与配合的规定

2.4.2.1　轴、孔公差带

公称尺寸大于500～3150mm的轴公差带规定如图3-2-16所示。选择时，按需要选用适合的公差带。

公称尺寸大于500～3150mm的孔公差带规定如图3-2-17所示，选择时，按需要选用适合的公差带。

			g6	h6	js6	k6	m6	n6	p6	r6	s6	t6	u6
		f7	g7	h7	js7	k7	m7	n7	p7	r7	s7	t7	u7
d8	e8	f8		h8	js8								
d9	e9	f9		h9	js9								
d10				h10	js10								
d11				h11	js11								
				h12	js12								

图3-2-16　公称尺寸大于500～3150mm的轴公差带

			G6	H6	JS6	K6	M6	N6
		F7	G7	H7	JS7	K7	M7	N7
D8	E8	F8		H8	JS8			
D9	E9	F9		H9	JS9			
D10				H10	JS10			
D11				H11	JS11			
				H12	JS12			

图3-2-17　公称尺寸大于500～3150mm的孔公差带

2.4.2.2　配合的选择

公称尺寸大于500～3150mm的配合一般采用基孔制的同级孔、轴配合。根据零件制造特点，如采用配制配合，则应遵循如下规定。

(1) 总则

配制配合是以一个零件的实际尺寸为基数来配制另一个零件的一种工艺措施。一般用于公差等级较高，单件小批生产的配合零件。

是否采用配制配合由设计人员根据零件的生产和使用情况决定。

(2) 对配制配合零件的一般要求

① 先按互换性生产取配合。配制的结果应满足此配合公差。

② 一般选择较难加工，但能得到较高测量精度的那个零件（在多数情况下是孔）作为先加工件，给它一个比较容易达到的公差或按"线性尺寸的未注公差"加工。

③ 配制件（多数情况下是轴）的公差可按所定的配合公差来选取。所以，配制件的公差比采用互换性生产时单个零件的公差要宽。

配制件的偏差和极限尺寸以先加工件的实际尺寸为基数来确定。

④ 配制配合是关于尺寸极限方面的技术规定，不涉及其他技术要求，如零件的形状和位置公差、表面粗糙度等，不因采用配制配合而降低。

⑤ 测量对保证配合性质有很大关系，要注意温度、形状和位置误差对测量结果的影响。配制配合应采用尺寸相互比较的测量方法；在同样条件下测量，使用同一基准装置或校对量具，由同一组计量人员进行测量等，以提高测量精度。

(3) 在图样上的标注方法

用代号MF（matched fit）表示配制配合，借用基准孔的代号H或基准轴的代号h表示先加工件。在装配图和零件图的相应部位均应标出。装配图上还要标明按互换性生产时的配合要求。

【例1】 公称尺寸为ϕ3000mm的孔和轴，要求配合的最大间隙为0.45mm，最小间隙为0.14mm，按互换性生产可选用ϕ3000H6/f6或3000F6/h6。其最大间隙为0.415mm，最小间隙为0.145mm，现确定采用配制配合。

① 在装配图上标注为：

ϕ3000 H6/f6MF（先加工件为孔）

或ϕ3000 F6/h6MF（先加工件为轴）

② 若先加工件为孔，给一个较容易达到的公差，例如H8，在零件图上标注为：

ϕ3000 H8 MF

若按"线性尺寸的未注公差"加工，则标注为：

ϕ3000 MF

③ 配制件为轴，根据已确定的配合公差选取合适的公差带，例如f7，此时其最大间隙为0.355mm，最小间隙为0.145mm，图上标注为：

ϕ3000f7 MF

或$\phi 3000^{-0.145}_{-0.355}$MF

(4) 配制件极限尺寸的计算

在上例中，用尽可能准确的测量方法测出先加工件（孔）的实际尺寸，例如为ϕ3000.195mm，则配制件（轴）的极限尺寸计算如下：

上极限尺寸＝3000.195－0.145＝3000.05mm

下极限尺寸＝3000.195－0.355＝2999.84mm

2.4.3　公称尺寸至18mm轴、孔公差带的规定

根据仪器、仪表和钟表工业的特点，国家标准对公称尺寸至18mm的小尺寸段规定了163种轴公差带和145种孔公差带，见图3-2-18和图3-2-19，主要适用于精密机械和钟表制造业。

由于对小尺寸段的应用特点和规律掌握得尚不够充分，故国标对所推荐的公差带未指明优先、常用和一般的选用次序，也未推荐配合，实际使用时可根据具体情况自行选用公差带并组成配合。

										h1		js1													
										h2		js2													
						ef3	f3	fg3	g3	h3		js3	k3	m3	n3	p3	r3								
						ef4	f4	fg4	g4	h4		js4	k4	m4	n4	p4	r4	s4							
		c5	cd5	d5	e5	ef5	f5	fg5	g5	h5	j5	js5	k5	m5	n5	p5	r5	s5	u5	v5	x5	z5			
		c6	cd6	d6	e6	ef6	f6	fg6	g6	h6	j6	js6	k6	m6	n6	p6	r6	s6	u6	v6	x6	z6	za6		
		c7	cd7	d7	e7	ef7	f7	fg7	g7	h7	j7	js7	k7	m7	n7	p7	r7	s7	u7	v7	x7	z7	za7	zb7	zc7
	b8	c8	cd8	d8	e8	ef8	f8	fg8	g8	h8		js8	k8	m8	n8	p8	r8	s8	u8	v8	x8	z8	za8	zb8	zc8
a9	b9	c9	cd9	d9	e9	ef9	f9			h9		js9	k9			p9	r9	s9	u9		x9	z9	za9	zb9	zc9
a10	b10	c10	cd10	d10	e10					h10		js10	k10												
a11	b11	c11		d11						h11		js11													
a12	b12	c12								h12		js12													
a13	b13	c13								h13		js13													

图 3-2-18　公称尺寸至 18mm 的轴公差带

										H1		JS1													
										H2		JS2													
						EF3	F3	FG3	G3	H3		JS3	K3	M3	N3	P3	R3								
										H4		JS4	K4	M4											
					E5	EF5	F5	FG5	G5	H5		JS5	K5	M5	N5	P5	R5	S5							
			CD6	D6	E6	EF6	F6	FG6	G6	H6	J6	JS6	K6	M6	N6	P6	R6	S6	U6	V6	X6	Z6			
			CD7	D7	E7	EF7	F7	FG7	G7	H7	J7	JS7	K7	M7	N7	P7	R7	S7	U7	V7	X7	Z7	ZA7	ZB7	ZC7
	B8	C8	CD8	D8	E8	EF8	F8	FG8	G8	H8	J8	JS8	K8	M8	N8	P8	R8	S8	U8	V8	X8	Z8	ZA8	ZB8	ZC8
A9	B9	C9	CD9	D9	E9	EF9	F9			H9		JS9	K9		N9	P9	R9	S9	U9		X9	Z9	ZA9	ZB9	ZC9
A10	B10	C10	CD10	D10	E10		F10			H10		JS10	K10		N10										
A11	B11	C11		D11						H11		JS11													
A12	B12	C12								H12		JS12													
										H13		JS13													

图 3-2-19　公称尺寸至 18mm 的孔公差带

2.5　未注公差的线性和角度尺寸的公差

GB/T 1804—2000《一般公差　未注公差的线性和角度尺寸的公差》规定了未注出公差的线性和角度尺寸的一般公差的公差等级和极限偏差数值。本标准适用于金属切削加工的尺寸，也适用于一般的冲压加工的尺寸。非金属材料和其他工艺方法加工的尺寸可参照采用。一般公差指在车间通常加工条件下可保证的公差。采用一般公差的尺寸，在该尺寸后不需注出其极限偏差数值。

2.5.1　适用范围

该标准仅适用于下列未注公差的尺寸：

① 线性尺寸，例如外尺寸、内尺寸、阶梯尺寸、直径、半径、距离、倒圆半径和倒角高度。

② 角度尺寸，包括通常不注出角度值的角度尺寸，例如直角。GB/T 1184—1996 提到的或等多边形的角度除外。

③ 机加工组装件的线性和角度尺寸。

该标准不适用于下列尺寸：

① 其他一般公差标准涉及的线性和角度尺寸。

② 括号内的参考尺寸。

③ 矩形框格内的理论正确尺寸。

2.5.2　总则

选取图样上未注公差的尺寸的一般公差的公差等级时，应考虑通常的车间精度并由相应技术文件或标准作出具体规定。对任一单一尺寸，如功能上要求比一般公差更小的公差或允许更大的公差并更为经济时，其相应的极限偏差要在相关的公称尺寸后注出。

在图样或有关技术文件中采用本标准规定的线性和角度尺寸的一般公差时，应按 GB/T 1804—2000 中“一般公差的图样表示法”进行标注。由不同类型的工艺（例如切削和铸造）分别加工形成的两表面之间的未注公差的尺寸应按规定的两个一般公差数值中的较大值控制。以角度单位规定的一般公差仅控制表面的线或素线的总方向，不控制它们的形状误差。从实际表面得到的线的总方向是理想几何形状的接触线方向。接触线和实际线之间的最大距离是最小可能值(GB/T 4249—2009)。

2.5.3 一般公差的公差等级和极限偏差数值

一般公差分精密 f、中等 m、粗糙 c、最粗 v 共 4 个公差等级。按未注公差的线性尺寸和角度尺寸分别给出了各公差等级的极限偏差数值。

(1) 线性尺寸

表 3-2-45 给出了线性尺寸的极限偏差数值；表 3-2-46 给出了倒圆半径和倒角高度尺寸的极限偏差数值。

(2) 角度尺寸

表 3-2-47 给出了角度尺寸的极限偏差数值，其值按角度短边长度确定，对圆锥角按圆锥素线长度确定。

2.5.4 一般公差的图样表示法

若采用本标准规定的一般公差，应在图样标题栏附近或技术要求、技术文件（如企业标准）中注出本标准号及公差等级代号。例如选取中等级时，标注为：GB/T 1804-m。

除另有规定，超出一般公差的工件如未达到损害其功能时，通常不应判定拒收。

2.5.5 线性和角度尺寸的一般公差的概念和解释

① 构成零件的所有要素总是具有一定的尺寸和几何形状。由于尺寸误差和几何特征（形状、方向、位置）误差的存在，为保证零件的使用功能就必须对它们加以限制，超出将会损害其功能。因此，零件在图样上表达的所有要素都有一定的公差要求。

对功能上无特殊要求的要素可给出一般公差。一般公差可应用在线性尺寸、角度尺寸、形状和位置等几何要素中。

采用一般公差的要素在图样上可不单独注出其公差，而是在图样上、技术要求或技术文件（如企业标准）中作出总的说明。

② 线性和角度尺寸的一般公差是在车间普通工艺条件下机床设备可保证的公差。在正常维护和操作情况下，它代表车间通常的加工精度。

一般公差的公差等级的公差数值符合通常的车间精度。按零件使用要求选取相应的公差等级。线性尺寸的一般公差主要用于低精度的非配合尺寸。

采用一般公差的尺寸在正常车间精度保证的条件下，一般可不检验。

表 3-2-45 线性尺寸的极限偏差数值 mm

公差等级	公称尺寸分段							
	0.5～3	>3～6	>6～30	>30～120	>120～400	>400～1000	>1000～2000	>2000～4000
精密 f	±0.05	±0.05	±0.1	±0.15	±0.2	±0.3	±0.5	—
中等 m	±0.1	±0.1	±0.2	±0.3	±0.5	±0.8	±1.2	±2
粗糙 c	±0.2	±0.3	±0.5	±0.8	±1.2	±2	±3	±4
最粗 v	—	±0.5	±1	±1.5	±2.5	±4	±6	±8

表 3-2-46 倒圆半径和倒角高度尺寸的极限偏差数值 mm

公差等级	公称尺寸分段			
	0.5～3	>3～6	>6～30	>30
精密 f 中等 m	±0.2	±0.5	±1	±2
粗糙 c 最粗 v	±0.4	±1	±2	±4

注：倒圆半径和倒角高度的含义参见 GB/T 6403.4—2008。

表 3-2-47 角度尺寸的极限偏差数值

公差等级	长度分段/mm				
	～10	>10～50	>50～120	>120～400	>400
精密 f 中等 m	±1°	±30′	±20′	±10′	±5′
粗糙 c	±1°30′	±1°	±30′	±15′	±10′
最粗 v	±3°	±2°	±1°	±30′	±20′

③ 对某确定的公差值，加大公差通常在制造上并不会经济。例如适宜“通常中等精度”水平的车间加工35mm直径的某要素，规定±1mm的极限偏差值通常在制造上对车间不会带来更大的利益，而选用±0.3mm的一般公差的极限偏差值（中等级）就足够。

当功能上允许的公差等于或大于一般公差时，应采用一般公差。只有当要素的功能允许比一般公差大的公差，而该公差在制造上比一般公差更为经济时(例如装配时所钻的盲孔深度)，其相应的极限偏差数值要在尺寸后注出。

由于功能上的需要，某要素要求采用比“一般公差”小的公差值，则应在尺寸后注出其相应的极限偏差数值。当然这已不属一般公差的范畴。

④ 采用一般公差，可带来以下好处。

a. 简化制图，图画清晰易读，可高效地进行信息交换。

b. 节省图样设计时间。设计人员不必逐一考虑或计算公差值，只需了解某要素在功能上是否允许采用大于或等于一般公差的公差值。

c. 图样明确了哪些要素可由一般工艺水平保证，可简化检验要求，有助于质量管理。

d. 突出了图样上注出公差的尺寸，这些尺寸大多是重要的且需要控制的，加工与检验时要引起重视和作出计划安排。

e. 由于签订合同前就已经知道工厂“通常车间精度”，买方和供方能更方便地进行订货谈判；同时图样表示完整也可避免交货时买方和供方间的争论。

只有特定车间的通常车间精度可靠地满足等于或小于所采用的一般公差条件时，才能完全体现上述这些好处。因此，车间应做到：

• 测量、评估车间的通常车间精度；

• 只接受一般公差等于或大于通常车间精度的图样；

• 抽样检查以保证车间的通常车间精度不被降低。

⑤ 零件功能允许的公差常常是大于一般公差，所以当工件任一要素超出（偶然地超出）一般公差时零件的功能通常不会被损害。只有当零件的功能受到损害时，超出一般公差的工件才能被拒收。

2.6 尺寸精度及配合的设计

2.6.1 尺寸精度及配合的设计方法

尺寸精度及配合的设计（即通常所说的公差与配合的选用）是机械设计与制造中重要的环节之一，设计是否正确、合理，对产品的使用性能和制造成本，对企业生产的经济效益和社会效益都有着重要的影响，有时甚至起决定性作用。尺寸精度及配合设计的原则应该使产品的使用性能与制造成本的综合经济效果最佳，以保证产品性能优良，制造经济可行。

常用的设计方法有类比法、计算法和试验法三种。

类比法是依据经过实践验证的同类机械、机构和零部件以及各类手册中推荐的经验设计为样板，将其与所设计产品的使用性能和要求进行对比分析，然后确定合适的设计方案，或沿用样板设计，或进行必要的修正。这种方法经济、可靠，一直是精度及配合设计的主要方法。但应用时要特别注意不能简单地照抄照搬，避免设计的盲目性。

计算法是根据产品的设计要求，按一定的理论和公式，通过计算来确定所需要的尺寸精度及配合松紧。由于计算时常把条件理想化、简单化，可能会使设计结果不完全符合实际，计算过程往往也比较麻烦，因此使计算法的应用受到一定的限制。但这种方法理论根据比较充分、科学且有指导意义，故其应用在不断地扩大，尤其随着计算机技术的发展，更为计算法选取公差与配合提供了有利的条件，也为尺寸精度及配合设计的自动化提供了可能。近年来，计算机辅助公差设计（CAT）的研究已取得长足的进步和发展，不难设想，计算法将会因此而获得更深、更广的应用。

试验法是通过专门的试验或统计分析来确定所需要的尺寸精度及配合松紧。试验法突出的优点是可靠、切合实际，缺点是周期较长，成本较高，故只适用于一些重要的关键性的场合。

2.6.2 尺寸精度及配合的设计

尺寸精度及配合设计主要包括三方面的内容：一是基准制的选择与应用设计；二是尺寸精度的设计；三是配合的选择与应用设计。设计要点分述如下。

2.6.2.1 基准制的选用

基准制有基孔制和基轴制两种。国家标准规定基准制的目的是：既能获得一系列不同配合性质的配合，以满足广泛需要，又不致使实际选用的零件极限尺寸数目繁杂，以便于制造，获得良好的技术经济效果。因此，基准制的选择主要应从结构、工艺及经济性等方面综合考虑。

① 国家标准推荐优先选用基孔制。在一般情况下，选用基孔制可以减少定值刀、量具的规格和数

量，降低孔的加工成本，获得较大的经济效益。

② 在下列情况下，应考虑选择基轴制或非基准制。

a. 与直接采用冷拉钢制光轴相配，轴不需再进行切削加工，其配合应采用基轴制为宜。

b. 一轴配多孔，即同一公称尺寸轴上各个部位需要与不同的孔相配，且配合性质又不同（见图 3-2-20），为简化加工和装配工艺，保证质量，此类配合采用基轴制为宜。

c. 与标准件配合的零件，其基准制选择通常以标准件为准确定。如与滚动轴承内圈配合应采用基孔制；而与滚动轴承外圈配合应采用基轴制（见图 3-2-21）。

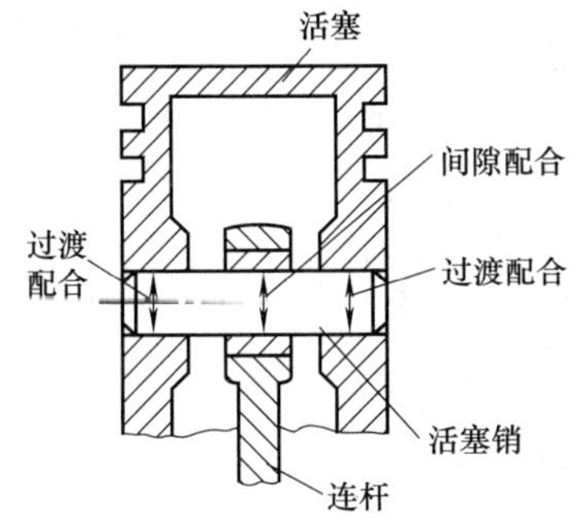

图 3-2-20　连杆、活塞与活塞销的配合

d. 为了满足配合的特殊需要，允许采用非基准制配合，即采用任一孔、轴公差带组成的配合。图 3-2-21所示的隔套与轴、孔即采用了这种非基准制配合 ϕ60D10/js6 和 ϕ95K7/d11。

目前，在各种机器配合中，采用基孔制的是大多数，基轴制只是少数，而非基准制配合仅是个别特殊情况。

2.6.2.2　公差等级的选用

公差等级的选用就是解决零件使用要求与制造经济性的矛盾。

① 选用公差等级的原则是在充分满足使用要求的前提下，考虑工艺的可能性和加工的难易程度，尽量选用精度较低的公差等级。

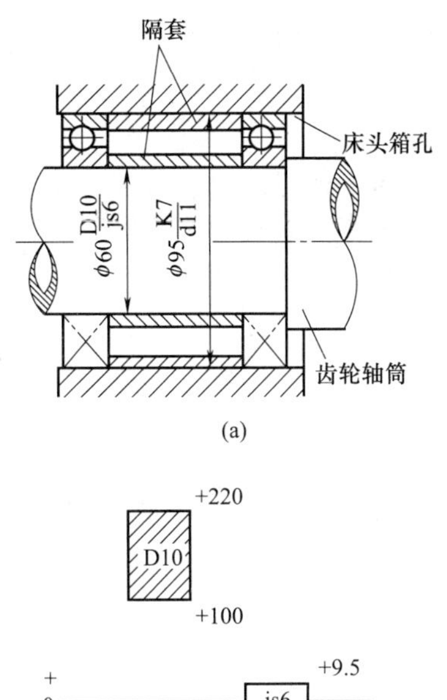

(a)

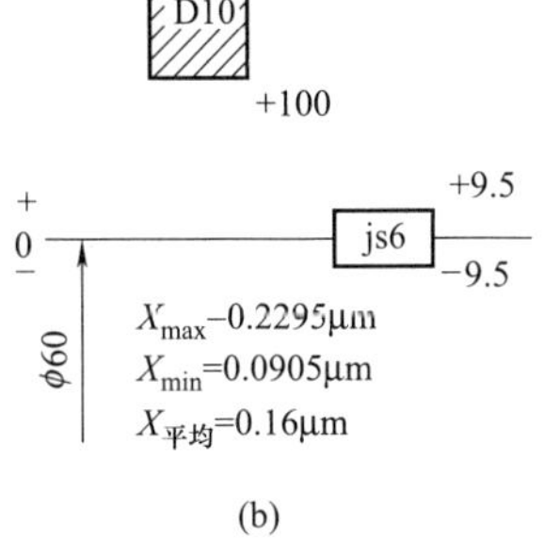

(b)

图 3-2-21　滚动轴承、轴、孔、隔套的配合

各个等级的使用范围可参考表 3-2-48、表 3-2-49。表 3-2-50 列出了各种加工方法的一般加工精度；图 3-2-22 和表 3-2-51 给出了尺寸精度与加工成本的关系。可见，尺寸精度（公差等级）愈高，公差值愈小，加工难度愈大，加工成本也就愈高。尤其是尺寸精度高于某一临界值后，尺寸精度略微提高，就会带来加工成本的急剧增加，如图 3-2-22 所示。因此，当选用 IT6 以上的公差等级时，应特别慎重考虑。

② 若按使用要求可以确定出其配合的松紧程度，即确定了配合公差 T_f，则孔、轴公差（T_H、T_S）应满足：

$$T_f \geqslant T_H + T_S$$

至于孔、轴公差的分配可按工艺等价的原则考虑，具体考虑如下。

表 3-2-48　　公差等级的应用

应用	公差等级(IT)																			
	01	0	1	2	3	4	5	6	7	8	9	10	11	12	13	14	15	16	17	18
量块	—	—	—																	
量规			—	—	—	—	—	—	—											
配合尺寸							—	—	—	—	—	—	—	—	—					
特别精密零件的配合				—	—	—	—													
非配合尺寸(大制造公差)														—	—	—	—	—	—	—
原材料公差										—	—	—	—	—	—	—				

表 3-2-49 各公差等级的使用范围

公差等级	应用条件说明	应用举例
IT01	用于特别精密的尺寸传递基准	特别精密的标准量块
IT0	用于特别精密的尺寸传递基准及宇航中特别重要的极个别精密配合尺寸	特别精密的标准量块，个别特别重要的精密机械零件尺寸，校对检验IT6级轴用量规的校对量规
IT1	用于精密的尺寸传递基准、高精密测量工具、特别重要的极个别精密配合尺寸	高精密标准量规，校对检验IT7～IT9级轴用量规的校对量规，个别特别重要的精密机械零件尺寸
IT2	用于高精密的测量工具、特别重要的精密配合尺寸	检验IT6～IT7级工件用量规的尺寸制造公差，校对检验IT8～IT11级轴用量规的校对塞规，个别特别重要的精密机械零件的尺寸
IT3	用于精密测量工具，小尺寸零件的高精度精密配合及与4级滚动轴承配合的轴径和外壳孔径	检验IT8～IT11级工件用量规和校对检验IT9～IT13级轴用量规的校对量规，与特别精密的4级滚动轴承内环孔（直径至100mm）相配的机床主轴、精密机械和高速机械的轴径，与4级向心球轴承外环外径相配合的外壳孔径，航空工业及航海工业中导航仪器上特殊精密的个别小尺寸零件的精密配合
IT4	用于精密测量工具、高精度的精密配合和4级、5级滚动轴承配合的轴径和外壳孔径	检验IT9～IT12级工件用量规和校对IT12～IT14级轴用量规的校对量规，与4级轴承孔（孔径＞100mm时）及与5级轴承孔相配的机床主轴，精密机械和高速机械的轴颈，与4级轴承相配的机床外壳孔，柴油机活塞销及活塞销座孔径，高精度（1～4级）齿轮的基准孔或轴径，航空及航海工业用仪器中特殊精密的孔径
IT5	用于机床、发动机和仪表中特别重要的配合，在配合公差要求很小，形状精度要求很高的条件下，这类公差等级能使配合性质比较稳定，故它对加工要求较高，一般机械制造中较少应用	检验IT11～IT14级工件用量规和校对IT14～IT15级轴用量规的校对量规，与5级滚动轴承相配的机床箱体孔，与6级滚动轴承孔相配的机床主轴，精密机械及高速机械的轴颈，机床尾架套筒，高精度分度盘轴颈，分度头主轴，精密丝杠基准轴颈，高精度镗套的外径等，发动机中主轴的外径，活塞销外径与活塞的配合，精密仪器中轴与各种传动件轴承的配合，航空、航海工业的仪表中重要的精密孔的配合，5级精度齿轮的基准孔及5级、6级精度齿轮的基准轴
IT6	广泛用于机械制造中的重要配合，配合表面有较高均匀性的要求，能保证相当高的配合性质，使用可靠	检验IT12～IT15级工件用量规和校对IT15～IT16级轴用量规的校对量规，与6级滚动轴承相配的外壳孔及与滚子轴承相配的机床主轴轴颈，机床制造中，装配式齿轮、蜗轮、联轴器、带轮、凸轮的孔径，机床丝杠支承轴颈，矩形花键的定心直径，摇臂钻床的立柱等，机床夹具的导向件的外径尺寸，精密仪器光学仪器，计量仪器中的精密轴，航空、航海仪器仪表中的精密轴，无线电工业、自动化仪表、电子仪器、邮电机械中的特别重要的轴，以及手表中特别重要的轴，导航仪器中主罗经的方位轴、微电动机轴、电子计算机外围设备中的重要尺寸，医疗器械中牙科直车头，中心齿轴及X线机齿轮箱的精密轴等，缝纫机中重要轴类尺寸，发动机中的汽缸套外径，曲轴主轴颈，活塞销，连杆衬套，连杆和轴瓦外径等，6级精度齿轮的基准孔和7级、8级精度齿轮的基准轴径，以及特别精密（1级、2级精度）齿轮的顶圆直径
IT7	应用条件与IT6相类似，但它要求的精度可比IT6稍低一点，在一般机械制造业中应用相当普遍	检验IT14～IT16级工件用量规和校对IT16级轴用量规的校对量规；机床制造中装配式青铜蜗轮轮缘孔径，联轴器、带轮、凸轮等的孔径、机床卡盘座孔、摇臂钻床的摇臂孔、车床丝杠的轴承孔等，机床夹头导向件的内孔（如固定钻套、可换钻套、衬套、镗套等），发动机中的连杆孔、活塞孔、铰制螺栓定位孔等，纺织机械中的重要零件，印染机械中要求较高的零件，精密仪器光学仪器中精密配合的内孔，手表中的离合杆压簧等，导航仪器中主罗经壳底座孔，方位支架孔，医疗器械中牙科直车头中心齿轮轴的轴承孔及X线机齿轮箱的转盘孔，电子计算机、电子仪器、仪表中的重要内孔，自动化仪表中的重要内孔，缝纫机中的重要轴内孔零件，邮电机械中的重要零件的内孔，7级、8级精度齿轮的基准孔和9级、10级精密齿轮的基准轴

续表

公差等级	应用条件说明	应用举例
IT8	在机械制造中属中等精度，在仪器、仪表及钟表制造中，由于公称尺寸较小，所以属较高精度范畴，在配合确定性要求不太高时，可应用较多的一个等级，尤其是在农业机械、纺织机械、印染机械、自行车、缝纫机、医疗器械中应用最广	检验 IT16 级工件用量规，轴承座衬套沿宽度方向的尺寸配合，手表中跨齿轴，棘爪拨针轮等与夹板的配合，无线电仪表工业中的一般配合，电子仪器仪表中较重要的内孔，计算机中变数齿轮孔和轴的配合，医疗器械中牙科车头的钻头套的孔与车针柄部的配合，导航仪器中主罗经粗刻度盘孔月牙形支架与微电机汇电环孔等，电机制造中铁芯与机座的配合，发动机活塞油环槽宽，连杆轴瓦内径，低精度（9～12 级精度）齿轮的基准孔和 11～12 级精度齿轮和基准轴，6～8 级精度齿轮的顶圆
IT9	应用条件与 IT8 相类似，但要求精度低于 IT8 时用	机床制造中轴套外径与孔、操纵件与轴、空转带轮与轴，操纵系统的轴与轴承等的配合，纺织机械、印染机械中的一般配合零件，发动机中机油泵体内孔，气门导管内孔，飞轮与飞轮套圈衬套，混合气预热阀轴，汽缸盖孔径、活塞槽环的配合等，光学仪器、自动化仪表中的一般配合，手表中要求较高零件的未注公差尺寸的配合，单键连接中键宽配合尺寸，打字机中的运动件配合
IT10	应用条件与 IT9 相类似，但要求精度低于 IT9 时用	电子仪器仪表中支架上的配合，导航仪器中绝缘衬套孔与汇电环衬套轴，打字机中铆合件的配合尺寸，闹钟机构中的中心管与前夹板，轴套与轴，手表中尺寸小于 18mm 时要求一般的未注公差尺寸及大于 18mm 要求较高的未注公差尺寸，发动机中油封挡圈孔与曲轴带轮毂
IT11	用于配合精度要求较粗糙，装配后可能有较大的间隙，特别适用于要求间隙较大，且有显著变动而不会引起危险的场合	机床上法兰盘止口与孔、滑块与滑移齿轮、凹槽等，农业机械、机车车厢体部件及冲压加工的配合零件，钟表制造中不重要的零件，手表制造用的工具及设备中的未注公差尺寸，纺织机械中较粗糙的活动配合，印染机械中要求较低的配合，医疗器械中手术刀片的配合，磨床制造中的螺纹连接及粗糙的动连接，不作测量基准用的齿轮顶圆直径公差
IT12	配合精度要求很粗糙，装配后有很大的间隙，适用于基本上没有什么配合要求的场合，要求较高的未注公差尺寸的极限偏差	非配合尺寸及工序间尺寸，发动机分离杆，手表制造中工艺装备的未注公差尺寸，计算机行业切削加工中未注公差尺寸的极限偏差，医疗器械中手术刀柄的配合，机床制造中扳手孔与扳手座的连接
IT13	应用条件与 IT12 相类似	非配合尺寸及工序间尺寸，计算机、打字机中切削加工零件及圆片孔、两孔中心距的未注公差尺寸
IT14	用于非配合尺寸及不包括在尺寸链中的尺寸	在机床、汽车、拖拉机、冶金矿山、石油化工、电机、电器、仪器、仪表、造船、航空、医疗器械、钟表、自行车、缝纫机、造纸与纺织机械等工业中对切削加工零件未注公差尺寸的极限偏差，广泛应用此等级
IT15	用于非配合尺寸及不包括在尺寸链中的尺寸	冲压件、木模铸造零件、重型机床制造，当尺寸＞3150mm 时的未注公差尺寸
IT16	用于非配合尺寸及不包括在尺寸链中的尺寸	手术器械中的一般外形尺寸公差，压弯延伸加工用尺寸，纺织机械中木件尺寸公差，塑料零件尺寸公差，木模制造和自由锻造时用
IT17	用于非配合尺寸及不包括在尺寸链中的尺寸	塑料成形尺寸公差，手术器械中的一般外形尺寸公差
IT18	用于非配合尺寸及不包括在尺寸链中的尺寸	冷作、焊接尺寸用公差

表 3-2-50　　各种加工方法的加工精度

加工方法	公差等级(IT)																
	01	0	1	2	3	4	5	6	7	8	9	10	11	12	13	14	15	16
研磨	—	—	—	—	—	—	—											
珩磨						—	—	—	—									

续表

加工方法	公差等级(IT)																	
	01	0	1	2	3	4	5	6	7	8	9	10	11	12	13	14	15	16
圆磨							—	—	—	—								
平磨							—	—	—	—								
金刚石车							—	—	—									
金刚石镗							—	—	—									
拉削							—	—	—	—								
铰孔								—	—	—	—	—						
车									—	—	—	—	—					
镗									—	—	—	—	—					
铣										—	—	—	—					
刨、插												—	—					
钻孔												—	—	—	—			
滚压、挤压												—	—					
冲压												—	—	—	—	—		
压铸													—	—	—	—		
粉末冶金成形								—	—	—								
粉末冶金烧结									—	—	—	—						
砂型铸造、气割																		—
锻造																	—	

表 3-2-51　　加工方法与加工成本的关系

尺寸	加工方法	公差等级(IT)																	
		1	2	3	4	5	6	7	8	9	10	11	12	13	14	15	16	17	18
外径	普通车削						—	—	—	—	—	—	- -	- -	- -				
	六角车床车削							—	—	—	—	—	- -	- -	- -				
	自动车削							—	—	—	—	—	- -	- -	- -				
	外圆磨			—	—	—	—	- -	- -										
	无心磨					—	—	—	—	- -	- -								
内径	普通车削						—	—	—	—	—	—	- -	- -	- -				
	六角车床车削								—	—	—	—	- -	- -	- -				
	自动车削								—	—	—	—	- -	- -					
	钻										—	—	—	—	- -				
	铰							—	—	—	—	- -	- -						
	镗							—	—	—	—	- -	- -						
	精镗				—	—	—	—	- -	- -									
	外圆磨				—	—	—	—	- -	- -									
	研磨		—	—	—	—	- -	- -											

注：粗线、细线、虚线代表加工成本，三者之间比例为 1∶2.5∶5。

a. 常用尺寸段，较高公差等级（8 级或以上）时，考虑到孔的加工一般比轴困难，故推荐采用孔比轴低一级的配合（如 ϕ100H7/m6）。

b. 常用尺寸段，较低公差等级时，孔、轴加工与测量难易程度相当，故推荐孔、轴采用同级配合（如 ϕ100H10/d10）。

c. 大尺寸段，孔的加工比轴难一些，而轴的测量相对比孔难一些，综合考虑，推荐采用同级配合（如 ϕ3 000H8/f8）。

d. 特小尺寸段（≤3mm），由于加工工艺的多样

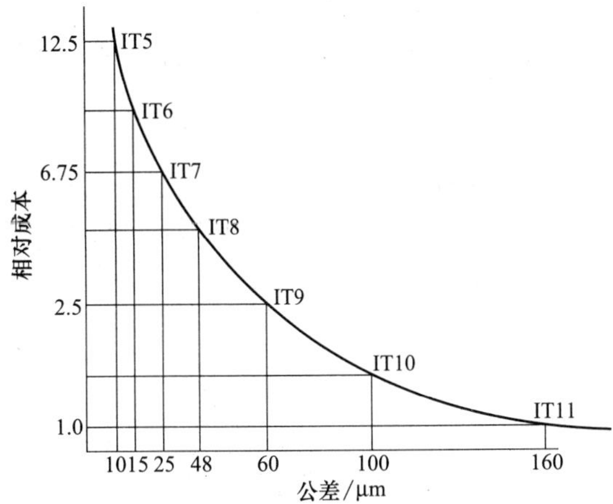

图 3-2-22　尺寸精度与加工成本之间的关系

化，故孔、轴公差可根据不同情况满足 $T_H = T_S$ 或 $T_H > T_S$ 或 $T_H < T_S$（级差 1～3 级，如钟表工业）。

③ 应综合考虑配合及与典型零（部）件的精度匹配

a. 联系配合考虑。由于孔、轴的公差等级（或公差值），直接影响配合的精度（T_f），所以配合要求中必然包含对孔、轴公差的要求。比如：对过渡配合或过盈配合，一般要求配合的稳定性较高，即不允许其间隙或过盈的变动量太大，否则满足不了定心或传力的要求，因此，应选较高的公差等级（如：过渡配合应在 8 级或以上，过盈配合在 7 级或以上）。而对间隙配合，允许有间隙变动较大的情况时，一般情况下，间隙小，其公差等级应选高一些（如 H6/g5）；间隙大，其公差等级应选低一些（如 H10/a10），若反过来就不合理了。

b. 联系与典型零（部）件的精度匹配。比如轴与齿轮孔相配时，其轴、孔的公差等级应与齿轮的精度等级匹配。一般情况下，如齿轮精度等级为 6 级，其齿轮孔与轴的公差等级应取 IT6 及 IT5 等。

④ 必须统筹考虑尺寸精度、形位精度以及表面粗糙度之间关系的协调问题。表 3-2-52 和表 3-2-53 可供参考。

表 3-2-52　用普通材料和一般生产过程所能得到的典型粗糙度数值

方法	粗糙度数值 Ra/μm											
	50	25	12.5	6.3	3.2	1.6	0.8	0.4	0.2	0.1	0.05	0.025
火焰切割		- -	——	- -								
粗磨		- -	——	——	- -							
锯削		- -	——	——	——	- -						
包削和削插		- -	——	——	——	——	——	- -				
钻削				- -	——	——	- -					
化学铣				- -	——	——	- -					
电火花加工				- -	——	——	- -					
铣削			- -	- -	——	——	——	- -	- -			
拉削					- -	——	——	- -				
铰孔					- -	——	——	- -				
镗、车削			- -	- -	——	——	——	——	- -	- -	- -	
滚筒光整						- -	- -	——	——	- -	- -	
电解磨削								- -	——	- -		
滚压抛光								- -	——	- -		
磨削					- -	- -	——	——	——	——	- -	- -
珩磨							- -	——	——	——	- -	- -
抛光								- -	——	——	——	- -
研磨								- -	——	——	——	- -
超精加工								- -	- -	——	——	- -
砂型铸造		- -	——	- -								
热滚轧		- -	——	- -								
锻			- -	——	——	- -						
永久模铸造					- -	——	- -					
熔模铸造					- -	——	——	- -				
挤压				- -	- -	——	——	- -				
冷轧、拉拔					- -	——	——	- -	- -			
压铸						- -	——	- -				

注：粗实线为平均适用，虚线为不常用。

第 3 篇

表 3-2-53 公差等级与表面粗糙度的对应关系

μm

公差等级(IT)	公称尺寸/mm	表面粗糙度 Ra 值不大于		公差等级(IT)	公称尺寸/mm	表面粗糙度 Ra 值不大于		公差等级(IT)	公称尺寸/mm	表面粗糙度 Ra 值不大于	
		轴	孔			轴	孔			轴	孔
5	<6	0.2	0.2	8	<3	0.8	0.8	11	<10	3.2	3.2
	>6~30	0.4	0.4		>3~30	1.6	1.6		>10~120	6.3	6.3
	>30~180	0.8	0.8		>30~250	3.2	3.2		>120~500	12.5	12.5
	>180~500	1.6	1.6		>250~500	3.2	6.3				
6	<10	0.4	0.8	9	<6	1.6	1.6	12	<80	6.3	6.3
	>10~80	0.8	0.8		>6~120	3.2	3.2		>80~250	12.5	12.5
	>80~250	1.6	1.6		>120~400	6.3	6.3		>250~500	25	25
	>250~500	3.2	3.2		>400~500	12.5	12.5				
7	<6	0.8	0.8	10	<10	3.2	3.2	13	<30	6.3	6.3
	>6~120	1.6	1.6		>10~120	6.3	6.3		>30~120	12.5	12.5
	>120~500	3.2	3.2		>120~250	12.5	12.5		>120~500	25	25

2.6.2.3 配合的选用

选择配合主要是为了合理地解决结合零件（孔与轴）在工作时的相互关系，以保证机器的正常运转。因此，正确选择配合对提高机器的工作性能、延长使用寿命和降低成本均起着重要的作用。选择时可分两步进行。

（1）根据工作要求确定配合类别

① 若工作时配合件之间有相对运动，只能选用间隙配合；若机器工作时不要求配合件之间有相对运动，并靠键、销或螺钉等使之固紧，则也可以选用间隙配合。

② 若配合件工作时无相对运动，且要求定心，甚至有时还要传递运动或受力，则需要选用过盈配合。

③ 若配合件工作时无相对运动，基本不受力或主要用于定心和便于装拆，则应选用过渡配合。

（2）根据工作条件和要求选择配合

① 配合类别选定之后，根据具体的使用要求，按一定的理论如润滑理论等计算或按其他方法确定配合的间隙或过盈量，进一步利用下列关系确定非基准件的基本偏差代号。

假定通过前面的设计步骤已选定基孔制，孔、轴公差等级或公差值（T_H、T_S），则：

a. 对于间隙配合，考虑到非基准件基本偏差（es）与配合的最小间隙之间的关系

$$|es| = |X_{min}| \tag{3-2-5}$$

因此，可按要求的最小间隙量来确定具体的轴的基本偏差代号。

b. 对于过盈配合，可以按最小过盈量选定具体的轴的基本偏差代号，关系式为

$$ei = T_H + |Y_{min}| \tag{3-2-6}$$

c. 对于过渡配合，轴的基本偏差与配合的最松情况（X_{max}）之间有如下关系

$$ei = T_H - X_{max} \tag{3-2-7}$$

据此，可确定过渡配合轴的基本偏差代号。

② 配合类别选定之后，若按同类型机器的配合使用情况，采用类比法确定配合松紧程度时，应考虑所设计机器的具体工作条件对配合间隙或过盈量的影响，进行对比分析及必要的修正（见表 3-2-54）。对于间隙配合，应考虑运动特性、运动条件及运动精度以及工作时的温度影响等；对于过盈配合，应考虑负荷的大小、特性、所用材料的许用应力、装配条件、装配变形以及温度影响等；对于过渡配合，应考虑定心精度以及拆卸频繁程度等要求。

③ 应尽量选用优先、常用配合，见表 3-2-55。

④ 配合选择过程中，还应注意考虑以下几方面的问题。

表 3-2-54 间隙或过盈修正表

具体情况	过盈应增或减	间隙应增或减	具体情况	过盈应增或减	间隙应增或减
材料许用应力小	减		旋转速度较高	增	增
经常拆卸	减		有轴向运动		增
有冲击负荷	增	减	润滑油黏度较大		增
工作时孔的温度高于轴的温度	增	减	表面粗糙度较高	增	减
工作时孔的温度低于轴的温度	减	增	装配精度较高	减	减

第3篇

续表

具 体 情 况	过盈应增或减	间隙应增或减	具 体 情 况	过盈应增或减	间隙应增或减
配合长度较大	减	增	孔材料的线胀系数大于轴材料的线胀系数	增	减
零件形状误差较大	减	增	孔材料的线胀系数小于轴材料的线胀系数	减	增
装配时可能歪斜	减	增	单件小批生产	减	增

表 3-2-55　　优先配合选用说明

优先配合		说　明
基孔制	基轴制	
$\frac{H11}{c11}$	$\frac{C11}{h11}$	间隙非常大，用于很松的、转动很慢的动配合，要求大公差与大间隙的外露组件，要求装配方便的很松的配合。相当于旧国标 D6/dd6
$\frac{H9}{d9}$	$\frac{D9}{h9}$	间隙很大的自由转动配合，用于精度非主要要求，或有大的温度变动、高转速或大的轴颈压力时。相当于旧国标 D4/de4
$\frac{H8}{f7}$	$\frac{F8}{h7}$	间隙不大的转动配合，用于中等转速与中等轴颈压力的精确转动，也用于装配较易的中等定位配合。相当于旧国标 D/dc
$\frac{H7}{g6}$	$\frac{G7}{h6}$	间隙很小的滑动配合，用于不希望自由转动，但可自由移动和滑动并精密定位时，也可用于要求明确的定位配合。相当于旧国标 D/db
$\frac{H7}{h6}$ $\frac{H8}{h7}$ $\frac{H9}{h9}$ $\frac{H11}{h11}$	$\frac{H7}{h6}$ $\frac{H8}{h7}$ $\frac{H9}{h9}$ $\frac{H11}{h11}$	均为间隙定位配合，零件可自由装拆，而工作时一般相对静止不动。在最大实体条件下的间隙为零，在最小实体条件下的间隙由公差等级决定，H7/h6 相当于 D/d，H8/h7 相当于 D3/d3，H9/h9 相当于 D4/d4，H11/h11 相当于 D6/d6
$\frac{H7}{k6}$	$\frac{K7}{h6}$	过渡配合，用于精密定位，相当于旧国标 D/gc
$\frac{H7}{n6}$	$\frac{N7}{h6}$	过渡配合，允许有较大过盈的更精密定位，相当于旧国标 D/ga
$\frac{H7}{p6}$	$\frac{P7}{h6}$	过盈定位配合，即小过盈配合，用于定位精度特别重要时，能以最好的定位精度达到部件的刚性及对中的性能要求，而对内孔承受压力无特殊要求，不依靠配合的紧固性传递摩擦负荷，H7/p6 相当于旧国标 D/ga～D/jf
$\frac{H7}{s6}$	$\frac{S7}{h6}$	中等压入配合，适用于一般钢件，或用于薄壁件的冷缩配合，用于铸铁件可得到最紧的配合，相当于旧国标 D/je
$\frac{H7}{u6}$	$\frac{U7}{h6}$	压入配合，适用于可以受高压力的零件或不宜承受大压入力的冷缩配合

a. 热变形的影响。对于在高温或低温下工作的机械，应考虑孔、轴热胀冷缩对配合间隙或过盈的影响，故由热变形引起的间隙或过盈变化量可估算为：

$$\Delta = D(\alpha_H \Delta t_H - \alpha_S \Delta t_S) \qquad (3\text{-}2\text{-}8)$$

式中　D——配合件的公称尺寸；

α_H，α_S——孔、轴材料线胀系数；

Δt_H，Δt_S——孔、轴实际工作温度与标准温度（20℃）的差值。

国家标准规定的标准温度是 20℃，其含义是图样上在 20℃时标注的公差与配合，检验结果也应以 20℃为准。所以若实际工作温度不是 20℃，一般应按工作时的配合要求，换算为 20℃时的配合标注在图样上。这对于高温或低温下工作的机械，特别是孔、轴温差较大或线胀系数相差较大时，尤为必要。

b. 装配变形的影响。在一些机械结构中，如图 3-2-23 所示的座孔、套筒与轴的配合，由于套筒外表面与座孔的配合有过盈，必然使压装后的套筒内孔收缩变小，影响套筒内孔与轴的配合。因此，对有装配变形的套筒类零件，应考虑压装后孔收缩率的影响，在设计或工艺上采取措施，保证装配图上要求的配合

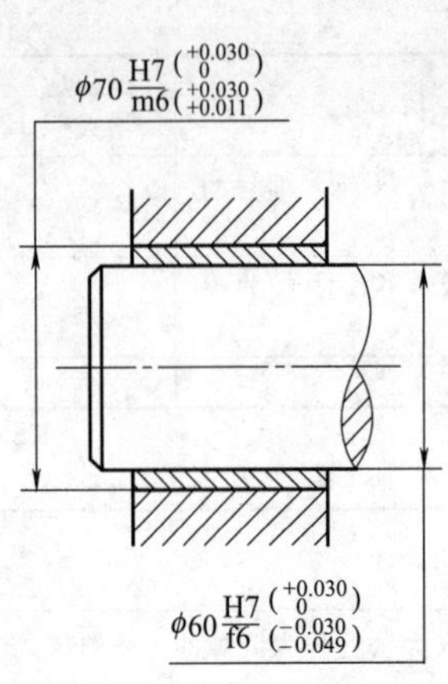

图 3-2-23 有装配变形的配合

性质不变（装配图上标注的配合是装配以后的要求）。其具体措施有：设计时，可考虑对公差带进行必要的修正，如上移内孔公差带，扩大孔的极限尺寸；或在工艺上采取压入套筒后再精加工内孔，以保证内孔与轴配合性质不变。

c. 加工方式与尺寸分布特性的影响。实际尺寸的分布特性直接影响配合的松紧程度，而尺寸的分布特性又与生产方式密切相关，如图 3-2-24 所示。

一般成批大量生产时，多用“调整法”加工。尺寸分布接近正态分布，如图 3-2-24 中实线分布；而

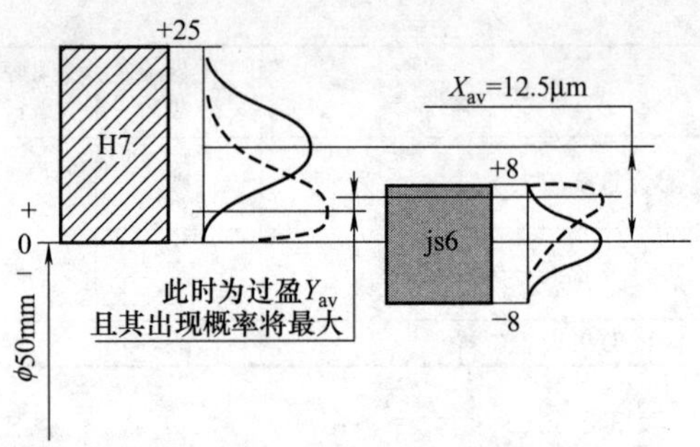

图 3-2-24 尺寸分布特性对配合的影响

单件小批生产时，多用“试切法”加工，孔、轴尺寸分布中心多偏向其最大实体尺寸，即孔偏小、轴偏大，如图 3-2-24 中虚线分布。因此，即便选择相同的配合，但用不同的生产方式，所得到的实际配合性质也是不同的，“试切法”往往比“调整法”来得紧，如图示“调整法”平均有间隙 $\overline{X}_{av}$；“试切法”平均有过盈 $\overline{Y}_{av}$，尤其是过渡配合和小间隙的伺隙配合，对此反应尤为敏感。因此，在设计时应考虑到这种影响，可能的情况下适当调整配合的松紧或在工艺上采取相应的措施，控制实际尺寸的分布。

2.6.2.4 配合的应用示例

表 3-2-56 给出了配合的应用示例。

表 3-2-56 配合的应用实例

配合	基本偏差	配合特性	应用实例
间隙配合	a、b	可得到特别大的间隙，应用很少	H12/b12　H12/h12 管道法兰连接用的配合
	c	可得到很大的间隙，一般适用于缓慢、松弛的动配合。用于工作条件较差（如农业机械），受力变形，或为了便于装配，而必须保证有较大的间隙时，推荐配合为 H11/c11。其较高等级的配合，如 H8/c7 适用于轴在高温工作的紧密动配合，例如内燃机排气阀和导管	H7/h6　H7/c8　H6/t5 内燃机气门导杆与座的配合

续表

配合	基本偏差	配合特性	应用实例
间隙配合	d	配合一般用于IT7～IT11级，适用于松的转动配合，如密封盖、滑轮、空转带轮等与轴的配合，也适用于大直径滑动轴承配合，如透平机、球磨机、轧滚成形和重型弯曲机，以及其他重型机械中的一些滑动支承 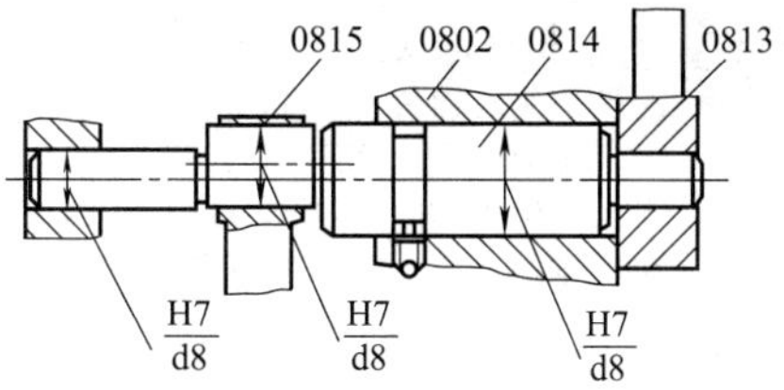 0815 0802 0814 0813 H7/d8 H7/d8 H7/d8 C616车床尾座中偏心轴与尾座体孔的结合	
	e	多用于IT7～IT9级，通常适用于要求有明显间隙，易于转动的支承配合，如大跨距支承、多支点支承等配合。高等级的e轴适用于大的、高速、重载支承，如蜗轮发电机、大电动机的支承及内燃机主要轴承、凸轮轴支承、摇臂支承等配合	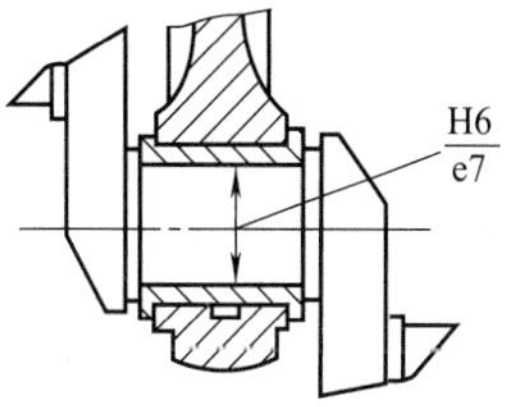 H6/e7 内燃机主轴承
	f	多用于IT6～IT8级的一般转动配合，当温度影响不大时，被广泛用于普通润滑油（或润滑脂）润滑的支承，如齿轮箱、小电动机、泵等的转轴与滑动支承的配合	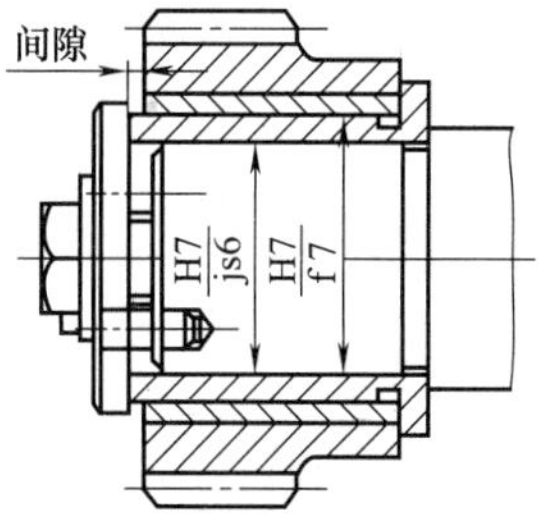 间隙 H7/js6 H7/f7 齿轮轴套与轴的配合
	g	配合间隙很小，制造成本高，除很轻负荷的精密装置外，不推荐用于转动配合。多用于IT5～IT7级，最适合不回转的精密滑动配合，也用于插销等定位配合，如精密连杆轴承、活塞及滑阀、连杆销等	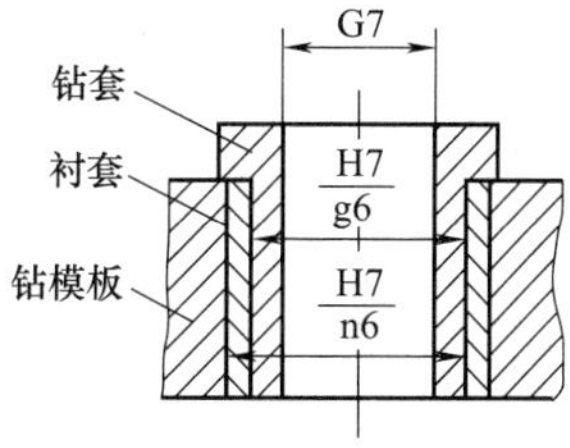 G7 钻套 衬套 钻模板 H7/g6 H7/n6 钻套与衬套的结合
	h	多用于IT4～IT11级，广泛用于无相对转动的零件，作为一般的定位配合。若没有温度、变形影响，也用于精密滑动配合	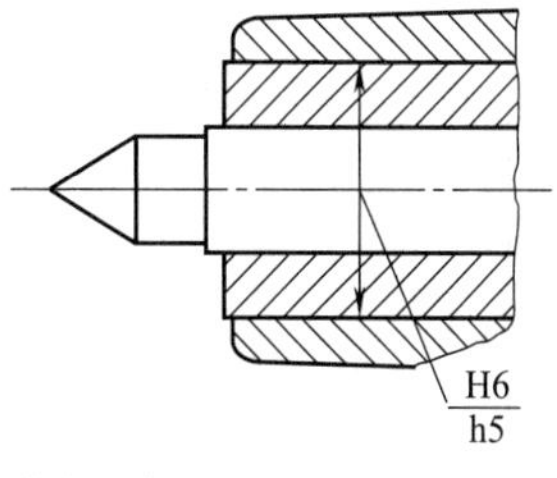 H6/h5 车床尾座体孔与顶尖套筒的结合

第3篇

续表

配合	基本偏差	配合特性	应用实例
过渡配合	js	为完全对称偏差(±IT/2)，平均起来为稍有间隙的配合，多用于IT4～IT7级，要求间隙比h轴小，并允许略有过盈的定位配合，如联轴器，可用手或木槌装配	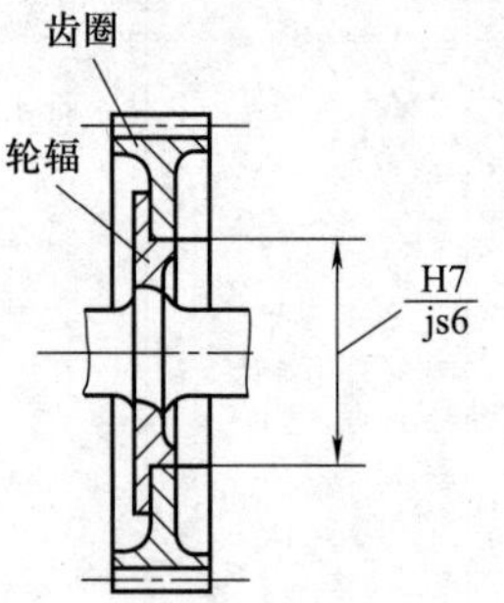 齿圈 轮辐 H7/js6 齿圈与钢轮辐的结合
	k	平均起来没有间隙的配合，适用IT4～IT7级，推荐用于稍有过盈的定位配合，例如为了消除振动用的定位配合，一般用木槌装配	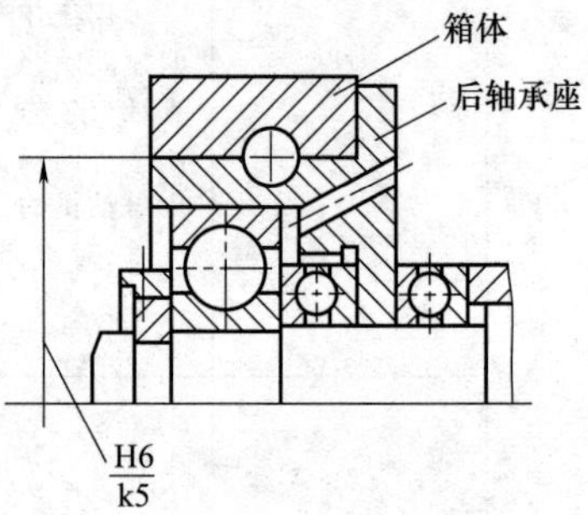 箱体 后轴承座 H6/k5 某车床主轴后轴承座与箱体孔的结合
	m	平均起来具有不大过盈的过渡配合。适用IT4～IT7级，一般可用木槌装配，但在最大过盈时，要求相当的压入力	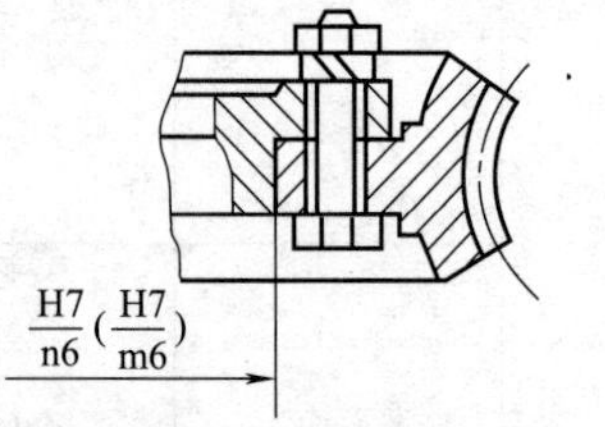 H7/n6 (H7/m6) 蜗轮青铜轮缘与轮辐的结合
	n	平均过盈比m轴稍大，很少得到间隙，适用IT4～IT7级，用锤或压力机装配，通常推荐用于紧密的组件配合，H6/n5配合时为过盈配合	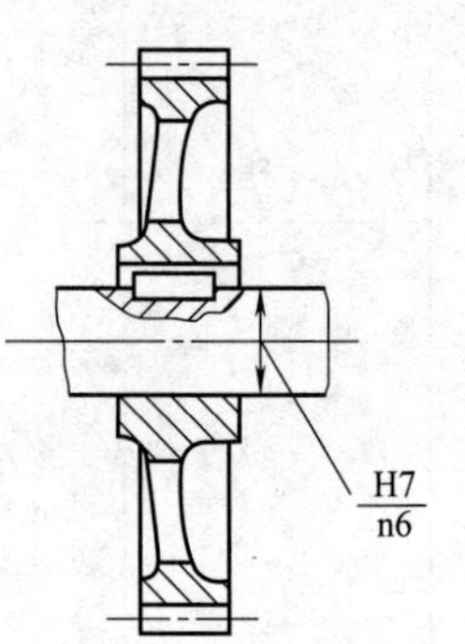 H7/n6 冲床齿轮与轴的结合

续表

配合	基本偏差	配合特性	应用实例
过盈配合	p	与H6或H7配合时是过盈配合，与H8孔配合时则为过渡配合。对非铁制零件，为较轻的压入配合，当需要时易于拆卸。对钢、铸铁或铜、钢组件装配，是标准压入配合	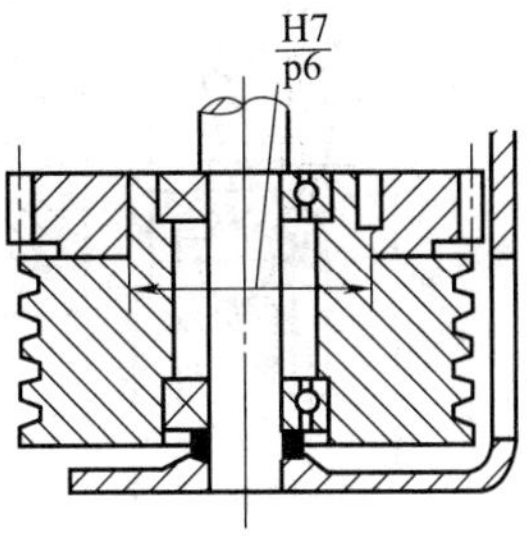 H7/p6 卷扬机的绳轮与齿圈的结合
	r	对铁制零件为中等打入配合，对非铁制零件为轻打入配合，当需要时可以拆卸。与H8孔配合，直径在100mm以上时为过盈配合，直径小时为过渡配合	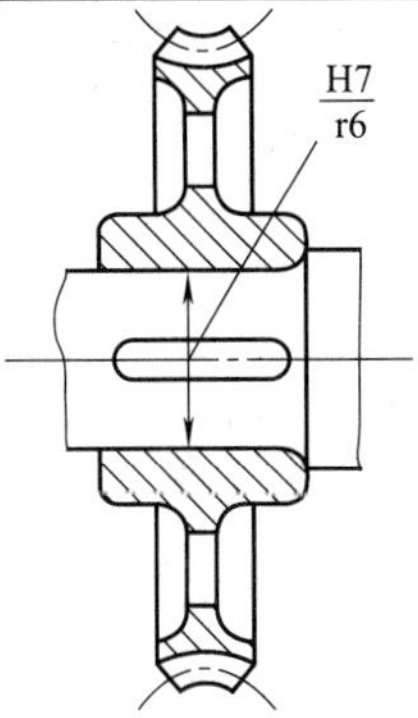 H7/r6 蜗轮与轴的结合
	s	用于钢和铁制零件的永久性和半永久性装配，可产生相当大的结合力。当用弹性材料，如轻合金时，配合性质与铁制零件的p公差座的轴相当。例如套环压装在轴上、阀座等配合。尺寸较大时，为了避免损伤配合表面，需用热胀或冷缩法装配	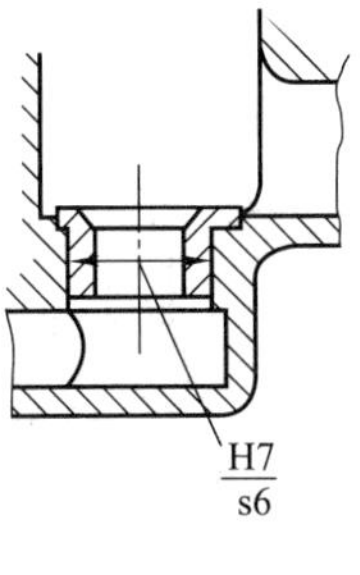 H7/s6 水泵阀座与壳体的结合
	t u v x y z	过盈量依次增大，一般不推荐	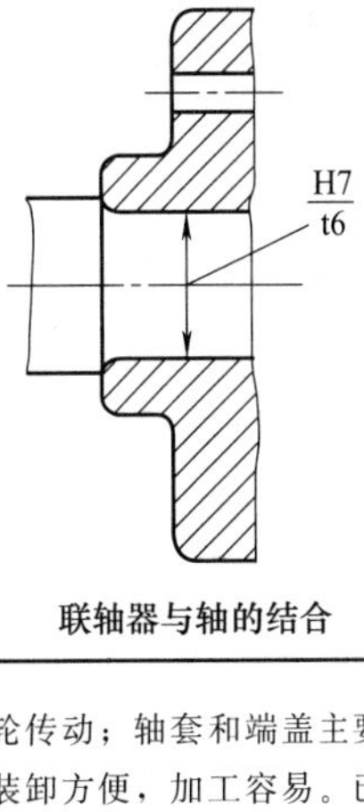 H7/t6 联轴器与轴的结合

2.6.3 应用示例分析

【例2】 图3-2-25为某减速器一传动轴的局部装配图。其中，轴通过键带动齿轮传动；轴套和端盖主要起保证轴承轴向定位的作用，要求装卸方便，加工容易。已根据有关标准确定：滚动轴承精度等级为0级；齿轮精度等级为7级。试分析确定图示各处的配合。

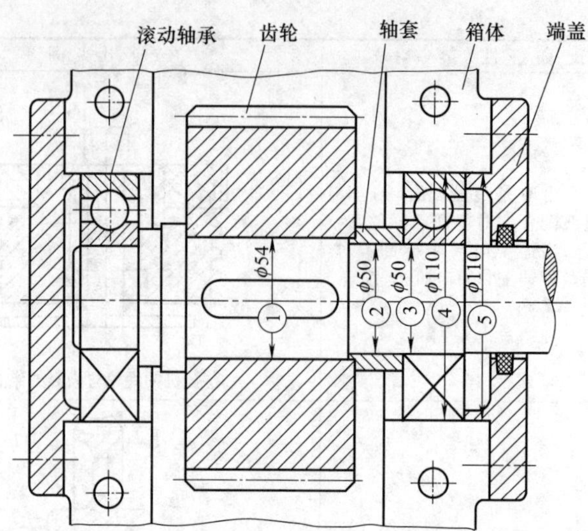

设计结果：
①处的配合代号：ϕ54H7/p6
②处的配合代号：ϕ50F8/k6
③处的配合代号：ϕ50k6
④处的配合代号：ϕ110J7
⑤处的配合代号：ϕ110J7/e9

图 3-2-25 综合应用示例

（1）分析确定齿轮孔与轴的配合代号

齿轮孔与轴的配合一般采用基孔制，根据齿轮的精度等级为7级，确定齿轮孔的公差带为 ϕ54H7，根据工艺等价原则，与其配合的轴的公差等级为 IT6，该处配合要求通过键传递运动，还要求有一定的定心精度，故该处应选择小过盈配合，由表 3-2-42 选用优先配合，即轴公差带选为 ϕ54p6，即：①处的配合代号为 ϕ54H7/p6，其公差带图解如图 3-2-26（a）所示。

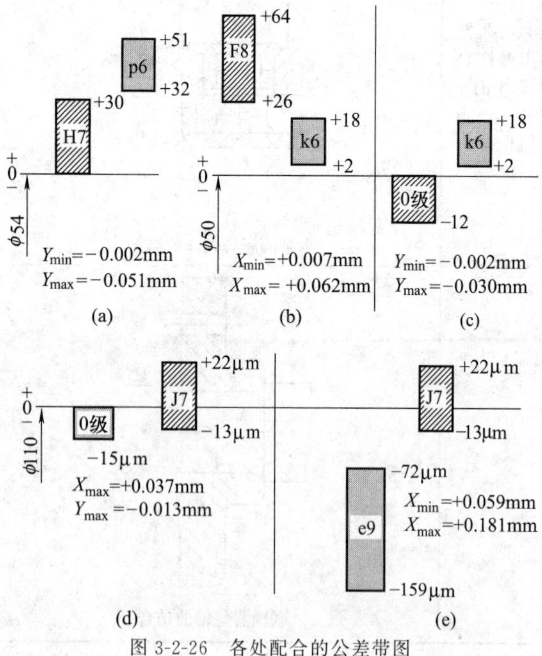

图 3-2-26 各处配合的公差带图

（2）分析确定与滚动轴承相配合的轴颈及箱体孔的配合代号

a. 基准制。因为滚动轴承精度为标准件，与滚动轴承相配合的轴颈及箱体孔的基准制选择应以轴承为准，即滚动轴承内圈与轴的配合采用基孔制；外圈与箱体孔的配合采用基轴制。

b. 公差带及配合。与滚动轴承相配合的轴颈及箱体孔公差等级的确定，要考虑与滚动轴承的精度（0级）匹配，根据轴承的工作条件及工作要求分别确定轴颈的等级为 IT6，箱体孔的精度等级为 IT7；基本偏差代号分别为 k 和 J。即图中③轴颈配合处应标注“ϕ50k6”，④壳体孔配合处应标注“ϕ110J7”，其公差带图解分别如图 3-2-26（c）、（d）所示。

（3）分析确定转轴与轴套的配合代号

图 3-2-25②、③处结构为典型的一轴配两孔，且配合性质又不相同，其中轴承内圈与轴的配合要求较紧，而轴套与轴的配合要求较松，若按基准制选用原则，②处的配合应选用基轴制。但是需要注意的是，轴承内圈与轴的配合只能选用基孔制，而且前面已确定轴的公差带代号为“ϕ50k6”。如果轴套与轴的配合选用基轴制，则势必造成同一轴不同段按不同的公差等级进行加工，既不经济，也不利于装配。如果按基孔制使之形成“ϕ50H7/k6”的配合，则满足轴套与轴配合应有间隙的要求。故从满足轴套工作要求出发，兼顾考虑加工的便利及经济性，选用轴套孔公差带为 ϕ50F8，使之与 ϕ50k6 轴形成间隙配合。故：②处的配合代号为：“ϕ50F8/k6”。

如图 3-2-26（b）所示，其极限间隙为：＋0.007～＋0.062mm，满足了设计要求。

（4）分析确定端盖与箱体孔的配合代号

与轴套配合分析类似，由于与滚动轴承相配合，箱体孔的公差带已经确定，端盖与箱体孔之间为间隙配合，且配合精度要求不高，为避免箱体孔制成阶梯形，可选端盖公差带为 ϕ110e9，其公差带图解如图 3-2-26（e）所示，即⑤处的配合代号为：“ϕ110J7/e9”。

2.7　圆锥的公差与配合

圆锥配合在机器、仪器及工具等结构中应用很广。按使用功能，圆锥可分为：①静止锥，如借以传递扭矩的刀具锥柄、提高重载零件定心精度的定心锥套、用以紧固连接的锥形胀套及定位锥销等；②活动锥，如机床顶尖，可调整间隙的滑动轴承，圆锥滚子轴承内、外圈沟道及滚子等；③检验锥，如检验圆锥零件所用的锥度塞规与环规；④摩擦锥，如用于各种摩擦制定器、联轴器及传动装置中的圆锥；⑤调整锥，如用于各种摩擦机构中改变轴间传动比、旋转方向或转速的圆锥；⑥计算锥，如用于各种对数或乘法计算机构中的圆锥；⑦自由锥，用于非配合的圆锥。

与圆柱配合相比较，圆锥配合具有如下主要特点：①对中性好，圆锥配合不仅能保证结合件相互自动对准中心，而且经过多次装拆也不受影响；②配合的间隙或过盈大小可以调整，通过调整内、外圆锥的轴向相对位置，可以改变圆锥配合间隙或过盈的大小，得到不同的配合性质，且可补偿配合表面的磨损，延长零件的使用寿命；③配合紧密且易装拆，内外圆锥的表面经过配对研磨后，配合起来具有良好的自锁性和密封性。圆锥配合虽然有以上优点，但它与圆柱配合相比，结构复杂，影响互换性的参数比较多，加工和检测比较困难，故其应用不如圆柱配合广泛。

我国圆锥公差与配合标准体系中，现行的国家标准主要有：

GB/T 157—2001《产品几何量技术规范（GPS）圆锥的锥度与锥角系列》

GB/T 11334—2005《产品几何量技术规范（GPS）圆锥公差》

GB/T 12360—2005《产品几何量技术规范（GPS）圆锥配合》

GB/T 15755—1995《圆锥过盈配合的计算和选用》

GB/T 15754—1995《技术制图　圆锥的尺寸和公差注法》

与之相关的标准有：

GB/T 4096—2001《产品几何量技术规范（GPS）棱体的角度与斜度系列》

GB/T 1804—2000《一般公差　未注公差的线性和角度尺寸的公差》

2.7.1　圆锥的锥度与锥角系列

GB/T 157—2001《产品几何量技术规范（GPS）圆锥的锥度与锥角系列》规定了机械工程一般用途圆锥的锥度与锥角系列。本标准仅适用于光滑圆锥，不适用于锥螺纹、伞齿轮等。

2.7.1.1　术语及定义

锥度与锥角系列的术语及定义列于表3-2-57。

表3-2-57　锥度与锥角系列的术语与定义

术语	定义与图示
圆锥表面	与轴线成一定角度，且一端相交于轴线的一条直线段（母线），围绕着该轴线旋转形成的表面 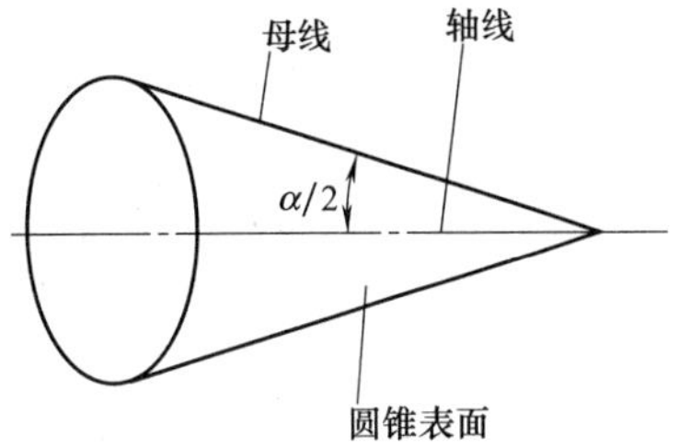
圆锥	由圆锥表面与一定尺寸所限定的几何体
圆锥角（α）	在通过圆锥轴线的截面内，两条素线间的夹角 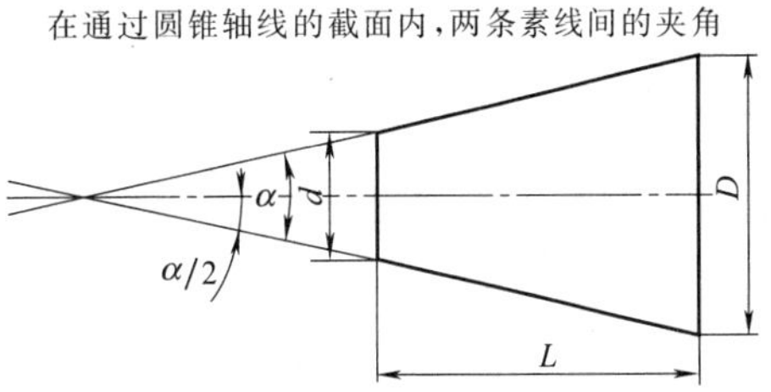
圆锥长度 L	最大圆锥直径截面与最小圆锥直径截面之间的轴向距离
锥度（C）	两个垂直圆锥轴线截面的圆锥直径 D 和 d 之差与该两截面之间的轴向距离 L 之比 $C=\dfrac{D-d}{L}$ 锥度 C 与圆锥角 α 的关系为： $C=2\tan\dfrac{\alpha}{2}=1:\dfrac{1}{2}\cot\dfrac{\alpha}{2}$ 锥度一般用比例或分式形式表示

2.7.1.2　一般用途的锥度与锥角系列

一般用途圆锥的锥度与锥角系列见表3-2-58。选用时，应优先选用系列1；当不能满足需要时，选用系列2。为便于圆锥件的设计、生产和控制，表中给出了圆锥角或锥度的推算值，其有效位数可按需要确定。

2.7.1.3　特定用途的圆锥

特定用途的圆锥见表3-2-59。

表 3-2-58 一般用途圆锥的锥度与锥角系列

基本值		推算值			
		圆锥角 α			锥度 C
系列 1	系列 2	(°)(′)(″)	(°)	rad	
120°		—	—	2.09439510	1∶0.2886751
90°		—	—	1.57079633	1∶0.5000000
	75°	—	—	1.30899694	1∶0.6516127
60°		—	—	1.04719755	1∶0.8660254
45°		—	—	0.78539816	1∶1.2071068
30°		—	—	0.52359878	1∶1.8660254
1∶3		18°55′28.7199″	18.92464442°	0.33029735	—
	1∶4	14°15′0.1177″	14.25003270°	0.24870999	—
1∶5		11°25′16.2706″	11.42118627°	0.19933730	—
	1∶6	9°31′38.2202″	9.52728338°	0.16628246	—
	1∶7	8°10′16.4408″	8.17123356°	0.14261493	—
	1∶8	7°9′9.6075″	7.15266875°	0.12483762	—
1∶10		5°43′29.3176″	5.72481045°	0.09991679	—
	1∶12	4°46′18.7970″	4.77188806°	0.08328516	—
	1∶15	3°49′5.8975″	3.81830487°	0.06664199	—
1∶20		2°51′51.0925″	2.86419237°	0.04998959	—
1∶30		1°54′34.8570″	1.90968251°	0.03333025	—
1∶50		1°8′45.1586″	1.14587740°	0.01999933	—
1∶100		34′22.6309″	0.57295302°	0.00999992	—
1∶200		17′11.3219″	0.28647830°	0.00499999	—
1∶500		6′52.5295″	0.11459152°	0.00200000	—

注：系列 1 中 120°～1∶3 的数值近似按 R10/2 优先数系列，1∶5～1∶500 按 R10/3 优先数系列（见 GB/T 321—2005）。

表 3-2-59 特定用途的圆锥

基本值	推算值				标准号 GB/T (ISO)	用途
	圆锥角 α			锥度 C		
	(°)(′)(″)	(°)	rad			
11°54′	—	—	0.20769418	1∶4.7974511	(5237) (8489-5)	纺织机械和附件
8°40′	—	—	0.15126187	1∶6.5984415	(8489-3) (8489-4) (324.575)	
7°	—	—	0.12217305	1∶8.1749277	(8489-2)	
1∶38	1°30′27.7080″	1.50769667°	0.02631427	—	(368)	
1∶64	0°53′42.8220″	0.89522834°	0.01562468	—	(368)	
7∶24	16°35′39.4443″	16.59429008°	0.28962500	1∶3.4285714	3837—2001 (297)	机床主轴工具配合
1∶12.262	4°40′12.1514″	4.67004205°	0.08150761	—	(239)	贾各锥度 No. 2
1∶12.972	4°24′52.9039″	4.41469552°	0.07705097	—	(239)	贾各锥度 No. 1
1∶15.748	3°38′13.4429″	3.63706747°	0.06347880	—	(239)	贾各锥度 No. 33
6∶100	3°26′12.1776″	3.43671600°	0.05998201	1∶16.6666667	1962—2015 1962.2—2001 (594-1) (595-1) (595-2)	医疗设备
1∶18.779	3°3′1.2070″	3.05033527°	0.05323839	—	(239)	贾各锥度 No. 3
1∶19.002	3°0′52.3956″	3.01455434°	0.05261390	—	1443—2016 (296)	莫氏锥度 No. 5

续表

基本值	推算值				标准号 GB/T (ISO)	用途
	圆锥角 α			锥度 C		
	(°)(′)(″)	(°)	rad			
1∶19.180	2°59′11.7258″	2.98659050°	0.05212584	—	1443—2016 (296)	莫氏锥度 No.6
1∶19.212	2°58′53.8255″	2.98161820°	0.05203905	—	1443—2016 (296)	莫氏锥度 No.0
1∶19.254	2°58′30.4217″	2.97511713°	0.05192559	—	1443—2016 (296)	莫氏锥度 No.4
1∶19.264	2°58′24.8644″	2.97357343°	0.05189865	—	(239)	贾各锥度 No.6
1∶19.922	2°52′31.4463″	2.87540176°	0.05018523	—	1443—2016 (296)	莫氏锥度 No.3
1∶20.020	2°51′40.7960″	2.86133223°	0.04993967	—	1443—2016 (296)	莫氏锥度 No.2
1∶20.047	2°51′26.9283″	2.85748008°	0.04987244	—	1443—2016 (296)	莫氏锥度 No.1
1∶20.288	2°49′24.7802″	2.82355006°	0.04928025	—	(239)	贾各锥度 No.0
1∶23.904	2°23′47.6244″	2.39656232°	0.04182790	—	1443—2016 (296)	布朗夏普 锥度 No.1 至 No.3
1∶28	2°2′45.8174″	2.04606038°	0.03571049	—	(8382)	复苏器(医用)
1∶36	1°35′29.2096″	1.59144711°	0.02777599	—	(5356-1)	麻醉器具
1∶40	1°25′56.3516″	1.43231989°	0.02499870	—		

2.7.2 圆锥公差

GB/T 11334—2005《产品几何量技术规范(GPS) 圆锥公差》规定了圆锥公差的术语和定义、圆锥公差的给定方法及公差数值，适用于锥度 C 为 1∶3～1∶500、圆锥长度 L 为 6～630mm 的光滑圆锥。本标准中的圆锥角公差也适用于按 GB/T 4096—2001 给定的棱体的角度与斜度。

2.7.2.1 术语及定义

圆锥公差的术语及定义列于表 3-2-60。

表 3-2-60 圆锥公差的术语及定义

术语	定义与图示
公称圆锥	由设计给定的理想形状的圆锥。它可用以下两种形式确定 ①一个公称圆锥直径(最大圆锥直径 D、最小圆锥直径 d、给定截面圆锥直径 d_x)、公称圆锥长度 L、公称圆锥角 α 或公称锥度 C ②两个公称圆锥直径和公称圆锥长度 L 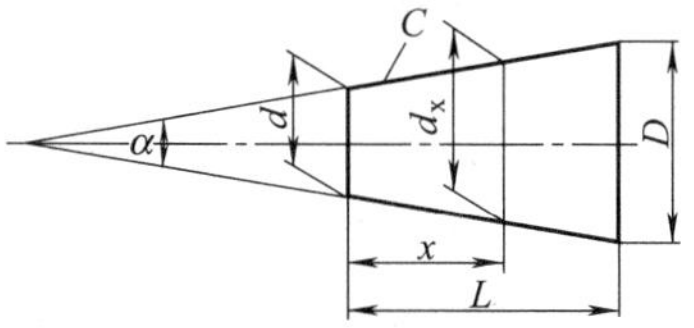
实际圆锥	实际存在并与周围介质分隔的圆锥
实际圆锥直径 d_a	实际圆锥上的任一直径 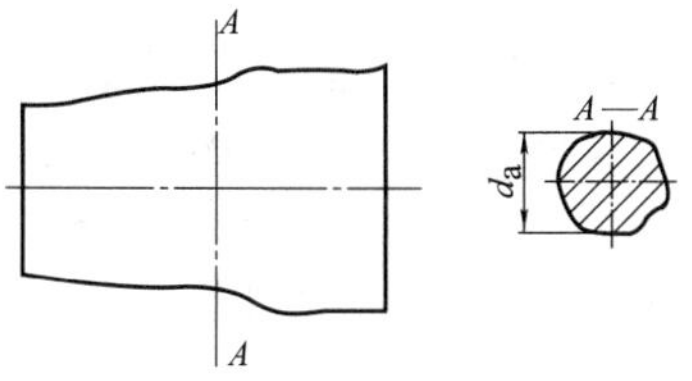
实际圆锥角	实际圆锥的任一轴向截面内，包容其素线且距离为最小的两对平行直线之间的夹角 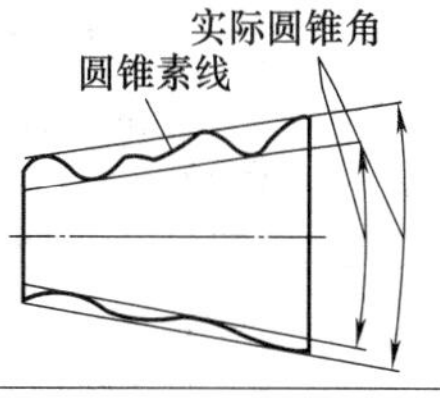
极限圆锥	与公称圆锥共轴且圆锥角相等，直径分别为上极限直径和下极限直径的两个圆锥。在垂直圆锥轴线的任一截面上，这两个圆锥的直径差都相等 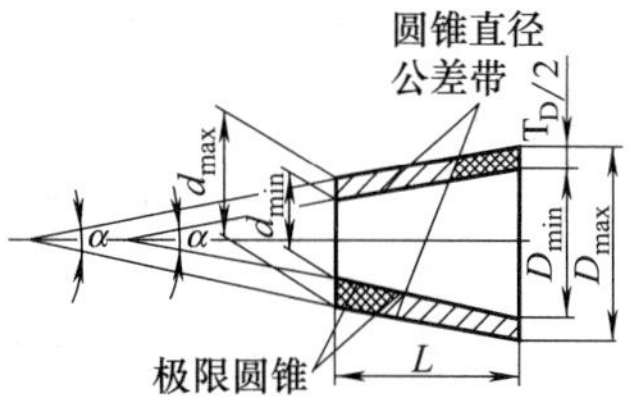
极限圆锥直径	极限圆锥上的任一直径。例如极限圆锥中的 D_{max}、D_{min}、d_{max}、d_{min}

续表

术　语	定义与图示
极限圆锥角	允许的上极限或下极限圆锥角 α_{min}　圆锥角公差区　$AT_D/2$　α_{max}　$AT_\alpha/2$
圆锥直径公差 T_D	圆锥直径的允许变动量，即允许的最大圆锥直径 D_{max}（或 d_{max}）与最小圆锥直径 D_{min}（或 d_{min}）之差。在圆锥轴向截面内两个极限圆锥所限定的区域就是圆锥直径的公差带。圆锥直径公差是一个没有符号的绝对值
圆锥直径公差区	两个极限圆锥所限定的区域。见极限圆锥图
圆锥角公差 AT（AT_α 或 AT_D）	圆锥角的允许变动量。圆锥角公差是一个没有符号的绝对值。 见极限圆锥角图
圆锥角公差区	两个极限圆锥角所限定的区域
给定截面圆锥直径公差 T_{DS}	在垂直圆锥轴线的给定截面内，圆锥直径允许的变动量。给定截面圆锥直径公差是一个没有符号的绝对值 A　d_x　x　$T_{DS}/2$　A—A　给定截面圆锥直径公差区
给定截面圆锥直径公差区	在给定的圆锥截面内，由两个同心圆所限定的区域

2.7.2.2　圆锥公差

（1）圆锥公差的项目

圆锥公差项目包括：①圆锥直径公差 T_D；②圆锥角公差 AT，用角度值 AT_α 或线性值 AT_D 给定；③圆锥的形状公差 T_F，包括素线直线度公差和截面圆度公差；④给定截面圆锥直径公差 T_{DS}。

（2）圆锥公差的给定方法

① 给出圆锥的公称圆锥角 α（或锥度 C）和圆锥直径公差 T_D。由 T_D 确定两个极限圆锥。此时圆锥角误差和圆锥的形状误差均应在极限圆锥所限定的区域内。

当对圆锥角公差、圆锥的形状公差有更高的要求时，可再给出圆锥角公差 AT、圆锥的形状公差 T_F。此时，AT 和 T_F 仅占 T_D 的一部分。

② 给出给定截面圆锥直径公差 T_{DS} 和圆锥角公差 AT。此时，给定截面圆锥直径和圆锥角应分别满足这两项公差的要求。T_{DS} 和 AT 的关系见图 3-2-27。

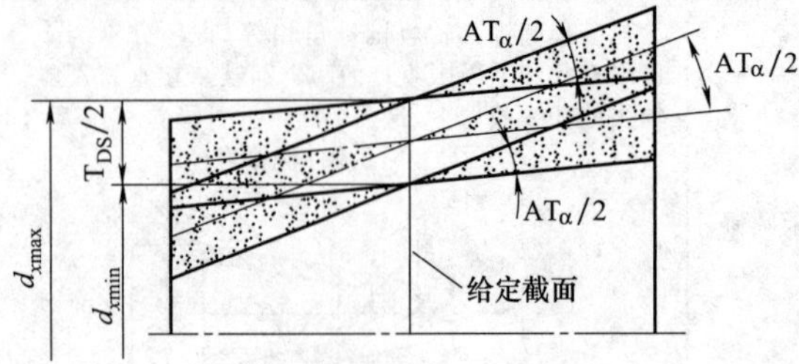

图 3-2-27　T_{DS} 和 AT 的关系

该方法是在假定圆锥素线为理想直线的情况下给出的。当对圆锥形状公差有更高的要求时，可再给出圆锥的形状公差 T_F。

（3）圆锥公差数值

① 圆锥直径公差 T_D。圆锥直径公差 T_D 以公称圆锥直径（一般取最大圆锥直径 D）为公称尺寸，按 GB/T 1800.1—2009 规定的标准公差选取。

② 给定截面圆锥直径公差 T_{DS}。给定截面圆锥直径公差 T_{DS} 以给定截面圆锥直径 d_x 为公称尺寸，按 GB/T 1800.1—2009 规定的标准公差选取。

③ 圆锥角公差 AT。圆锥角公差 AT 共分为 12 个公差等级，用 AT1、AT2、…、AT12 表示。圆锥角公差数值见表 3-2-61。表中数值用于棱体的角度时，以该角短边长度 L 选取公差值。如需要更高或更低等级的圆锥角公差时，按公比 1.6 向两端延伸得到。更高等级用 AT0、AT01、…表示。更低等级用 AT13、AT14、…表示。

（4）圆锥角公差可以用两种形式表示：

AT_α——以角度单位 μrad 或以（°）、min、s 表示；

AT_D——以长度单位 μm 表示。

AT_α 和 AT_D 的关系如下：

$$AT_D = AT_\alpha \times L \times 10^{-3} \tag{3-2-9}$$

式中，AT_D 单位为 μm；AT_α 单位为 μrad；L 单位为 mm。

AT_D 值应按式（3-2-9）计算。表中仅给出与圆锥长度 L 的尺寸段相对应的 AT_D 范围值。AT_D 计算结果的尾数按 GB/T 4112～4116 的规定进行修约，其有效位数应与表中所列该 L 尺寸段的最大范围位数相同。

表 3-2-61　　**圆锥角公差数值**

公称圆锥长度 L/mm		圆锥角公差等级								
		AT1			AT2			AT3		
		AT_α		AT_D	AT_α		AT_D	AT_α		AT_D
大于	至	μrad	(″)	μm	μrad	(″)	μm	μrad	(″)	μm
自 6	10	50	10	>0.3～0.5	80	16	>0.5～0.8	125	26	>0.8～1.3
10	16	40	8	>0.3～0.6	63	13	>0.6～1.0	100	21	>1.0～1.6
16	25	31.5	6	>0.5～0.8	50	10	>0.8～1.3	80	16	>1.3～2.0
25	40	25	5	>0.6～1.0	40	8	>1.0～1.6	63	13	>1.6～2.5
40	63	20	4	>0.8～1.3	31.5	6	>1.3～2.0	50	10	>2.0～3.2
63	100	16	3	>1.0～1.6	25	5	>1.6～2.5	40	8	>2.5～4.0
100	160	12.5	2.5	>1.3～2.0	20	4	>2.0～3.2	31.5	6	>3.2～5.0
160	250	10	2	>1.6～2.5	16	3	>2.5～4.0	25	5	>4.0～6.3
250	400	8	1.5	>2.0～3.2	12.5	2.5	>3.2～5.0	20	4	>5.0～8.0
400	630	6.3	1	>2.5～4.0	10	2	>4.0～6.3	16	3	>6.3～10.0

公称圆锥长度 L/mm		圆锥角公差等级								
		AT4			AT5			AT6		
		AT_α		AT_D	AT_α		AT_D	AT_α		AT_D
大于	至	μrad	(″)	μm	μrad	(′)(″)	μm	μrad	(′)(″)	μm
自 6	10	200	41	>1.3～2.0	315	1′05″	>2.0～3.2	500	1′43″	>3.2～5.0
10	16	160	33	>1.6～2.5	250	52″	>2.5～4.0	400	1′22″	>4.0～6.3
16	25	125	26	>2.0～3.2	200	41″	>3.2～5.0	315	1′05″	>5.0～8.0
25	40	100	21	>2.5～4.0	160	33″	>4.0～6.3	250	52″	>6.3～10.0
40	63	80	16	>3.2～5.0	125	26″	>5.0～8.0	200	41″	>8.0～12.5
63	100	63	13	>4.0～6.3	100	21″	>6.3～10.0	160	33″	>10.0～16.0
100	160	50	10	>5.0～8.0	80	16″	>8.0～12.5	125	26″	>12.5～20.0
160	250	40	8	>6.3～10.0	63	13″	>10.0～16.0	100	21″	>16.0～25.0
250	400	31.5	6	>8.0～12.5	50	10″	>12.5～20.0	80	16″	>20.0～32.0
400	630	25	5	>10.0～16.0	40	8″	>16.0～25.0	63	13″	>25.0～40.0

(5) 圆锥角的极限偏差

圆锥角的极限偏差可按单向或双向（对称或不对称）取值（见图 3-2-28）。

(6) 圆锥形状公差　按 GB/T 1184—1996 中附录一“图样上注出公差值的规定”选取。

2.7.2.3　圆锥直径公差所能限制的最大圆锥角误差

圆锥长度 L 为 100mm，圆锥直径公差 T_D 所能限制的最大圆锥角误差 $\Delta\alpha_{max}$ 见表 3-2-62。

2.7.2.4　圆锥公差按给出圆锥的理论正确圆锥角和圆锥直径公差时的标注

当圆锥公差按给出圆锥的理论正确圆锥角和圆锥直径公差时所规定的方法给定时，标准推荐在圆锥直径的极限偏差后标注“Ⓣ”符号，如：

$$\phi 50_{0}^{+0.039}Ⓣ$$

注：圆锥公差的标注方法如有相应的国家标准代替时可不按此方法标注。

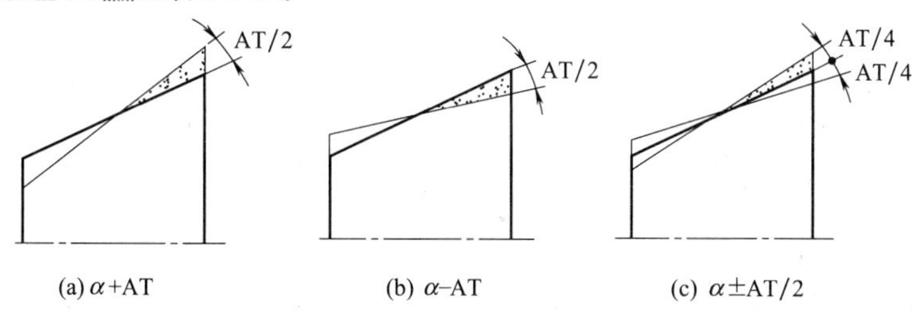

(a) α+AT　　(b) α−AT　　(c) $\alpha\pm$AT/2

图 3-2-28　圆锥角的极限偏差

表 3-2-62 圆锥直径公差与最大圆锥角误差之间的关系

圆锥直径公差等级	圆锥直径/mm						
	≤3	>3～6	>6～10	>10～18	>18～30	>30～50	>50～80
	$\Delta\alpha_{max}/\mu rad$						
IT01	3	4	4	5	6	6	8
IT0	5	6	6	8	10	10	12
IT1	8	10	10	12	15	15	20
IT2	12	15	15	20	25	25	30
IT3	20	25	25	30	40	40	50
IT4	30	40	40	50	60	70	80
IT5	40	50	60	80	90	110	130
IT6	60	80	90	110	130	160	190
IT7	100	120	150	180	210	250	300
IT8	140	180	220	270	330	390	460
IT9	250	300	360	430	520	620	740
IT10	400	480	580	700	840	1000	1200
IT11	600	750	900	1000	1300	1600	1900
IT12	1000	1200	1500	1800	2100	2500	3000
IT13	1400	1800	2200	2700	3300	3900	4600
IT14	2500	3000	3600	4300	5200	6200	7400
IT15	4000	4800	5800	7000	8400	10000	12000
IT16	6000	7500	9000	11000	13000	16000	19000
IT17	10000	12000	15000	18000	21000	25000	30000
IT18	14000	18000	22000	27000	33000	39000	46000

圆锥直径公差等级	圆锥直径/mm					
	>80～120	>120～180	>180～250	>250～315	>315～400	>400～500
	$\Delta\alpha_{max}/\mu rad$					
IT01	10	12	20	25	30	40
IT0	15	20	30	40	50	60
IT1	25	35	45	60	70	80
IT2	40	50	70	80	90	100
IT3	60	80	100	120	130	150
IT4	100	120	140	160	180	200
IT5	150	180	200	230	250	270
IT6	220	250	290	320	360	400
IT7	350	400	460	520	570	630
IT8	540	630	720	810	890	970
IT9	870	1000	1150	1300	1400	1550
IT10	1400	1600	1850	2100	2300	2500
IT11	2200	2500	2900	3200	3600	4000
IT12	3500	4000	4600	5200	5700	6300
IT13	5400	6300	7200	8100	8900	9700
IT14	8700	10000	11500	13000	14000	15500
IT15	14000	16000	18500	21000	23000	25000
IT16	22000	25000	29000	32000	36000	40000
IT17	35000	40000	46000	52000	57000	63000
IT18	54000	63000	72000	81000	89000	97000

注：圆锥长度不等于 100mm 时，需将表中的数值乘以 100/L，L 的单位为 mm。

2.7.3　圆锥配合

GB/T 12360—2005《产品几何量技术规范（GPS）圆锥配合》适用于锥度 C 为 1∶3～1∶500、圆锥长度 L 为 6～630mm，直径 D 至 500mm 的光滑圆锥的配合。其公差的给定方法按"给出圆锥的理论正确圆锥角 α（或锥度 C）和圆锥直径公差 T_D。由 T_D 确定两个极限圆锥。此时，圆锥角误差和圆锥的形状误差均应在极限圆锥所限定的区域内"。

2.7.3.1　圆锥配合的特征

圆锥配合的特征是通过相互结合的内、外圆锥规定的轴向位置来形成间隙或过盈。间隙或过盈是在垂直于圆锥表面方向起作用，但按垂直于圆锥轴线方向给定并测量；对锥度 1∶3 的圆锥垂直于圆锥表面与垂直于圆锥轴线给定的数值之间的差异可忽略不计。

2.7.3.2　圆锥配合的结构型式

圆锥配合有结构型圆锥配合和位移型圆锥配合两种，这两种型式的圆锥配合见表 3-2-63。

（1）位移型圆锥配合的术语及定义

位移型圆锥配合的术语及定义见表 3-2-64。

（2）圆锥直径配合量 T_{Df}

圆锥直径配合量是指圆锥配合在配合的直径上允许的间隙或过盈的变动量。

表 3-2-63　圆锥配合的两种型式

结构型圆锥配合	由圆锥结构确定装配位置，内、外圆锥公差区之间的相互关系 结构型圆锥配合可以是间隙配合、过渡配合或过盈配合。图(a)为由轴肩接触得到间隙配合的结构型圆锥配合示例。图(b)为由结构尺寸 a 得到过盈配合的结构型圆锥配合示例 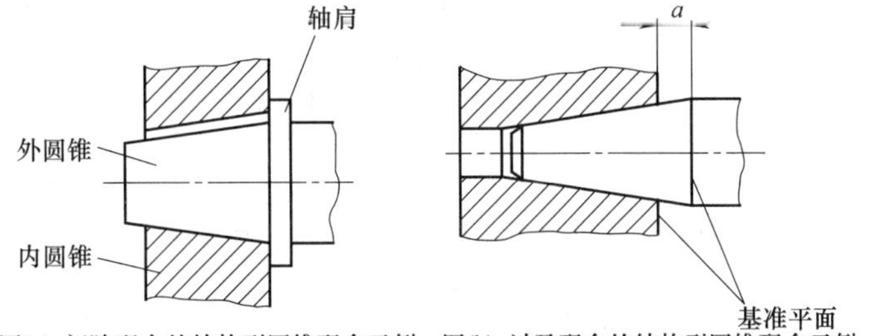 图(a) 间隙配合的结构型圆锥配合示例　图(b) 过盈配合的结构型圆锥配合示例
位移型圆锥配合	位移型圆锥配合是内、外圆锥在装配时做一定相对轴向位移（E_a）确定的相互关系。位移型圆锥配合可以是间隙配合或过盈配合。图(c)为给定轴向位移 E_e 得到间隙配合的位移型圆锥配合示例。图(d)为给定装配力 F_s 得到过盈配合的位移型圆锥配合示例 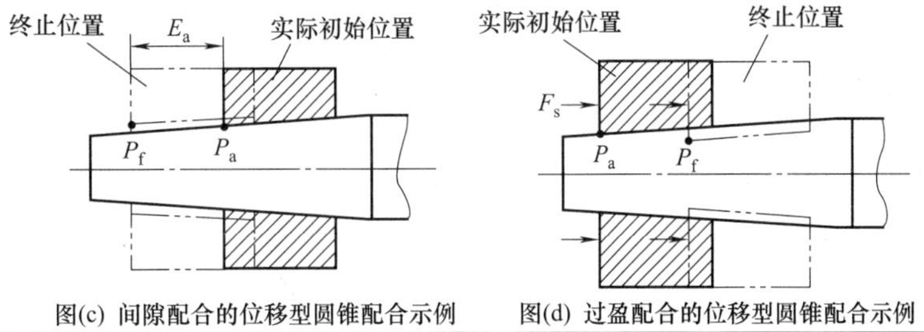 图(c) 间隙配合的位移型圆锥配合示例　图(d) 过盈配合的位移型圆锥配合示例

表 3-2-64　位移型圆锥配合的术语及定义

术　语	定　义
初始位置 P	在不施加力的情况下，相互结合的内、外圆锥表面接触时的轴向位置
极限初始位置 P_1、P_2	初始位置允许的界限 极限初始位置 P_1：内圆锥以最小极限圆锥、外圆锥以最大极限圆锥接触时的位置 极限初始位置 P_2：内圆锥以最大极限圆锥、外圆锥以最小极限圆锥接触时的位置 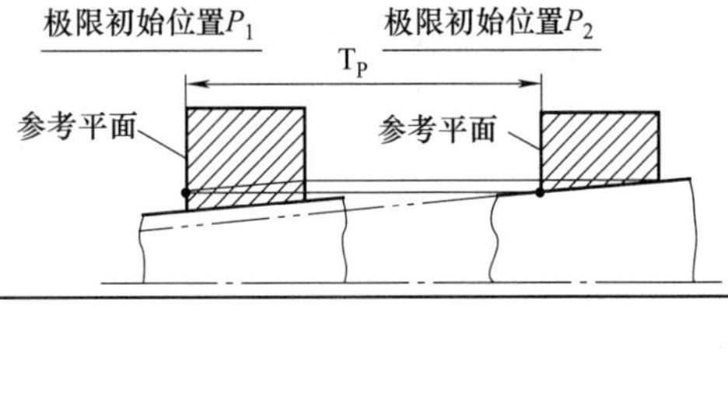

续表

术　语	定　义
初始位置公差 T_P	初始位置允许的变动量，它等于极限初始位置 P_1 和 P_2 之间的距离 $T_P=\frac{1}{C}(T_{Di}+T_{De})$ 式中　C——锥度； T_{Di}——内圆锥直径公差； T_{De}——外圆锥直径公差
实际初始位置 P_a	相互结合的内、外实际圆锥的初始位置，它位于极限初始位置 P_1 和 P_2 之间
终止位置 P_f	相互结合的内、外圆锥，为使其终止状态得到要求的间隙或过盈所规定的相互轴向位置
装配力 F_s	相互结合的内、外圆锥，为在终止位置 P_f 得到要求的过盈所施加的轴向力
轴向位移 E_a	相互结合的内、外圆锥从实际初始位置到终止位置所移动的距离
最大轴向位移 E_{amax}	在终止位置上得到最大间隙或最大过盈的轴向位移
最小轴向位移 E_{amin}	在终止位置上得到最小间隙或最小过盈的轴向位移
轴向位移公差 T_E	轴向位移允许的变动量，它等于最大轴向位移与最小轴向位移之差，即：$T_E=E_{amax}-E_{amin}$ [图：Ⅲ Ⅱ Ⅰ；$\frac{Y_{max}}{2}$；P_a；α；T_E；E_{amin}；E_{amax}] 注：Ⅰ—实际初始位置；Ⅱ—最小过盈位置；Ⅲ—最大过盈位置

① 对于结构型圆锥配合，圆锥直径间隙配合量是最大间隙（X_{max}）与最小间隙（X_{min}）之差；圆锥直径过盈配合量是最小过盈（Y_{min}）与最大过盈（Y_{max}）之差；圆锥直径过渡配合量是最大间隙（X_{max}）与最大过盈（Y_{max}）之差。圆锥直径配合量也等于内圆锥直径公差（T_{Di}）、外圆锥直径公差（T_{De}）之和，即

圆锥直径间隙配合量：$T_{Df}=X_{max}-X_{min}$

圆锥直径过盈配合量：$T_{Df}=Y_{max}-Y_{min}$

圆锥直径过渡配合量：$T_{Df}=X_{max}-Y_{min}$

圆锥直径配合量：$T_{Df}=T_{Di}+T_{De}$

② 对于位移型圆锥配合，圆锥直径间隙配合量是最大间隙（X_{max}）与最小间隙（X_{min}）之差；圆锥直径过盈配合量是最小过盈（Y_{min}）与最大过盈（Y_{max}）之差，也等于轴向位移公差（T_E）与锥度（C）之积。即：

圆锥直径间隙配合量：$T_{Df}=X_{max}-X_{min}=T_E\cdot C$

圆锥直径过盈配合量：$T_{Df}=Y_{max}-Y_{min}=T_E\cdot C$

2.7.3.3　圆锥配合的一般规定

① 结构型圆锥配合推荐优先采用基孔制。内、外圆锥直径公差带及配合按 GB/T 1801—2009 选取。如 GB/T 1801—2009 给出的常用配合仍不能满足需要，可按 GB/T 1800 规定的基本偏差和标准公差组成所需配合。

② 位移型圆锥配合的内、外圆锥公差带的基本偏差推荐选用 H、h；JS、js。其轴向位移的极限值（E_{amax}、E_{amin}）按 GB/T 1801—2009 规定的极限间隙或极限过盈来计算。

③ 位移型圆锥配合的轴向位移极限值（E_{amin}、E_{amax}）和轴向位移公差（T_E）按下列公式计算：

a. 对于间隙配合

$$E_{amin}=\frac{1}{C}\times S_{min} \tag{3-2-10}$$

$$E_{amax}=\frac{1}{C}\times S_{max} \tag{3-2-11}$$

$$T_E=E_{amax}-E_{amin}=\frac{1}{C}(S_{max}-S_{min}) \tag{3-5-12}$$

式中　C——锥度；

S_{max}——配合的最大间隙量；

S_{min}——配合的最小间隙量。

b. 对于过盈配合

$$E_{amin}=\frac{1}{C}\times\delta_{min} \tag{3-2-13}$$

$$E_{amax}=\frac{1}{C}\times\delta_{max} \tag{3-2-14}$$

$$T_E=E_{amax}-E_{amin}=\frac{1}{C}(\delta_{max}-\delta_{min}) \tag{3-2-15}$$

式中　C——锥度；

δ_{max}——配合的最大过盈量；

δ_{min}——配合的最小过盈量。

2.7.3.4 圆锥角偏离基本圆锥角时对圆锥配合的影响

① 内、外圆锥的圆锥角偏离其公称圆锥角的圆锥角偏差，影响圆锥配合表面的接触质量和对中性能。由圆锥直径公差（T_D）限制的最大圆锥角误差（$\Delta\alpha_{max}$）在 GB/T 11334—2005 附录 A 中给出。在完全利用圆锥直径公差带时，圆锥角极限偏差可达 $\pm\Delta\alpha_{max}$。

② 为使圆锥配合尽可能获得较大的接触长度，应选取较小的圆锥直径公差（T_D），或在圆锥直径公差带内给出更高要求的圆锥角公差。如在给定圆锥直径公差（T_D）后，还需给出圆锥角公差（AT），它们之间的关系应满足下列条件。

a. 圆锥角规定为单向极限偏差（+AT 或 −AT）时：

$$AT_D<\Delta\alpha_{Dmax}=T_D \quad (3\text{-}2\text{-}16)$$

$$AT_\alpha \quad \Delta\alpha_{max}=\frac{T_D}{L}\times10^3 \quad (3\text{-}2\text{-}17)$$

式中 AT_D——以长度单位表示的圆锥角公差，μm；

AT_α——以角度单位表示的圆锥角公差，μrad；

$\Delta\alpha_{Dmax}$——以长度单位表示的最大圆锥角误差，μm；

L——基本圆锥长度，mm。

b. 圆锥角规定为对称极限偏差$\left(\pm\frac{AT}{2}\right)$时：

$$\frac{AT_D}{2}<\Delta\alpha_{Dmax}=T_D \quad (3\text{-}2\text{-}18)$$

$$\frac{AT_\alpha}{2}<\Delta\alpha_{max}=\frac{T_D}{L}\times10^3 \quad (3\text{-}2\text{-}19)$$

满足上列公式而确定的圆锥角公差数值应圆整到 GB/T 11334—2005 中 AT 公差系列的数值（一般应小一些）。

③ 内、外圆锥的圆锥角偏差给定的方向及其组合，影响配合圆锥初始接触的部位，其影响情况列于表 3-2-65 中。

a. 当要求初始接触部位为最大圆锥直径时，应规定圆锥角为单向极限偏差，外圆锥为正（$+AT_e$），内圆锥为负（$-AT_i$）。

b. 当要求初始接触部位为最小圆锥直径时，应规定圆锥角为单向极限偏差，外圆锥为负（$-AT_e$），内圆锥为正（$+AT_i$）。

c. 当对初始接触部位无特殊要求，而要求保证配合圆锥角之间的差别为最小时，内、外圆锥角的极限偏差的方向应相同，可以是对称的$\left(\pm\frac{AT_e}{2},\pm\frac{AT_i}{2}\right)$，也可以是单向的（$+AT_e$、$+AT_i$ 或 $-AT_e$、$-AT_i$）。

表 3-2-65 圆锥角偏差影响圆锥初始接触部位的情况

公称圆锥角的偏差		简图	初始接触部位
内圆锥	外圆锥		
$+AT_i$	$-AT_e$		最小圆锥直径
$-AT_i$	$+AT_e$		最大圆锥直径
$+AT_i$	$+AT_e$		视实际圆锥角而定。可能在最大圆锥直径（$\alpha_e>\alpha_i$ 时），也可能在最小圆锥直径（$\alpha_i>\alpha_e$ 时）
$-AT_i$	$-AT_e$		
$\pm\frac{AT_i}{2}$	$\pm\frac{AT_e}{2}$		
$\pm\frac{AT_i}{2}$	$+AT_e$		可能在最大圆锥直径（$\alpha_e>\alpha_i$ 时），也可能在最小圆锥直径（$\alpha_i>\alpha_e$ 时），最小圆锥直径接触的可能性比较大
$-AT_i$	$\pm\frac{AT_e}{2}$		
$\pm\frac{AT_i}{2}$	$-AT_e$		可能在最大圆锥直径（$\alpha_e>\alpha_i$ 时），也可能在最小圆锥直径（$\alpha_i>\alpha_e$ 时），最大圆锥直径接触的可能性比较大
$+AT_i$	$\pm\frac{AT_e}{2}$		

2.7.3.5 内圆锥或外圆锥的圆锥轴向极限偏差的计算

圆锥配合的内圆锥或外圆锥直径极限偏差转换为轴向极限偏差的计算方法，可用以确定圆锥配合的极限初始位置和圆锥配合后基准平面之间的极限轴向距离；当用圆锥量规检验圆锥直径时，可用以确定与圆锥直径极限偏差相应的圆锥量规的轴向距离。

（1）圆锥轴向极限偏差的概念

圆锥轴向极限偏差是圆锥的某一极限圆锥与其基本圆锥轴向位置的偏离（见图 3-2-29、图 3-2-30）。规定最小极限圆锥与基本圆锥的偏离为轴向上偏差（es_z、ES_z）；最大极限圆锥与基本圆锥的偏离为轴向下偏差（ei_z、EI_z）；轴向上偏差与轴向下偏差之代数差的绝对值为轴向公差（T_z）。

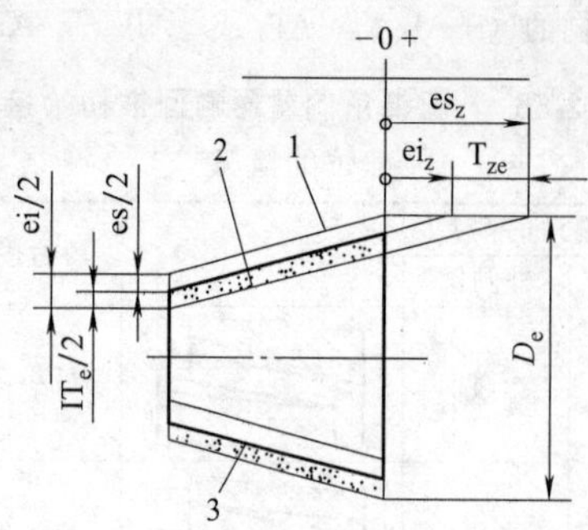

图 3-2-29　外圆锥轴向极限偏差示意图
1—公称圆锥；2—下极限圆锥；3—上极限圆锥

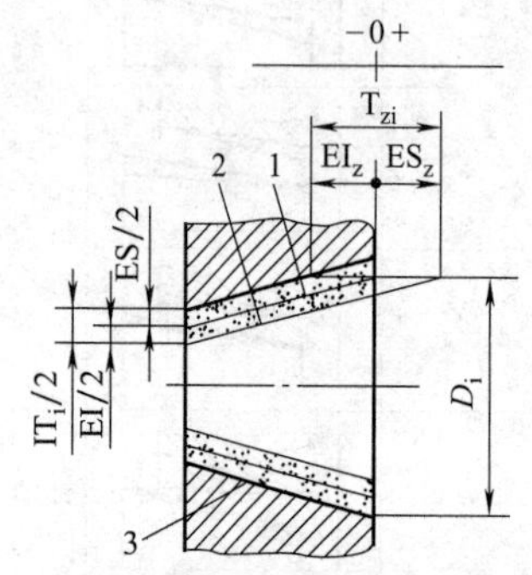

图 3-2-30　内圆锥轴向极限偏差示意图
1—公称圆锥；2—下极限圆锥；3—上极限圆锥

（2）圆锥轴向极限偏差的计算

圆锥轴向极限偏差的换算公式见表 3-2-66。

表 3-2-66　圆锥轴向极限偏差的换算公式

轴向极限偏差	外圆锥	内圆锥
轴向上偏差	$es_z=-\frac{1}{C}ei$	$ES_z=-\frac{1}{C}EI$
轴向下偏差	$ei_z=-\frac{1}{C}es$	$EI_z=-\frac{1}{C}ES$
轴向基本偏差	$e_z=-\frac{1}{C}\times$直径基本偏差	$E_z=-\frac{1}{C}\times$直径基本偏差
轴向公差	$T_{ze}=\frac{1}{C}IT_e$	$T_{zi}=\frac{1}{C}IT_i$

（3）圆锥轴向极限偏差计算用表

① 锥度 $C=1:10$ 时，按 GB/T 1800 规定的基本偏差计算所得的外圆锥的轴向基本偏差（e_z），列于表 3-2-67。

② 锥度 $C=1:10$ 时，按 GB/T 1800 规定的标准公差计算所得的轴向公差 T_z 的数值列于表 3-2-68。

③ 当锥度 C 不等于 1∶10 时，圆锥的轴向基本偏差和轴向公差按表 3-2-67、表 3-2-68 给出的数值，乘以表 3-2-69、表 3-2-70 的换算系数进行计算。

④ 基孔制的轴向极限偏差按表 3-2-65～表 3-2-68 中的数值由表 3-2-71 所列公式计算。

表 3-2-67　锥度 $C=1:10$ 时外圆锥的轴向基本偏差 e_z 的数值　mm

基本偏差		a	b	c	cd	d	e	ef	f	fg	g	h	js	j			k
公称尺寸		公差等级															
大于	至	所有等级												5,6	7	8	≤3 >7
—	3	+2.7	+1.4	+0.6	+0.34	+0.20	+0.14	+0.1	+0.06	+0.04	+0.02	0	$e_z=\pm\frac{T_{ze}}{2}$	+0.02	+0.04	+0.06	0
3	6	+2.7	+1.4	+0.7	+0.46	+0.30	+0.2	+0.14	+0.1	+0.06	+0.04	0		+0.02	+0.04	—	0
6	10	+2.8	+1.5	+0.8	+0.56	+0.40	+0.25	+0.18	+0.13	+0.08	+0.05	0		+0.02	+0.05	—	0
10	14	+2.9	+1.5	+0.95	—	+0.50	+0.32	—	+0.16	—	+0.06	0		+0.03	+0.06	—	0
14	18																
18	24	+3	+1.6	+1.1	—	+0.65	+0.4	—	+0.20	—	+0.07	0		+0.04	+0.08	—	0
24	30																
30	40	+3.1	+1.7	+1.2	—	+0.80	+0.5	—	+0.25	—	+0.09	0		+0.05	+0.1	—	0
40	50	+3.2	+1.8	+1.3													
50	65	+3.4	+1.9	+1.4	—	+1	+0.60	—	+0.3	—	+0.1	0		+0.07	+0.12	—	0
65	80	+3.6	+2	+1.5													
80	100	+3.8	+2.2	+1.7	—	+1.2	+0.72	—	+0.36	—	+0.12	0		+0.09	+0.15	—	0
100	120	+4.1	+2.4	+1.8													
120	140	+4.6	+2.6	+2	—	+1.45	+0.85	—	+0.43	—	+0.14	0		+0.11	+0.18	—	0
140	160	+5.2	+2.8	+2.1													
160	180	+5.8	+3.1	+2.3													
180	200	+6.6	+3.4	+2.4	—	+1.7	+1	—	+0.50	—	+0.15	0		+0.13	+0.21	—	0
200	225	+7.4	+3.8	+2.6													
225	250	+8.2	+4.2	+2.8													
250	280	+9.2	+4.8	+3	—	+1.9	+1.1	—	+0.56	—	+0.17	0		+0.16	+0.26	—	0
280	315	+10.5	+5.4	+3.3													
315	355	+12	+6	+3.6	—	+2.1	+1.25	—	+0.62	—	+0.18	0		+0.18	+0.28	—	0
355	400	+13.5	+6.8	+4													
400	450	+15	+7.6	+4.4	—	+2.3	+1.35	—	+0.68	—	+0.2	0		+0.20	+0.32	—	0
450	500	+16.5	+8.4	+4.8													

续表

基本偏差		k	m	n	p	r	s	t	u	v	x	y	z	za	zb	zc
公称尺寸		公差等级														
大于	至	4～7	所有等级													
—	3	0	−0.02	−0.04	−0.06	−0.1	−0.14	—	−0.18	—	−0.20	—	−0.26	−0.32	−0.4	−0.6
3	6	−0.01	−0.04	−0.08	−0.12	−0.15	−0.19	—	−0.23	—	−0.28	—	−0.35	−0.42	−0.5	−0.8
6	10	−0.01	−0.06	−0.1	−0.15	−0.19	−0.23	—	−0.28	—	−0.34	—	−0.42	−0.52	−0.67	−0.97
10	14	−0.01	−0.07	−0.12	−0.18	−0.23	−0.28	—	−0.33	—	−0.4	—	−0.5	−0.64	−0.9	−1.3
14	18								−0.33	−0.39	−0.45	—	−0.6	−0.77	−1.08	−1.5
18	24	−0.02	−0.08	−0.15	−0.22	−0.28	−0.35	—	−0.41	−0.47	−0.54	−0.63	−0.73	−0.98	−1.36	−1.88
24	30							−0.41	−0.48	−0.55	−0.64	−0.75	−0.88	−1.18	−1.6	−2.18
30	40	−0.02	−0.09	−0.17	−0.26	−0.34	−0.43	−0.48	−0.6	−0.68	−0.8	−0.94	−1.12	−1.48	−2	−2.74
40	50							−0.54	−0.7	−0.81	−0.97	−1.14	−1.36	−1.80	−2.42	−3.25
50	65	−0.02	−0.11	−0.2	−0.32	−0.41	−0.53	−0.66	−0.87	−1.02	−1.22	−1.44	−1.72	−2.25	−3	−4.05
65	80					−0.43	−0.59	−0.75	−1.02	−1.2	−1.46	−1.74	−2.1	−2.74	−3.6	−4.8
80	100	−0.03	−0.13	−0.23	−0.37	−0.51	−0.71	−0.91	−1.24	−1.46	−1.78	−2.14	−2.58	−3.35	−4.45	−5.85
100	120					−0.54	−0.79	−1.04	−1.44	−1.72	−2.10	−2.54	−3.1	−4	−5.25	−6.9
120	140	−0.03	−0.15	−0.27	−0.43	−0.63	−0.92	−1.22	−1.7	−2.02	−2.48	−3	−3.65	−4.7	−6.2	−8
140	160					−0.65	−1	−1.34	−1.9	−2.28	−2.8	−3.4	−4.15	−5.35	−7	−9
160	180					−0.68	−1.08	−1.46	−2.1	−2.52	−3.1	−3.8	−4.65	−6	−7.8	−10
180	200	−0.04	−0.17	−0.31	−0.5	−0.77	−1.22	−1.66	−2.36	−2.84	−3.5	−4.25	−5.2	−6.7	−8.8	−11.5
200	225					−0.80	−1.3	−1.8	−2.58	−3.1	−3.85	−4.7	−5.75	−7.4	−9.6	−12.5
225	250					−0.84	−1.4	−1.96	−2.84	−3.4	−4.25	−5.2	−6.4	−8.2	−10.5	−13.5
250	280	−0.04	−0.2	−0.34	−0.56	−0.94	−1.58	−2.18	−3.15	−3.85	−4.75	−5.8	−7.1	−9.2	−12	−15.5
280	315					−0.98	−1.7	−2.4	−3.5	−4.25	−5.25	−6.5	−7.9	−10	−13	−17
315	355	−0.04	−0.21	−0.37	−0.62	−1.08	−1.9	−2.68	−3.9	−4.75	−5.9	−7.3	−9	−11.5	−15	−19
355	400					−1.14	−2.08	−2.94	−4.35	−5.3	−6.6	−8.2	−10	−13	−16.5	−21
400	450	−0.05	−0.23	−0.4	−0.68	−1.26	−2.32	−3.3	−4.9	−5.95	−7.4	−9.2	−11	−14.5	−18.5	−24
450	500					−1.32	−2.52	−3.6	−5.4	−6.6	−8.2	−10	−12.5	−16	−21	−26

表 3-2-68　　锥度 $C=1:10$ 时的轴向公差 T_z 的数值

公称尺寸		公差等级									
大于	至	IT3	IT4	IT5	IT6	IT7	IT8	IT9	IT10	IT11	IT12
—	3	0.02	0.03	0.04	0.06	0.10	0.14	0.25	0.40	0.60	1
3	6	0.025	0.04	0.05	0.08	0.12	0.18	0.30	0.48	0.75	1.2
6	10	0.025	0.04	0.06	0.09	0.15	0.22	0.36	0.58	0.90	1.5
10	18	0.03	0.04	0.08	0.11	0.18	0.27	0.43	0.70	1.1	1.8
18	30	0.04	0.05	0.09	0.13	0.21	0.33	0.52	0.84	1.3	2.1
30	50	0.04	0.07	0.11	0.16	0.25	0.39	0.62	1	1.6	2.5
50	80	0.05	0.08	0.13	0.19	0.30	0.46	0.74	1.2	1.9	3
80	120	0.06	0.10	0.15	0.22	0.35	0.54	0.87	1.4	2.2	3.5
120	180	0.08	0.12	0.18	0.25	0.40	0.63	1	1.6	2.5	4
180	250	0.10	0.14	0.20	0.29	0.46	0.72	1.15	1.85	2.9	4.6
250	315	0.12	0.16	0.23	0.32	0.52	0.81	1.3	2.1	3.2	5.2
315	400	0.13	0.18	0.25	0.36	0.57	0.89	1.4	2.3	3.6	5.7
400	500	0.15	0.20	0.27	0.40	0.63	0.97	1.55	2.5	4	6.3

表 3-2-69　一般用途圆锥的换算系数

基本值		换算系数	基本值		换算系数
系列 1	系列 2		系列 1	系列 2	
1∶3		0.3		1∶15	1.5
	1∶4	0.4	1∶20		2
1∶5		0.5	1∶30		3
	1∶6	0.6		1∶40	4
	1∶7	0.7	1∶50		5
	1∶8	0.8	1∶100		10
1∶10		1	1∶200		20
	1∶12	1.2	1∶500		50

表 3-2-70　特殊用途圆锥的换算系数

基本值	换算系数	基本值	换算系数
18°30′	0.3	1∶18.779	1.8
11°54′	0.48	1∶19.002	1.9
8°40′	0.66	1∶19.180	1.92
7°40′	0.75	1∶19.212	1.92
7∶24	0.34	1∶19.254	1.92
1∶9	0.9	1∶19.264	1.92
1∶12.262	1.2	1∶19.922	1.99
1∶12.972	1.3	1∶20.020	2
1∶15.748	1.57	1∶20.047	2
1∶16.666	1.67	1∶20.228	2

表 3-2-71　基孔制的轴向极限偏差的计算公式

基本偏差	轴向极限偏差计算公式
基本偏差为 H 时(内圆锥)	$ES_z=0, EI_z=-T_{zi}$
基本偏差为 a～g 时(外圆锥)	$es_z=e_z+T_{zc}, ei_z=e_z$
基本偏差为 h 时(外圆锥)	$es_z=+T_{ze}, ei_z=0$
基本偏差为 js 时(外圆锥)	$es_z=+\frac{T_{ze}}{2}, ei_z=-\frac{T_{ze}}{2}$
基本偏差为 j 到 zc 时(外圆锥)	$es_z=e_z, ei_z=e_z-T_{ze}$

2.7.3.6　基准平面间极限初始位置和极限终止位置的计算

(1) 基准平面间极限初始位置的计算

由内、外圆锥基准平面之间的距离确定的极限初始位置 Z_{pmin} 和 Z_{pmax} 的计算公式列于表 3-2-72。注意，对于结构型圆锥配合，极限初始位置仅对过盈配合有意义，且在必要时才需计算。对于位移型圆锥配合，可按轴向公差进行简化计算，其计算公式列于表 3-2-73 中。

(2) 基准平面间极限终止位置的计算

① 对于位移型圆锥配合，基准平面之间极限终止位置 Z_{pfmin}、Z_{pfmax} 的计算公式列于表 3-2-74。

② 对于结构型圆锥配合，基准平面之间的极限终止位置由设计给定，不需要进行计算。

表 3-2-72　Z_{pmin} 和 Z_{pmax} 的计算公式

已知参数	基准平面的位置	计算公式	
		Z_{pmin}	Z_{pmax}
圆锥直径极限偏差	在锥体大直径端(见图 3-2-31)	$Z_p+\frac{1}{C}(ei-ES)$	$Z_p+\frac{1}{C}(es-EI)$
	在锥体小直径端(见图 3-2-32)	$Z_p+\frac{1}{C}(EI-es)$	$Z_p+\frac{1}{C}(ES-ei)$
圆锥轴向极限偏差	在锥体大直径端(见图 3-2-31)	$Z_p+EI_z-es_z$	$Z_p+ES_z-ei_z$
	在锥体小直径端(见图 3-2-32)	$Z_p+ei_z-ES_z$	$Z_p+es_z-EI_z$

表 3-2-73　Z_{pmin} 和 Z_{pmax} 的简化计算公式

配合圆锥直径公差带位置的组合	基准平面的位置	计算公式	
		Z_{pmin}	Z_{pmax}
$\frac{H}{h}$	在锥体大直径端(见图 3-2-31)	$Z_p-(T_{ze}+T_{zi})$	Z_p
	在锥体小直径端(见图 3-2-32)	Z_p	$Z_p+(T_{ze}+T_{zi})$
$\frac{JS}{js}$	在锥体大直径端(见图 3-2-31)	$Z_p-\frac{1}{2}(T_{ze}+T_{zi})$	$Z_p+\frac{1}{2}(T_{ze}+T_{zi})$
	在锥体小直径端(见图 3-2-32)	$Z_p-\frac{1}{2}(T_{ze}+T_{zi})$	$Z_p+\frac{1}{2}(T_{ze}+T_{zi})$

表 3-2-74　Z_{pfmin}、Z_{pfmax} 的计算公式

已知参数	基准平面的位置	计算公式	
		Z_{pfmin}	Z_{pfmax}
间隙配合轴向位移 E_a	在锥体大直径端(见图 3-2-31)	$Z_{pmin}+E_{amin}$	$Z_{pmax}+E_{amax}$
	在锥体小直径端(见图 3-2-32)	$Z_{pmin}-E_{amax}$	$Z_{pmax}-E_{amin}$
过盈配合轴向位移 E_a	在锥体大直径端(见图 3-2-31)	$Z_{pmin}-E_{amax}$	$Z_{pmax}-E_{amin}$
	在锥体小直径端(见图 3-2-32)	$Z_{pmin}+E_{amin}$	$Z_{pmax}+E_{amax}$

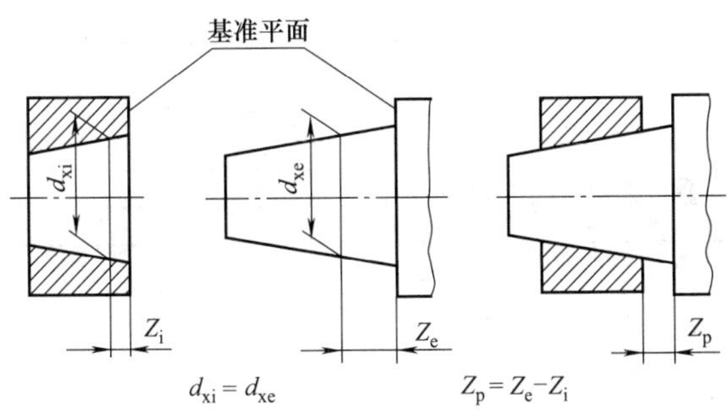

图 3-2-31 锥体大直径端

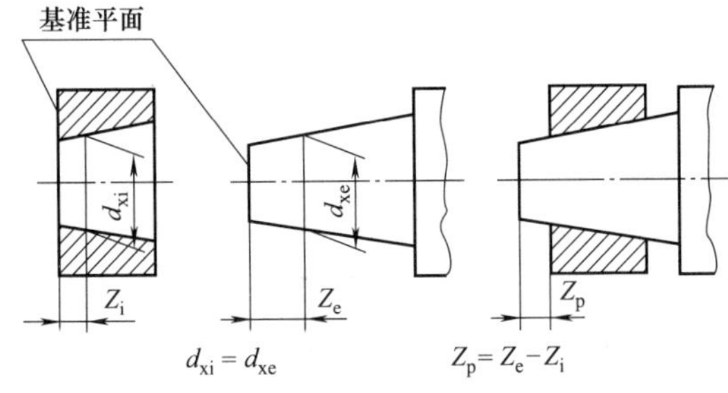

图 3-2-32 锥体小直径端

2.7.4 圆锥的尺寸和公差注法

GB/T 15754—1995《技术制图 圆锥的尺寸和公差注法》等效采用国际标准 ISO 3040—1990《技术制图—尺寸和公差注法—圆锥》。标准规定了光滑正圆锥的尺寸和公差注法，适用于技术图样及有关技术文件。

2.8 尺寸链计算方法

在机器装配或零件加工过程中，常常遇见的是尺寸精度有着内在联系的成组尺寸，因此，在决定机器零件的公差时，通常都应联系有关尺寸全盘考虑，这是进行尺寸链分析计算的基础。根据各尺寸的应用场合不同，可分为零件尺寸链、装配尺寸链、工艺尺寸链等。根据各尺寸的特征不同，可分为长度尺寸链和角度尺寸链；根据各尺寸的空间位置不同，可以分为空间尺寸链、平面尺寸链与直线尺寸链。本节仅介绍直线尺寸链。

2.8.1 尺寸链的术语和定义

尺寸链的术语及定义列于表 3-2-75 中。

2.8.2 尺寸链环的特征符号

尺寸链环的特征符号及其图例见表 3-2-76 尺寸链环的特征符号。

第3篇

表 3-2-75 尺寸链的术语及定义

术语	定义
尺寸链	在零件加工或机器装配过程中，由相互连接的尺寸形成封闭的尺寸组，称为尺寸链(见图 3-2-33、图 3-2-34)
环	列入尺寸链中的每一个尺寸称为环。图 3-2-33 中的 A_0、A_1、A_2、A_3、A_4、A_5，图 3-2-34 中 α_0、α_1、α_2 都是环
封闭环	尺寸链中在加工过程或装配过程最后自然形成的一环，称为封闭环。封闭环代号用加下角标“0”表示，图 3-2-33中的 A_0，图 3-2-34 中的 α_0 为封闭环
组成环	在尺寸链中对封闭环有影响的全部环，称为组成环。这些环中任一环的变动必然引起封闭环的变动，按其影响的不同，分为增环、减环和补偿环。图 3-2-33 中的 A_1、A_2、A_3、A_4、A_5 及图 3-2-34 中的 α_1、α_2 都是组成环。组成环代号用加下角标阿拉伯数字表示
增环	在尺寸链的组成环中，由于该环的变动而引起封闭环的同向变动，则该类环称为增环。所谓同向变动是指该组成环增大时封闭环增大，该组成环减小时封闭环也减小。图 3-2-33 中的 A_3 是增环
减环	在尺寸链的组成环中，由于该环的变动引起封闭环的反向变动，则该类组成环称为减环。所谓反向变动是指该组成环增大时封闭环减小，该组成环减小时封闭环增大。图 3-2-33 中 A_1、A_2、A_3、A_4、A_5 和图 3-2-34 中 α_1、α_2 都为减环
补偿环	在尺寸链中预选选定的某一组成环，可以改变其大小或位置，使封闭环达到规定要求，该组成环称为补偿环，如图 3-2-35 中 L_2
传递系数	表示各组成环对封闭环影响大小的系数称为传递系数。传递系数值等于组成环在封闭环上引起的变动量对该组成环本身变动量之比 设 L_1、L_2、…、L_m 为各组成环，L_0 为封闭环，则有 $L_0=f(L_1、L_2、\cdots、L_m)$，其中 m 为组成环的环数 如图 3-2-33 和图 3-2-34 所表示的尺寸链，则有：$A_0=A_3-(A_1+A_{2+}\ A_4+A_5)$和 $\alpha_0=-(\alpha_1+\alpha_2)$ 假设第 i 组成环的传递系数为 ξ_i，则 $\xi_i=\dfrac{\partial f}{\partial L_i}$ 对于增环，ξ_i为正值；对于减环，ξ_i为负值
长度尺寸链	全部环为长度尺寸的尺寸链，其组成环为长度环，长度环的代号是用大写斜体拉丁文字母 A、B、C…表示，如图 3-2-33 所示

续表

术语	定　义
角度尺寸链	全部环为角度尺寸的尺寸链，其组成环为角度环。角度环的代号是用小写斜体希腊字母 α、β…表示，如图3-2-34所示
零件尺寸链	全部组成环为同一零件设计尺寸所形成的尺寸链(见图 3-2-34)
装配尺寸链	全部组成环为不同零件设计尺寸所形成的尺寸链(见图 3-2-33、图 3-2-34)
工艺尺寸链	全部组成环为同一零件工艺尺寸所形成的尺寸链(见图 3-2-36)
基本尺寸链	全部组成环皆直接影响封闭环的尺寸链，如图 3-2-37 中尺寸链 β
派生尺寸链	一个尺寸链的封闭环为另一尺寸链组成环的尺寸链，如图 3-2-37 中尺寸链 α
标量尺寸链	全部组成环皆为标量尺寸所形成的尺寸链，如图 3-2-33 至图 3-2-36 所示
矢量尺寸链	全部组成环为矢量尺寸所形成的尺寸链，如图 3-2-38 所示
直线尺寸链	全部组成环平行于封闭环的尺寸链，见图 3-2-33、图 3-2-35 和图 3-2-36
平面尺寸链	全部组成环位于一个或几个平行平面内，但某些组成环不平行于封闭环的尺寸链，如图 3-2-39 所示
空间尺寸链	组成环位于几个不平行平面内的尺寸链

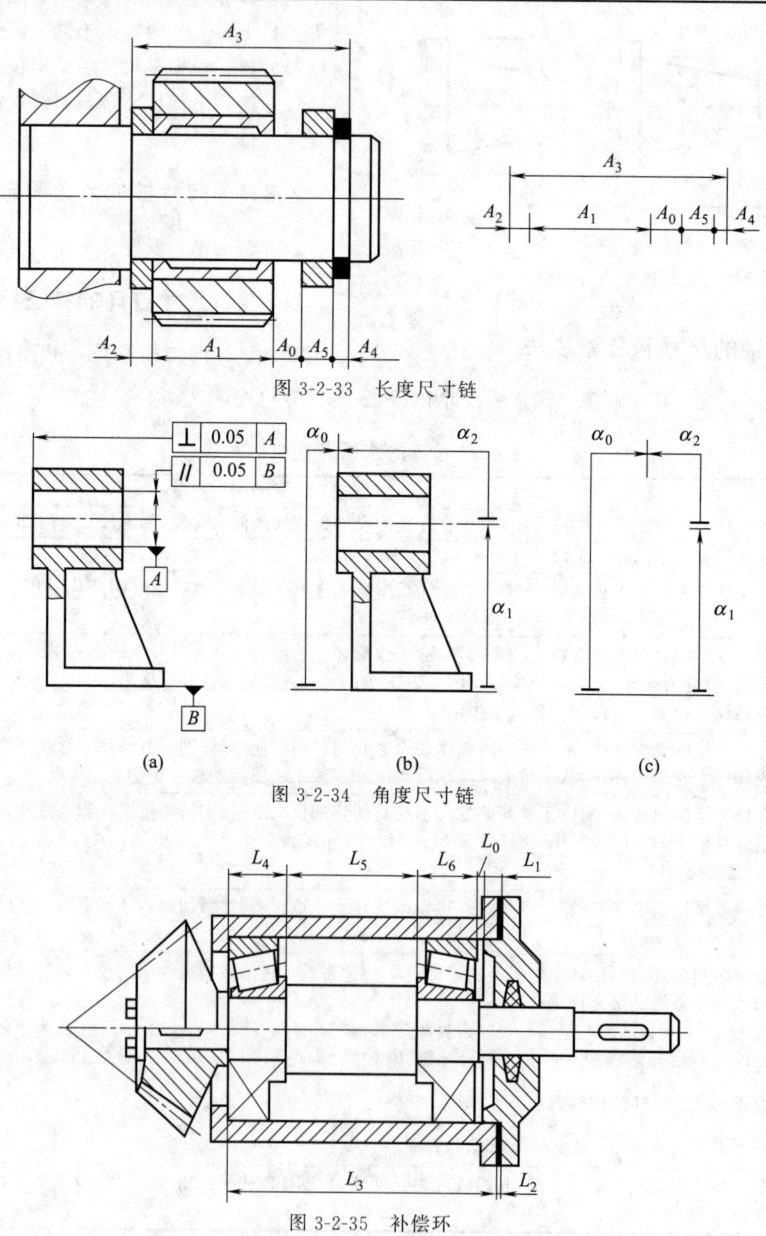

图 3-2-33　长度尺寸链

图 3-2-34　角度尺寸链

图 3-2-35　补偿环

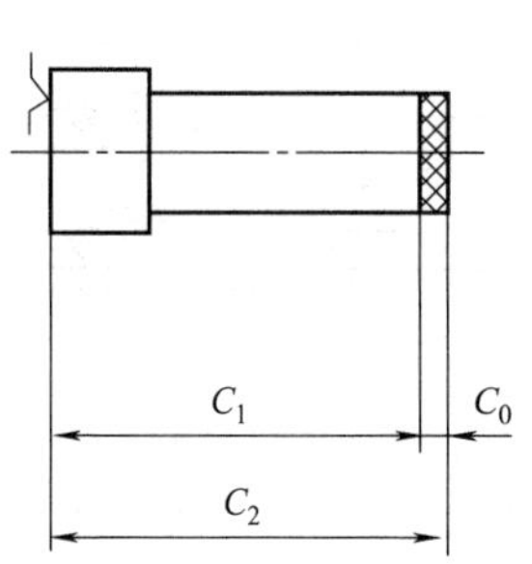

图 3-2-36 工艺尺寸链示例

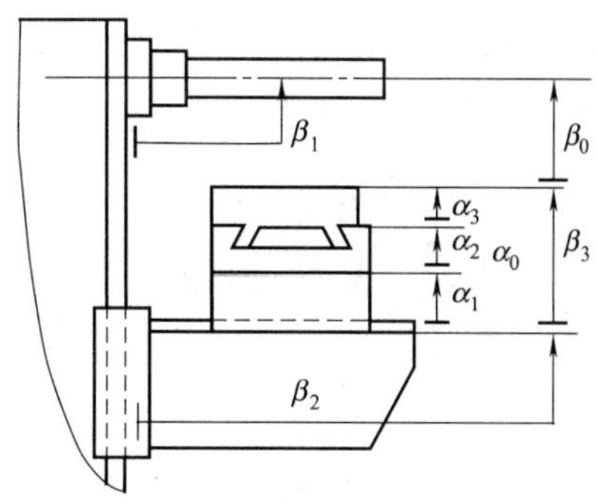

图 3-2-37 基本尺寸链与派生尺寸链

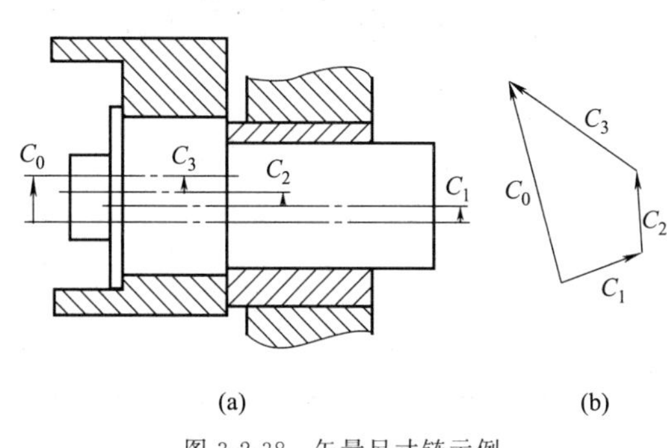

图 3-2-38 矢量尺寸链示例

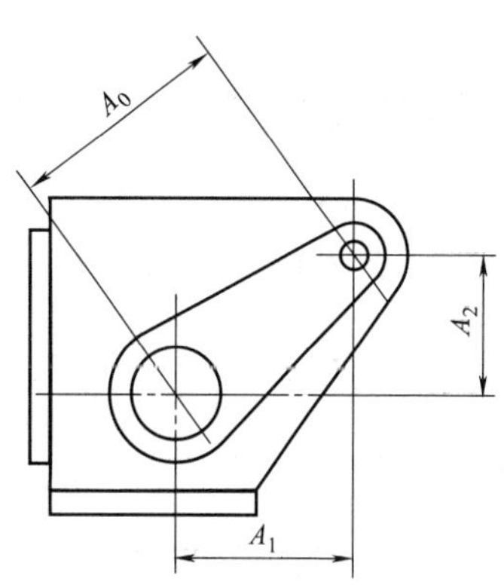

图 3-2-39 平面尺寸链示例

表 3-2-76 **尺寸链环的特征符号**

环的特征		符号	图例
长度环	距离		
	偏移		
	偏心		
	矢径		
角度环	平行		

续表

环的特征		符号	图例
角度环	垂直	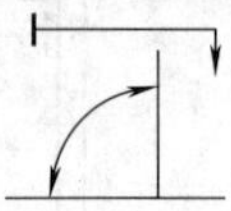	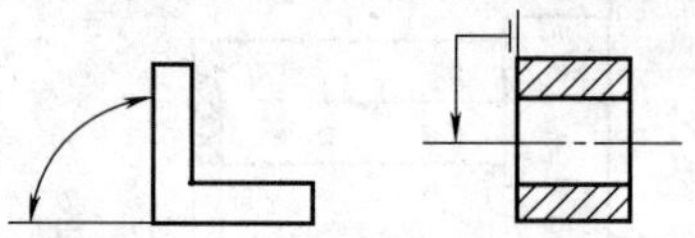
	倾斜	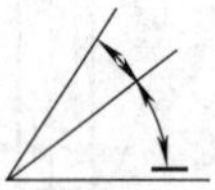	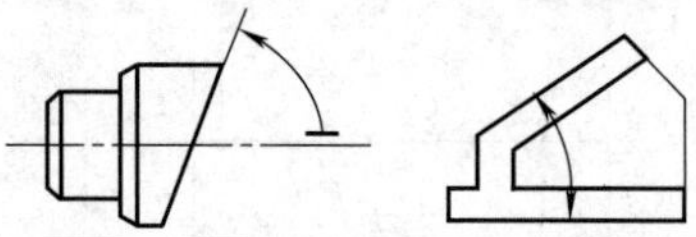
	角度	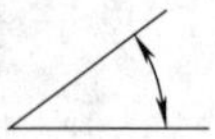	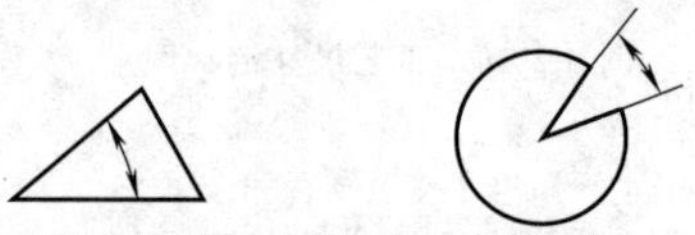

注：角度环中区分基准要素与被测要素时，符号中短粗线位于基准要素，箭头指向被测要素；当互为基准时，用双箭头符号表示。

2.8.3 尺寸链的计算方法

2.8.3.1 计算参数

有关尺寸、偏差、公差及计算参数的代号列于表 3-2-77。各参数间的关系见图 3-2-40。

表 3-2-77 尺寸、偏差、公差及计算参数代号

代号	名称	说 明
L	基本尺寸	
L_{max}	最大极限尺寸	
L_{min}	最小极限尺寸	
ES	上偏差	
EI	下偏差	
X	实际偏差	
T	公差	
Δ	中间偏差	上偏差与下偏差的平均值
$\overline{X}$	平均偏差	实际偏差的平均值
$\varphi(x)$	概率密度函数	
m	组成环环数	
ζ	传递系数	各组成环对封闭环影响大小的系数
k	相对分布系数	表征尺寸分布分散性的系数，正态分布时为 1
e	相对不对称系数	表征分布曲线不对称程度的系数，$e=\frac{\overline{X}-\Delta}{T/2}$
T_{av}	平均公差	全部组成环取相同公差值时的组成环公差
T_L	极值公差	按全部组成环公差算术相加计算的封闭环或组成环公差
T_S	统计公差	按各组成环和封闭环统计特征计算的封闭环或组成环公差
T_Q	平方公差	按全部组成环公差平方和计算的封闭环或组成环公差
T_E	当量公差	按各组成环具有相同统计特性计算的封闭环或组成环公差

2.8.3.2 计算公式

尺寸链的计算，主要计算封闭环与组成环的基本尺寸、公差及极限偏差之间的关系。计算公式列于表 3-2-78。

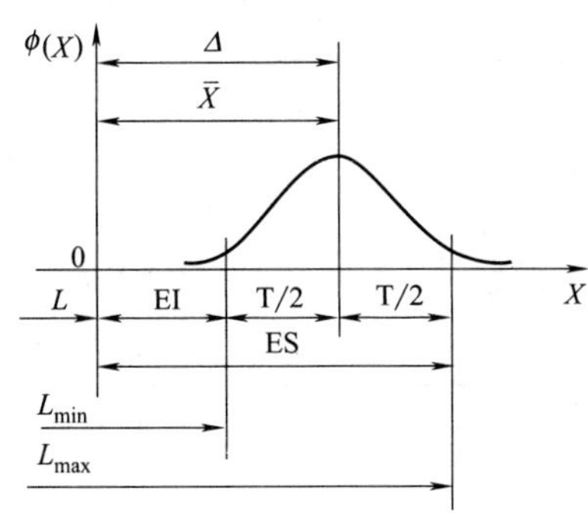

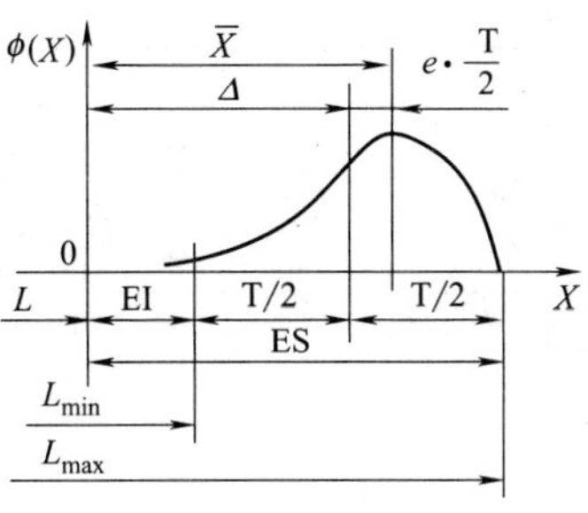

图 3-2-40　计算参数关系

表 3-2-78　　尺寸链的计算公式

序号	计算内容		计算公式	说　明
1	封闭环基本尺寸		$L_0=\sum_{i=1}^{m}\xi_i L_i$	下角标"0"表示封闭环,"i"表示组成环及其序号。下同
2	封闭环中间偏差		$\Delta_0=\sum_{i=1}^{m}\xi_i\left(\Delta_i+e_i\frac{T_i}{2}\right)$	当 $e_i=0$ 时,$\Delta_0=\sum_{i=1}^{m}\xi_i\Delta_i$
3	封闭环公差	极值公差	$T_{0L}=\sum_{i=1}^{m}\lvert\xi_i\rvert T_i$	在给定各组成环公差的情况下,按此计算的封闭环公差 T_{0L},其公差值最大
		统计公差	$T_{0S}=\frac{1}{k_0}\sqrt{\sum_{i=1}^{m}\xi_i^2k_i^2T_i^2}$	当 $k_0=k_i=1$ 时,得平方公差 $T_{0Q}=\sqrt{\sum_{i=1}^{m}\xi_i^2T_i^2}$,在给定各组成环公差的情况下,按此计算的封闭环平方公差 T_{0Q},其公差值最小 当 $k_0=1,k_i=k$ 时,得当量公差 $T_{0E}=k\sqrt{\sum_{i=1}^{m}\xi_i^2T_i^2}$,它是统计公差 T_{0S} 的近似值。 其中 $T_{0L}>T_{0S}>T_{0Q}$
4	封闭环极限偏差		$ES_0=\Delta_0+\frac{1}{2}T_0$ $EI_0=\Delta_0-\frac{1}{2}T_0$	
5	封闭环极限尺寸		$L_{0\max}=L_0+ES_0$ $L_{0\min}=L_0+EI_0$	
6	组成环平均公差	极值公差	$T_{av,L}=\frac{T_0}{\sum_{i=1}^{m}\lvert\xi_i\rvert}$	对于直线尺寸链 $\lvert\xi_i\rvert=1$,则 $T_{av,L}=\frac{T_0}{m}$。在给定封闭环公差情况下,按此计算的组成环平均公差 $T_{av,L}$,其公差值最小
		统计公差	$T_{av,S}=\frac{k_0T_0}{\sqrt{\sum_{i=1}^{m}\xi_i^2k_i^2}}$	当 $k_0=k_i=1$ 时,得组成环平均平方公差 $T_{av,Q}=\frac{T_0}{\sum_{i=1}^{m}\xi_i^2}$;直线尺寸链 $\lvert\xi_i\rvert=1$,则 $T_{av,Q}=\frac{T_0}{\sqrt{m_0}}$,在给定封闭环公差的情况下,按此计算组成环平均平方公差 $T_{av,Q}$,其公差值最大 当 $k_0=1,k_i=k$ 时,得组成环平均当量公差 $T_{av,E}=\frac{T_0}{k\sqrt{\sum_{i=1}^{m}\xi_i^2}}$;直线尺寸链 $\lvert\xi_i\rvert=1$,则 $T_{av,E}=\frac{T_0}{k\sqrt{m_1}}$,它是统计公差 $T_{av,S}$ 的近似值 其中 $T_{av,L}>T_{av,S}>T_{av,Q}$

续表

序号	计算内容	计算公式	说　明
7	组成环极限偏差	$ES_i=\Delta_i+\frac{1}{2}T_i$ $EI_i=\Delta_i-\frac{1}{2}T_i$	
8	组成环极限尺寸	$L_{i\max}=L_i+ES_i$ $L_{i\min}=L_i+EI_i$	

2.8.3.3　尺寸链的计算种类

尺寸链的计算就是指计算封闭环和组成环的基本尺寸及其极限偏差。在工程中，尺寸链计算主要有以下三种。

（1）正计算

已知组成环的基本尺寸和极限偏差，求封闭环的基本尺寸和极限偏差。正计算的目的是，审核图纸上标注的各组成环的基本尺寸和上、下偏差，在加工后是否能满足总的技术要求，即验证设计的正确性。

（2）反计算

已知封闭环的基本尺寸和极限偏差及各组成环的基本尺寸，求各组成环的公差和极限偏差。反计算的目的是，根据总的技术要求来确定各组成环的上、下偏差，即属于设计工作方面的问题，也可理解为解决公差的分配问题。

反计算常用下述两种方法。

① 等公差法。计算时先假定各组成环的公差相等，求得各组成环的平均公差 T_{av}，然后根据各组成环的尺寸大小、结构工艺特点及加工难易程度适当进行调整，最后决定各组成环的公差 T_i。

组成环的平均公差，可按式（3-2-20）计算，即：

$$T_{av}=\frac{T_0}{m} \qquad (3\text{-}2\text{-}20)$$

式中，T_0 为各组成环的公差之和；m 为尺寸链中组成环的个数。

② 等精度法。按各组成环的公差等级相同的原则，先求出各组成的平均公差等级系数 a_{av}，然后确定各组成环的公差等级及公差。

GB/T 1800.1—2009 规定，当尺寸≤500mm、公差等级为IT5～IT18时，其标准公差值为

$$IT=a.i \qquad (3\text{-}2\text{-}21)$$

其中，公差单位 i 由基本尺寸决定，即

$$i=0.45\sqrt[3]{D_M}+0.001D_M \qquad (3\text{-}2\text{-}22)$$

式中，D_M 为基本尺寸分段的几何平均值，其各尺寸分段的公差单位见表3-2-79。

平均公差等级系数 a_{av} 可按下式计算：

$$a_{av}=\frac{T_0}{\sum_{j=1}^{n-1} i_j} \qquad (3\text{-}2\text{-}23)$$

由式（3-2-23）求得的公差等级系数 a_{av} 值，在表3-2-79（IT1～IT18标准公差计算公式）中取一个与之接近的公差等级，再由标准公差数值表查得各组成环的公差值。

若前两种方法均不理想，可在等公差值或相同公差等级的基础上，根据各零件基本尺寸的大小，孔类和轴类零件的不同，毛坯生产工艺及热处理要求的不同，材料差别的影响，加工的难易程度，以及车间的设备状况，将各环公差值加以人为的经验调整，以尽可能切合实际，并使之加工经济。

反计算时，组成环的上、下偏差按“偏差向体内原则”确定，即当组成环为包容面尺寸时，则令其下偏差为零（按基本偏差H配置）；当组成环为被包容面尺寸时，则令其上偏差为零（按基本偏差h配置）。有时，组成环既不是包容面尺寸，又不是被包容面尺寸，如孔距尺寸，此时，取对称的偏差（按基本偏差JS配置）。

（3）中间计算（工艺尺寸计算）

已知封闭环及某些组成环的基本尺寸和极限偏差，求某一组成环的基本尺寸和极限偏差。中间计算多属于工艺尺寸计算方面的问题，如制订工序公差等。

2.8.3.4　装配尺寸链的计算方法

按照产品设计要求、结构特征、公差大小与生产

表3-2-79　　公差单位

尺寸分段/mm	≤3	>3～6	>6～10	>10～18	>18～30	>30～50	>50～80	>80～120	>120～180	>180～250	>250～315	>315～400	>400～500
公差单位 i/μm	0.54	0.73	0.9	1.08	1.31	1.56	1.86	2.17	2.52	2.9	3.23	3.54	3.89

第3篇

条件，可用互换法、分组法、修配法和调整法等方法达到装配尺寸链封闭环公差要求。

（1）互换法

按照互换程度的不同，分为完全互换法和大数互换法。

① 完全互换法。在全部产品中，装配时各组成环不需挑选或改变其大小或位置，装入后即能达到封闭环的公差要求。该方法采用极值公差公式计算。

这种方法计算简单，一般用于 3～4 环尺寸链，或环数虽多但精度要求不同的场合。

② 大数互换法。在绝大多数产品中，装配时各组成环不需挑选或改变其大小或位置，装入后即能达到封闭环的公差要求。该方法采取统计公差公式计算。

大数互换法是以一定置信水平为依据的。通常封闭环趋近正态分布，取置信水平 $P=99.73\%$，此时相对分布系数 $k_0=1$，在有些生产条件较差时，要求适当放在组成环公差，可取较低的 P 值。但是，在采取该法时，应有适当的工艺措施保证，以排除个别产品超出公差范围或极限偏差。P 与 k_0 相对应数值见表 3-2-80。

该方法适用于对精度要求较高，而且环数也较多的尺寸链。

表 3-2-80　置信水平 P 与相对分布系数 k_0 的对应数值

置信水平 P/%	99.73	99.5	99	98	95	90
相对分布系 k_0	1	1.06	1.16	1.29	1.52	1.82

（2）分组法

将各组成环按其实际尺寸大小分为若干组，各对应组进行装配，同组零件具有互换性。该方法通常采用极值公差公式计算。

（3）修配法

装配时去除补偿环的部分材料以改变其实际尺寸，使封闭环达到其公差与极限偏差要求。该方法通常采用极值公差公式计算。

（4）调整法

装配时用调整的方法改变补偿环的实际尺寸或位置，使封闭环达到其公差与极限偏差要求。一般螺栓、斜面、挡环、垫片或孔轴连接中的间隙等作为补偿环。该方法通常采用极值公差公式计算。

2.8.3.5　装配尺寸链计算顺序

装配尺寸链的计算顺序如图 3-2-41 所示。

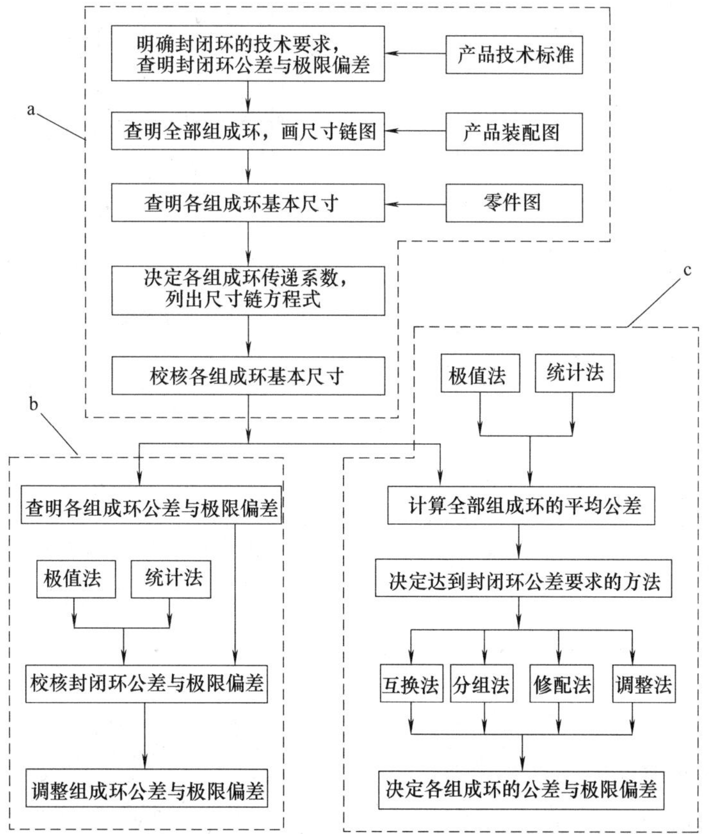

图 3-2-41　装配尺寸链的计算顺序

a—基本尺寸计算；b—公差设计计算；c—公差校核计算

表 3-2-81　　组成环的分布及其系数

分布特征	正态分布	三角分布	均匀分布	瑞利分布	偏态分布	
					外尺寸	内尺寸
分布曲线	-3σ　3σ			$e\cdot T/2$	$e\cdot T/2$	$e\cdot T/2$
e	0	0	0	−0.28	0.26	−0.26
k	1	1.22	1.73	1.14	1.17	1.17

2.8.3.6　相对不对称系数 e 与相对分布系数 k 的取值

(1) 组成环的分布及其系数

组成环有不同的分布形式，常见的几种分布曲线及其对应的不对称系数 e 和相对分布系数 k 的数值，列于表 3-2-81。

分布形式及其系数的选取，规定如下。

① 在大批量生产条件下，且工艺过程稳定，则工件尺寸趋近正态分布，取 $e=0$，$k=1$。

② 在不稳定工艺过程中，当尺寸随时间近似线性变动时，形成均匀分布。计算时没有任何参考的统计数据，尺寸及位置误差一般可当作均匀分布，取 $e=0$，$k=1.73$。

③ 两个分布范围相等的均匀分布相组合，形成三角分布，计算时没有参考的统计数据，尺寸与位置误差亦可当作三角分布，取 $e=0$，$k=1.22$。

④ 偏心或径向圆跳动趋近瑞利分布，取 $e=-0.28$，$k=1.14$。偏心在某一方向的分量，取 $e=0$，$k=1.73$。

⑤ 单件小批量生产条件下，工件尺寸也可能形成偏态分布，偏向最大实体尺寸这一边，取 $e=\pm0.26$，$k=1.17$。

(2) 封闭环的分布及其系数

① 各组成环在其公差带内按正态分布时，封闭环亦必按正态分布；各组成环具有各自不同分布时，只要组成环数 $m\geqslant5$、各组成环分布范围相差又不太大时，封闭环亦趋近正态分布，此时，通常取 $e_0=0$，$k_0=1$。

② 当组成环数 $m<5$，各组成环又不按正态分布时，封闭环亦不同于正态分布。计算时没有参考的统计数据，可取 $e_0=0$，$k_0=1.1\sim1.3$。

2.8.4　尺寸链计算示例

用完全互换进行尺寸链计算的基本步骤如下。

① 画尺寸链图。

② 判别封闭环与增、减环。

③ 根据完全互换法计算公式，进行封闭环或组成环量值的计算。

④ 校核计算结果。

2.8.4.1　正计算示例

【例 3】 如图 3-2-42 (a) 所示齿轮箱部件，已知 $A_1=10_{-0.036}^{\ 0}$，$A_2=189_{+0.050}^{+0.221}$，$A_3=2.5_{-0.1}^{\ 0}$，$A_4=16.5_{-0.043}^{\ 0}$，$A_5=160_{-0.1}^{\ 0}$，试求轴向间隙 N。

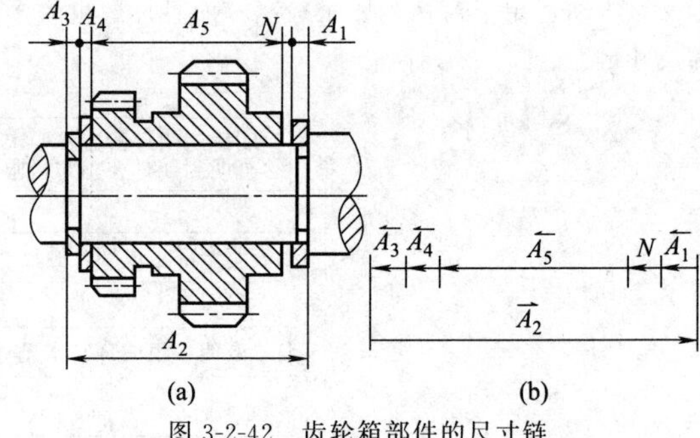

图 3-2-42　齿轮箱部件的尺寸链

解 ① 画尺寸链线图，如图 3-2-42 (b) 所示。

② 判别增、减环，间隙 N 是装配时自然形成的，显然是封闭环，据此可判断出 A_2 为增环，A_1、A_3、A_4、A_5 为减环。

③ 计算封闭环的基本尺寸

$$N=A_2-(A_1+A_3+A_4+A_5)$$
$$=189-(10+2.5+16.5+160)=0$$

④ 计算封闭环的上、下偏差

$$ES_0=ES_2-(EI_1+EI_3+EI_4+EI_5)$$
$$=+0.221-(-0.036-0.1-0.043-0.1)$$
$$=+0.5\text{mm}$$
$$EI_0=EI_2-(ES_1+ES_3+ES_4+ES_5)$$
$$=+0.05-(0+0+0+0)=+0.05\text{mm}$$

⑤ 校核计算结果。由以上计算结果可得

封闭环的公差 $T_0=ES_0-EI_0=+0.5-0.05=0.45\text{mm}$

$$T_0=T_{A1}+T_{A2}+T_{A3}+T_{A4}+T_{A5}$$
$$=0.036+0.171+0.1+0.043+0.1=0.45\text{mm}$$

校核结果说明计算无误，所以轴向间隙 $N=0_{+0.05}^{+0.50}$，即

轴向间隙 $N=0.05\sim0.5\text{mm}$。

【例4】 图3-2-43（a）所示为T形滑动与导槽的配合。已知导槽与滑块的尺寸及位置公差见图3-2-43（c），试计算当滑块与导槽大端在一侧接触时，同侧小端的间隙 N。

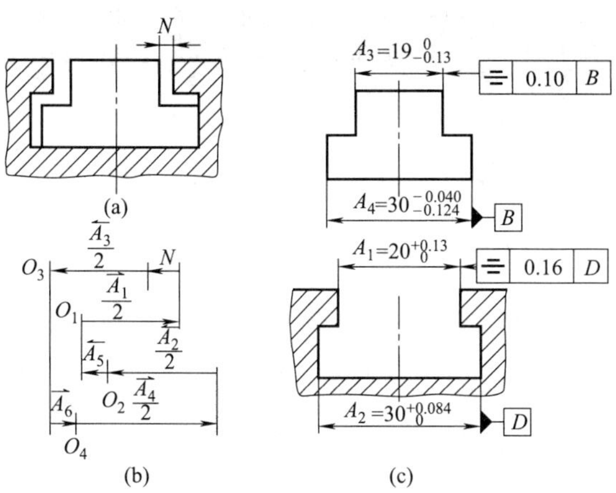

图3-2-43 滑动与导槽尺寸链

解 ① 画尺寸链线图。解这一类尺寸链问题时，应注意两点：一是对于具有对称性的尺寸，通常都取其二分之一进入尺寸；二是形位公差也作为组成环进入尺寸链。

尺寸链图如图3-2-43（b）所示。其中 $A_5=0\pm0.08\text{mm}$，$A_6=0\pm0.05\text{mm}$，为导槽和滑块的对称度公差。O_1、O_2、O_3 和 O_4 分别为 A_1、A_2、A_3 和 A_4 的对称中心平面。

② 判别增、减环。N是封闭环，则 $A_1/2$、$A_4/2$ 和 A_6 是增环，$A_2/2$、$A_3/2$ 和 A_5 是减环。

③ 计算封闭环的基本尺寸

$$N=\frac{A_1}{2}+\frac{A_4}{2}+A_6-\left(\frac{A_2}{2}+\frac{A_3}{2}+A_5\right)$$
$$=10+15+0-(15+9.5+0)=0.5\text{mm}$$

④ 计算封闭环的上、下偏差

$$ES_0=\frac{ES_1}{2}+\frac{ES_4}{2}+ES_6-\left(\frac{EI_2}{2}+\frac{EI_3}{2}+EI_5\right)$$
$$=+0.065-0.02+0.05-(0-0.065-0.08)$$
$$=+0.24\text{mm}$$

$$EI_0=\frac{EI_1}{2}+\frac{EI_4}{2}+EI_6-\left(\frac{ES_2}{2}+\frac{ES_3}{2}+ES_5\right)$$
$$=0-0.062-0.05-(0.042+0+0.08)$$
$$=-0.234\text{mm}$$

⑤ 校核计算结果。封闭环的公差 $T_0=ES_0-EI_0=+0.24+0.234=0.474\text{mm}$。

$$T_0=\frac{T_{A1}}{2}+\frac{T_{A2}}{2}+\frac{T_{A3}}{2}+\frac{T_{A4}}{2}+T_{A5}+T_{A6}$$
$$=(0.13+0.084+0.13+0.084)/2+0.1+0.16$$
$$=0.474\text{mm}$$

校核结果说明计算无误，所以间隙 $N=0.5_{-0.234}^{+0.24}$，即间隙 $N=0.266\sim0.740\text{mm}$。

2.8.4.2 反计算示例

【例5】 图3-2-44（a）所示齿轮箱部件装配图，轴向间隙 N 的允许值为 $1\sim1.5\text{mm}$。已知零件的尺寸为 $A_1=141\text{mm}$，$A_2=A_4=5\text{mm}$，$A_3=130\text{mm}$，试确定各组成环的公差及上、下偏差。

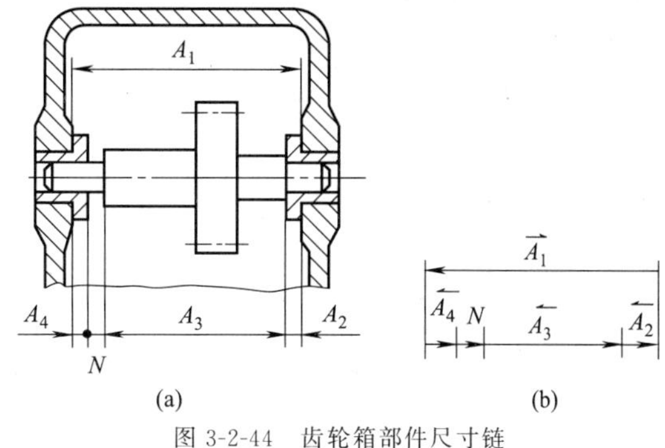

图3-2-44 齿轮箱部件尺寸链

解 ① 画尺寸链线图，如图3-2-44（b）所示。

② 确定封闭环。因为轴向间隙 N 尺寸为装配后自然形成的尺寸，故 N 为封闭环。

③ 判别增、减环。从尺寸链线图可看出，A_1 是增环，A_2、A_3 和 A_4 是减环。

④ 计算封闭环的尺寸

$$N=A_1-(A_2+A_3+A_4)$$
$$=141-(5\times2+130)=1\text{mm}$$

由题意设 $N=1_{0}^{+0.50}$，$T_0=0.5\text{mm}$。

⑤ 确定各组成环的公差和极限偏差（按等精度法）

查表3-2-79得：$i_1=2.52\mu\text{m}$，$i_2=i_4=0.73\mu\text{m}$，$i_3=2.52\mu\text{m}$。

$$a_{av}=\frac{T_0}{\sum_{j=1}^{n-1}i_j}=\frac{0.5\times1000}{2.52+0.73+0.73+2.52}\approx76.9$$

可确定各组成环采用IT10（$a=64$）。因为 $a_{av}>64$，如果各组成环都取IT10，则其公差值总和必小于封闭环的公差值。因此，可选取难控制的 A_1 作为调整环，A_2、A_3、A_4 均确定为IT10。

查表可知组成环 A_2、A_3、A_4 的公差确定为：

$$T_{A2}=T_{A4}=0.048\text{mm},\ T_{A3}=0.16\text{mm}$$

调整环 A_1 的公差值为

$$T_{A1}=T_0-(T_{A2}+T_{A3}+T_{A4})$$
$$=0.5-(0.048\times2+0.16)=0.244\text{mm}$$

除调整环 A_1 外，各组成环的极限偏差按“向体原则”确定。即增环按基准孔，减环按基准轴确定其极限偏差。所以

$$A_2=A_4=5_{-0.048}^{0}=5\text{h}10,A_3=130_{-0.16}^{0}=130\text{h}10$$

调整环 A_1 的极限偏差为：

$$ES_1=ES_N+(EI_2+EI_3+EI_4)$$
$$=0.5+(-0.048-0.048-0.16)$$
$$=+0.244\text{mm}$$
$$EI_1=EI_N+(ES_2+ES_3+ES_4)=0$$

第3篇

即 $A_1=141^{+0.244}_{0}$ mm

下面用等公差法解本例。

用等公差法解尺寸链的基本步骤完全同于等精度法。这里只介绍计算各组成环公差（仍选 A_1 作为调整环）。

各组成环的平均公差为：

$$T_{av}=\frac{T_0}{m}=\frac{0.5}{4}=0.125\text{mm}$$

如果将此部件上各零件尺寸的公差都定为 0.125mm 是不合理的。将 A_3 公差放大，取 $T_{A3}=0.16$mm，A_2、A_4 尺寸小，且易加工，按表 3-2-2 取 $T_{A2}=T_{A4}=0.048$mm。调整环 A_1 的公差值为

$T_{A1}=T_0-(T_{A2}+T_{A3}+T_{A4})=0.5-(0.048\times2+0.16)=0.244$mm。

2.8.4.3　中间计算示例

【例 6】 图 3-2-45（a）所示的轴需铣一键槽，其加工顺序为：车削外圆 $A_1=\phi60.5_{-0.074}^{\ 0}$ mm；铣键槽 A_2；磨外圆 $A_3=\phi60_{-0.046}^{\ 0}$ mm；要求磨完外圆后保证尺寸 $A_4=53_{-0.2}^{\ 0}$ mm。求铣键槽时的尺寸 A_2。

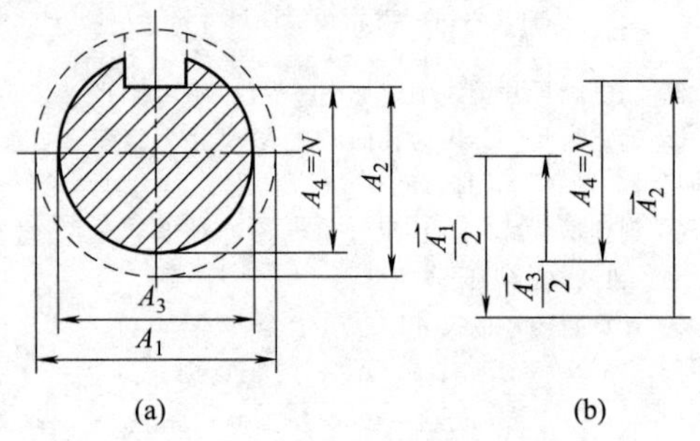

图 3-2-45　工序尺寸的尺寸链

解　① 画尺寸链线图，如图 3-2-45（b）所示。

② 判别封闭环和增、减环。尺寸 A_4 是加工过程中最后形成的尺寸，因此是封闭环。则 A_2 和 $A_{3/2}$ 是增环，$A_1/2$ 是减环。

③ 计算 A_2 的基本尺寸和极限偏差

因为 $N=A_2+\frac{A_3}{2}-\frac{A_1}{2}$

$$A_2=N-\frac{A_3}{2}+\frac{A_1}{2}=53-30+30.25=53.25\text{mm}$$

又由于 $ES_N=ES_{A2}+\frac{ES_{A3}}{2}-\frac{EI_{A1}}{2}$

所以 $ES_{A2}=ES_N-\frac{ES_{A3}}{2}+\frac{EI_{A1}}{2}=-0.037$mm

同理得 $EI_{A2}=EI_N-\frac{EI_{A3}}{2}+\frac{ES_{A1}}{2}=-0.177$mm

得 $A_2=53.25_{-0.177}^{-0.037}$ mm

④ 校核计算结果。由已知条件可求出

$$T_N=T_{A4}=ES_{A4}-EI_{A4}=0.2\text{mm}$$

$$T_N=T_{A2}+\frac{T_{A3}}{2}+\frac{T_{A1}}{2}$$

$$=0.14+0.023+0.037=0.2\text{mm}$$

校核结果说明计算无误，所以 $A_2=53.25_{-0.177}^{-0.037}$ mm。

第3篇

第3章 几何公差

3.1 几何公差的概念

零件的几何公差，即形状和位置公差，是对零件上各要素的形状及其相互间的方向或位置精度所给出的重要技术要求，是机械产品的静态和动态几何精度的重要组成部分。它对机器、仪器、工夹具及刃具等各种机械产品的功能，如工作精度、连接强度、密封性、运动平稳性、耐磨性及使用寿命、噪声等，都产生较大的影响。尤其是对在高速、高温、高压、重载条件下工作的精密机械和仪表，有着更加重要的意义。

在零件的生产过程中，由于机床—夹具—刀具—工件所构成的工艺系统会出现受力变形、热变化、振动及磨损等情况，在其影响之下被加工零件的几何要素不可避免地将会产生几何误差。例如，在车削圆柱表面时，刀具运动方向与工作旋转轴线不平行，会使加工表面呈圆锥形或双曲面形；在车削以顶尖支承的细长轴时，径向切削力使加工表面呈鼓形；在车削由三爪卡盘夹紧的环形工件的内孔时，会因夹紧力使工件变形而形成棱圆形；钻头移动方向与机床工作台面不垂直时，会产生孔轴线对定位基面的垂直度误差等。

几何误差的存在会使零件的使用功能受到影响。例如，在光滑工件的间隙配合中，形状误差使间隙分布不均匀，加速局部磨损，导致零件的工作寿命降低；在过盈配合中，形状误差则造成各处过盈量不一致而影响连接强度。对有结合要求的表面，几何误差的存在不仅影响结合的密封性，还会因实际接触面积减小而降低承载能力；各种箱盖与箱体、法兰盘等零件、各螺孔之间的位置误差将引起装配困难；检验平台的工作表面的形状误差会影响其工作精度；车床主轴的两支承轴颈若存在几何误差，将直接影响主轴的回转精度等。

因此，对零件的几何要素规定适当的几何公差是十分重要的。

本章主要介绍几何公差的相关术语及定义、标注、几何公差值的选用和几何公差的设计等，涉及的相关国家标准主要有：

GB/T 1182—2018《产品几何技术规范（GPS） 几何公差 形状、方向、位置和跳动公差标注》

GB/T 18780.1—2002《产品几何技术规范（GPS） 几何要素 第1部分：基本术语和定义》

GB/T 18780.2—2003《产品几何技术规范（GPS）几何要素 第2部分：圆柱面和圆锥面的提取中心线、平行平面的提取中心面、提取要素的局部尺寸》

GB/T 1184—1996《形状和位置公差 未注公差值》

GB/T 4249—2009《产品几何技术规范（GPS） 公差原则》

GB/T 16671—2009《产品几何技术规范（GPS） 几何公差 最大实体要求、最小实体要求和可逆要求》

GB/T 17851—2010《产品几何技术规范（GPS） 几何公差 基准和基准体系》

GB/T 13319—2003《产品几何技术规范（GPS） 几何公差 位置度公差标注》

GB/T 16892—1997《形状和位置公差 非刚性零件标注》

GB/T 17773—1999《形状和位置公差 延伸公差带及其标注》

GB/T 17852—2018《产品几何技术规范（GPS） 几何公差 轮廓度公差标注》

3.2 几何要素

几何公差的研究对象是零件的几何要素，它是构成零件几何特征的点、线、面的统称。几何要素简称"要素"。

3.2.1 几何要素分类和术语定义

3.2.1.1 几何要素分类

为了研究几何公差与误差，有必要从下列不同角度把要素加以分类，如表3-3-1所示。

3.2.1.2 几何要素基本术语和定义

随着新一代GPS标准体系的形成和发展，GB/T 18780.1—2002《产品几何技术规范（GPS）几何要素 第1部分：基本术语和定义》对工件的几何要素进行了定义。它延伸了要素概念，并重新对要素进行了分类和定义，如表3-3-2所示。

表 3-3-1　**几何要素分类**

分类依据	分类	含义及解释
存在状态	理想要素	具有几何学意义的点、线、面称为理想要素。例如几何学上的直线、平面、圆、圆柱面、圆锥面、球面等
	实际要素	零件上实际存在的要素。一般由测得要素代之，由于测量误差的存在，此时测得要素并非该要素的真实状况
所处地位	被测要素	在零件设计图样上给定了形状和（或）位置公差要求的要素，也就是需要研究确定其形状和（或）位置误差的要素。显然，在零件设计图样上体现的是理想被测要素，在实际零件上的则是实际被测要素
	基准要素	用来确定被测要素方向或（和）位置的要素。同样，在零件设计图样上体现的是理想基准要素，在实际零件上的则是实际基准要素
结构特征	轮廓要素	构成零件外形的点、线、面各要素。轮廓要素是零件上实际存在的。如球面、圆柱面、圆锥面、端平面以及圆锥面和圆柱面的素线
	中心要素	对称轮廓要素的中心点、中心线、中心面或回转表面的轴线。中心要素是假想的。如圆柱面的轴线、球面的球心等
功能关系	单一要素	给出了形状公差的要素，也就是要研究确定其形状误差的要素
	关联要素	给出了位置公差的要素，也就是要研究确定其位置误差的要素

表 3-3-2　**几何要素基本术语和定义**

序号	术语	含义及解释
1	要素	点、线或面
2	组成要素	面或面上的线。组成要素是实有定义的，也称轮廓要素
3	导出要素	由一个或几个组成要素推导出的中心点、中心线或中心面。如：球心是由球面得到的导出要素，该球面为组成要素。圆柱的中心线是由圆柱面得到的导出要素，该圆柱面为组成要素
4	尺寸要素	由一定大小的线性尺寸或角度尺寸确定几何形状的要素。尺寸要素可以是圆柱形、球形、两平行平面、圆锥形或楔形
5	公称组成要素	由技术制图或其他方法确定的理论正确组成要素（见图 3-3-2）
6	公称导出要素	由一个或几个公称组成要素导出的中心点、轴线或中心平面（见图 3-3-2）
7	工件实际表面	实际存在并将整个工件与周围介质分隔的一组要素
8	实际（组成）要素	由接近实际（组成）要素所限定的工件实际表面的组成要素部分（见图 3-3-2）
9	提取组成要素	按规定方法，由实际（组成）要素提取有限数目的点所形成的实际（组成）要素的近似替代。该替代（的方法）由要素所要求的功能确定。每个实际（组成）要素可以有几个这种替代
10	提取导出要素	由一个或几个提取组成要素导出的中心点、中心线或中心面（见图 3-3-2）。提取圆柱面的导出中心线称为提取中心线；两相对提取平面的导出中心面称为提取中心面
11	拟合组成要素	按规定的方法由提取组成要素形成的并具有理想形状的组成要素（见图 3-3-2）
12	拟合导出要素	由一个或几个拟合组成要素导出的中心点、轴线或中心平面（见图 3-3-2）

3.2.2　几何要素之间的相互关系

各几何要素定义的相互关系如图 3-3-1 所示，其解释如图 3-3-2 所示。

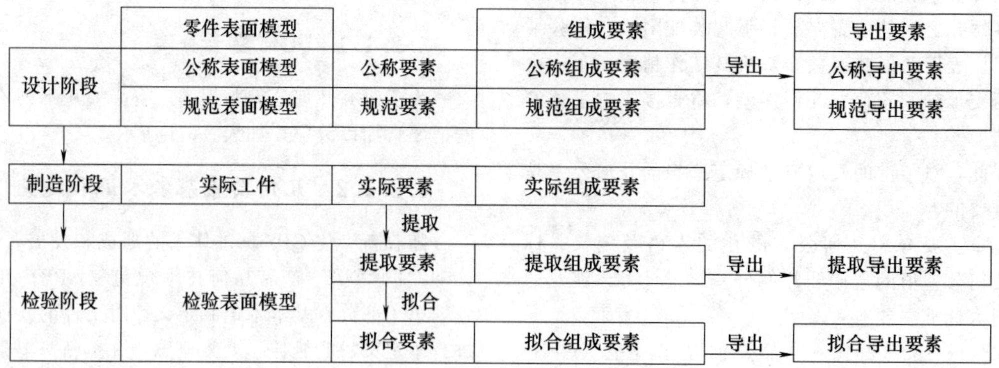

图 3-3-1　要素之间的关系图

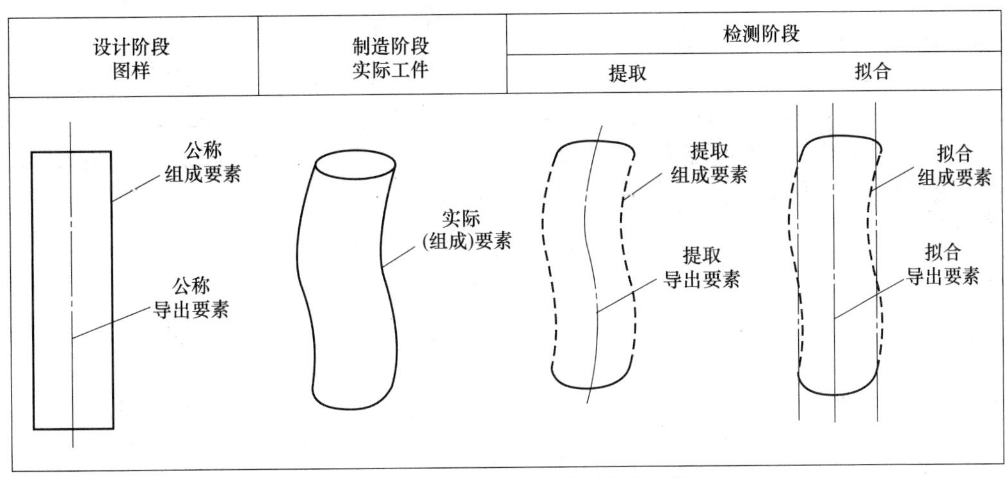

图 3-3-2　以圆柱为例对要素术语的解释

3.2.3　要素线型表

表 3-3-3 中的线型用于解释性的示意图中，仅出现在 GB/T 4457—2008 所规定的非技术图样中，供参考。

表 3-3-3　**要素线型参照表**

要素层次	要素类型	要素形式	线型	
			可见的	不可见的
公称要素 （理想要素）	组成（实际）要素	点 线 表面/平面	粗实线	细虚线
	导出要素	点 线/轴线 面/平面	细长点画线	细点画线
实际要素	组成要素	表面	粗不规则实线	细不规则实线
提取要素	轮廓表面	点 线 表面	粗短虚线	细短虚线
	导出要素	点 线 面	粗点	细点
拟合要素	组成要素	点 直线 表面/平面	粗双虚双点线	细双虚双点线
	导出要素	点 直线 平面	粗长双点画线	细双点画线
拟合要素	基准	点 直线 表面/平面	粗长画双短画线	细长画双短画线
公差带界限、 各公差平面	—	线 面	细实线	细虚线
截面、说明用平面、 图示平面、辅助平面	—	线 面	细长短虚线	细短虚线
延长线、尺寸线、指引线	—	线	细实线	细虚线

注：表中规定的线型供参考。

3.3 几何公差的定义及标注

GB/T 1182—2018《产品几何技术规范（GPS）几何公差形状、方向、位置和跳动公差标注》规定了工件几何公差（形状、方向、位置和跳动公差）标注的基本要求和方法。

3.3.1 几何公差术语定义

几何公差是指实际被测要素对其理想要素的允许变动。不论注有公差要素的局部尺寸如何，提取要素均应位于给定的几何公差带之内，并且其几何误差允许达到最大值。

表 3-3-4　　几何公差术语定义

术语	定　义	图示或注释
形状公差	单一实际被测要素对其理想要素的允许变动	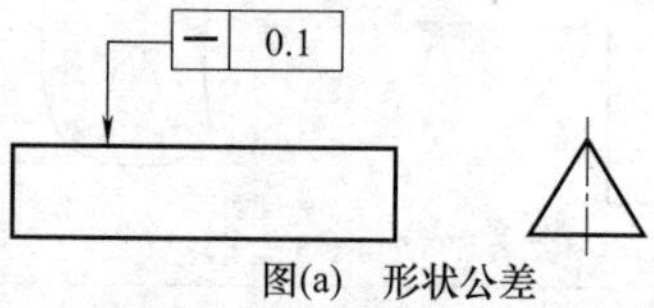0.1 图(a)　形状公差 形状公差带不涉及基准，不与其他要素关联
方向公差	关联实际被测要素对具有确定方向的理想被测要素的允许变动量	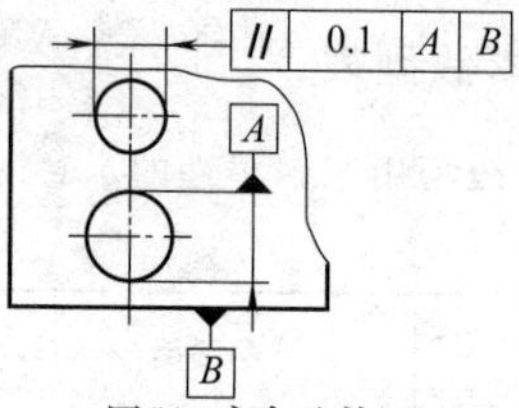0.1 A B A B 图(b)　方向公差
位置公差	关联实际被测要素对具有确定位置的理想被测要素的允许变动量	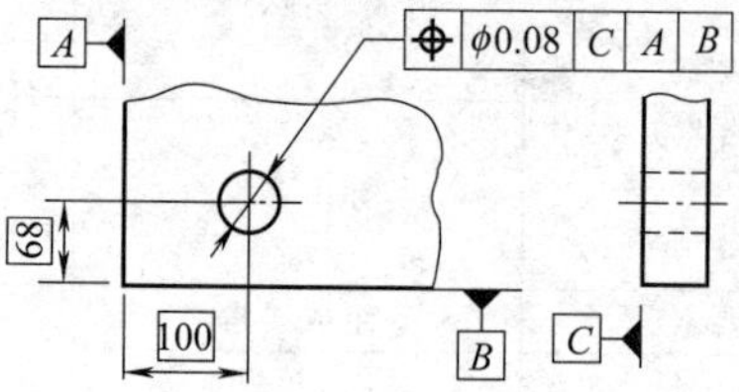A ϕ0.08 C A B 68 100 B C 图(c)　位置公差
跳动公差	关联实际被测要素围绕基准轴线回转一周或连续回转时允许的最大跳动	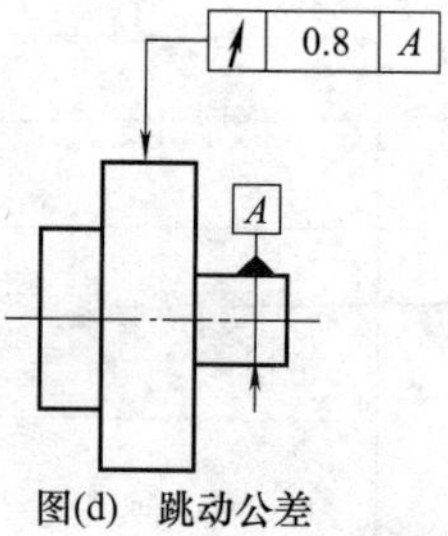0.8 A A 图(d)　跳动公差
公差带	由一个或几个理想的几何线或面所限定的、由线性公差值表示其大小的区域	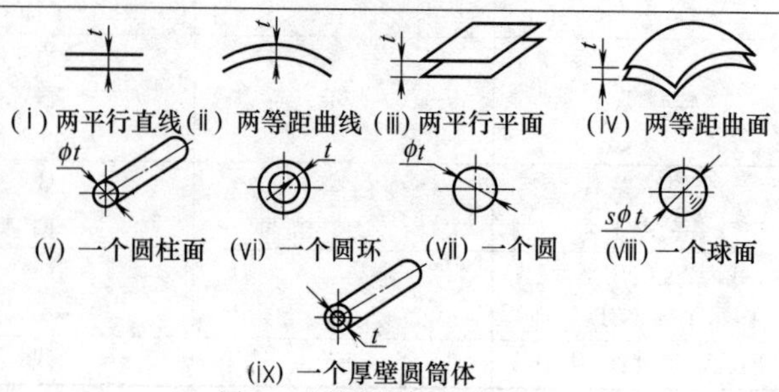(i) 两平行直线 (ii) 两等距曲线 (iii) 两平行平面 (iv) 两等距曲面 (v) 一个圆柱面 (vi) 一个圆环 (vii) 一个圆 (viii) 一个球面 (ix) 一个厚壁圆筒体 图(e)　公差带的主要形状

续表

术语	定　　义	图示或注释
相交平面	由工件的提取要素建立的平面，用于标识提取表面上的一条线或提取线上的一个点	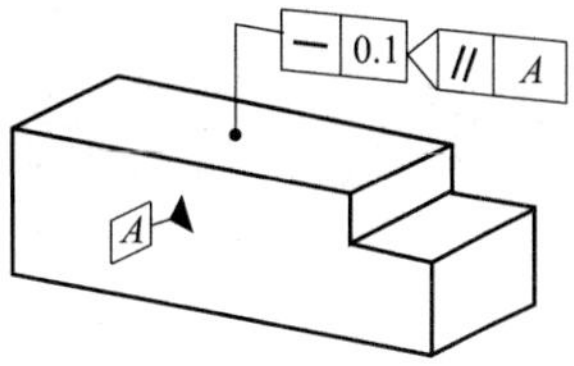
定向平面	由工件的提取要素建立的平面，用于标识公差带的方向	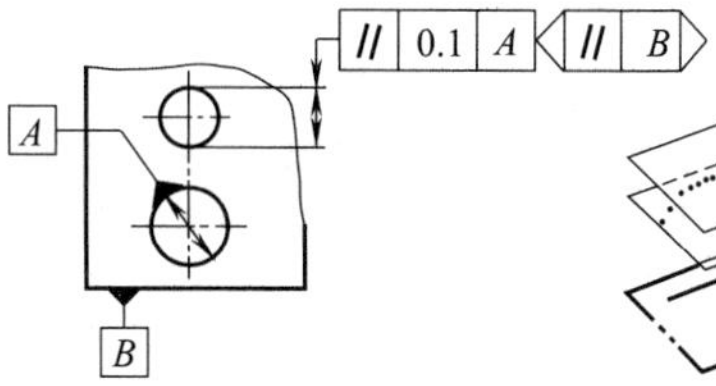 图(f)　图样标注 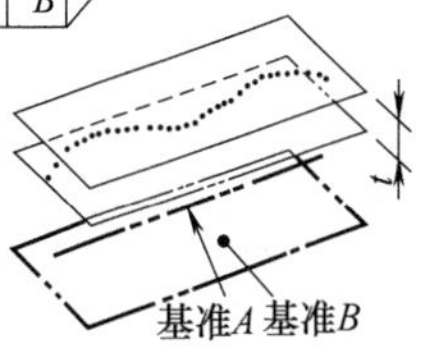　图(g)　公差带解释
方向要素	由工件的提取要素建立的要素，用于标识公差带宽度（或局部偏差）的方向	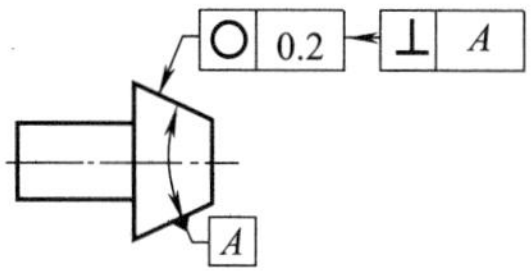
组合平面	由工件上的一个要素建立的平面，用于定义封闭的组合连续要素。当使用"全周"符号时，同时应使用组合平面	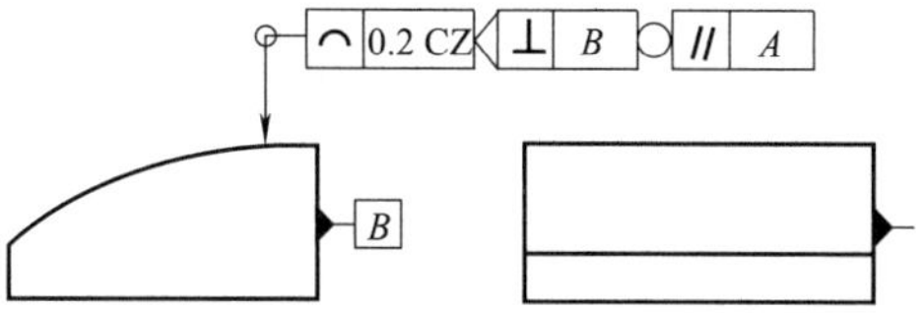 组合平面框格 // A 表示图样上所标注的面轮廓要求是对与基准 A 平行的由 a、b、c 和 d 组成的组合连续要素的要求 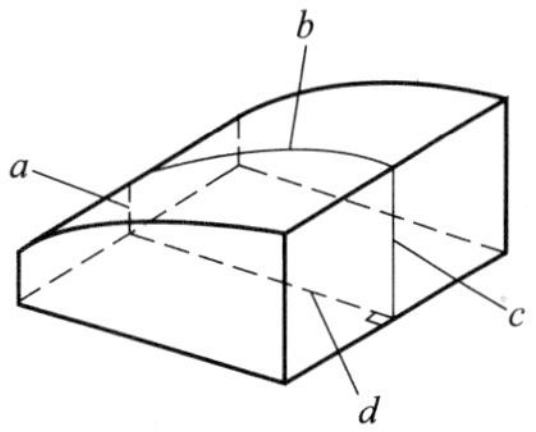
组合连续要素	由几个单一要素无缝组合在一起的单一要素，可以是封闭的或非封闭的。非封闭的组合连续要素可用"区间"符号和 UF 修饰符进行定义，封闭的组合连续要素可用"全周"符号和 UF 修饰符定义	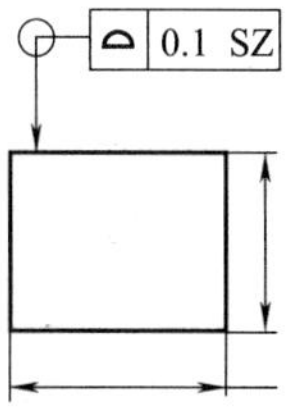 图(h)　图样标注 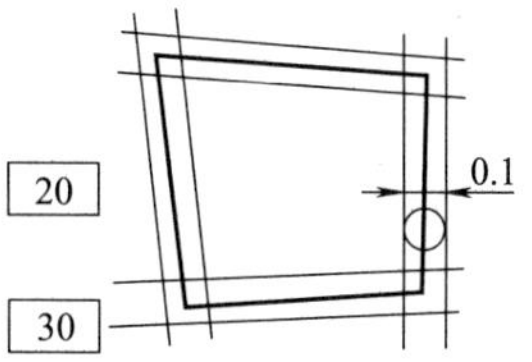　图(i)　解释(各要素之间无方向/位置约束)

续表

术语	定　义	图示或注释
理论正确尺寸	在 GPS 操作中，用于确定要素的理论正确形状、大小、方向和位置的线性尺寸或角度尺寸	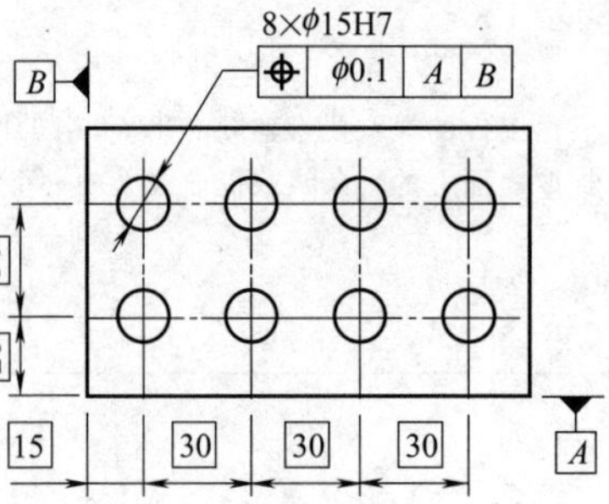 8×ϕ15H7 ϕ0.1 A B 30 20 15 30 30 30 图(j)　理论正确线性尺寸 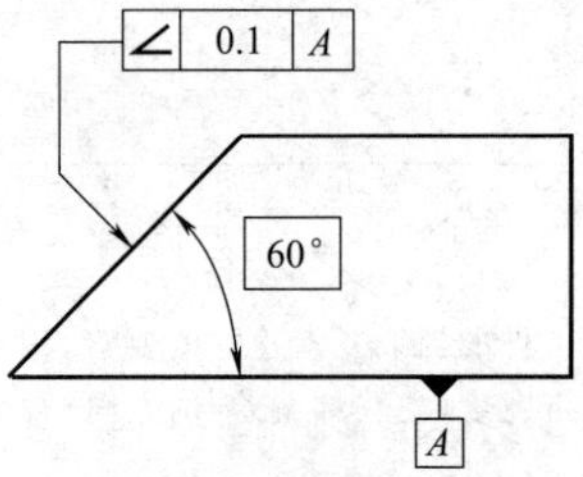 0.1 A 60° A 图(k)　理论正确角度
理论正确要素	具有理想形状、大小、方向和位置的公称要素	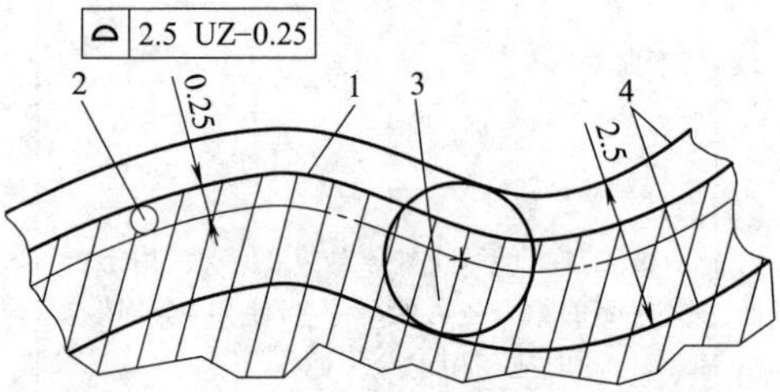 2.5 UZ-0.25 2 0.25 1 3 4 2.5 图中： 1—理论正确要素(TEF)，实体位于该轮廓的下方； 2—定义偏置理论要素的球，球径为偏置量 0.25mm； 3—定义公差带中心的球，球径为公差带的大小 2.5mm； 4—公差带的两界限
联合要素	由连续或不连续的组成要素组合而成的要素，并将其视为一个单一要素	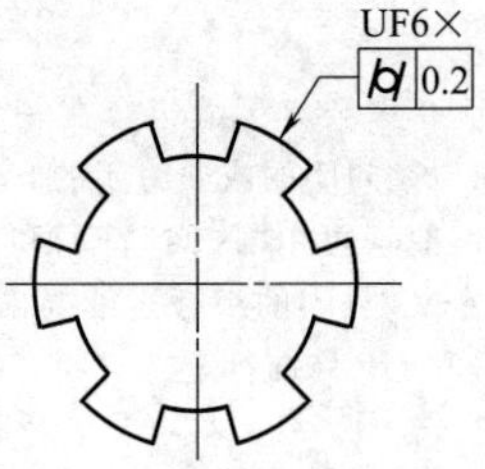 UF6× 0.2

续表

术语	定义	图示或注释
成组要素	由一组相互之间具有确定理论正确方向和/或位置约束的、一个以上的单一要素、联合要素或/和组合要素等组合而成的。 组成成组要素的几何要素可以是组合连续要素或联合要素或单一要素或尺寸要素；组成成组要素的几何要素也可以是成组要素	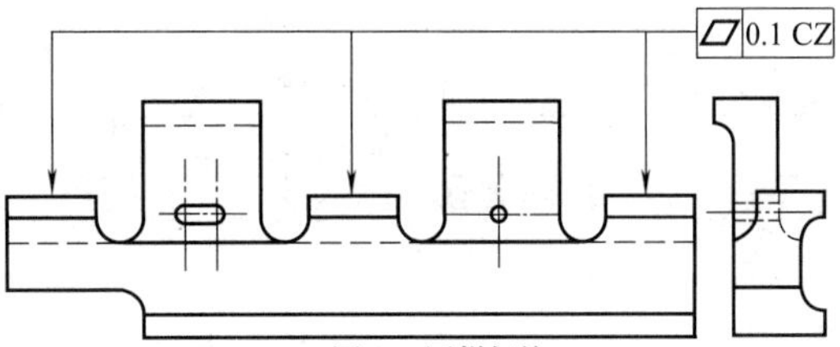 0.1 CZ 图(l) 图样标注 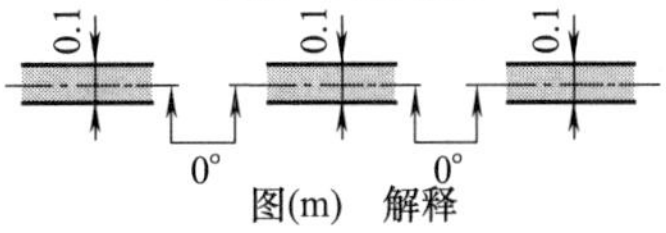 0.1 0.1 0.1 0° 0° 图(m) 解释

3.3.2 几何公差类型及符号

3.3.2.1 几何公差类型及特征项目符号

表 3-3-5 几何公差的类型及特征项目符号

公差类型	特征项目	符号	有无基准要求	公差类型	特征项目	符号	有无基准要求
形状公差	直线度	—	无	方向公差	垂直度	⊥	有
	平面度	▱			倾斜度	∠	
	圆度	○		位置公差	位置度	⌖	有或无
	圆柱度	⌭			同轴度	◎	有
形状、方向或位置公差	线轮廓度	⌒	有或无		对称度	⌯	
	面轮廓度	⌓		跳动公差	圆跳动	↗	有
方向公差	平行度	//	有		全跳动	⌰	

3.3.2.2 几何公差附加符号

表 3-3-6 几何公差附加符号

符号	说明	符号	说明
组合规范元素		被测要素的规范符号	
CZ	组合公差带	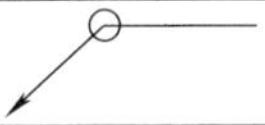	全周(轮廓)
SZ	独立公差带		全部(轮廓)或全表面
SIMi	同时要求，i 是序号；用于定义多重成组要素	←→	区间符号
不对等公差带规范元素		→	从…到…
UZ	(给定偏置量的)偏置公差带	UF	联合要素，United Feature
约束规范元素		LD	小径
OZ	(未给定偏置量的)线性偏置公差带	MD	大径
VA	(未给定偏置量的)角度偏置公差带	PD	节径(中径)
在方向或位置公差中，拟合被测要素的规范元素		辅助要素框格或标识符	
Ⓒ	最小区域(切比雪夫)要素	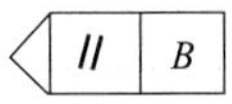 // B	相交平面框格
Ⓖ	最小二乘要素	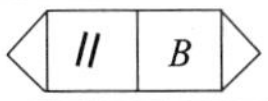 // B	定向平面框格

第3篇

续表

符号	说明	符号	说明
Ⓣ	贴切要素	←[// | B]	方向要素框格
Ⓝ	最小外接要素	○[// | B]	组合平面框格
Ⓧ	最大内切要素	ACS	任意横截面
导出要素的规范元素		实体状态的规范元素	
Ⓐ	中心要素	Ⓜ	最大实体要求
Ⓟ	延伸公差带	Ⓛ	最小实体要求
形状误差评定中,获得(评定)参照要素的拟合方法的规范元素		Ⓡ	可逆要求
C	无约束的最小区域(切比雪夫)法	与尺寸公差相关的符号	
CE	有实体外约束的最小区域(切比雪夫)法	Ⓔ	包容要求
CI	有实体内约束的最小区域(切比雪夫)法	基准相关符号	
G	无约束的最小二乘法	A A	基准要素
GE	有实体外约束的最小二乘法	$\phi2$ / $A1$	基准目标
GI	有实体内约束的最小二乘法	><	仅约束方向
N	最小外接法	理论正确尺寸符号	
X	最大内切法	[50]	理论正确尺寸
状态规范元素		几何公差框格	
Ⓕ	自由状态条件(非刚性零件)	[| | D]	几何公差框格

3.3.3 几何公差带

几何公差带是由一个或几个几何上理想的线或面所限定的，用以限制实际要素形状和（或）位置所允许的变动范围，它是由线性公差值表示的区域。

3.3.3.1 几何公差带形状

根据公差项目特征及其标注方式，公差带的主要形式有9种，如表3-3-7所示。

表3-3-7 几何公差带的形状

公差带	形状	公差带	形状
两平行直线之间的区域	t	圆柱面内的区域	ϕt
两等距曲线之间的区域	t	一段测量圆柱表面的区域	t
两同心圆之间的区域	t	两同轴圆柱之间的区域	t
圆内的区域	ϕt	两平行平面之间的区域	t
球内的区域	$S\phi t$	两等距曲面之间的区域	t

注：1. 除非有进一步限制的要求，被测要素在公差带内可以具有任何形状或方向。

2. 除非另有规定，公差带适用于整个被测要素。

3. 某要素的几何公差确定了公差带，该要素应包含在该公差带之内。

3.3.3.2　几何公差带位置

表 3-3-8　几何公差带的形状

固定公差带	浮动公差带
公差带的位置由基准和(或)理论正确尺寸确定，不随其尺寸变化而变化，则称为固定 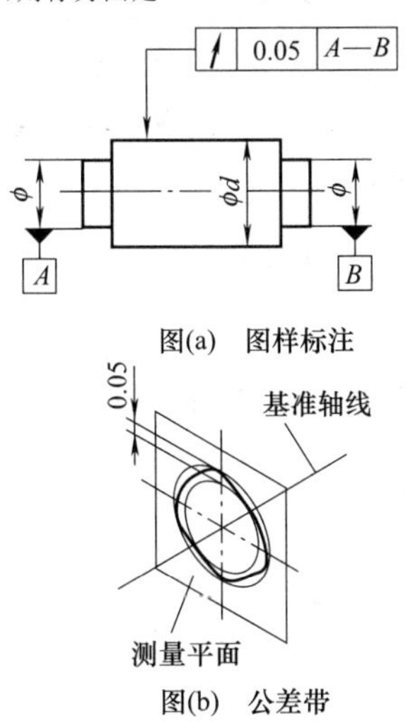 图(a)　图样标注 图(b)　公差带 图示圆跳动的公差带的位置由基准轴线确定而固定	公差带的位置由被测实际要素在其尺寸公差范围内的变动来确定，即可随尺寸在尺寸公差范围内的变化而变化，则称为浮动 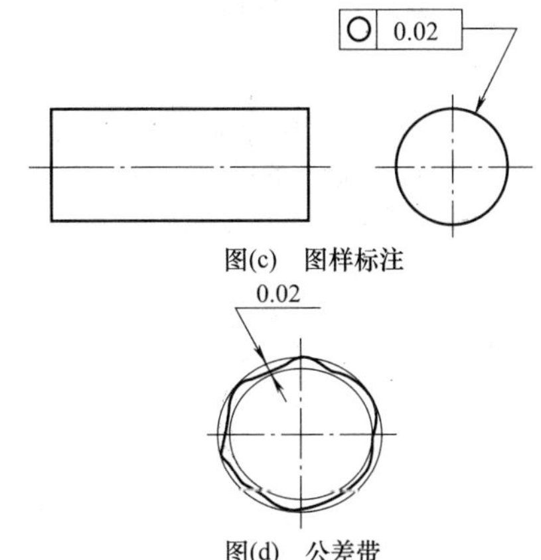 图(c)　图样标注 图(d)　公差带 图示圆度公差带的位置随实际被测圆截面的不同而浮动

注：除非有进一步的限制要求，被测要素在公差带内可以具有任何形状或方向。

3.3.4　几何公差的标注规范

3.3.4.1　几何公差的全符号

表 3-3-9　几何公差的全符号

组成	规　　范	图示
带箭头的指引线	带箭头的指引线与几何公差框格相连，自框格的左端或右端引出，或从框格上方或下方引出	补充说明 几何公差框格 辅助要素框格 补充说明 0.08　A　B　D 补充说明 指引线
几何公差框格	几何公差框格从左至右填写的内容依次为：第1格为项目符号；第2格为几何公差值及附加符号，包括与公差带、被测要素和特征(值)等有关的规范元素；第3格及后面各格为基准字母及附加符号	
可选的辅助要素框格	辅助要素框格不是一个必选的标注，它位于几何公差框格右面，标注相交平面、定向平面、方向要素或组合平面等	补充说明 几何公差框格 辅助要素框格 0.08　A　B　D 补充说明 指引线
可选的补充说明	补充说明不是一个必选的标注，一般位于几何公差框格的上方/下方或左侧/右侧	

第3篇

3.3.4.2 几何公差框格的指引线

表 3-3-10 几何公差框格的指引线标注及示例

类型		标注规范	被测要素的2D和3D标注示例
被测要素为组成要素时	2D标注	箭头指向该被测要素的轮廓线或其延长线，且与尺寸线明显错开，示例见图(a)和图(b) 当被测要素是组成要素且指引线引自于要素的界限内，则以圆点终止。当表面可见时，此圆点是实心的，示例见图(c)；当表面不可见时，圆点为空心的，指引线为虚线；箭头指向指引线的水平线段，示例见图(d)	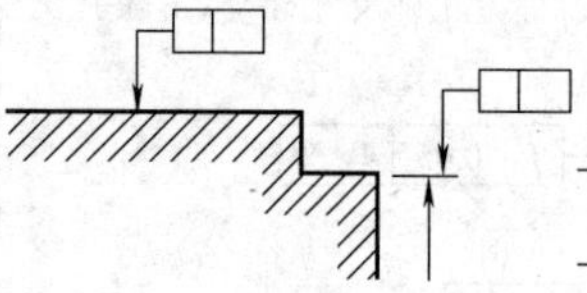 图(a) 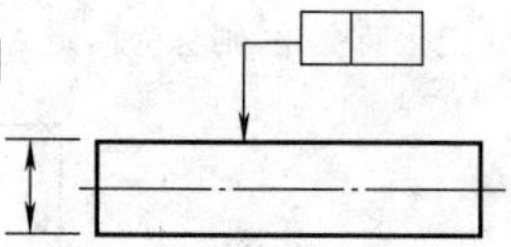 图(b) 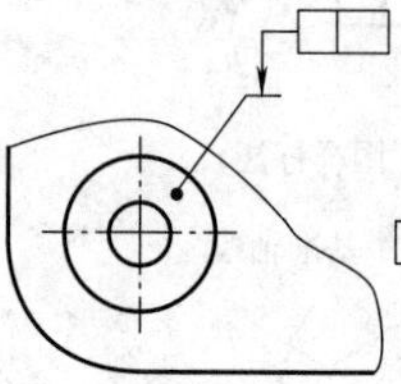 图(c) 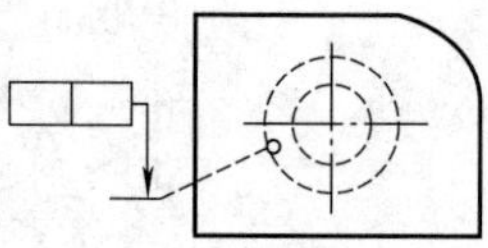 图(d)
	3D标注	从被测要素轮廓上引出指引线时，指引线的终点为圆点，当表面可见时，该圆点为实心的，当表面不可见时，该圆点是空心的，指引线是一条虚线，示例见图(e)和图(f) 从被测要素的轮廓延长线上或被测要素的界限内引出指引线时，指引线的终点是一个箭头，该箭头指向该被测要素的轮廓延长线，且与尺寸线明显错开，示例见图(e)；或指向指引线的水平线段，示例见图(g)	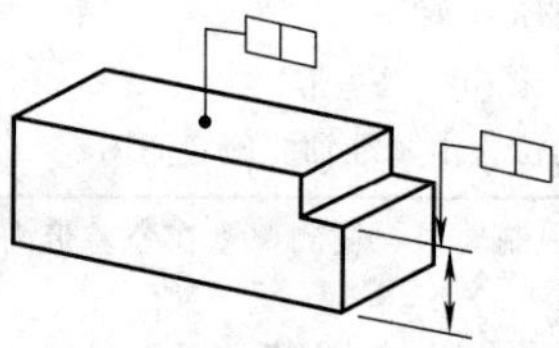 图(e) 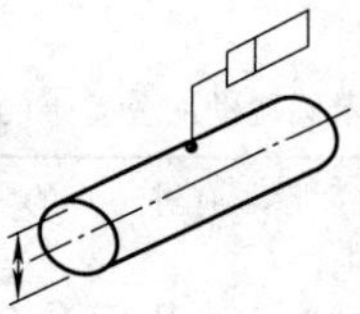 图(f) 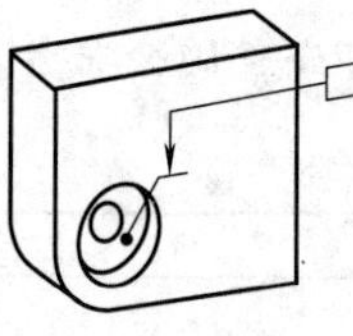 图(g)
被测要素为中心要素时	2D和3D标注	指引线的终点是一个箭头，且位于尺寸要素的尺寸线延长线上	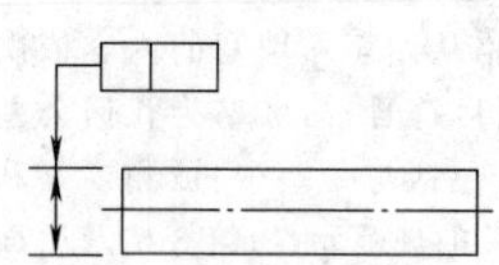 图(h) 2D标注 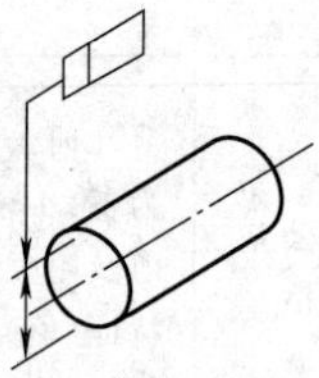 图(i) 3D标注 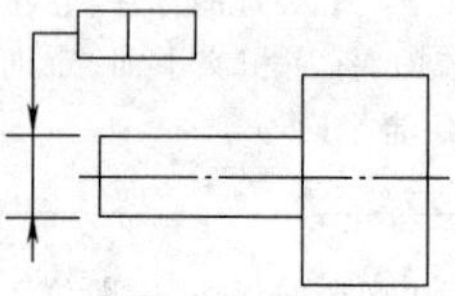 图(j) 2D标注 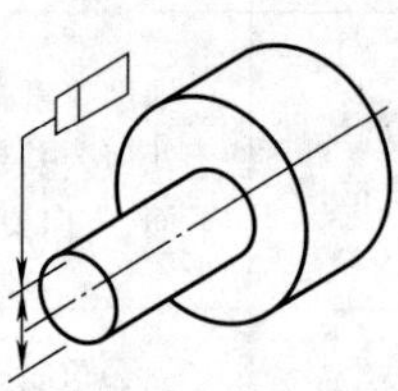 图(k) 3D标注

续表

类型	标注规范		被测要素的2D和3D标注示例
被测要素为中心要素时	2D和3D标注	指引线的终点是一个箭头，且位于尺寸要素的尺寸线延长线上	图(l) 2D标注　图(m) 3D标注

注：对被测要素有几何公差要求时，几何公差的全符号用指引线与公差框格连接，指引线引自框格的任意一侧，终端带一箭头指向被测要素。

3.3.4.3 几何公差框格

几何公差框格以细实线绘制，如图3-3-3所示，在图样上允许在水平或垂直方向配置；用细实线绘制的带箭头的指引线可以从框格的任一端垂直引出。框格可以由两格或多格组成。框格中自左至右（框格垂直放置时为从下到上）依次填写以下内容：第一格为项目符号部分；第二格为公差带、被测要素和特征规范部分；第三格及以后各格为按顺序排列的基准代号的字母及其他有关符号。

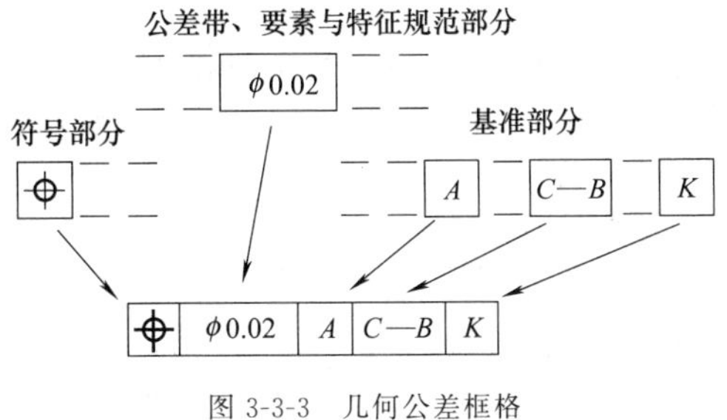

图3-3-3 几何公差框格

如表3-3-11所示给出了几何公差框格的第二格中的规范元素以及这些规范元素应有的组别和顺序。由表可以看出，几何公差框格第二格中可以标注的元素有公差带、体现被测要素的操作、获得特征（值）的操作、实体状态和自由状态等规范元素，其中公差带包括公差带的形状、公差带的宽度、公差带的性质（是组合公差带还是独立公差带）、公差带的偏置和约束特征等几个部分，编号为1a、1b、2、3、4；被测要素包括滤波操作所用的滤波器类型、滤波器的嵌套指数、体现被测要素的拟合操作方法、导出要素类型等部分，编号为5a、5b、6、7；获得特征（值）的操作部分包括（评定）参照要素的拟合准则和评估参数，编号为8和9。

几何公差带的形状和宽度，对应编号1a和1b，在标注时二者之间不得有间隔。

几何公差带的组合规范元素，对应编号2。如果规定适用于多个要素，应标注规定应用于要素的方式。

几何公差带的偏置规范元素对应编号3和4。缺省情况下，公差带以理论正确要素（TEF）为参照要素，关于其对称；但是如果允许公差带的中心偏置于TEF时，根据是否给定偏置量分别标注UZ或OZ。

目前在GPS标准中还未规定缺省的滤波器，因此，如果图样或其他技术文件中没有明确给出滤波器，那么就是未使用滤波操作，被测要素的滤波操作

表3-3-11 几何公差框格第二格中的内容

公差带					被测要素[①]				特征(值)[②]		实体状态	自由状态
形状	宽度	组合/独立	偏置	约束	滤波器类型	滤波器嵌套指数	拟合被测要素	导出要素	(评定)拟合	(评估)参数		
φ Sφ	0.02 0.01～0.02 0.1/75 0.1/75×75 0.2/φ4 0.1/75×30° 0.1/10°×30°	CZ SZ	UZ+0.2 UZ−0.3 UZ+0.1<—>+0.2 UZ+0.1<—>−0.3 UZ−0.1<—>+0.2	OZ VA ><	G S Etc.	0.8 −250 0.8～250 500 −15 等等	Ⓖ Ⓝ Ⓣ Ⓧ	Ⓐ Ⓟ	C CE CI G GE GI X N	P V T Q	Ⓜ Ⓛ Ⓡ	Ⓕ
1a	1b	2	3	4	5a	5b	6	7	8	9	10	11

① 为体现被测要素的操作

② 为获得特征值的操作

第3篇

应同时标注滤波器的类型和滤波器的嵌套指数，对应编号 5a 和 5b。

对于有方向和位置公差要求的被测要素（即关联被测要素），缺省情况下，几何公差规范是对所标注的实际提取组成要素或导出要素的要求，而当几何公差值后面带有最大内切（Ⓧ）、最小外接（Ⓝ）、最小二乘（Ⓖ）、最小区域（Ⓒ）、贴切（Ⓣ）等符号时，表示的是对被测要素的拟合要素的几何公差要求。符号Ⓒ、Ⓖ、Ⓝ、Ⓣ和Ⓧ是拟合被测要素的规范元素，对应编号 6，它仅用于有基准的公差要求，如方向公差和位置公差。如果拟合被测要素的规范元素与滤波器规范元素一起使用，则拟合是对滤波后的非理想要素进行的操作。拟合被测要素的范围应与其拟合的要素范围一致。当被测要素为导出要素时，拟合的要素应是间接拟合要素，见 ISO 22432。拟合被测要素的规范元素不得与下列规范元素一并使用。

导出被测要素符号有Ⓐ和Ⓟ，对应编号 7。符号Ⓟ用于标注延伸被测要素，此时被测要素是要素的延伸部分或其导出要素。延伸被测要素是一个从实际要素中构建出来的拟合要素。延伸要素的缺省拟合方法是相应的实际要素与无约束实体外接触的拟合要素之间的最大距离为最小。

（评定）参照要素的拟合规范元素仅用于无基准要求的形状公差，对应编号 8。对于有形状公差要求的被测要素，为确定被测要素的理想要素的位置｛即（评定）参照要素｝需进行拟合操作。其拟合操作方法及规范元素（符号）有：无约束的最小区域（切比雪夫）拟合（符号 C）、有实体外约束的最小区域拟合（符号 CE）、有实体内约束的最小区域拟合（符号 CI）、无约束的最小二乘拟合（符号 G）、有实体外约束的最小二乘拟合（符号 GE）、有实体内约束的最小二乘拟合（符号 GI）、最小外接拟合（符号 N）和最大内切拟合（符号 X）等。其中，无约束的最小区域（切比雪夫）拟合 C 是缺省的（评定）参照要素，即如果工程图样上无相应的符号专门规定，确定（评定）参照要素的拟合一般缺省为最小区域拟合。对被测要素同时采用滤波规范元素和（评定）参照要素规范元素时，滤波器规范元素必须位于（评定）参照要素规范元素之前，且滤波器规范元素后面必须标注嵌套指数值，而（评定）参照要素规范元素仅有字母。

参数规范元素仅用于无基准要求的形状规范，目的是规范形状特征值的评估操作，对应编号 9，其可用的规范评估参数有：峰谷参数（T）、峰高参数（P）、谷深参数（V）和均方根参数（Q）。评估参数为可选规范元素，缺省参数为峰谷参数（T）。

实体要求规范元素Ⓜ、Ⓛ和Ⓡ是可选的规范元素，对编号 10。

自由状态是零件只受到重力作用时的状态，对应编号 11。对于非刚性零件，其自由状态条件符号Ⓕ标注在几何公差值后面。

表 3-3-12　几何公差框格第二格中规范元素的标注规范及示例

序号	标注元素编号	标注规范及示例
1	1a	几何公差带的形状见表 3-3-8。若被测要素是表面，那么所定义的公差带形状为基于被测要素的理论几何形状而生成的两等距表面之间的区域；若被测要素是线轮廓，那么所定义的公差带形状为基于被测要素的理论几何形状而生成的两等距线之间的区域。若被测要素是一条公称提取直线，那么所定义的公差带形状为两平行平面之间的区域。如果被测要素是直线或点且公差带是圆形或圆柱形，公差值之前应使用符号“ϕ”，见图(a)。如果被测要素是一个点且公差带是球形，公差值之前应使用符号“$S\phi$”，见图(b)。除此之外，几何公差值前不加附加符号，见图(c) 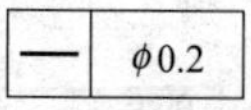 — | ϕ0.2　　⌖ | $S\phi$0.4 | A | D | F　　▱ | 0.002 图(a) 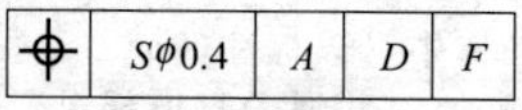　　图(b) 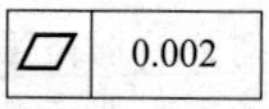　　图(c)
2	1b	几何公差值表示了公差带的宽度，它是必须标注的规范元素，单位为 mm。除非另有说明［见图(f)和图(g)］，公差带的宽度应与指定的几何形状垂直［见图(a)和图(b)］ 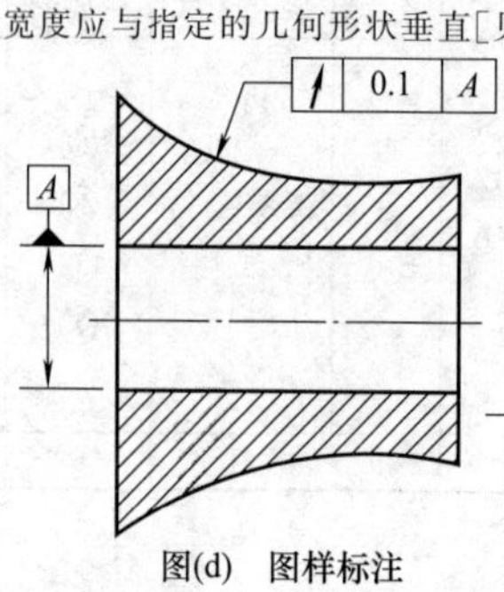 0.1 A　A　基准轴线 图(d)　图样标注 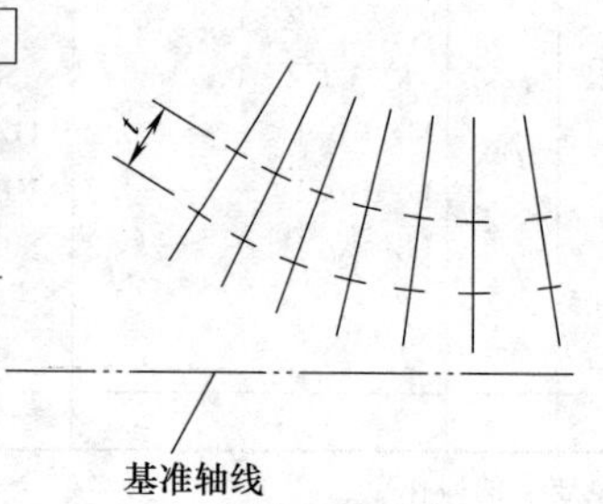　　图(e)　解释

续表

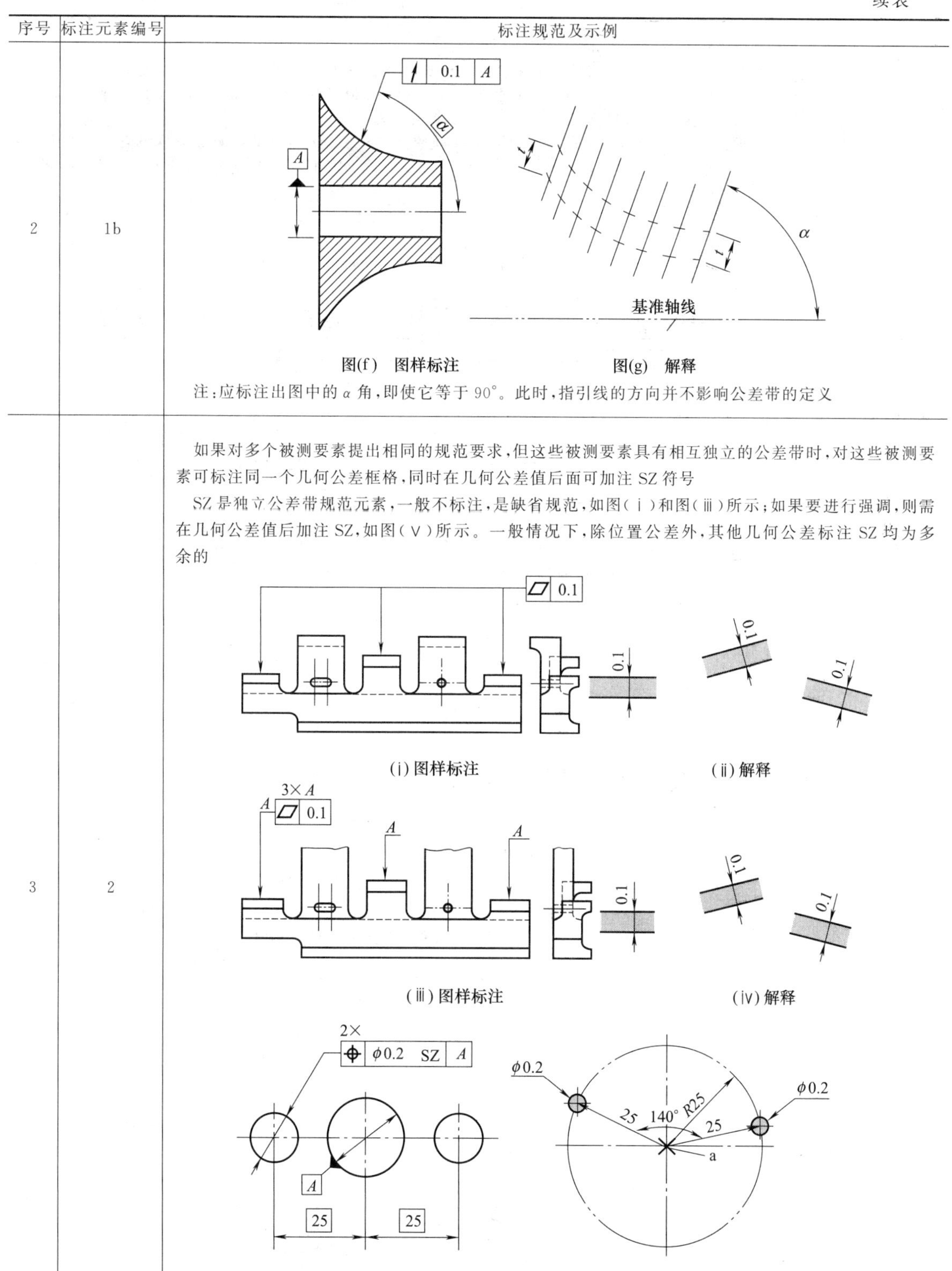

序号	标注元素编号	标注规范及示例
2	1b	图(f) 图样标注　图(g) 解释 注:应标注出图中的 α 角,即使它等于 90°。此时,指引线的方向并不影响公差带的定义
3	2	如果对多个被测要素提出相同的规范要求,但这些被测要素具有相互独立的公差带时,对这些被测要素可标注同一个几何公差框格,同时在几何公差值后面可加注 SZ 符号 SZ 是独立公差带规范元素,一般不标注,是缺省规范,如图(ⅰ)和图(ⅲ)所示;如果要进行强调,则需在几何公差值后加注 SZ,如图(ⅴ)所示。一般情况下,除位置公差外,其他几何公差标注 SZ 均为多余的 (ⅰ)图样标注　(ⅱ)解释 (ⅲ)图样标注　(ⅳ)解释 (ⅴ)图样标注　(ⅵ)解释 图(h) 多个被测要素分别具有独立公差带时的标注

续表

<table>
<tr><th>序号</th><th>标注元素编号</th><th colspan="2">标注规范及示例</th></tr>
<tr><td>3</td><td>2</td><td colspan="2">如果对多个分开的被测要素提出相同的规范要求，且这些被测要素组合成一个成组要素(pattern)时，则对该组被测要素标注一个几何公差框格，且在几何公差值后面加注 CZ 符号，如图(ⅰ)、(ⅲ)、(ⅴ)所示。CZ 是组合公差带规范元素
当标注 CZ 时，所有相关的单个公差带之间的方向和位置约束应由明确或隐含的理论正确尺寸(TED)确定。如图(ⅰ)中三个平面的公差带之间为 0mm 的位置和 0°的方向约束是隐含的 TED，解释如图(ⅱ)所示 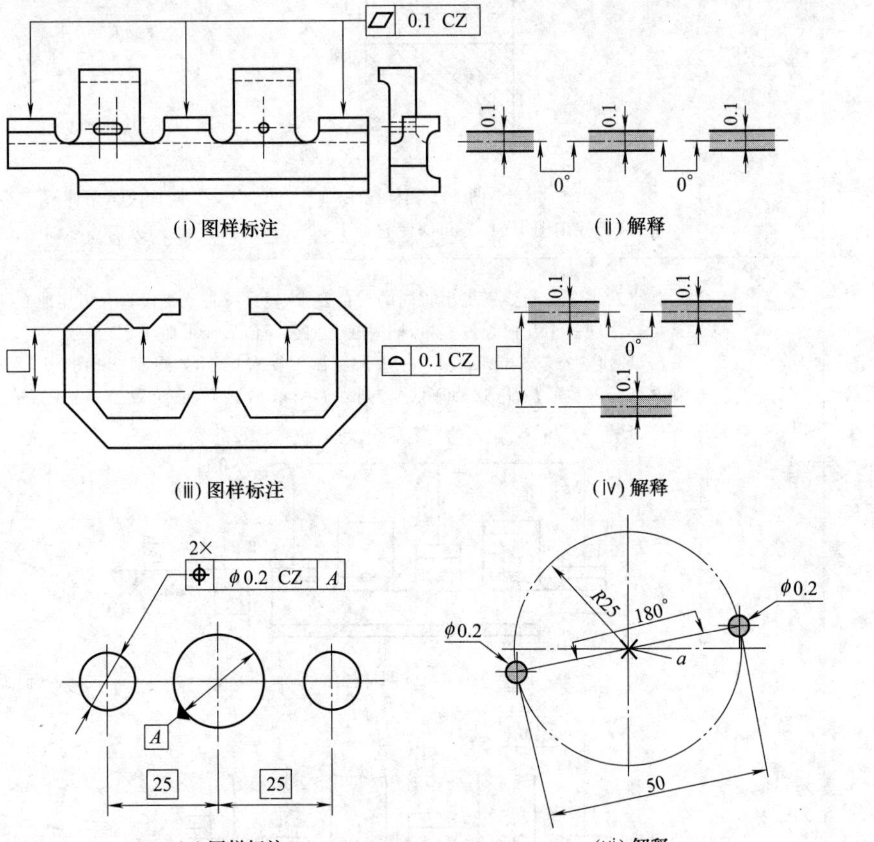
(ⅰ) 图样标注　(ⅱ) 解释
(ⅲ) 图样标注　(ⅳ) 解释
(ⅴ) 图样标注　(ⅵ) 解释
图(i)　多个被测要素具有组合公差带时的标注</td></tr>
<tr><td>4</td><td>3</td><td>UZ(给定偏置量的)偏置公差带</td><td>缺省情况下，由理论正确尺寸确定的轮廓，公差带的中心位于由理论正确尺寸或 CAD 数据定义的理论正确要素(TEF)上。如果允许公差带的中心不位于 TEF 上，但相对于 TEF 有一个给定的偏置量时，应标注符号 UZ，并在其后面给出偏置的方向和偏置量大小。若偏置的公差带中心是向实体外部方向偏置，偏置量前标注“＋”；若偏置的公差带中心是向实体内部方向偏置，偏置量前标注“－”
UZ 规范元素仅可用于组成要素
如图(j)示，轮廓度的公差带中心位于自 TEF 向实体内部方向偏置 0.25mm 的位置上 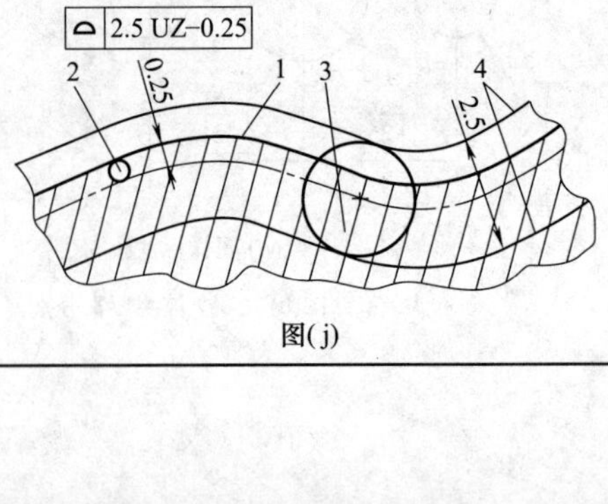
图(j)</td></tr>
</table>

续表

序号	标注元素编号	标注规范及示例	
4	3	UZ（给定偏置量的）偏置公差带	图中： 1—理论正确要素（TEF），实体位于该轮廓的下方； 2—定义偏置理论要素的球，球径为偏置量 0.25mm； 3—定义公差带中心的球，球径为公差带的大小 2.5mm； 4—公差带的两界限
			如图（k）所示是给定偏置量的偏置公差带应用于面轮廓度的示例 图（k）中，与基准 *F* 平行的全周轮廓的面轮廓度的公差带中心位自由 *R*20、*R*40 和 20 等理论正确尺寸确定的理论正确要素（TEF）向实体内偏置 0.1mm 的位置上 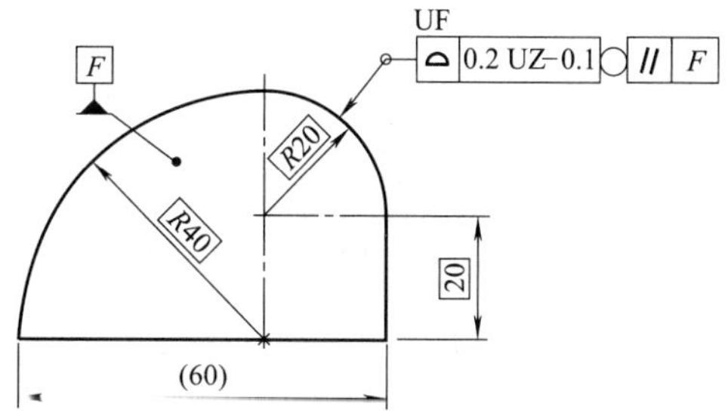 (i) 图样标注 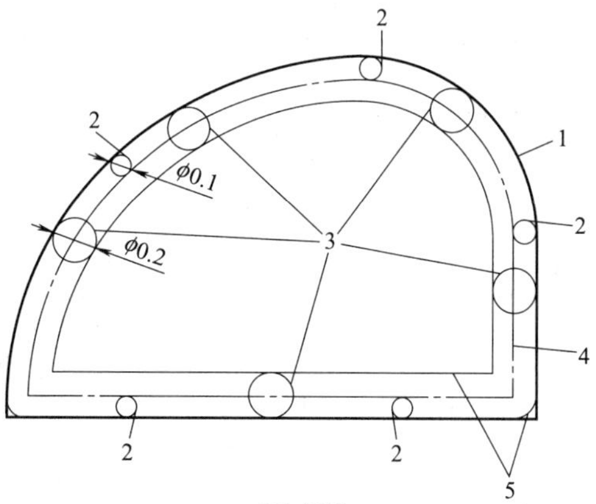 (ii) 解释 图(k) 图中： 1—由 *R*20、*R*40 和 20 等理论正确尺寸确定的理论正确要素（TEF）； 2—定义偏置理论要素的球，球径为偏置量 0.1mm，自 TEF 向实体内偏置； 3—定义公差带中心的球，球径为公差带的大小 0.2mm； 4—公差带的中心； 5—公差带的两界限
5	4	OZ（未给定偏置量的）线性偏置公差带	如果公差带允许相对于 TEF 的对称状态有一个常数的偏置，即允许公差带中心相对于 TEF 有一个常数的偏置，但未规定该常数大小，则在几何公差值后面标注符号 OZ 标注 OZ 时，因为对偏置量没有限制，所以有 OZ 修饰符的公差通常会和一个无 OZ 修饰符的较大公差组合使用。通过这样的方式与较大的、固定的公差带组合使用，偏置公差带可控制被测要素的轮廓形状

续表

序号	标注元素编号	标注规范及示例	
5	4	OZ(未给定偏置量的)线性偏置公差带	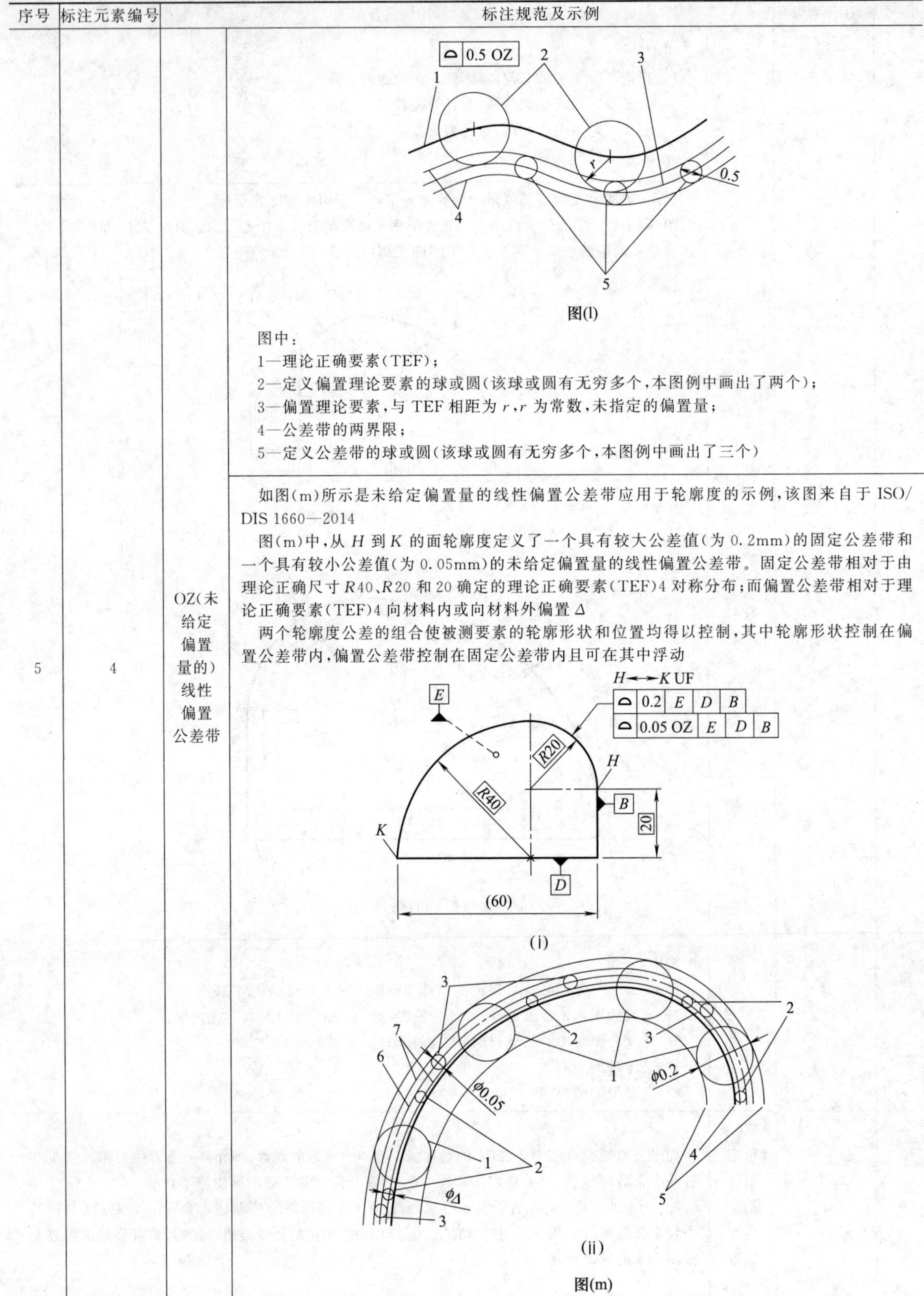 图(l) 图中： 1—理论正确要素(TEF)； 2—定义偏置理论要素的球或圆(该球或圆有无穷多个，本图例中画出了两个)； 3—偏置理论要素，与 TEF 相距为 r，r 为常数，未指定的偏置量； 4—公差带的两界限； 5—定义公差带的球或圆(该球或圆有无穷多个，本图例中画出了三个) 如图(m)所示是未给定偏置量的线性偏置公差带应用于轮廓度的示例，该图来自于 ISO/DIS 1660—2014 图(m)中，从 H 到 K 的面轮廓度定义了一个具有较大公差值(为 0.2mm)的固定公差带和一个具有较小公差值(为 0.05mm)的未给定偏置量的线性偏置公差带。固定公差带相对于由理论正确尺寸 $R40$、$R20$ 和 20 确定的理论正确要素(TEF)4 对称分布；而偏置公差带相对于理论正确要素(TEF)4 向材料内或向材料外偏置 Δ 两个轮廓度公差的组合使被测要素的轮廓形状和位置均得以控制，其中轮廓形状控制在偏置公差带内，偏置公差带控制在固定公差带内且可在其中浮动 (i) (ii) 图(m)

第 3 篇

续表

<table>
<tr><th>序号</th><th>标注元素编号</th><th colspan="2">标注规范及示例</th></tr>
<tr><td>5</td><td>4</td><td>OZ(未给定偏置量的)线性偏置公差带</td><td>图中：
1—定义固定公差带中心的球集，球径为 0.2mm；
2—定义偏置公差带中心的球集，球的直径是由偏置理论几何体定义的未给定的常数值；
3—定义偏置公差带的球集，球径为 0.05mm；
4—由理论正确尺寸确定的公称几何形状(理论正确要素)；
5—固定公差带的两边界；
6—偏置公差带的中心；
7—偏置公差带的两边界</td></tr>
<tr><td rowspan="3">6</td><td rowspan="3">5a,5b</td><td>开放型要素采用低通滤波器</td><td>对于低通滤波器，嵌套指数后应添加“—”。嵌套指数以毫米标注 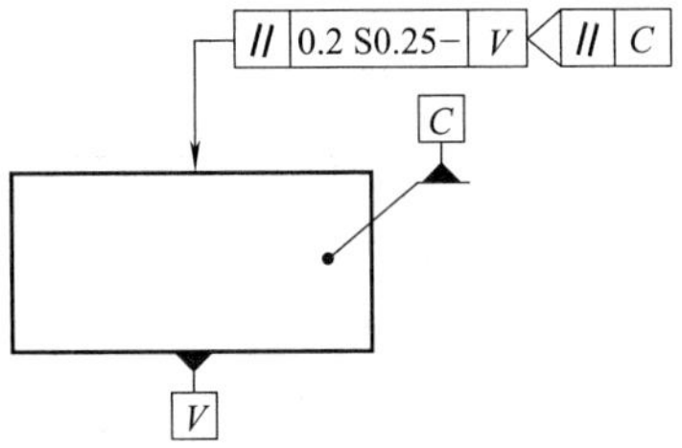
// 0.2 S0.25- V | // C
C
V</td></tr>
<tr><td>开放型要素采用双侧具有相同滤波器的带通滤波器</td><td>对于双侧使用相同的带通滤波器，应当首先给出低通滤波器嵌套指数，然后再给出高通滤波器嵌套指数，并用“-”分开。嵌套指数以毫米标注 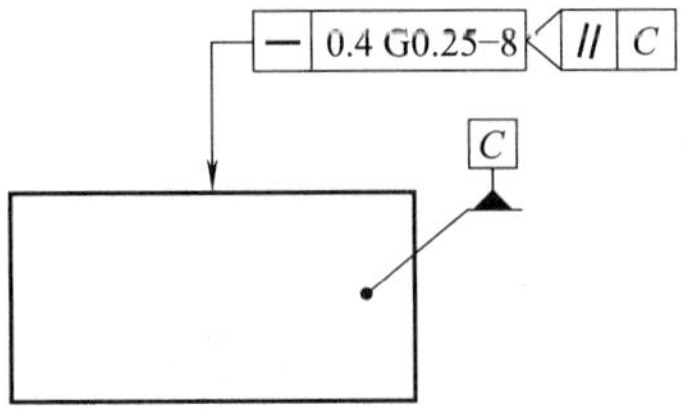
— 0.4 G0.25-8 | // C
C</td></tr>
<tr><td>封闭轮廓采用低通滤波器</td><td>对于低通滤波器，嵌套指数后应添加“—”。
嵌套指数以 UPR(每周波动数)给出 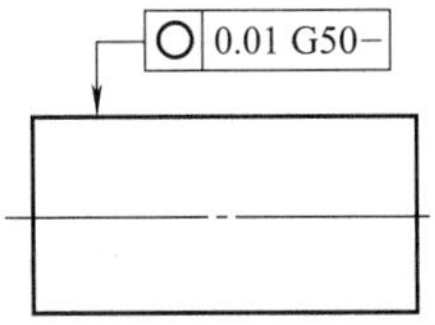 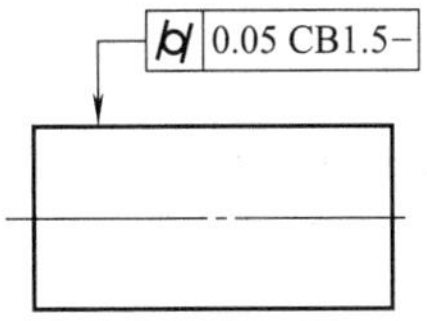
○ 0.01 G50-

⌭ 0.05 CB1.5-</td></tr>
<tr><td>7</td><td>6</td><td>©</td><td>©用于标注被测要素为最小区域(切比雪夫)拟合要素，且无实体约束。该规范元素可以用于公称直线、平面、圆、圆柱、圆锥及圆环 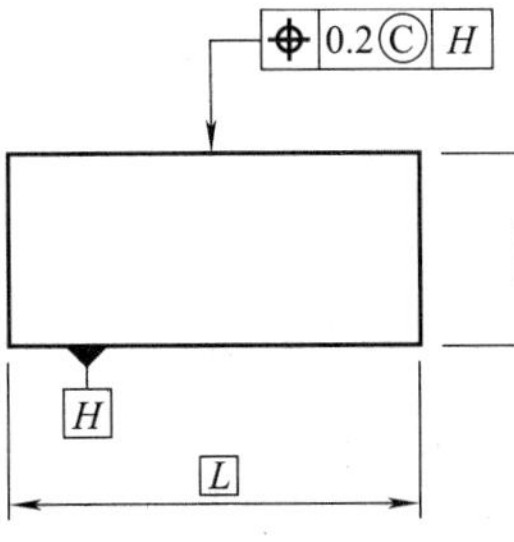
⌖ 0.2© H
20 H L
L 0.2 20
实际要素或滤波要素
最小区域(切比雪夫)要素(被测要素)
基准H
图(n) 图样标注 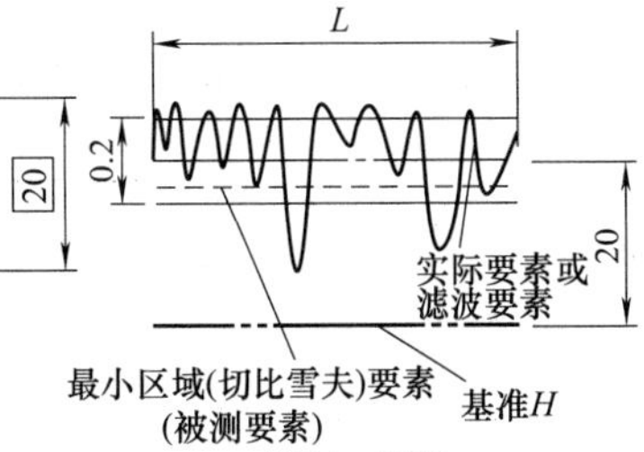 图(o) 解释
注：被测要素是表面，在图(o)中用线条表示</td></tr>
</table>

续表

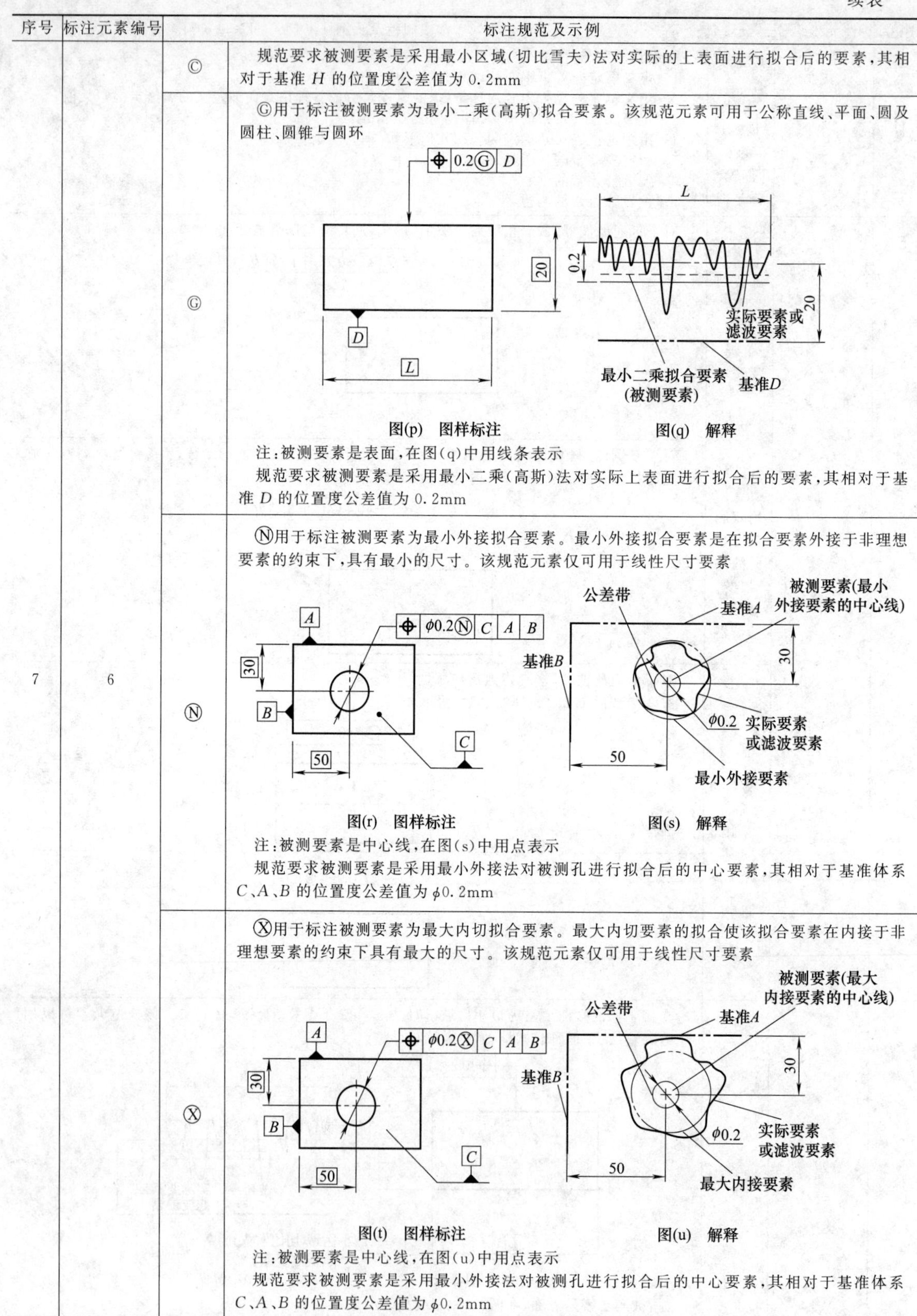

序号	标注元素编号	标注规范及示例	
7	6	Ⓒ	规范要求被测要素是采用最小区域(切比雪夫)法对实际的上表面进行拟合后的要素,其相对于基准 H 的位置度公差值为 0.2mm
		Ⓖ	Ⓖ用于标注被测要素为最小二乘(高斯)拟合要素。该规范元素可用于公称直线、平面、圆及圆柱、圆锥与圆环 图(p)　图样标注　　图(q)　解释 注:被测要素是表面,在图(q)中用线条表示 规范要求被测要素是采用最小二乘(高斯)法对实际上表面进行拟合后的要素,其相对于基准 D 的位置度公差值为 0.2mm
		Ⓝ	Ⓝ用于标注被测要素为最小外接拟合要素。最小外接拟合要素是在拟合要素外接于非理想要素的约束下,具有最小的尺寸。该规范元素仅可用于线性尺寸要素 图(r)　图样标注　　图(s)　解释 注:被测要素是中心线,在图(s)中用点表示 规范要求被测要素是采用最小外接法对被测孔进行拟合后的中心要素,其相对于基准体系 C、A、B 的位置度公差值为 ϕ0.2mm
		Ⓧ	Ⓧ用于标注被测要素为最大内切拟合要素。最大内切要素的拟合使该拟合要素在内接于非理想要素的约束下具有最大的尺寸。该规范元素仅可用于线性尺寸要素 图(t)　图样标注　　图(u)　解释 注:被测要素是中心线,在图(u)中用点表示 规范要求被测要素是采用最小外接法对被测孔进行拟合后的中心要素,其相对于基准体系 C、A、B 的位置度公差值为 ϕ0.2mm

第3篇

续表

序号	标注元素编号	标注规范及示例	
7	6	Ⓣ	Ⓣ用于标注被测要素是贴切拟合要素，贴切拟合要素是基于 L2 范数，在非理想要素的实体外进行拟合得到的要素。该规范元素仅可用于公称直线和平面要素 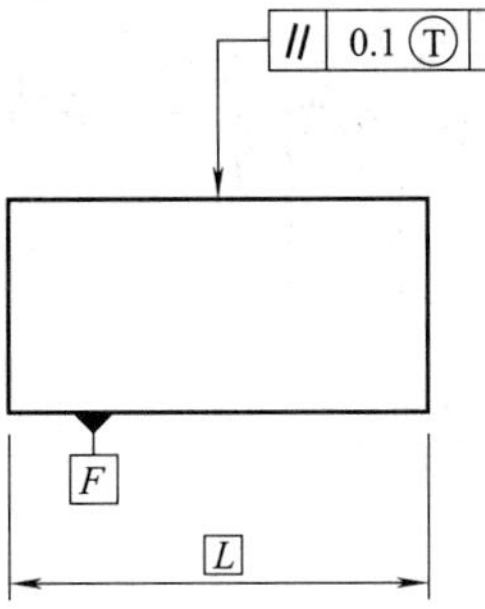 图(v)　图样标注 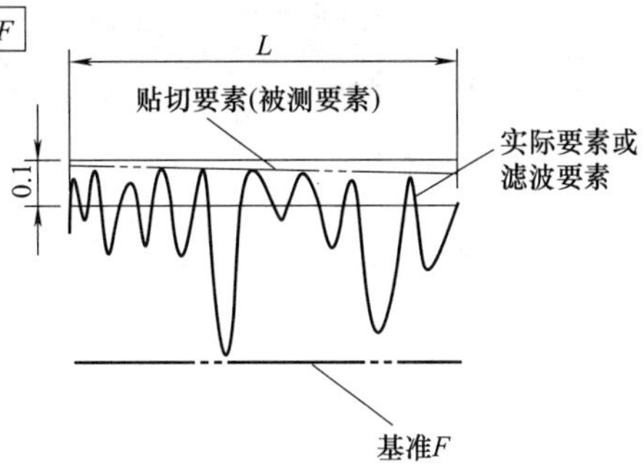　　图(w)　解释 注：被测要素是表面，在图(w)中用线条表示 规范要求被测要素是采用贴切法对上表面进行拟合得到的拟合要素，其相对于基准 F 的平行度公差值为 0.1mm
		被测要素延伸长度直接在图样上用 TED 标注	当使用“虚拟”的组成要素直接在图样上标注延伸被测要素的长度时，该虚拟要素采用细长双点画线绘制，同时延伸长度用理论正确尺寸(TED)标注在修饰符Ⓟ后面 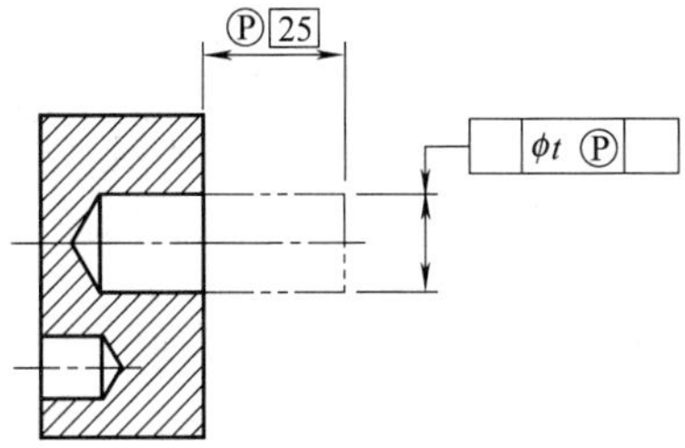
8	7	被测要素延伸长度间接标注在公差框格中	当在公差框格中间接地标注延伸被测要素的长度时，数值应标注在修饰符Ⓟ的后面。如图(x)所示。此时可以省略代表延伸要素的细长双点画线 这种间接标注的使用仅限于盲孔 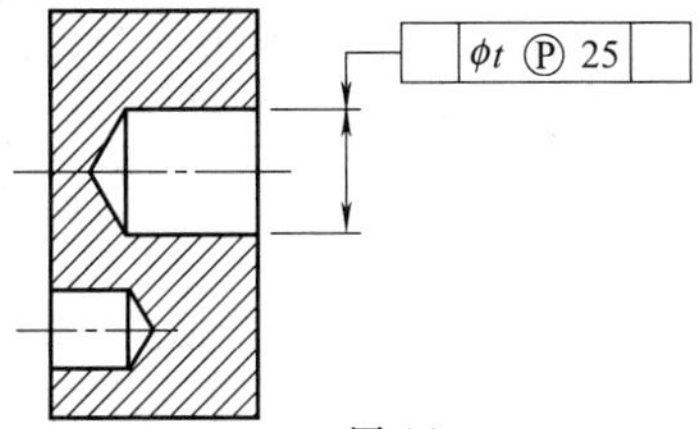 图 (x)
		延伸要素的参考平面	延伸要素的起点采用参考平面来构建 参考平面是与所考虑要素相交的第一个平面，如图(y)中的 1。参考平面是一个对实际要素的拟合平面，并且与延伸要素垂直 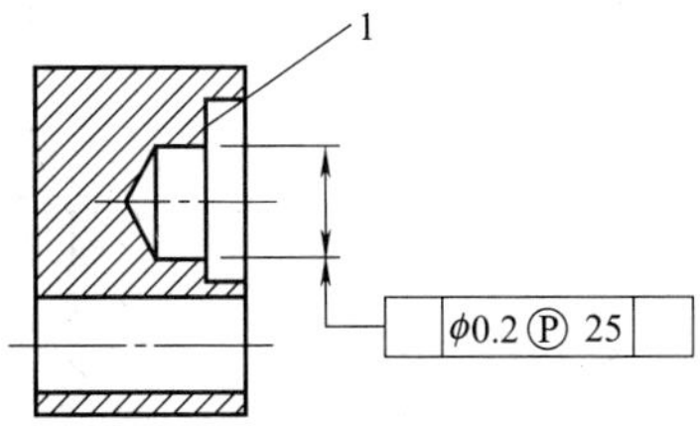 图 (y) 图中，1 是定义被测要素起点的参考平面

续表

序号	标注元素编号		标注规范及示例
8	7	Ⓟ可以与其他修饰符一起使用	修饰符Ⓟ可以根据需要与其他规范修饰符一起使用。如图(z)所示是Ⓟ与Ⓐ修饰符一起使用的示例 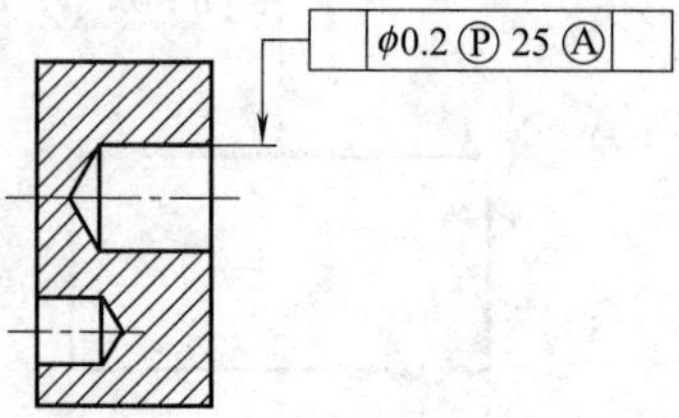 图(z)
9	8	C	C用于标注无约束的最小区域(切比雪夫)拟合。它使被测要素上的最远点与(评定)参照要素之间的最大距离为最小。C可以缺省不标注 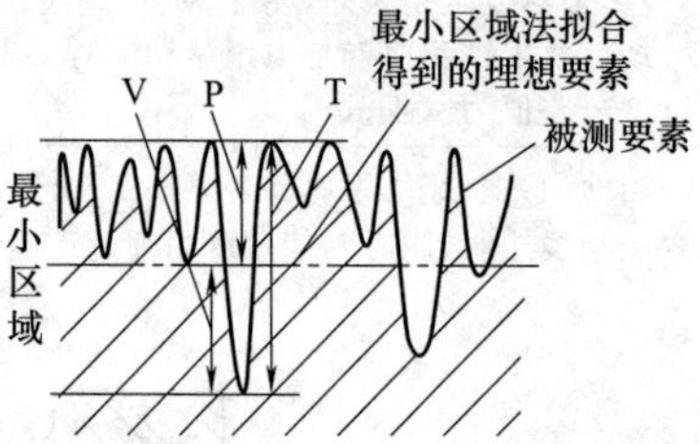 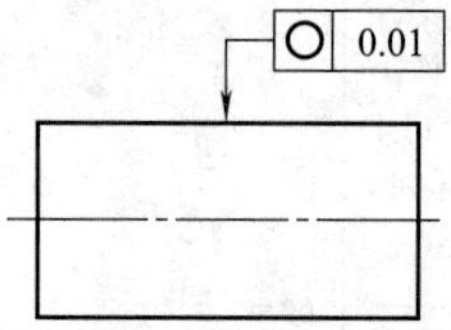 (评定)参照要素采用了缺省标注,规范要求采用最小区域拟合法确定(评定)参照要素(理想要素)的位置
		CE	CE用于标注有实体外约束的最小区域(切比雪夫)拟合。它使被测要素上的最远点与(评定)参照要素之间的最大距离为最小,同时保持(评定)参照要素在实体的外部 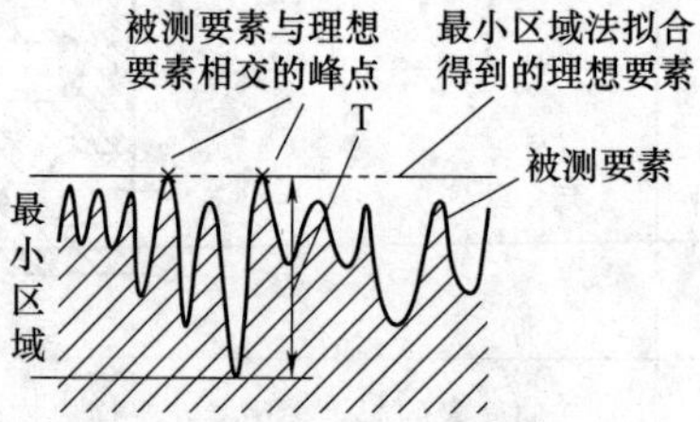
		CI	CI用于标注有实体内约束的最小区域(切比雪夫)拟合。它使被测要素上的最远点与(评定)参照要素之间的最大距离为最小,同时保持(评定)参照要素在实体的内部 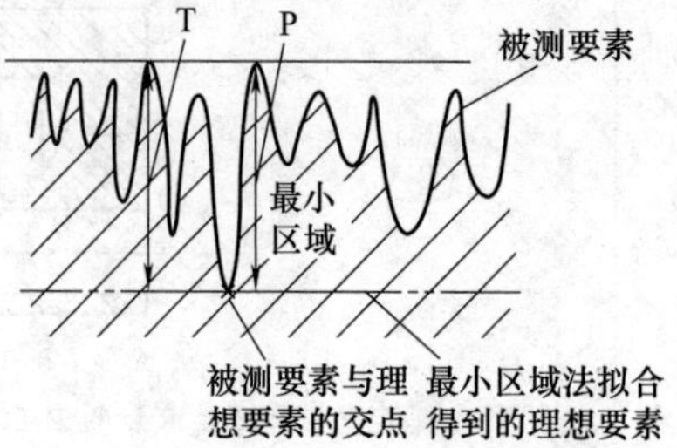

续表

序号	标注元素编号	标注规范及示例	
9	8	G	G用于标注无约束的最小二乘拟合。它使被测要素与(评定)参照要素之间距离的平方和为最小 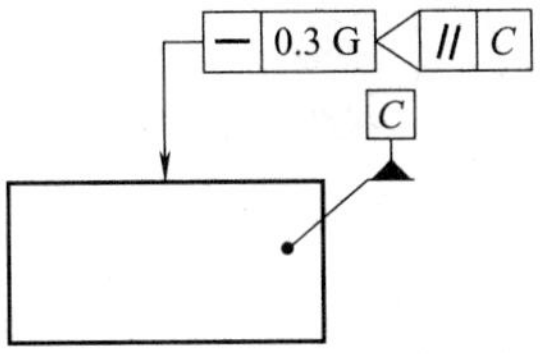 符号G表示采用最小二乘拟合法确定(评定)参照要素的位置,直线度允许值为0.3mm
		GE	GE用于标注有实体外约束的最小二乘拟合。它使被测要素与(评定)参照要素之间距离的平方和为最小,同时保持(评定)参照要素在实体的外部
		GI	GI用于标注有实体内约束的最小二乘拟合。它使被测要素与(评定)参照要素之间距离的平方和为最小,同时保持(评定)参照要素在实体的内部
		N	N用于标注最小外接拟合。它仅适用于线性尺寸被测要素。当(评定)参照要素完全处于被测要素的外部时,它使(评定)参照要素的尺寸为最小  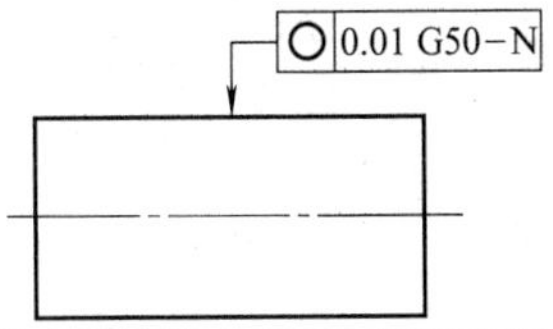 几何公差框格第二格中,“G50-”表示采用截止波长为50 UPR的高斯低通滤波器进行滤波,符号N表示采用最小外接拟合法确定(评定)参照要素的位置
		X	X用于标注最大内切拟合。它仅适用于线性尺寸的被测要素。当(评定)参照要素完全处于被测要素的内部时,它使(评定)参照要素的尺寸为最小 
10	9	T	峰谷参数(*T*)为缺省参数,是被测要素上峰与谷之间的距离 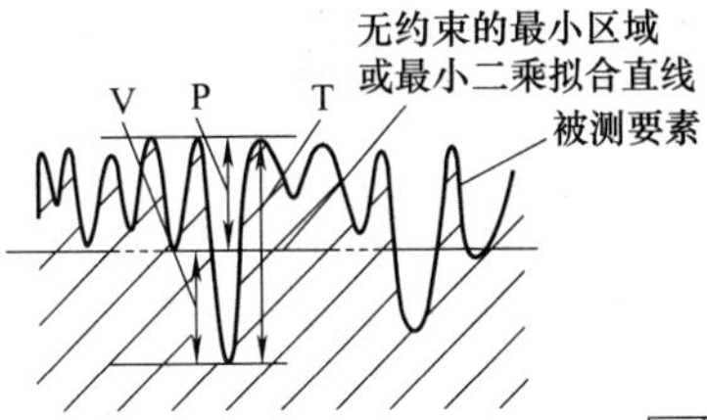 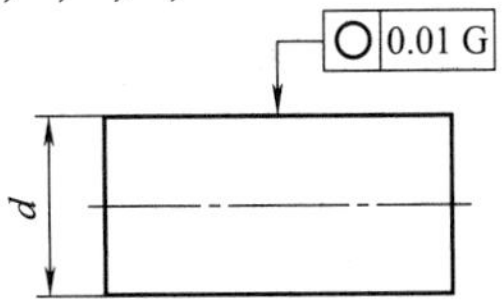 符号G表示采用最小二乘拟合法确定(评定)参照要素的位置,圆度的评估参数为峰谷参数T,采用了缺省标注
		P	峰高参数(P)是被测要素上的峰点与(评定)参照要素之间的距离。P仅相对于最小区域(切比雪夫)拟合和最小二乘拟合进行定义,即拟合规范元素C和G

续表

序号	标注元素编号	标注规范及示例	
10	9	P	⌭ 0.05 S0.25-×150-C P 符号S表示采用样条滤波器滤波，"0.25-"表示在圆柱轴线方向用截止波长为0.25mm的低通滤波器滤波，"150-"表示在圆柱圆周方向用嵌套指数为150UPR的低通滤波器滤波。符号C表示采用最小区域拟合法确定（评定）参照要素的位置，符号P表示圆柱度的评估参数为峰高参数
		V	谷深参数（V）是被测要素上的谷点与（评定）参照要素之间的距离。V仅相对于最小区域（切比雪夫）拟合和最小二乘拟合进行定义，即拟合规范元素C和G ○ 0.01 G V 符号G表示采用最小二乘拟合法确定（评定）参照要素的位置，符号V表示圆度的评估参数为谷深参数
		Q	Q用于标注被测要素相对于（评定）参照要素的残差平方和的平方根或标准差 对于线性要素： $Q=\sqrt{\frac{1}{l}\int_0^l Z^2(x)\mathrm{d}x}$ 对于区域要素： $Q=\sqrt{\frac{1}{a}\int_0^a Z^2(x)\mathrm{d}x}$ 式中：l 为被测要素的长度；a 为被测要素的面积；x 为在被测要素上的位置；$Z(x)$为被测要素的局部偏差函数，$Z(x)$的原点是（评定）参照要素
11	10	Ⓜ	可根据需要应用于被测要素和/或基准要素，规范元素标注在相应公差值和/或基准字母的后面 ⌖ ϕ0.04Ⓜ A 被测要素应用MMR ⌖ ϕ0.04 AⓂ 基准要素应用MMR ⌖ ϕ0.04Ⓜ AⓂ 被测要素和基准要素均应用了MMR
		Ⓛ	⌖ ϕ0.5Ⓛ A 被测要素应用LMR ⌖ ϕ0.5 AⓁ 基准要素应用LMR ⌖ ϕ0.5Ⓛ AⓁ 被测要素和基准要素均应用了LMR
		Ⓡ	只可用于被测要素，不能用于基准要素，同时Ⓡ不能单独使用，需要和Ⓜ或Ⓛ一起使用 ⌖ ϕ0.3ⓂⓇ A　⌖ ϕ0.1ⓁⓇ A
12	11	○ 2.8 Ⓕ	

表 3-3-13 **滤波器的符号及其嵌套指数类型**

序号	符号	滤波器	嵌套指数
1	G	高斯滤波器	截止长度或截止 UPR
2	S	样条滤波器	截止长度或截止 UPR
3	SW	样条小波滤波器	截止长度或截止 UPR
4	CW	复合小波滤波器	截止长度或截止 UPR
5	RG	稳健高斯滤波器	截止长度或截止 UPR
6	RS	稳健样条滤波器	截止长度或截止 UPR
7	OB	开放球滤波器	球半径
8	OH	开放水平线段滤波器	分隔长度
9	OD	开放盘滤波器	盘半径
10	CB	封闭球滤波器	球半径
11	CH	封闭水平线段滤波器	分隔长度
12	CD	封闭盘滤波器	盘半径
13	AB	交替系列球滤波器	球半径
14	AH	交替系列水平滤波器	分隔长度
15	AD	交替盘滤波器	盘半径
16	F	傅里叶(声波)滤波器	波长或 UPR 数
17	H	包滤波器	H0 表示凸包

注：对于开放型要素，如直线、平面与圆柱体的轴向，嵌套指数是截止长度，以毫米标注。对于封闭型要素，如在圆周方向的圆柱、圆环及球，嵌套指数应以 UPR 标注（波数/转）。

3.3.4.4 辅助要素框格

辅助要素框格有相交平面框格、定向平面框格、方向要素框格和组合平面框格，它们可标注在几何公差框格的右侧。如果需标注其中的若干个时，相交平面框格应在最接近几何公差框格的位置标注，其次是定向平面框格或方向要素框格（这两个不应同时标注），最后是组合平面框格。当标注此类框格中的任何一个时，指引线可连接在几何公差框格的左侧或右侧，或最后一个辅助要素框格上。

表 3-3-14 **辅助要素框格的标注规范及示例**

类型	规 范	示例及解释
相交平面	1)除圆柱、圆锥或球的母线的直线度或圆度外，当被测要素是组成要素上的一条线时，应标注相交平面，以避免对被测要素产生误解 2)当被测要素是一个要素在给定方向上的所有直线，而且公差符号没有清晰地表明被测要素是平面要素还是要素上的直线时，应使用相交平面框格来表示出被测要素是要素上的直线和这些直线的方向，如图(a)示 3)相交平面应按照平行于、垂直于、呈一定角度于或对称于(包含)在相交平面框格第二框格中所给出的基准来建立，并不产生额外的方向约束	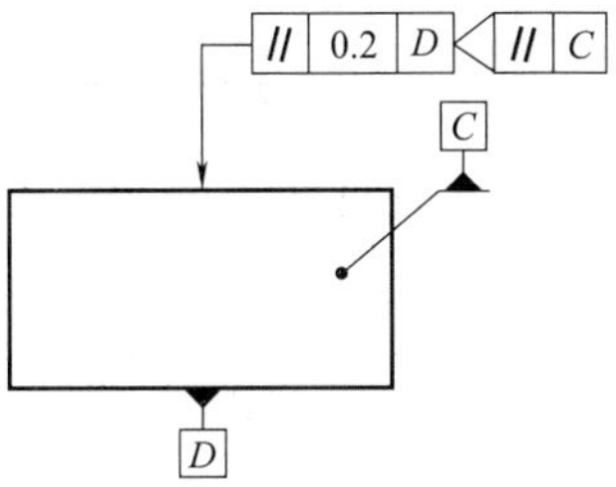 // 0.2 D ◁ // C C D 图(a) 相交平面框格 ○// A 表示被测要素是提取表面上与基准 C 平行的所有直线

定向平面	当被测要素是一个笛卡儿坐标系中某个方向上控制的点或中心线时，或者是需要控制矩形局部区域的方向时，应标注定向平面，如图(b)示
	若几何规范中包含定向平面框格，则应符合下列规则：
	1)当定向平面所定义的角度等于 0°或 90°时，应分别使用"//"或"⊥"符号
	2)当定向平面所定义的角度不是 0°或 90°时，应使用"∠"符号，并且应清晰地定义出定向平面与定向平面框格中最右侧的基准之间的理论夹角
		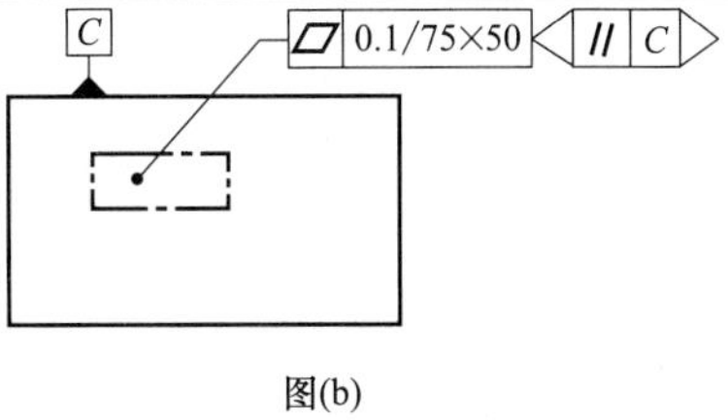 C
		▱ 0.1/75×50 ◁ // C ▷
		图(b)
		定向平面框格 ○// A 表示矩形局部区域(75mm×50mm)被测要素的公差带方向与基准平面 C 平行，即组成形状公差带的两平行平面(间距为 0.1mm)应沿被测矩形局部区域(75mm×50mm)的长度方向(75mm)与基准平面 C 保持平行

续表

类型	规 范	示例及解释
方向要素	若几何规范中包含方向要素框格，则应符合下列规则： 1)公差带的宽度方向应参照方向要素框格中标注的基准来建立 2)当方向定义为与被测要素的表面垂直时，应使用跳动符号，并且被测要素(或其导出要素)应在方向要素框格中作为基准来标注 3)当方向所定义的角度为等于0°或90°时，应分别使用平行度符号或垂直度符号 4)当方向所定义的角度不是0°或90°时，应使用倾斜度符号，而且应清晰地定义出方向要素与方向要素框格的基准之间的TED夹角 5)当由几何公差框格所定义的基准要素与用于建立方向要素的要素相同时，则可以省略方向要素，如图(c)示	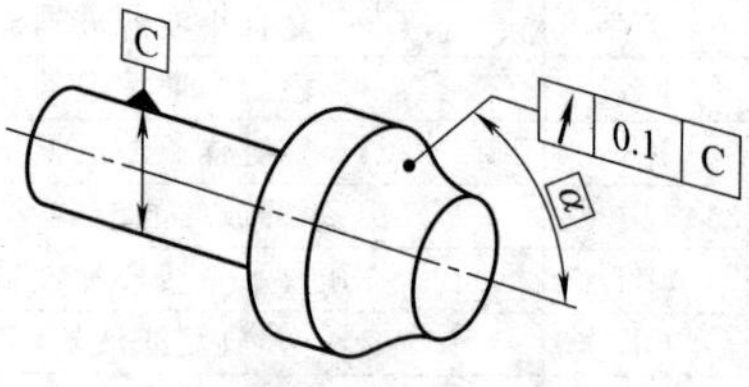 图(c) 该图中的方向要素省略未注
组合平面	1)组合平面用放置到几何公差框格右面的组合平面框格◯∥A和◯∥A表示 2)组合平面框格的第一个格中放置组合平面相对于基准的构建方式符号，如“∥”、“⊥”。其中，“∥”表示与基准平行；“⊥”表示与基准垂直 3)组合平面框格的第二格中放置基准字母，如字母“A”，该字母与标注在图中的基准要素对应 4)根据需要，指引线可与方向要素的框格相连，而不与几何公差框格相连	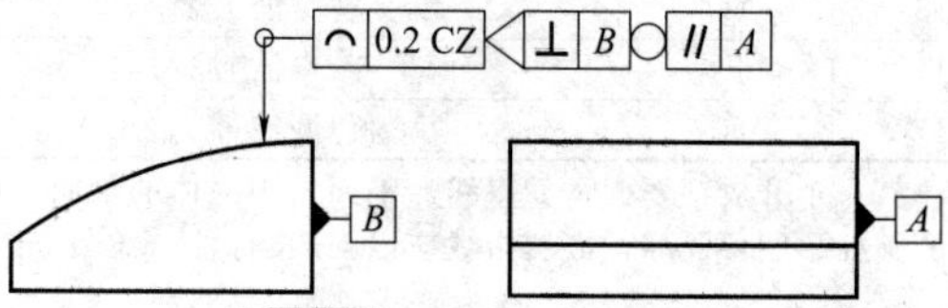 组合平面框格◯∥A表示图样上所标注的面轮廓要求是对与基准A平行的由a、b、c和d组成的组合连续要素的要求 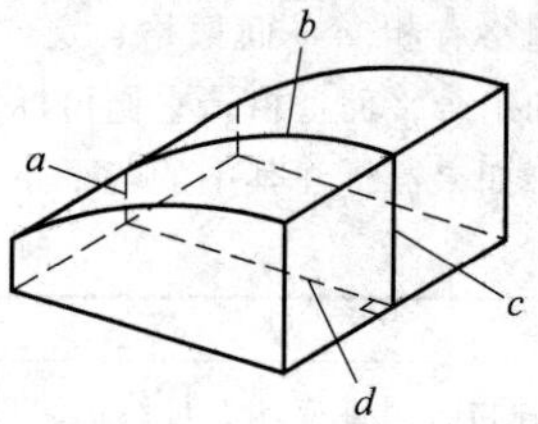

3.3.4.5 补充说明

表3-3-15 几何公差框格相邻区域的标注规范和示例

类型	规 范	示例及解释
补充说明的标注位置	1)当上/下相邻的标注区域内的标注意义一致时，优选使用上部相邻标注区域 2)在上/下相邻标注区域内的标注应左对齐。在水平相邻标注区域内的标注，如果指引线位于几何公差框格的右侧，则应左对齐，如果指引线位于几何公差框格的左侧，则应右对齐	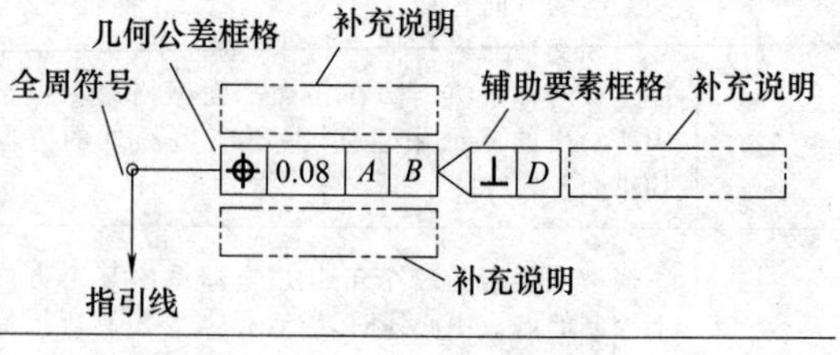 几何公差框格 补充说明 全周符号 辅助要素框格 补充说明 指引线 补充说明
补充说明的标注顺序	如果在相邻的上/下标注区域内有不止一个标注，这些标注应按下面的顺序给出，且在每个标注之间留一定的间隔： 1)与整组相关的标注，如N× 或N×、M× 2)尺寸公差标注 3)“区间”标注 4)表示联合要素的UF，以及用来构建联合要素的要素数量N×，即“UF N×” 5)表示任意横截面的ACS 6)表示螺纹与齿轮的LD、PD或MD	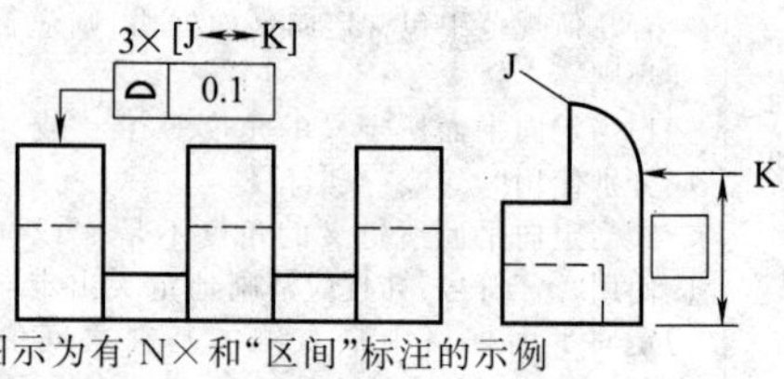 图示为有N×和“区间”标注的示例

续表

<table>
<tr><th colspan="2">类型</th><th>规　　范</th><th>示例及解释</th></tr>
<tr><td rowspan="4">被测要素的补充说明</td><td>任意横截面ACS的标注</td><td>如果被测要素为一个提取组成要素和一个横截面之间的交线，或一个提取中心线与一个横截面之间的交点，则在公差框格的上方或下方邻近区域标注规范元素ACS。如果有基准，则ACS规范元素也将基准要素规范在相应的横截面内，该横截面垂直于所标注的基准或其组成要素的直线方位要素
ACS规范元素仅用于回转表面、圆柱表面或棱柱表面</td><td> 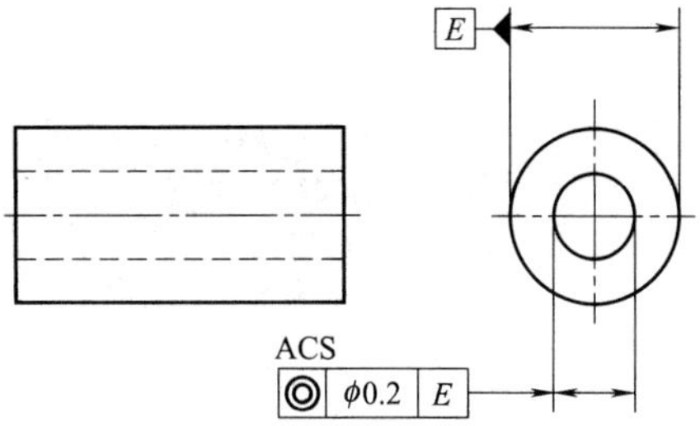E
ACS
◎ | φ0.2 | E
ACS表示被测要素为内孔的提取中心线与任一横截面的交点，基准要素E为在该同一横截面内的外圆的中心点</td></tr>
<tr><td>几个相同要素的标注</td><td>当某项公差应用于几个相同要素时，应在几何公差框格的上方、被测要素的尺寸之前注明要素的个数，并在两者之间加上符号“×”</td><td> 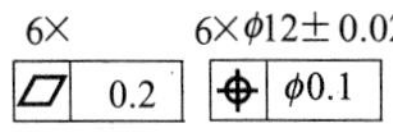6×
▱ | 0.2
图(a)
6×φ12±0.02
⌖ | φ0.1
图(b)</td></tr>
<tr><td>UF的标注</td><td>如果公差适用于多个要素且被当作联合要素时，则应标注UF规范元素，同时可使用“N×”或多根指引线来定义要素</td><td> 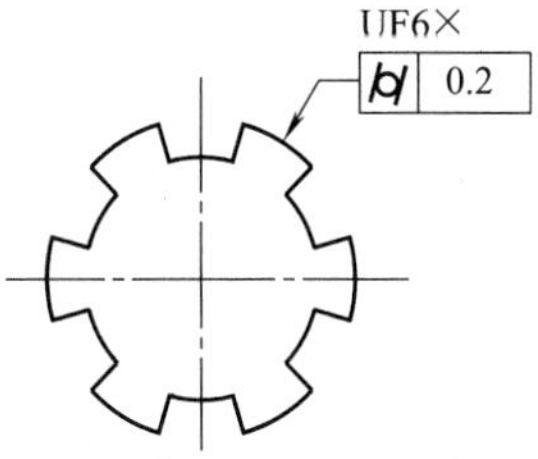UF6×
⌭ | 0.2
由6段非连续的要素形成的圆柱要素</td></tr>
<tr><td>N×组的标注</td><td>N×组的标注是在几何公差框格的上方区域给出信息，以标识该公差所适用的要素，注出的信息包括每个N×组内的要素数量、该N×组中要素的尺寸及公差等有关信息
若N×与CZ连用即可定义成组要素(pattern)，关于此内容的详细信息，详见ISO 5458、GB/T 13319</td><td> 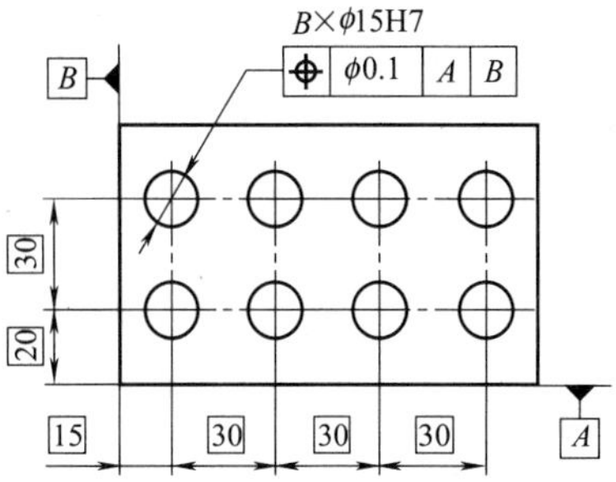B×φ15H7
⌖ | φ0.1 | A | B
B
30
20
15
30
30
30
A</td></tr>
</table>

表 3-3-16　连续的封闭要素标注规范和示例

<table>
<tr><th>类型</th><th>规　　范</th><th>示例及解释</th></tr>
<tr><td>全周符号“○”</td><td>如果将一个几何公差特征作为独立要求应用到横截面的整个轮廓上，或者将其作为独立要求应用到封闭轮廓所表示的所有要素上时，应使用全周符号“○”表示，全周符号“○”放置在公差框格的指引线与参考线的交点上。同时，使用组合平面框格定义组合平面
全周要求仅适用于由组合平面定义的表面，而不是整个工件</td><td>⌒ | 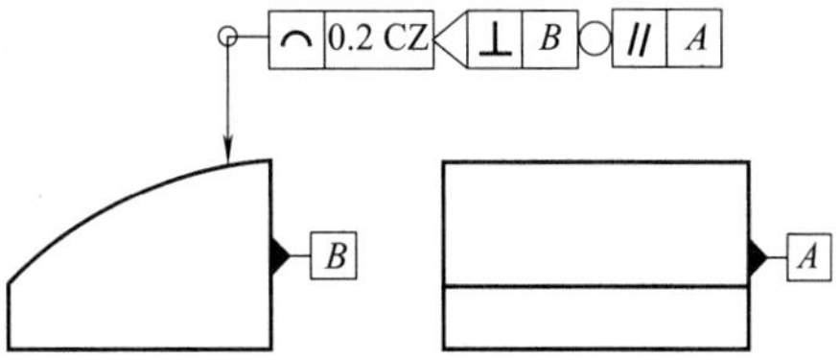 0.2 CZ ◁ ⊥ | B ○ // | A
B
A
图(a)　2D图样标注</td></tr>
</table>

续表

类型	规　　范	示例及解释
全周符号"○"	如果将一个几何公差特征作为独立要求应用到横截面的整个轮廓上，或者将其作为独立要求应用到封闭轮廓所表示的所有要素上时，应使用全周符号"○"表示，全周符号"○"放置在公差框格的指引线与参考线的交点上。同时，使用组合平面框格定义组合平面 全周要求仅适用于由组合平面定义的表面，而不是整个工件	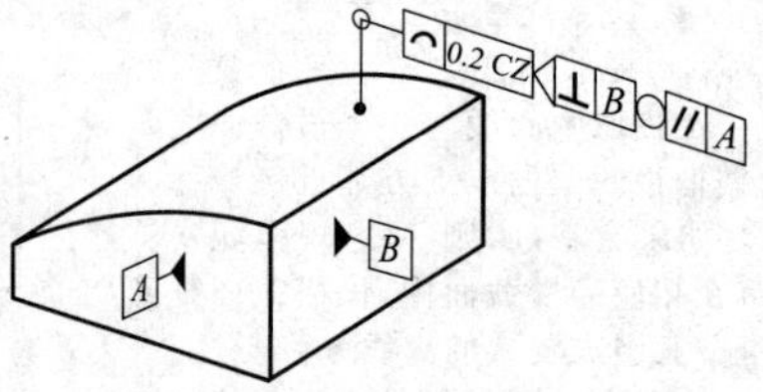 图(b)　3D图样标注 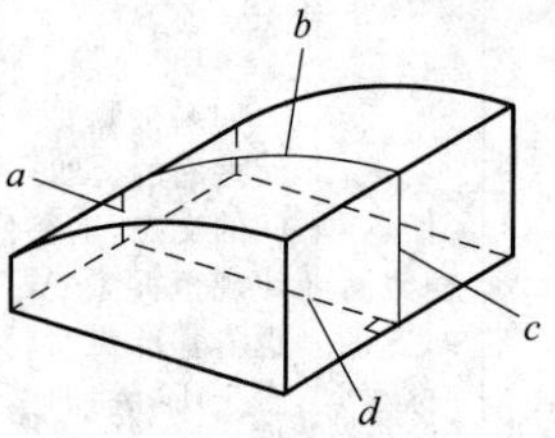　　图(c)　解释 图样上所标注的要求适用于所有横截面中的线 a、b、c 和 d；图中CZ规范元素表示横截面上的 a、b、c、d 轮廓线具有组合公差带 当使用线轮廓度符号时，如果相交平面与组合平面相同，则可以省略不注组合平面符号
全表面符号"◎"	如果将几何公差特征作为独立要求应用到工件的所有要素上，应使用全表面符号"◎"来标注	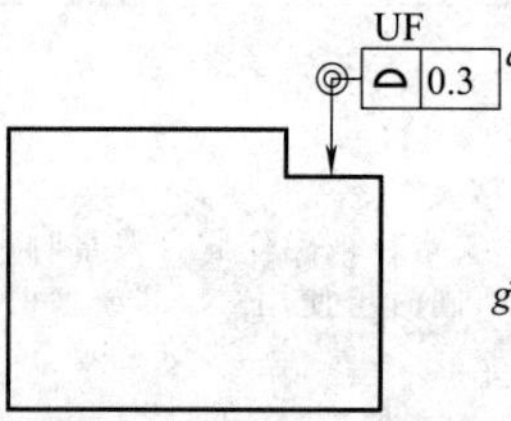 图(d)　图样标注 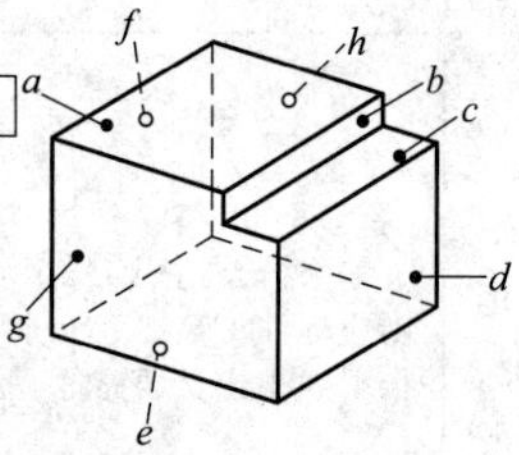　　图(e)　解释 图样上所标注的要求适用于 a、b、c、d、e、f、g、h 等工件上的所有表面

表 3-3-17　单一要素的局部区域标注规范和示例

表达方式	规　　范	示例及解释
用粗长点画线表示	如果给出的公差仅适用于要素的某一指定局部区域，则应用粗长点画线表示出该局部的位置，其尺寸由理论正确尺寸确定［如图(a)～图(d)所示］ 从公差框格左端或右端引出的指引线应终止在局部区域上	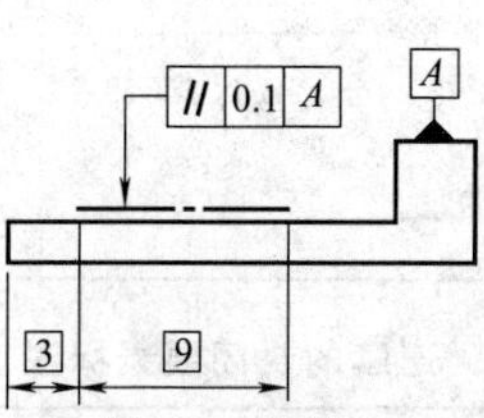 图(a)　2D标注 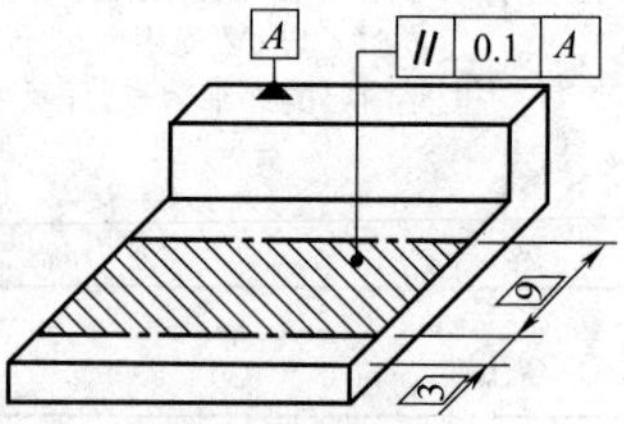　　图(b)　3D标注 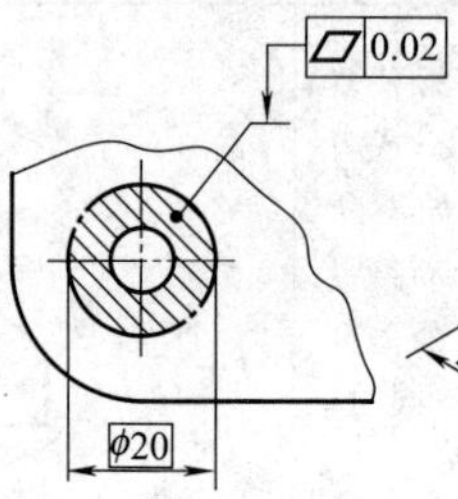 图(c) 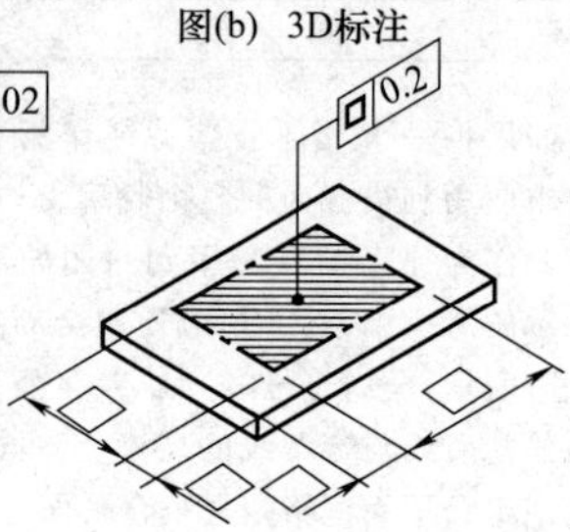　　图(d)

续表

表达方式	规范	示例及解释
用定义拐角点的方式标注	用定义拐角点的方式标注 将拐角点定义为组成要素的交点，拐角点的位置由理论正确尺寸（TED）来定义，并且用大写字母和带箭头的指引线来标注。字母标注在公差框格的上方，最后两个字母之间布置一个“区间”符号。约束区域边界由连接拐角点的相连直线形成	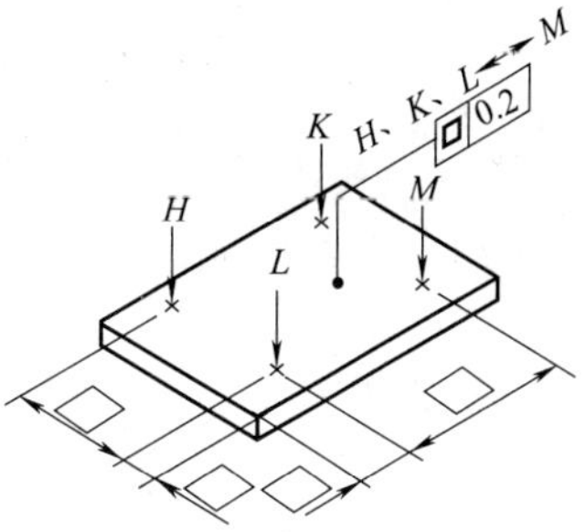

表 3-3-18　　连续的非封闭要素标注规范和示例

类型	规范	示例及解释
局部区域或连续的局部区域	如果一个公差只适用于要素上一个已定义的局部区域，或者连续要素的一些连续的局部区域，而不是横截面的整个轮廓（或者整个轮廓表面），应使用“区间”符号“←→”来表示这种限制，同时定义出被测要素的起止点 1)用于定义被测要素起止点的点或线都应使用大写字母一一定义，且与端点为箭头的指引线相连。如果该点或线不是轮廓要素的边界点，则应由TED定义其位置 2)公差框格应使用指引线与该组合被测要素相连。指引线从框格的右端或左端引出。其端头为箭头，指向组合要素的轮廓。箭头也可以布置在参照线上，再用指引线指向表面	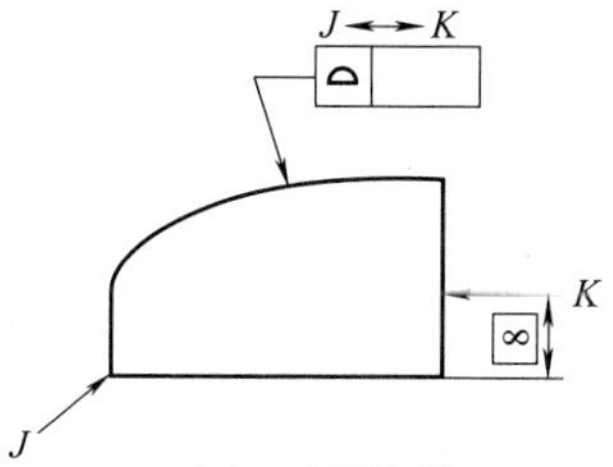 图(a) 图样标注 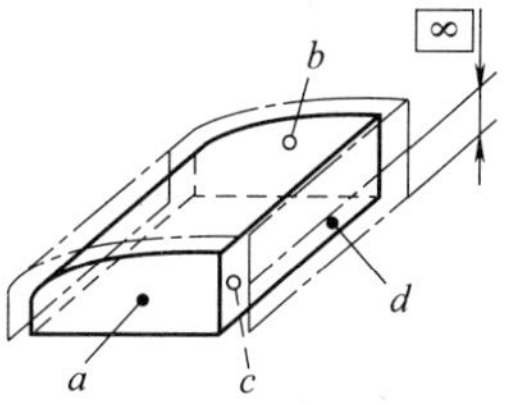 图(b) 解释
连续的非封闭要素起止点的标注方式	为避免对被测公称要素的解释问题，要素的起止点应采用图(c)～图(f)所示的方式来表达	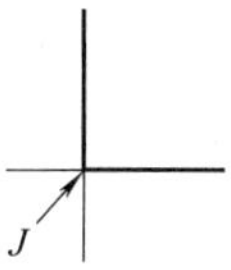 图(c) 尖锐的边界或拐角 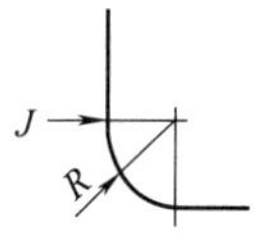 图(d) 圆角的交点(相切且连续) 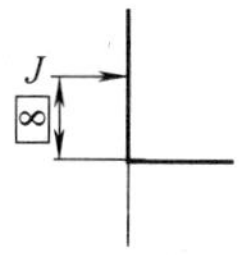 图(e) 相对于拐角或边界有一定偏置(带有TED) 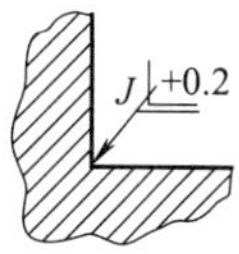 图(f) 与符合ISO 13715边界表达相组合
多个组合连续要素的集合的标注方式	如果同一个规范适用于一个组合连续要素的集合，则这一集合可标注在公差框格的上方，相互之间上下布置，如图(g)所示 如果集合内的所有组合连续要素的定义是完全一致的，则可以使用“n×”的标注方式将组的标注简化。此时，用于定义起止点的字母布置在方括号内，如图(h)所示	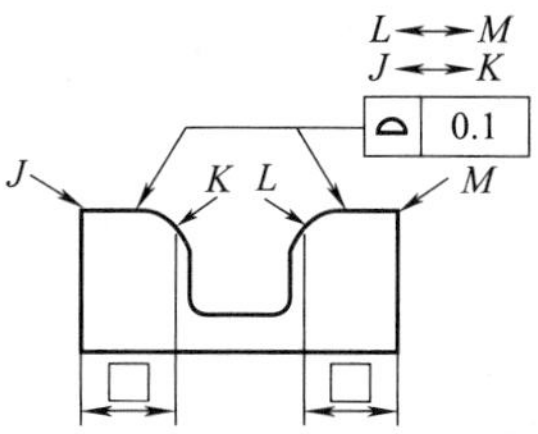 图(g) 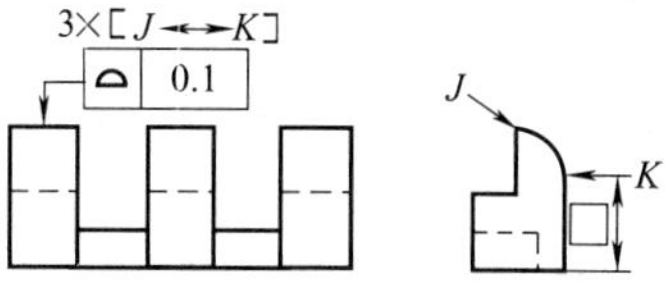 图(h)

3.3.5　几何公差的定义、标注和解释

几何公差项目共有14项，表3-3-19～表3-3-32给出了各种几何公差及其公差带定义的解释。图例的长度尺寸单位为mm。

表 3-3-19　　直线度的公差带定义、标注示例和解释

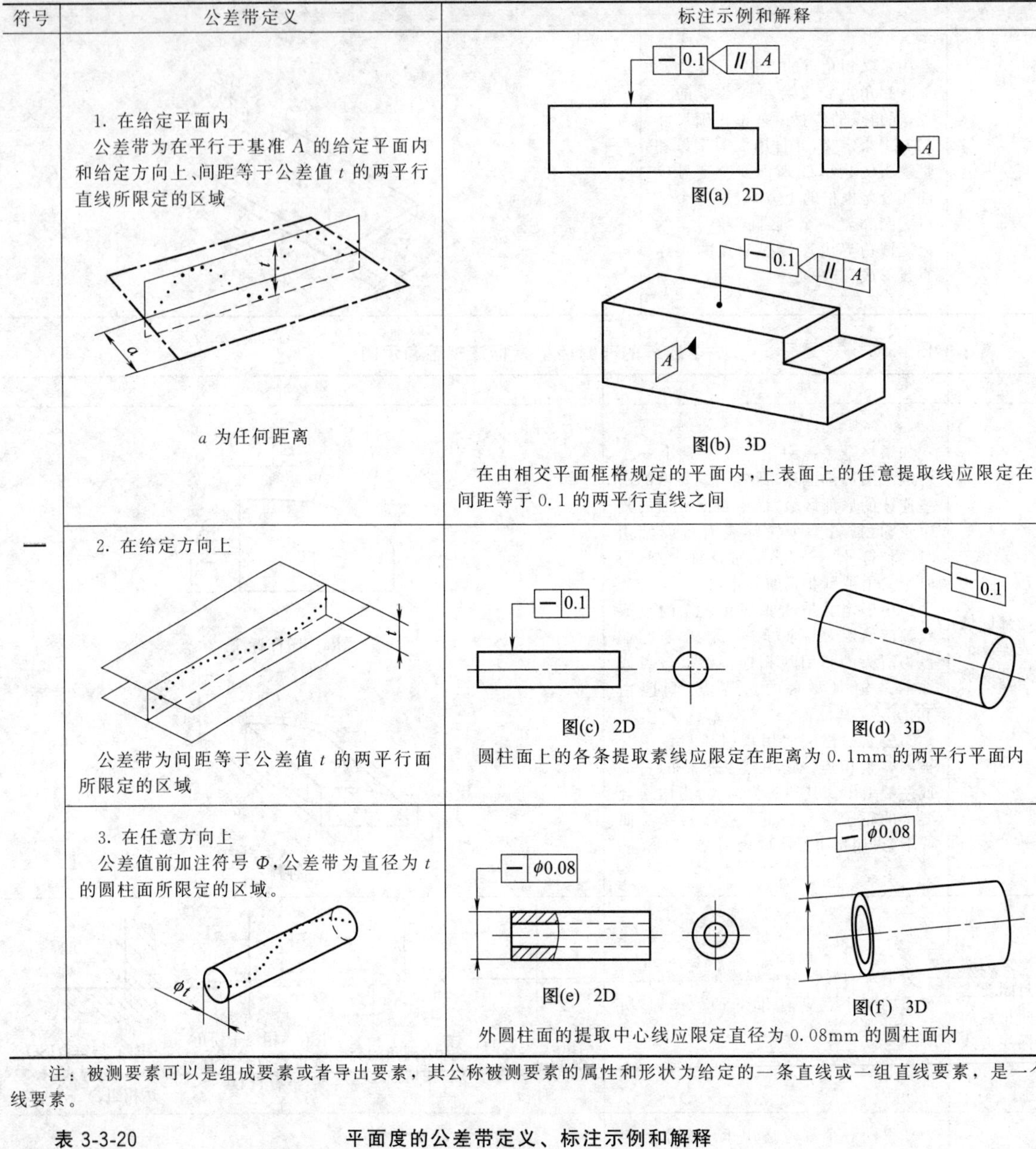

符号	公差带定义	标注示例和解释
—	1. 在给定平面内 公差带为在平行于基准 A 的给定平面内和给定方向上、间距等于公差值 t 的两平行直线所限定的区域 a 为任何距离	图(a) 2D 图(b) 3D 在由相交平面框格规定的平面内，上表面上的任意提取线应限定在间距等于 0.1 的两平行直线之间
	2. 在给定方向上 公差带为间距等于公差值 t 的两平行面所限定的区域	图(c) 2D　图(d) 3D 圆柱面上的各条提取素线应限定在距离为 0.1mm 的两平行平面内
	3. 在任意方向上 公差值前加注符号 Φ，公差带为直径为 t 的圆柱面所限定的区域。	图(e) 2D　图(f) 3D 外圆柱面的提取中心线应限定直径为 0.08mm 的圆柱面内

注：被测要素可以是组成要素或者导出要素，其公称被测要素的属性和形状为给定的一条直线或一组直线要素，是一个线要素。

表 3-3-20　　平面度的公差带定义、标注示例和解释

符号	公差带定义	标注示例和解释
▱	公差带为间距等于公差值 t 的两平行平面所限定的区域	提取表面应限定在间距等于 0.08mm 的两平行平面之内 ▱ 0.08 图(a) 2D　图(b) 3D

注：被测要素可以是组成要素或导出要素，其公称被测要素的属性和形状为明确给定的一个平面，是一个区域要素。

表 3-3-21 **圆度的公差带定义、标注示例和解释**

符号	公差带定义	标注示例和解释
○	公差带为在给定横截面内、半径差为 t 的两同心圆所限定的区域 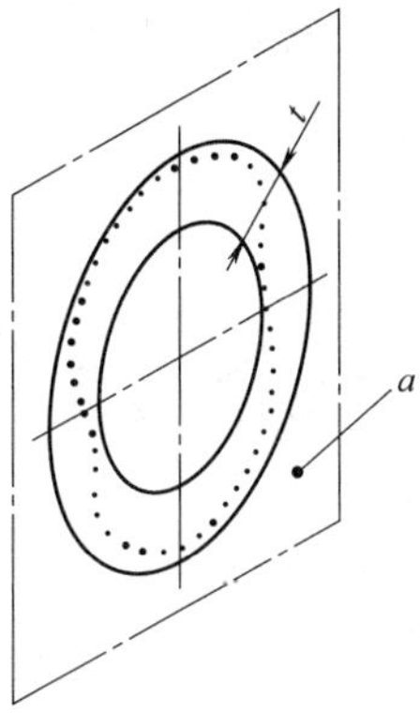 a 为任意横截面	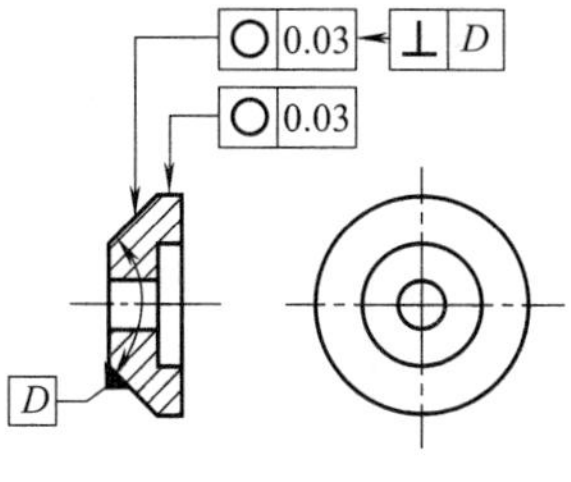 图(a) 2D 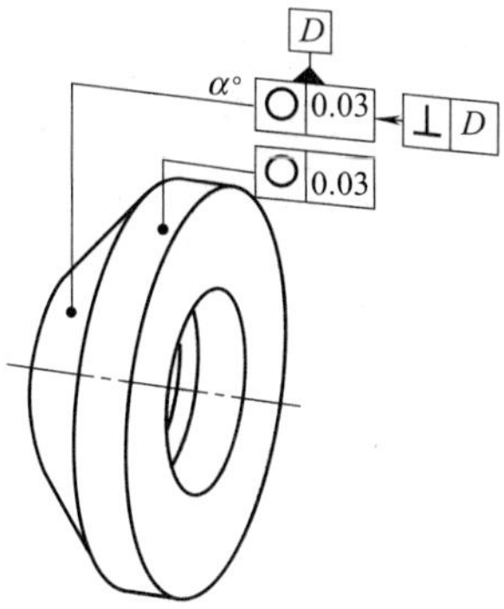　图(b) 3D 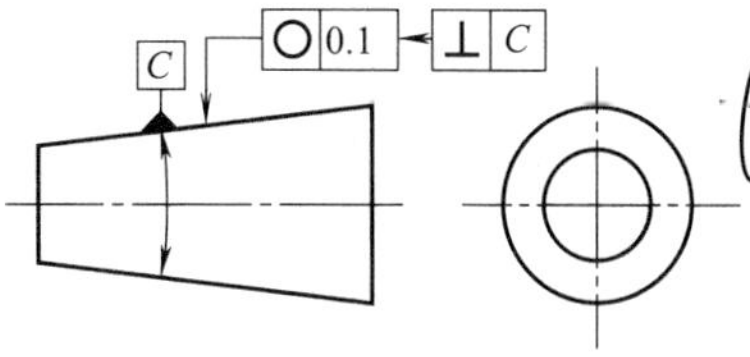 图(c) 2D 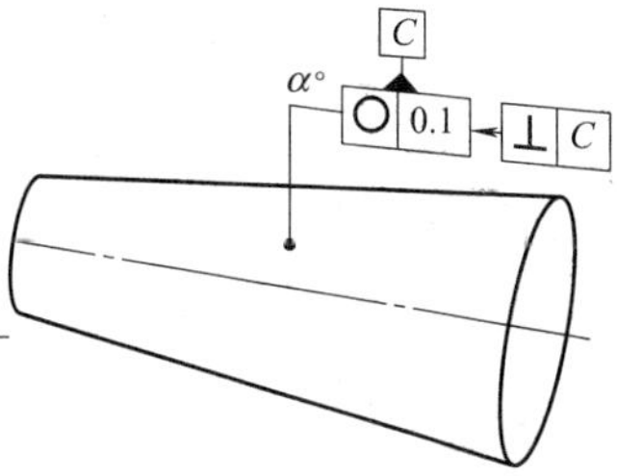　图(d) 3D 在圆柱面和圆锥面的任意横截面内，提取圆轮廓应限定在半径差为0.03mm的两共面同心圆内。对于圆柱表面，这是缺省的应用方式，而对于圆锥表面则必须使用方向要素框格进行标注

注：1. 被测要素是组成要素，其公称被测要素的属性和形状为明确给定的一条圆周线或一组圆周线，属线要素。

2. 对于圆柱要素，圆度应用于与被测要素轴线垂直的横截面上。对于球形要素，圆度应用于包含球心的横截面上；对于非圆柱体和非球形要素，应标注方向要素。

表 3-3-22 **圆柱度的公差带定义、标注示例和解释**

符号	公差带定义	标注示例和解释
⌭	公差带为半径差等于 t 的两同轴圆柱面所限定的区域	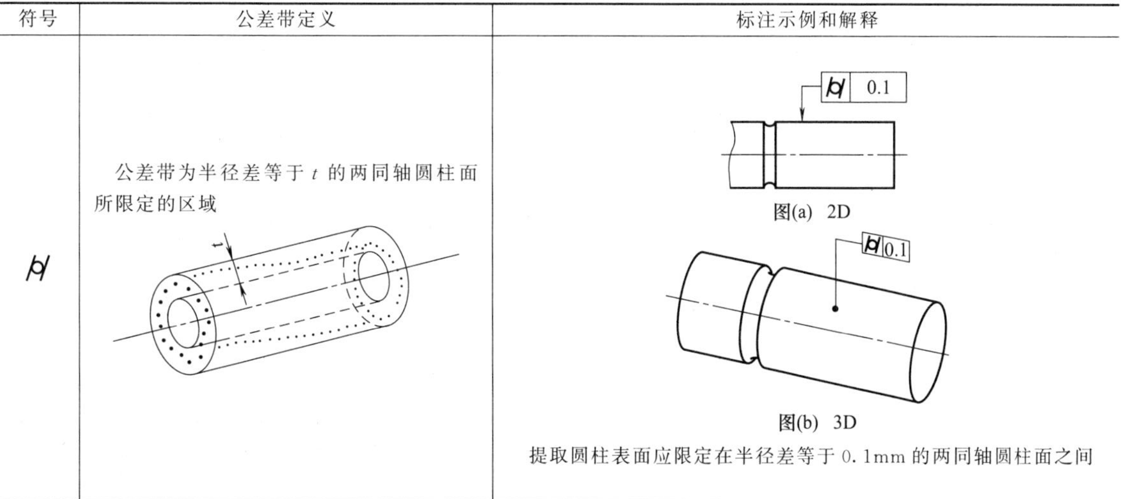 图(a) 2D 图(b) 3D 提取圆柱表面应限定在半径差等于0.1mm的两同轴圆柱面之间

注：被测要素是组成要素，其公称被测要素的属性和形状为明确给定的圆柱表面，属区域要素。

第3篇

表 3-3-23 **线轮廓度的公差带定义、标注示例和解释**

符号	公差带定义	标注示例和解释
⌒	1. 无基准的线轮廓度 公差带为直径等于公差值 t、圆心位于具有理论正确几何形状上的一系列圆的两包络线所限定的区域 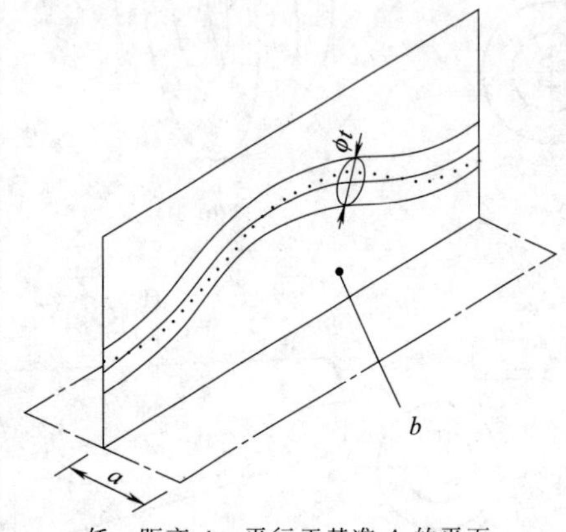 a—任一距离；b—平行于基准 A 的平面	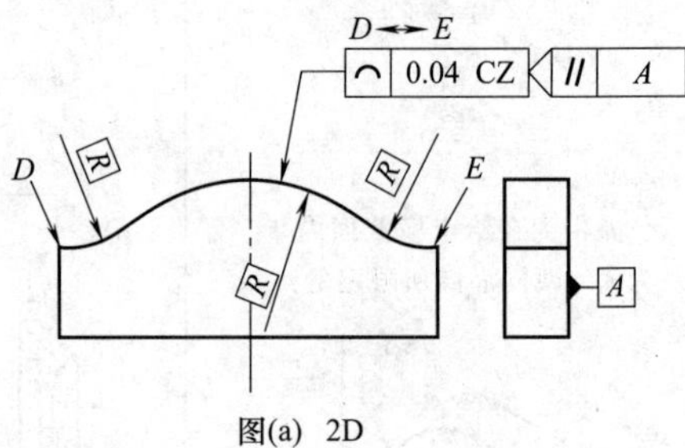 图(a) 2D 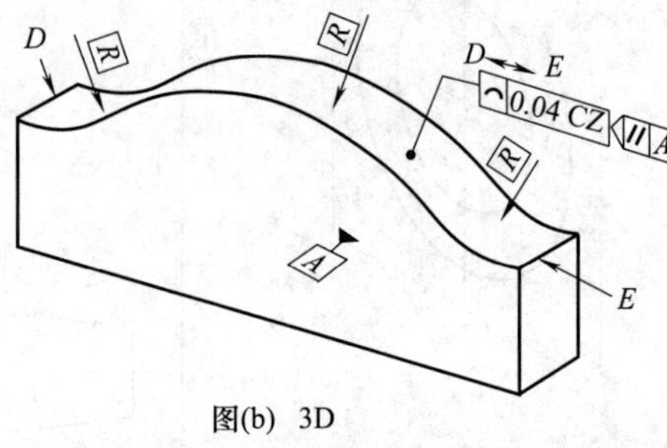 图(b) 3D 在平行于基准平面 A 的每一截面内，如相交平面框格所注，提取轮廓线应限定在直径为 0.04，圆心位于理论正确几何形状上的一系列圆的两等距包络线之间
	2. 有基准的线轮廓度 公差带为直径等于公差值 t、圆心位于相对于基准平面 A 和基准平面 B 确定的被测要素理论正确几何形状上的一系列圆的两包络线所限定的区域 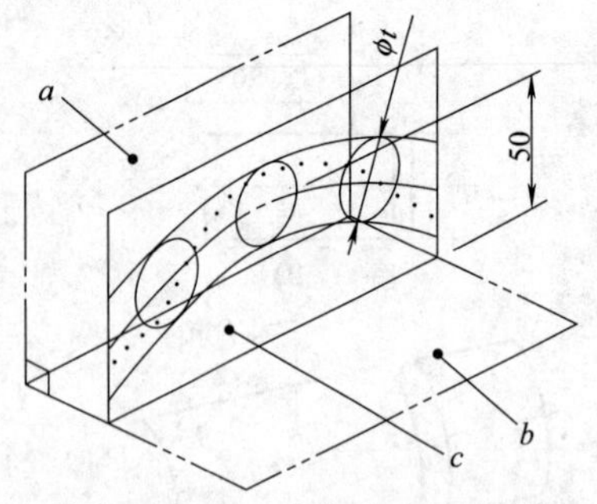 a—基准平面 A；b—基准平面 B；c—平行于基准 A 的平面	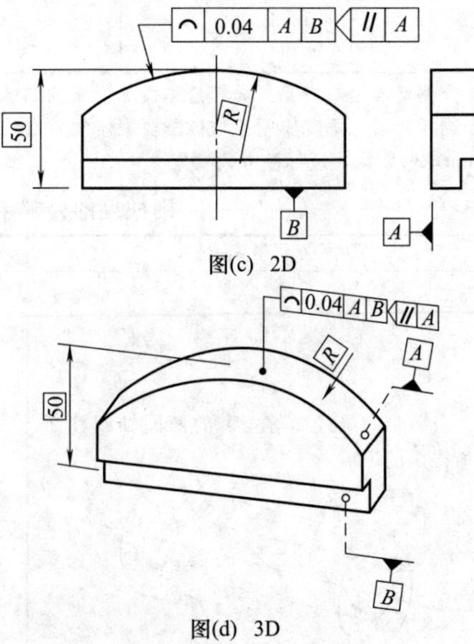 图(c) 2D 图(d) 3D 在由相交平面框格规定的平行于基准平面 A 的每一截面内，提取轮廓线应限定在直径等于 0.04、圆心位于由基准平面 A 和基准平面 B 确定的被测要素理论正确几何形状线上的一系列圆的两等距包络线之间

续表

符号	公差带定义	标注示例和解释
⌒	3. 导出要素的线轮廓度 公差带为直径等于公差值 t、圆心位于具有理论正确几何形状上的一系列球的两包络圆柱所限定的区域 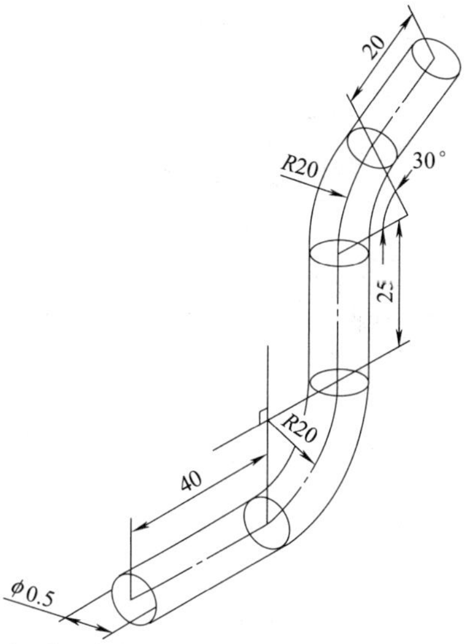 注:本图例来自于 ISO 1660—2017	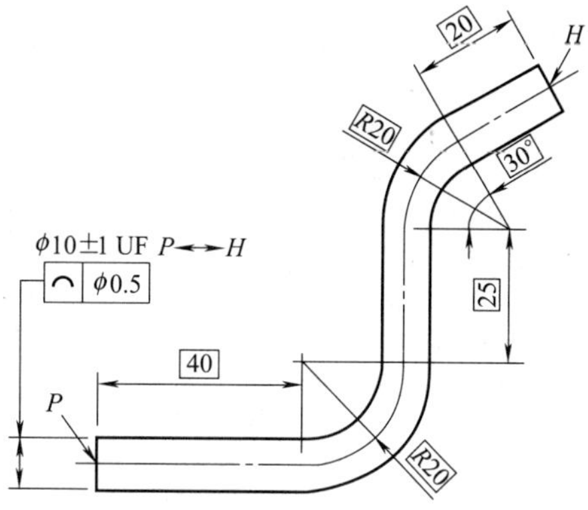 图(e) 2D 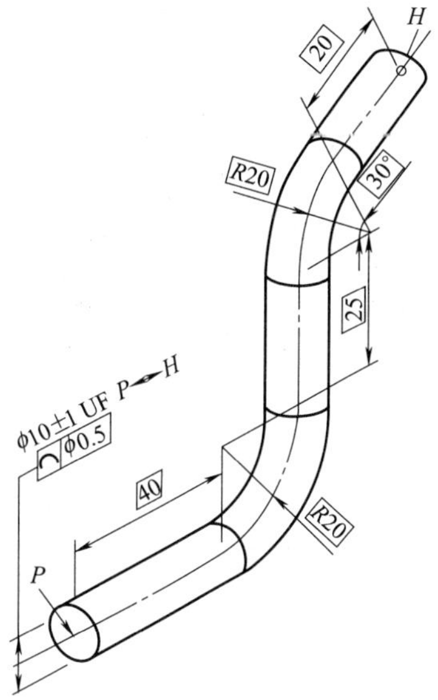 图(f) 3D 在 P 到 H 的导出要素应限定在直径为 0.5mm、圆心位于理论正确几何形状上的一系列球的两包络圆柱所限定的区域

注：被测要素是组成要素或导出要素，其公称被测要素的属性和形状由一个线要素或者一组线要素明确给定；其公称被测要素的形状，除了其本身是一条直线的情况以外，其他均应通过图样上完整的标注或者基于 CAD 模型的查询明确给定。

表 3-3-24　面轮廓度的公差带定义、标注示例和解释

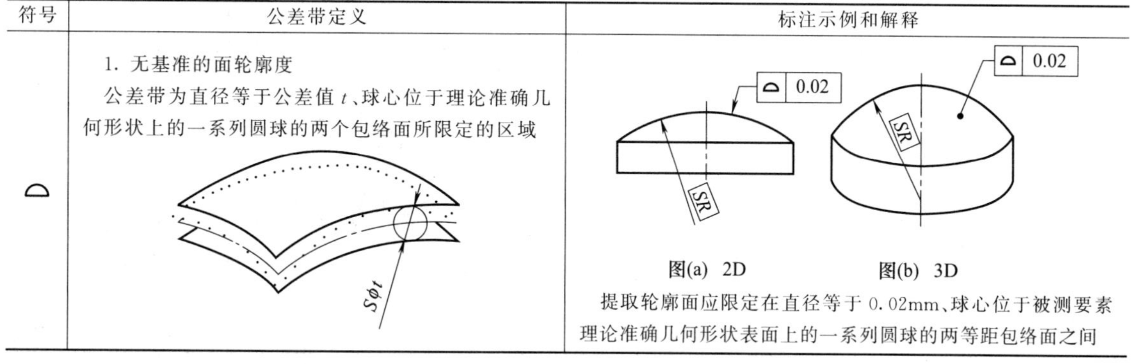

符号	公差带定义	标注示例和解释
⌓	1. 无基准的面轮廓度 公差带为直径等于公差值 t、球心位于理论准确几何形状上的一系列圆球的两个包络面所限定的区域	图(a) 2D　图(b) 3D 提取轮廓面应限定在直径等于 0.02mm、球心位于被测要素理论准确几何形状表面上的一系列圆球的两等距包络面之间

续表

<table>
<tr><th>符号</th><th>公差带定义</th><th>标注示例和解释</th></tr>
<tr><td rowspan="2">⌓</td><td>2. 有基准的面轮廓度
公差带为直径等于公差值 t、球心位于相对于基准平面 A 确定的被测要素理论正确几何形状上的一系列球的两包络面所限定的区域 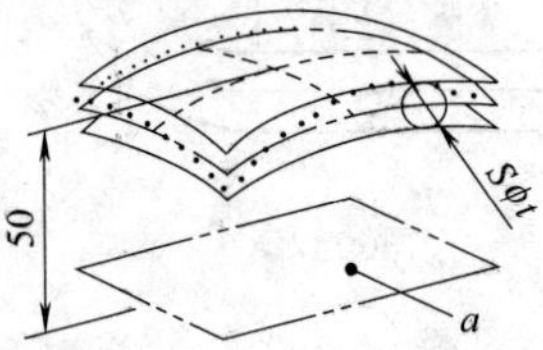
50　Sϕt　a
a 为基准平面</td><td> 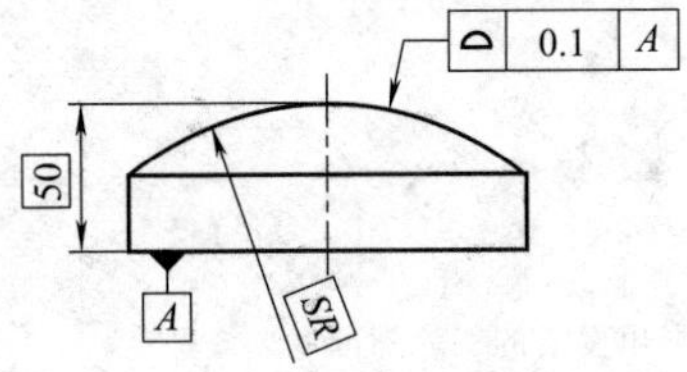⌓ 0.1 A　50　A　SR
图(c) 2D 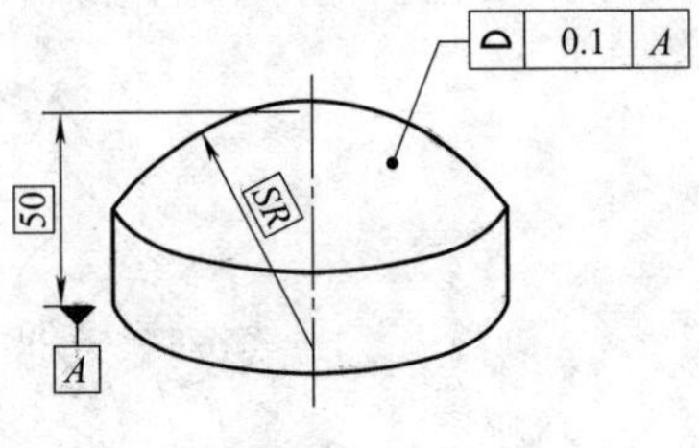
⌓ 0.1 A　50　SR　A
图(d) 3D
提取轮廓面应限定在直径距离为 0.1mm、球心位于由基准平面 A 确定的被测要素理论正确几何形状上的一系列圆球的两等距包络面之间</td></tr>
<tr><td>3. 导出要素的面轮廓度
公差带为直径等于公差值 t、球心位于理论准确几何形状上的一系列圆球的两个包络面所限定的区域</td><td> 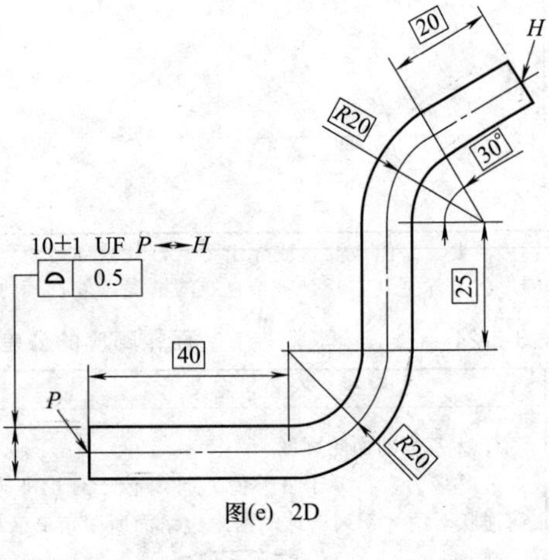20　H　R20　30°　10±1 UF P↔H　⌓ 0.5　25　40　P　R20
图(e) 2D</td></tr>
</table>

续表

符号	公差带定义	标注示例和解释
⌓	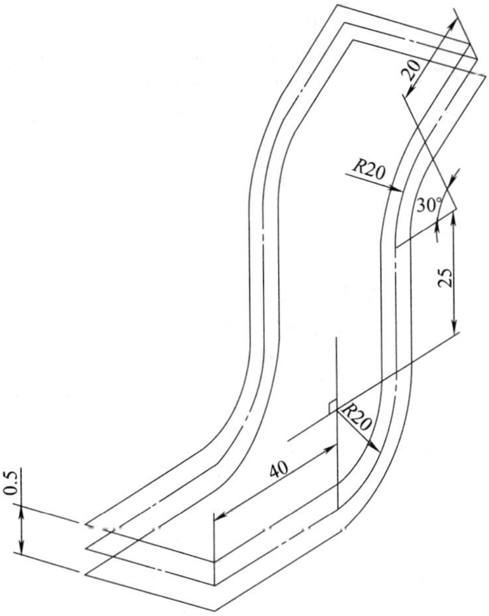 注：本图例来自 ISO 1660—2017	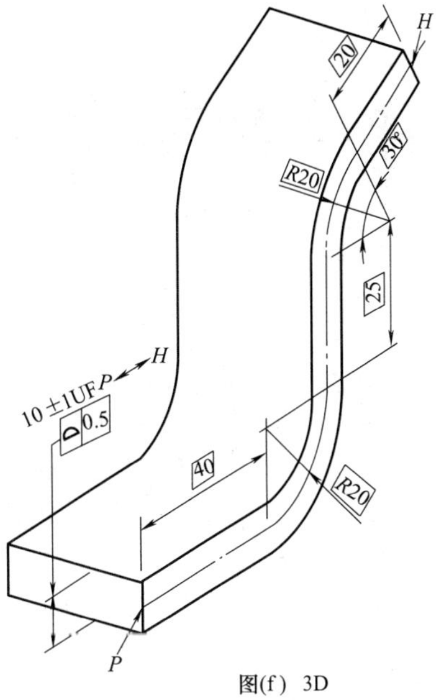 图(f) 3D 导出要素轮廓面应限定在直径等于 0.5mm、球心位于被测要素理论准确几何形状表面上的一系列圆球的两等距包络面之间

注：1. 被测要素可以是组成要素或导出要素，其公称被测要素的属性和形状由一个区域要素明确给定；其公称被测要素的形状，除了其本身是一个平面的情况以外，其他均应通过图样上完整的标注或者基于 CAD 模型的查询明确给定。

2. 对于有基准要求的面轮廓度，1）若是限制方向的规范，规范元素“＞＜”应放置在几何公差框格第二格几何公差值后面，或把“＞＜”放在基准后面，如果公差带位置的确定无须依赖基准，也可以不标注基准，公称被测要素与基准要素之间的角度尺寸应由明确的和/或缺省的 TED 给定；2）若是位置规范，在几何公差框格中至少需要一个基准，公称被测要素与基准要素之间的角度和线性尺寸应由明确的和/或缺省的 TED 给定。

表 3-3-25　　平行度的公差带定义、标注示例和解释

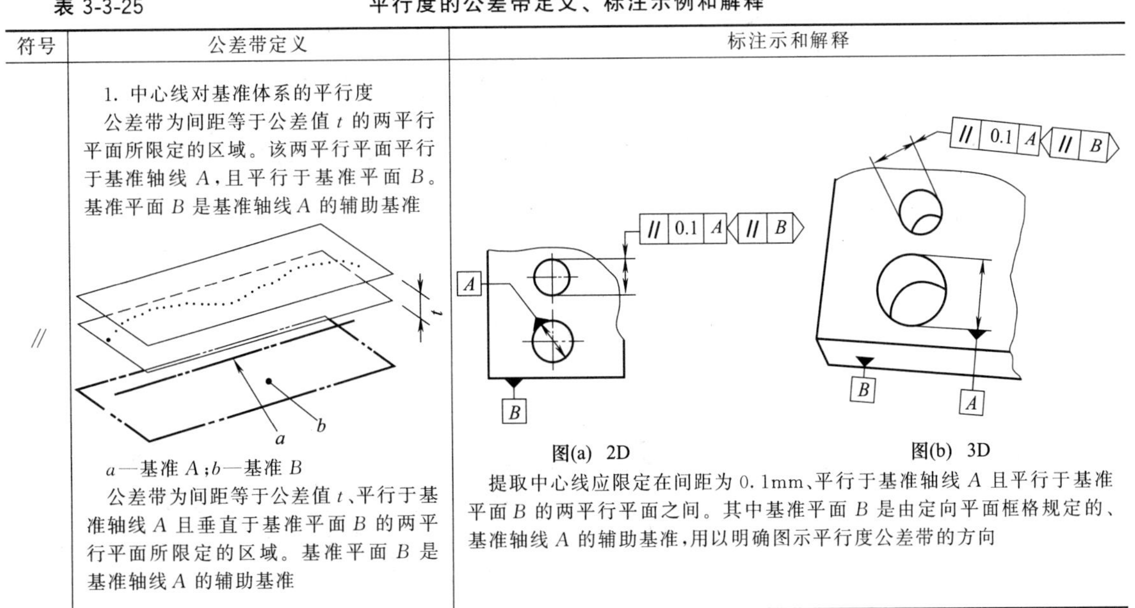

符号	公差带定义	标注示和解释
//	1. 中心线对基准体系的平行度 公差带为间距等于公差值 t 的两平行平面所限定的区域。该两平行平面平行于基准轴线 A，且平行于基准平面 B。基准平面 B 是基准轴线 A 的辅助基准 a—基准 A；b—基准 B 公差带为间距等于公差值 t、平行于基准轴线 A 且垂直于基准平面 B 的两平行平面所限定的区域。基准平面 B 是基准轴线 A 的辅助基准	图(a) 2D　　图(b) 3D 提取中心线应限定在间距为 0.1mm、平行于基准轴线 A 且平行于基准平面 B 的两平行平面之间。其中基准平面 B 是由定向平面框格规定的、基准轴线 A 的辅助基准，用以明确图示平行度公差带的方向

第 3 篇

续表

符号	公差带定义	标注示和解释
//	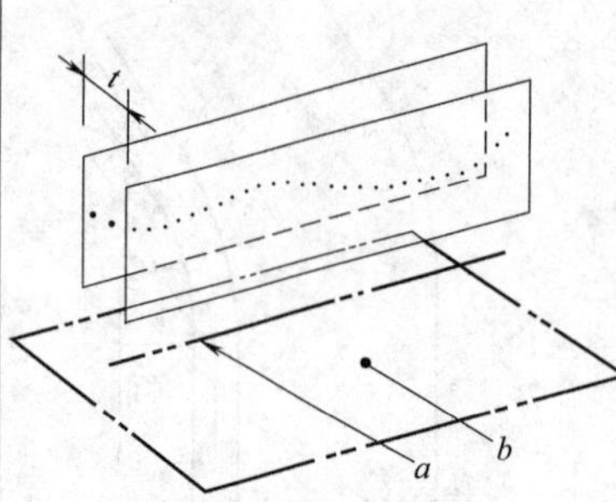 *a*—基准轴线 *A*；*b*—基准平面 *B* 图示为分别给定两个方向的平行度要求。其公差带分别为间距等于 t_1 和 t_2，且平行于基准轴线 *A* 的两组平行平面所限定的区域。其公差带的方向分别由相应的定向平面确定 定向平面框格规定公差值为 t_1 的平行度公差带(间距为 $t_1=0.1$mm 且平行于 *A* 的两平行平面)的方向平行于基准平面 *B* 定向平面框格规定公差值为 t_2 的平行度公差带(距为 $t_2=0.2$mm 且平行于 *A* 的两平行平面)的方向垂直于基准平面 *B* 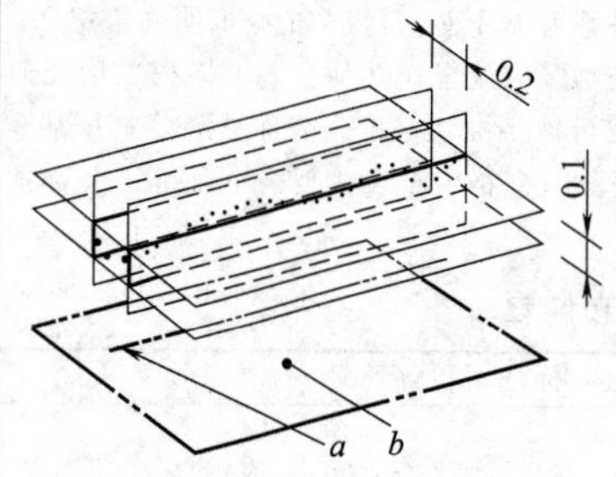 	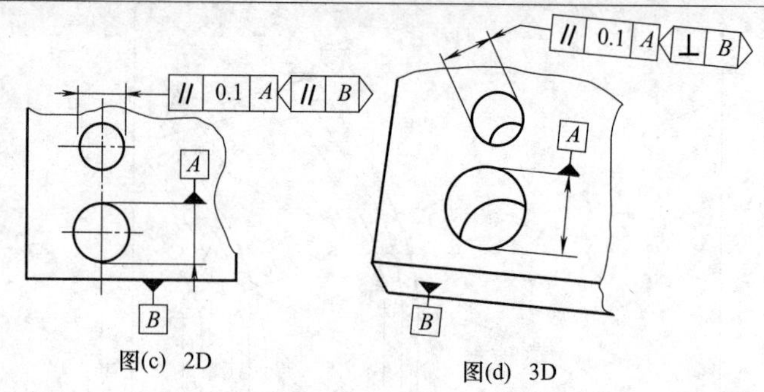 图(c)　2D　　图(d)　3D 提取中心线应限定在间距为 0.1mm、平行于基准轴线 *A* 且垂直于基准平面 *B* 的两平行平面之间。其中基准平面 *B* 是由定向平面框格规定的、基准轴线 *A* 的辅助基准，用以明确图示平行度公差带的方向 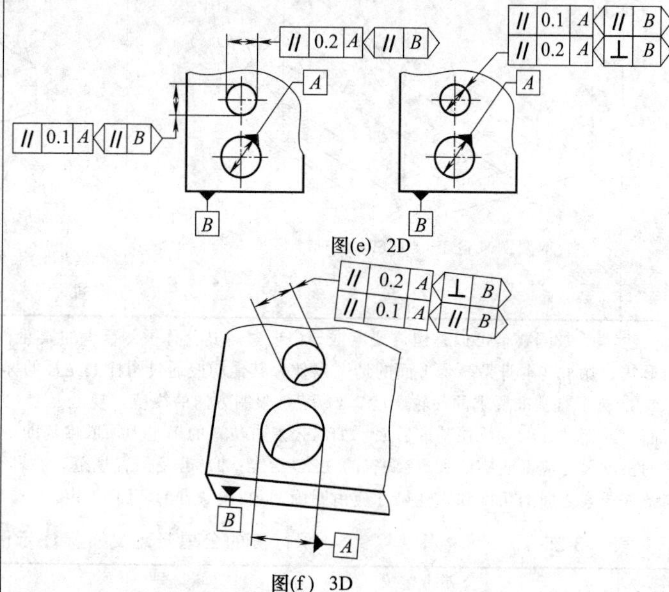 图(e)　2D 图(f)　3D 提取中心线应限定在两组间距分别为公差值 0.1mm 和 0.2mm、且平行于基准轴线 *A* 的平行平面之间。定向平面框格分别规定了两平行度公差带(即两组平行于 *A* 的两平行平面)相对于基准平面 *B* 的方向
	2. 线对基准轴线的平行度 若公差值前加注符号 *Φ*，公差带为平行于基准轴线、直径等于公差值 *t* 的圆柱面所限定的区域 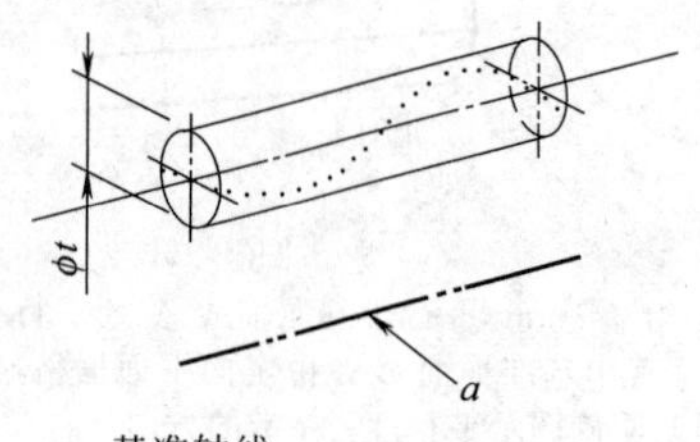 *a*—基准轴线	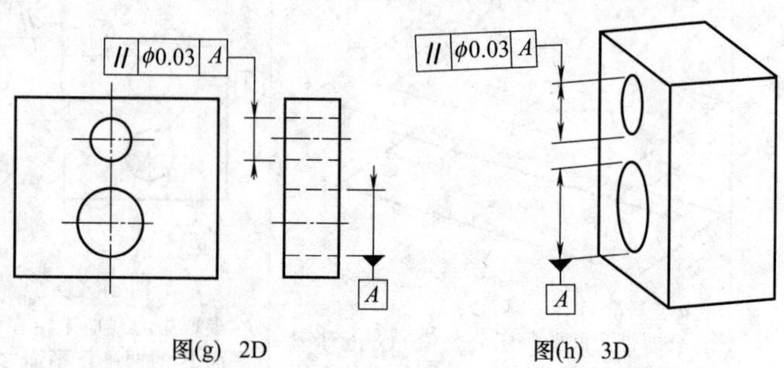 图(g)　2D　　图(h)　3D 提取中心线应限定在平行于基准轴线 *A*、直径等于 0.03mm 的圆柱面内

续表

<table>
<tr><th>符号</th><th>公差带定义</th><th>标注示和解释</th></tr>
<tr><td rowspan="4">//</td><td>3. 线对基准平面的平行度
公差带为平行于基准平面、间距等于公差值 t 的两平行平面所限定的区域
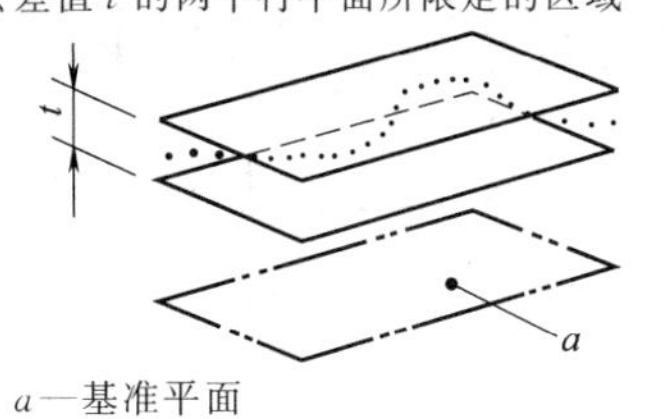
a—基准平面</td><td>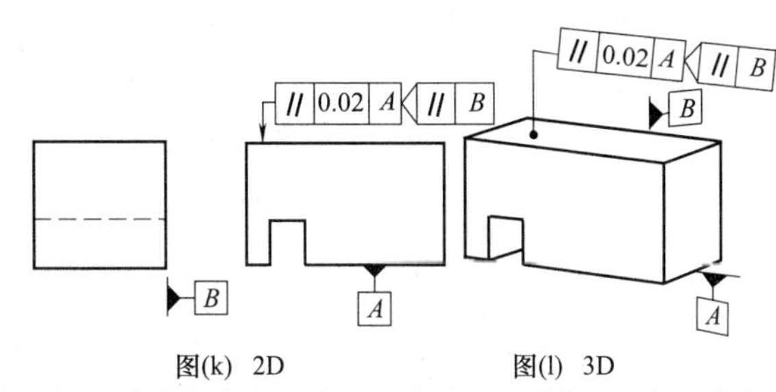

图(i) 2D 图(j) 3D
提取中心线应限定在平行于基准平面 B、间距等于 0.01mm 的两平行平面内</td></tr>
<tr><td>4. 面上的(一组)线对基准平面的平行度
公差带为间距等于公差值 t 且平行于基准平面 A 的两平行直线之间的区域。该两平行直线位于平行于基准平面 B 的平面内
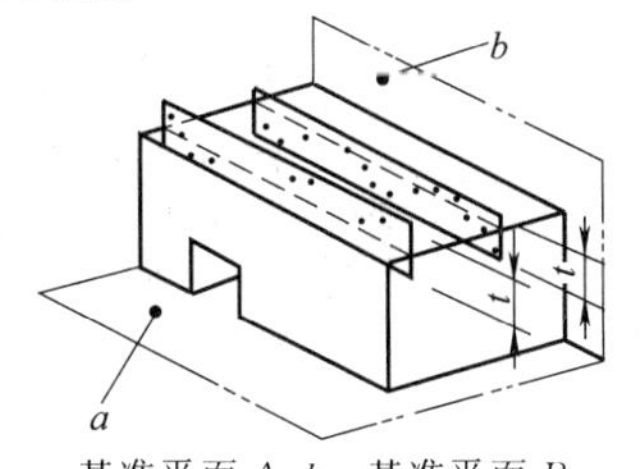
a—基准平面 A；b—基准平面 B</td><td>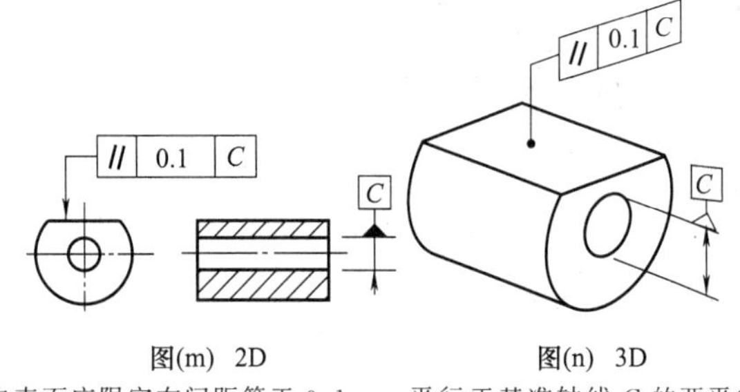

图(k) 2D 图(l) 3D
由相交平面框格规定的、平行于基准平面 B 的每一条提取线应限定在间距等于 0.02mm 且平行于基准平面 A 的两平行直线之间。该两平行直线位于平行于基准平面 B 的平面内</td></tr>
<tr><td>5. 面对基准轴线的平行度
公差带为间距等于公差值 t、平行于基准轴线的两平行平面所限定的区域
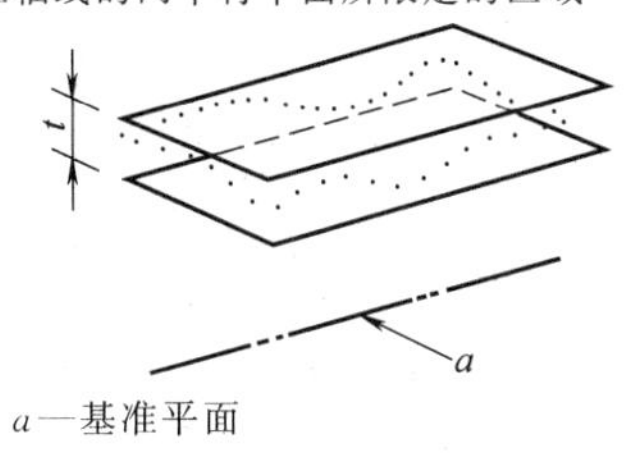
a—基准平面</td><td>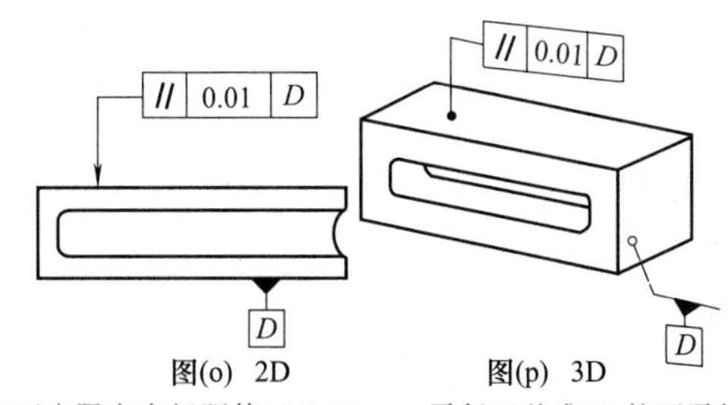

图(m) 2D 图(n) 3D
提取表面应限定在间距等于 0.1mm、平行于基准轴线 C 的两平行平面之间</td></tr>
<tr><td>6. 面对基准平面的平行度
公差带为间距等于公差值 t、平行于基准平面的两平行平面所限定的区域。
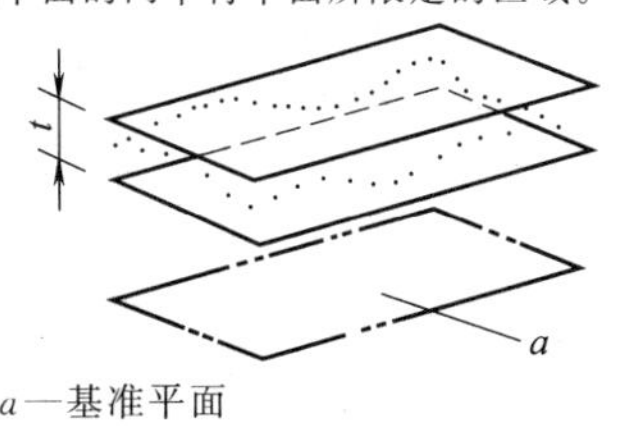
a—基准平面</td><td>
图(o) 2D 图(p) 3D
提取表面应限定在间距等于 0.01mm、平行于基准 D 的两平行平面之间</td></tr>
</table>

注：被测要素可以是组成要素或者是导出要素。其公称被测要素的属性和形状可以是一个线要素、一组线要素或一个面要素。每一个公称被测要素的形状由一条直线或一个平面明确给定。如被测要素的公称状态为平面，且被测要素为平面上的一组直线，则应标注相交平面框格。公称被测要素与基准之间的 TED 角度应由缺省的 0°定义。

表 3-3-26 **垂直度的公差带定义、标注示例和解释**

<table>
<tr><th>符号</th><th>公差带定义</th><th>标注示例和解释</th></tr>
<tr><td rowspan="2">⊥</td><td>1. 线对基准轴线的垂直度
基准轴线
公差带为间距等于公差值 t、垂直于基准轴线的两平行平面所限定的区域</td><td>图(a) 2D　　图(b) 3D
提取中心线应限定在间距等于 0.06mm、垂直于基准轴线 A 的两平行平面之间</td></tr>
<tr><td>2. 中心线对基准体系的垂直度
a)公差带为间距等于公差值 t 的两平行平面所限定的区域。该两平行平面垂直于基准平面 A，且平行于基准平面 B。基准平面 B 是基准平面 A 的辅助基准
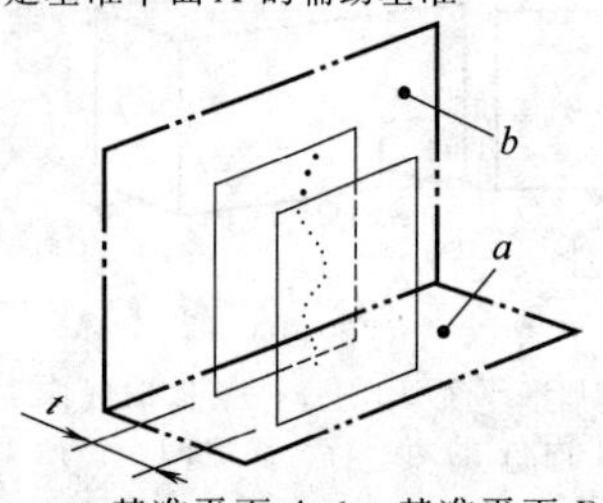

a—基准平面 A；b—基准平面 B
b)图示为分别给定两个方向的垂直度要求。其公差带分别为间距等于 t_1 和 t_2 且垂直于基准平面 A 的两组平行平面所限定的区域。其公差带的方向分别由相应的定向平面确定
定向平面框格规定公差值为 t_1 的垂直度公差带（间距为 $t_1=0.1$mm 且垂直于 A 的两平行平面）的方向垂直于基准平面 B
定向平面框格规定公差值为 t_2 的垂直度公差带（间距为 $t_2=0.2$mm 且垂直于 A 的两平行平面）的方向平行于基准平面 B
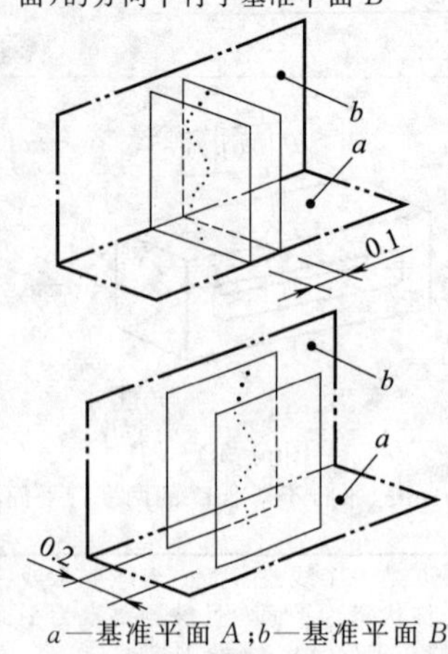

a—基准平面 A；b—基准平面 B</td><td>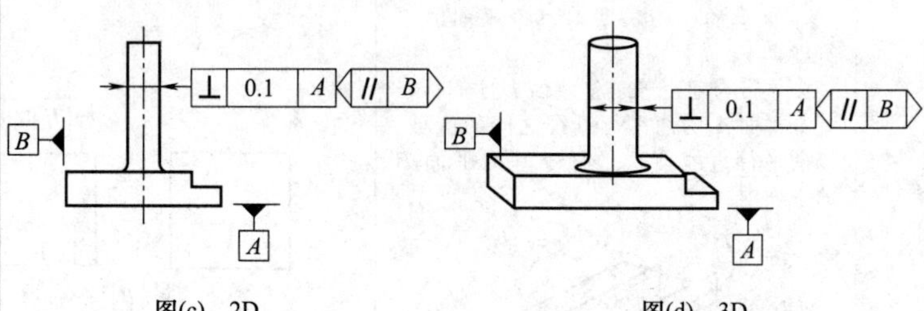

图(c) 2D　　图(d) 3D
圆柱的提取中心线应限定在间距等于 0.1mm、垂直于基准平面 A 且平行于基准平面 B 的两平行平面之间。其中基准平面 B 是由定向平面框格规定的、基准轴线 A 的辅助基准，用以明确图示垂直度公差带的方向
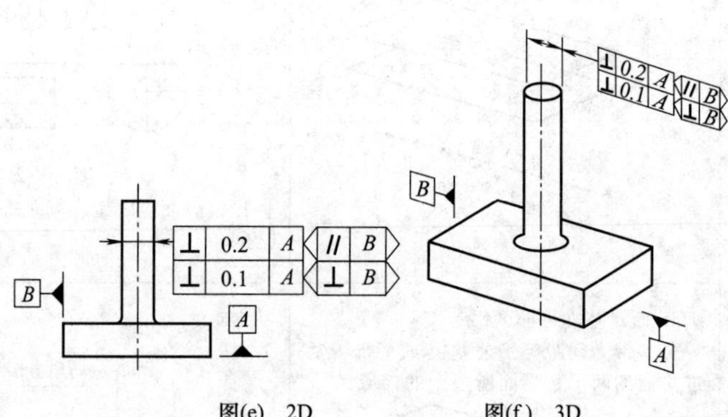

图(e) 2D　　图(f) 3D
提取中心线应限定在间距分别等于 0.1mm 和 0.2mm 且垂直于基准平面 A 的两平行平面之间。定向平面框格分别规定了两垂直度公差带（即两组垂直于 A 的平行平面）相对于基准平面 B 的方向</td></tr>
</table>

续表

符号	公差带定义	标注示例和解释
	3. 线对基准平面的垂直度 若公差值前加注符号 Φ，公差带为直径等于公差值 t、且轴线垂直于基准平面的圆柱面所限定的区域 a—基准平面	图(g)　2D　　图(h)　3D 提取中心线应限定在直径等于 0.01mm、且轴线垂直于基准平面 A 的圆柱面内
⊥	4. 面对基准轴线的垂直度 公差带为间距等于公差值 t 且垂直于基准轴线的两平行平面所限定的区域 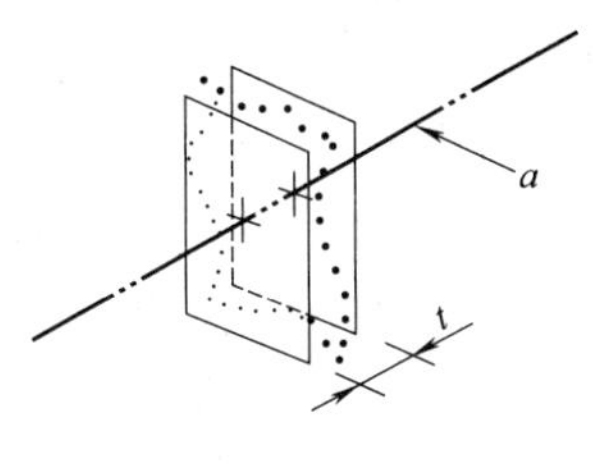 a—基准轴线	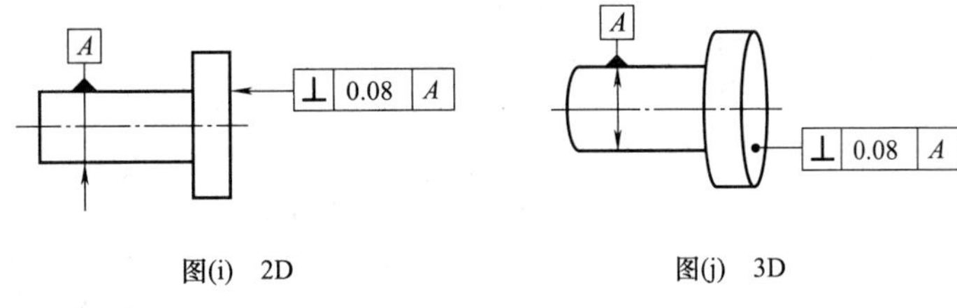 图(i)　2D　　图(j)　3D 提取表面应限定在间距等于 0.08mm 的两平行平面之间。该两平行平面垂直于基准轴线 A
	5. 面对基准平面的垂直度 公差带为间距等于公差值 t、垂直于基准平面的两平行平面所限定的区域 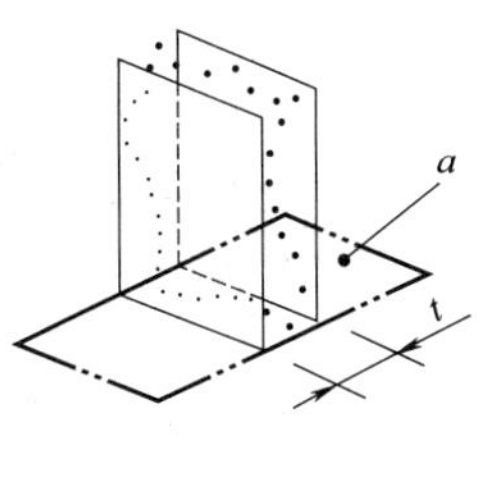 a—基准平面	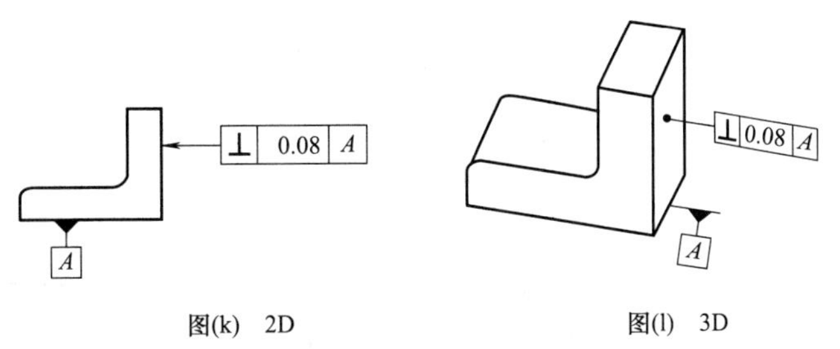 图(k)　2D　　图(l)　3D 提取表面应限定在间距等于 0.08mm、垂直于基准平面 A 的两平行平面之间

注：被测要素可以是组成要素或者是导出要素。其公称被测要素的属性和形状可以是一个线要素、一组线要素或一个面要素。每一个公称被测要素的形状由一条直线或一个平面明确给定。如被测要素的公称状态为平面，且被测要素为平面上的一组直线，则应标注相交平面框格；公称被测要素与基准之间的 TED 角度应由缺省的 90°定义。

第3篇

表 3-3-27 **倾斜度的公差带定义、标注示例和解释**

符号	公差带定义	标注示例和解释
∠	1. 线对基准轴线的倾斜度 a)被测中心线与基准轴线在同一平面上 公差带为间距等于公差值 t 的两平行平面所限定的区域。该两平行平面按给定角度倾斜于基准轴线 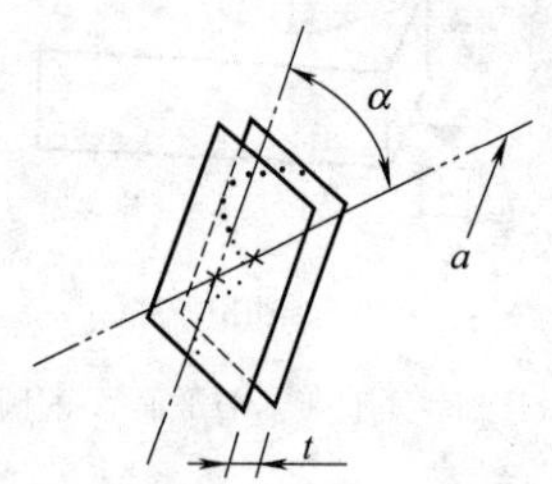 a—公共基准轴线 A—B	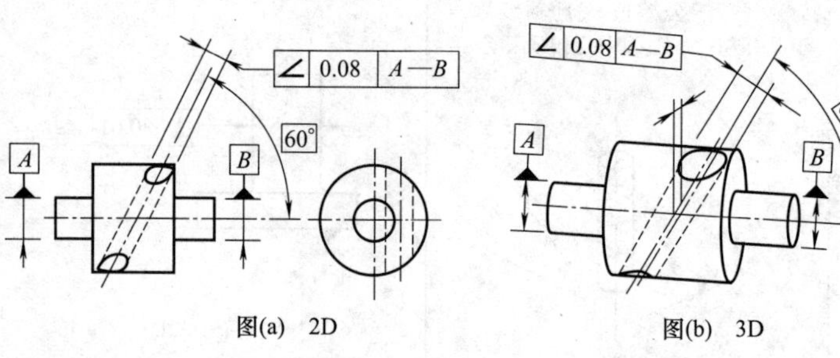 图(a) 2D 图(b) 3D 提取中心线应限定在间距等于 0.08mm、对公共基准轴线 A-B 成理论正确角度 60°的两平行平面之间
	b)被测中心线与基准轴线在不同平面内 公差带为直径等于公差值 ϕt 的圆柱面所限定的区域。该圆柱的轴线按给定角度倾斜于基准轴线 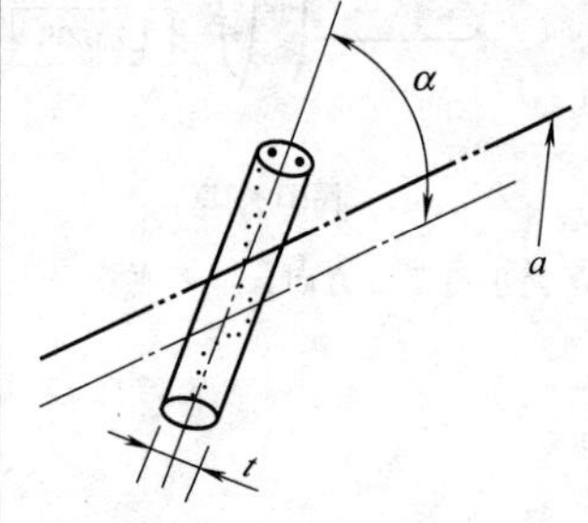 a—公共基准轴线 A—B	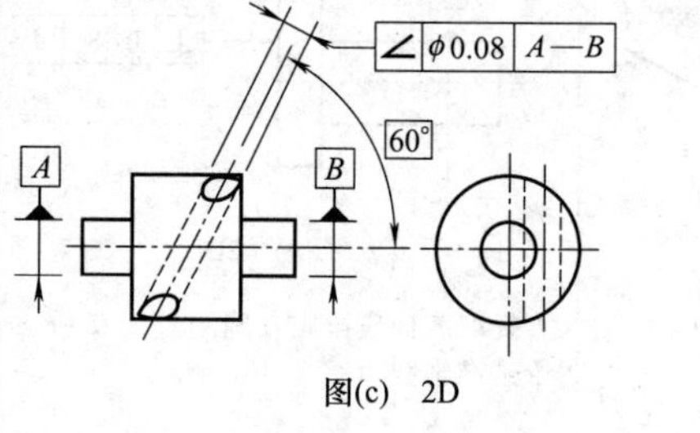 图(c) 2D 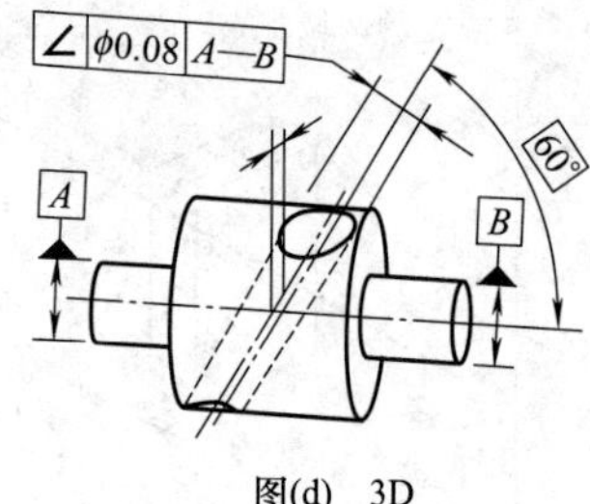 图(d) 3D 提取中心线应限定在间距等于 0.08mm 的两平行平面之间。该两平行平面以理论正确角度 60°对公共基准轴线 A—B 倾斜
	2. 线对基准平面的倾斜度 若公差值前加注符号 ϕ,公差带为直径等于公差值 t 的圆柱面所限定的区域。该圆柱面公差带的轴线平行于基准平面 B,并按给定角度倾斜于基准平面 A 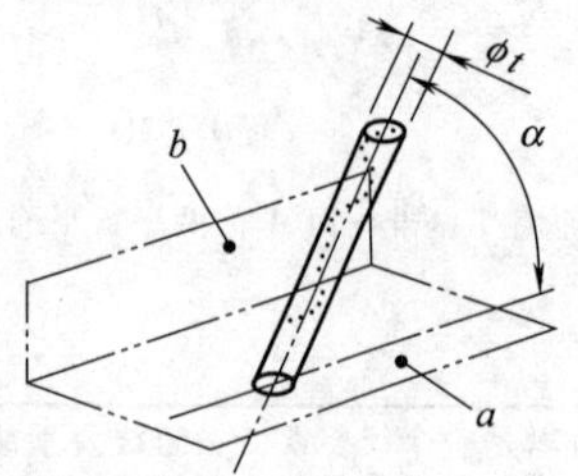 a—基准平面 A;b—基准平面 B	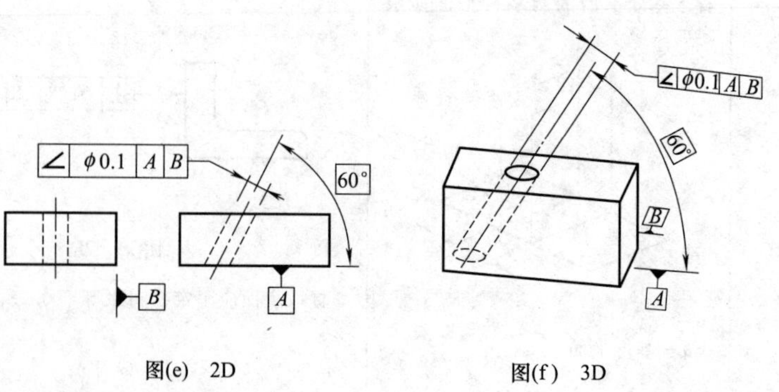 图(e) 2D 图(f) 3D 提取中心线应限定在直径等于 ϕ0.1mm 的圆柱面内。该圆柱面的中心线按理论正确角度 60°倾斜于基准平面 A 且平行于基准平面 B

续表

符号	公差带定义	标注示例和解释
∠	3. 面对基准轴线的倾斜度 公差带为间距等于公差值 t 的两平行平面所限定的区域。该两平行平面按给定角度倾斜于基准轴线 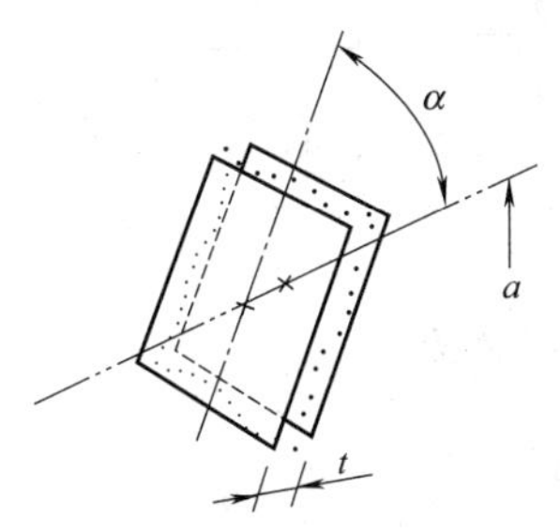 a—基准直线	图(g) 2D　图(h) 3D 提取表面应限定在间距等于 0.1mm 的两平行平面之间。该两平行平面按理论正确角度 75°倾斜于基准轴线 A
	4. 面对基准平面的倾斜度 公差带为间距等于公差值 t 的两平行平面所限定的区域。该两平行平面按给定角度倾斜于基准平面 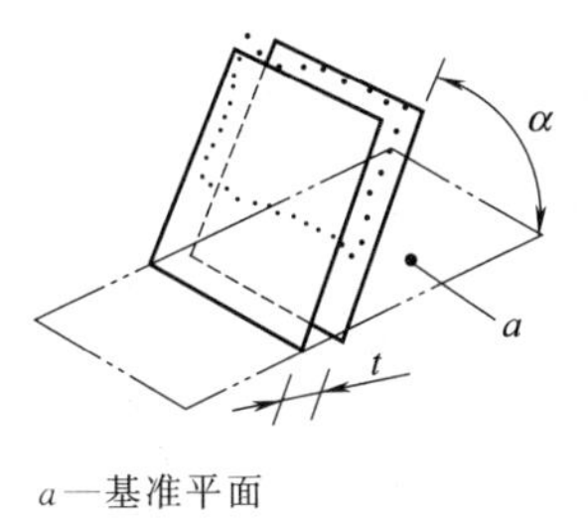 a—基准平面	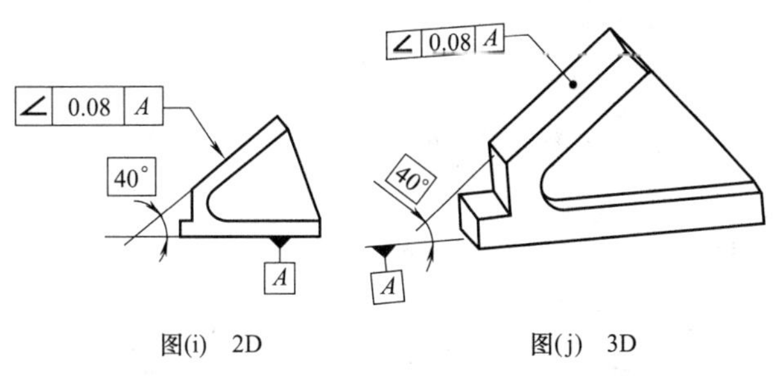 图(i) 2D　图(j) 3D 提取表面应限定在间距等于 0.08mm 的两平行平面之间。该两平行平面按理论正确角度 40°倾斜于基准平面 A

注：被测要素可以是组成要素或者是导出要素。其公称被测要素的属性和形状可以是一个线要素、一组线要素或一个面要素。每一个公称被测要素的形状由一条直线或一个平面明确给定。如被测要素的公称状态为平面，且被测要素为平面上的一组直线，则应标注相交平面框格。公称被测要素与基准之间的 TED 角度应至少有一个 TED 明确给出，另外的角度则可由缺省的 0°或 90°定义。

表 3-3-28　　同轴度和同心度的公差带定义、标注示例和解释

符号	公差带定义	标注示例和解释
◎	1. 点的同心度 公差值前标注符号 Φ，其公差带为直径等于公差值 t 的圆所限定的区域。该圆的圆心与基准点重合 a—基准点	图(a) 2D　图(b) 3D 在任意横截面内，内圆的提取中心应限定在直径等于 0.1mm、以基准点 A（在同一横截面内）为圆心的圆周内

第3篇

续表

<table>
<tr><th>符号</th><th>公差带定义</th><th>标注示例和解释</th></tr>
<tr>
<td>◎</td>
<td>

2. 轴线的同轴度

公差值前标注符号 Φ,其公差带为直径等于公差值 t 的圆柱面所限定的区域。该圆柱面的轴线与基准轴线重合

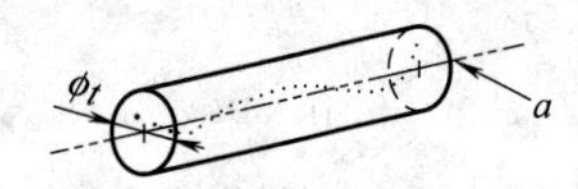

a—基准轴线

</td>
<td>

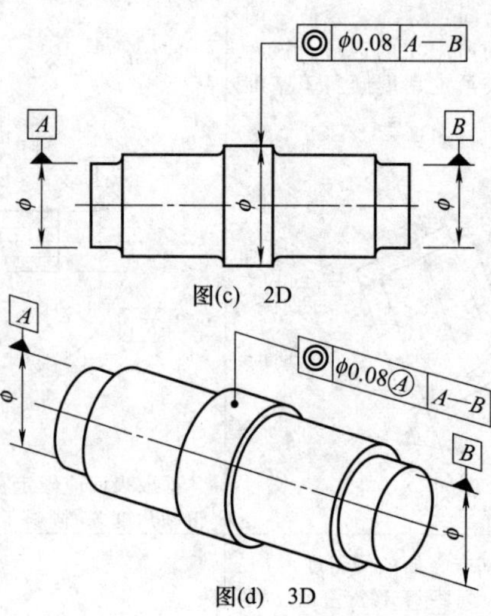

图(c) 2D

图(d) 3D

被测圆柱面的提取中心线应限定在直径等于 0.08mm、以公共基准轴线 A—B 为轴线的圆柱面内

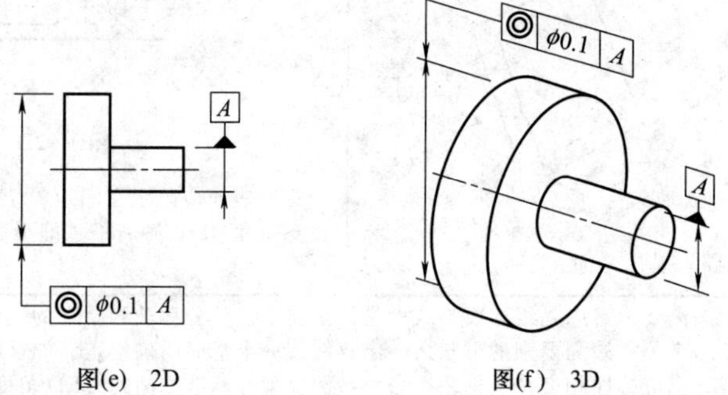

图(e) 2D　　图(f) 3D

被测圆柱面的提取中心线应限定在直径等于 ϕ0.1mm、以基准轴线 A 为轴线的圆柱面内

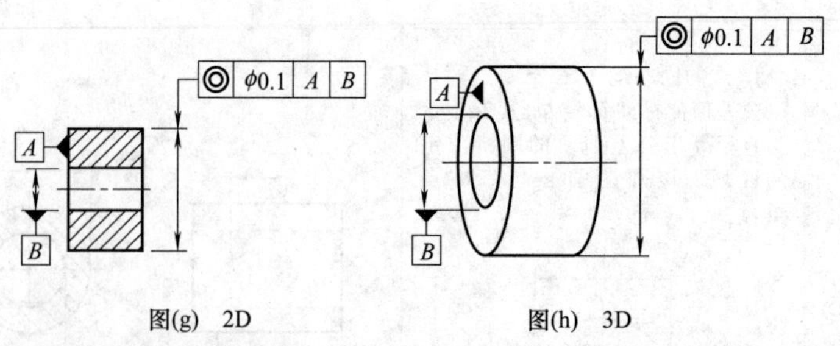

图(g) 2D　　图(h) 3D

被测圆柱的提取中心线应限定在直径等于 ϕ0.1mm、以垂直于基准平面 A 的基准轴线 B 为轴线的圆柱面内

</td>
</tr>
</table>

注：被测要素是一个导出要素，其公称被测要素的属性和形状是一个点、一组点或一条直线。当所标注的要素的公称状态为一条直线，且被测要素为一组点时，应标注规范元素“ACS”，此时，每一个点的基准也是同一横截面上的一个点。公称被测要素与基准之间的角度和线性尺寸则由缺省的 TED 给定。

表 3-3-29　　对称度的公差带定义、标注示例和解释

符号	公差带定义	标注示例和解释
≑	中心平面的对称度公差带为间距等于公差值 t 、对称于基准中心平面的两平行平面所限定的区域 a—基准中心平面	图(a) 2D 图(b) 3D 提取中心面应限定在间距等于 0.08mm、对称于基准中心平面 A 的两平行平面之间。 图(c) 2D 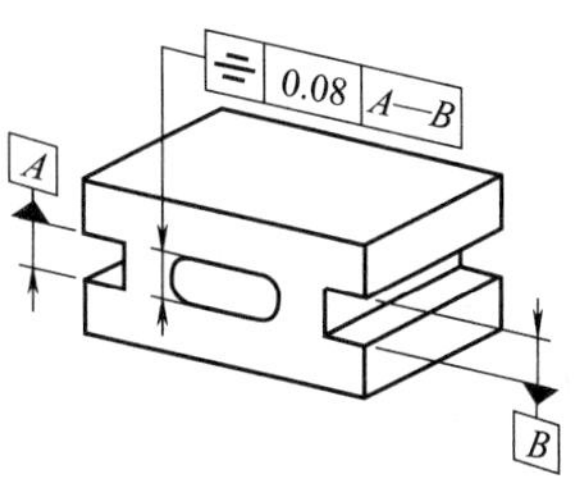 图(d) 3D 提取中心面应限定在间距等于 0.08mm、对称于公共基准中心平面 A-B 的两平行平面内

注：1. 被测要素可以是导出要素，也可以是组成要素。其公称被测要素的属性和形状可以是一个点，一组点，一条直线，一组直线，或者一个平面。当所标注的要素的公称状态为一个平面，且被测特征为该平面上的一组直线时，应标注相交平面框格。当所标注的要素的公称状态为一条直线，且被测要素为直线上的一组点时，应标注 ACS。在这种情况下，每一个点的基准都是在同一横截面上的一个点。在公差框格中须至少标注一个基准，该基准可使公差带的位置确定。公称被测要素与基准之间的角度和线性尺寸可由缺省的 TED 给定。

2. 如果所有相关的线性 TED 均为零时，对称度可应用在所有位置度的场合。

表 3-3-30 **位置度的公差带定义、标注示例和解释**

符号	公差带定义	标注示例和解释
⊕	1. 点的位置度 若公差值前加注 $S\Phi$，公差带为直径等于公差值 t 的球面所限定的区域。该球面中心的位置由理论正确尺寸和基准 A、B 和 C 确定 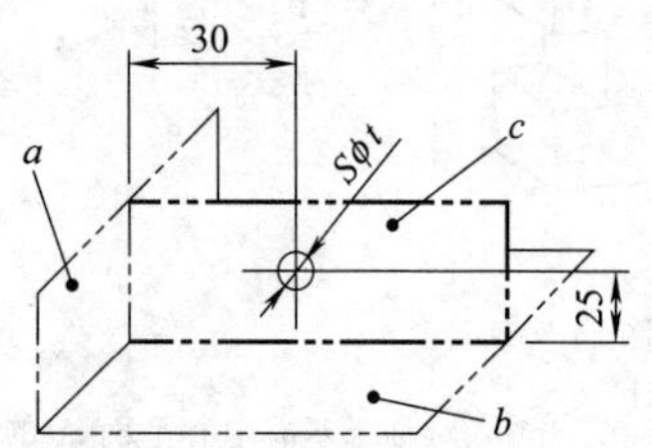 a—基准平面 A；b—基准平面 B；c—基准平面 C	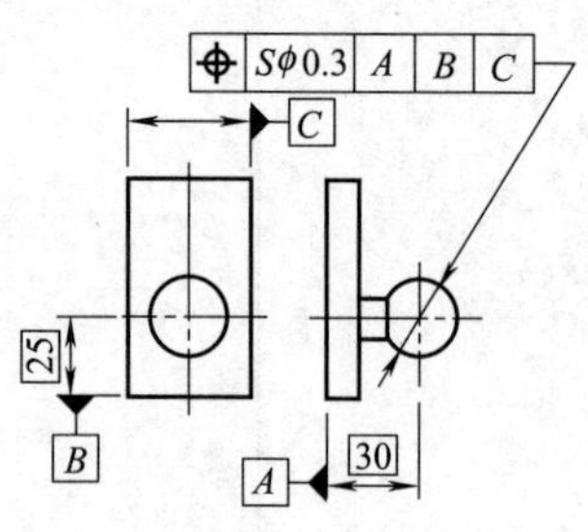 图(a) 2D 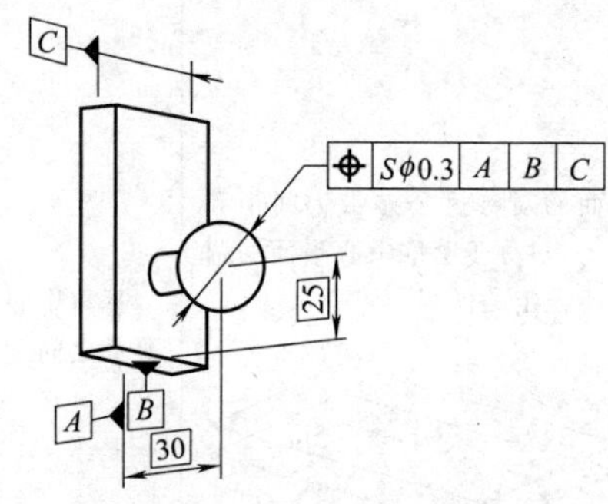 图(b) 3D 提取球心应限定在直径等于 0.3mm 的球面内。该球面的中心应位于由基准平面 A、B、C 和理论正确尺寸确定的球心的理论正确位置上
	2. 线的位置度 1)给定一个方向的位置度时，公差带为间距等于公差值 t、对称于线的理论正确位置的两平行直线所限定的区域。线的理论正确位置由基准平面 A、B 和理论正确尺寸确定。公差只在一个方向上给定 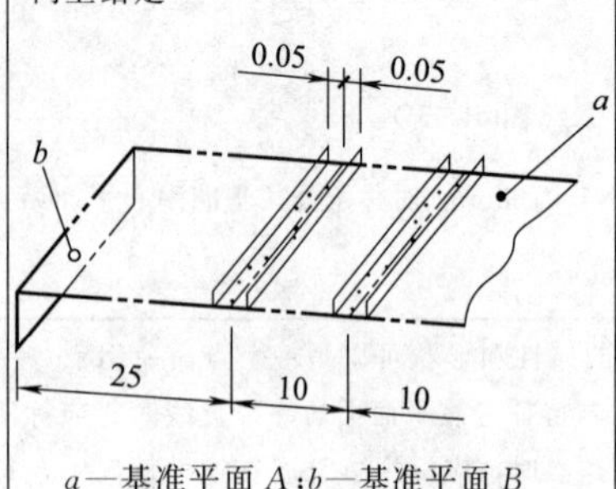 a—基准平面 A；b—基准平面 B	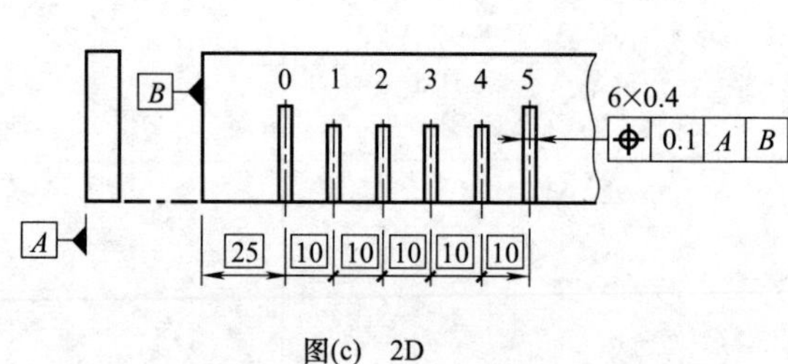 图(c) 2D 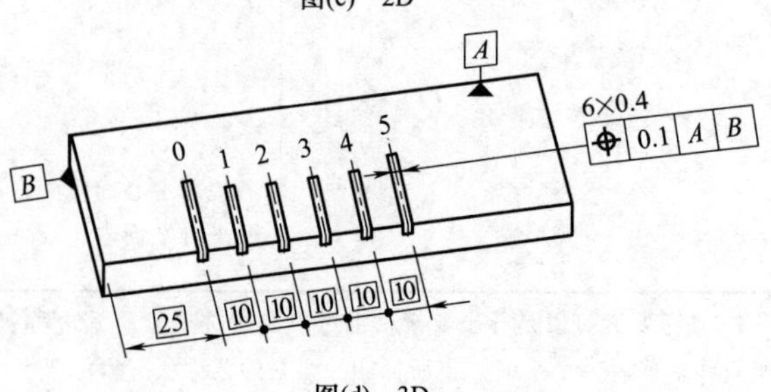 图(d) 3D 每条刻线的提取中心线应限定在间距等于 0.1mm、对称于由基准平面 A、B 和理论正确尺寸确定的理论正确位置的两平行直线之间

续表

符号	公差带定义	标注示例和解释
⌖	2)给定两个方向上的位置度时,公差带为间距分别等于 t_1 和 t_2、对称于线的理论正确位置的两组平行平面所限定的区域。线的理论正确位置由基准平面 C、A 和/或 B、以及相应的理论正确尺寸确定。对应两个方向位置度公差带的方向由定向平面框格规定 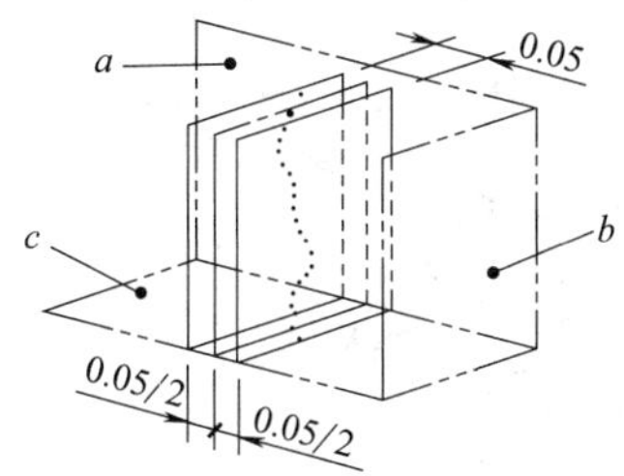 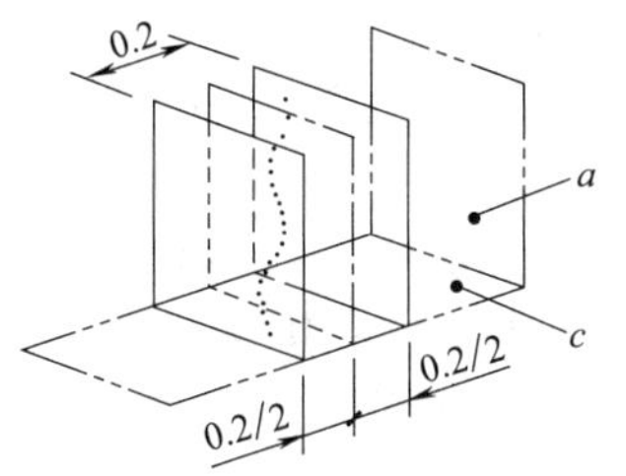 a—第二基准 A,垂直于基准 C;b—第三基准 B,垂直于基准 C 和 A;c—基准 C 3)任意方向上的位置度,公差带为直径等于公差值 t 的圆柱面所限定的区域。该圆柱面的轴线的位置由基准平面 C、A、B 和理论正确尺寸确定 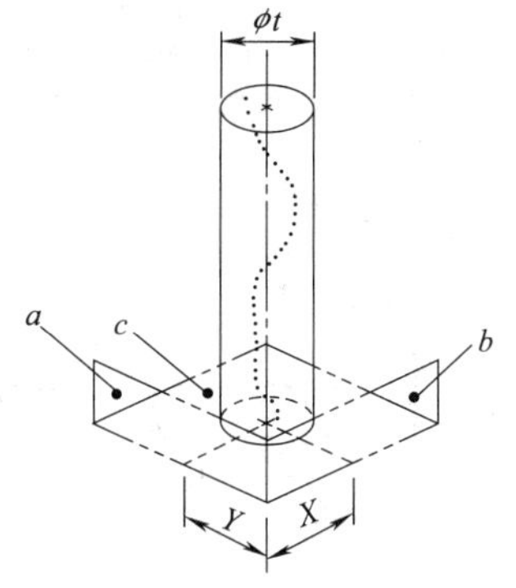 a—基准平面 A;b—基准平面 B;c—基准平面 C	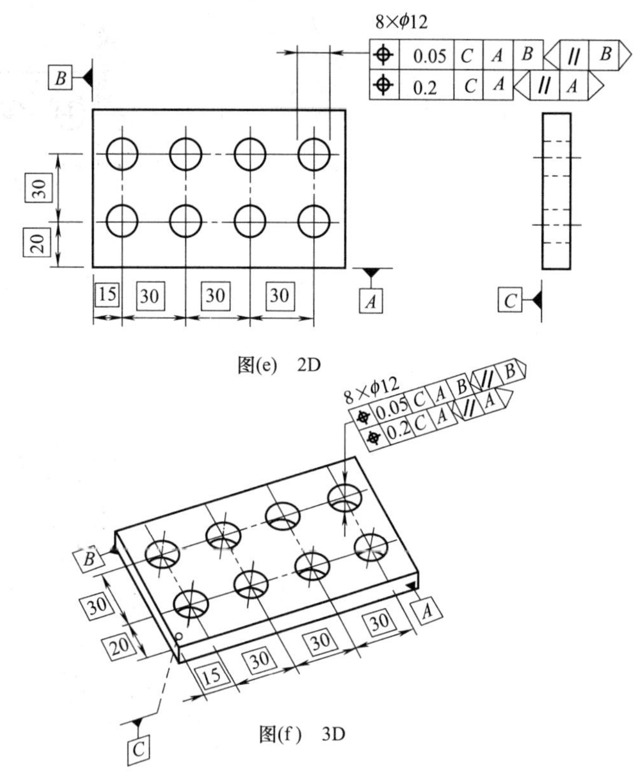 图(e)　2D 图(f)　3D 各孔的提取中心线在给定方向上应分别限定在间距等于 0.05mm 和 0.2mm、且相互垂直的两组平行平面内。每组平行平面的理论正确位置由基准平面 C、A、B 和理论正确尺寸确定,每组平行平面的方向由定向平面框格规定[如图(e)所示间距为 0.05 的位置度公差带方向平行于基准平面 B;另一个平行于基准平面 A] 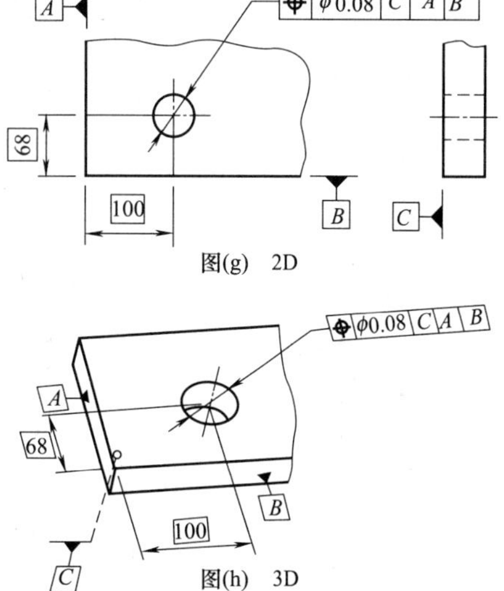 图(g)　2D 图(h)　3D 提取中心线应限定在直径等于 0.08mm 的圆柱面内。该圆柱面的轴线应处于由基准平面 C、A、B 和理论正确尺寸确定的理论正确位置上

续表

符号	公差带定义	标注示例和解释
⌖		图(i) 2D 图(j) 6D 各提取中心线应限定在直径等于 0.1mm 的圆柱面内。该圆柱面的轴线应处于基准平面 C、A、B 和理论正确尺寸确定的各孔轴线的理论正确位置上
	3. 轮廓平面或中心平面的位置度公差带为间距等于公差值 t、且对称于理论正确位置的两平行平面所限定的区域。理论正确位置由基准平面、基准轴线和理论正确尺寸确定 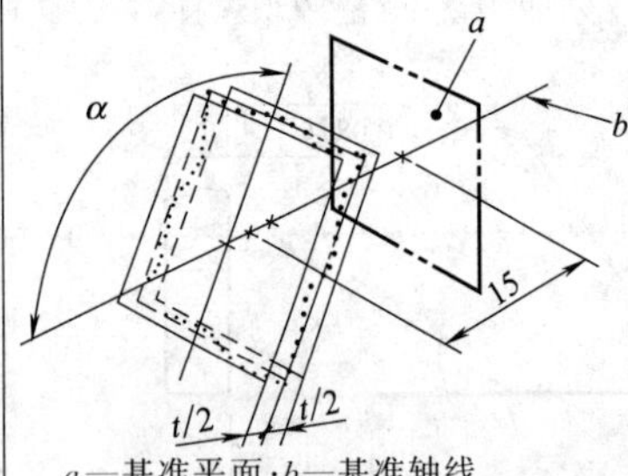 a—基准平面;b—基准轴线 公差带为间距等于公差值 t、且对称于理论正确位置的两平行平面所限定的区域 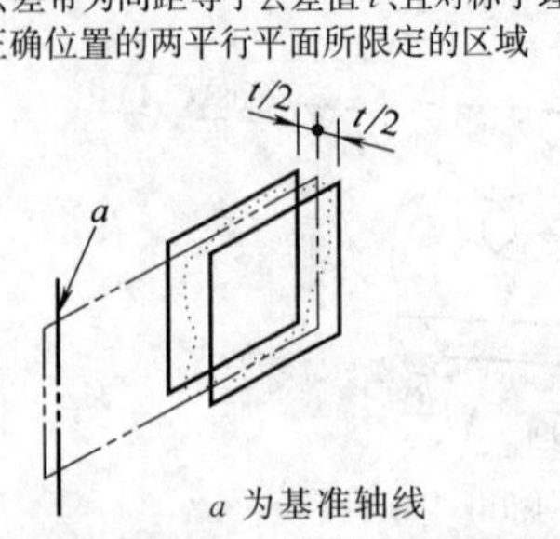 a 为基准轴线	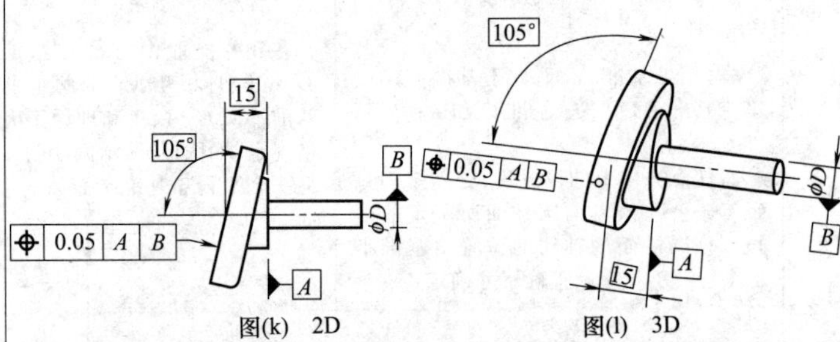 图(k) 2D 图(l) 3D 提取面应限定在间距等于 0.05mm,且对称于面的理论正确位置的两平行平面内。面的理论正确位置由基准平面 A、基准轴线 B 和理论正确尺寸确定 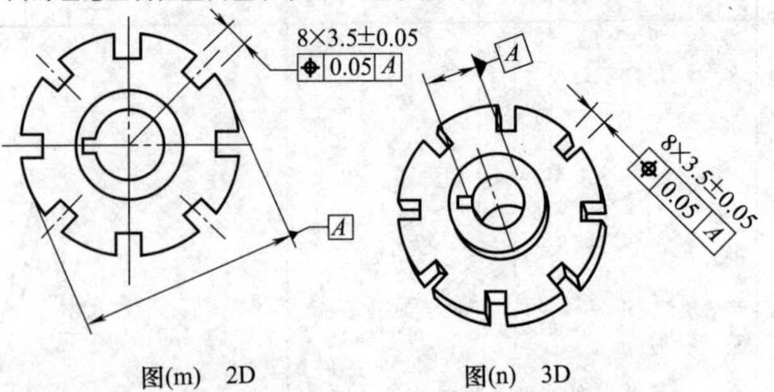 图(m) 2D 图(n) 3D 提取中心面应限定在间距等于 0.05mm 的两平行平面内。该两平行平面对称于由基准轴线 A 和理论正确角度 45°确定的理论正确位置

注：被测要素可以是组成要素或导出要素，其公称被测要素的属性和形状为一个组成要素或导出的点、直线或平面，或为非直导出线或者非平导出面。公称被测要素的形状，除了要素为直线和平面的情况以外，应通过图样上完整的标注或 CAD 模型的查询明确给定。

表 3-3-31 **圆跳动的公差带定义、标注示例和解释**

符号	公差带定义	标注示例和解释
↗	1. 径向圆跳动公差 公差带为在任一垂直于基准轴线的横截面内、半径差等于公差值 t 、圆心在基准轴线上的两同心圆所限定的区域 a—基准轴线;b—横截面	图 (a) 2D 图 (b) 3D 在任一垂直于基准 A 的横截面内,提取线应限定在半径差等于 0.1mm、圆心在基准轴线上的两同心圆内 图 (c) 2D 图 (d) 3D 在任一平行于基准平面 B、垂直于基准轴线 A 的截面上,提取线应限定在半径差等于 0.1mm、圆心在基准轴线上的两同心圆之间 图(e) 2D 图(f) 3D 在任一垂直于公共基准轴线 A—B 的横截面内,提取线应限定在半径差等于 0.1mm、圆心在基准轴线 A—B 上的两同心圆之间
	圆跳动通常适用于整个要素,但亦可规定只适用于局部要素	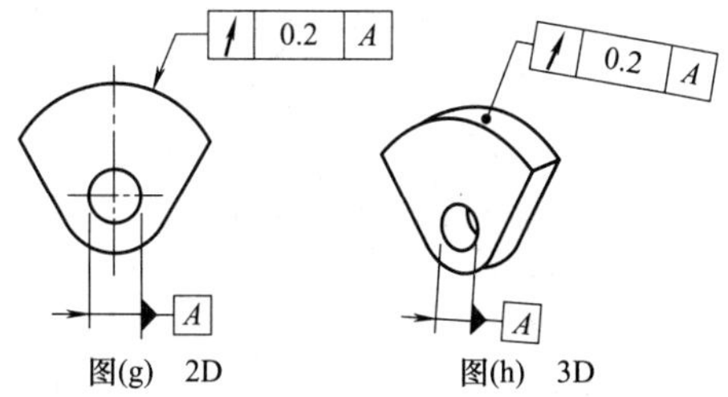 图(g) 2D 图(h) 3D 在任一垂直于基准轴线 A 的横截面内,提取线应限定在半径差等于 0.2mm、圆心在基准轴线上的两同心圆弧内

续表

符号	公差带定义	标注示例和解释
	2. 轴向圆跳动公差 公差带为与基准同轴的任一半径的圆柱截面上、间距等于公差值 t 的两圆所限定的区域 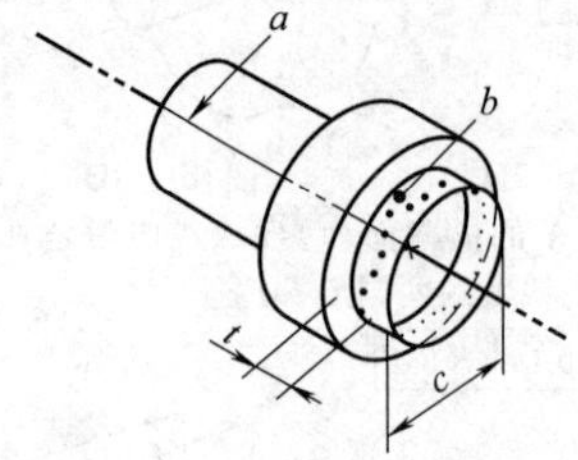 a—基准轴线；b—公差带；c—任意直径	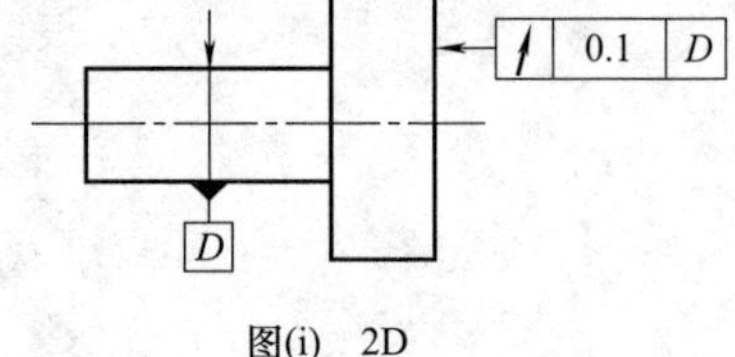 图(i) 2D 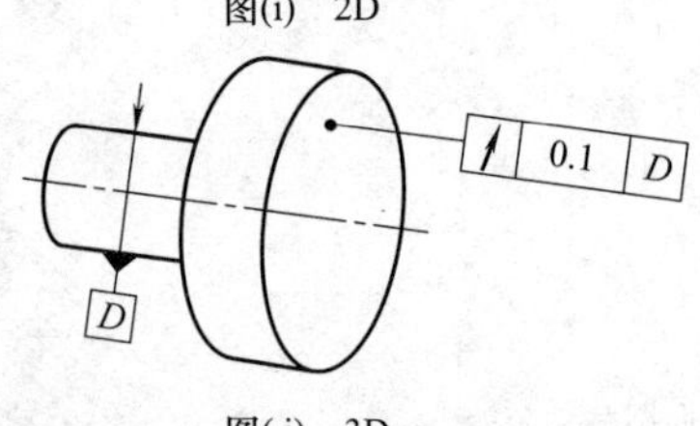 图(j) 3D 在与基准轴线 D 同轴的任一圆柱截面上，提取线应限定在轴向距离等于 0.1mm 的两等圆之间
↗	3. 斜向圆跳动公差 公差带为与基准同轴的任一圆锥截面上，间距等于公差值 t 的两圆所限定的区域。除非另有规定，测量方向应沿表面的法向 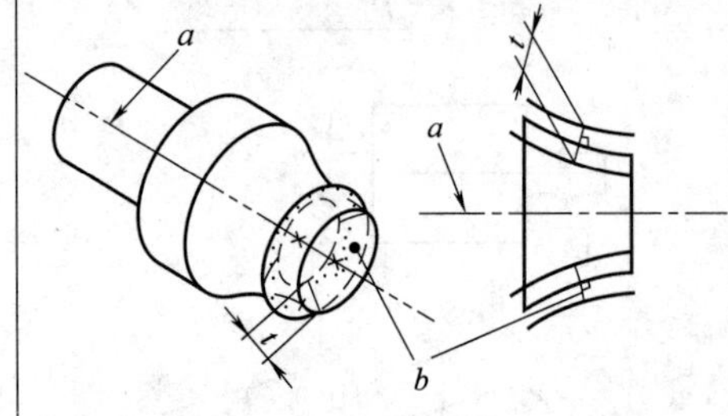 a—基准轴线；b—公差带	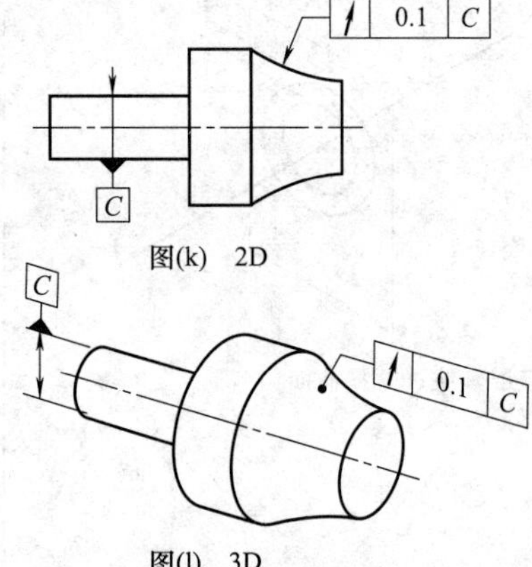 图(l) 3D 在与基准轴线 C 同轴的任一圆锥截面上，提取线应限定在素线方向间距等于 0.1mm 的两不等圆内。当标注公差的素线不是直线时，圆柱截面的锥角要随实际位置而变化
	4. 给定方向的斜向圆跳动公差 公差带为与基准同轴的具有给定角度的任一圆锥截面上，间距等于公差值 t 的两圆所限定的区域 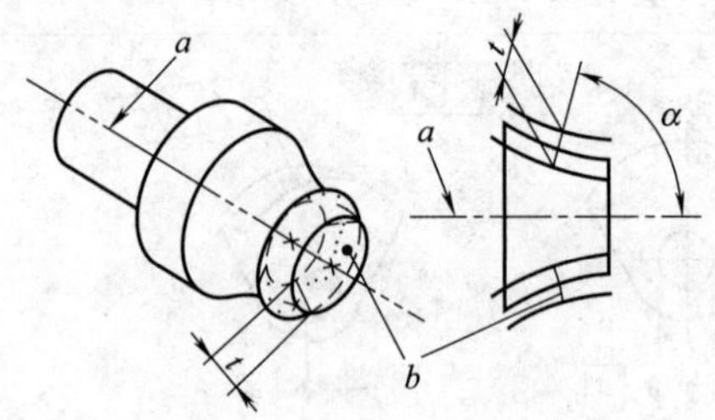 a—基准轴线；b—公差带	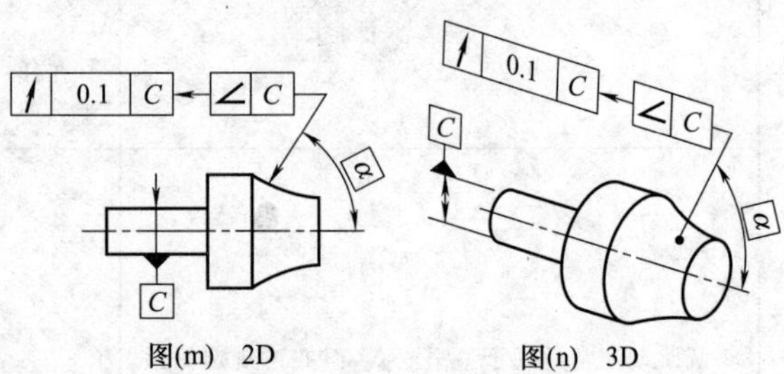 图(m) 2D 图(n) 3D 在与基准轴线 C 同轴且具有给定角度 a 的任一圆锥截面上，提取线应限定在素线方向间距等于 0.1mm 的两不等圆之间

注：被测要素是一个组成要素，其公称被测要素的属性和形状由一条圆环线或者一组圆环线明确给定，属线性要素。

表 3-3-32　　全跳动公差的公差带定义、标注示例和解释

符号	公差带定义	标注示例和解释
⌰	1. 径向全跳动公差 公差带为半径差等于公差值 t、与基准同轴的两圆柱面所限定的区域 a—基准轴线	图(a)　2D 图(b)　3D 提取面应限定在半径差等于 0.1mm、与公共基准轴线 A—B 同轴的两圆柱面之间
	2. 轴向全跳动公差 公差带为间距等于公差值 t、垂直于基准轴线的两平行平面所限定的区域 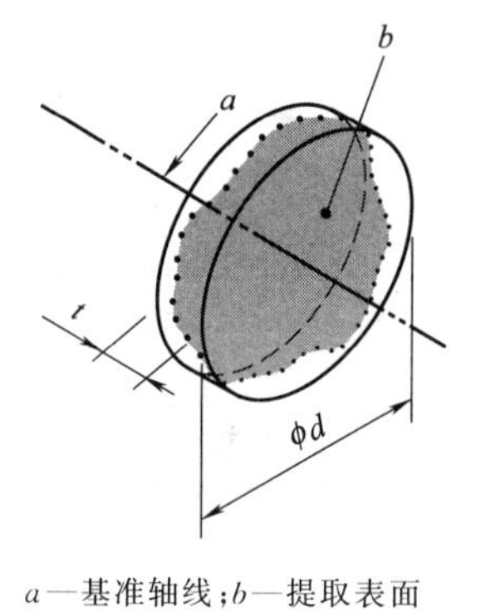 a—基准轴线；b—提取表面	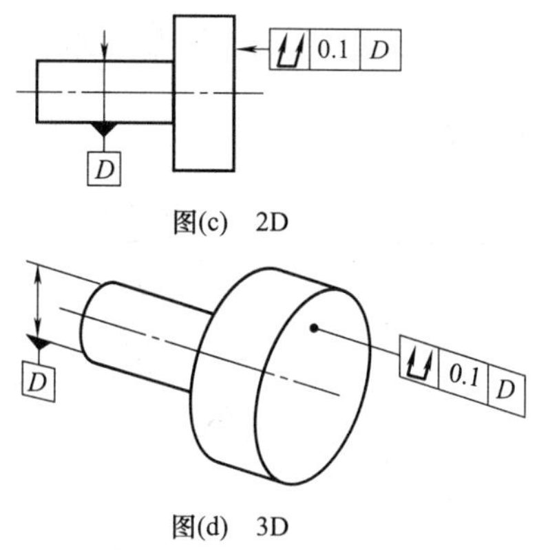 图(c)　2D 图(d)　3D 提取表面应限定在间距等于 0.1mm、垂直于基准轴线 D 的两平行平面之间

注：被测要素是一个组成要素，其公称被测要素的属性和形状是一个平面或一个回转表面，对于回转表面，其公差带保持了被测要素的公称形状，但不约束径向尺寸。

3.4　基准和基准体系

基准和基准体系是确定各要素间几何关系的依据，是几何公差中的重要部分。对单一被测要素提出形状公差要求时，是不需要标明基准的。只有对关联被测要素有方向、位置或跳动公差要求时，才必须标明基准。

第3篇

3.4.1 术语定义

表 3-3-33 基准和基准体系中相关的术语及定义

序号	术语	含义及解释
1	基准	用来定义几何公差带的位置和(或)方向,或用来定义实体状态的位置和(或)方向(当有相关要求时,如最大实体要求)的一个(组)方位要素 基准是一个理论正确的参考要素,它可以由一个面、一条直线或一个点,或它们的组合定义
2	基准要素	零件上用来建立基准并实际起基准作用的实际(组成)要素(如:一条边、一个表面或一个孔)
3	单一基准	从一个单一表面或从一个尺寸要素中获得的基准要素中建立的基准
4	公共基准(组合基准)	从两个或多个同时考虑的基准要素中建立的基准
5	基准体系	从两个或多个基准要素中按一个明确序列建立的两个或多个方位要素集
6	基准目标	一个基准要素的一部分,可以是一个点、一条线或一个区域。当基准目标是一个点、一条线或一个区域时,它分别用基准目标点、基准目标线或基准目标区域表示
7	移动基准目标	具有可控运动的基准目标
8	接触要素	不同于所考虑的公称要素的恒定类,且与相应的基准要素拟合的其他任何恒定类型的理想要素
9	方位要素	能确定要素的方向和/或位置的要素。方位要素可以是点、直线、平面或螺旋线等。例如,圆柱的方位要素是轴线,圆锥的方位要素是顶点和轴线
10	尺寸要素	由一定大小的线性尺寸或角度尺寸确定的几何形状。尺寸要素可以是圆柱形、球形、两平行对应面、圆锥形或楔形
11	组成要素	面或面上的线
12	导出要素	由一个或几个组成要素得到的中心点、中心线或中心面。例如:球心是由球面得到的导出要素,该球面为组成要素。圆柱的中心线是由圆柱面得到的导出要素,该圆柱面为组成要素
13	拟合组成要素	按规定的方法由提取组成要素形成的并具有理想形状的组成要素
14	拟合导出要素	由一个或几个拟合组成要素导出的中心点、轴线或中心平面

3.4.2 符号和修饰符

表 3-3-34 基准要素和基准目标符号

特征项目	符号	特征项目	符号
基准要素符号		单一基准目标框格	
基准目标点	×	移动基准目标框格	
闭合基准目标线		非闭合基准目标线	×-------×
基准目标区域			

表 3-3-35 相关修饰符

符号	说明	符号	说明
[LD]	小径	[PT]	点(方位要素)
[MD]	大径	[SL]	直线(方位要素)
[PD]	节径(中径)	[PL]	面(方位要素)
[ACS]	任意横截面	><	仅约束方向
[ALS]	任意纵截面	Ⓟ	延伸公差带(对第二基准、第三基准)
[CF]	接触要素	[DV]	可变距离(对公共基准的)
Ⓜ	最大实体要求	Ⓛ	最小实体要求

3.4.3 基准和基准体系的标注

表 3-3-36 基准和基准体系的图样标注规范

序号	规范类别	图例	规范要求的说明
1	基准符号	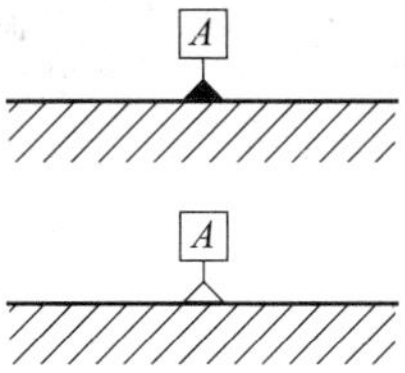 A A	基准符号一般由方框、细实线、填充(或未填充)的三角形、短横线以及基准字母组成。方框内填写的字母与几何公差框格中的对应字母相同。基准字母一般为一个大写的英文字母,当英文字母表中的字母在一个图样上已用完,可以采用重复的双字母或三字母,如AA,CCC等。为避免混淆,基准字母一般不采用I、O、Q和X等。无论基准要素符号在图样上的方向如何,方框内的基准字母要水平书写
2	基准目标符号	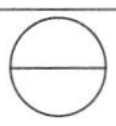 图(a) 基准目标框格 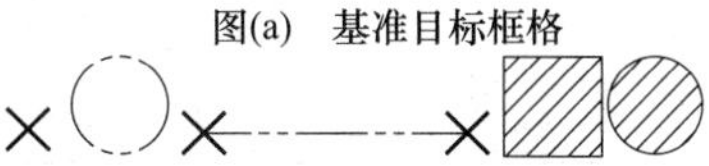 图(b) 基准目标指示符	基准目标符号一般由基准目标框格[见图(a)]、终点带或不带箭头或圆点的指引线,以及基准目标指示符[见图(b)]三部分组成。基准目标框格波一个水平线分为两部分,下部分中注写一个指明基准目标的字母和数字(从1到n),上部分注写基准目标区域的尺寸等一些附加的信息
3	基准目标类型	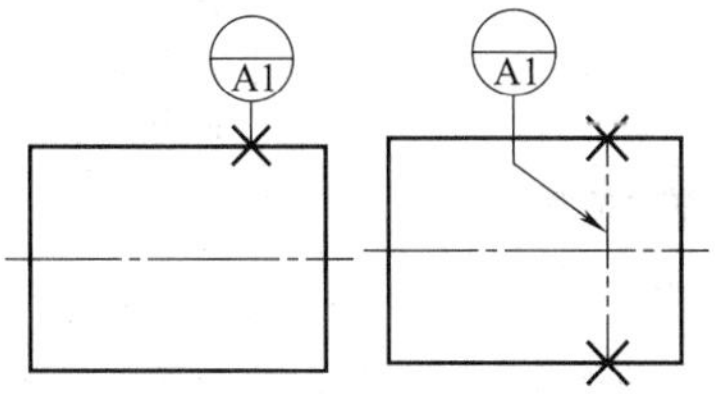 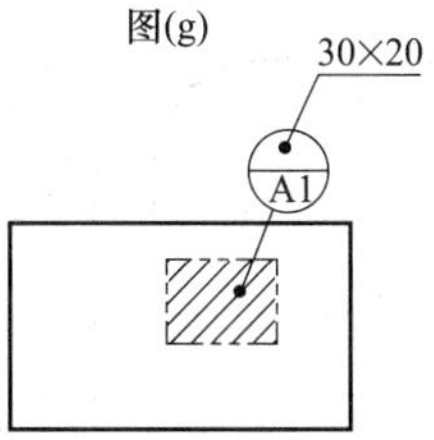 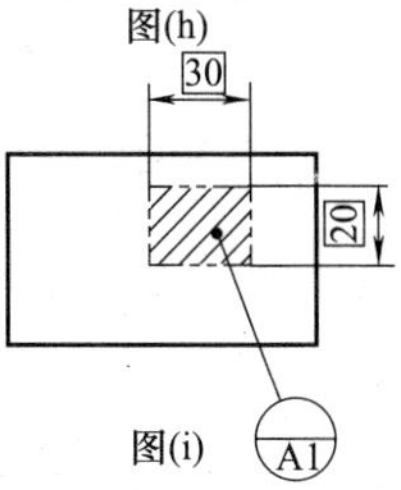 A1 A1 图(c) 图(d) 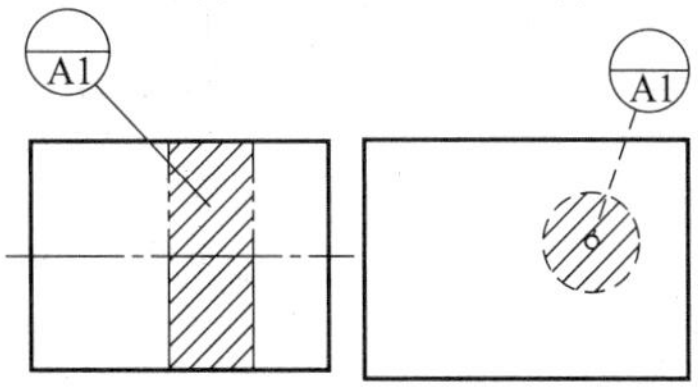 A1 A1 图(e) 图(f) 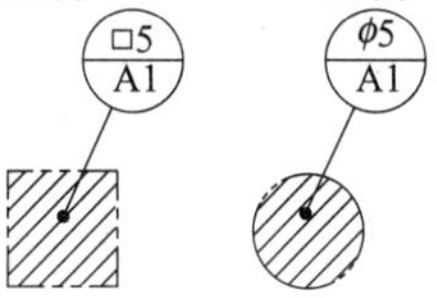 □5 A1 ϕ5 A1 图(g) 30×20 A1 图(h) 30 20 A1 图(i)	用以建立基准的基准目标的类型有三种,即点目标、线目标和区域目标 1)点目标,基准目标框格用一个终点带或不带箭头的指引线连到一个十字叉指示符,见图(c);此时,基准目标框格的上半部分没有大小的表示 2)线目标,基准目标框格用一个终点带或不带箭头的指引线连到两个十字叉指示符的长画双点画细线连线上,见图(d),该连线可以是直线、圆或一条任何形状的线。如果连线是封闭的,此时两个十字叉指示符可以省略不画 3)区域目标,基准目标框格用一个终点为圆点的指引线连到一个用长画双点画细线环绕的阴影区域,见图(e)。 当区域基准目标为不可见面时,指引线应该为虚线并且以空心圆点结束,见图(f) 区域基准目标可是方形的区域也可是圆形的区域,区域范围尺寸被认为是理论正确尺寸,且需要标注出该区域的尺寸。区域的尺寸既可以标注在基准目标的框格中,见图(g),也可标注在基准目标的框格外,见图(h),或直接在图样中标注出区域的大小,见图(i)

第3篇

续表

序号	规范类别	图例	规范要求的说明
4	移动基准目标	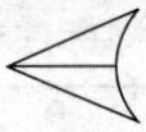 图(j)　移动修饰符 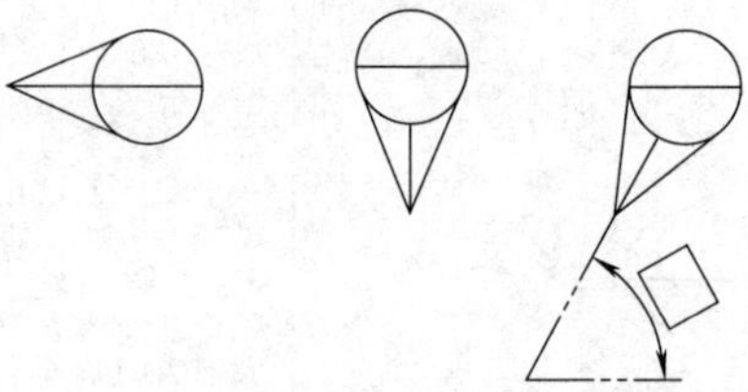 图(k)　移动基准目标(水平、垂直或倾斜移动)	当基准目标的位置不固定时，用移动基准目标表示。基准目标移动的方向由移动修饰符表示。移动修饰符是由两条基准目标框格圆的切线和一条基准目标框格中线构成，见图(j) 移动修饰符的中线方向表示了基准目标移动的方向，见图(k)。移动修饰符不能确定移动基准目标与其他基准或基准目标之间的距离 当两个或两个以上的移动基准目标用于确定一个基准时，它们要同步移动
5	基准或基准体系在几何公差框格中的布局	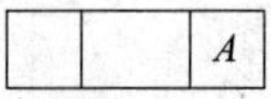 A	单一基准：以单个要素建立基准时，几何公差框格有三个部分，基准用一个大写字母注写在第三个框格中
		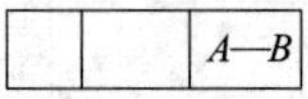 A—B	公共基准：以两个要素建立公共基准时，几何公差框格有三个部分，基准用中间加连字符的两个大写字母注写在第三个框格中
		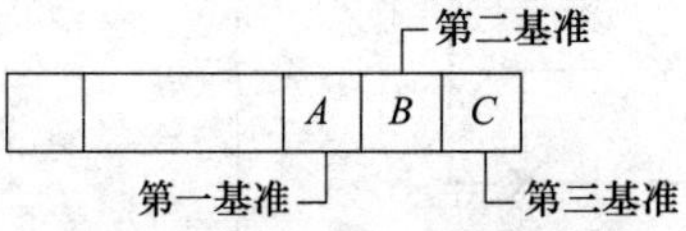 第二基准　A　B　C　第一基准　第三基准 图(l)　三个单一基准组成的基准体系 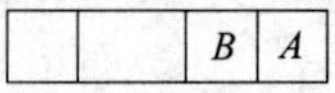 B　A 图(m)　二个单一基准组成的基准体系 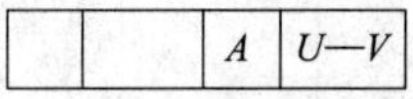 A　U—V 图(n)　一个单一基准和一个公共基准(或组合基准)组成的基准体系	基准体系：以两个或三个要素建立基准体系时，几何公差框格有三个以上的组成部分，表示基准的大写字母按基准的优先顺序自左向右注写在几何公差框格第二格后面的各框格内。其中写在几何公差框格第三格的称为第一基准，写在几何公差框格第四格的称为第二基准，写在几何公差框格第五格的称为第三基准
6	基准由组成要素建立时	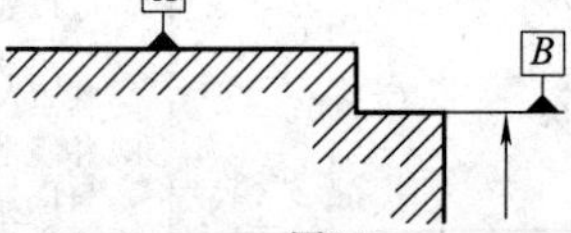 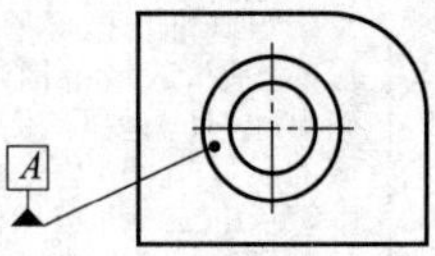 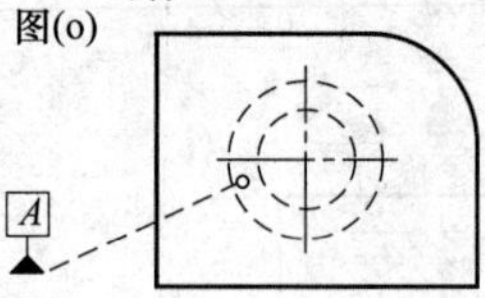 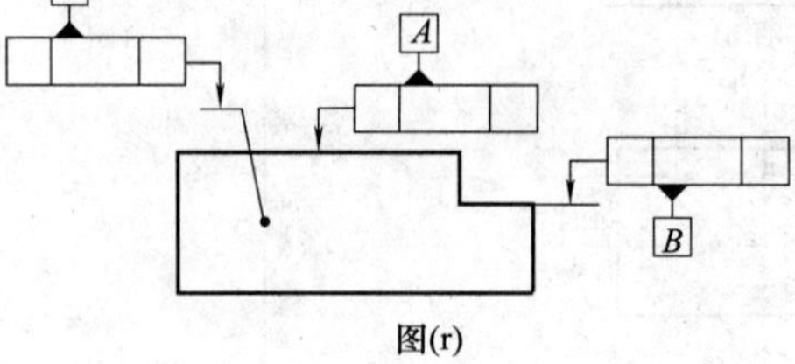 A　B 图(o) A 图(p) A 图(q) C　A　B 图(r)	当基准要素是轮廓线或轮廓面时，基准符号的三角形放置在要素的轮廓线或其延长线上(与尺寸线明显错开)，如图(o)所示 基准符号的三角形也可放置在该轮廓面引出线的水平线段上，如图(p)所示 当轮廓面为不可见时，则用引出线为虚线，端点为空心圆，如图(q)所示 基准符号的三角形也可放置在指向轮廓或其延长线上的几何公差框格上，如图(r)所示

续表

序号	规范类别	图例	规范要求的说明
7	基准由中心要素建立时	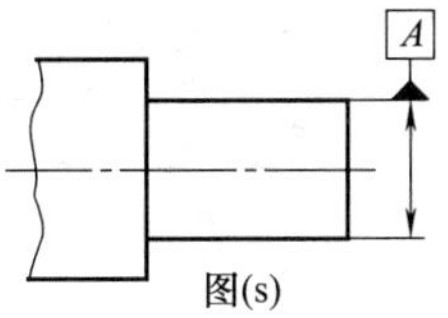 图(s) 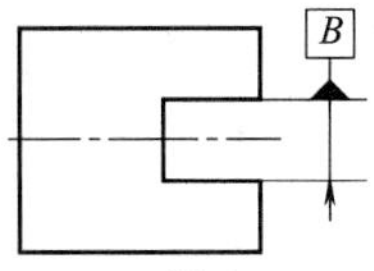图(t) 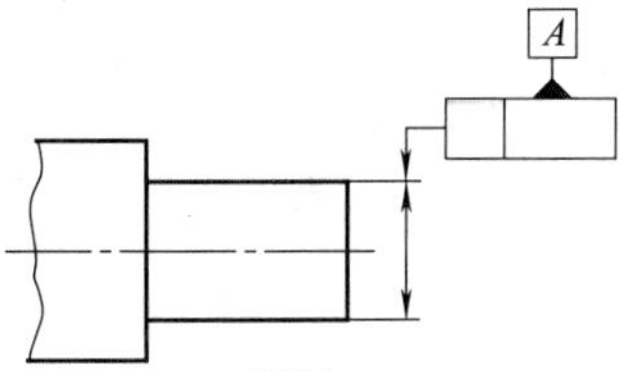图(u) 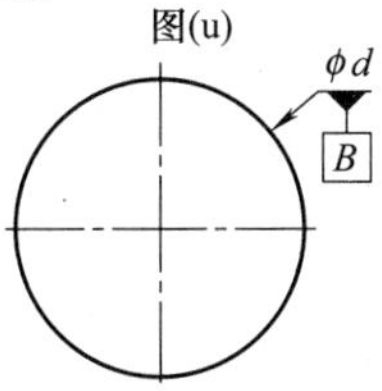图(v) 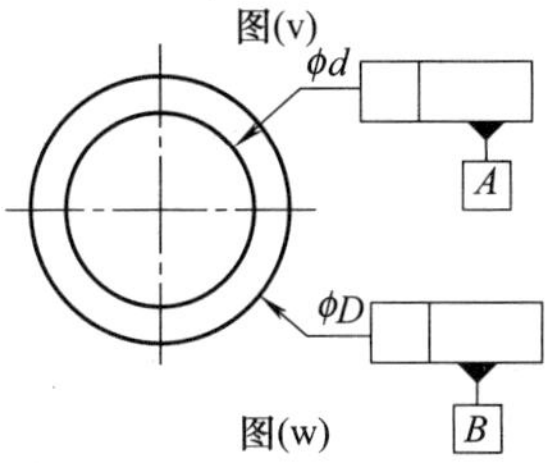图(w)	当基准是由标注尺寸要素确定的轴线、中心平面或中心点时，基准符号的三角形可以放置在该尺寸线的延长线上，见图(s) 如果没有足够的位置标注基准要素尺寸的两个箭头，那么其中一个箭头可用基准符号的三角形代替，见图(t) 基准符号的三角形也可以放置在几何公差框格上方，见图(u) 基准符号的三角形也可以放置在尺寸线的下方或几何公差框格下方，见图(v)、图(w)
8	由一个或多个基准目标建立的基准	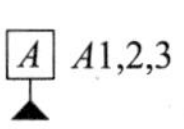 A A1,2,3	如果一个单一基准由属于一个表面的一个或多个基准目标建立，那么在标识该表面的基准要素标识符附近重复注写，并在其后面依次写出识别基准目标的序号，中间用逗号分开

续表

序号	规范类别	图例	规范要求的说明
9	基准由一个基准目标区域建立时	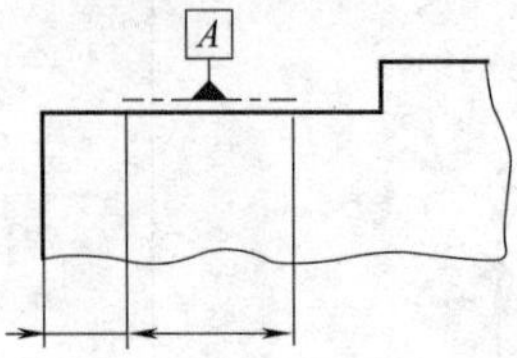 图(x) 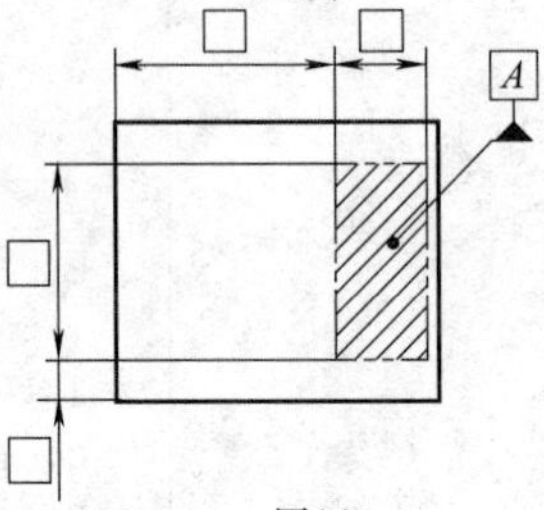 图(y) 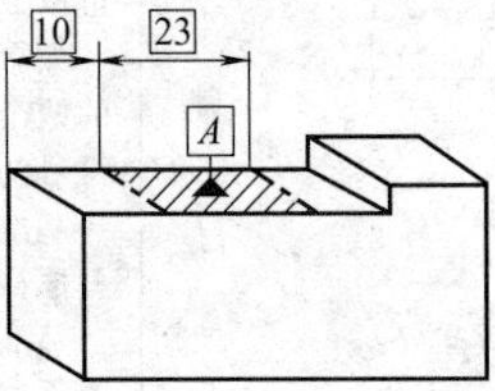 10 23 A 图(z)	如果只有一个基准目标，是以要素的某一局部建立基准，此时用粗点画线示出该部分并加注尺寸，见图（x）、图（y）。图（z）是 3D 标注示例
10	基准由[ACS]和[ALS]局部要素建立时	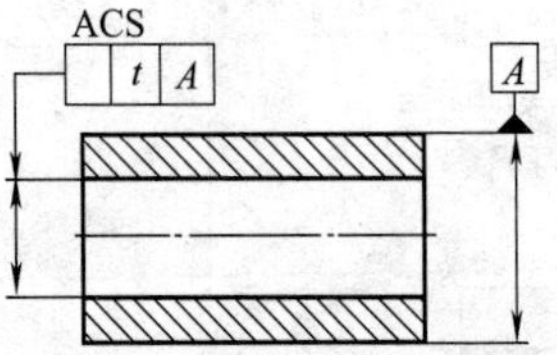 ACS t A 图(a′) ALS t A 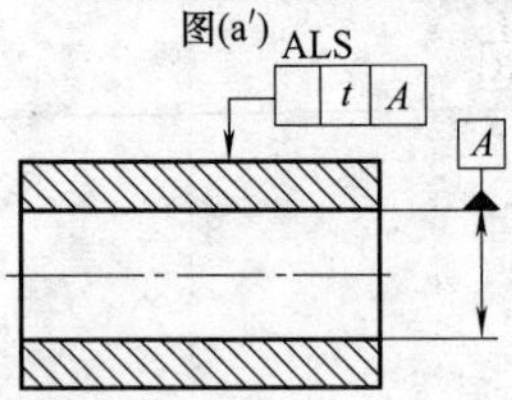 图(b′) 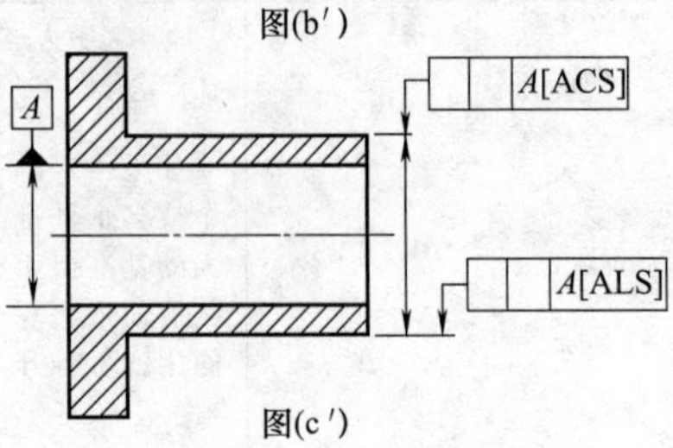 A[ACS] A[ALS] 图(c′)	如果以组成要素的任意横截面建立基准时，则在几何公差框格上方或在几何公差框格中的基准字母后面标注[ACS]，示例见图（a′）、图（c′）。当 ACS 标注在几何公差框格上方时，则表示被测要素和基准要素是在同一横截面上 如果以组成要素的任意纵截面建立基准时，则在几何公差框格上方或在几何公差框格中的基准字母后面标注[ALS]，示例见图（b′）、图（c′）。此时，基准要素是用来建立基准的实际组成要素与其正剖面之间的交集，基准要素和被测要素在同一纵截面方向上

续表

序号	规范类别	图例	规范要求的说明
11	拟合要素与公称基准要素属于不同的恒定类时	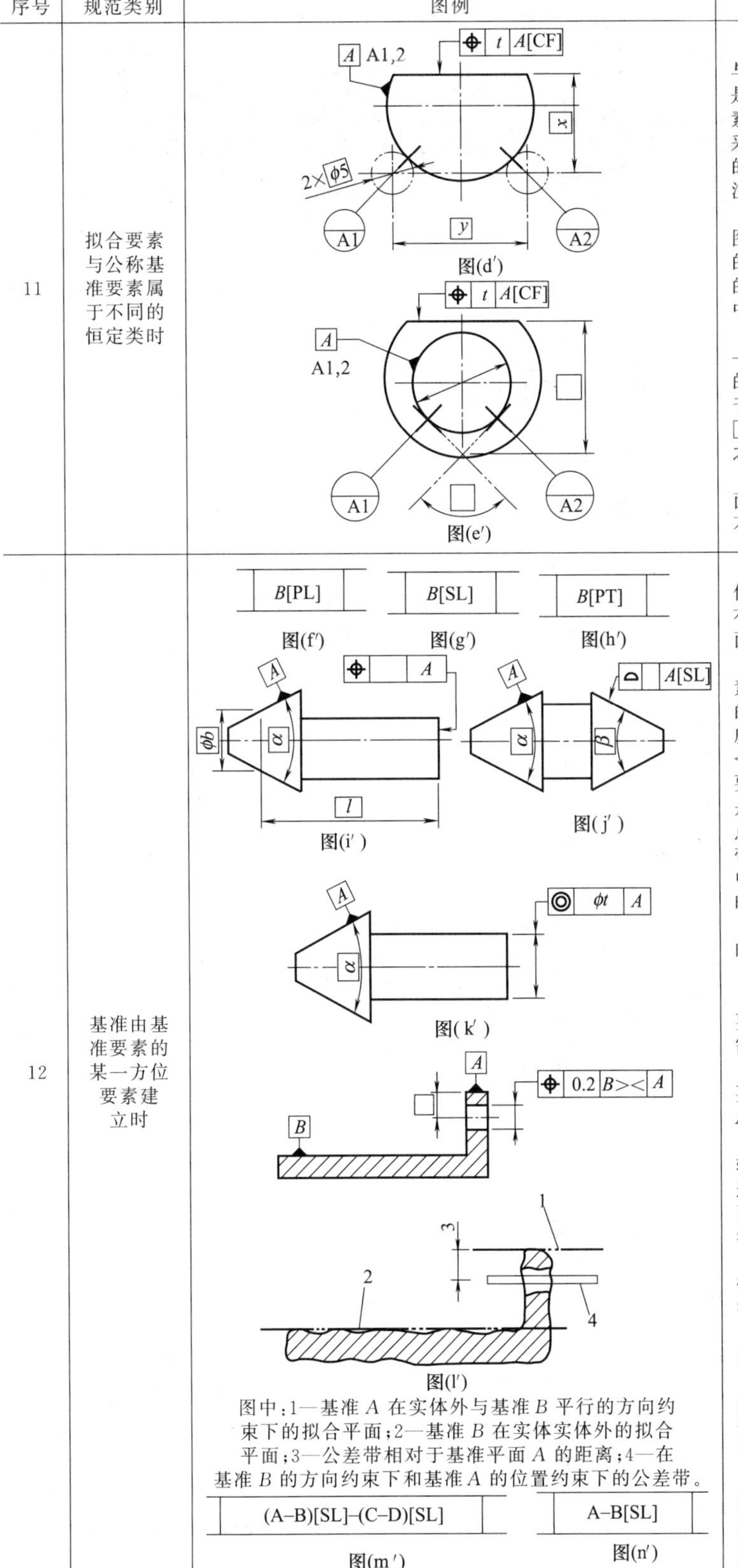 图(d′) 图(e′)	缺省情况下，用于建立基准的拟合要素与其公称表面一般属于相同的恒定类，但是如果用于建立基准的拟合要素与基准要素的公称要素属于不同的恒定类时，应该采用基准目标，且在图样中画出接触要素的位置，在几何公差框格中基准字母后面注写[CF]符号，见图(d′)、图(e′) 接触要素的尺寸应该是固定的，且应在图样上表示出来。当该尺寸不能隐含显示的时候，在图样上用一个与基准要素相连的长虚双画细线画出接触要素，见图(d′)中直径为$\phi5$的圆和图(e′)中夹角 修饰符[CF]意指用工件中基准要素的一部分来建立基准，工件和接触要素之间的接触位置不能完全正确的确定，它依赖于实际工件的尺寸和几何形状。修饰符[CF]允许在一个单一要素上的基准目标之间的尺寸是可变的 基准目标被用来表达接触要素和工件表面之间的公称接触时，基准目标可以省略不注，如图(e′)所示
12	基准由基准要素的某一方位要素建立时	B[PL]　B[SL]　B[PT] 图(f′)　图(g′)　图(h′) 图(i′)　图(j′) 图(k′) 图(l′) 图中：1—基准A在实体外与基准B平行的方向约束下的拟合平面；2—基准B在实体实体外的拟合平面；3—公差带相对于基准平面A的距离；4—在基准B的方向约束下和基准A的位置约束下的公差带。 (A–B)[SL]–(C–D)[SL]　A–B[SL] 图(m′)　图(n′)	如果要求单一基准或公共基准的所有方位要素全部用来限制几何特征公差带的所有可能的自由度时，不需要在基准字母后面附加[PL]、[SL]、[PT]、><等符号 除非从规范中可以明显看出所用的方位要素外，如果不要求应用单一基准或公共基准的所有方位要素和/或基准不限制位置时，均应在基准字母后面附加[PL]、[SL]、[PT]、><等符号。其中，符号[PL]表示需要的方位要素是平面；符号[SL]表示需要的方位要素是直线；符号[PT]表示需要的方位要素是点。符号><表示基准只限制被测要素公差带的方向而不限制其位置，在方向公差规范中(如垂直度、平行度、倾斜度)，符号><省略不标注 1)基准后面[PL]、[SL]、[PT]为单一基准时的标注方式如图(f′)、图(g′)、图(h′)所示。 示例： 图(i′)中，圆锥A的轴线和顶点两个方位要素均作为基准，此时在基准字母A后面不需要附加[PL]、[SL]、[PT]、><等符号。 图(j′)中，只用圆锥A的轴线这一方位要素作为基准要素，此时需要在基准字母A后面附加[SL]符号 图(k′)中，规范要求被测要素与基准同轴，可以明显地看出，基准只用圆锥的轴线这一方位要素即可，此时在基准字母A后面不需要附加[PL]、[SL]、[PT]、><等符号 图(l′)中，基准B只约束被测要素公差带的方向而不约束其位置，此时可在基准字母B后面附加><符号 2)基准为公共基准时的标注方式如图(m′)、图(n′)所示 当[PL]、[SL]、[PT]等修饰符应用于公共基准的所有元素时，表示公共基准的字母应写在括号中，如图(m′)中(A-B)和(C-D) 当[PL]、[SL]、[PT]等修饰符应用于公共基准的某一元素时，此时表示公共基准的字母不写在括号中，只将[PL]、[SL]、[PT]等修饰符放在所应用的那个基准要素字母后面，如图(n′)所示

续表

序号	规范类别	图例	规范要求的说明
13	公共基准的特殊标注	(A–B)[DV] (A–B)[DV][CF]	当组成公共基准的组合要素成员之间的距离可变化时，在公共基准后面加注[DV]符号，且表示公共基准的字母应写在括号中，如图示
14	基准采用最大实体要求或最小实体要求时	基准应用最大实体要求： ⌖ | φ0.04 | AⓂ 基准应用最小实体要求： ⌖ | φ0.5 | AⓁ	基准采用最大实体要求或最小实体要求时，修饰符Ⓜ或Ⓛ放在几何公差框格中基准字母的后面
15	基准由延伸要素建立时	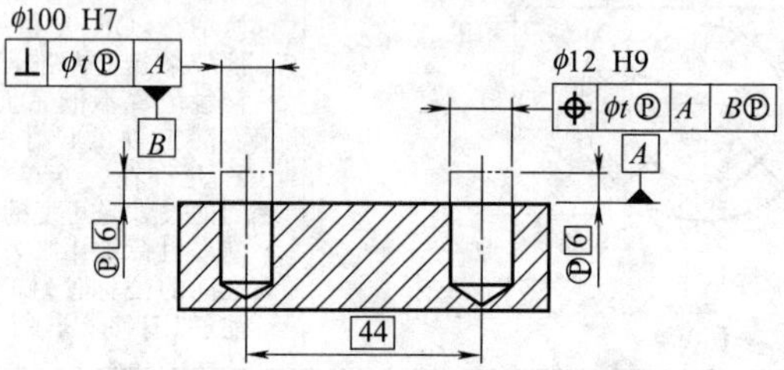 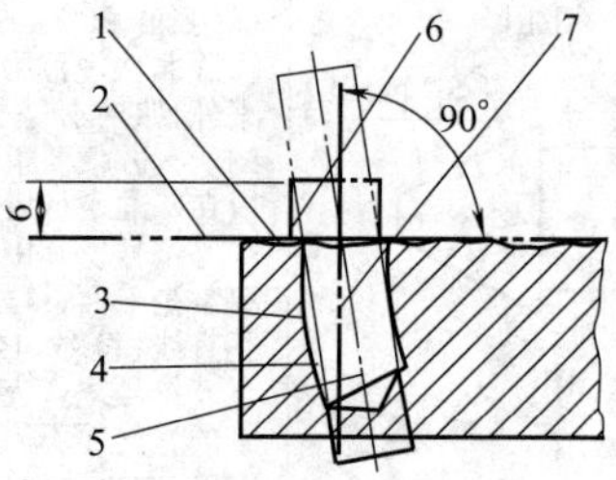 φ100 H7 ⊥ | φtⓅ | A; B; Ⓟ6; φ12 H9 ⌖ | φtⓅ | A | BⓅ; A; Ⓟ6; 44 图(o′) 1 2 3 4 5 6 7 90° 6 图(p′) 注 1—基准 A 的实际组成要素； 2—基准 A 的拟合组成要素； 3—圆柱表面的实际组成要素； 4—圆柱的拟合组成要素； 5—圆柱的拟合导出要素； 6—在与基准 A 的拟合组成要素垂直的约束下的圆柱一部分的拟合组成要素； 7—基准 B,6 的导出要素(作为第二基准)	基准要素为延伸要素时，修饰符Ⓟ注写在几何公差框格中基准字母的后面，见图(o′)。此时表明基准由一个尺寸要素建立，基准由在延伸长度上的实际要素采用一定的拟合方法得到的拟合要素的方位要素建立，而不是从实际组成要素本身建立，如图(p′)所示 应用修饰符Ⓟ时，应该把要素的延伸值直接标注在图样上或几何公差框格中Ⓟ的后面，延伸值是理论正确尺寸 注意：修饰符Ⓟ可以放在第二基准和第三基准后面，一般不放在第一基准后面
16	基准由螺纹中的要素建立时	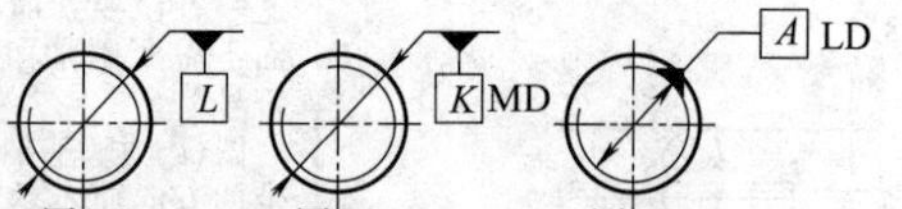 L; K MD; A LD 图(q′) 图(r′) 图(s′) 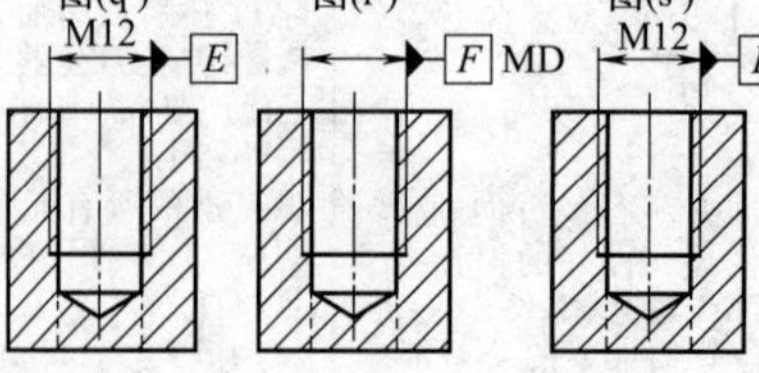 M12 E; F MD; M12 D LD 图(t′) 图(u′) 图(v′)	以螺纹上的要素建立基准时，用“MD”表示大径，用“LD”表示小径，用“PD”表示中径。如果图中无补充说明，基准缺省为从螺纹的中径圆柱中建立，符号[PD]可以省略不写，见图(q′)和图(t′)。当基准从螺纹的大径圆柱或小径圆柱中建立时，符号[MD]或[LD]要注写在基准字母旁边，见图(r′)、图(s′)、图(u′)、图(v′)

续表

序号	规范类别	图例	规范要求的说明
17	基准由齿轮中的要素建立时	图(w′) D 10× E 10× 图(x′)	以齿轮上的要素建立基准时，基准符号标注在所要求的要素位置上 图(w′)中的基准符号 A 表明基准由分度圆建立，相应的修饰符为“PD”；基准符号 B 表明基准由齿根圆建立，相应的修饰符为“LD”；基准符号 C 表明基准由齿顶圆建立，相应的修饰符为“MD” 图(x′)中的基准符号 D 表明基准由齿轮右轮廓建立；基准符号 E 表明基准由齿轮左轮廓建立

3.4.4 基准的拟合方法

对基准要素进行拟合操作以获取基准或基准体系的拟合要素时，该拟合要素要按一定的拟合方法与实际组成要素（或其滤波要素）相接触，且保证该拟合要素位于其实际组成要素的实体之外。可用的拟合方法有最小外接法、最大内切法、实体外约束的最小区域法、实体外约束的最小二乘法。除非图样上有专门规定，拟合方法一般缺省规定为：最小外接法（对于被包容面）、最大内切法、实体外约束的最小区域法；缺省规定也允许采用实体外约束的最小二乘法（对于包容面、被包容面、平面、曲面等），若有争议，则按一般缺省规定仲裁。

当用一个本质特征为线性的尺寸要素建立基准时，如果本质特征是可变的，则拟合要素与实际要素之间要相接触。如果本质特征是固定不变的，则拟合要素与实际要素之间不要求相接触。当用本质特征为角度的尺寸要素建立基准时，拟合要素与实际要素之间要求相接触。

表 3-3-37　　基准的拟合方法

序号	基准类别	拟合方法
1	单一基准	1）当一个单一基准由一个尺寸要素建立，且这个尺寸对于拟合来说是可变的（如圆柱、球、两平行平面或圆环），缺省的拟合准则见表 3-3-38 2）当一个单一基准由一个尺寸要素建立，且这个尺寸对于拟合来说是固定的（如一个圆锥体或楔块），缺省的拟合准则是基准要素和拟合要素之间的最大距离为最小（在这种特殊情况下，实体约束不应用在拟合要素和基准要素之间）。最小距离是拟合要素法向的距离 3）当从一个平面或一个复杂表面（不是尺寸要素），或从一个锥体或一个楔块（带有角度的尺寸要素）中建立单一基准时，缺省的拟合准则见表 3-3-39 4）当单一基准从一个圆锥形的表面建立时，拟合是多样的，那么缺省的拟合准则是基准要素与带外部实体约束和固定本质特征约束的拟合要素之间的最大距离为最小。
2	公共基准	公共基准的拟合方法是同时（在一个步骤中）对几个非理想表面进行拟合的理想单一表面的组合 公共基准的拟合过程包括不同拟合要素间的位置和方向约束。这些约束是由要素的组合重新定义的本质特征。这些约束要么明确地由理论正确尺寸定义，要么是隐含的约束（隐含的方向约束为0°、90°、180°、270°，隐含的位置约束为 0mm）。单一基准中表述的内部约束下的拟合对公共基准同样适用，但是应该添加拟合要素间的补充约束（如共面、同轴，等等） 缺省的拟合准则由约束和目标函数共同定义。约束对建立公共基准的每个拟合要素均适用：1）在其相应的滤波要素的实体外；2）当考虑其他修饰符时（如[DV]），考虑方向和位置约束来定义组合中公称要素之间的关系（以隐含或明确 TED 表示）。目标函数为各拟合要素和其滤波要素之间的最大距离同时为最小

续表

序号	基准类别	拟合方法
3	基准体系	基准体系的拟合方法是以一定顺序(需要几个步骤)对几个非理想表面拟合的理想单一表面(具有方向和/或位置约束)的集成 基准体系是由一定顺序的两个或三个基准构成的。这些基准(第一、第二、第三基准)可以是一个单一基准或者是一个公共基准。在基准体系中,对各个基准要素的拟合是按照基准体系中定义的顺序一个接一个的进行。其中:第一基准对第二基准有方向约束,且由第一和第二基准之间的理论正确相对方向确定。如果存在第三基准,那么第一基准对第三基准有方向约束,且由第一和第三基准之间的理论正确相对方向确定。第二基准对第三基准有方向约束,由第二和第三基准之间的理论正确相对方向确定 基准体系缺省拟合准则为: 1)如果第一基准是单一基准或者公共基准而没有附加约束时,对第一基准的缺省拟合准则分别是单一基准或公共基准的缺省拟合准则 2)如果第二基准是单一基准或者公共基准,且有来自第一基准的附加方向约束(由理论正确角度明确地确定或者由角度0°、90°、180°或270°隐含确定)时,第二基准的缺省拟合准则分别是单一基准或公共基准的缺省拟合准则 3)如果第三基准是单一基准或者公共基准,且有来自第一基准和第二基准的附加方向约束(由理论正确角度明确地确定或者由角度0°、90°、180°或270°隐含确定)时,第三基准的缺省拟合准则分别是单一基准或公共基准的缺省拟合准则

表 3-3-38 **具有可变本质特征的尺寸要素的缺省拟合准则**

基准要素的类型	内部/外部	缺省的拟合准则		方位要素
		目标函数	实体约束	
球	内部	最大内切:基准要素的最大内切球的最大直径	在实体外	拟合球的中心(球心)
	外部	最小外接:基准要素的最小外接球的最小直径		
圆柱	内部	最大内切:基准要素的最大内切圆柱的最大直径	在实体外	拟合圆柱的轴线(直线)
	外部	最小外接:基准要素的最小外接圆柱的最小直径		
两平行平面	内部	最大内切:同时对两基准要素进行拟合的两平行平面间的最大距离	在实体外	两拟合平面的中心平面(平面)
	外部	最小外接:同时对两基准要素进行拟合的两平行平面间的最小距离		
环	内部	最大内切:基准要素的最大内切环横截面的最大直径(圆环在内部接触面上具有直径可变的准线和直径固定的中心线)	在实体外	平面和拟合圆环的中心(平面和点)
	外部	最小外接:基准要素的最小外接环横截面的最小直径(圆环在外部接触面上具有直径可变的准线和直径固定的中心线)		

表 3-3-39 **非尺寸要素和具有固定本质特征的尺寸要素的缺省拟合准则**

基准要素的类型	内部/外部	缺省的拟合准则		方位要素
		目标函数	实体约束	
圆锥	内部	最小区域(切比雪夫):带有固定本质特征(固定角度)约束的拟合圆锥和基准要素之间的最大距离为最小	在实体外	拟合圆锥的方位要素(直线和点)
	外部			
楔形	内部	最小区域(切比雪夫):带有固定本质特征(固定角度)约束的拟合楔形和基准要素之间的最大距离为最小	在实体外	拟合楔形的方位要素(平面和直线)
	外部			
复杂表面	不分内外部	最小区域(切比雪夫):带有固定参数约束的拟合复杂表面与基准要素之间的最大距离为最小	在实体外	拟合复杂表面的方位要素(平面,直线和点)
平面	不分内外部	最小区域(切比雪夫):拟合平面与基准要素之间的最大距离为最小	在实体外	拟合平面(平面)

3.4.5　基准和基准体系的建立

表 3-3-40　单一基准的建立示例

基准要素的类型	图样规范	基准的建立
球面	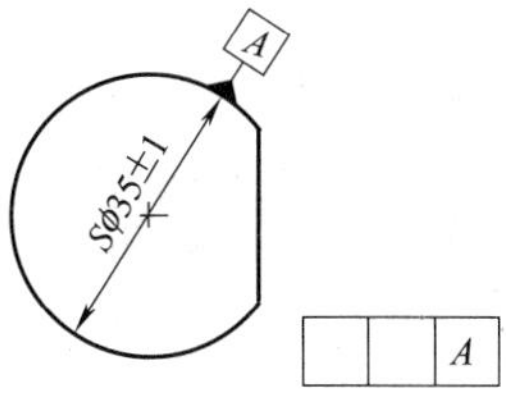	 图(a) 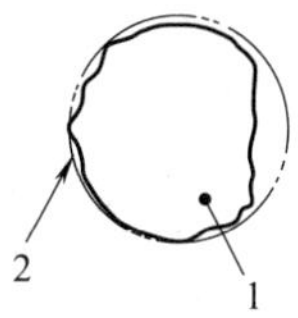　图(b) 　图(c) 图中： 1—球面经分离、提取后得到的实际组成要素，见图(a)； 2—在实体外约束下采用最小外接球法对1进行拟合，得到的拟合球面，见图(b)； 3—基准，由拟合球面的方位要素建立。拟合球面的恒定类为球面类，其方位要素为其球心，见图(c)
圆柱面	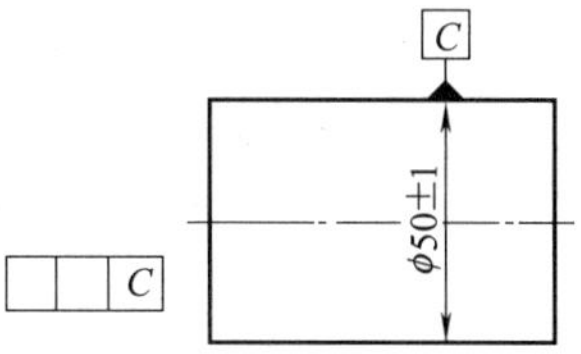	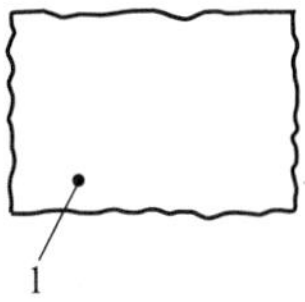 图(d) 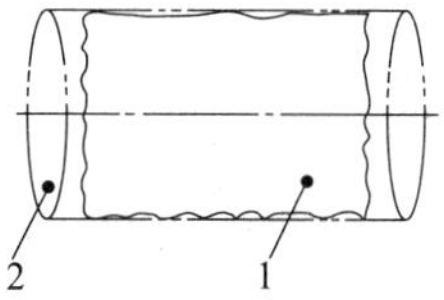　图(e) 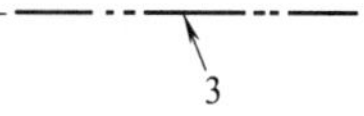　图(f) 图中： 1—圆柱面经分离、提取后得到的实际组成要素，见图(d)； 2—在实体外约束下采用最小外接圆柱法对1进行拟合，得到的拟合圆柱面，见图(e)； 3—基准，由拟合圆柱面的方位要素建立。拟合圆柱面的恒定类为圆柱面类，其方位要素为其轴线，见图(f)
圆锥	应用圆锥的所有方位要素： 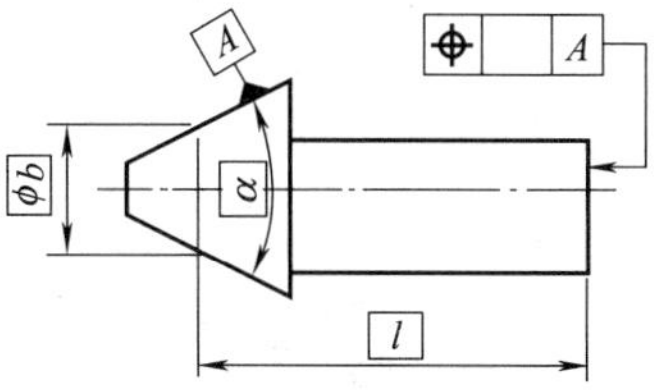	 图(g) 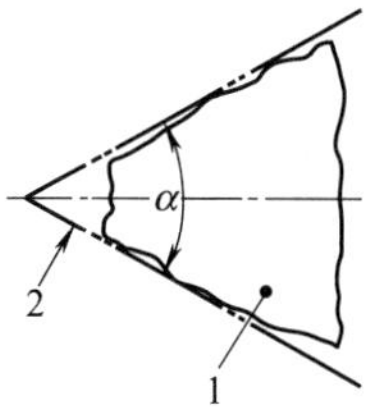　图(h) 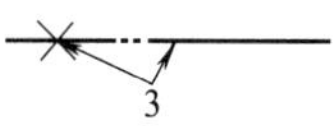　图(i) 图中： 1—圆锥面 A 经分离、提取后得到的实际组成要素，见图(g)； 2—在实体外约束下采用角度为 α 的最小外接圆锥对1进行拟合，得到的拟合圆锥面，见图(h)； 3—基准，由拟合圆锥的方位要素建立。拟合圆锥面的恒定类为回转面类，其方位要素为圆锥的轴线和顶点，见图(i)

续表

基准要素的类型	图样规范	基准的建立
圆锥	仅用圆锥的其中一个方位要素： 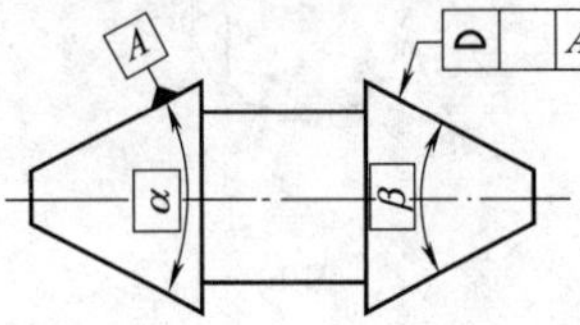	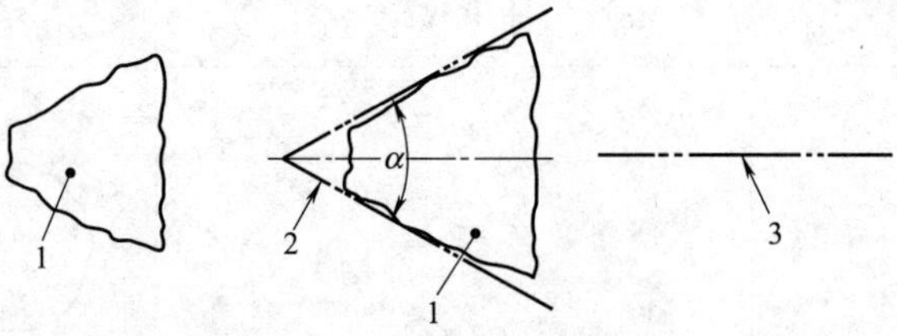 图(j)　图(k)　图(l) 图中： 1—圆锥面 A 经分离、提取后得到的实际组成要素，见图(j)； 2—在实体外约束下采用角度 α 的最小外接圆锥对1进行拟合，得到的拟合圆锥面，见图(k)； 3—基准，仅用拟合圆锥面的直线方位要素建立。拟合圆锥面的恒定类为回转面类，其方位要素为圆锥的轴线和顶点，但是图中注有修饰符[SL]，注明仅用圆锥的轴线这一方位要素建立基准，见图(l)
圆锥	规范可以明显确定的方位要素： 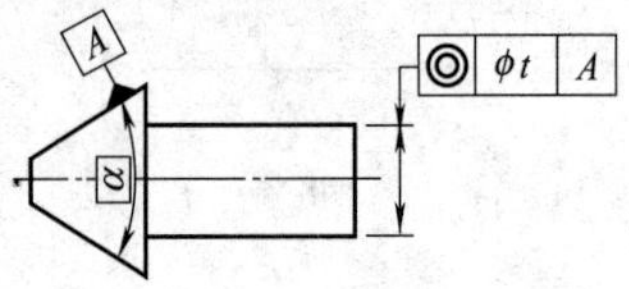	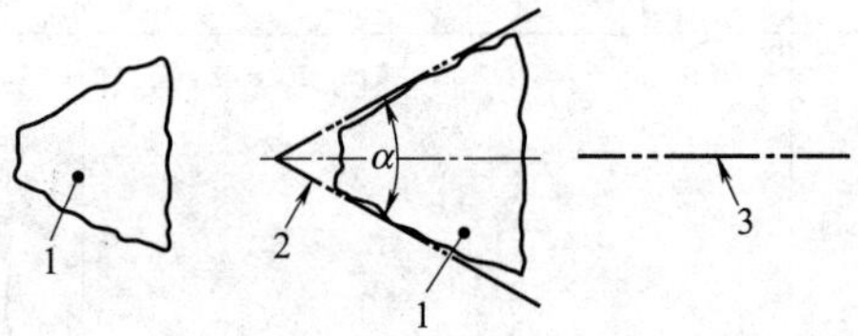 图(m)　图(n)　图(o) 图中： 1—圆锥面 A 经分离、提取后得到的实际组成要素，见图(m)； 2—在实体外约束下采用角度为 α 的最小外接圆锥对1进行拟合，得到的拟合圆锥面，见图(n)； 3—基准，仅由拟合圆锥面的直线方位要素建立。拟合圆锥面的恒定类为回转面类，其方位要素为圆锥的轴线和顶点，但是本图例中，顶点对被测要素公差带的位置无影响，因此仅用圆锥的轴线这一方位要素建立基准，见图(o)
平面	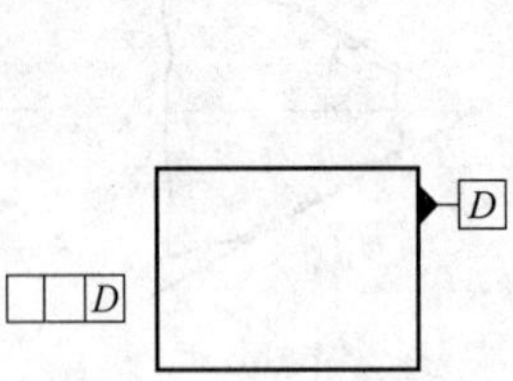	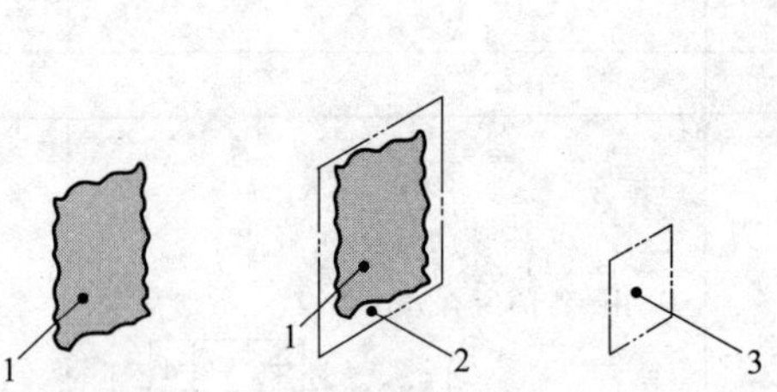 图(p)　图(q)　图(r) 图中： 1—平面 D 经分离、提取后得到的实际组成要素，见图(p)； 2—在实体外约束下采用最小区域法对1进行拟合，得到的拟合平面，见图(q)； 3—基准，由拟合平面的方位要素建立。拟合平面的恒定类为平面类，其方位要素为平面本身，见图(r)

续表

基准要素的类型	图样规范	基准的建立
曲面	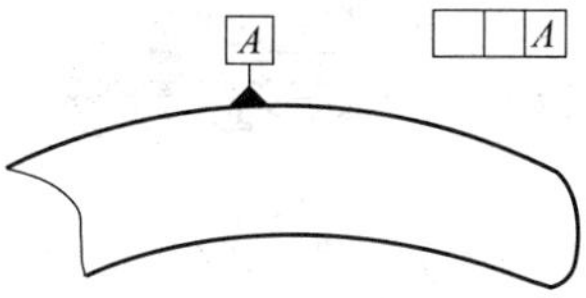A	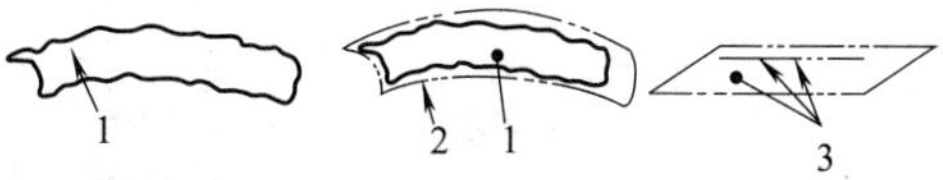1 2 1 3图(s)　图(t)　图(u) 图中： 1—曲面经分离、提取后得到的实际组成要素，见图(s)； 2—在实体外约束下采用最小区域法对 1 进行拟合，得到的拟合曲面，见图(t)； 3—基准，由拟合曲面的方位要素建立。拟合曲面的恒定类为复合面类，其方位要素为一个平面、一条直线和一个点，见图(u)
相交平面	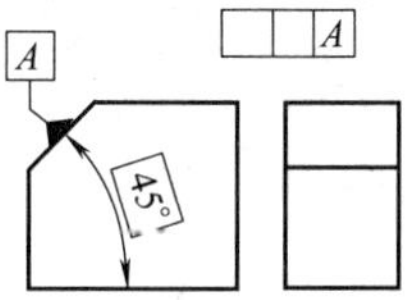A 45°	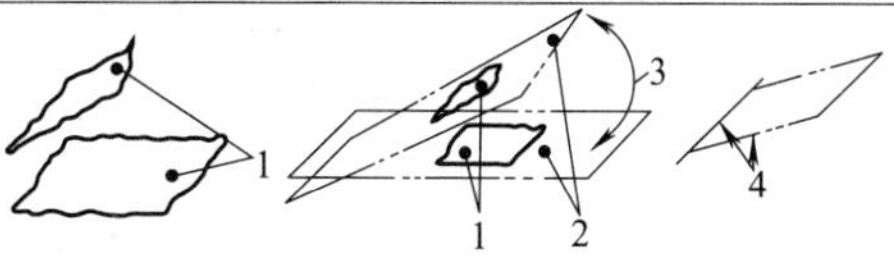1 3 1 2 4图(v)　图(w)　图(x) 图中： 1—两个表面经分离、提取和组合后组成的具有一定夹角的实际组成要素，见图(v)； 2—在实体外约束下，分别采用最小区域法对组合的两实际组成要素 1 在夹角为 45°的约束下同时进行拟合，得到的两个拟合平面，见图(w)； 3—方向约束(45°夹角)； 4—基准，由组合的两拟合平面的方位要素建立。组合的两拟合平面的恒定类为棱柱面类，其方位要素为两拟合平面的角平分面和交线，见图(x)
两相对平行平面	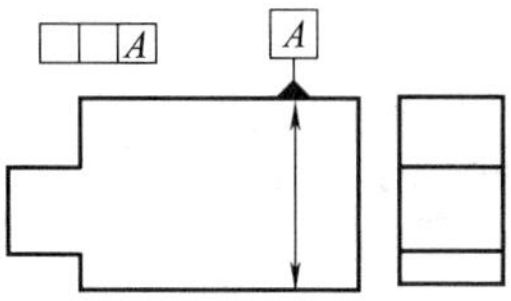A	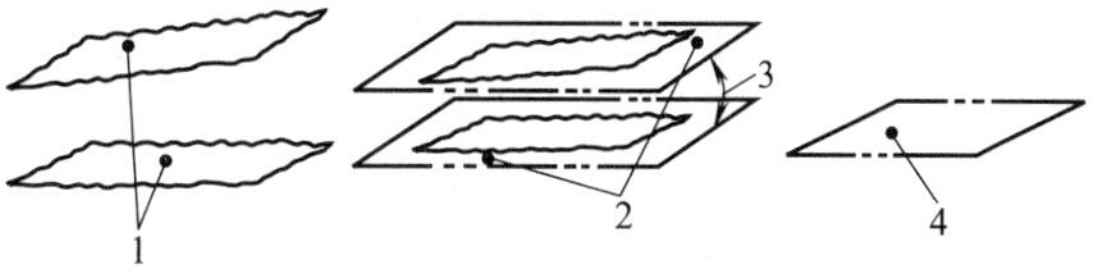1 3 2 4图(y)　图(z)　图(a′) 图中： 1—两个表面经分离、提取和组合后组成的实际组成要素，见图(y)； 2—在实体外约束下，分别采用最小区域法对组合的两实际组成要素 1 在相互平行的约束下同时进行拟合，得到的两个拟合平面，见图(z)； 3—方向约束(平行)； 4—基准，由组合的两拟合平面的方位要素建立。组合的两拟合平面的恒定类为平面类，其方位要素为两拟合平面的中面，见图(a′)
基准目标	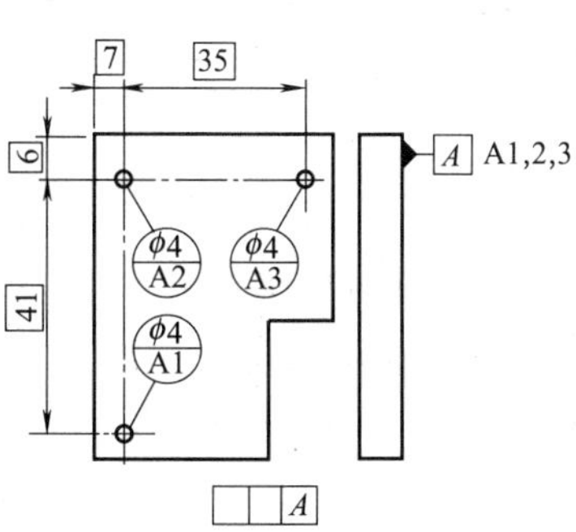7 35 6 41 A A1,2,3 ϕ4 A2 ϕ4 A3 ϕ4 A1 A	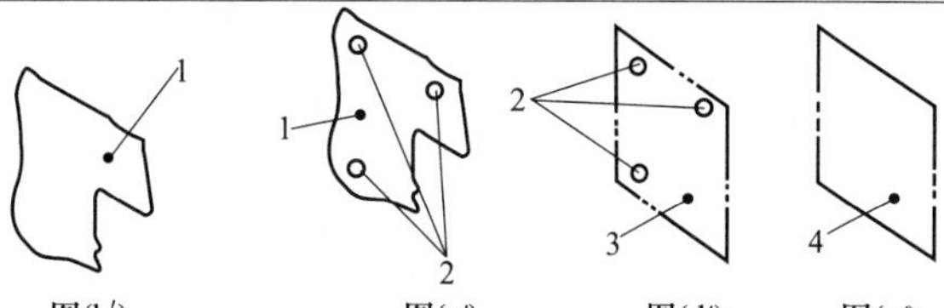1 1 2 2 3 4图(b′)　图(c′)　图(d′)　图(e′) 图中： 1—基准表面 *A* 的实际组成要素，见图(b′)； 2—采用分离、提取等操作从实际组成要素 1 中获得的基准目标区域，基准目标区域的大小和其在基准要素中的位置由理论正确尺寸确定，见图(c′)； 3—将提取出的基准目标区域进行组合，然后在实体外约束下，采用最小区域法对组合的基准目标区域进行拟合，得到 1 的拟合平面，见图(d′)； 4—基准，由拟合平面的方位要素(拟合平面本身)建立，见图(e′)

注：单一基准由一个基准要素建立，该基准要素从一个单一表面或一个尺寸要素中获得。

第3篇

表 3-3-41 公共基准的建立示例

基准要素的类型	图样规范	基准的建立
两个共面的平面	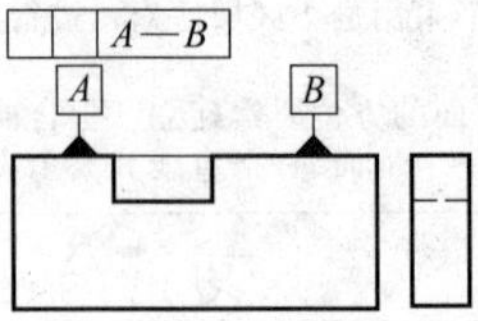	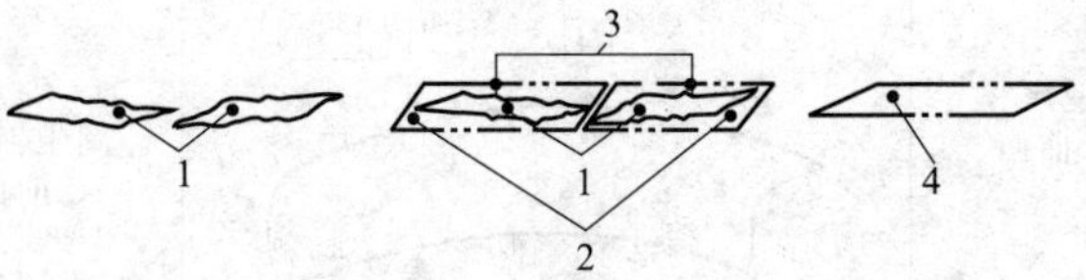 图(a) 图(b) 图(c) 图中： 1—两个表面经分离、提取和组合后的实际组成要素，见图(a)； 2—在实体外约束下，分别采用最小区域法对组合的两实际组成要素1在共面约束下同时进行拟合，得到的两个拟合平面，见图(b)； 3—两个拟合平面之间的方向和位置约束：共面约束； 4—基准，由组合的两个拟合平面的方位要素(公共平面)建立，见图(c)
两个同轴的圆柱面	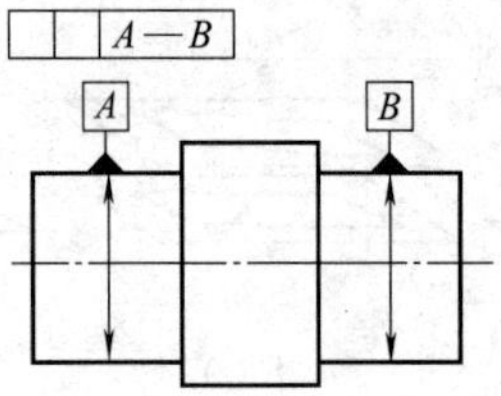	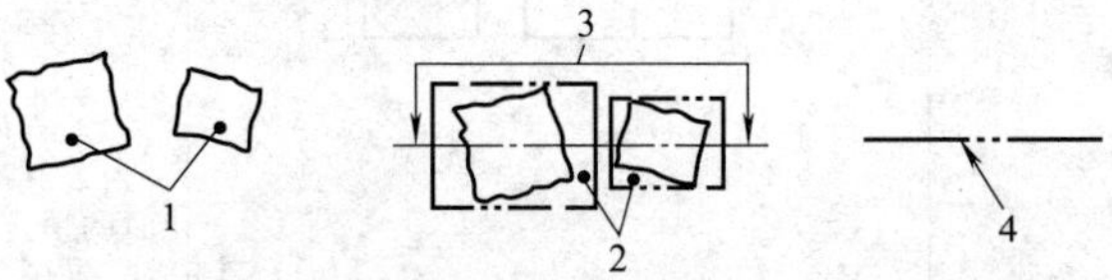 图(d) 图(e) 图(f) 图中： 1—两个圆柱面经分离、提取和组合后的实际组成要素，见图(d)； 2—在实体外约束下，分别采用最小外接圆柱法对组合的两实际组成要素1在同轴约束下同时进行拟合，得到的两个拟合圆柱面，见图(e)； 3—两个拟合圆柱面之间的方向约束(平行)和位置约束(同轴)； 4—基准，由组合的两拟合圆柱面的方位要素建立。组合的两拟合圆柱面的恒定类为圆柱面类，其方位要素为两圆柱面的公共轴线，见图(f)
相互垂直的平面和圆柱面	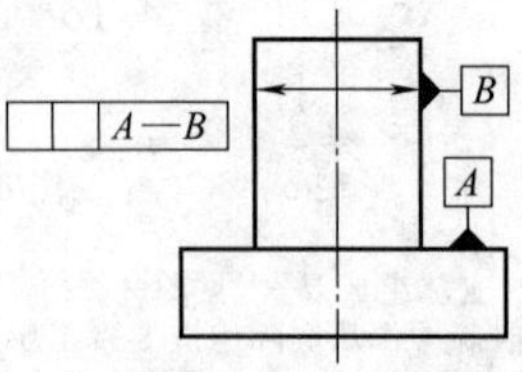	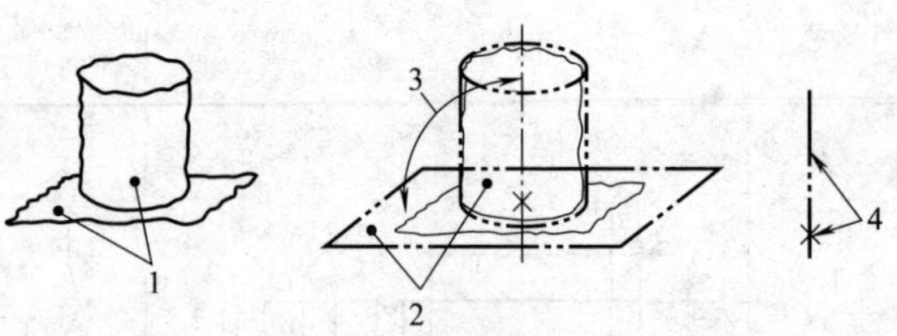 图(g) 图(h) 图(i) 图中： 1—两个表面经分离、提取和组合后的实际组成要素，见图(g)； 2—在实体外约束下，分别采用最小区域法和最小外接圆柱法对组合的两实际组成要素1在垂直约束下同时进行拟合，得到的一个具有可变直径的拟合圆柱和一个拟合平面，见图(h)； 3—拟合圆柱和拟合平面之间的方向约束(垂直)； 4—基准，由组合的拟合圆柱面和拟合平面的方位要素建立。组合的拟合圆柱面和拟合平面的恒定类为回转面类，其方位要素为圆柱的轴线和平面与轴线的交点，见图(i)

续表

基准要素的类型	图样规范	基准的建立
两平行圆柱面	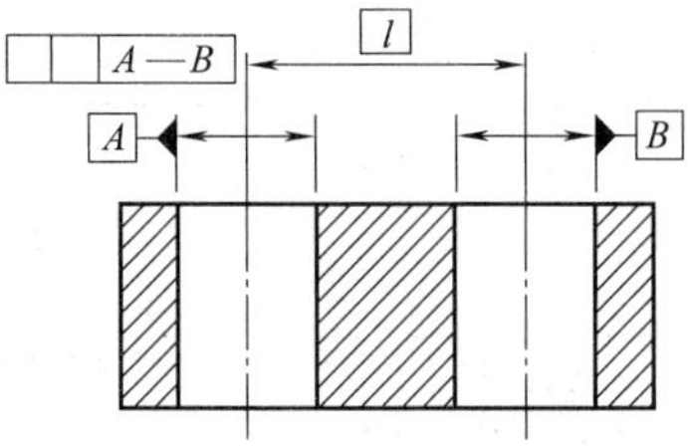 A—B　l　A　B	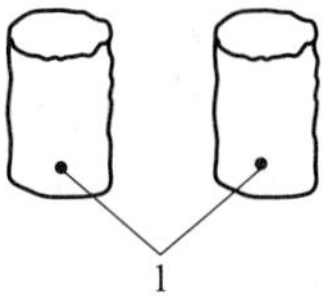 1　2　3　4 图(j) 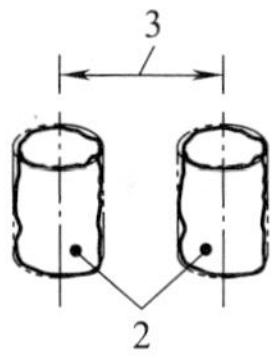　图(k) 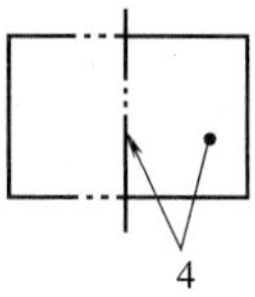　图(l) 图中： 1—两个内圆柱面经分离、提取和组合后的实际组成要素，见图(j)； 2—在实体外约束下，分别采用最大内切圆柱法对组合的两实际组成要素1在相互平行的方向约束下和距离为l的位置约束下同时进行拟合，得到的两个拟合圆柱面，见图(k)； 3—两拟合圆柱面之间的方向(平行)约束和位置约束(距离为尺寸l)； 4—基准，由组合的两拟合圆柱面之间的方位要素建立。组合的两拟合圆柱面的恒定类为棱柱面类，其方位要素为包含两拟合圆柱轴线的平面和两轴线的中线，见图(l)
五个圆柱面	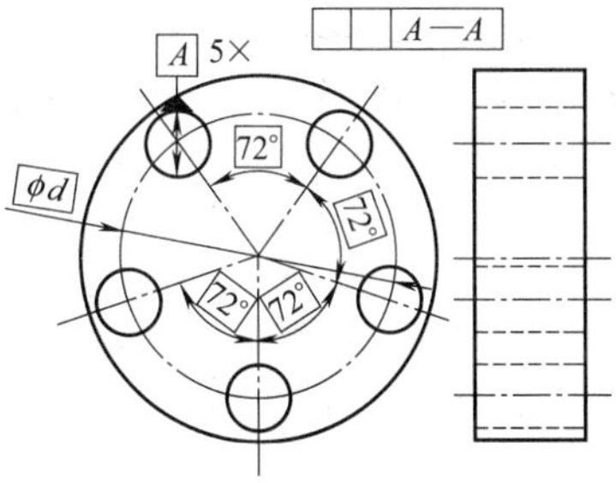 A　5×　A—A　φd　72°　72°　72°　72°	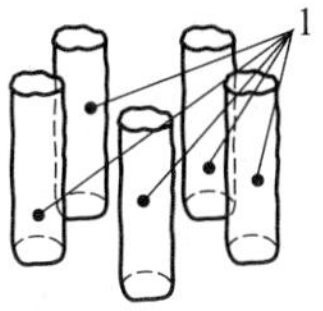 1　2　3 图(m) 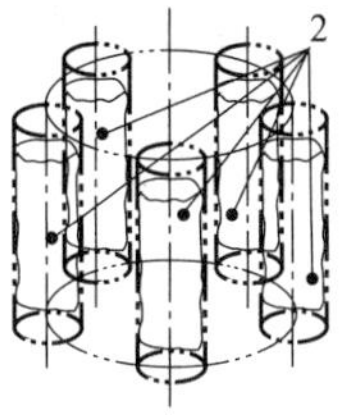　图(n) 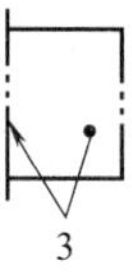　图(o) 图中： 1—五个圆柱面经分离、提取和组合后的实际组成要素，见图(m)； 2—在实体外约束下，分别采用最大内切圆柱法对组合的五个实际组成要素1在相互平行的方向约束下和轴线位于直径尺寸d的圆周上且相互之间的夹角为72°的位置约束下同时进行拟合，得到的五个拟合圆柱面，见图(n)； 3—基准，由组合的五个拟合圆柱面之间的方位要素建立。组合的五个拟合圆柱面的恒定类为棱柱面类，其方位要素有两个：一个是五个拟合圆柱面轴线的中线、另一个是包含该中线和一个拟合圆柱面轴线的平面，见图(o)
两平行平面	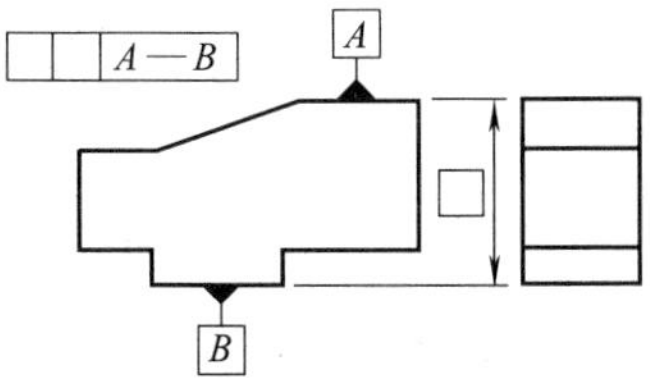 A—B　A　B	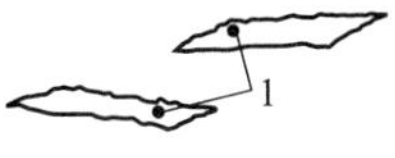 1　2　3　4 图(p) 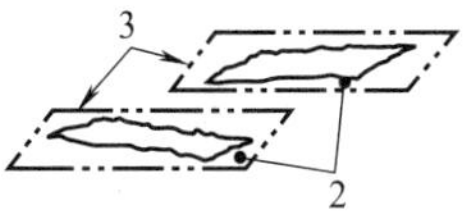　图(q) 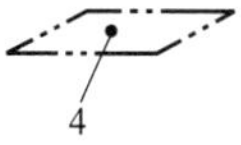　图(r) 图中： 1—两个表面经分离、提取和组合后的实际组成要素，见图(p)； 2—在实体外约束下，分别采用最小区域法对组合的两实际组成要素1在相互平行的方向约束下和距离由TED定义的位置约束下同时进行拟合，得到的两个拟合平面，见图(q)； 3—两拟合平面之间的方向约束(平行)和位置约束(由TED定义的距离)； 4—基准，由组合的两拟合平面之间的方位要素建立。组合的两拟合平面的恒定类为平面类，其方位要素为两拟合平面的中面，见图(r)

注：公共基准由两个或两个以上同时考虑的基准要素建立。

表 3-3-42　　基准体系的建立示例

基准要素的类型	图样规范	基准的建立
三个相互垂直的平面	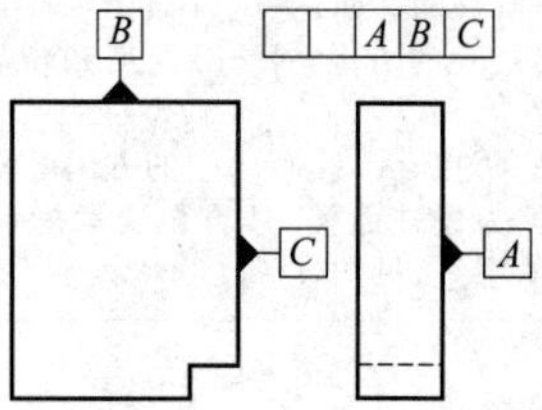 B　A B C　C　A	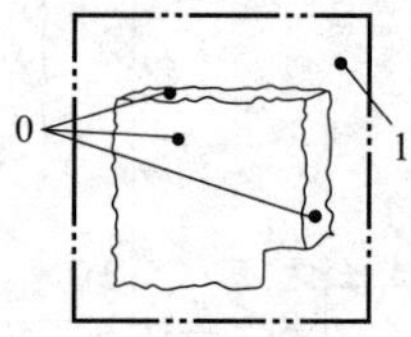 图(a) 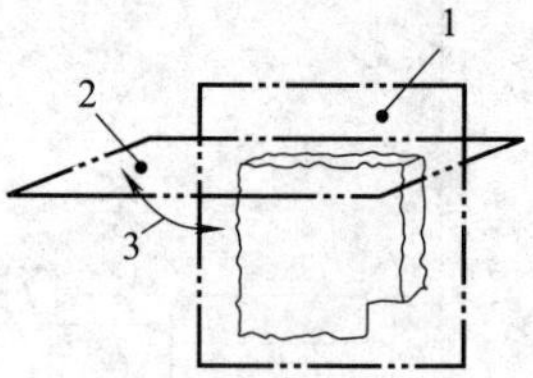　图(b) 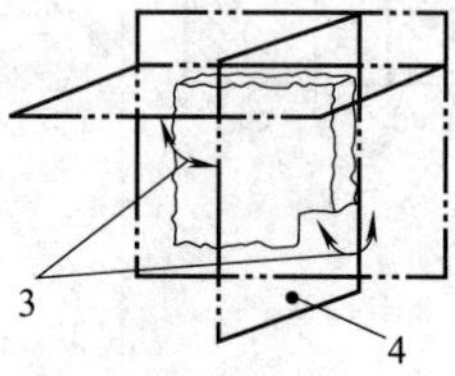 图(c) 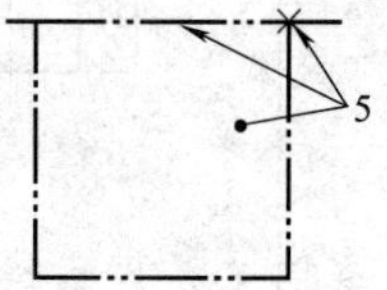　图(d) 图中： 0—经分离、提取和组合后的实际组成要素，见图(a)； 1—在实体外约束下，采用最小区域法对第一基准要素 *A* 进行拟合得到的拟合平面，见图(a)； 2—在实体外约束下且与拟合平面 1 垂直的约束下，采用最小区域法对第二基准要素 *B* 进行拟合得到的拟合平面，见图(b)； 3—拟合平面之间的方向约束(垂直)； 4—在实体外约束下且与拟合平面 1 和拟合平面 2 同时垂直的约束下，采用最小区域法对第三基准要素 *C* 进行拟合得到的拟合平面，见图(c)； 5—基准体系，由三个拟合平面的方位要素建立。组合的三个拟合平面的恒定类为复合面类，其方位要素为一个平面(对应于第一基准)、一条直线(第二基准和第一基准的交线)和一个点(第三基准与第二基准和第一基准的交线形成的交点)，见图(d)
相互垂直的平面和圆柱面	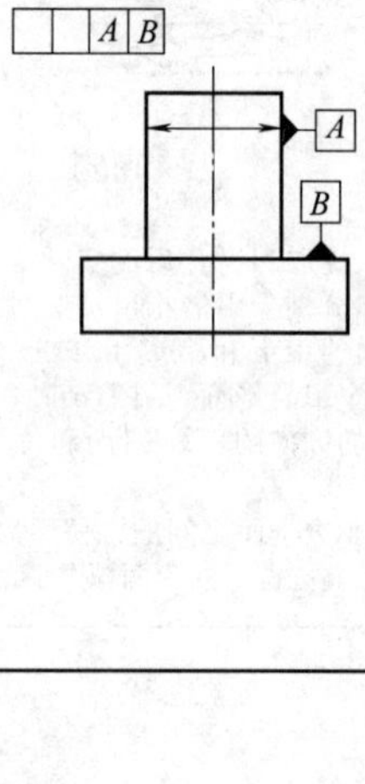 A B　A　B	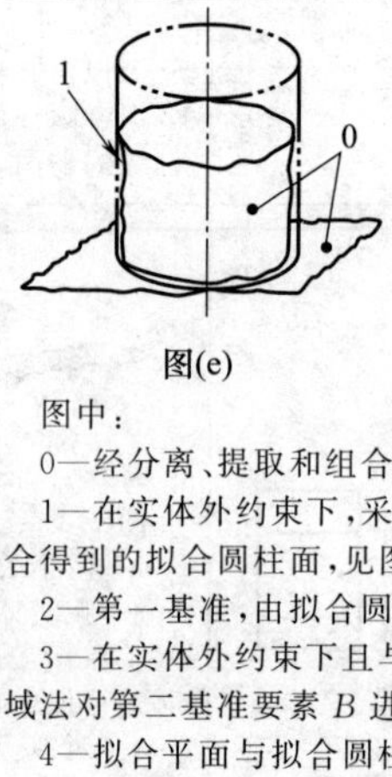 图(e) 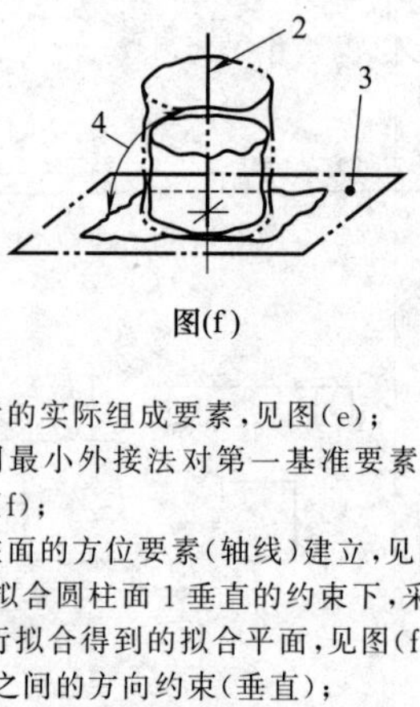　图(f) 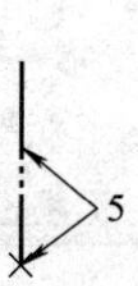　图(g) 图中： 0—经分离、提取和组合后的实际组成要素，见图(e)； 1—在实体外约束下，采用最小外接法对第一基准要素 *A* 进行拟合得到的拟合圆柱面，见图(f)； 2—第一基准，由拟合圆柱面的方位要素(轴线)建立，见图(f)； 3—在实体外约束下且与拟合圆柱面 1 垂直的约束下，采用最小区域法对第二基准要素 *B* 进行拟合得到的拟合平面，见图(f)； 4—拟合平面与拟合圆柱之间的方向约束(垂直)； 5—基准体系，由拟合圆柱面和拟合平面的方位要素建立。相互垂直的拟合圆柱和拟合平面的恒定类为回转面类，其方位要素为一条直线(对应于第一基准)和一个点(第二基准和第一基准的交交点)，见图(g)

续表

基准要素的类型	图样规范	基准的建立
一个平面和两个平行的圆柱轴线	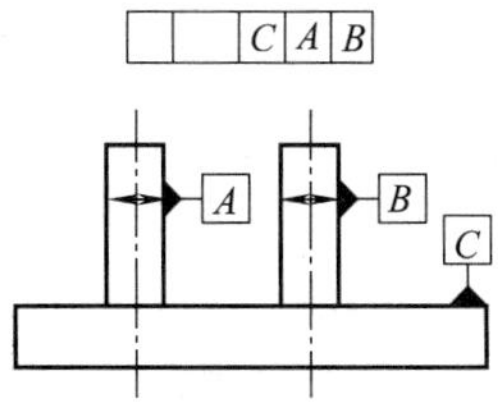	 图(h) 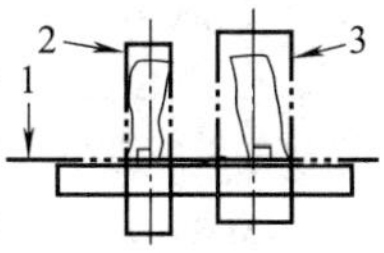 图(i) 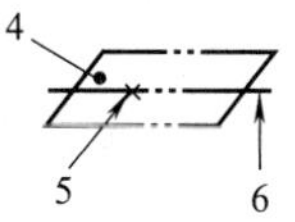 图(j) 图中： 0—经分离、提取和组合后的实际组成要素，见图(h)； 1—在实体外约束下，采用最小区域法对第一基准要素 C 进行拟合得到的拟合平面(图示中用直线表示)，见图(i)； 2—第二基准，是在实体外约束下且与拟合平面1垂直的约束下，采用最小外接圆柱法对第二基准要素 A 进行拟合得到的拟合圆柱面，见图(i)； 3—第三基准，是在实体外约束下且同时与拟合平面1垂直、与拟合圆柱面2平行的约束下，采用最小外接圆柱法对第三基准要素 C 进行拟合得到的拟合圆柱面，见图(i)； 4、5和6组成了基准体系，是由组合的三个拟合面的方位要素建立。组合的三个拟合面的恒定类为复合面类，其方位要素为一个平面(对应于第一基准)、一个点(第二基准的轴线与第一基准垂直相交的点)和一条直线(包括第三基准的轴线和第二基准的轴线的平面与第一基准的交线)，见图(j)

注：基准体系由两个或三个单一基准或公共基准按一定顺序排列建立，该顺序由几何规范所定义。

3.5 几何公差与尺寸公差的关系

根据零件功能的要求，尺寸公差与几何公差的关系可以是相对独立无关，也可以是互相影响、单向补偿或互相补偿，即尺寸公差与几何公差相关。为了保证设计要求，正确判断不同要求时零件的合格性，必须明确尺寸公差与几何公差的内在联系。公差原则即是规范和确定尺寸（线性尺寸和角度尺寸）公差和几何公差之间相互关系的原则。

3.5.1 术语定义

公差原则相关的术语定义见表3-3-43。

表3-3-43 术语定义

序号	术语	定义
1	尺寸要素 线性尺寸要素 角度尺寸要素	由一定大小的线性尺寸或角度尺寸确定的几何形状。亦即，尺寸要素是拥有一个或多个本质特征的几何要素，其中只有一个可作为变量参数，其余的则是“单一参数族”的一部分，且服从此参数的单一约束属性。例如：一个圆柱孔或轴是一个线性尺寸要素，其线性尺寸为它的直径。两个相对平行的表面是一个线性尺寸要素。其线性尺寸为这两个平行平面间的距离。一个圆锥面是一个角度尺寸要素
2	导出要素	由一个或几个组成要素得到的中心点、中心线或中心面。例如：球心是由球面得到的导出要素，该球面为组成要素。圆柱的中心线是由圆柱面得到的导出要素，该圆柱面为组成要素
3	组成要素	工件实际表面上或表面模型上的几何要素
4	最大实体状态（maximum material condition，MMC）	当尺寸要素的提取组成要素的局部尺寸处处位于极限尺寸且使其具有材料量为最多时的状态
5	最大实体尺寸（maximum material size，MMS）	确定要素最大实体状态的尺寸。即外尺寸要素的上极限尺寸，内尺寸要素的下极限尺寸
6	最小实体状态（least material condition，LMC）	当尺寸要素的提取组成要素的局部尺寸处处位于极限尺寸且使其具有材料量为最少时的状态
7	最小实体尺寸（least material size，LMS）	确定要素最小实体状态的尺寸。即外尺寸要素的下极限尺寸，内尺寸要素的上极限尺寸

续表

序号	术语	定义
8	最大实体实效尺寸(maximum material virtual size,MMVS)	尺寸要素的最大实体尺寸与其导出要素的几何公差(形状、方向或位置)共同作用产生的尺寸。对于外尺寸要素,MMVS=MMS+几何公差;对于内尺寸要素,MMVS=MMS-几何公差
9	最大实体实效状态(maximum material virtual condition,MMVC)	拟合要素的尺寸为其最大实体实效尺寸(MMVS)时的状态
10	最小实体实效尺寸(least material virtual size,LMVS)	尺寸要素的最小实体尺寸与其导出要素的几何公差(形状、方向或位置)共同作用产生的尺寸。对于外尺寸要素,LMVS=LMS-几何公差;对于内尺寸要素,LMVS=LMS+几何公差
11	最小实体实效状态(least material virtual condition,LMVC)	拟合要素的尺寸为其最小实体实效尺寸(LMVS)时的状态
12	最大实体边界(maximum material boundary,MMB)	最大实体状态的理想形状的极限包容面
13	最小实体边界(least material boundary,LMB)	最小实体状态的理想形状的极限包容面
14	最大实体实效边界(maximum material virtual boundary,MMVB)	最大实体实效状态的理想形状的极限包容面
15	最小实体实效边界(least material virtual boundary,LMVB)	最小实体实效状态的理想形状的极限包容面
16	包容要求(envelope requirement)	尺寸要素的非理想要素不得违反其最大实体边界(MMB)的一种尺寸要素要求
17	最大实体要求(maximum material requirement,MMR)	尺寸要素的非理想要素不得违反其最大实体实效状态(MMVC)的一种尺寸要素要求,也即尺寸要素的非理想要素不得超越其最大实体实效边界(MMVB)的一种尺寸要素要求
18	最小实体要求(least material requirement,LMR)	尺寸要素的非理想要素不得违反其最小实体实效状态(LMVC)的一种尺寸要素要求,也即尺寸要素的非理想要素不得超越其最小实体实效边界(LMVB)的一种尺寸要素要求
19	可逆要求(reciprocity requirement,RPR)	最大实体要求(MMR)或最小实体要求(LMR)的附加要求,表示尺寸公差可以在实际几何误差小于几何公差的差值范围内增大

3.5.2 独立原则

独立原则是尺寸公差和几何公差相互关系遵循的基本原则,对于一个要素或要素间关系的每一个GPS规范(尺寸和几何公差要求等)均是独立的,应分别满足,除非有特定要求或标注中使用特殊符号(如Ⓜ、Ⓛ、Ⓔ等修饰符)作为实际规范的一部分,均在图样上明确规定。

独立原则主要应用范围:对于尺寸公差与几何公差需分别满足要求,两者不发生联系的要素,不论两者公差等级要求的高低,均采用独立原则。如用于保证配合功能要求、运动精度、磨损寿命、旋转平衡等部位;对于退刀槽、倒角、没有配合要求的结构尺寸等,采用独立原则;对于未注尺寸公差的要素,尺寸公差与几何公差遵守独立原则。

独立原则应用示例列于表 3-3-44。

表 3-3-44 独立原则应用示例

示例	说明
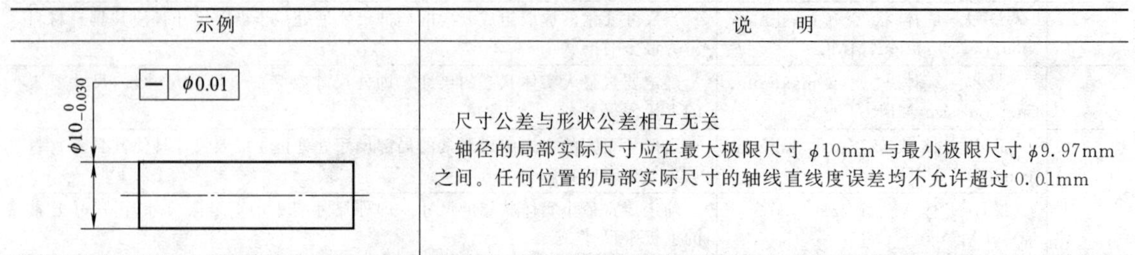	尺寸公差与形状公差相互无关 轴径的局部实际尺寸应在最大极限尺寸 ϕ10mm 与最小极限尺寸 ϕ9.97mm 之间。任何位置的局部实际尺寸的轴线直线度误差均不允许超过 0.01mm

续表

示例	说明
$\phi10_{-0.030}^{\ 0}$	尺寸公差与形位公差相互无关 轴径的局部实际尺寸应在最大极限尺寸 ϕ10mm 和最小极限尺寸 ϕ9.97mm 之间。采用了未注几何公差

3.5.3 相关要求

3.5.3.1 包容要求

包容要求适用于单一要素如圆柱表面或两平行表面。包容要求表示实际要素应遵守其最大实体边界，其局部实际尺寸不得超出最小实体尺寸。采用包容要求的单一要素应在其尺寸极限偏差或公差带代号之后加注符号“Ⓔ”。包容要求应用示例列于表 3-3-45。包容要求常常用于有配合性质要求的场合，若配合的轴、孔采用包容要求，则不会因为轴、孔的形状误差影响配合性质。

3.5.3.2 最大实体要求

最大实体要求是控制被测尺寸要素的实际轮廓处于其最大实体实效状态（MMVC）或最大实体实效边界内的一种公差要求。其最大实体实效状态（MMVC）［或最大实体实效边界（MMVB）］是与被测尺寸要素具有相同恒定类和理想形状的几何要素的极限状态，该极限状态的尺寸为 MMVS。当其实际尺寸偏离最大实体尺寸时，允许其几何误差值超出其给出的公差值。此时应在图样标注符号“Ⓜ”。

最大实体要求适用于导出要素，可用于被测要素或基准要素，主要用于保证零件的装配互换性。其应用规则见表 3-3-46，应用示例见表 3-3-47。

表 3-3-45 包容要求应用示例

示例	说明
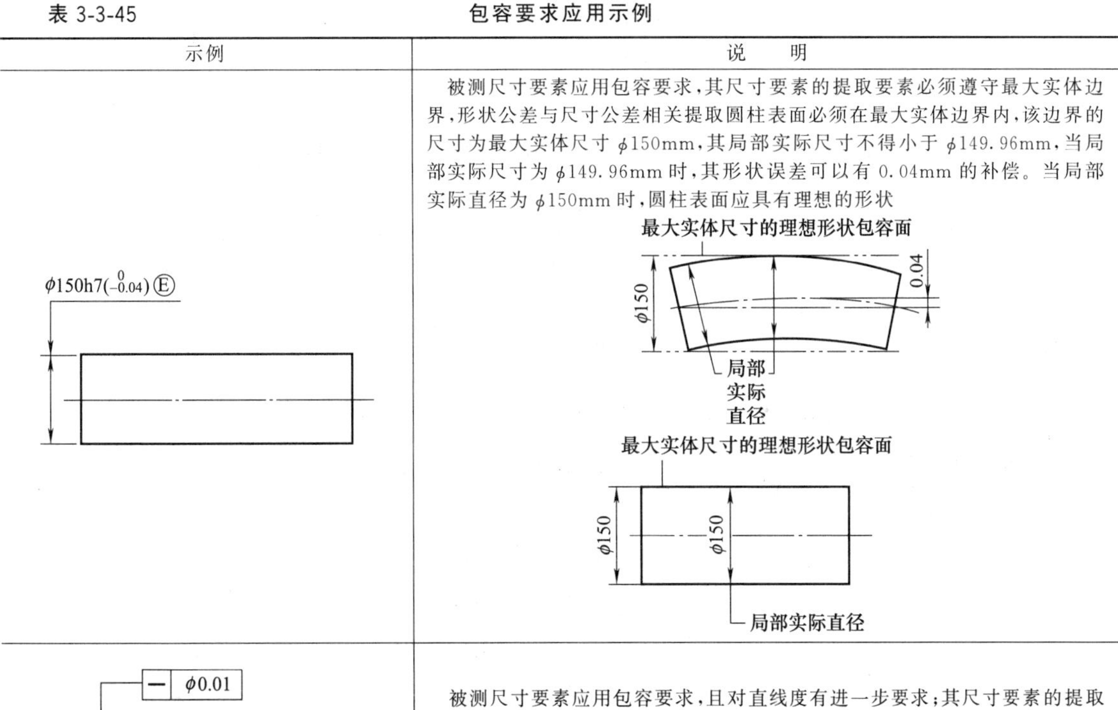	被测尺寸要素应用包容要求，其尺寸要素的提取要素必须遵守最大实体边界，形状公差与尺寸公差相关提取圆柱表面必须在最大实体边界内，该边界的尺寸为最大实体尺寸 ϕ150mm，其局部实际尺寸不得小于 ϕ149.96mm，当局部实际尺寸为 ϕ149.96mm 时，其形状误差可以有 0.04mm 的补偿。当局部实际直径为 ϕ150mm 时，圆柱表面应具有理想的形状
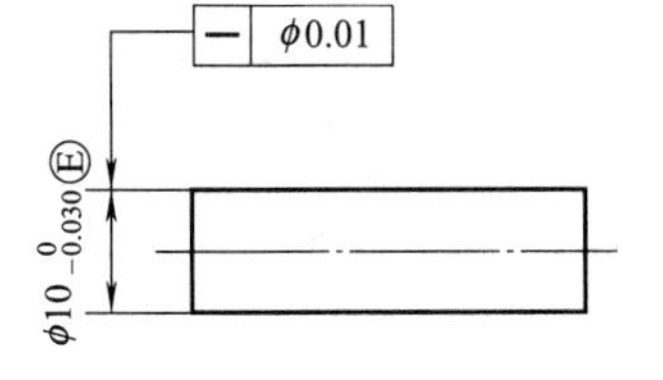	被测尺寸要素应用包容要求，且对直线度有进一步要求；其尺寸要素的提取要素必须遵守最大实体边界，形状公差与尺寸公差相关 圆柱表面必须在最大实体边界内，该边界的尺寸为最大实体尺寸 ϕ10mm，其局部实际尺寸不得小于 ϕ9.97mm。轴线直线度误差最大不允许超过 ϕ0.01mm

第3篇

表 3-3-46　　**最大实体要求的应用规则**

应用场合	图样标注规范	应用规则
最大实体要求用于被测要素	当最大实体要求(MMR)用于被测要素时,应在图样上的几何公差框格里,使用符号Ⓜ标注在尺寸要素(被测要素)的导出要素的几何公差值之后	规则 A,被测要素的提取局部尺寸应: 1)对于外尺寸要素,等于或小于最大实体尺寸(MMS); 2)对于内尺寸要素,等于或大于最大实体尺寸(MMS) 注:当标有可逆要求(RPR),即在符号Ⓜ之后加注符号Ⓡ时,此规则可以改变 规则 B,被测要素的提取局部尺寸应: 1)对于外尺寸要素,等于或大于最小实体尺寸(LMS); 2)对于内尺寸要素,等于或小于最小实体尺寸(LMS) 规则 C,被测要素的提取(组成)要素不得违反其最大实体实效状态(MMVC),即遵守最大实体边界(MMVB) 注:使用包容要求Ⓔ(泰勒原则)通常会导致对要素功能(装配性)的过多约束。使用这种约束和尺寸定义会降低最大实体要求(MMR)在技术经济性方面的优越性 注:当几何公差为形状公差时,标注 0 Ⓜ与Ⓔ意义相同 规则 D,当几何规范是相对于(第一)基准或基准体系的方向或位置要求时,被测要素的最大实体实效状态(MMVC)应相对于基准或基准体系处于理论正确方向或位置。当几个被测要素由同一个公差标注控制时,除了相对于基准的约束以外,相互之间的最大实体实效状态(MMVC)应处于理论正确方向与位置 注:当几个被测要素由同一个公差标注控制时,除了Ⓜ以外不带有其他任何修饰符的最大实体要求(MMR)与同时带有Ⓜ和 CZ 修饰符的要求意义相同。如果各要素是单独的要求,应在Ⓜ修饰符后面标注 SZ 修饰符
最大实体要求用于基准要素	当最大实体要求(MMR)用于基准要素时,应在图样上的几何公差框格里,使用符号Ⓜ标注在基准字母之后	规则 E,(用以导出基准的)基准要素的提取(组成)要素不得违反其基准要素的最大实体实效状态(MMVC) 规则 F,当基准要素没有标注几何规范,或者标有几何规范,但几何公差值后面没有符号Ⓜ,或者没有标注符合规则 G 的几何规范时,基准要素的最大实体实效状态(MMVC)的尺寸应等于最大实体尺寸(MMS),即:MMVS=MMS 规则 G,当基准要素由具有下列情况的几何规范所控制时,基准要素的最大实体实效状态(MMVC)的尺寸应等于最大实体尺寸(MMS)加上(对于外尺寸要素)或减去(对于内尺寸要素)几何公差值,即:MMVS=MMS±几何公差值 1)基准要素本身有形状规范,且在形状公差值后面标有符号Ⓜ,同时该基准要素是另一被测要素几何公差框格中的第一基准,且在基准字母后面标有符号Ⓜ; 2)基准要素本身有方向/位置规范,且在几何公差值后面标有符号Ⓜ,其基准或基准体系所包含的基准及其顺序与被测要素几何公差框格中的基准完全一致,且在被测要素的相应基准字母后面标有符号Ⓜ 注:只有当基准为尺寸要素时,才可在基准字母之后使用Ⓜ;当最大实体要求应用于公共基准的所有要素时,表示公共基准的字母应写在括号中,并在括号后面标注符号Ⓜ。当最大实体要求应用于公共基准的某一个要素时,此时表示公共基准的字母不写在括号中,只将符号Ⓜ放在所应用的那个基准要素字母后面

第3篇

表 3-3-47　**最大实体要求的应用示例**

序号	示例	图样标注及解释	含　义
1	MMR 应用于被测要素，被测要素为有形状公差要求的外尺寸要素	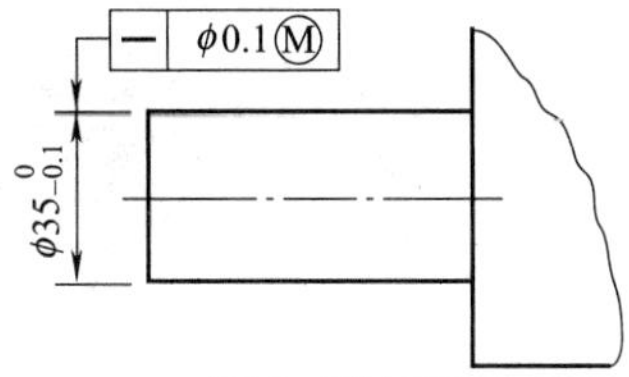 图(a)　图样标注 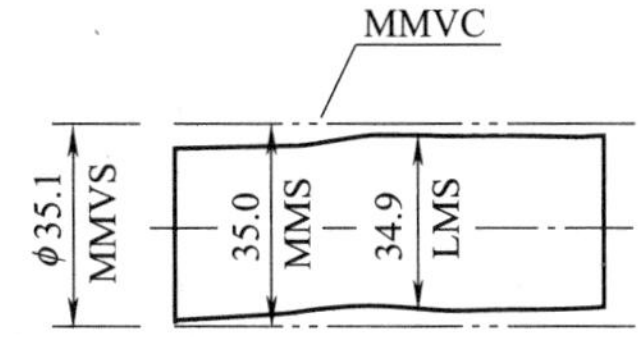 图(b)　解释	轴线的直线度公差值(ϕ0.1mm)是该轴为其最大实体状态(MMC)时给定的 1)轴的提取要素不得违反其最大实体实效状态(MMVC)，其直径为 MMVS＝MMS＋0.1＝35.1mm； 2)轴的提取要素各处的局部直径应处于 LMS＝34.9mm 和 MMS＝35.0mm 之间； 3)MMVC 的方向和位置无约束； 4)若轴的实际尺寸为 MMS＝35mm 时，其轴线直线度误差的最大允许值为图中给定的轴线直线度公差值(ϕ0.1mm)； 5)若轴的实际尺寸为 LMS＝34.9mm 时，其轴线直线度误差的最大允许值为图中给定的轴线直线度公差值(ϕ0.1mm)与该轴的尺寸公差(0.1mm)之和(＝ϕ0.2mm)； 6)若轴的实际尺寸处于 MMS 和 LMS 之间，其轴线的直线度公差值在 ϕ0.1～0.2mm 之间变化。
2	MMR 应用于被测要素，被测要素为有形状公差要求的内尺寸要素	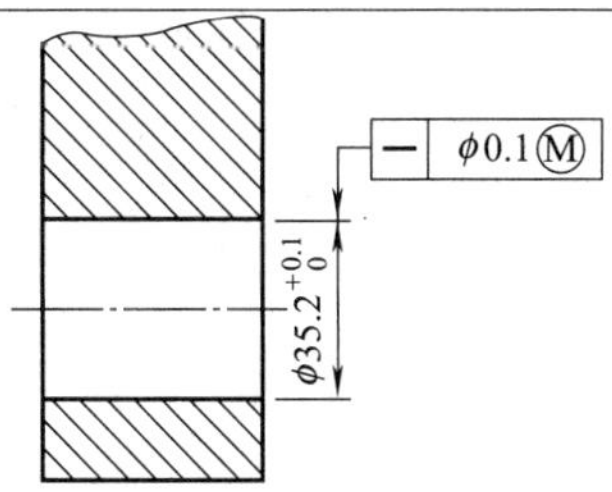 图(c)　图样标注 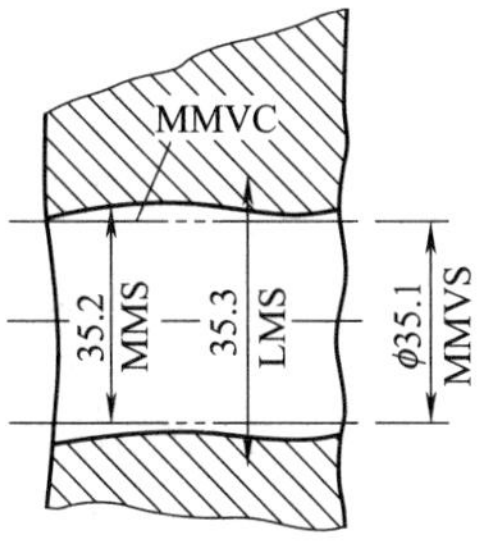 图(d)　解释	孔中心线的直线度公差值(ϕ0.1mm)是该孔为其最大实体状态(MMC)时给定的 1)孔的提取要素不得违反其最大实体实效状态(MMVC)，其直径为 MMVS＝MMS－0.1＝35.1mm； 2)孔的提取要素各处的局部直径应处于 LMS＝35.3mm 和 MMS＝35.2mm 之间； 3)MMVC 的方向和位置无约束； 4)若孔的实际尺寸为 MMS＝35.2mm 时，其中心线直线度误差的最大允许值为图中给定的直线度公差值(ϕ0.1mm)； 5)若孔的实际尺寸为 LMS＝35.3mm 时，其中心线直线度误差的最大允许值为图中给定的直线度公差值(ϕ0.1mm)与该孔的尺寸公差(0.1mm)之和(＝ϕ0.2mm)； 6)若孔的实际尺寸处于 MMS 和 LMS 之间，其中心线的直线度公差值在 ϕ0.1～0.2mm 之间变化
3	MMR 的零形位公差应用于被测要素，被测要素为有形状公差要求的外尺寸要素	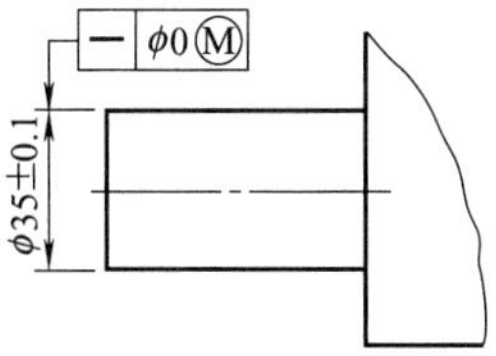 图(e)　图样标注 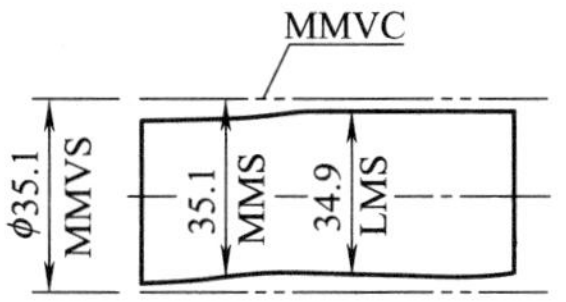 图(f)　解释	轴线的直线度公差值(ϕ0mm)是该轴为其最大实体状态(MMC)时给定的 1)轴的提取要素不得违反其最大实体实效状态(MMVC)，其直径为 MMVS＝MMS＋0＝35.1mm； 2)轴的提取要素各处的局部直径应处于 LMS＝34.9mm 和 MMS＝35.1mm 之间； 3)MMVC 的方向和位置无约束； 4)若轴的实际尺寸为 MMS＝35.1mm 时，其轴线直线度误差的允许值为 0； 5)若轴的实际尺寸为其 LMS＝34.9mm 时，其轴线直线度误差的最大允许值为该轴的尺寸公差(0.2mm)； 6)若轴的实际尺寸处于 MMS 和 LMS 之间，其轴线的直线度公差值在 0～ϕ0.2mm 之间变化

续表

序号	示例	图样标注及解释	含　义
4	MMR应用于被测要素，被测要素为有方向公差要求的外尺寸要素	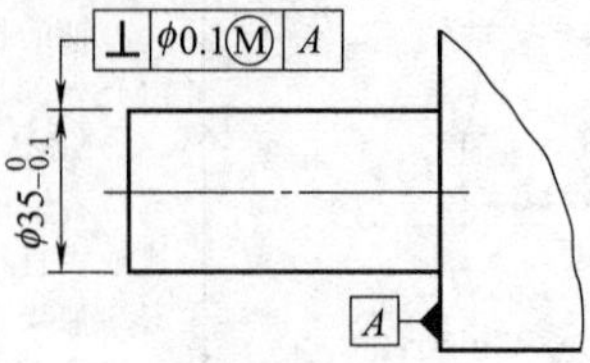 图(g)　图样标注 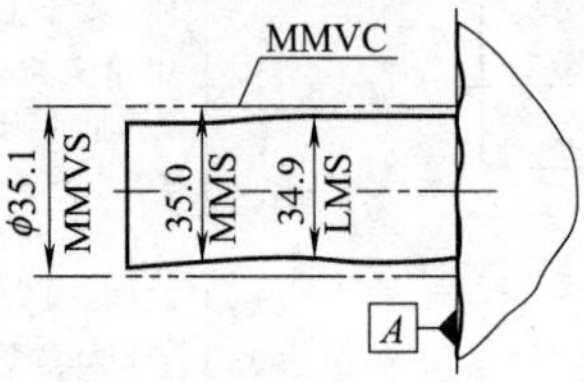 图(h)　解释	轴线对基准 A 具有垂直度要求的轴 $\phi35^{0}_{-0.1}$ 采用了最大实体要求。轴线的垂直度公差值($\phi0.1$mm)是该轴为其最大实体状态(MMC)时给定的 1)轴的提取要素不得违反其最大实体实效状态(MMVC)，其直径为 MMVS = MMS+0.1= 35.1mm； 2)轴的提取要素各处的局部直径应处于LMS=34.9mm 和 MMS=35.0mm 之间； 3)轴线 MMVC 的方向与基准垂直，但其位置无约束； 4)若轴的实际尺寸为其 MMS=35mm 时，其轴线垂直度误差的最大允许值为图中给定的垂直度公差值($\phi0.1$mm)； 5)若轴的实际尺寸为 LMS=34.9mm 时，其轴线垂直度误差的最大允许值为图中给定的垂直度公差值($\phi0.1$mm)与该轴的尺寸公差(0.1mm)之和(=$\phi0.2$mm)； 6)若轴的实际尺寸处于 MMS 和 LMS 之间，其轴线的垂直度公差值在 $\phi0.1$～0.2mm 之间变化
5	MMR应用于被测要素，被测要素为有位置公差要求的外尺寸要素	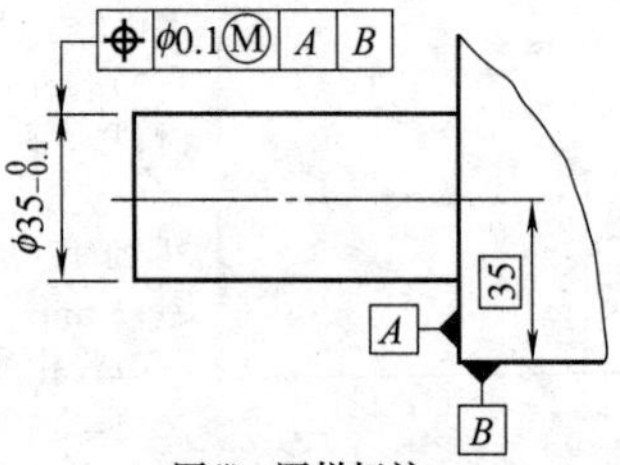 图(i)　图样标注 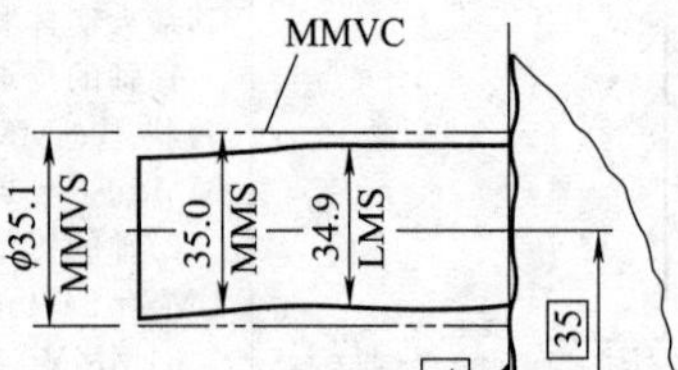 图(j)　解释	轴线对基准体系 A 和 B 具有位置度要求的轴 $\phi35^{0}_{-0.1}$ 采用了最大实体要求。被测轴线的位置度公差值($\phi0.1$mm)是该轴为其最大实体状态(MMC)时给定的 1)轴的提取要素不得违反其最大实体实效状态(MMVC)，其直径为 MMVS = MMS+0.1= 35.1mm； 2)轴的提取要素各处的局部直径应处于LMS=34.9mm 和 MMS=35.0mm 之间； 3)MMVC 的方向与基准 A 相垂直，其位置在与基准 B 相距 35mm 的理论正确位置上。 4)若轴的实际尺寸为其 MMS=35mm 时，其轴线位置度误差的最大允许值为图中给定的位置度公差值($\phi0.1$mm)； 5)若轴的实际尺寸为 LMS=34.9mm 时，其轴线位置度误差的最大允许值为图中给定的位置度公差值($\phi0.1$mm)与该轴的尺寸公差(0.1mm)之和(=$\phi0.2$mm)； 6)若轴的实际尺寸处于 MMS 和 LMS 之间，其轴线的位置度公差值在 $\phi0.1$～0.2mm 之间变化

续表

序号	示例	图样标注及解释	含　义
6	MMR应用于被测和基准要素，基准要素本身无几何公差要求，且被测和基准要素均为外尺寸要素	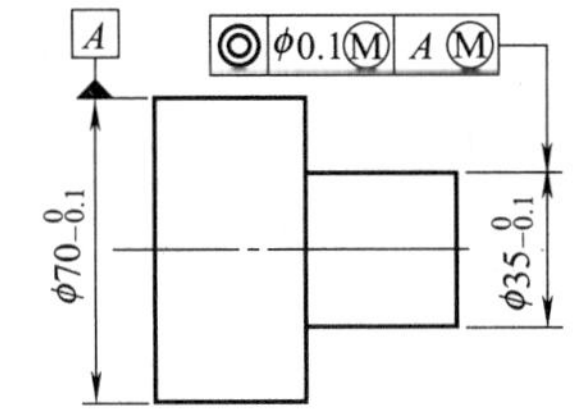 图(k)　图样标注	轴线对基准 A 具有同轴度要求的轴 $\phi35_{-0.1}^{\ 0}$采用了最大实体要求，其含义为： 1)轴 $\phi35_{-0.1}^{\ 0}$的提取要素不得违反其最大实体实效状态（MMVC），其直径为MMVS＝MMS＋0.1＝35.1mm； 2)轴的提取要素各处的局部直径应处于LMS＝34.9mm 和 MMS＝35.0mm 之间； 3)MMVC 的位置与基准 A 同轴； 4)若轴的实际尺寸为 MMS＝35mm 时，其轴线同轴度误差的最大允许值为图中给定的同轴度公差值（ϕ0.1mm）； 5)若轴的实际尺寸为 LMS＝34.9mm时，其轴线同轴度误差的最大允许值为图中给定的同轴度公差值（ϕ0.1mm）与该轴的尺寸公差（0.1mm）之和（＝ϕ0.2mm）； 6)若轴的实际尺寸处于 MMS 和 LMS之间，其轴线的同轴度公差值在 ϕ0.1～0.2mm 之间变化
		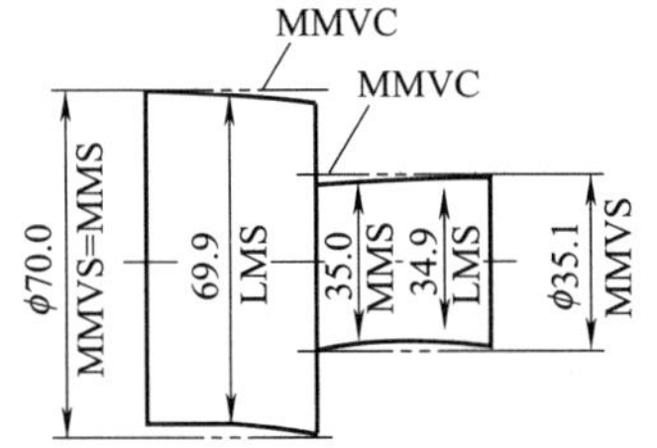 图(l)　解释	基准要素 $\phi70_{-0.1}^{\ 0}$的轴线也采用了最大实体要求，但是其基准要素本身没有标注几何规范。其含义为： 1)按照最大实体要求的规则 F（见表 3-3-46），轴 $\phi70_{-0.1}^{\ 0}$的提取要素不得违反其最大实体实效状态（MMVC），其直径为MMVS＝MMS＝70mm； 2)轴的提取要素各处的局部直径应处于LMS＝69.9mm 和 MMS＝70mm 之间； 3)MMVC 无方向和位置约束； 4)若轴的实际尺寸为其 MMS＝70mm时，其形状误差的允许值为 0，即具有理想的形状； 5)若轴的实际尺寸为 LMS＝69.9mm 时，该轴可以有 0.1mm 的形状误差值（如轴线直线度误差等）

续表

序号	示例	图样标注及解释	含　义
7	MMR应用于被测和基准要素，且基准要素本身有形状公差要求和最大实体要求(MMR)，被测和基准要素均为外尺寸要素	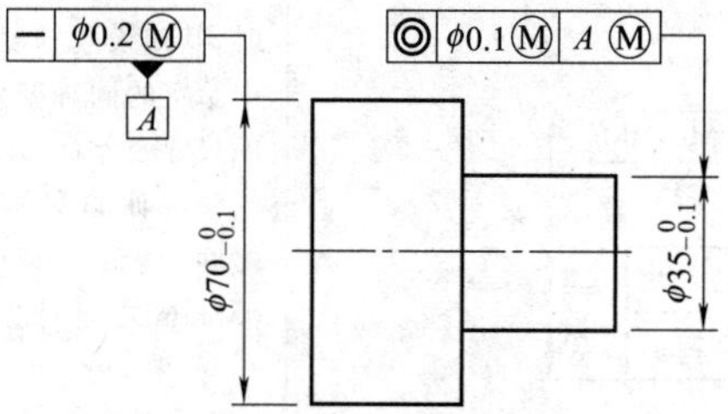 图(m)　图样标注 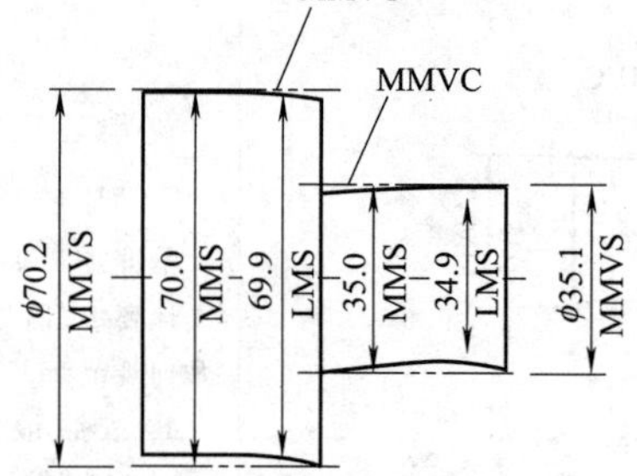 图(n)　解释	轴线对基准 A 具有同轴度要求的轴 $\phi35_{-0.1}^{\ 0}$ 采用了最大实体要求，其含义为： 1)轴 $\phi35_{-0.1}^{\ 0}$ 的提取要素不得违反其最大实体实效状态(MMVC)，其直径为 MMVS＝MMS＋0.1＝35.1mm； 2)轴的提取要素各处的局部直径应处于 LMS＝34.9mm 和 MMS＝35.0mm 之间； 3)MMVC 的位置与基准 A 同轴； 4)若轴的实际尺寸为其 MMS＝35mm 时，其轴线同轴度误差的最大允许值为图中给定的同轴度公差值($\phi0.1$mm)； 5)若轴的实际尺寸为 LMS＝34.9mm 时，其轴线同轴度误差的最大允许值为图中给定的同轴度公差值($\phi0.1$mm)与该轴的尺寸公差(0.1mm)之和(＝$\phi0.2$mm)； 6)若轴的实际尺寸处于 MMS 和 LMS 之间，其轴线的同轴度公差值在 $\phi0.1$～0.2mm 之间变化 基准要素 $\phi70_{-0.1}^{\ 0}$ 也采用了最大实体要求，同时基准要素本身有形状规范且采用了最大实体要求。其含义为： 1)按照最大实体要求的规则 G(见表 3-3-46)，轴 $\phi70_{-0.1}^{\ 0}$ 的提取要素不得违反其最大实体实效状态(MMVC)，其直径为 MMVS＝MMS＋0.2＝70.2mm； 2)轴的提取要素各处的局部直径应处于 LMS＝69.9mm MMS＝70mm 之间； 3)MMVC 无方向和位置约束； 4)若轴的实际尺寸为其 MMS＝70mm 时，其轴线直线度误差的最大允许值为图中给定的直线度公差值($\phi0.2$mm)； 5)若轴的实际尺寸为 LMS＝69.9mm 时，其轴线直线度误差的最大允许值为图中给定的直线度公差值($\phi0.2$mm)与该轴的尺寸公差(0.1mm)之和(＝$\phi0.3$mm)； 6)若轴的实际尺寸处于 MMS 和 LMS 之间，其轴线的直线度公差值在 $\phi0.2$～0.3mm 之间变化

续表

序号	示例	图样标注及解释	含　义
8	MMR 应用于成组要素	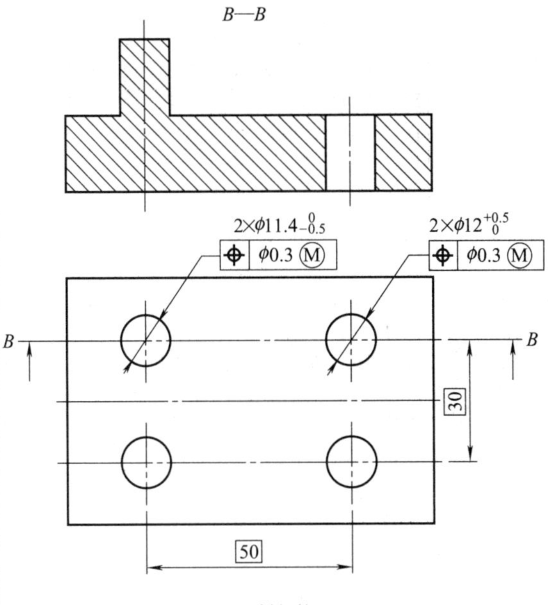 B—B 2×ϕ11.4$_{-0.5}^{0}$　⌖ ϕ0.3 Ⓜ 2×ϕ12$_{0}^{+0.5}$　⌖ ϕ0.3 Ⓜ B　B　30　50 图(o)　图样标注	两个销柱和两个孔彼此之间的位置由理论正确尺寸和位置度公差确定，没有应用基准的 MMR 示例 1)两销柱 $\phi 11.4_{-0.5}^{0}$ 的提取要素不得违反其最大实体实效状态(MMVC)，其直径为 MMVS＝MMS＋0.3＝11.7mm； 2)两销柱 $\phi 11.4_{-0.5}^{0}$ 的提取要素各处的局部直径均应处于 LMS＝10.9mm 和 MMS＝11.4mm 之间； 3)MMVC 的位置处于彼此相距理论正确尺寸为 30×50 的位置，且彼此理论正确相互平行； 4)若销柱的实际尺寸为其 MMS＝11.4mm 时，其轴线位置度误差的最大允许值为图中给定的位置度公差值(ϕ0.3mm)； 5)若销柱的实际尺寸为 LMS＝10.9mm 时，其轴线位置度误差的最大允许值为图中给定的位置度公差值(ϕ0.3mm)与该两销柱的尺寸公差(0.5mm)之和(＝ϕ0.8mm)
		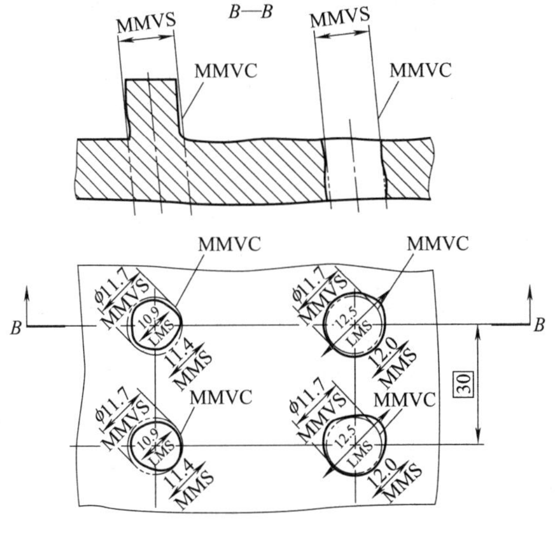 B—B　MMVS　MMVS　MMVC　MMVC MMVC　MMVC　B　B ϕ11.7 MMVS　10.9 LMS　11.4 MMS　12.5 LMS　12.0 MMS　30 图(p)　解释	1)两孔 $\phi 12_{0}^{+0.5}$ 的提取要素不得违反其最大实体实效状态(MMVC)，其直径为 MMVS＝MMS－0.3＝11.7mm； 2)两孔 $\phi 12_{0}^{+0.5}$ 的提取要素各处的局部直径均应小于 LMS＝12.5mm 且均应大于 MMS＝12.0mm； 3)MMVC 的位置处于彼此相距理论正确尺寸为 30×50 的位置，且彼此理论正确相互平行； 4)若孔 $\phi 12_{0}^{+0.5}$ 的实际尺寸为其 MMS＝12mm 时，其轴线位置度误差的最大允许值为图中给定的位置度公差值(ϕ0.3mm)； 5)若孔 $\phi 12_{0}^{+0.5}$ 的实际尺寸为 LMS＝12.5mm 时，其轴线位置度误差的最大允许值为图中给定的位置度公差值(ϕ0.3mm)与该两销柱的尺寸公差(0.5mm)之和(＝ϕ0.8mm)

3.5.3.3　最小实体要求

最小实体要求是控制尺寸要素的非理想要素处于其最小实体实效状态（LMVC）或最小实体实效边界（LMVB）内的一种公差要求。其最小实体实效状态（LMVC）[或最小实体实效边界（LMVB）]是与被测尺寸要素具有相同恒定类和理想形状的几何要素的极限状态，该极限状态的尺寸为 LMVS。

当尺寸要素的尺寸偏离最小实体尺寸时，允许其形位误差值超出其给出的公差值。此时应在图样上标注符号“Ⓛ”。

最小实体要求适用于中心要素。可用于被测要素与基准要素，主要用于保证零件的强度和壁厚。其应用规则见表 3-3-48，应用示例见表 3-3-49。

第3篇

表 3-3-48　　最小实体要求的应用规则

应用场合	图样标注规范	应用规则
最小实体要求用于被测要素	当最小实体要求(LMR)用于被测要素时,应在图样上的几何公差框格里,使用符号Ⓛ标注在尺寸要素(被测要素)的导出要素的几何公差值之后	规则 H,被测要素的提取局部尺寸应: 1)对于外尺寸要素,等于或大于最小实体尺寸(LMS); 2)对于内尺寸要素,等于或小于最小实体尺寸(LMS) 注:当标有可逆要求(RPR),即在符号Ⓛ之后加注符号Ⓡ时,此规则可以改变 规则 I,被测要素的提取局部尺寸应: 1)对于外尺寸要素,等于或小于最大实体尺寸(MMS); 2)对于内尺寸要素,等于或大于最小实体尺寸(MMS) 规则 J,被测要素的提取(组成)要素不得违反其最小实体实效状态(LMVC),即遵守最小实体边界(LMVB) 注:使用包容要求Ⓔ(泰勒原则)通常会导致对要素功能(最小壁厚)的过多约束。使用这种约束和尺寸定义会降低最小实体要求(LMR)在技术经济性方面的优越性 规则 K,当几何规范是相对于(第一)基准或基准体系的方向或位置要求时,被测要素的最小实体实效状态(LMVC)应相对于基准或基准体系处于理论正确方向或位置 另外,当几个被测要素由同一个公差标注控制时,除了相对于基准的约束以外,相互之间的最小实体实效状态(LMVC)应处于理论正确方向与位置 注:当几个被测要素由同一个公差标注控制时,除了Ⓛ以外不带有其他任何修饰符的最小实体要求(LMR)与同时带有Ⓛ和 CZ 修饰符的要求意义相同。如果各要素是单独的要求,应在Ⓛ修饰符后面标注 SZ 修饰符
最小实体要求用于基准要素	当最小实体要求(LMR)用于基准要素时,应在图样上的几何公差框格里,使用符号Ⓛ标注在基准字母之后	规则 L,(用以导出基准的)基准要素的提取(组成)要素不得违反其基准要素的最小实体实效状态(LMVC) 规则 M,当基准要素没有标注几何规范,或者标有几何规范,但几何公差值后面没有符号Ⓛ,或者没有标注符合规则 N 的几何规范时,基准要素的最小实体实效状态(LMVC)的尺寸应等于最小实体尺寸(LMS),即:LMVS=LMS 规则 N,当基准要素由具有下列情况的几何规范所控制时,基准要素的最小实体实效状态(LMVC)的尺寸应等于最小实体尺寸(LMS)减去(对于外尺寸要素)或加上(对于内尺寸要素)几何公差值: 1)基准要素本身有形状规范,且在形状公差值后面标有符号Ⓛ,同时该基准要素是被测要素几何公差框格中的第一基准,且在基准字母后面标有符号Ⓛ 2)基准要素本身有方向/位置规范,且在几何公差值后面标有符号Ⓛ,其基准或基准体系所包含的基准及其顺序与被测要素几何公差框格中的基准完全一致,且在被测要素的相应基准字母后面标有符号Ⓛ 注:只有当基准为尺寸要素时,才可在基准字母之后使用Ⓛ;当最小实体要求应用于公共基准的所有要素时,表示公共基准的字母应写在括号中,并在括号后面标注符号Ⓛ。当最小实体要求应用于公共基准的某一个要素时,此时表示公共基准的字母不写在括号中,只将符号Ⓛ放在所应用的那个基准要素字母后面

表 3-3-49 最小实体要求的应用示例

<table>
<tr><th>序号</th><th>示例</th><th>图样标注及解释</th><th>含 义</th></tr>
<tr><td>1</td><td>LMR 应用于被测要素，被测要素为有位置公差要求的外尺寸要素</td><td> 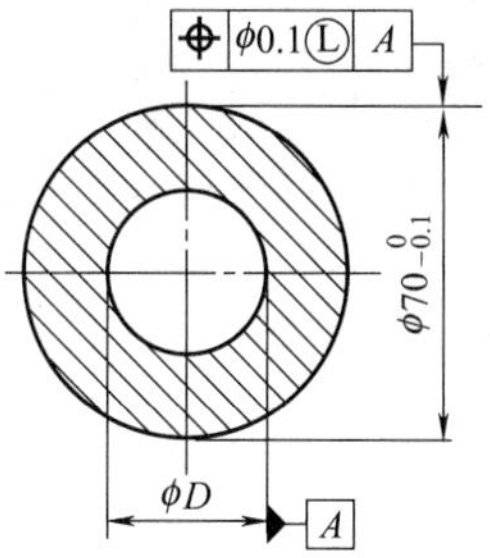
图(a) 图样标注 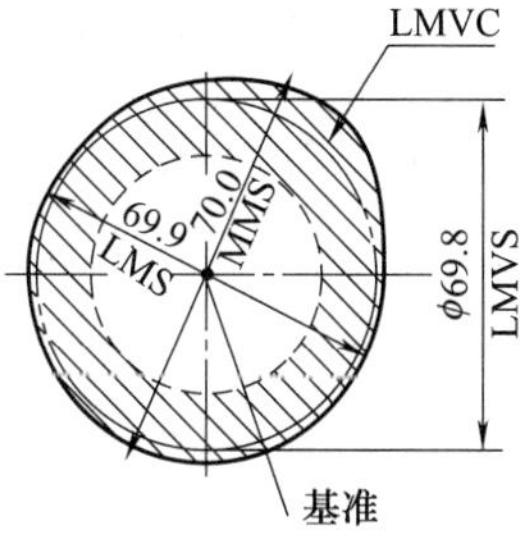

图(b) 解释</td><td>轴 $\phi 70^{0}_{-0.1}$ 轴线的位置度公差值(φ0.1mm)是该轴为其最小实体状态(LMC)时给定的
1)轴的提取要素不得违反其最小实体实效状态(LMVC)，其直径为 LMVS=LMS−0.1=69.8mm；
2)轴的提取要素各处的局部直径应处于 LMS=69.9mm 和 MMS=70mm 之间；
3)LMVC 受基准 A 的位置约束；
4)若轴的实际尺寸为 LMS=69.9mm 时，其轴线位置度误差的最大允许值为图中给定的轴线位置度公差(φ0.1mm)；
5)若轴的实际尺寸为 MMS=70mm 时，其轴线位置度误差的最大允许值为图中给定的轴线位置度公差(φ0.1mm)与该轴的尺寸公差(0.1mm)之和(=φ0.2mm)；
6)若轴的实际尺寸处于 MMS 和 LMS 之间，其轴线的位置度公差值在 φ0.1～0.2mm 之间变化</td></tr>
<tr><td>2</td><td>LMR 应用于被测要素，被测要素为有位置公差要求的内尺寸要素</td><td> 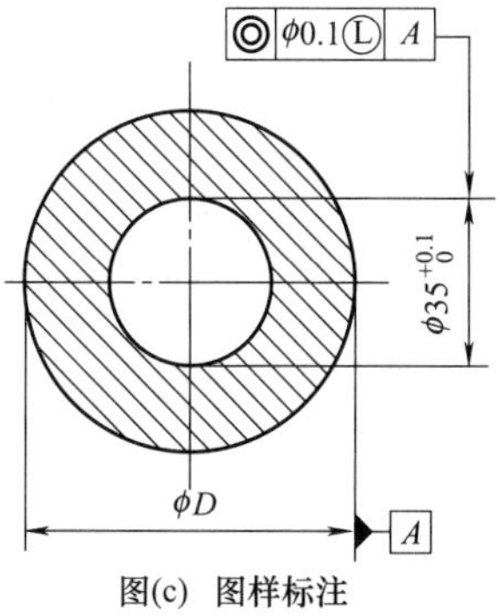
图(c) 图样标注 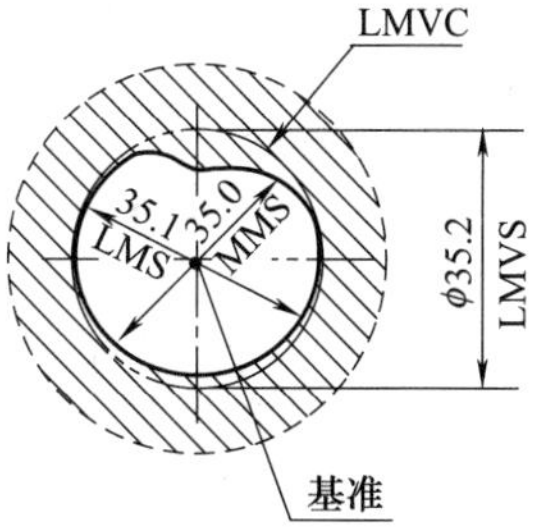

图(d) 解释</td><td>孔 $\phi 35^{+0.1}_{0}$ 轴线的位置度公差值(φ0.1mm)是该孔为其最小实体状态(LMC)时给定的
1)孔的提取要素不得违反其最小实体实效状态(LMVC)，其直径为 LMVS=LMS+0.1=35.2mm；
2)孔的提取要素各处的局部直径应处于 LMS=35.1mm 和 MMS=35mm 之间；
3)LMVC 受基准 A 的位置约束；
4)若孔的实际尺寸为 LMS=35.1mm 时，其轴线位置度误差的最大允许值为图中给定的轴线位置度公差值(φ0.1mm)；
5)若孔的实际尺寸为 MMS=35mm 时，其轴线位置度误差的最大允许值为图中给定的轴线位置度公差值(φ0.1mm)与该轴的尺寸公差(0.1mm)之和(=φ0.2mm)；
6)若孔的实际尺寸处于 MMS 和 LMS 之间，其轴线的位置度公差值在 φ0.1～0.2mm 之间变化</td></tr>
</table>

续表

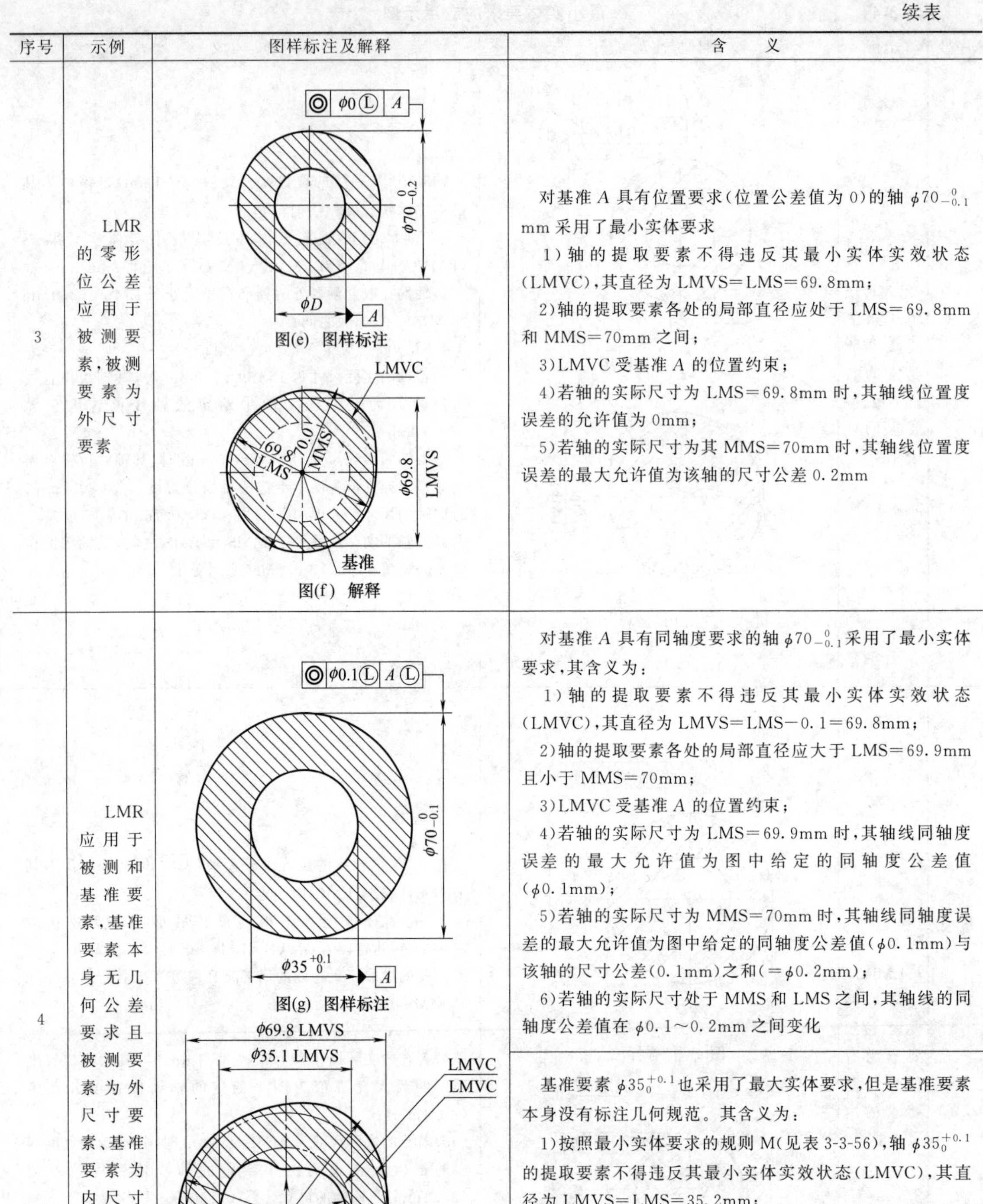

序号	示例	图样标注及解释	含　义
3	LMR的零形位公差应用于被测要素，被测要素为外尺寸要素	图(e) 图样标注 图(f) 解释	对基准 *A* 具有位置要求(位置公差值为 0)的轴 $\phi70_{-0.1}^{\ 0}$ mm 采用了最小实体要求 1)轴的提取要素不得违反其最小实体实效状态(LMVC)，其直径为 LMVS＝LMS＝69.8mm； 2)轴的提取要素各处的局部直径应处于 LMS＝69.8mm 和 MMS＝70mm 之间； 3)LMVC 受基准 *A* 的位置约束； 4)若轴的实际尺寸为 LMS＝69.8mm 时，其轴线位置度误差的允许值为 0mm； 5)若轴的实际尺寸为其 MMS＝70mm 时，其轴线位置度误差的最大允许值为该轴的尺寸公差 0.2mm
4	LMR应用于被测和基准要素，基准要素本身无几何公差要求且被测要素为外尺寸要素、基准要素为内尺寸要素	图(g) 图样标注 图(h) 解释	对基准 *A* 具有同轴度要求的轴 $\phi70_{-0.1}^{\ 0}$ 采用了最小实体要求，其含义为： 1)轴的提取要素不得违反其最小实体实效状态(LMVC)，其直径为 LMVS＝LMS－0.1＝69.8mm； 2)轴的提取要素各处的局部直径应大于 LMS＝69.9mm 且小于 MMS＝70mm； 3)LMVC 受基准 *A* 的位置约束； 4)若轴的实际尺寸为 LMS＝69.9mm 时，其轴线同轴度误差的最大允许值为图中给定的同轴度公差值(ϕ0.1mm)； 5)若轴的实际尺寸为 MMS＝70mm 时，其轴线同轴度误差的最大允许值为图中给定的同轴度公差值(ϕ0.1mm)与该轴的尺寸公差(0.1mm)之和(＝ϕ0.2mm)； 6)若轴的实际尺寸处于 MMS 和 LMS 之间，其轴线的同轴度公差值在 ϕ0.1～0.2mm 之间变化
			基准要素 $\phi35_{0}^{+0.1}$ 也采用了最大实体要求，但是基准要素本身没有标注几何规范。其含义为： 1)按照最小实体要求的规则 M(见表 3-3-56)，轴 $\phi35_{0}^{+0.1}$ 的提取要素不得违反其最小实体实效状态(LMVC)，其直径为 LMVS＝LMS＝35.2mm； 2)孔的提取要素各处的局部直径应处于 LMS＝35.1mm 和 MMS＝35mm 之间； 3)LMVC 无方向和位置约束； 4)若孔的实际尺寸为 LMS＝35.1mm 时，其形状误差的允许值为 0，即具有理想的形状 5)若孔的实际尺寸为 MMS＝35mm 时，该孔可以有 0.1mm 的形状误差值(如轴线直线度误差等)

3.5.3.4 可逆要求

可逆要求（RPR）是最大实体要求（MMR）或最小实体要求（LMR）的附加要求，在图样上使用符号Ⓡ标注在Ⓜ或Ⓛ之后。可逆要求仅用于被测要素。在最大实体要求或最小实体要求附加可逆要求后，可以改变尺寸要素的尺寸公差。用可逆要求可以充分利用最大实体实效状态（MMVC）和最小实体实效状态（LMVC）的尺寸，在制造可能性的基础上，可逆要求允许尺寸和几何公差值之间相互补偿。可逆要求的应用示例列于表 3-3-50。

表 3-3-50 可逆要求的应用示例

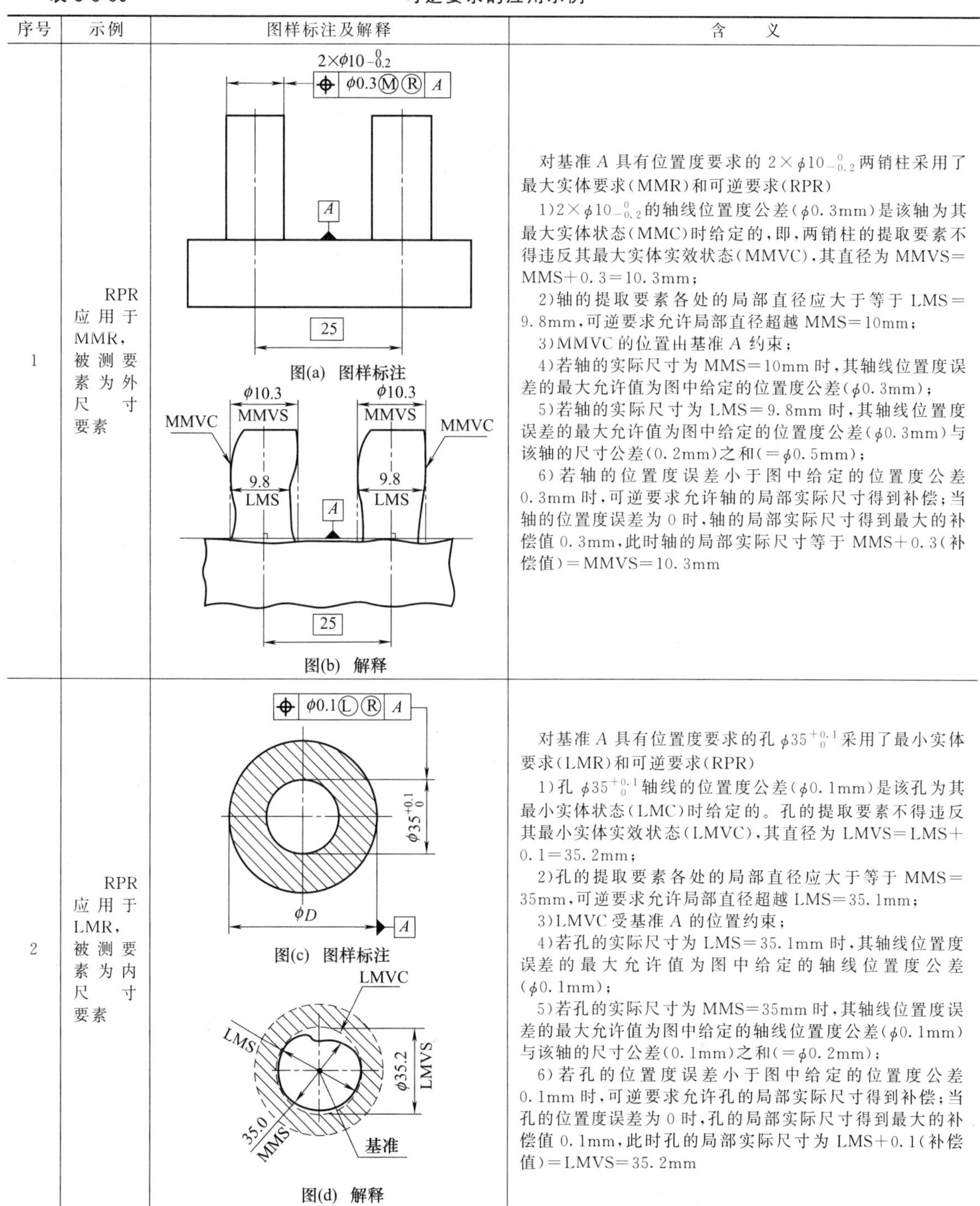

序号	示例	图样标注及解释	含 义
1	RPR 应用于 MMR，被测要素为外尺寸要素	图(a) 图样标注 图(b) 解释	对基准 A 具有位置度要求的 2×$\phi10_{-0.2}^{0}$ 两销柱采用了最大实体要求(MMR)和可逆要求(RPR) 1)2×$\phi10_{-0.2}^{0}$的轴线位置度公差(ϕ0.3mm)是该轴为其最大实体状态(MMC)时给定的，即，两销柱的提取要素不得违反其最大实体实效状态(MMVC)，其直径为 MMVS=MMS+0.3=10.3mm； 2)轴的提取要素各处的局部直径应大于等于 LMS=9.8mm，可逆要求允许局部直径超越 MMS=10mm； 3)MMVC 的位置由基准 A 约束； 4)若轴的实际尺寸为 MMS=10mm 时，其轴线位置度误差的最大允许值为图中给定的位置度公差(ϕ0.3mm)； 5)若轴的实际尺寸为 LMS=9.8mm 时，其轴线位置度误差的最大允许值为图中给定的位置度公差(ϕ0.3mm)与该轴的尺寸公差(0.2mm)之和(=ϕ0.5mm)； 6)若轴的位置度误差小于图中给定的位置度公差 0.3mm 时，可逆要求允许轴的局部实际尺寸得到补偿；当轴的位置度误差为 0 时，轴的局部实际尺寸得到最大的补偿值 0.3mm，此时轴的局部实际尺寸等于 MMS+0.3(补偿值)=MMVS=10.3mm
2	RPR 应用于 LMR，被测要素为内尺寸要素	图(c) 图样标注 图(d) 解释	对基准 A 具有位置度要求的孔 $\phi35_{0}^{+0.1}$ 采用了最小实体要求(LMR)和可逆要求(RPR) 1)孔 $\phi35_{0}^{+0.1}$ 轴线的位置度公差(ϕ0.1mm)是该孔为其最小实体状态(LMC)时给定的。孔的提取要素不得违反其最小实体实效状态(LMVC)，其直径为 LMVS=LMS+0.1=35.2mm； 2)孔的提取要素各处的局部直径应大于等于 MMS=35mm，可逆要求允许局部直径超越 LMS=35.1mm； 3)LMVC 受基准 A 的位置约束； 4)若孔的实际尺寸为 LMS=35.1mm 时，其轴线位置度误差的最大允许值为图中给定的轴线位置度公差(ϕ0.1mm)； 5)若孔的实际尺寸为 MMS=35mm 时，其轴线位置度误差的最大允许值为图中给定的轴线位置度公差(ϕ0.1mm)与该轴的尺寸公差(0.1mm)之和(=ϕ0.2mm)； 6)若孔的位置度误差小于图中给定的位置度公差 0.1mm 时，可逆要求允许孔的局部实际尺寸得到补偿；当孔的位置度误差为 0 时，孔的局部实际尺寸得到最大的补偿值 0.1mm，此时孔的局部实际尺寸为 LMS+0.1(补偿值)=LMVS=35.2mm

3.6　几何公差值及其选用

图样上对几何公差值的表示方法有两种：一种是在框格内注出几何公差的公差值，另一种是不用框格的形式单独注出几何公差的公差值（即未注几何公差）。注出的公差值固然是设计要求，不单独注出几何公差的公差值，同样也有设计要求。GB/T 1184—1996《形状和位置公差　未注公差值》无论对注出的公差值或未注的公差值，都做了明确的规定。

3.6.1　几何公差的注出公差值

GB/T 1184—1996 的附录 B 规定了几何公差各项目注出公差的公差等级及公差值。本标准给出的公差值是以零件和量具在标准温度（20℃）下测量为准。

3.6.1.1　直线度和平面度

直线度和平面度公差值列于表 3-3-51。

常用加工方法可达到的直线度和平面度公差等级列于表 3-3-52。

直线度和平面度公差等级应用示例列于表 3-3-53。

表 3-3-51　直线度和平面度公差值

主参数 L/mm	公差等级											
	1	2	3	4	5	6	7	8	9	10	11	12
	公差值/μm											
>63～100	0.6	1.2	2.5	4	6	10	15	25	40	60	100	200
>100～160	0.8	1.5	3	5	8	12	20	30	50	80	120	250
>160～250	1	2	4	6	10	15	25	40	60	100	150	300
>250～400	1.2	2.5	5	8	12	20	30	50	80	120	200	400
>400～630	1.5	3	6	10	15	25	40	60	100	150	250	500
>630～1000	2	4	8	12	20	30	50	80	120	200	300	600
主参数 L 图例	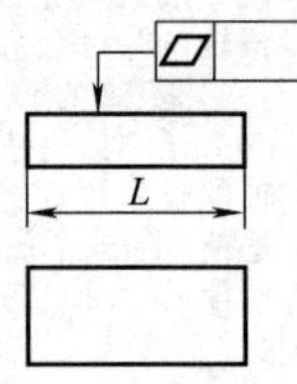					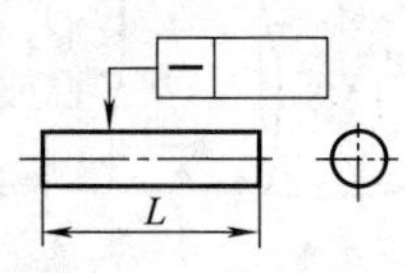						

表 3-3-52　常用加工方法可达到的直线度和平面度公差等级

加工方法		直线度、平面度公差等级											
		1	2	3	4	5	6	7	8	9	10	11	12
车	粗											●	●
	细									●	●		
	精					●	●	●	●				
铣	粗											●	●
	细										●	●	
	精						●	●	●	●			
刨	粗											●	●
	细									●	●		
	精							●	●	●			
磨	粗									●	●	●	
	细							●	●	●			
	精		●	●	●	●	●	●					
研磨	粗				●	●							
	细			●									
	精	●	●										
刮磨	粗						●	●					
	细				●	●							
	精	●	●	●									

表 3-3-53 直线度和平面度公差等级应用示例

公差等级	应用示例(参考)
1,2	用于精密量具,测量仪器以及精度要求较高的精密机械零件。如零级样板、平尺、零级宽平尺、工具显微镜等精密测量仪器的导轨面,喷油嘴针阀体面的平面度,油泵柱塞套端面的平面度等
3	用于零级及1级宽平尺工作面,1级样板平尺工作面,测量仪器圆弧导轨,测量仪器的测杆直线度等
4	用于量具、测量仪器和机床的导轨。如1级宽平尺、零级平板,测量仪器的V形导轨,高精度平面磨床的V形导轨和滚动导轨,轴承磨床及平面磨床床身直线度等
5	用于1级平板,2级宽平尺,平面磨床纵导轨、垂直导轨、立柱导轨和平面磨床的工作台,液压龙门刨床导轨面,六角车床床身导轨面,柴油机进排气门导杆等
6	用于1级平板,普通车床床身导轨面,龙门刨床导轨面,滚齿机立柱导轨,床身导轨及工作台,自动车床床身导轨,平面磨床垂直导轨,卧式镗床、铣床工作台以及机床主轴箱导轨,柴油机进排气门导杆直线度,柴油机机体上部结合面等
7	用于2级平板,0.02游标卡尺尺身的直线度,机床床头箱体,滚齿机床身导轨的直线度,镗床工作台,摇臂钻底座工作台,柴油机气门导杆,液压泵盖的平面度,压力机导轨及滑块
8	用于2级平板,车床溜板箱体,机床主轴箱体、机床传动箱体、自动车床底座的直线度,气缸盖结合面、气缸座、内燃机连杆分离面的平面度,减速机壳体的结合面
9	用于3级平板,机床溜板箱,立钻工作台,螺纹磨床的挂轮架,金相显微镜的载物台,柴油机气缸体连杆的分离面,缸盖的结合面,阀片的平面度,空气压缩机气缸体,柴油机气缸孔环面的平面度以及辅助机构及手动机械的支承面
10	用于3级平板、自动车床床身底面的平面度,车床挂轮架的平面度、柴油机气缸体,摩托车的曲轴箱体,汽车变速箱的壳体与汽车发动机缸盖结合面,阀片的平面度,以及液压、管件和法兰的连接面等
11	用于易变形的薄片零件,如离合器的摩擦片,汽车发动机缸盖的结合面等

3.6.1.2 圆度和圆柱度

圆度和圆柱度公差值列于表 3-3-54。

常用加工方法可达到的圆度和圆柱度公差等级列于表 3-3-55。

圆度和圆柱度公差等级应用示例列于表 3-3-56。

3.6.1.3 平行度、垂直度和倾斜度

平行度、垂直度和倾斜度公差值列于表 3-3-57。

常用加工方法可达到的平行度、垂直度和倾斜度公差等级列于表 3-3-58。

平行度和垂直度公差等级应用示例列于表 3-3-59。

3.6.1.4 同轴度、对称度、圆跳动和全跳动

同轴度、对称度、圆跳动和全跳动公差值列于表 3-3-60。

常用加工方法可达到的同轴度、对称度、圆跳动和全跳动公差等级列于表 3-3-61。

同轴度、对称度、圆跳动和全跳动公差等级应用示例列于表 3-3-62。

第3篇

表 3-3-54 圆度和圆柱度公差值

主参数 $d(D)$/mm	公差等级												
	0	1	2	3	4	5	6	7	8	9	10	11	12
	公差值/μm												
>18~30	0.2	0.3	0.6	1	1.5	2.5	4	6	9	13	21	33	52
>30~50	0.25	0.4	0.6	1	1.5	2.5	4	7	11	16	25	39	62
>50~80	0.3	0.5	0.8	1.2	2	3	5	8	13	19	30	46	74
>80~120	0.4	0.6	1	1.5	2.5	4	6	10	15	22	35	54	87
>120~180	0.6	1	1.2	2	3.5	5	8	12	18	25	40	63	100
主参数 $d(D)$ 图例													

表 3-3-55　　**常用加工方法可达到的圆度和圆柱度公差等级**

表面	加工方法		圆度、圆柱度公差等级											
			1	2	3	4	5	6	7	8	9	10	11	12
轴	精密车削				●	●	●							
	普通车削						●	●	●	●	●	●		
	普通立车	粗					●	●	●					
		细						●	●	●	●	●		
	自动、半自动车	粗								●	●			
		细							●	●				
		精						●	●					
	外圆磨	粗					●	●	●					
		细			●	●	●							
		精	●	●	●									
	无心磨	粗						●	●					
		细		●	●	●	●							
	研磨			●	●	●	●							
	精磨													
	钻								●	●	●	●	●	●
孔	镗 普通镗	粗							●	●	●	●		
		细					●	●	●	●				
		精				●	●							
	镗 金刚石镗	细			●	●								
		精	●	●	●									
	铰孔						●	●	●					
	扩孔						●	●	●					
	内圆磨	细				●	●							
		精			●	●								
	研磨	细				●	●	●						
		精	●	●	●	●								
	珩磨						●	●	●					

表 3-3-56　　**圆度和圆柱度公差等级应用示例**

公差等级	应用示例(参考)
1	高精度量仪主轴,高精度机床主轴、滚动轴承滚球和滚柱等
2	精密量仪主轴、外套、阀套,高压油泵柱塞及套,纺锭轴承,高速柴油机进、排气门,精密机床主轴轴颈,针阀圆柱表面,喷油泵柱塞及柱塞套
3	工具显微镜套管外圆,高精度外圆磨床轴承,磨床砂轮主轴套筒,喷油嘴针、阀体,高精度微型轴承内外圆
4	较精密机床主轴,精密机床主轴箱孔,高压阀门活塞、活塞销,阀体孔,工具显微镜顶针,高压油泵柱塞,较高精度滚动轴承配合轴,铣削动力头箱体孔等
5	一般量仪主轴,测杆外圆,陀螺仪轴颈,一般机床主轴,较精密机床主轴及主轴箱孔,柴油机、汽油机活塞及活塞销孔,铣削动力头轴承箱座孔,高压空气压缩机十字头销、活塞,较低精度滚动轴承配合轴等
6	仪表端盖外圆,一般机床主轴及箱体孔,中等压力下液压装置工作面(包括泵、压缩机的活塞和气缸),汽车发动机凸轮轴,纺机锭子,通用减速器轴颈,高速船用发动机曲轴,拖拉机曲轴主轴颈
7	大功率低速柴油机曲轴、活塞、活塞销、连杆、气缸,高速柴油机箱体孔,千斤顶或压力油缸活塞,液压传动系统的分配机构,机车传动轴,水泵及一般减速器轴颈
8	低速发动机,减速器,大功率曲柄轴轴颈,压气机连杆盖、体,拖拉机气缸体、活塞,炼胶机冷铸轴辊,印刷机传墨辊,内燃机曲轴,柴油机机体孔、凸轮轴,拖拉机、小型船用柴油机气缸套
9	空气压缩机缸体,液压传动筒,通用机械杠杆与拉杆用套筒销子,拖拉机活塞环、套筒孔
10	印染机导布辊,绞车,吊车,起重机滑动轴承轴颈等

表 3-3-57　平行度、垂直度和倾斜度公差值

主参数 L、$d(D)$ /mm	公差等级											
	1	2	3	4	5	6	7	8	9	10	11	12
	公差值/μm											
>63～100	1.2	2.5	5	10	15	25	40	60	100	150	250	400
>100～160	1.5	3	6	12	20	30	50	80	120	200	300	500
>160～250	2	4	8	15	25	40	60	100	150	250	400	600
>250～400	2.5	5	10	20	30	50	80	120	200	300	500	800
>400～630	3	6	12	25	40	60	100	150	250	400	600	1000
>630～1000	4	8	15	30	50	80	120	200	300	500	800	1200
主参数 L、$d(D)$ 图例	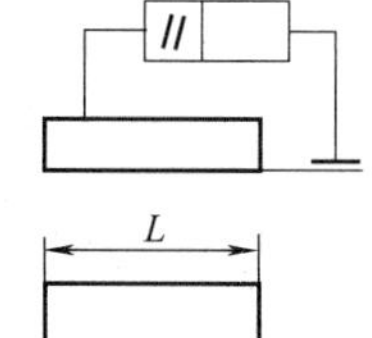 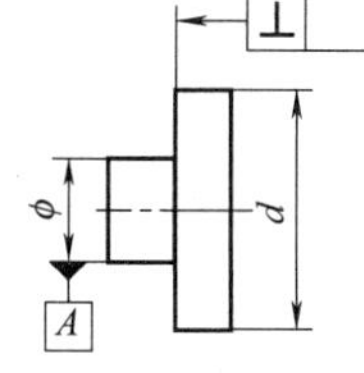 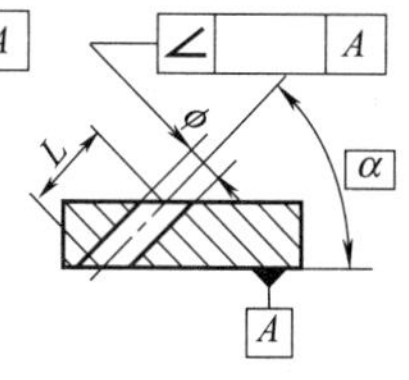											

表 3-3-58　常用加工方法可达到的平行度、垂直度和倾斜度公差等级

加工方法		平行度、垂直度精度等级											
		1	2	3	4	5	6	7	8	9	10	11	12
面对面													
研磨		●	●	●	●								
刮		●	●	●	●	●	●						
磨	粗					●	●	●	●				
	细				●	●	●						
	精		●	●	●								
铣							●	●	●	●	●	●	
刨								●	●	●	●	●	
拉								●	●	●			
插								●	●				
轴线对轴线(或平面)													
磨	粗							●	●				
	细				●	●	●	●					
镗	粗								●	●	●		
	细							●	●				
	精						●	●					
金刚石镗					●	●	●						
车	粗										●	●	
	细							●	●	●	●		
铣							●	●	●	●	●		
钻										●	●	●	●

表 3-3-59　平行度和垂直度公差等级应用示例

公差等级	应用示例(参考)	
	平行度	垂直度
1	高精度机床、测量仪器及量具等主要基准面和工作面	
2，3	精密机床，测量仪器、量具及模具的基准面和工作面，精密机床上重要箱体主轴孔对基准面的要求，尾架孔对基准面的要求	精密机床导轨，普通机床主要导轨，机床主轴轴向定位面，精密机床主轴轴肩端面，滚动轴承座圈端面，齿轮测量仪的心轴，光学分度头心轴，涡轮轴端面，精密刀具，量具的工作面和基准面

续表

公差等级	应用示例(参考)	
	平行度	垂直度
4,5	普通机床、测量仪器、量具及模具的基准面和工作面，高精度轴承座圈、端盖、挡圈的端面，机床主轴孔对基准面要求，重要轴承孔对基准面要求，床头箱体重要孔间要求，一般减速器壳体孔、齿轮泵的轴孔端面等	普通机床导轨，精密机床重要零件，机床重要支承面，普通机床主轴偏摆，发动机轴和离合器的凸缘，气缸的支承端面，装4,2级轴承的箱体的凸肩
6,7,8	一般机床零件的工作面或基准，压力机和锻锤的工作面，中等精度钻模的工作面，一般刀、量、模具机床一般轴承孔对基准面的要求，床头箱一般孔间要求，油缸轴线，变速器箱体孔，主轴花键对定心直径，重型机械轴承盖的端面，卷扬机、手动传动装置中的传动轴	低精度机床主要基准面和工作面，回转工作台端面，一般导轨，主轴箱体孔，刀架、砂轮架及工作台回转中心，机床轴肩、气缸配合面对其轴线，活塞销孔对活塞中心线以及装6、0级轴承壳孔的轴线等
9,10	低精度零件，重型机械滚动轴承端盖，柴油机和煤气发动机的曲轴孔、轴颈等	花键轴轴肩端面，皮带运输机法兰盘等端面对轴心线，手动卷扬机及传动装置中轴承端面，减速器壳体平面等
11,12	零件的非工作面，卷扬机、运输机上用的减速器壳体平面	农业机械齿轮端面等

表 3-3-60　　同轴度、对称度、圆跳动和全跳动公差值

主参数 $d(D)$，B,L/mm	公差等级											
	1	2	3	4	5	6	7	8	9	10	11	12
	公差值/μm											
>10~18	0.8	1.2	2	3	5	8	12	20	40	80	120	250
>18~30	1	1.5	2.5	4	6	10	15	25	50	100	150	300
>30~50	1.2	2	3	5	8	12	20	30	60	120	200	400
>50~120	1.5	2.5	4	6	10	15	25	40	80	150	250	500
>120~260	2	3	5	8	12	20	30	50	100	200	300	600
>260~500	2.5	4	6	10	15	25	40	60	120	250	400	800
主参数	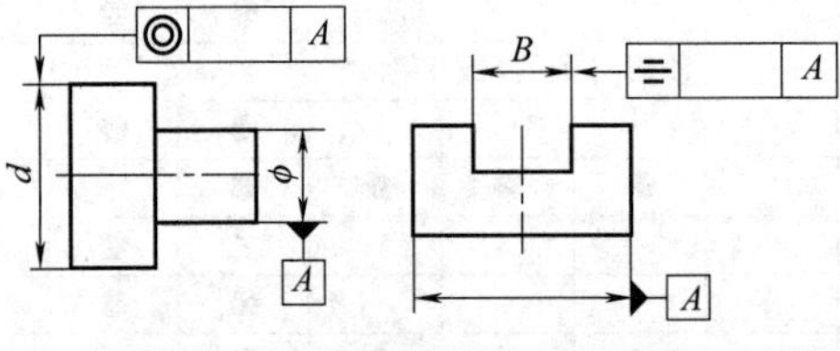 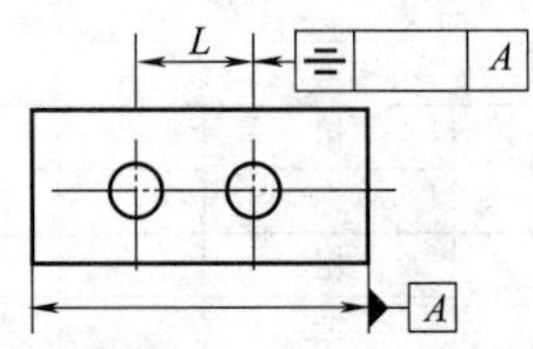											

表 3-3-61　　常用加工方法可达到的同轴度、对称度、圆跳动和全跳动公差等级

加工方法		同轴度、圆跳动公差等级										
		1	2	3	4	5	6	7	8	9	10	11
车、镗	(加工孔)				●	●	●	●	●	●		
	(加工轴)			●	●	●	●	●	●			
铰						●	●	●				
磨	孔		●	●	●	●	●	●				
	轴	●	●	●	●	●	●					
珩磨			●	●	●							
研磨		●	●	●								

第3篇

表 3-3-62 同轴度、对称度、圆跳动和全跳动公差等级应用示例

公差等级	应用示例(参考)
1,2 3,4	用于同轴度或旋转精度要求很高的零件,一般需要按公差等级 6 级或高于 6 级制造的零件。如 1、2 级用于精密测量仪器的主轴和顶尖,柴油机喷油嘴针阀等;3、4 级用于机床主轴轴颈,砂轮轴轴颈,汽轮机主轴,测量仪器的小齿轮轴,高精度滚动轴承内、外圈等
5,6,7	应用范围较广的公差等级,用于精度要求比较高,一般按公差等级 6 级或 3 级制造的零件。如 5 级常用的机床轴颈,测量仪器的测量杆,汽轮机主轴,柱塞油泵转子,高精度滚动轴承外圈,一般精度轴承内圈;6、7 级用在内燃机曲轴、凸轮轴轴颈,水泵轴、齿轮轴,汽车后桥输出轴,电机转子,0 级精度滚动轴承内圈,印刷机传墨辊等

3.6.1.5 位置度

(1) 位置度系数

由于标注位置度公差的被测要素类型繁多,因此标准只给出了推荐的数值系列,如表 3-3-63 所示。

(2) 位置度公差值的确定方法

GB/T 13319—2003 的附录中给出了位置度公差值的确定方法,见表 3-3-64,由该计算方法确定的位置度公差值适用于呈任何分布形式的内、外相配要素,并保证装配互换。

表 3-3-63 位置度系数 μm

1	1.2	1.5	2	2.5	3	4	5	6	8
1×10^n	1.2×10^n	1.5×10^n	2×10^n	2.5×10^n	3×10^n	4×10^n	5×10^n	6×10^n	8×10^n

表 3-3-64 位置度公差值的确定方法

类型	示例	说明
螺栓连接的计算公式	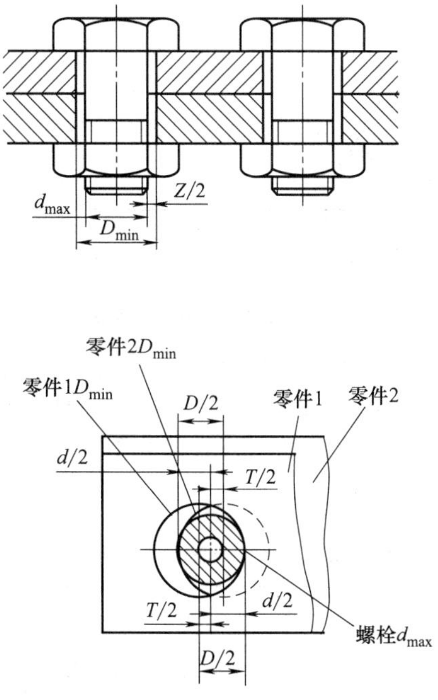 d_{max} $Z/2$ D_{min} 零件$2D_{min}$ 零件$1D_{min}$ $D/2$ 零件1 零件2 $d/2$ $T/2$ $T/2$ $d/2$ 螺栓d_{max} $D/2$ 图(a)	用螺栓连接两个或两个以上的零件,且被连接零件均为光孔,其孔径大于螺栓直径,如图(a)所示,螺栓连接的计算公式为: $t=KS$ 式中 S——光孔与紧固件之间的间隙,$S=D_{min}-d_{max}$,其中 D_{min}是光孔的最小直径,d_{max}是螺栓、螺钉或销轴的最大直径; t——位置度公差值(公差带的直径或宽度); K——间隙利用系数,K 的推荐值为: 不需调整的连接时,$K=1$; 需要调整的连接时,$K=0.8$ 或 $K=0.6$; K 值的选择应根据连接件之间所需要的调整间隙量确定。例如:某个采用螺栓连接的部位,其光孔与紧固之间的间隙为 1mm 若设计只要求装配时螺栓能顺利地穿入被连接件的光孔,各被连接件不需作相互错动的调整,此时,选 $K=1$,则 $t=1$mm。若被连接件光孔的位置度误差达到最大值 1mm,螺栓穿入后,被连接件之间无法相互错动调整 若设计要求在螺栓穿入被连接件的光孔后,为保证其他环节的调整需要,如边缘对齐等,各被连接件之间应能相互错动调整 0.4mm,此时,选 $K=0.8$,则 $t=0.8$mm。若被连接件光孔的位置度误差均达到最大值 0.8mm,螺栓穿入后,两被连接件之间仍有 0.4mm 的相互错动调整量 若考虑结构、加工等因素,被连接零件采用不相等的位置度公差 t_a、t_b时,则应满足:$t_a+t_b\leqslant 2t$

续表

类型	示例	说明
螺钉或螺柱连接的计算公式	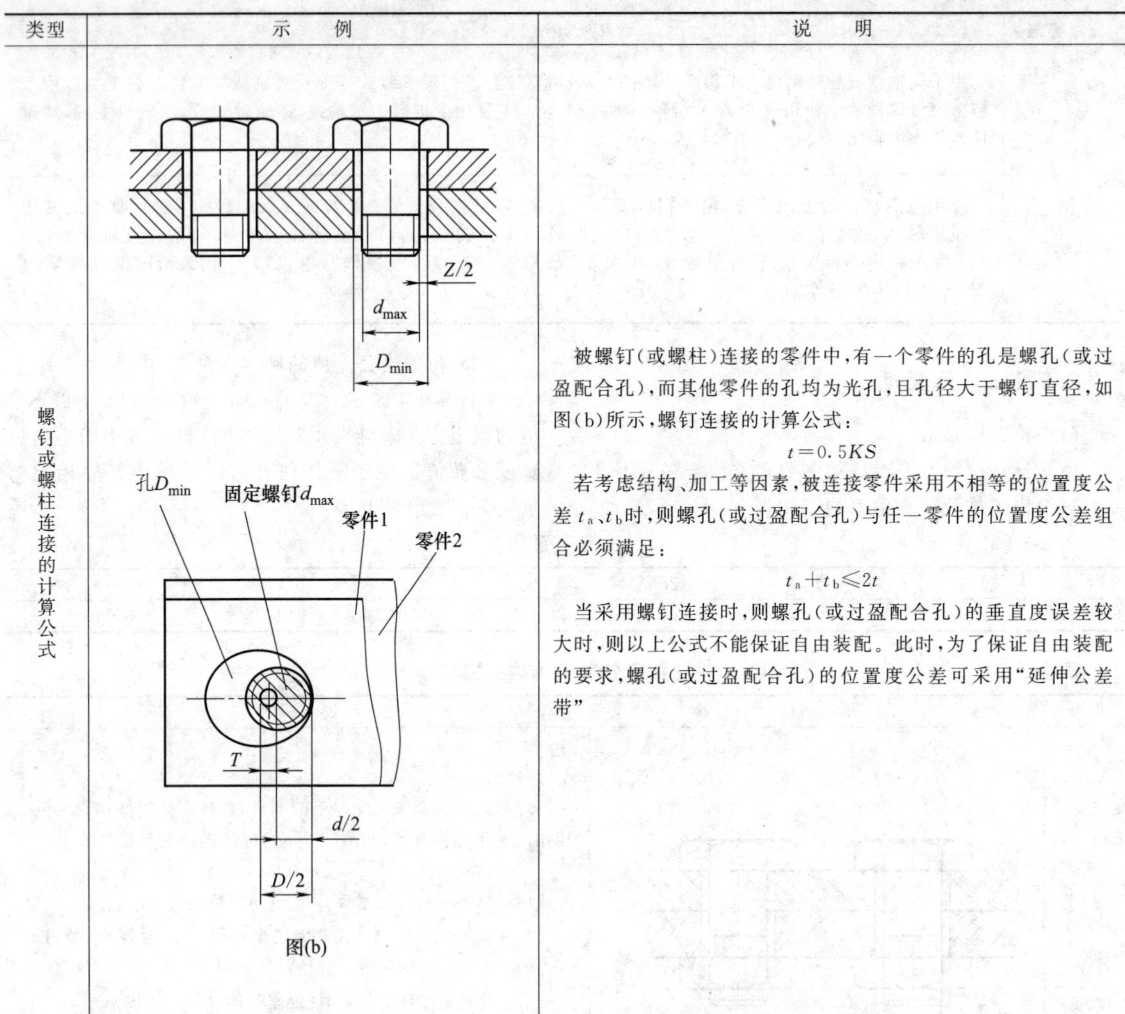图(b)	被螺钉(或螺柱)连接的零件中，有一个零件的孔是螺孔(或过盈配合孔)，而其他零件的孔均为光孔，且孔径大于螺钉直径，如图(b)所示，螺钉连接的计算公式： $t=0.5KS$ 若考虑结构、加工等因素，被连接零件采用不相等的位置度公差 t_a、t_b时，则螺孔(或过盈配合孔)与任一零件的位置度公差组合必须满足： $t_a+t_b\leqslant 2t$ 当采用螺钉连接时，则螺孔(或过盈配合孔)的垂直度误差较大时，则以上公式不能保证自由装配。此时，为了保证自由装配的要求，螺孔(或过盈配合孔)的位置度公差可采用"延伸公差带"

3.6.2 几何公差的未注公差值

几何公差的未注公差值符合工厂的常用精度等级，即用一般机加工和常用工艺方法可以保证的精度范围，不必在图样上采用框格形式单独注出。GB/T 1184—1996 明确给出了几何公差未注公差的规定，几何公差未注公差等级分为三级，分别用 H、K、L 表示，其中 H 较高，L 较低，各项目未注公差的规定及公差值见表 3-3-65～表 3-3-68。

3.6.2.1 直线度和平面度

直线度和平面度的未注公差值规定见表 3-3-65。在表中选择公差值时，对于直线度应按其相应线的长度选择；对于平面度应按其表面的较长一侧或圆表面的直径选择。

表 3-3-65 直线度和平面度的未注公差值 mm

公差等级	基本长度范围					
	≤10	>10～30	>30～100	>100～300	>300～1000	>1000～3000
H	0.02	0.05	0.1	0.2	0.3	0.4
K	0.05	0.1	0.2	0.4	0.6	0.8
L	0.1	0.2	0.4	0.8	1.2	1.6

3.6.2.2 圆度和圆柱度

圆度的未注公差值等于标准的直径公差值，但不能大于表 3-3-68 中的径向圆跳动值。

圆柱度的未注公差值不做规定。因为圆柱度误差由三个部分组成：圆度、直线度和相对素线的平行度误差，而其中每一项误差均由它们的注出公差或未注公差控制。如因功能要求，圆柱度应小于圆度、直线度和平行度未注公差的综合结果，被测要素上应按 GB/T 1182 的规定注出圆柱度公差值。圆柱度可采用包容要求来控制。

3.6.2.3 平行度和垂直度

平行度的未注公差值等于给出的尺寸公差值。如果要素处处均为最大实体尺寸时，平行度的未注公差值等于直线度和平面度未注公差值中最大的公差值。

应取两要素中的较长者作为基准，若两要素的长度相等则可选任一要素为基准。

垂直度的未注公差值列于表 3-3-66。取形成直角的两边中较长的一边作为基准，较短的一边作为被测要素；若两边的长度相等则可取其中的任意一边作为基准。

表 3-3-66 垂直度的未注公差值 mm

公差等级	基本长度范围			
	≤100	>100～300	>300～1000	>1000～3000
H	0.2	0.3	0.4	0.5
K	0.4	0.6	0.8	1
L	0.6	1	1.5	2

3.6.2.4 对称度和同轴度

对称度的未注公差值列于表 3-3-67。应取两要素中较长者作为基准，较短者作为被测要素；若两要素长度相等则可选任一要素为基准。如图 3-3-4 所示。

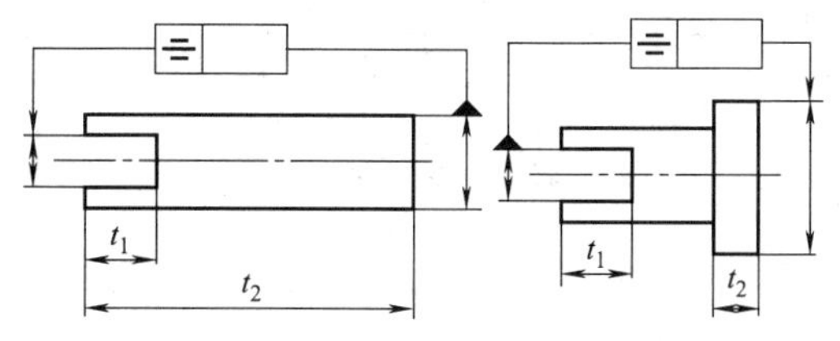

(a) 基准：较长要素(l_2)　(b) 基准：较长要素(l_1)

图 3-3-4 对称度未注公差的应用示例

对称度的未注公差值用于至少两个要素中的一个是中心平面，或两个要素的轴线相互垂直。

表 3-3-67 对称度的未注公差值 mm

公差等级	基本长度范围			
	≤100	>100～300	>300～1000	>1000～3000
H	0.5			
K	0.6		0.8	1
L	0.6	1	1.5	2

同轴度的未注公差值未作规定。在极限状况下，同轴度的未注公差值可以和表 3-3-68 中规定的径向圆跳动的未注公差值相等。应选两要素中的较长者为基准，若两要素长度相等则可选任一要素为基准。

3.6.2.5 圆跳动

圆跳动的未注公差值列于表 3-3-68。对于圆跳动的未注公差值，应以设计或工艺给出的支承面作为基准，否则应取两要素中较长的一个作为基准；若两要素的长度相等则可选任一要素为基准。

表 3-3-68 圆跳动的未注公差值

公差等级	H	K	L
圆跳动的公差值	0.1	0.2	0.5

3.6.2.6 轮廓度、倾斜度、位置度和全跳动

GB/T 1184 未对线轮廓度、面轮廓度、倾斜度、位置度和全跳动的未注几何公差进行规定，它们应由各要素的注出或未注几何公差、线性尺寸公差或角度公差控制。

3.7 几何公差的设计

几何公差对机器、仪器零件的使用性能有很大影响，是评定零件质量的重要指标。正确选择形位公差项目和合理确定公差数值，能保证零件的使用要求、提高经济效果。几何公差的选择主要包括：公差项目选择、基准的确定、公差数值（或公差等级）选择以及公差原则选择几个方面内容。

3.7.1 几何公差项目的选用方法

几何公差特征项目的选用应依据零件的结构特征、功能要求、测量条件及经济性等因素，经分析后综合确定。

几何公差项目的选择：在保证零件使用功能要求的前提下，应尽量减少几何公差特征的数量，尽量简化控制几何误差的方法，同时也要考虑检测的方便性，如表 3-3-69 所示。新一代 GPS 将所有的理想要素归为七种恒定类，因此可以根据要素所属的恒定类进行几何公差项目的选用，如表 3-3-70 所示给出了基于恒定类的几何公差项目选用示例。

几何公差项目有单项控制项目和综合控制项目，根据设计情况和需求，在几何公差项目选择时，某些项目之间可以替换，其关系如表 3-3-71 所示。

总之，合理、恰当地对零件选择几何公差项目，必须充分明确所设计零件的功能要求，同时还要熟悉零件的加工工艺和具备一定的检测经验。

表 3-3-69　　几何公差项目的选用方法

考虑因素		说明
零件的几何特征	几何形状特征	零件要素的几何形状特征是选择公差特征的主要依据。例如，控制圆柱形零件可选择的公差特征有圆度、圆柱度、直线度；控制机床导轨可选择的公差特征有直线度、平面度；平面零件可选择的公差特征是平面度
	几何方位特征	方向和位置公差特征主要按零件要素间几何方位特征关系选择，因此，关联要素的公差特征应以其与基准间的几何方位关系为依据。例如，对于回转体类零件，可选择的公差特征有跳动公差；对于阶梯轴（或阶梯孔）类零件，除了跳动公差之外，还可选择同轴度公差；线（面）与线（面）之间可选择方向公差和位置公差；点要素只能规定位置度公差
零件的功能要求	零件的工作精度	①为保证机床的工作精度，应对机床导轨规定直线度公差 ②为保证滚动轴承的旋转精度，应对滚动轴承内外圈规定圆度或圆柱度公差；对与轴承配合的轴颈、轴承座孔规定圆柱度公差 ③为保证机床工作台、夹具定位平面等定位基准面的定位可靠性，应规定平面度公差 ④为保证传动齿轮的接触精度，应对齿轮零件的内孔规定圆柱度公差或用包容要求综合控制其尺寸与形状误差；对齿轮副的两孔轴线规定平行度公差 ⑤为保证凸轮传动运动规律的准确性，应对凸轮轮廓曲线规定线轮廓度公差
	连接强度和密封性	①为保证气缸盖与缸体之间贴合面的密封性和较好的连接强度，应对两平面规定平面度公差 ②为保证具有转动配合的圆柱面间隙具有均匀性和运动的平稳性，以及圆柱面定位配合的连接强度和可靠性，应对具有间隙配合的圆柱面规定圆度或圆柱度公差
	减少磨损，延长零件的使用寿命	①为保证具有间隙配合相对运动的轴、孔，应对圆柱面规定圆度或圆柱度公差 ②为保证相对运动的滑块，应对两平面规定平面度公差
检测的方便性		在满足功能要求的前提下，为了检测方便，通常选用测量简便的项目替代测量较难的项目。如：对于被测要素圆柱面，选用圆度、轴线直线度代替圆柱度；用端面圆跳动代替对轴线的垂直度公差；对于零件的回转面，应首选跳动公差特征
减少检测项目		在几何公差特征中，圆度、直线度、平面度等是属于单项控制的公差特征，圆柱度、位置度、跳动等属于综合控制的公差特征。选择几何公差特征时，应尽量选择综合控制的公差特征，以减少图样标注和减少相应检测项目
参考专业标准		确定几何公差特征应参照有关专业标准的规定。如：与滚动轴承配合的孔与轴，与单键、花键、齿轮配合的键槽等，对它们的几何公差特征都有相应的要求和规定

表 3-3-70　　基于恒定类的几何公差项目选用示例

要素所属恒定类		有无基准情况		可选用的几何公差项目
类型	示例			
平面类	平面	无基准		⏤、⏥、⌓
		有基准	基准为平面	∥、⊥、∠、⌖、⌯、⌓
			基准为直线（轴线）	∥、⊥、∠、↗、⌰、⌯、⌖、⌓
			基准为平面-平面-平面	⌖、⌓
			基准为平面-轴线	⌖、↗、⌰、⌓

续表

要素所属恒定类		有无基准情况		可选用的几何公差项目
类型	示例			
圆柱类	圆柱面	无基准		○、⌭、⌓、—
		有基准	基准为轴线	↗、⌰
	轴线	无基准		—
		有基准	基准为平面	∥、⊥、∠、⌖、⌯
			基准为轴线	∥、⊥、∠、◎、⌯
			基准为平面-轴线	∥、⊥、∠、⌖
			基准为平面-平面-平面	⌖
旋转类	圆锥面	无基准		○、—、⌓
		有基准	基准为平面	∥、⊥、∠、⌖、⌓
			基准为轴线	∥、⊥、∠、↗、⌖、⌓
球类	球面	无基准		○、⌓、⌒
		有基准	基准为平面	⌓、⌖
			基准为轴线	↗、⌖、⌓
	球心	有基准	基准为平面	⌖
			基准为轴线	⌖、◎
			基准为球心	◎、⌖
			基准为轴线-平面	⌖
			基准为平面-平面-平面	⌖
复合体类	曲面	无基准		⌒、⌓
		有基准	基准为平面	⌒、⌓、⌖
			基准为曲面	⌓、⌖
			基准为轴线	⌓、⌖、↗

表 3-3-71　　公差项目替换

可替换项目		
综合控制项目		综合或单项控制项目
圆柱度		圆度、直线度、平行度
圆跳动	径向	圆度、同轴度
	轴向	垂直度(不充分)
	斜向	同轴度、圆度(不充分)
全跳动	径向	同轴度、圆柱度
	轴向	平面度、垂直度

第 3 篇

表 3-3-72 典型要素对应的公差带

项目 / 要素	形状公差				轮廓公差		方向公差			位置公差			跳动公差	
	—	▱	○	⌭	⌒	⌓	∠	//	⊥	⌖	◎	⌯	↗	⌰
点	NA	NA	NA	NA	NA	NA	NA	NA	NA	ϕt $S\phi t$	ϕt	NA	NA	NA
线	t	NA	t	NA	t	NA	t	t	t	NA	NA	t	t	NA
轴线	t ϕt	NA	NA	NA	NA	NA	t ϕt	t ϕt	t ϕt	t ϕt	ϕt	t	NA	NA
棱边	t	NA	NA	NA	NA	NA	t	t	t	NA	NA	NA	NA	NA
中面	NA	NA	NA	NA	NA	NA	t	t	t	t	NA	t	NA	NA
平面	t	t	NA	NA	NA	t	t	t	t	t	NA	NA	t	t
圆柱面	NA	NA	t	r	NA	t	NA	NA	NA	NA	NA	NA	t	r
圆锥面	NA	NA	t	NA	NA	NA	NA	NA	NA	NA	NA	NA	t	NA
圆环面	NA	NA	t	NA	NA	NA	NA	NA	NA	NA	NA	NA	t	NA
球面	NA	NA	t	NA	NA	t	NA	NA	NA	NA	NA	NA	t	NA
曲面	NA	NA	NA	NA	t	t	NA	NA	NA	t	NA	NA	NA	NA

注：符号 NA 表示该要素不能选用对应的公差项目，亦无相应的公差带。

3.7.2　公差带的形状、大小、属性及偏置情况确定

3.7.2.1　公差带形状的确定

根据几何公差项目的类型、要素的类型、基准情况和功能要求可以确定出要素的公差带形状，如表 3-3-72 所示。根据公差带的形状可以确定公差值前面是否加前缀 ϕ 或 $S\phi$。

3.7.2.2　公差带大小的确定

根据 GB/T 1184—1996 的规定，图样上对几何公差值大小的表示方法有两种：一种是在框格内注出几何公差的公差值，另一种是不用框格的形式单独注出几何公差的公差值。

(1) 几何公差的注出公差值设计

几何公差的注出公差值设计的基本设计原则是在满足零件功能要求的前提下，并考虑结构、刚性等因素，兼顾经济性和检测条件，尽量选用较低的公差等级。

确定注出几何公差值时，应遵守下列原则：

1) 根据几何公差带的特征和几何误差值的定义，对同一被测要素规定多项几何公差时，要协调好各项目之间的关系。线要素的形状公差应小于面要素的形状公差；同一要素的形状公差值应小于其方向公差值；对同基准或基准体系，同一要素的方向公差值小于其位置公差值；同一要素的形状公差值应小于其位置公差值；跳动公差具有综合控制的性质。

2) 考虑配合要求。有配合要求的要考虑，其形状公差值多按占尺寸公差的百分比来考虑。根据功能要求及工艺条件，一般形状公差约占尺寸公差的 25%～63%。但是必须注意，形状公差占尺寸公差的百分比愈小，则对工艺装备精度要求愈高；而占尺寸公差的百分比大，又会给保证尺寸精度带来困难。所以，对一般零件而言，其形状公差可取尺寸公差的 40%～63%。

3) 对于下列情况，考虑到加工的难易程度和除主参数外其他参数的影响，在满足零件功能的要求下，适当降低 1～2 级选用。

①孔相对于轴；②细长比较大的轴或孔；③距离较大的轴或孔；④宽度较大（一般大于 1/2 长度）的零件表面；⑤线对线和线对面相对于面对面的平行度；⑥线对线和线对面相对于面对面的垂直度。

4) 考虑与标准件及典型零件的精度匹配问题。例如，确定与滚动轴承相配合的孔、轴几何公差值时，应考虑到与滚动轴承的精度等级相匹配，即按轴承精度等级确定几何公差值。再如，齿轮坯的几何公差值应按齿轮精度等级确定。

(2) 几何公差的注出公差值设计

1) 几何公差的未注公差值选用。GB/T 1184—1996 规定的几何公差未注公差等级分为三级，分别用 H、K、L 表示；其几何公差的未注公差值一般符合工厂的常用精度等级，H、K、L 可根据不同工厂常用精度等级（工厂的实际加工精度和能力）自行确定。

若某要素的功能要求允许几何公差采用标准规定的未注公差值时，这些几何公差值不必在图样上采用框格形式单独注出，而应该根据 GB/T 1184—1996 未注几何公差的有关规定进行标注。若某要素的功能要求允许几何公差采用小于标准规定的未注公差值（公差等级高于 H 级）时，则该几何公差值应根据 GB/T 1182—2018 直接在图样上采用框格形式进行标注。若某要素的功能要求允许几何公差采用大于标准规定的未注公差值，且这个较大的几何公差值会给工厂带来经济效益时，则该几何公差值应根据 GB/T 1182—2018 直接在图样上采用框格形式进行标注。例如一个大而细的环的圆度公差，或细长轴的直线度公差等。

选用未注几何公差的零件要素，通常不需要一一检测，若抽样检测或仲裁时，其公差值要求按 GB/T 1184—1996 确定。除另有规定，当零件要素的几何误差超出未注公差值而零件的功能没有受到损害时，不应当按惯例拒收。

2) 适用范围。几何公差的未注公差值适用于所有没有单独标注几何公差的零件要素，既适用于遵守独立原则的零件要素，也适用于某些遵守包容要求的零件要素。

3.7.2.3　公差带属性的确定

缺省情况下，被测要素的几何公差带属性为独立的公差带。根据功能要求，当需要同时控制多个被测要素具有组合公差带时，需要在几何公差值后面标注组合公差带符号 CZ。

如图 3-3-5 所示，要求被测成组要素（两个轴段轴线的组合）具有组合公差带。如图 3-3-6 所示，两个轴段的轴线分别来考虑，两个轴线具有独立的公差带。采用独立公差带形式标注时，在几何公差值后面可以不加注任何符号，如果需要强调，也可在公差值后加注独立公差带符号 SZ。

3.7.2.4　公差带偏置的确定

对于公差带的位置以理论正确要素（TEF）为中

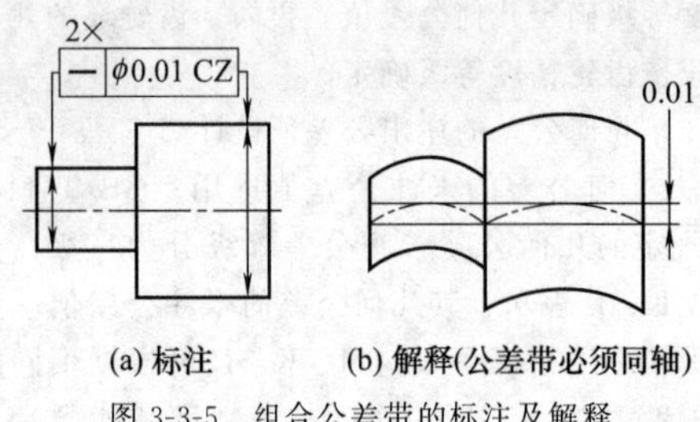

(a) 标注 (b) 解释(公差带必须同轴)

图 3-3-5 组合公差带的标注及解释

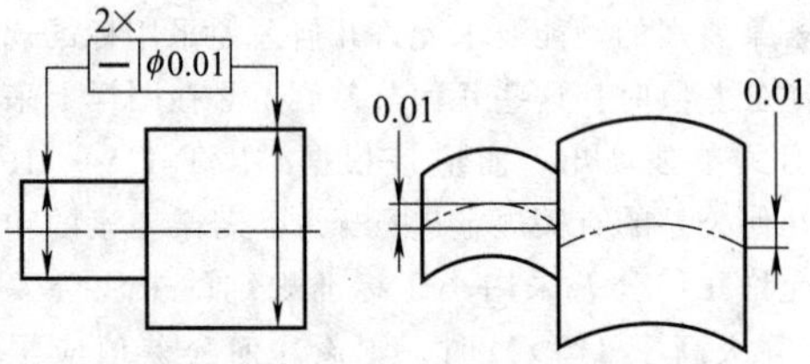

(a) 标注 (b) 解释(对公差带无方向位置约束)

图 3-3-6 独立公差带的标注及解释

心的组成要素来说，当根据功能要求，允许公差带的中心不位于 TEF 上，而是相对于 TEF 偏置，且有一个给定的偏置量时，在公差值后面加注符号 UZ，UZ 后面给出偏置的大小和方向。如果公差带中心相对于 TEF 向材料外部方向偏置，偏置量前标注“＋”；如果公差带中心相对于 TEF 向材料内部方向偏置，偏置量前标注“－”，示例如图 3-3-7（a）所示。

对于公差带的位置以理论正确要素（TEF）为中心的组成要素来说，当根据功能要求，允许公差带的中心不位于 TEF 上，而是位于相距 TEF 为一个由常数定义的未给定偏置量要素上时，应标注符号 OZ，示例如图 3-3-7（b）所示。图示要求被测要素的轮廓形状控制在偏置公差带 0.05mm 内，而该偏置公差带被控制在固定公差带 0.2mm 内且可在其中浮动。

一般情况下，偏置公差带主要用在线、面轮廓度上，用于控制被测要素轮廓的形状和方位精度。

3.7.3 被测要素的操作规范确定

3.7.3.1 滤波操作的选用

在几何公差标准并未对滤波规定缺省的规范，因此，应根据功能要求、工厂测量设备的性能以及被测要素的结构情况等，选择是否需要用滤波操作，如果需要选用滤波操作，那么所选择的滤波方案（包括滤波器类型和参数）应标注在图样上。如图 3-3-8（a）所示，公差值 0.2 后面的 S0.25-表示对被测要素采用滤波操作，S 表示滤波器的类型为样条滤波器，0.25-表示截止波长为 0.25mm 的低通滤波器。如图 3-3-8（b）所示，公差值 0.3 后面的 SW-8 表示对被测要素采用滤波操作，SW 表示滤波器的类型为样条小波滤波器，－8 表示截止波长为 8mm 的高通滤波器。如果不选用滤波操作，图样上不标注相关符号。

3.7.3.2 拟合操作的选用

（1）关联被测要素的拟合操作

根据功能要求，对于有方向和位置公差要求的被测要素（即关联被测要素），若方向和位置公差不要求控制其形状误差时，需要在几何公差值后面标注Ⓒ、Ⓖ、Ⓝ、Ⓣ或Ⓧ符号，即图样上给出的方向和位置公差是对被测提取要素的拟合要素的规范要求。缺省情况下，图样上给出的方向和位置公差是对被测提取要素本身的规范要求。如图 3-3-9 所示，几何公差值后面使用了贴切平面符号Ⓣ，表示该公差值是对被测表面的贴切平面之要求，而不是对被测表面本身的要求。此时图中框格内标有Ⓣ，表示贴切平面的最高点与最低点必须在 0.1mm 范围内，图 3-3-9（b）所示零件是合格的。如果图中没标Ⓣ时，是对被测表面本身的要求，图 3-3-9（b）所示零件是不合格的。

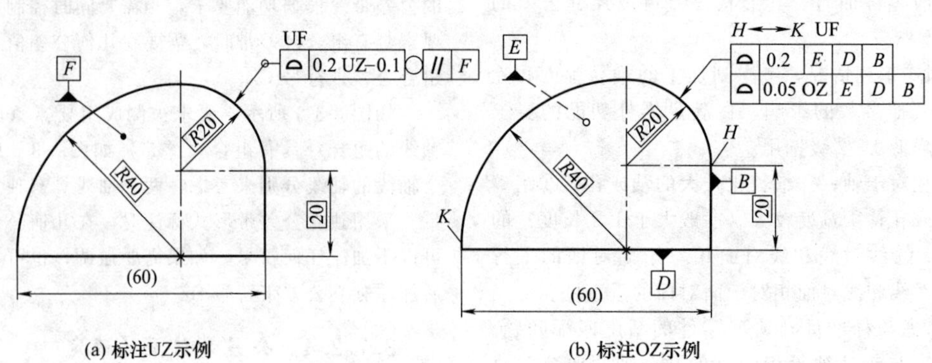

(a) 标注UZ示例 (b) 标注OZ示例

图 3-3-7 偏置公差带应用示例

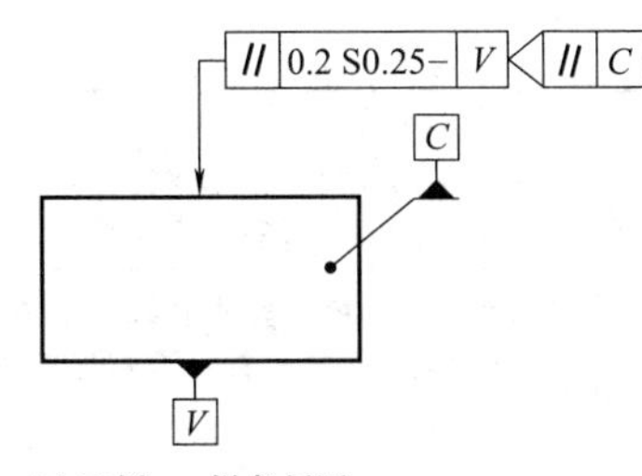

(a) 示例一：样条低通

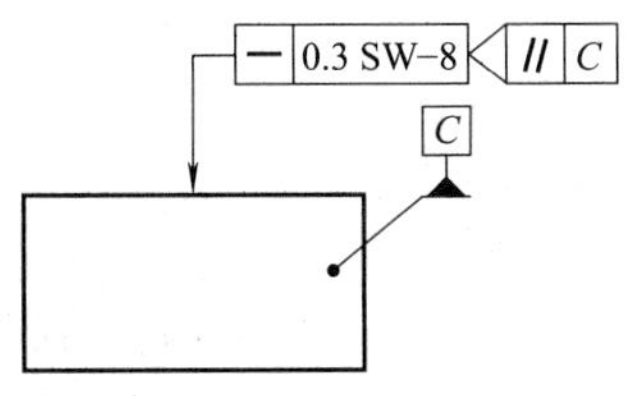

(b) 示例二：样条小波高通

图 3-3-8 滤波的应用示例

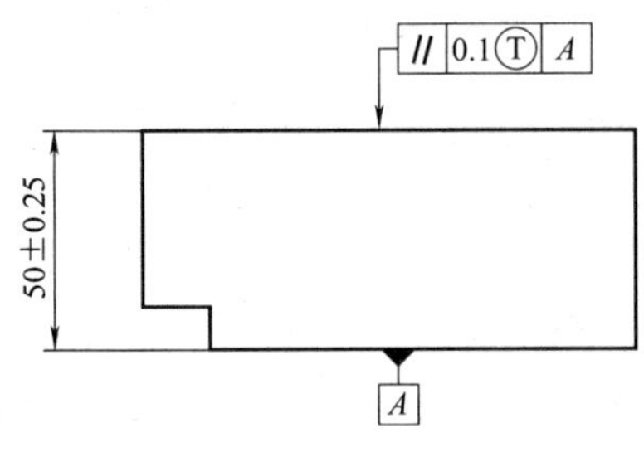

(a) 图样标注

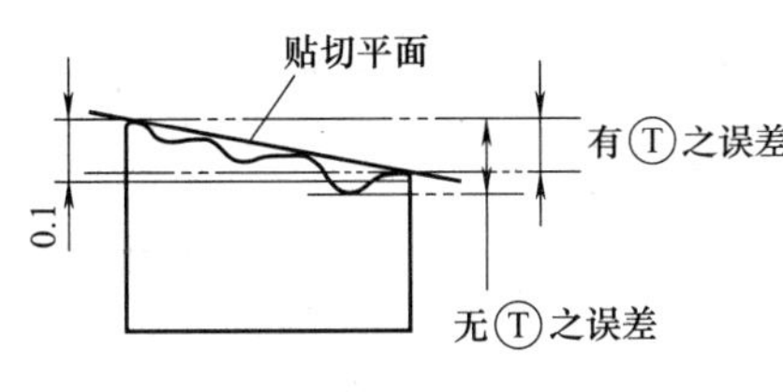

(b) 解释

图 3-3-9 有方向和位置公差要求的拟合被测要素应用示例

（2）有形状公差要求的被测要素的拟合操作

对于有形状公差要求的被测要素，为获得被测要素的理想要素的位置［即（评定）参照要素］需进行拟合操作。其拟合操作方法及规范元素（符号）有：无约束的最小区域（切比雪夫）拟合（C）、有实体外约束的最小区域拟合（CE）、有实体内约束的最小区域拟合（CI）、无约束的最小二乘拟合（G）、有实体外约束的最小二乘拟合（GE）、有实体内约束的最小二乘拟合（GI）、最小外接拟合（N）和最大内切拟合（X）等。缺省的拟合操作方法为无约束的最小区域（切比雪夫）拟合 C。当采用非缺省拟合方法时，需要在几何公差值后面标注 G、N、X 等符号。

根据功能要求、检测条件和被测要素的结构特征等，选择合适的拟合方法。如图 3-3-10（a）所示，几何公差值 0.01 后面没有相关的符号，表示获得被测要素理想要素位置的方法采用了缺省的最小区域拟合。图 3-3-10（b）中几何公差值 0.01 后面的 G 表示获得被测要素理想要素位置的方法为最小二乘拟合；符号 V 则表示圆度的评估参数为谷深参数。图 3-3-10（c）中对被测要素同时采用滤波规范元素和（评定）参照要素规范元素。注意：滤波器规范元素必须位于（评定）参照要素规范元素之前，且滤波器规范元素 G 后面必须标注嵌套指数值 50-，而（评定）参照要素规范元素仅有字母 N；“G50-”表示采用截止波长为 50 UPR 的高斯低通滤波器进行滤波，符号 N 表示采用最小外接拟合法确定（评定）参照要素的位置。

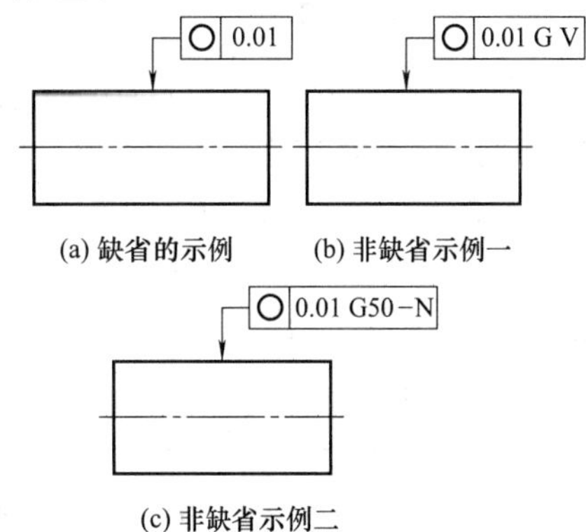

(a) 缺省的示例　(b) 非缺省示例一

(c) 非缺省示例二

图 3-3-10 有形状公差要求的被测要素拟合操作应用示例

3.7.4 公差原则的选择

应根据功能要求，考虑被测要素的结构工艺特征，充分发挥公差的职能和采取公差原则的可行性、经济性选用公差原则。

3.7.5 基准和基准体系的确定

选择方向公差项目和位置公差项目时，应考虑以下几个方面：

1）遵守基准统一原则，即设计基准、定位基准、检测基准和装配基准应尽量统一。这样可减少基准不重合而产生的误差，并可简化夹具、量具的设计和制造。尤其对于大型零件，便于实现在机测量。如对机床主轴，应以该轴安装时与支承件（轴承）配合的轴颈的公共轴线作为基准。

2）应选择尺寸精度和几何精度高、尺寸较大、刚度较大的要素作为基准。当采用多基准体系时，应选择最重要的或最大的平面作为第一基准。

表 3-3-73　　公差原则选择示例

公差原则	应用场合	应用示例
独立原则	尺寸精度和几何精度均有较严格的要求，且需要分别满足	齿轮箱体孔的尺寸精度与两孔轴线的平行度；连杆活塞销孔的尺寸精度与圆柱度；滚动轴承内、外圈滚道的尺寸精度与形状精度
	尺寸精度和几何精度要求相差较大	滚筒类零件尺寸精度要求很低，形状精度要求较高 s 平板的尺寸精度要求不高，形状精度要求很高；通孔的尺寸有一定精度要求，形状精度无要求
	尺寸公差与几何公差无联系	滚子链条的套筒或滚子内、外圆柱面的轴线同轴度与尺寸精度；发动机连杆上的尺寸精度与孔轴线间的位置精度
	保证运动精度	导轨的形状精度要求严格，尺寸精度一般
	保证密封性	气缸的形状精度要求严格，尺寸精度一般
	未注公差	凡未注尺寸公差与未注几何公差都采用独立原则，如退刀槽、倒角、圆角等非功能要素
包容要求	保证《极限与配合》国家标准规定的配合性质	ϕ30H7Ⓔ孔与 ϕ30h6Ⓔ轴的配合，可以保证配合的最小间隙等于零
	尺寸公差与几何公差间无严格比例关系要求	一般的孔与轴配合，只要求作用尺寸不超越最大实体尺寸，局部实际尺寸不超越最小实体尺寸
最大实体要求	保证关联作用尺寸不超越最大实体尺寸	关联要素的孔与轴有配合性质要求，在公差值后标注“0 Ⓜ”
	用于被测导出要素	保证自由装配，如轴承盖上用于穿过螺钉的通孔，法兰盘上用于穿过螺栓的通孔
	用于基准导出要素	基准轴线或中心平面相对于理想边界的中心允许偏离时，如孔或轴同轴度的基准轴线
最小实体要求	保证零件强度和最小壁厚	孔组轴线的任意方向位置度公差，采用最小实体要求可保证孔组间的最小壁厚
可逆要求	与最大(最小)实体要求联用	能充分利用公差带，扩大被测要素实际尺寸的允许变动范围，在不影响功能要求的前提下可以选用

3）选用的基准应正确标明，注出代号，必要时标注基准目标。对具有对称形状、装配时无法区分正反形体时，可采用任选基准。

给出关联要素之间的方向或位置关系要求时，需要选择基准。选择基准时，主要应根据设计和功能要求，并兼顾基准统一原则以及零件的结构特征等，基准数量则应根据对被测要素的限制要求来确定。表 3-3-74 列出了基准要素选择示例，以供参考。

表 3-3-74　　基准要素选择

考虑因素		应用场合	示例
几何关系	根据零件的功能及被测要素间的几何关系	轴类零件，常以两个轴承为支承运转，其运动轴线是安装轴承的两轴颈公共轴线	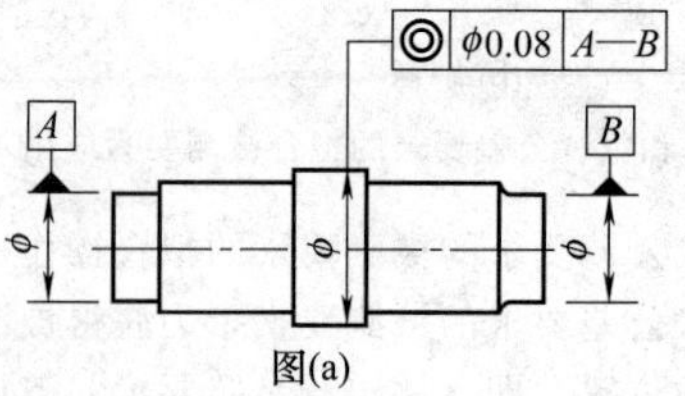 图(a) 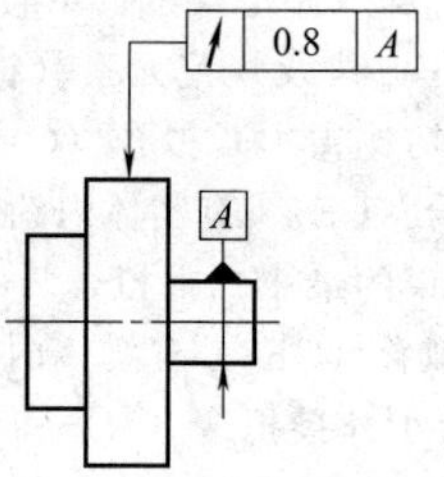 图(b)

续表

	考虑因素	应用场合	示例
装配关系	根据装配关系选择零件上相互配合、相互接触的定位要素	盘类、轴套类零件，常以其内孔轴线径向定位装配或其端面轴向定位装配	(ⅰ) (ⅱ) (ⅲ) 图(c)
功能要求	根据装配关系，选择相互配合或相互接触的表面为各自的基准，以保证零件的正确装配	箱体的装配地面、盘类零件的端平面等	图(d) 图(e)
	装配体与装配零件之间有多项功能要求	泵体与相配零件均需确定基准，并应考虑它们之间的关系。分别选择与轴线作为基准、再考虑两零件端面与轴线的垂直要求，用轴向圆跳动来控制	叶片泵装配图：泵轴 $\phi22$ 与泵体孔相配合，端面 P、Q 与孔的轴线有垂直要求 图(f) 泵轴：轴的 $\phi22f7$ 轴线作为基准 B，由于该表面有足够长度，也可作为端面 P 的垂直度基准，为检测方便用轴向圆跳动来代替 图(g)

续表

考虑因素		应用场合	示例
功能要求	装配体与装配零件之间有多项功能要求	泵体与相配零件均需确定基准，并应考虑它们之间的关系。分别选择与轴线作为基准、再考虑两零件端面与轴线的垂直要求，用轴向圆跳动来控制	泵体：ϕ22H7 作为主要基准 G，并给出端面 Q 对基准 G 的轴向圆跳动和 ϕ50H7 圆柱、ϕ55js6 圆柱面对基准 G 的轴向圆跳动公差 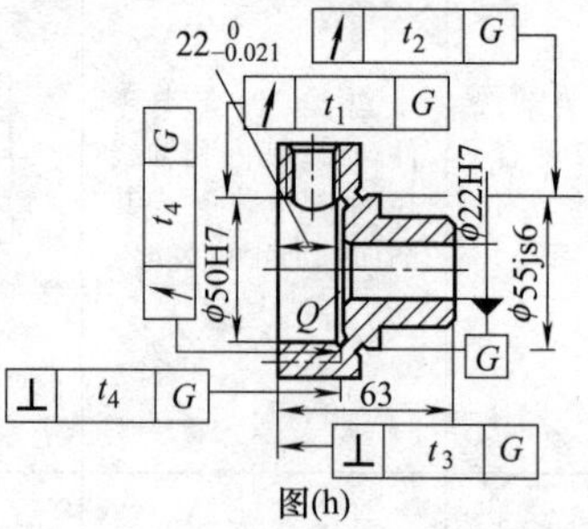 图(h)
零件结构	选择较宽大的平面、较长的轴线作为基准，以使定位稳定	对结构复杂的零件，一般应选三个基准面，以确定被测要素在空间的方向和位置	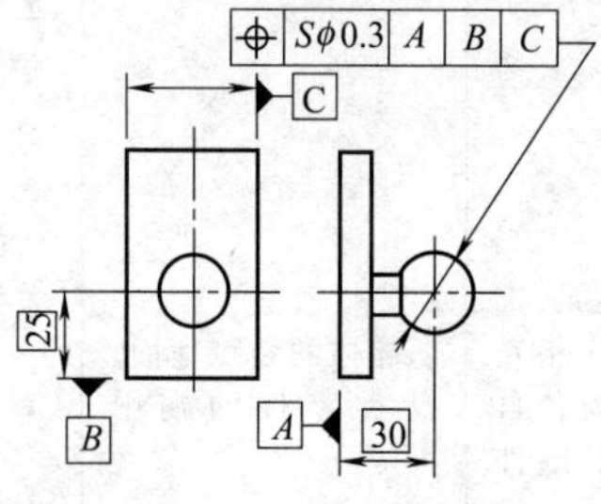 图(i)
加工检测方面	加工、检测中方便装夹定位的要素	轴承座以端面 A 和功能配合表面建立统一的基准体系，这样既符合功能要求，又能提高产品的设计精度	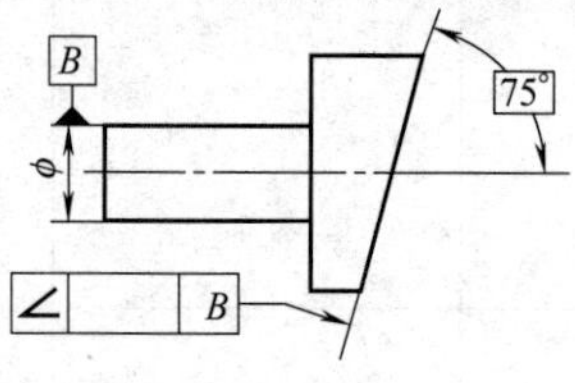 图(j)
	尽量使工艺基准、测量基准与设计基准统一		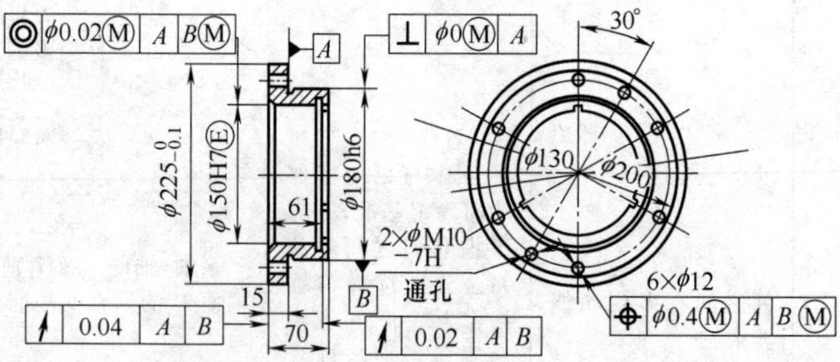 图(k)

3.7.6　几何公差设计方法

几何公差设计的主要内容及实现方法如图 3-3-11 所示。其中几何公差设计的主要内容有：几何公差项目的确定、几何公差值的确定、有关几何公差带属性/被测要素特征操作/基准建立与体现、正确的图样标注等，其中几何公差值的确定是几何公差设计的核心内容，其设计方法及发展趋势备受关注。

几何公差值的设计方法，即确定几何公差值的方法主要有计算法和类比（经验）法两种（如图 3-3-11）。一般情况下采用类比法/经验法。当需要通过计算法来确定几何公差值时，可以从产品的功能要求出发，根据总装精度指标的公差值，以关键零件为中心分配诸零件的几何公差。各零件上的某些几何公差往往也是尺寸链组成环的公差，而产品总装精度指标的公差值则为封闭环公差，它们之间的关系可按“完全互换法”“大数互换法”等计算。

近年来，随着计算机技术的涌现，计算机辅助公差设计技术（computer aided tolerancing，CAT）也得到了快速的发展，公差信息、计算方法等转化为计算机可识别的语言，零件公差自动分配和装配精度自动计算得以初步实现，几何公差设计方法也出现了可喜的进展，其主要表现在以下几个方面：①随着公差设计知识库的构建、智能优化算法的应用以及全生命周期理念的引入，几何公差设计的智能化水平得到了进一步的提升，出现了基于人工智能技术的几何公差设计专家系统；②基于 GPS 数字化技术和目标优化技术，几何公差的数字化建模及算法在一定程度上得以实现，比如基于 GPS 恒定类建立了产品几何公差的数学模型，并在此基础上，进一步采用蒙特卡洛方法和曲线曲面拟合技术构建了典型几何特征的肤面模型。借助于肤面模型即可实现公差的数字化设计、公差设计优化及验证评价。③随着尺寸链技术的应用及随机优化计算技术的引入，极大地促进了基于尺寸链计算的几何公差设计分析技术的发展；④基于 CAD 零件信息特征提取技术的研究与应用，促进了几何公差设计与现代设计系统（AutoCAD、CATIA、Solidworks、Pro/E 等）的有机结合，使零件结构与几何精度的设计实现集成与自动化成为可能。总之，随着上述几何公差设计技术的发展和基于上述新技术的计算机辅助几何公差设计综合应用系统的开发问世，不仅会大大地提高几何公差设计的数字化和智能化水平，很大程度上减少设计工作量、提高产品设计的效率，同时产品设计的质量也将得到有效的保障。

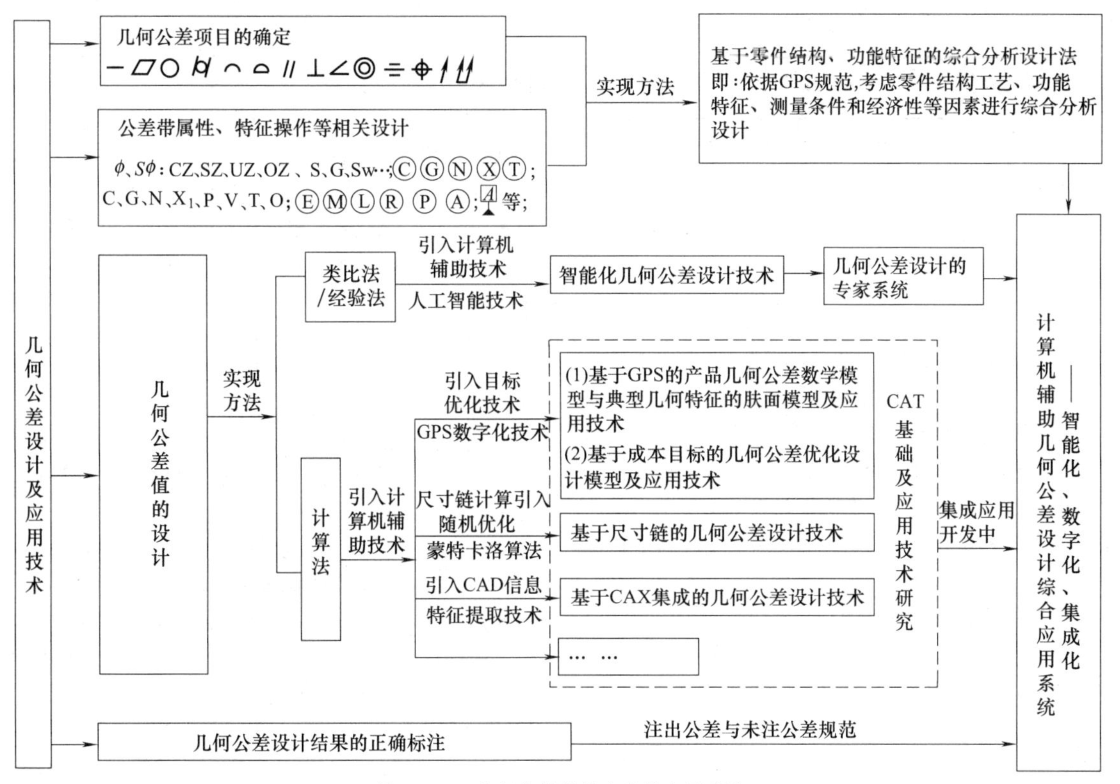

图 3-3-11　几何公差设计方法及应用系统

第4章　表面粗糙度

4.1　表面结构的概念

通过去除材料或成形加工制造的表面，必然存在各种不同的不规则形状，叠加在一起形成一个实际存在的复杂的表面轮廓。它主要由尺寸的偏离、实际形状相对于理想（几何）形状的宏观偏离以及表面的微观值和中间值的几何形状误差等综合形成。

各实际的表面轮廓都具有其特定的表面特征，称为零件的表面结构。

表面结构包括表面粗糙度、表面波纹度、形状误差以及表面轮廓，如图3-4-1所示。

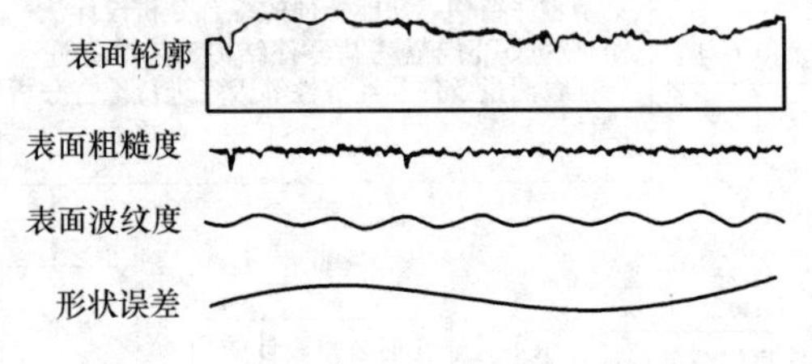

图3-4-1　表面结构

控制零件的表面轮廓，除了需要控制实际尺寸、形状、方向和位置外，还应控制其表面粗糙度、表面波纹度、表面缺陷。由于粗糙度、波纹度、几何形状误差对零件表面结构的功能影响各不相同，故应分别测定。

表面粗糙度是指零件在加工过程中由于不同的加工方法、机床与工具的精度、振动及磨损等因素在加工表面形成的具有较小间距和较小峰、谷的微观不平状况，它属于微观几何误差，影响着零件的摩擦因数、密封性、耐腐蚀性、疲劳强度、接触刚度及导电导热性能。

表面波纹度是间距大于表面粗糙度、小于表面形状误差的随机或接近周期性的成分构成的表面几何不平度，是零件表面在机械加工过程中，由于机床与工具系统的振动或一些意外因素所形成的表面纹理变化。

表面波纹度直接影响零件表面的力学性能，如接触刚度、疲劳强度、结合强度、耐磨性、抗振性和密封性，它与表面粗糙度一样，也是影响产品质量的一项重要指标。

表面缺陷是零件表面在加工、运输、存储或使用过程中都可能产生的表面状况，不存在周期性与规律性。它与表面粗糙度、表面波纹度和有限表面上的形状误差一起综合形成了零件的表面特征。

区分形状误差、表面粗糙度与表面波纹度的常见方法由在表面轮廓截面上采用三种不同的频率范围的定义来划定：对于间距小于1mm的，称为表面粗糙度；1～10mm的范围内称为表面波纹度；大于10mm的则视为形状误差，但这样的划分显然不够严密。零件大小不一及工艺条件变化均会影响这种划分。还有一种用波形的间距和幅度来划分的，比值小于50为粗糙度，比值在50～100之间为波纹度，比值大于1000的视为形状误差。

本章主要介绍表面粗糙度及其选用，涉及的相关国家标准主要有：

GB/T 18777—2009《产品几何技术规范（GPS）表面结构　轮廓法　相位修正滤波器的计量特性》

GB/T 6062—2009《产品几何技术规范（GPS）表面结构　轮廓法　接触（触针）式仪器的标称特性》

GB/T 18778.1—2002《产品几何量技术规范（GPS）　表面结构　轮廓法　具有复合加工特征的表面 第1部分 滤波和一般测量条件》

GB/T 3505—2009《产品几何技术规范（GPS）表面结构 轮廓法　术语、定义及表面结构参数》

GB/T 33523.2—2017《产品几何技术规范（GPS）　表面结构　区域法　第2部分：术语、定义及表面结构参数》

GB/T 18778.2—2003《产品几何量技术规范（GPS）　表面结构　轮廓法　具有复合加工特征的表面 第2部分 用线性化的支承率曲线表征高度特性》

GB/T 18778.3—2006《产品几何技术规范（GPS）　表面结构　轮廓法　具有复合加工特征的表面 第3部分：用概率支承率曲线表征高度特性》

GB/T 10610—2009《产品几何技术规范（GPS）表面结构　轮廓法　评定表面结构的规则与方法》

4.2　表面粗糙度的术语、定义及参数

GB/T 3505—2009《产品几何技术规范（GPS）表面结构 轮廓法 术语、定义及表面结构参数》规定了采用轮廓法确定表面结构（表面粗糙度、波纹度和原始轮廓）的术语、定义及参数。

4.2.1　基本术语及定义

表面结构的一般术语及定义见表 3-4-1；有关几何参数的术语及定义见表 3-4-2；表面轮廓参数及定义见表 3-4-3。

表 3-4-1　表面结构的术语及定义

术　语	定　　义
轮廓滤波器	把轮廓分成长波和短波成分的滤波器 在测量粗糙度、波纹度和原始轮廓的仪器中使用三种滤波器(见图 3-4-2)。它们的传输特性相同，截止波长不同
λs 滤波器	确定存在于表面上的粗糙度与比它更短的波的成分之间相交界限的滤波器(见图 3-4-2)
λc 滤波器	确定粗糙度与波纹度成分之间相交界限的滤波器(见图 3-4-2)
λf 滤波器	确定存在于表面上的波纹度与比它更长的波的成分之间相交界限的滤波器(见图 3-4-2)
坐标系	确定表面结构参数的坐标体系 通常采用一个直角坐标体系，其轴线形成一右旋笛卡尔坐标系，X 轴与中线方向一致，Y 轴也处于实际表面上，而 Z 轴则在从材料到周围介质的外延方向上
实际表面	物体与周围介质分离的表面(见图 3-4-3)
表面轮廓	平面与实际表面相交所得的轮廓 实际上，通常采用一条名义上与实际表面平行和在一个适当方向的法线来选择一个平面
原始轮廓	在应用短波长滤波器 λs 之后的总的轮廓 原始轮廓是评定原始轮廓参数的基础
粗糙度轮廓	粗糙度轮廓是对原始轮廓采用且 λc 滤波器抑制长波成分以后形成的轮廓。这是故意修正的轮廓(见图 3-4-2) 粗糙度轮廓的传输频带是由 λs 和 λc 轮廓滤波器来限定的，粗糙度轮廓是评定粗糙度轮廓参数的基础
波纹度轮廓	波纹度轮廓是对原始轮廓连续应用 λf 和 λc 两个滤波器以后形成的轮廓。采用 λf 滤波器抑制长波成分，而采用 λc 滤波器抑制短波成分。这是故意修正的轮廓 注：1. 运用分离波纹度轮廓的 λf 滤波器以前，应首先通过最小二乘法的最佳拟合从总轮廓中提取标称的形状。对于圆的标称形式，建议将半径也包含在最小二乘的优化计算中，而不是保持固定的标称值。这个分离波纹度轮廓的过程限定了理想的波纹度运算操作 2. 波纹度轮廓的传输频带是由 λf 和 λc 轮廓滤波器来限定的 3. 波纹度轮廓是评定波纹度轮廓参数的基础
中线	具有几何轮廓形状并划分轮廓的基准线
粗糙度轮廓中线	用轮廓滤波器 λf 抑制了长波轮廓成分相对应的中线
波纹度轮廓中线	用轮廓滤波器 λc 抑制了长波轮廓成分相对应的中线
原始轮廓中线	用标称形式的线穿过原始轮廓，按最小二乘法拟合所确定的中线
取样长度 lp、lr、lw	用于判别被评定轮廓的不规则特征的 X 轴向上的长度 评定长度粗糙度和波纹度轮廓的取样长度 lr 和 lw 在数值上分别与轮廓滤波器 λc 和 λf 的标志波长相等。原始轮廓的取样长度 lp 则与评定长度相等
评定长度 ln	用于判别被评定轮廓的 X 轴方向上的长度，评定长度包含一个或几个取样长度

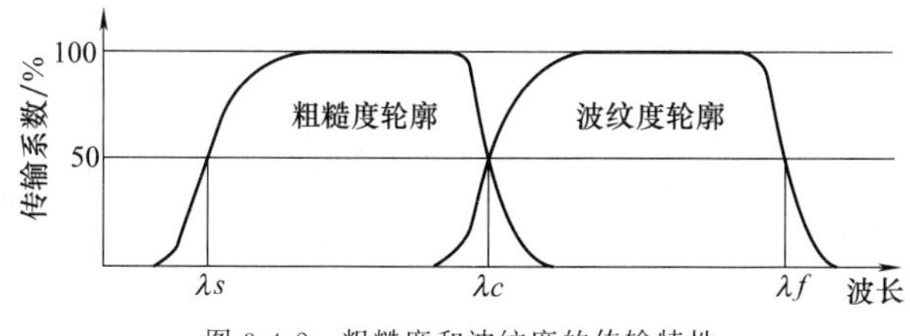

图 3-4-2　粗糙度和波纹度的传输特性

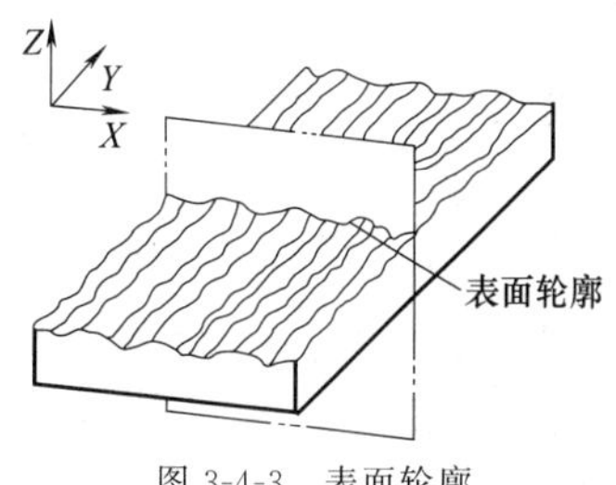

图 3-4-3　表面轮廓

表 3-4-2　　几何参数的术语及定义

术　语	定　　义
P 参数	在原始轮廓上计算所得的参数
R 参数	在粗糙度轮廓上计算所得的参数
W 参数	在波纹度轮廓上计算所得的参数 参数符号中的第一个大写字母表示被评定轮廓的类型。例如：Ra 是从粗糙度轮廓中算得，而 Pt 是从原始轮廓中算得
轮廓峰	连接（轮廓和 X 轴）两相邻交点向外（从材料到周围介质）的轮廓部分
轮廓谷	连接两相邻交点向内（从周围介质到材料）的轮廓部分
高度和间距辨别力	应计入被评定轮廓的轮廓峰和轮廓谷的最小高度和最小间距 轮廓峰和轮廓谷的最小高度通常用 Pz、Rz、Wz 或任一振幅参数的百分率来表示，最小间距则以取样长度的百分率给出
轮廓单元	轮廓峰和轮廓谷的组合（见图 3-4-4） 在取样长度始端或末端的评定轮廓的向外部分和向内部分看作是一个轮廓峰或一个轮廓谷。当在若干个连续的取样长度上确定若干个轮廓单元时，在每一个取样长度的始端或末端评定的峰和谷仅在每个取样长度的始端计入一次
纵坐标值 $Z(x)$	被评定轮廓在任一位置距 X 轴的高度 若纵坐标位于 X 轴下方，该高度被视作负值，反之则为正值
局部斜率 $\frac{dZ}{dx}$	评定轮廓在某一位置 x_i 的斜率（见图 3-4-5） 注：1. 局部斜率和这些参数 $P\Delta q$、$R\Delta q$、$W\Delta q$ 的数值主要视纵坐标间距 ΔX 而定 2. 计算局部斜率的公式之一 $\frac{dZ_i}{dx}=\frac{1}{60\Delta X}(Z_{i+3}-9Z_{i+2}+45Z_{i+1}-45Z_{i-1}+9Z_{i-2}-Z_{i-3})$ 式中 Z_i 为第 i 个轮廓点的高度，ΔX 为相邻两轮廓点之间距
轮廓峰高 Zp	轮廓最高点距 X 轴线的距离（见图 3-4-4）
轮廓谷深 Zv	X 轴线与轮廓谷最低点之间的距离（见图 3-4-4）
轮廓单元的高度 Zt	一个轮廓单元的峰高和谷深之和（见图 3-4-4）
轮廓单元的宽度 Xs	X 轴线与轮廓单元相交线段的长度（见图 3-4-4）
在水平位置 c 上轮廓的实体材料长度 $Ml(c)$	在一个给定水平位置 c 上用一条平行于 X 轴的线与轮廓单元相截所获得的各段截线长度之和（见图 3-4-6）

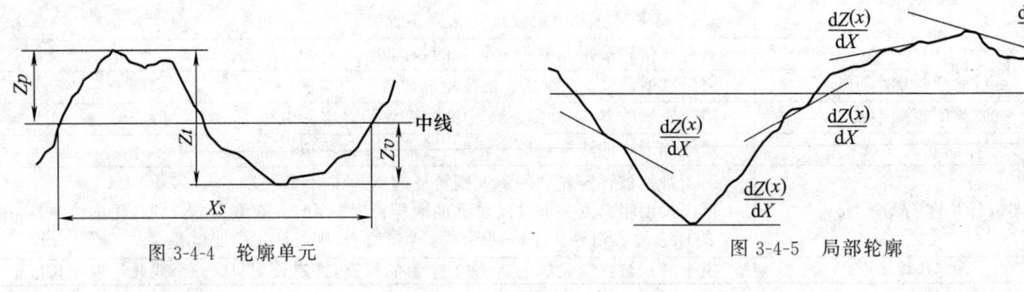

图 3-4-4　轮廓单元　　　图 3-4-5　局部轮廓

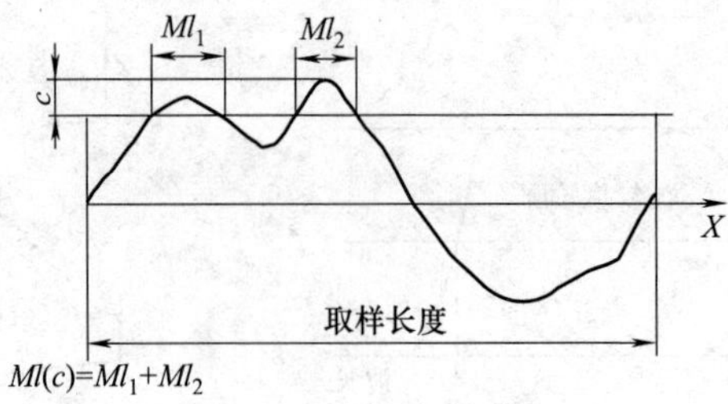

图 3-4-6　实体材料长度

第 3 篇

表 3-4-3　**表面轮廓参数及定义**

参　数		定义及图示
幅度参数(峰和谷)	最大轮廓峰高 Pp、Rp、Wp	在一个取样长度内，最大的轮廓峰高 Zp
	最大轮廓谷深 Pv、Rv、Wv	在一个取样长度内最大的轮廓谷深 Zv
	轮廓的最大高度 Pz、Rz、Wz	在一个取样长度内，最大轮廓峰高 Zp 和最大轮廓谷深 Zv 之和的高度 注：在 GB/T 3505—1983 中，Rz 符号曾用于指示"不平度的十点高度"。在使用中的一些表面粗糙度测量仪器大多是测量以前的 Rz 参数。因此，当采用现行的技术文件和图样时必须小心慎重，因为用不同类型的仪器按不同的规定计算所取得结果之间的差别并不都是非常微小而可忽略的 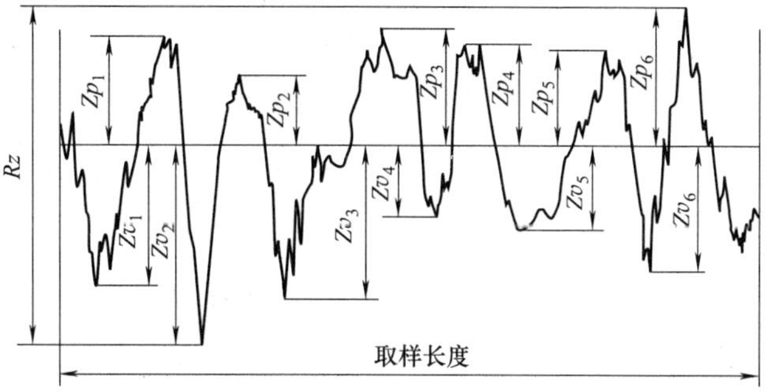 （图：Zp_1 Zp_2 Zp_3 Zp_4 Zp_5 Zp_6 Zv_1 Zv_2 Zv_3 Zv_4 Zv_5 Zv_6 Rz 取样长度）
	轮廓单元的平均高度 Pc、Rc、Wc	在一个取样长度内轮廓单元高度 Zt 的平均值 $Pc、Rc、Wc = \frac{1}{m}\sum_{i=1}^{m} Zt_i$ 在计算参数 Rc、Pc、Wc 时，需要辨别轮廓单元的高度和间距。若无特殊规定，缺省的高度分辨力应分别按 Pz、Rz、Wz 的 10%选取，缺省的间距分辨力应按取样长度的 1%选取。上述两个条件都应满足 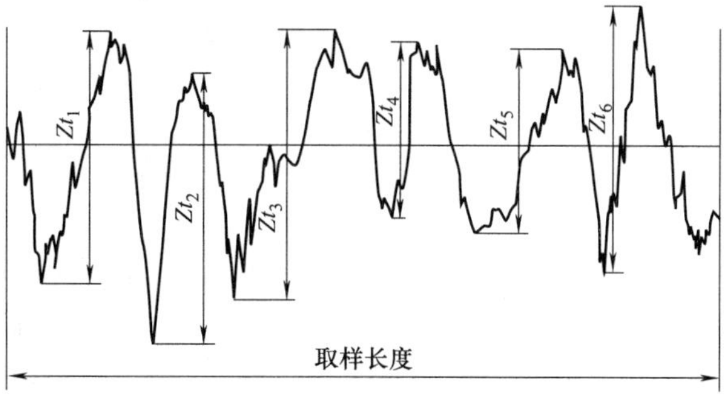 （图：Zt_1 Zt_2 Zt_3 Zt_4 Zt_5 Zt_6 取样长度）
	轮廓的总高度 Pt、Rt、Wt	在评定长度内最大轮廓峰高 Zp 和最大轮廓谷深 Zv 之和 由于 Pt、Rt、Wt 是根据评定长度而不是在取样长度上定义的，以下关系对任何轮廓来讲都成立：$Pt \geqslant Pz$；$Rt \geqslant Rz$；$Wt \geqslant Wz$ 在未规定的情况下，Pz 和 Pt 是相等的，此时建议采用 Pt

续表

	参 数	定义及图示
幅度参数(纵坐标平均值)	评定轮廓的算术平均偏差 Pa、Ra、Wa	在一个取样长度内纵坐标值 $Z(x)$ 绝对值的算术平均值 $$Pa、Ra、Wa=\frac{1}{l}\int_0^l \mid Z(x) \mid \mathrm{d}x$$ 依据不同的情况,式中 $l=lp$,lr 或 lw
	评定轮廓的均方根偏差 Pq、Rq、Wq	在一个取样长度内纵坐标值 $Z(x)$ 的均方根值 $$Pq、Rq、Wq=\sqrt{\frac{1}{l}\int_0^l Z^2(x)\mathrm{d}x}$$ 依据不同情况,式中 $l=lp$、lr 或 lw
	评定轮廓的偏斜度 Psk、Rsk、Wsk	在一个取样长度内纵坐标值 $Z(x)$ 三次方的平均值分别与 Pq、Rq、Wq 的三次方的比值 $$Rsk=\frac{1}{Rq^3}\left[\frac{1}{lr}\int_0^{lr} Z^3(x)\mathrm{d}x\right]$$ 以上公式定义了 Rsk,用类似的方式定义 Psk 和 Wsk。Psk、Rsk 和 Wsk 是纵坐标值概率密度函数的不对称性的测定。这些参数受离散的峰或离散的谷的影响很大
	评定轮廓的陡度 Pku、Rku、Wku	在取样长度内纵坐标值 $Z(x)$ 四次方的平均值分别与 Pq、Rq 或 Wq 的四次方的比值 $$Rku=\frac{1}{Rq^4}\left[\frac{1}{lr}\int_0^{lr} Z^4(x)\mathrm{d}x\right]$$ 上式定义了 Rku,用类似方式定义 Pku 和 Wku。Pku、Rku 和 Wku 是纵坐标值概率密度函数锐度的测定
间距参数	轮廓单元的平均宽度 Psm、Rsm、Wsm	在一个取样长度内轮廓单元宽度 Xs 的平均值。 $$Psm、Rsm、Wsm=\frac{1}{m}\sum_{i=1}^{m} Xs_i$$ 注:在计算参数 Psm、Rsm、Wsm 时,需要辨别轮廓单元的高度和间距。若无特殊规定,省略标注的高度分辨力分别为 Pz、Rz、Wz 的 10%,省略标注的间距分辨力为取样长度的 1%。上述两个条件都应满足 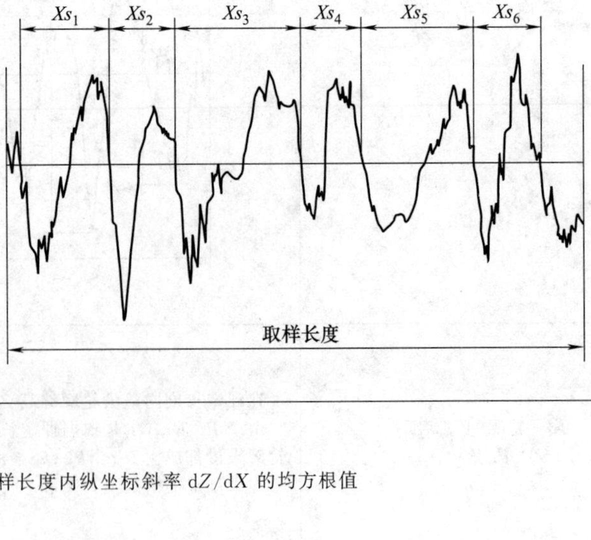 Xs_1 Xs_2 Xs_3 Xs_4 Xs_5 Xs_6 取样长度
混合参数	评定轮廓的均方根斜率 $P\Delta q$、$R\Delta q$、$W\Delta q$	在取样长度内纵坐标斜率 $\mathrm{d}Z/\mathrm{d}X$ 的均方根值

续表

<table>
<tr><th colspan="2">参 数</th><th>定义及图示</th></tr>
<tr><td rowspan="5">曲线和相关参数</td><td>轮廓的支承长度率
$Pmr(c)$、$Rmr(c)$、$Wmr(c)$</td><td>在给定水平位置 C 上轮廓的实体材料长度 $Ml(c)$ 与评定长度的比率
$$Pmr(c)、Rmr(c)、Wmr(c)=\frac{Ml(c)}{ln}$$</td></tr>
<tr><td>轮廓的支承长度率曲线</td><td>表示轮廓支承率随水平位置而变的关系曲线
这个曲线可理解为在一个评定长度内，各个坐标值 $Z(x)$ 采样累积的分布概率函数 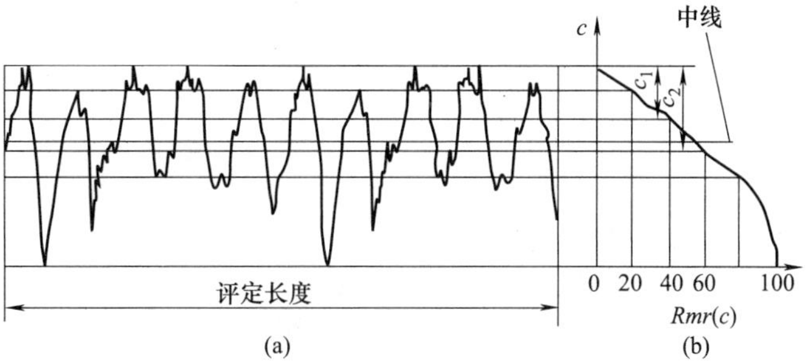
评定长度 中线 c c1 c2 0 20 40 60 100 Rmr(c)
(a) (b)</td></tr>
<tr><td>轮廓截面高度差
$P\delta c$、$R\delta c$、$W\delta c$</td><td>给定支承比率的两个水平截面之间的垂直距离
$$R\delta c=C(Rmr_1)-C(Rmr_2)$$
$$(Rmr_1<Rmr_2)$$
以上公式定义了 $R\delta c$，用类似方式定义 $P\delta c$、$W\delta c$</td></tr>
<tr><td>相对支承比率 Pmr、Rmr、Wmr</td><td>在一个轮廓水平截面 $R\delta c$ 确定的，与起始零位 C_0 相关的支承比率
Pmr、Rmr、$Wmr=Pmr$、Rmr、$Wmr(C_1)$
式中：
$C_1=C_0-R\delta c$（或 $P\delta c$ 或 $W\delta c$）
$C_0=C(Pmr_0,Rmr_0,Wmr_0)$ 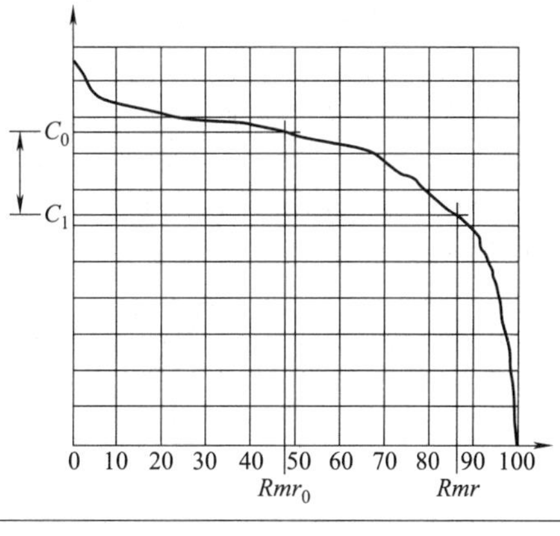
C_0 C_1 0 10 20 30 40 50 60 70 80 90 100 Rmr_0 Rmr</td></tr>
<tr><td>轮廓幅度分布曲线</td><td>在评定长度内纵坐标值 $Z(x)$ 采样的概率密度函数 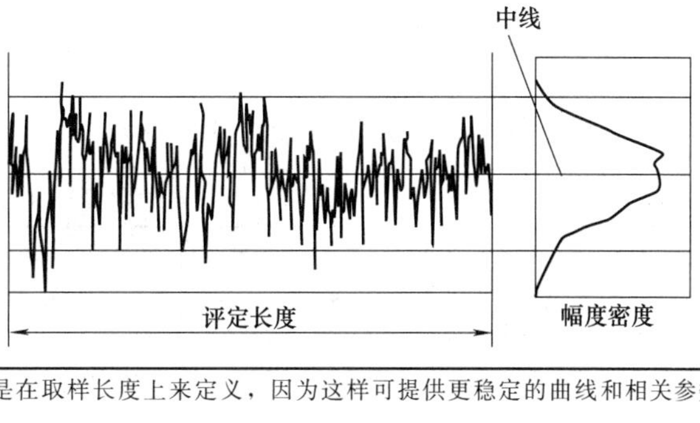
中线 评定长度 幅度密度</td></tr>
</table>

注：所有曲线和相关参数均依据评定长度而不是在取样长度上来定义，因为这样可提供更稳定的曲线和相关参数

第 3 篇

4.2.2 表面粗糙度的评定

GB/T 10610—2009《产品几何技术规范（GPS）表面结构 轮廓法 评定表面结构的规则与方法》规定了参数测定、测定值、与公差极限值相比较的规则、参数评定、触针式仪器检验的规则和方法。

4.2.2.1 评定流程

表面结构评定的流程如图 3-4-7 所示。

4.2.2.2 参数测定

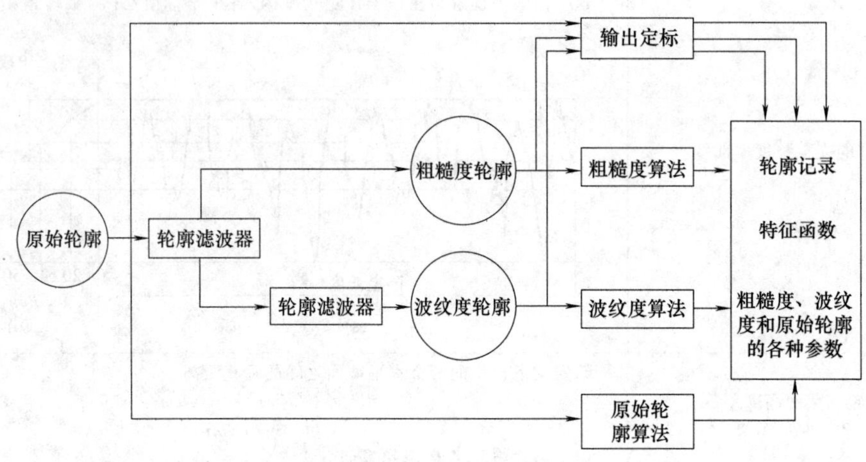

图 3-4-7　表面结构评定的流程

表 3-4-4　参数测定

在取样长度上定义的参数	①参数测定：仅有一个取样长度测得的数据计算出参数值的一次测定 ②平均参数测定：把所有按单个取样长度算出的参数值，取算术平均，求得一个平均参数的测定 当取 5 个取样长度（缺省值）测定粗糙度轮廓时，不需要在参数符号后面做出标记 如果参数不是在 5 个取样长度上测得的，则必须在参数符号后面标记取样长度的个数，例如：$Rz1$、$Rz3$
在评定长度上定义的参数	对于评定长度上定义的参数：Pt、Rt、Wt，参数值的测定是由在评定长度（取 GB/T 1031—2009 规定的评定长度缺省值）上测量数据计算得到的
曲线及相关参数	对于曲线及相关参数的测定，首先以评定长度为基础求解曲线，再利用曲线上测得的数据计算出某一参数数值
缺省评定长度	如果在图样上或技术产品文件中没有其他标注，则视为默认评定长度。默认评定长度应遵循以下规定 R 参数：按给定的评定长度 P 参数：评定长度等于被测特征的长度 图形参数：评定长度的规定按 GB/T 18618—2009 规定选取

4.2.2.3 测得值与公差极限值相比较的规则

表 3-4-5　测得值与公差极限值相比较的规则

被测特征的区域	被检验工件各个部位的表面结构，可能呈现均匀一致状况，也可能差别很大。在表面结构均匀的情况下，采用整体表面上测得的参数值与图样（或技术文件）中的规定值比较。表面结构有明显差异时，应将每个区域上测得的参数值分别与规定值比较 当参数的规定值为上限值时，应在若干个测量区域中选择可能出现最大参数值的区域测量

续表

16%规则	当参数规定值为上限值时，在同一评定长度上全部测得值大于规定值的个数不超过实测值总数的 16%，则该表面为合格表面 当参数规定值为下限值时，在同一评定长度上全部测得值小于规定值的个数不超过实测值总数的 16%，则该表面为合格表面 若被检表面粗糙度轮廓参数值遵循正态分布，将粗糙度轮廓参数 16%的测得值超过规定值作为极限条件，这个判定原则与由 $\mu+\sigma$ 值确定的极限条件一致。其中，μ 为粗糙度轮廓参数的算术平均值，σ 为这些数值的标准偏差。σ 越大，粗糙度轮廓参数的平均值就偏离规定的极限（上限值）越远
最大规则	若参数规定的是最大值而不是上、下限值时，应在参数符号后面加注“max”，如“Rzmax” 检验时，在被检表面的全部区域内测得的参数值均应不超过其规定值
测量不确定度	为了验证是否符合技术要求，将测得参数值和规定公差极限进行比较时，应根据 GB/T 18779.1—2002 中的规定，把测量不确定度考虑进去。在将测量结果与上限值或者下限值进行比较时，估计测算不确定度不必考虑表面的不均匀性，因为在允许 16%超差中已计及此项

4.2.2.4　参数评定

① 表面结构参数不能用来描述缺陷。因此在检验表面结构时，不应把表面缺陷，例如划痕、气孔考虑进去。

② 为了判断工件表面是否符合技术要求，必须采用表面结构参数的一组测量值，其中的每组数据是在一个评定长度上测得的。

③ 对被检测表面是否符合技术要求判断的可靠性，以及由同一表面获得的表面结构参数平均值的精度取决于获得表面参数的评定长度内取样长度的个数，即在表面测量的次数。

④ 粗糙度轮廓参数。对于 GB/T 3505—2009 有关的粗糙度系列参数，如果评定长度不等于 5 个取样长度，则上下限应重新计算，而且将其和等于 5 个取样长度的评定长度联系起来，如图 3-4-8 所示，每个 σ 等于 σ_5。

σ_n 与 σ_5 的关系由下式给出

$$\sigma_5=\sigma_n\sqrt{\frac{n}{5}}$$

式中，n 为所用取样长度的个数（小于 5）。

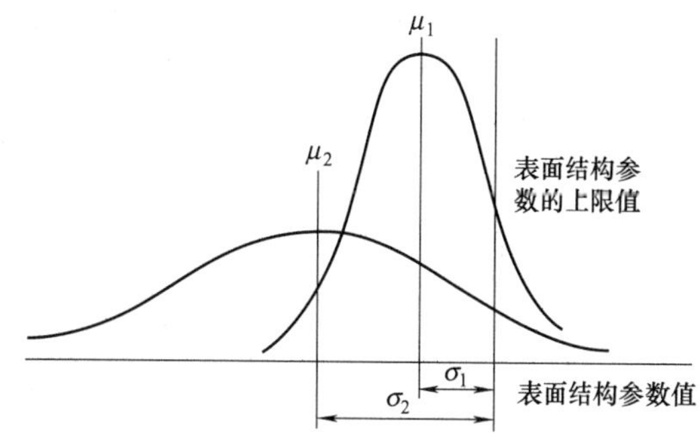

图 3-4-8　σ_5 不等于 σ_n 的换算示例

测量的次数越多，评定长度越长，则判别被检表面是否符合要求的可靠性越高，测量参数平均值的不确定度就越小。但是，测量次数的增加将导致测量时间与测量成本的增加。因此，检验方法必须考虑一个将可靠性与成本折中的方案。

4.2.2.5　针触式仪器检验的规则与方法

表 3-4-6　针触式仪器检验的规则与方法

粗糙度轮廓参数测量中确定截止波长的基本原则	当工业产品文件或图样的技术条件中已规定取样长度时，截止波长 λc 应与规定的取样长度值相同 若在图样或产品文件中没有出现粗糙度的技术规范或给出的粗糙度规范中没有规定取样长度，可按下面给出的方法选择截止波长
粗糙度轮廓参数的测量	①没有指定测量方向时，工件的安放应使其测量截面方向与得到粗糙度幅度参数（Ra、Rz）最大值的测量方向一致，该方向垂直于被测表面的加工纹理，对于无方向性的表面，测量截面可以是任意的 ②应在被测表面可能产生极值的部位进行测量，这可以通过目测来估计。应在表面这一部位均匀分布的位置上分别测量，以获得各个独立的结果 ③为了确定粗糙度轮廓参数的测得值，应首先观察表面并判断粗糙度轮廓是周期性的还是非周期性的。若没有其他规定，应以这一判断为基础，按“非周期性粗糙度轮廓参数测量程序”或“周期性粗糙度轮廓参数测量程序”执行。如果采用特殊的测量程序，必须在技术文件和测量记录中加以说明

续表

粗糙度轮廓参数的测量	非周期性粗糙度轮廓参数测量程序	对于具有非周期性粗糙度轮廓的表面应遵循下列步骤进行测量 ①根据需要，可采用目测、粗糙度比较样块比较、全轮廓轨迹的图解分析等方法来估计被测表面的粗糙度轮廓参数 Ra、Rz、$Rz1_{max}$ 或 Rsm 的数值 ②利用①中估计的粗糙度轮廓参数 Ra、Rz、$Rz1_{max}$ 或 Rsm 的数值，按照表 3-4-7、表 3-4-8 或表 3-4-9 预选取样长度 ③用测量仪器按②中选取的取样长度，完成 Ra、Rz、$Rz1_{max}$ 或 Rsm 的一次预测量 ④将测得的 Ra、Rz、$Rz1_{max}$ 或 Rsm 的数值，与表 3-4-7、表 3-4-8 或表 3-4-9 中预选取样长度所对应的 Ra、Rz、$Rz1_{max}$ 或 Rsm 的数值范围相比较，如果测得值超出了预选取样长度对应的数值范围，则应按测得值对应的取样长度来设定，即把仪器调整至相应的较高或较低的取样长度。然后应用这一调整后的取样长度测得一组数值，并再次与表 3-4-7、表 3-4-8 或表 3-4-9 中的数值相比较。此时，测得值应达到表中建议的测得值和取样长度的组合 ⑤如果以前在步骤④评定时没有采用过更短的取样长度，则把取样长度调至更短些，获得一组 Ra、Rz、$Rz1_{max}$ 或 Rsm 的数值，检查这些数值与取样长度组合是否满足表 3-4-7、表 3-4-8 或表 3-4-9 的规定 ⑥只要步骤④中最后的设定与表 3-4-7、表 3-4-8 或表 3-4-9 相符，则设定的取样长度和 Ra、Rz、$Rz1_{max}$ 或 Rsm 的数值二者是正确的。如果步骤⑤也产生一个满足表 3-4-7、表 3-4-8 或表 3-4-9 规定的组合，则这个较短的取样长度设定值和相应的 Ra、Rz、$Rz1_{max}$ 或 Rsm 的数值是最佳的 ⑦用上述步骤中预选出的截止波长(取样长度)完成一次所需参数的测量
	周期性粗糙度轮廓参数测量程序	具有周期性粗糙度轮廓的表面应遵循下列步骤进行测量 ①用图解法估计被测粗糙度表面的参数 Rsm 的数值 ②按估计的 Rsm 的数值，由表 3-4-9 确定推荐的取样长度作为截止波长值 ③必要时，如在有争议的情况下，由表 3-4-9 选定的截止波长测量 Rsm 值 ④如果按步骤③得到的 Rsm 的数值，由表 3-4-9 查出的取样长度比步骤②确定的取样长度较小或较大，则应采用较小或较大的取样长度作为截止波长值 ⑤用上述步骤中确定的截止波长(取样长度)完成一次所需参数的测量

表 3-4-7　测量非周期性轮廓（如磨削轮廓）的 Ra、Rq、Rsk、Rku、$R\Delta q$ 值及曲线和相关参数的粗糙度取样长度

Ra/μm	粗糙度取样长度 lr/mm	粗糙度评定长度 ln/mm
$0.006<Ra\leqslant0.02$	0.08	0.4
$0.02<Ra\leqslant0.1$	0.25	1.25
$0.1<Ra\leqslant2$	0.8	4
$2<Ra\leqslant10$	2.5	12.5
$10<Ra\leqslant80$	8	40

表 3-4-8　测量非周期性轮廓（如磨削轮廓）的 Rz、Rv、Rp、Rc、Rt 值及曲线和相关参数的粗糙度取样长度

Rz/μm	粗糙度取样长度 lr/mm	粗糙度评定长度 ln/mm
$0.025<Rz、Rz1_{max}\leqslant0.1$	0.08	0.4
$0.1<Rz、Rz1_{max}\leqslant0.5$	0.25	1.25
$0.5<Rz、Rz1_{max}\leqslant10$	0.8	4
$10<Rz、Rz1_{max}\leqslant50$	2.5	12.5
$50<Rz、Rz1_{max}\leqslant200$	8	40

表 3-4-9　测量周期性轮廓的 R 参数值及周期性和非周期性轮廓的 Rsm 值的粗糙度取样长度

Ra/μm	粗糙度取样长度 lr/mm	粗糙度评定长度 ln/mm
$0.013<Rsm\leqslant 0.04$	0.08	0.4
$0.04<Rsm\leqslant 0.13$	0.25	1.25
$0.13<Rsm\leqslant 0.4$	0.8	4
$0.4<Rsm\leqslant 1.3$	2.5	12.5
$1.3<Rsm\leqslant 4$	8	40

4.3　表面粗糙度的参数及其数值

GB/T 1031—2009《产品几何技术规范（GPS）表面结构　轮廓法　表面粗糙度参数及其数值》规定了评定表面粗糙度的参数及其数值系列和规定表面粗糙度时的一般规则；适用于对工业制品的表面粗糙度的评定。本标准采用中线制（轮廓法）评定表面粗糙度。

4.3.1　评定表面粗糙度的参数及其数值系列

① 表面粗糙度参数从下列二项中选取：

- 轮廓算术平均偏差 Ra；
- 轮廓最大高度 Rz。

② 在幅度参数（峰和谷）常用的参数值范围内（Ra 为 0.025～6.3μm，Rz 为 0.1～25μm），推荐优先选用 Ra。

③ 轮廓算术平均偏差 Ra 的数值规定于表 3-4-10。

④ 轮廓最大高度 Rz 的数值规定于表 3-4-11。

⑤ 根据表面功能的需要，除表面粗糙度高度参数（Ra、Rz）外可选用下列的附加评定参数：

- 轮廓单元的平均宽度 Rsm；
- 轮廓的支承长度率 $Rmr(c)$。

⑥ 附加的评定参数轮廓单元的平均宽度 Rsm 的数值列于表 3-4-12，轮廓的支承长度率 $Rmr(c)$ 的数值列于表 3-4-13。

选用轮廓支承长度率参数时必须同时给出轮廓水平截距 C 值。它可用微米或 Rz 的百分数表示。百分数系列如下：Ry 的 5%、10%、15%、20%、25%、30%、40%、50%、60%、70%、80%和 90%。

4.3.2　取样长度的数值和选用

① 取样长度（lr）的数值从表 3-4-14 给出的系列中选取。

② 一般情况下，在测量 Ra、Rz 时推荐按表 3-4-7 和表 3-4-8 选用对应的取样长度值，此时取样长度值的标注在图样上或技术文件中可省略。当有特殊要求时应给出相应的取样长度值，并在图样上或技术文件中注出。

对于微观不平度间距较大的端铣、滚铣及其他大进给走刀量的加工表面，应按标准中规定的取样长度系列选取较大的取样长度值。

③ 由于加工表面的不均匀性，在评定表面粗糙度时其评定长度应根据不同的加工方法和相应的取样长度来确定。一般情况下，当测量 Ra、Rz 和 Ry 时推荐按表 3-4-7 和表 3-4-8 选取相应的评定长度值。如被测表面均匀性较好，测量时可选用小于 $5l$ 的评定长度值；均匀性较差的表面可选用大于 $5l$ 的评定长度值。

4.3.3　规定表面粗糙度要求的一般规则

① 在规定表面粗糙度要求时，必须给出表面粗糙度值和测定时的取样长度值两项基本要求，必要时也可规定表面加工纹理、加工方法或加工顺序和不同区域的粗糙度等附加要求。

表 3-4-10　Ra 的数值　μm

Ra							
	0.012	0.025	0.05	0.1	0.2	0.4	0.8
	1.6	3.2	6.3	12.5	25	50	100

表 3-4-11　Rz 的数值　μm

Rz						
	0.025	0.05	0.1	0.2	0.4	0.8
	1.6	3.2	6.3	12.5	25	50
	100	200	400	800	1600	

表 3-4-12　Rsm 的数值　μm

Rsm						
	0.006	0.0125	0.025	0.05	0.1	0.2
	0.4	0.8	1.6	3.2	6.3	12.5

第3篇

表 3-4-13　　$Rmr(c)$ 的数值　　%

$Rmr(c)$	10	15	20	25	30	40	50	60	70	80	90

表 3-4-14　　取样长度　　mm

lr	0.08	0.25	0.8	2.5	8	25

② 表面粗糙度的注法应符合 GB/T 131—2006 的规定。

③ 为保证制品表面质量，可按功能需要规定表面粗糙度参数值。否则，可不规定其参数值，也不需检查。

④ 表面粗糙度各参数的数值是指在垂直于基准面的各截面上获得。对给定的表面如截面的方向与高度参数（Ra、Rz）最大值的方向一致时，则可不规定测量截面的方向，否则应在图样上标出。

⑤ 对表面粗糙度的要求不适用于表面缺陷。在评定过程中不应把表面缺陷（如沟槽、气孔、划痕等）包含进去。必要时，应单独规定对表面缺陷的要求。

⑥ 根据表面功能和生产的经济合理性，当选用标准中表 3-4-10、表 3-4-11、表 3-4-12 系列值不能满足要求时，可选取补充系列值。

4.3.4　评定表面粗糙度参数的补充系列值

评定表面粗糙度参数的补充系列值按表 3-4-15、表 3-4-16、表 3-4-17 中规定选取。

4.4　表面结构的表示法

GB/T 131—2006《产品几何技术规范（GPS）技术产品文件中表面结构的表示法》规定了技术产品文件中表面结构的表示法，技术产品文件包括图样、说明书、合同、报告等。同时给出了表面结构标注用图形符号和表面结构标注方式的示例。本标准适用于对表面结构有要求时的表示法。其中表示法涉及的参数有：

① 轮廓参数，与 GB/T 3505—2009 标准相关的 R 轮廓参数（粗糙度参数）、W 轮廓参数（波纹度参数）和 P 轮廓参数（原始轮廓参数）。

② 图形参数，与 GB/T 18618—2009 标准相关的粗糙度图形和波纹度图形参数。

③ 支承率曲线参数，与 GB/T 18778.2—2003 和 GB/T 18778.3—2006 相关的支承率曲线参数。

本标准不适用于对表面缺陷（如孔、划痕等）的标注方法，如对表面缺陷有要求时，参见 GB/T 15757—2002。

4.4.1　表面结构的符号和代号

表面结构的图样表示符号见表 3-4-18。

为了明确表面结构要求，除了标注表面结构参数和数值外，必要时应补充标注附加要求，附加要求有传输带、取样长度、加工工艺、表面纹理及方向、加工余量等。为了保证表面的功能特征，应对表面结构参数规定不同要求。在完整图形符号中，对表面结构的单一要求和补充要求应注写在图 3-4-9 所示的指定位置。

表 3-4-15　　Ra 的补充系列值　　μm

Ra	0.008 0.010 0.016 0.020 0.032	0.040 0.063 0.080 0.125 0.160	0.25 0.32 0.50 0.63 1.00	1.25 2.0 2.5 4.0 5.0	8.0 10.0 16.0 20 32	40 63 80

表 3-4-16　　Rz 的补充系列值　　μm

Rz	0.032 0.040 0.063 0.080 0.125 0.160	0.25 0.32 0.50 0.63 1.00 1.25	2.0 2.5 4.0 5.0 8.0 10.0	16.0 20 32 40 63 80	125 160 250 320 500 630	1000 1250

表 3-4-17　　Rsm 的补充系列值　　μm

Rsm	0.002 0.003 0.004 0.005 0.008	0.010 0.016 0.020 0.032 0.040	0.063 0.080 0.125 0.160 0.25	0.32 0.50 0.63 1.00 1.25	2.0 2.5 4.0 5.0 8.0	10.0

表 3-4-18　**表面结构的图样表示符号**

符号	含　义
	基本图形符号:用于未指定工艺方法的表面。该符号没有补充说明时不能单独使用。当不加注表面结构参数值或有关说明(如表面处理、局部热处理状况)时,可单独使用,仅用于简化代号标注
	扩展图形符号:用于用去除材料方法获得的表面。表示"被加工表面"时可单独使用
	扩展图形符号:用于不去除材料的表面,也可用于表明上道工序形成的表面,不管这种状况是通过去除材料还是不去除材料形成的
	完整图形符号:当要求标注表面结构特征的补充信息时,应在上述三个图形符号的长边上加一横线
	当工件轮廓的各表面有相同的表面结构要求时,应在上述的完整图形符号上加一圆圈,标注在图样中工件的封闭轮廓线上

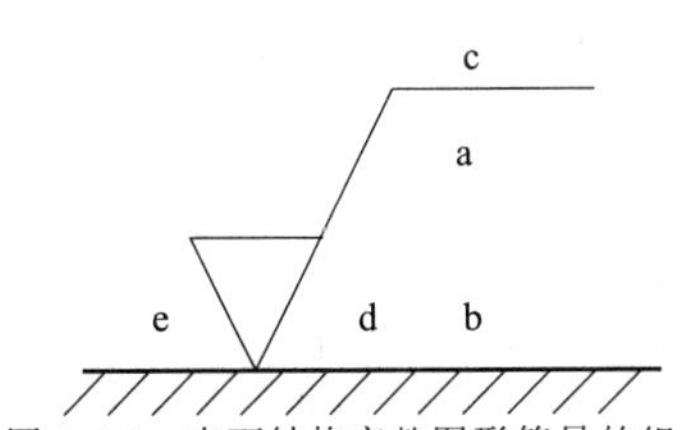

图 3-4-9　表面结构完整图形符号的组成

a，b——表面结构要求的代号及其数值。在位置 a 标注第一个表面结构要求，在位置 b 标注第二个表面结构要求。如果要标注第三个或更多个表面结构要求，图形符号相应在垂直方向扩大

c——加工方法、表面处理、涂层或其他加工工艺要求

d——表面纹理和方向符号

e——注写加工余量

4.4.2　表面结构参数的标注方法

表面结构代号中，应标注其参数代号和相应数值，并包括表面结构类型（R 轮廓、W 轮廓、P 轮廓）、轮廓特征、满足评定长度要求的取样长度的个数和要求的极限值等。

（1）评定长度 *ln* 的标注

若所标注参数代号后没有修饰符，表明采用的是有关标准中默认的评定长度。在不存在默认的评定长度时，参数代号中应标注取样长度的个数以明确表面结构的要求。

① 轮廓参数

R 轮廓：如果评定长度内的取样长度个数不等于 5，应在相关参数代号后标注其个数。如：*Ra*3、*Rz*3、*RSm*3（要求评定长度为 3 个取样长度）。

W 轮廓：取样长度个数必须在相关波纹度参数代号后标注。如：*Wz*5 或 *Wa*3。

P 轮廓：取样长度等于评定长度，并且评定长度等于测量长度。因此，在结构参数的参数代号中，无需标注取样长度个数。

② 图形参数：当表面结构采用图形参数（图形参数的规定见 GB/T 18618—2009）时，评定长度的概念及其在图形参数中的意义与轮廓参数不同，不存在取样长度的概念。因此，在图形参数的参数代号中，无须标注取样长度个数。如果评定长度不是默认值 16mm，应将其数值标注在两斜线"/"中间。如：0.008-0.5/12/R 10（表示评定长度为 12mm）。

（2）极限值的标注

表面结构要求中极限值的判断规则有两种，分别为 16%规则和最大规则。

当允许在表面结构参数的所有实测值中超过规定值的个数少于总数的 16%时，采用 16%规则，如图 3-4-10（a）所示。16%规则是所有表面结构要求标注的默认规则。

当要求在表面结构参数的所有实测值中均不得超过规定值时，采用最大规则，此时在参数代号中应加上"max"，如图 3-4-11 所示。最大规则不适用于图形参数。

① 表面结构参数的单向极限：标注单向或双向极限以表示对表面结构的明确要求，偏差与参数代号应一起标注。

当只标注参数代号、参数值和传输带时，它们默认为是参数的上限值（16%规则或最大规则的极限值）；当参数代号、参数值和传输带作为参数的单向下限值标注时，参数代号前应加 L。如 L *Ra* 3.2。

② 表面结构参数的双向极限：在完整符号中表示双向极限时应标注极限代号，上极限写在上方用 U 表示，下极限写在下方用 L 表示，上下极限值为 16%规则或最大规则的极限值，如图 3-4-10（b）所

示。如果同一参数具有双向极限要求，在不引起歧义的情况下，可以不加U、L，如图3-4-10（c）所示。

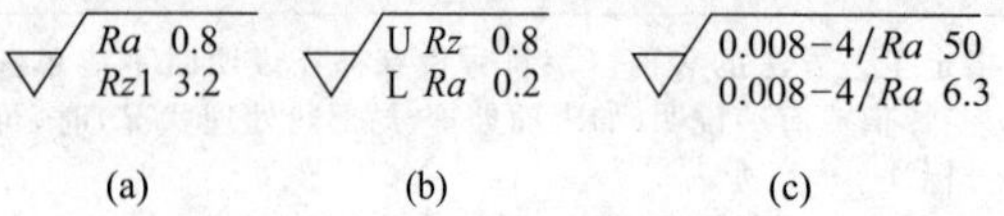

$\sqrt{\begin{array}{l}Ra\ \ 0.8\\ Rz1\ 3.2\end{array}}$　$\sqrt{\begin{array}{l}\mathrm{U}\ Rz\ \ 0.8\\ \mathrm{L}\ Ra\ \ 0.2\end{array}}$　$\sqrt{\begin{array}{l}0.008\text{–}4/Ra\ 50\\ 0.008\text{–}4/Ra\ 6.3\end{array}}$

(a)　(b)　(c)

图3-4-10　当应用16%规则时参数的标注

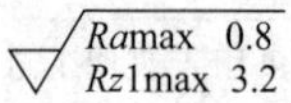

$\sqrt{\begin{array}{l}Ra\mathrm{max}\ \ 0.8\\ Rz1\mathrm{max}\ 3.2\end{array}}$

图3-4-11　当应用最大规则（默认传输带）时参数的注法

相应的表面粗糙度检测标准GB/T 10610—2009对不同标注情况有不同的检测要求，当表面粗糙度参数没有注明是最大值的要求时，若出现下述情况之一，则表面是合格的，应停止检测。

① 第1个测得值不超过规定值的70%；

② 最初的3个测得值均不超过规定值；

③ 最初的6个测得值中只能有1个值超过规定值；

④ 最初的12个测得值中只能有2个值超过规定值。

当对重要零件判为废品前，可做多于12次的测量。例如，测量25次，只能有4个值超过给定值。

当表面粗糙度参数注明是最大值的要求时，则要求在表面粗糙度的检验过程中，各个被检表面的所有粗糙度实测值均不应超过图样上或技术文件中的规定值。通常在表面可能出现最大值处，至少要测量3次；对认为粗糙程度比较均匀的表面，则应均布地至少测量3次。

（3）传输带和取样长度的标注

当参数代号中没有标注传输带时，表面结构要求采用默认的传输带（如图3-4-10，图3-4-11）。

如果表面结构参数没有定义默认传输带时、默认的短波滤波器或默认的取样长度（长波滤波器），则表面结构标注应该指定传输带，即短波滤波器或长波滤波器，以保证表面结构明确的要求。传输带应标注在参数代号的前面，并用斜线“/”隔开。

传输带标注包括滤波器截止波长（mm），短波滤波器在前，长波滤波器在后，并用连字号“-”隔开。如：0.0025-0.8/Rz 3.2（传输带：0.0025～0.8）。

在某些情况下，在传输带中只标注两个滤波器中的一个。如果存在第二个滤波器，使用默认的截止波长值。如果只标注一个滤波器，应保留连字号“-”来区分是短波滤波器还是长波滤波器。如：0.008-，短波滤波器标注；-0.25，长波滤波器标注。

轮廓参数有以下几个。

① R轮廓：如果标注传输带，可能只需要标注长波滤波器λc（如-0.8）。短波滤波器λs值由GB/T 6062—2009给定，见表3-4-19。如果要求控制用于粗糙度参数的传输带内的短波滤波器和长波滤波器，二者应与参数代号一起标注。如：0.008-0.8。

表3-4-19　针尖半径r_{tip}与截止波长标准值及截止波长比率之间的关系

λc/mm	λs/μm	$\lambda c/\lambda s$	针尖半径r_{tip}的最大值/μm	最大采样长度间距/μm
0.08	2.5	30	2	0.5
0.25	2.5	100	2	0.5
0.8	2.5	300	2①	0.5
2.5	8	300	5②	1.5
8	25	300	10	5

① 对于Ra＞0.5μm或Rz＞3μm的表面，通常可以使用r_{tip}＝5μm的测针，在测量结果中没有明显差别。

② 当截止波长λs为8μm和25μm时，几乎可以肯定，因具有推荐针尖半径的触针机械滤波所致的衰减特性将位于定义的传输带之外。如果认为其他截止波长比率是满足应用所必需的，则必须指定这个截止波长比率。

② W轮廓：波纹度应标注传输带，即给出两个截止波长。传输带可根据GB/T 10610—2009规定的表面粗糙度默认的同一表面的截止波长值λc确定，传输带可表示为λc-$n\times\lambda c$，n值由设计者选择（见图3-4-12）。

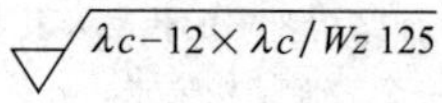

$\sqrt{\lambda c-12\times\lambda c/Wz\ 125}$

图3-4-12　W轮廓传输带标注示例

③ P轮廓：应标注短波滤波器的截止波长值λc。在默认情况下，P参数没有任何长波滤波器（取样长度）。如果对工件功能有要求，对P参数可以标注长波滤波器（取样长度）。如：-25/Pz 225。

（4）加工方法或相关信息的注法

轮廓曲线的特征对实际表面的表面结构参数值影响很大。标注的参数代号、参数值和传输带只作为表面结构要求，并不一定能够明确表示表面功能。加工工艺在很大程度上决定了轮廓曲线的特征，因此，一般应明注加工工艺。加工工艺用文字标注在符号长边的横线上面，见图3-4-13。镀覆或其他表面处理的要求（符号按GB/T 13911—2008中规定）的标注可以标注在符号长边的横线上面，也可以在技术要求中用文字说明。

（5）表面纹理的注法

表面纹理及其方向用表3-4-20中规定的符号标注在完整符号中。

（6）加工余量的注法

只有在同一图样中有多个加工工序表面可标注加工余量，例如，在表示完工零件形状的铸锻件图样中给出加工余量（见图3-4-13）。在铸锻件图样中给出加工余量要求时，还应符合ISO 10135中的有关规定。

表 3-4-20　　表面纹理的标注

图形符号	解释和示例	
=	纹理平行于视图所在的投影面的符号	纹理方向
⊥	纹理垂直于视图所在的投影面的符号	纹理方向
X	纹理呈两斜向交叉且与视图投影面相关的符号	纹理方向
M	纹理呈多方向	
C	纹理呈近似同心圆且圆心与表面中心相关	
R	纹理呈近似放射形且与表面圆心相关	
P	纹理呈微粒，无方向或突起	

注：如果表面纹理不能用这些符号清楚地表示，必要时，可以在图样上加附注说明。

当标注加工余量时，加工余量可能是添加在完整符号上的唯一要求。加工余量也可以同表面结构要求一起标注（见图 3-4-13）。

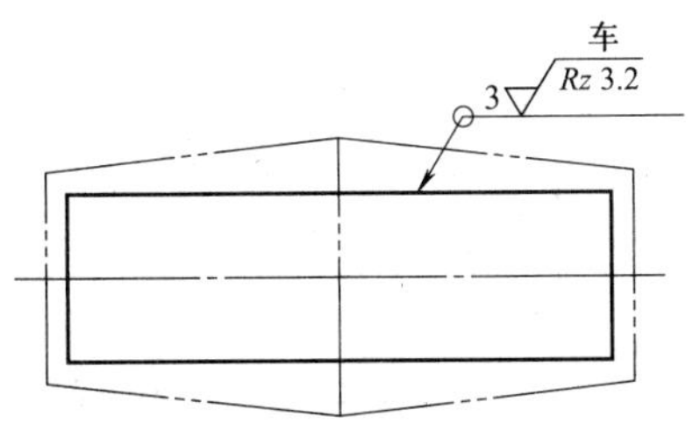

图 3-4-13　在表示完工零件的图样中给出加工余量的注法（所有表面均有 3mm 加工余量的要求）

4.4.3　表面结构的标注位置

表面结构要求对给定表面只标注一次，如果可能，在标注尺寸、或位置、或两者以及它们公差的相同视图上标注。除非另有说明，所标注的表面结构要求是对完工零件表面的要求。表面结构在图样和其他技术产品文件中的位置见表 3-4-21。

表面结构代号标注示例见表 3-4-22。表面结构要求的标注示例见表 3-4-23。

4.4.4　表面结构要求的图形标注的演化

表面结构要求的图形标注的演化见表 3-4-24（GB/T 131—2006 的版本）。

表 3-4-21　　表面结构在图样和其他技术产品文件中的位置

标 注 方 法	图 例
表面结构要求的注写方向是从图样的底部或右侧读取	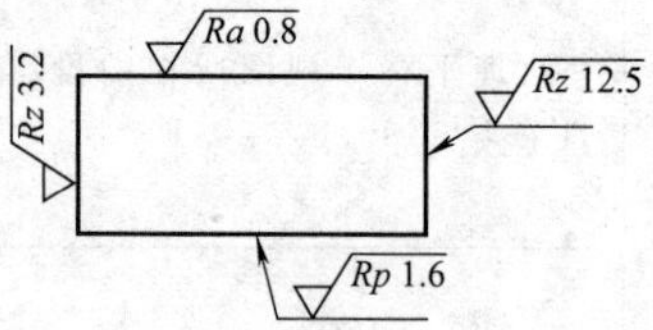
表面结构要求可标注在轮廓线上，其符号应从材料外指向并接触表面［见图(a)］ 必要时，表面结构符号也可用带箭头或黑点的指引线上引出，标注在基准线上［见图(a)、图(b)］ 在不致引起误解时，表面结构要求可以标注在给定的尺寸线上［见图(c)］	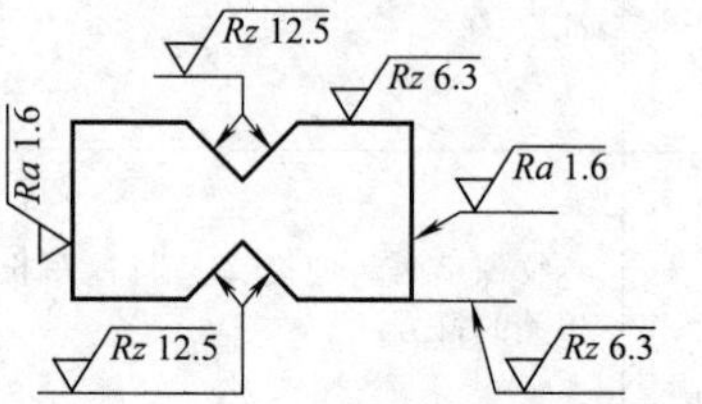 图(a)　表面结构要求标注在轮廓线和指引线上 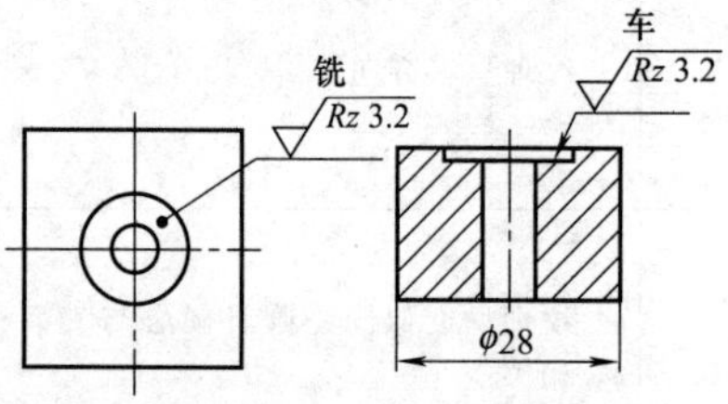 图(b)　指引线引出标注表面结构要求 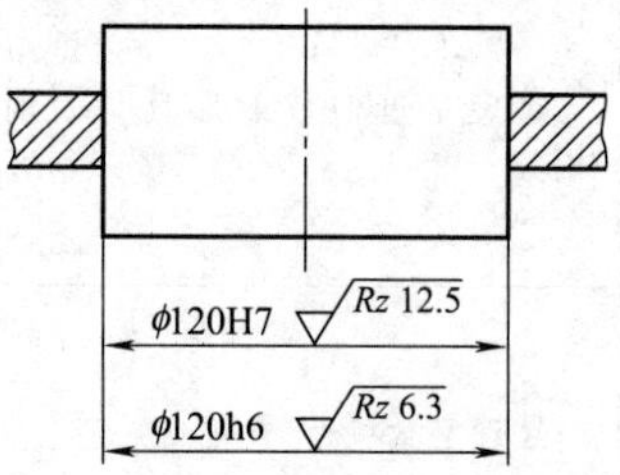 图(c)　表面结构要求标注在尺寸线上
表面结构要求可标注在形位公差框格的上方	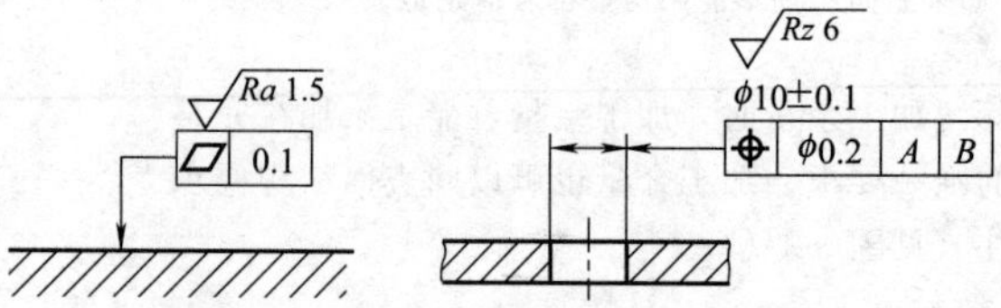
如果通过中心线标注且每个棱柱表面有相同的表面结构要求［见图(d)］，圆柱和棱柱表面可以只标注一次。如果每个棱柱表面有不同的表面结构要求，则应该分别单独标注［见图(e)］	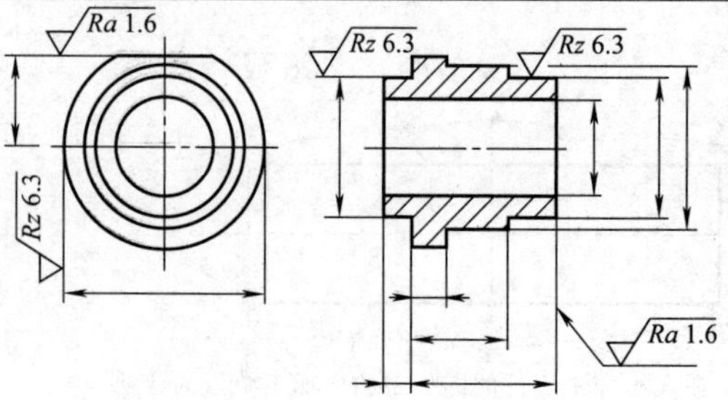 图(d)　表面结构要求标注在圆柱特征的延长线上

续表

标注方法	图例
	Ra 3.2　Rz 1.6　Ra 6.3　Ra 3.2 图(e)　圆柱和棱柱的表面结构要求的注法
表面结构要求的简化注法：当多个表面具有相同的表面结构要求或图纸空间有限时，可以采用简化注法 ①可用带字母的完整符号，以等式的形式，在图形或标题栏附近，对有相同表面结构要求的表面进行简化标注[见图(f)] ② 可用表面结构符号，以等式的形式给出对多个表面共同的表面结构要求[见图(g)]	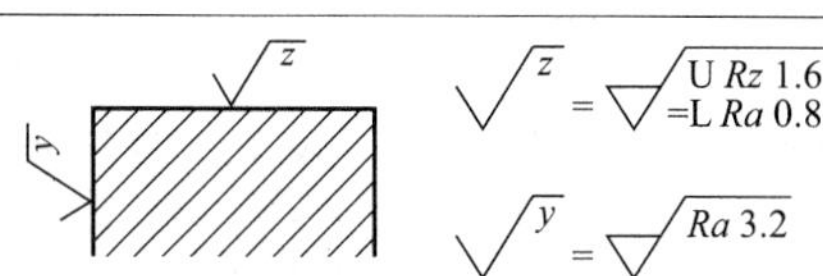 图(f)　在图纸空间有限时的简化注法 = Ra 3.2 图(g)　多个表面结构要求的简化注法
由几种不同的工艺方法获得的同一表面，当需要明确每种工艺方法的表面结构要求时，可按图(h)进行标注	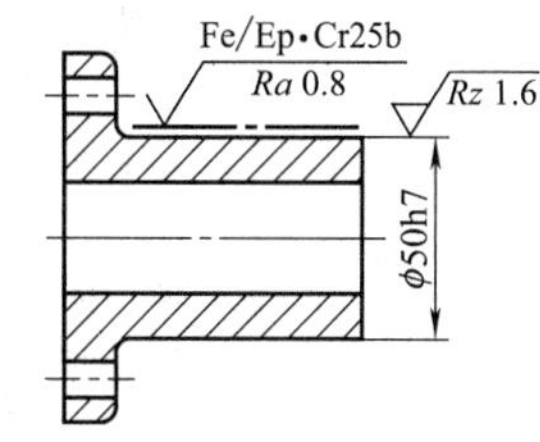 图(h)　明确工艺方法的表面结构要求注法

表 3-4-22　表面结构代号的标注示例

符号	含义/解释
Rz 0.4	表示不允许去除材料，单向上极限，默认传输带，R 轮廓，粗糙度的最大高度是 0.4μm，评定长度为 5 个取样长度(默认)，"16%规则"(默认)
Rzmax 0.2	表示去除材料，单向上极限，默认传输带，R 轮廓，粗糙度最大高度的最大值是 0.2μm，评定长度为 5 个取样长度(默认)，"最大规则"
0.008−0.8/Ra 3.2	表示去除材料，单向上极限，传输带 0.008～0.8mm，R 轮廓，算术平均极限 3.2μm，评定长度为 5 个取样长度(默认)，"16%规则"(默认)
−0.8/Ra3 3.2	表示去除材料，单向上极限，传输带：根据 GB/T 6062—2009，取样长度为 0.8μm(λ_s 默认 0.0025mm)，R 轮廓，算术平均极限 3.2μm，评定长度包含 3 个取样长度，"16%规则"(默认)
U Ra max 3.2 L Ra 0.8	表示不允许去除材料，双向上下极限值，两极限值均使用默认传输带，R 轮廓上极限值：算术平均偏差的 3.2μm，评定长度为 5 个取样长度(默认)，"最大规则"，下极限值：算术平均偏差 0.8μm，评定长度为 5 个取样长度(默认)，"16%规则"(默认)
0.8-25/Wz3 10	表示去除材料，单向上极限，传输带 0.8～25mm，W 轮廓，波纹度最大高度 10μm，评定长度包含 3 个取样长度，"16%规则"(默认)

续表

符号	含义/解释
0.008-/Ptmax 25	表示去除材料，单向上极限，传输带 $\lambda s=0.008$mm，无长波滤波器，P 轮廓，轮廓总高 25μm，评定长度等于工件长度（默认），“最大规则”
0.0025-0.1//Rx 0.2	表示任意加工方法，单向上极限，传输带 $\lambda s=0.0025$mm，$A=0.1$mm，评定长度 3.2mm（默认），为粗糙度图形参数，粗糙度图形最大深度 0.2μm，“16%规则”（默认）
/10/R 10	表示不允许去除材料，单向上极限，传输带 $\lambda s=0.008$mm（默认），$A=0.5$mm（默认），评定长度 10mm，粗糙度图形参数，粗糙度图形平均深度 10μm，“16%规则”（默认）
W 1	表示去除材料，单向上极限，传输带 $A=0.5$mm（默认），$B=2.5$mm（默认），评定长度 16mm（默认），波纹度图形参数，波纹度图形平均深度 1mm，“16%规则”（默认）
-0.3/6/AR 0.09	表示任意加工方法，单向上极限，传输带 $\lambda s=0.008$mm（默认），$A=0.3$mm（默认），评定长度 6mm，粗糙度图形参数，粗糙度图形平均间距 0.09mm，“16%规则”（默认）

表 3-4-23　　表面结构要求的标注示例

标注示例	说明
铣 0.008-4/Ra 50 C 0.008-4/Ra 6.3	R 轮廓，双边上极限：$Ra=50$μm，$Ra=6.3$μm；均采用默认的“16%规则”；两个传输带均为 0.008～4mm；默认的评定长度 5×4mm=20mm；表面纹理呈近似同心圆且圆心与表面中心相关；加工方法：铣
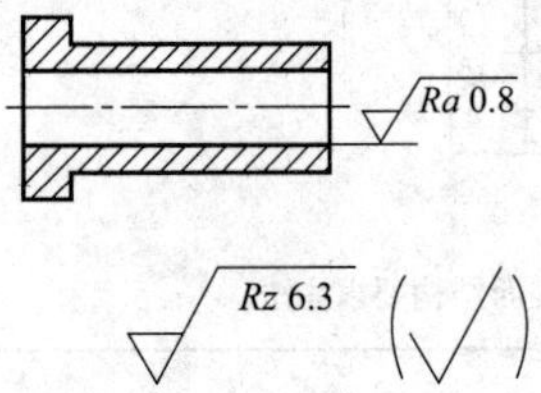 Ra 0.8 Rz 6.3 (√)	除一个表面以外，所有表面的粗糙度为：单边上极限，$Rz=6.3$μm，“16%规则”（默认），默认传输带，默认评定长度（5×λc）；表面纹理没有要求；去除材料工艺 不同要求的表面的表面粗糙度为：一个单边上极限，$Ra=0.8$μm，“16%规则”（默认），默认传输带，默认评定长度（5×λc）；表面纹理没有要求；去除材料工艺
磨 Ra 1.6 ⊥ -2.5/Rz max 6.3	表面粗糙度有两种公差类型： ①$Ra=1.6$μm，“16%规则”（默认）；默认传输带，默认评定长度（5×λc） ②Rz max=6.3μm，最大规则，传输带为-2.5μm，评定长度默认（5×2.5mm）表面纹理垂直于视图的投影面；加工方法：磨削
Cu/Ep·Ni5bCr0.3r Rz 0.8	表面粗糙度的上极限值 $Rz=0.8$μm，“16%规则”，默认传输带，默认评定长度（5×λc）；表面纹理没有要求；表面处理：铜件，镀镍/铬；表面要求对封闭轮廓的所有表面有效
Fe/Ep·Ni10bCr0.3r -0.8/Ra 1.6 U-2.5/Rz 12.5 L-2.5/Rz 3.2	表面粗糙度一个单边上极限值和一个双边极限值 单边 $Ra=1.6$μm，“16%规则”，传输带-0.8mm（λs 根据 GB/T 6062 确定），评定长度 5×0.8=4mm（GB/T 10610—） 双边 Rz；16%规则，上极限值 $Rz=12.5$μm，下极限值 $Rz=3.2$μm，上下极限传输带均为-2.5mm（λs 根据 GB/T 6062 确定），上下极限评定长度均为 5×2.5=12.5mm；表面处理：铜件，镀镍/铬
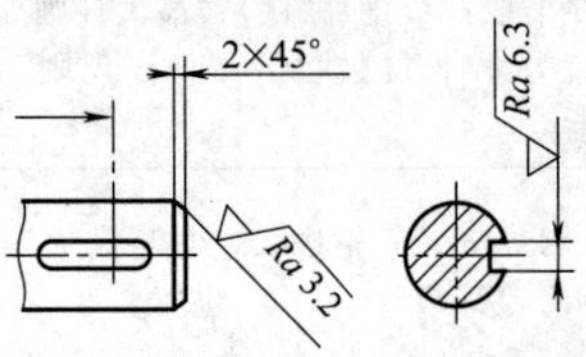 2×45° Ra 6.3 Ra 3.2	键槽侧壁的表面粗糙度是一个单边/上极限值，$Ra=6.3$μm，“16%规则”，默认评定长度（5×λc），默认传输带；表面纹理没有要求；去除材料的工艺 倒角的表面粗糙度是一个单边/上极限值，$Ra=3.2$μm，“16%规则”，默认评定长度 5×λc，默认传输带；表面纹理没有要求；去除材料工艺

续表

标 注 示 例	说　　明
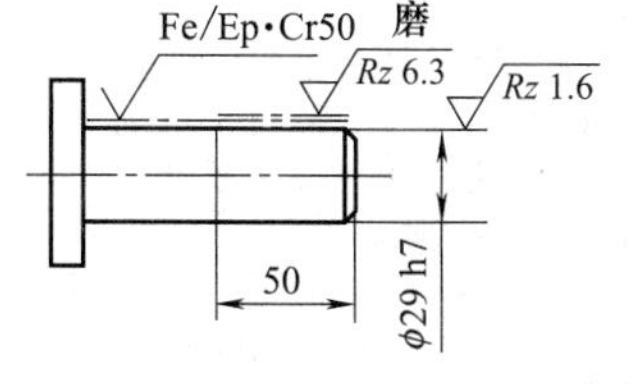	三个表面粗糙度要求为：一个单边/上极限值，分别是：$Ra=1.6\mu m$，$Ra=6.3\mu m$，$Rz=50\mu m$；"16%规则"，默认评定长度 $5\times\lambda c$，默认传输带；表面纹理没有要求；去除材料工艺
Fe/Ep·Cr50 磨 Rz 6.3　Rz 1.6 50　φ29 h7	三个连续的加工工序 第一道工序：一个单边上极限，$Rz=1.6\mu m$，"16%规则"，默认评定长度（$5\times\lambda c$），默认传输带；表面纹理没有要求；去除材料工艺 第二道工序：镀铬，无其他表面结构要求 第三道工序：一个单边上极限值，仅对长为 50mm 的圆柱表面有效；$Rz=6.3\mu m$；"16%规则"，默认评定长度（$5\times\lambda c$），默认传输带；表面纹理没有要求；磨削加工工艺

表 3-4-24　表面结构要求的图形标注的演化

1983（第一版）①	1993（第二版）②	2009（第三版）③	说明主要问题的示例
1.6	1.6　1.6	Ra 1.6	*Ra* 只采用"16%规则"
Ry 3.2	Ry 3.2　Ry 3.2	Rz 3.2	*Rz* 参数，采用"16%规则"
—④	1.6max	Ra max 1.6	"最大规则"
1.6　0.8	1.6　0.8	−0.8/Ra 1.6	*Ra* 加取样长度
—④	—④	0.025−0.8/Ra 1.6	传输带
Ry 3.2　0.8	Ry 3.2　0.8	−0.8/Rz 6.3	除 *Ra* 外其他参数及取样长度
1.6 Ry 6.3	1.6 Ry 6.3	Ra 1.6 Rz 6.3	*Ra* 及其他参数
—④	Ry 3.2	Rz3 6.3	评定长度中的取样长度个数不是 5 时
—④	—④	L Ra 1.6	下限值
3.2 1.6	3.2 1.6	U Ra 3.2 L Ra 1.6	上、下限值

① 既没有定义默认值也没有其他的细节，尤其是无默认评定长度，无默认取样长度和无"16%规则"或"最大规则"。

② 在 GB/T 3505—1983 和 GB/T 10610—1989 中定义的默认值和规则仅用于参数 *Ra*，*Ry* 和 *Rz*（十点高度）。此外，GB/T 131—1993 中存在着参数代号书写不一致问题，标准正文要求参数代号第二个字母标注为下标，但在所有的图表中，第二个字母都是小写，而当时所有的其他表面结构标准都使用下标。

③ 新的 *Rz* 为原 *Ry* 的定义，原来的 *Rz*（十点高度）定义不再使用。

④ 表示没有该项。

4.5 表面粗糙度参数的选择

4.5.1 表面粗糙度对零件及设备功能的影响

表 3-4-25 表面粗糙度对零件及设备功能的影响

<table>
<tr><td>影响零件的耐磨性</td><td>由于零件表面粗糙度的存在，两个表面接触时，其接触部位仅仅是加工表面上许多凸出的微小波峰顶端，实际接触面积只是理论接触面积的一部分。当两个表面有相对运动时，由于两零件实际接触面积较理论面积要小，因而单位面积上承受的压力相应增大。实际接触面积的大小取决于两接触表面粗糙度的状况和参数值的大小。波谷浅，参数值小，表面较平坦，实际接触面积就大；反之，实际接触面积就小
零件的接触表面越粗糙、相对运动速度越快时，磨损越快。因此合理提高零件的表面粗糙度要求，可减少磨损，提高零件的耐磨性，延长使用寿命。但零件的表面并非越精细越好，超出合理值后，不仅增加制造成本，而且由于表面过于光滑，会使金属分子的吸附力加大，接触表面间的润滑油层会被挤掉而形成干摩擦，加剧表面间的磨损。因此，对有相对运动的接触表面，其表面粗糙度参数值要选用适当</td></tr>
<tr><td>影响零件的耐腐蚀性</td><td>金属的腐蚀速度取决于它们各自加工的表面粗糙度。不同加工方法所获得的不同表面粗糙度的金属表面，具有不同的腐蚀速度。因此，降低表面粗糙度的数值，可提高零件的耐腐蚀能力，从而延长机械设备的使用寿命</td></tr>
<tr><td>影响零件的抗疲劳强度</td><td>机械零件表面越粗糙，其凹痕、裂纹或尖锐的切口越明显。当零件受力，尤其受到交变载荷时，这些凹痕、裂纹或切口处产生应力集中现象，金属疲劳裂纹往往从这些地方开始。适当提高零件的表面粗糙度，可以提高零件的抗疲劳强度。粗糙度对零件疲劳强度的影响程度随材料不同而异，对铸铁件的影响不明显，对钢件则强度越高影响越大
下表表明，减小圆柱滚子轴承零件表面粗糙度 Ra 值，轴承平均寿命有明显提高
圆柱滚子轴承零件表面粗糙度与轴承平均寿命的关系
<table>
<tr><th>套圈滚道 $Ra/\mu m$</th><th>滚子表面 $Ra/\mu m$</th><th>轴承平均寿命与计算寿命的比值</th></tr>
<tr><td>0.8</td><td>0.4</td><td>1.00</td></tr>
<tr><td>0.4</td><td>0.2</td><td>3.80</td></tr>
<tr><td>0.2</td><td>0.2</td><td>4.40</td></tr>
<tr><td>0.2</td><td>0.1～0.05</td><td>4.84</td></tr>
<tr><td>0.1</td><td>0.1～0.05</td><td>5.60</td></tr>
</table></td></tr>
<tr><td>影响零件的接触刚度</td><td>接触刚度是在外力作用下，零件结合面抵抗接触变形的能力。降低表面粗糙度的高度参数值，可以提高结合面的接触刚度，减少变形</td></tr>
<tr><td>对冲击强度的影响</td><td>钢件表面的冲击强度随表面粗糙度 Ra 值的降低而提高，在低温状态下尤为明显</td></tr>
<tr><td>影响零件的配合性质</td><td>如果相配合两零件的表面比较粗糙，不仅会增加装配难度，而且在运动时易于磨损，使间隙增大，从而改变配合的性质。对于要求配合性质稳定的结合面、配合间隙小的间隙配合结合面、要求连接牢固可靠承受大载荷的过盈配合表面，均要求较低的表面，粗糙度高度参数值；尺寸要求越精确、公差值越小的表面，粗糙度高度参数值应越小。同一零件的工作表面比非工作表面、同一公差等级的小尺寸比大尺寸(特别是 IT1～IT3 级公差)，或同一公差等级的轴比孔的表面粗糙度高度参数值应小，配合性质相同，尺寸越小的零件表面，表面粗糙度高度参数值应越小</td></tr>
<tr><td>影响零件结合处的密封性</td><td>对于密封表面来说，其表面的粗糙度参数值不能过低也不能过高。对于静密封，密封处表面越粗糙，密封面处会有许多微小缝隙，泄漏就越严重；对于动密封，过于精细的表面，反而不利于储存润滑油，引起摩擦磨损</td></tr>
<tr><td>影响零件的测量精度</td><td>零件被测表面和测量工具测量面的表面粗糙度都会直接影响测量的精度，尤其是在精密测量时
当被测表面的微观不平度高度参数值较大时，由于测头落在波峰波谷上，测量过程中往往会出现读数不稳定现象。所以被测表面和测量工具的表面越粗糙，测量误差就越大
另外，表面粗糙度对光透入材料的深度有影响，粗糙度参数值发生变化，光的透入深度也随之发生变化，从而在用光波干涉法进行精密测量时引起测量误差</td></tr>
</table>

续表

对金属表面涂镀质量的影响	工件镀锌、铬、铜后，其表面微观不平度的深度比镀前增加了一倍；而镀镍后，则会比镀前减少一半 粗糙的表面能吸收喷涂金属层冷却时产生的拉伸应力，故不易产生裂纹，所以在喷涂金属前，需使其表面具有一定的粗糙度 此外，表面粗糙度对零件的导热性、接触电阻、辐射性能、液体与气体流动的阻力、导体表面电流的流通等都会有不同程度的影响
影响机械设备的动力消耗	相互接触且有相对运动的零件表面粗糙，运动件之间的摩擦会增加机械设备在运转时的动力消耗
对振动噪声的影响	机械设备的运动副表面粗糙不平，运动中会产生振动和噪声。这种现象在高速运转的发动机的曲轴和凸轮、滚动轴承、齿轮等零部件中尤为突出。因此，提高对运动件表面粗糙度的要求，是提高机械设备运动平稳性、降低振动噪声的有效措施

表 3-4-26　　表面粗糙度参数影响零件功能的情况

零件功能		Ra	Rz	Rsm	tp	r	r'	加工纹理方向
耐磨性	干摩擦	(+)	(+)	(+)	+	+		+
	摩擦	+	(+)	+	+	+	(+)	+
	带润滑摩擦	+	(+)	+	+	(+)	(+)	+
	选择性转移	(+)	(+)	(+)	(+)	(+)	(+)	+
疲劳强度		(+)	(+)	(+)			+	+
接触刚度		(+)	(+)	(+)	+	+		+
抗振性		(+)	(+)	+	+	(+)		+
耐腐蚀性		(+)	(+)	+	(+)		(+)	+
过盈连接强度		(+)	(+)	(+)	+	+		+
连接密封性		+	(+)	(+)	+			+
涂层粘贴强度		(+)	+	+	(+)	(+)	(+)	+
流体流动阻力		(+)	(+)	(+)	+	(+)	+	+

注：r 为轮廓峰顶曲率半径；r'为轮廓谷底曲率半径；＋表示此参数对所有零件功能有一定的影响；（＋）表示此参数对所有零件功能有较大影响。

第3篇

4.5.2　表面粗糙度评定参数的选用

4.5.2.1　表面粗糙度评定参数的选用原则

表 3-4-27　　表面粗糙度评定参数的选择原则

参数的选择原则	①在 Ra、Rz 两个高度参数中，由于 Ra 既能反映加工表面的微观几何形状特征，又能反映凸峰的高度，且在测量时便于进行数据处理，因此被推荐优先选用作为评定表面结构的参数 参数 Rz 只能反映表面轮廓的最大高度，不能反映轮廓的微观几何形状特征，但可以控制表面不平度的极限情况，因此，对不允许出现较深的加工痕迹的零件及小零件的表面，采用 Rz 测量、计算较方便。常用于在 Ra 评定的同时控制 Rz 的数值，也可以单独使用 ②在 Rsm、$Rmr(c)$两个参数中，Rsm 是反映轮廓间距特性的评定参数，$Rmr(c)$是反映轮廓微观不平度形状特征的综合评定参数。在选用高度参数不能满足零件表面功能要求时，即还需要控制轮廓间距或综合情况时，才选用 Rsm、$Rmr(c)$中的一个参数。例如，当要求必须控制零件表面的加工痕迹的疏密度时，应增加选用 Rsm；当要求零件具有良好的耐磨性时，应增加选用 $Rmr(c)$参数。应该说，$Rmr(c)$是一个在高度和间距全面反映零件微观几何形状特征的综合参数，一些先进的工业国家常以 $Rmr(c)$来观察零件的微观几何形状
参数值的选择原则	零件表面粗糙度参数值的合理选用直接关系到零件性能、产品质量、使用寿命和生产成本。每个零件按照它的功能要求，其表面都有一个相应合理的参数值范围，过高过低都会影响零件的性能和使用寿命。在满足零件表面功能的前提下，应尽量选用较大的粗糙度参数值 选用表面粗糙度参数值主要考虑以下因素 ①同一零件上工作表面的表面粗糙度数值应小于非工作表面的参数值

续表

参数值的选择原则	②摩擦表面粗糙度高度参数值应小于非摩擦表面的高度参数值;滚动摩擦表面的表面粗糙度高度参数值应小于滑动摩擦表面的高度参数值 ③运动精度要求高的表面,应选取较小的表面粗糙度高度参数值 ④接触刚度要求高的表面,应选取较小的表面粗糙度高度参数值 ⑤承受交变载荷的零件,在易引起应力集中的部位,应选取较小的表面粗糙度高度参数值 ⑥表面承受腐蚀的零件,应选取较小的表面粗糙度高度参数值 ⑦配合性质和公差相同的零件、公称尺寸较小的零件,应选取较小的表面粗糙度高度参数值 ⑧要求配合稳定可靠的表面,其表面粗糙度高度参数值应选择较小的数值 ⑨在间隙配合中,间隙要求越小,表面粗糙度的高度参数值也相应越小;在条件相同时,间隙配合表面粗糙度高度参数应比过盈配合要小;在过盈配合中,为了保证连接强度,应选取较小的表面粗糙度高度参数值 ⑩操作手柄、手轮、餐具及卫生设备等操作件的外露表面,虽然没有配合或装配功能的要求,其尺寸公差也往往较大,但一般应选取较小的表面粗糙度高度参数值,以保证外观光滑、安全美观

4.5.2.2　表面粗糙度的选用实例

(1) 常见表面的粗糙度高度参数值的选用

常见表面的粗糙度高度 Ra 值的选用如表 3-4-28 所示，典型零件表面的 Ra 和 $Rmr(c)$ 值如表 3-4-29 所示，常用工作表面的表面粗糙度 Ra 值如表 3-4-30 所示。

表 3-4-28　　常见表面粗糙度 Ra 值的选用

$Ra/\mu m$ (不大于)	表面状况	加工方法	适应的零件表面
100	明显可见的刀痕	粗车、镗、刨、钻	粗加工的表面,如粗车、粗刨、切断等表面,用锉刀和粗砂轮加工的表面,一般很少采用
25、50			粗加工后的表面,焊接前的焊缝、粗钻孔壁等
12.5	可见刀痕	粗车、镗、刨、钻	粗加工的非配合表面,包括轴的断面、倒角、键槽非工作表面、垫圈接触面、齿轮及带轮的侧面、螺钉、铆钉孔表面、不重要的安装支持面、减重孔眼等
6.3	可见加工痕迹	车、镗、刨、钻、铣、锉、磨、粗铰、铣齿	半精加工表面,用于不重要的零件的非配合表面,如支柱、轴、支架、外壳、衬套、盖等的端面;紧固件的自由表面,紧固件的通孔表面,平键及键槽的上、下表面,内外花键的非定心表面,不作为计量基准的齿顶圆表面等
3.2	未见加工痕迹	车、镗、刨、铣、刮1～2点/cm²、拉、锉、磨、滚压、铣齿	半精加工表面,包括外壳、箱体、盖、套筒、支架等于其他零件连接而不形成配合的表面;要求有定心及配合特性的固定支承面,如定心的轴肩、键和键槽的工作表面;低速滑动轴承和轴的摩擦面,滑块及导向面;需要滚花或氧化处理的表面
1.6	看不清加工痕迹	车、镗、刨、铣、铰、拉、磨、滚压、刮 1～2点/cm²、铣齿	要求有定心及配合特性的固定支承、衬套、轴承和定位销的压入孔表面;不要求定心及配合特性的活动支承面;普通精度齿轮的齿面;齿条齿面;定位销孔、V带轮槽表面、大径定心的内花键大径、轴承盖的定中心凸肩表面,电镀前的金属表面
0.8	可辨加工痕迹的方向	车、镗、拉、磨、立铣、滚压、刮 3 ～ 10点/cm²	要求保证定心和配合特性的表面,锥销和圆柱销表面,与P0和P6级滚动轴承相配合的轴颈和孔,中速转动的轴颈,过盈配合IT7级的孔,间隙配合IT8、IT9级的孔,花键轴定心表面,滑动导轨面 不要求保证定心的及配合特性的活动支承面,高精度活动球状接头表面、支承垫圈等
0.4	可辨加工痕迹的方向	铰、磨、镗、拉、刮3～10点/cm²、滚压	要求长期保持配合性质稳定的配合表面,IT7级的轴、孔配合表面,精度较高的轮齿表面,受交变应力作用的重要零件,与直径＜80mm的5.6级轴承配合的轴颈表面,与橡胶密封件接触的轴表面,尺寸＞120mm的IT3～IT6级的孔和轴用量规的测量表面
0.2	微辨加工痕迹的方向	布轮磨、磨、研磨、超级加工	工作时受交变应力作用的重要零件的表面,保证零件的疲劳强度、防腐性的耐久性,并在工作时不破坏配合性质的表面,如轴颈表面、要求气密的表面和支承表面、圆锥的定心表面等;IT5、IT6级配合表面,高精度齿轮的齿面,与4级滚动轴承配合的轴颈表面,尺寸＞315mm的IT7～IT9级孔和轴用量规及尺寸＞120～315mm的IT10～IT12级孔和轴用量规的测量表面等

第3篇

续表

Ra/μm（不大于）	表面状况	加工方法	适应的零件表面
0.1	不可辨加工痕迹的方向	超级加工	工作时承受较大交变应力作用的重要零件的表面，保证精确定心的锥体表面；液体传动的孔表面；气缸套的内表面，活塞销的外表面，仪器导轨面，阀的工作面，尺寸<120mm 的 IT10～IT12 级孔和轴用量规的测量表面等
0.05	暗光泽面		保证高气密性的接合面，如活塞、柱塞和气缸内表面；摩擦离合器的摩擦表面；对同轴度有精确要求的轴和孔，滚动导轨中的钢球、滚子和高转速摩擦的工作表面
0.025	亮光泽面		高压柱塞泵中柱塞和柱塞套的配合表面，中等精度仪器零件配合表面，尺寸>120mm 的 IT6 级孔用量规、尺寸<120mm 的 IT7～IT9 级孔和轴用量规的测量表面
0.012	镜状光泽面		仪器的测量表面和配合表面，尺寸超过 100mm 的量块工作面
0.008	雾状镜面		量块的工作表面，高精度测量仪器的测量面，高精度仪器摩擦机构的支承表面

表 3-4-29　　典型零件表面的 Ra 和 $Rmr(c)$ 值

要求的表面	Ra/μm	Rmr(c)/%（c=20%）	lr/mm	要求的表面		Ra/μm	Rmr(c)/%（c=20%）	lr/mm
与滑动轴承配合的支承轴颈	0.32	30	0.8	蜗杆齿侧面		0.32	—	—
与青铜轴瓦配合的轴颈	0.40	15	0.8	铸铁箱体上主要孔		1.0～2.0	—	—
与巴比特轴瓦配合的支承轴颈	0.25	20	0.25	箱体和盖的结合面		0.63～1.6	—	2.5
与铸铁轴瓦配合的支承轴颈	0.32	40	0.8	机床滑动导轨	普通	0.63	—	0.8
					高精度	0.10	15	0.25
					重型	1.6	—	0.25
与石墨片轴瓦配合的支承轴颈	0.32	40	0.8	滚动导轨		0.16	—	0.25
与滚动轴承配合的支承轴颈	0.80	—	0.8	缸体工作面		0.40	40	0.8
钢球和滚珠轴承的工作面	0.80	15	0.25	活塞环工作面		0.25	—	0.25
保证选择器或排挡转移情况的表面	0.25	15	0.25	曲轴轴颈		0.32	30	0.8
和轮齿孔配合的轴颈	1.6	—	0.8	曲轴连杆轴径		0.25	20	0.25
按疲劳强度工作的轴	—	60	0.8	活塞侧缘		0.80	—	0.8
喷镀过的滑动摩擦面	0.08	10	0.25	活塞上活塞销孔		0.50	—	0.8
				活塞销		0.25	15	0.25
准备喷镀的表面	—	—	0.8	分配轴颈和凸轮部分		0.32	30	0.8
电化学镀层前的表面	0.2～0.8	—	—	油针偶件		0.08	15	0.25
齿轮配合孔	0.5～2.0	—	0.8	摇杆小轴孔和轴颈		0.63	—	0.8
轮齿齿面	0.63～1.25	—	0.8	腐蚀性表面		0.063	10	0.25

注：本表数据仅供参考。

表 3-4-30　　常用工作表面的表面粗糙度 *Ra* 值　　μm

配合表面	公差等级	表面	公称尺寸/mm ≤50	公称尺寸/mm 50～500
间隙和过渡配合	IT5	轴	0.2	0.4
		孔	0.4	0.8
	IT6	轴	0.4	0.8
		孔	0.4～0.8	0.8～1.6
	IT7	轴	0.4～0.8	0.8～1.6
		孔	0.8	1.6
	IT8	轴	0.8	1.6
		孔	0.8～1.6	1.6～3.2

配合表面	公差等级	表面	公称尺寸/mm ≤50	50～120	120～500
过盈配合(压入配合)	IT5	轴	0.1～0.2	0.4	0.4
		孔	0.2～0.4	0.8	0.8
	IT6～IT7	轴	0.4	0.8	1.6
		孔	0.8	1.6	1.6
	IT8	轴	0.8	0.8～1.6	1.6～3.2
		孔		1.6～3.2	1.6～3.2

配合表面	表面	Ra
过盈配合(热装)	轴	1.6
	孔	1.6～3.2

分组装配的零件表面	表面 \ 分组公差	<2.5	2.5	5	10	20
	轴	0.05	0.1	0.2	0.4	0.8
	孔	0.1	0.2	0.4	0.8	1.6

高精度定心表面	表面 \ 径向圆跳动公差	<2.5	4	6	10	16	
	轴	0.05	0.1	0.1	0.2	0.4	0.8
	孔	0.1	0.2	0.2	0.4	0.8	1.6

滑动轴承表面	表面	公差等级 IT6～IT9	公差等级 IT10～IT12	流体润滑
	轴	0.4～0.8	0.8～3.2	0.1～0.4
	孔	0.8～1.6	1.6～3.2	0.2～0.8

液压系统的油缸活塞等表面	表面	高压 直径≤10mm	高压 直径>10mm	普通压力	低压
	轴	0.025	0.05	0.1	0.2
	孔	0.05	0.1	0.2	0.4

密封材料处的孔轴表面	密封材料 \ 速度/m·s^{-1}	≤3	5	>5
	橡胶	0.8～1.6 抛光	0.4～1.6 抛光	0.2～0.4 抛光
	毛毡	0.8～1.6 抛光		
	迷宫式密封	3.2～6.3		
	涂油槽密封	3.2～6.3		

导轨面	性质	速度/m·s^{-1} \ 平面度公差/μm·(100mm)$^{-1}$	≤6	10	20	60	>60
	滑动	≤0.5	0.2	0.4	0.8	1.6	3.2
		>0.5	0.1	0.2	0.4	0.8	1.6
	滚动	≤0.5	0.1	0.2	0.4	0.4	0.8
		>0.5	0.05	0.1	0.2	0.2	0.4

端面支承表面、端面轴承等	速度/m·s^{-1} \ 轴向全跳动公差/μm	≤6	16	25	>25
	≤0.5	0.1	0.4	0.8～1.6	3.2
	>0.5	0.1	0.2	0.8	1.6

续表

<table>
<tr><td colspan="3" rowspan="3">球面支承</td><td colspan="9">面轮廓度公差/μm</td></tr>
<tr><td colspan="4">≤30</td><td colspan="5">>30</td></tr>
<tr><td colspan="4">0.8</td><td colspan="5">1.6</td></tr>
<tr><td colspan="3" rowspan="3">端面支承不动的支承面(法兰等)</td><td colspan="9">垂直度公差/μm</td></tr>
<tr><td colspan="3">≤25</td><td colspan="4">60</td><td colspan="2">>60</td></tr>
<tr><td colspan="3">1.6</td><td colspan="4">3.2</td><td colspan="2">6.3</td></tr>
<tr><td colspan="2" rowspan="3">减速箱体分界面</td><td>类型</td><td colspan="4">有垫片的</td><td colspan="5">无垫片的</td></tr>
<tr><td>密封的</td><td colspan="4">3.2～6.3</td><td colspan="5">0.8～1.6</td></tr>
<tr><td>不密封的</td><td colspan="4">6.3～12.5</td><td colspan="5">6.3～12.5</td></tr>
<tr><td colspan="2" rowspan="4">凸轮和靠模工作面</td><td rowspan="2">类型</td><td colspan="9">线轮廓度公差/μm</td></tr>
<tr><td colspan="2">≤6</td><td colspan="2">30</td><td colspan="2">50</td><td colspan="3">>50</td></tr>
<tr><td>用刀口或滑块</td><td colspan="2">0.4</td><td colspan="2">0.8</td><td colspan="2">1.6</td><td colspan="3">3.2</td></tr>
<tr><td>用滚柱</td><td colspan="2">0.8</td><td colspan="2">1.6</td><td colspan="2">3.2</td><td colspan="3">6.3</td></tr>
<tr><td colspan="3">与其他零件接触但不是配合面</td><td colspan="9">3.2～6.3</td></tr>
<tr><td colspan="3" rowspan="3">V 带轮和平带轮工作表面</td><td colspan="9">带轮直径/mm</td></tr>
<tr><td colspan="2">≤120</td><td colspan="4">>120～315</td><td colspan="3">>315</td></tr>
<tr><td colspan="2">1.6</td><td colspan="4">3.2</td><td colspan="3">6.3</td></tr>
<tr><td colspan="3" rowspan="2">摩擦传动中的工作面</td><td colspan="9">与尺寸大小及工作条件有关</td></tr>
<tr><td colspan="9">0.2～0.8</td></tr>
<tr><td colspan="2" rowspan="5">摩擦件工作面</td><td rowspan="2">摩擦片、离合器</td><td colspan="2">压块式</td><td colspan="4">离合器</td><td colspan="3">片式</td></tr>
<tr><td colspan="2">1.6～3.2</td><td colspan="4">0.8～1.6</td><td colspan="3">0.1～0.8</td></tr>
<tr><td rowspan="3">制动鼓轮</td><td colspan="9">鼓轮直径/mm</td></tr>
<tr><td colspan="4">≤500</td><td colspan="5">>500</td></tr>
<tr><td colspan="4">0.8～1.6</td><td colspan="5">1.6～6.3</td></tr>
<tr><td colspan="3" rowspan="2">圆锥结合工作面</td><td colspan="2">密封结合</td><td colspan="4">对中结合</td><td colspan="3">其他</td></tr>
<tr><td colspan="2">0.1～0.4</td><td colspan="4">0.4～1.6</td><td colspan="3">1.6～6.3</td></tr>
<tr><td rowspan="5">键结合</td><td colspan="2">类型</td><td colspan="2">键</td><td colspan="4">轴上键槽</td><td colspan="3">毂上键槽</td></tr>
<tr><td rowspan="2">不动结合</td><td>工作面</td><td colspan="2">3.2</td><td colspan="4">1.6～3.2</td><td colspan="3">1.6～3.2</td></tr>
<tr><td>非工作面</td><td colspan="2">6.3～12.5</td><td colspan="4">6.3～12.5</td><td colspan="3">6.3～12.5</td></tr>
<tr><td rowspan="2">用导向键</td><td>工作面</td><td colspan="2">1.6～3.2</td><td colspan="4">1.6～3.2</td><td colspan="3">1.6～3.2</td></tr>
<tr><td>非工作面</td><td colspan="2">6.3～12.5</td><td colspan="4">6.3～12.5</td><td colspan="3">6.3～12.5</td></tr>
<tr><td rowspan="4">渐开线花键结合</td><td colspan="2" rowspan="2">类型</td><td rowspan="2">孔槽</td><td rowspan="2">轮齿</td><td colspan="4">定心面</td><td colspan="3">非定心面</td></tr>
<tr><td colspan="3">孔</td><td>轴</td><td colspan="2">孔</td><td>轴</td></tr>
<tr><td colspan="2">不动结合</td><td>1.6～3.2</td><td>1.6～3.2</td><td colspan="3">0.8～1.6</td><td>0.4～0.8</td><td colspan="2">3.2～6.3</td><td>1.6～6.3</td></tr>
<tr><td colspan="2">动结合</td><td>0.8～1.6</td><td>0.4～0.8</td><td colspan="3">0.8～1.6</td><td>0.4～0.8</td><td colspan="2">3.2</td><td>1.6～6.3</td></tr>
<tr><td rowspan="6">螺纹</td><td colspan="2" rowspan="2">类型</td><td colspan="9">精度等级</td></tr>
<tr><td colspan="2">4、5</td><td colspan="4">6、7</td><td colspan="3">8、9</td></tr>
<tr><td colspan="2">紧固螺纹</td><td colspan="2">1.6</td><td colspan="4">3.2</td><td colspan="3">3.2～6.3</td></tr>
<tr><td colspan="2">在轴上、杆上和套上螺纹</td><td colspan="2">3.2～6.3</td><td colspan="4">1.6</td><td colspan="3">3.2</td></tr>
<tr><td colspan="2">丝杠和起重螺纹</td><td colspan="2">—</td><td colspan="4">0.4</td><td colspan="3">0.8</td></tr>
<tr><td colspan="2">丝杠螺母和起重螺母</td><td colspan="2">—</td><td colspan="4">0.8</td><td colspan="3">1.6</td></tr>
</table>

续表

	类型	精度等级								
		3	4	5	6	7	8	9	10	11
齿轮和蜗轮传动	直齿、斜齿、人字齿蜗轮(圆柱)齿面	0.1～0.2	0.2～0.4	0.2～0.4	0.4	0.4～0.8	1.6	3.2	6.3	6.3
	圆锥齿轮齿面			0.2～0.4	0.4～0.8	0.4～0.8	0.8～1.6	1.6～3.2	3.2～6.3	6.3
	蜗杆牙齿面	0.1	0.2	0.2	0.4	0.4～0.8	0.8～1.6	1.6～3.2		
	根圆	与工作面相同或接近的更粗糙的优先数								
	顶圆	3.2～12.5								

	类型	应用精度	
		普通	提高
链轮	工作表面	3.2～6.3	1.6～3.2
	根圆	6.3	3.2
	顶圆	3.2～12.5	3.2～12.5

	定位精度					
分度机构表面(如分度板、插销)	≤4	6	10	25	63	>63
	0.1	0.2	0.4	0.8	1.6	3.2

齿轮、链轮、蜗轮的非工作端面		3.2～12.5
孔和轴的非工作面		6.3～12.5
倒角、倒圆、退刀槽等		3.2～12.5
螺栓、螺钉等用通孔		25
精制螺栓和螺母		3.2～12.5
半精制螺栓和螺母		25
螺钉头表面		3.2～12.5
压簧支承面		12.5～25
准备焊接的倒棱		50～100
床身、箱体上的槽和凸起		12.5～25
在水泥、砖和不知基础上的表面		100 或更大
对疲劳强度有影响的非结合面		0.2～0.4
影响蒸汽和气流的表面	特别精密	0.2 抛光
	一般	0.8～1.6

	直径		
影响零件平衡的表面	≤180	>180～500	>500
	1.6～3.2	6.3	12.5～25

光学读数的精密刻度尺		0.025～0.05
普通精度刻度尺		0.8～1.6
刻度盘		0.8
操纵机构表面(如手柄、手轮) 指示表面、其他需光整表面		0.4～1.6 抛光或镀层
离合器、支架、轮辐等与其他件不接触的表面		6.3～12.5
高速转动的凸出面(轴端等)		1.6～6.3
外观要求高的表面		6.3
其他表面	中、小零件	3.2～12.5
	大零件	6.3～25

第3篇

（2）参考尺寸公差、形状公差与表面粗糙度的关系

通常，表面形状公差值 t、尺寸公差值 T 与 Ra、Rz 之间有如下对应关系：若 $t \approx 0.6T$，则 $Ra \leqslant 0.5T$，$Rz \leqslant 0.2T$；若 $t \approx 0.4T$，则 $Ra \leqslant 0.025T$，$Rz \leqslant 0.1T$；若 $t \approx 0.25T$，则 $Ra \leqslant 0.012T$，$Rz \leqslant 0.05T$；若 $t < 0.25T$，则 $Ra \leqslant 0.15t$，$Rz \leqslant 0.6t$。

公差等级与表面粗糙度的对应关系，常用、优先公差带相适应的表面粗糙度值，间隙或过盈配合与表面粗糙度的对应关系见表 3-4-31～表 3-4-33。

表 3-4-31　　轴、孔公差等级与表面粗糙度的对应关系

公差等级	轴		孔		公差等级	轴		孔	
	公称尺寸/mm	粗糙度参数 Ra/μm	公称尺寸/mm	粗糙度参数 Ra/μm		公称尺寸/mm	粗糙度参数 Ra/μm	公称尺寸/mm	粗糙度参数 Ra/μm
IT5	≤6	0.1	≤6	0.1	IT9	≤6	0.8	≤6	0.8
	>6～30	0.2	>6～30	0.2		>6～120	1.6	>6～120	1.6
	>30～180	0.4	>30～180	0.4		>120～400	3.2	>120～400	3.2
	>180～500	0.8	>180～500	0.8		>400～500	6.3	>400～500	6.3
IT6	≤10	0.2	≤10	0.2	IT10	≤10	1.6	≤10	1.6
	>10～80	0.4	>10～80	0.4		>10～120	3.2	>10～120	3.2
	>80～250	0.8	>80～250	0.8		>120～500	6.3	>120～500	6.3
	>250～500	1.6	>250～500	1.6	IT11	≤10	1.6	≤10	1.6
IT7	≤6	0.4	≤6	0.4		>10～120	3.2	>10～120	3.2
	>6～120	0.8	>6～120	0.8		>120～500	6.3	>120～500	6.3
	>120～500	1.6	>120～500	1.6	IT12	≤80	3.2	≤80	3.2
IT8	≤3	0.4	≤3	0.4		>80～250	6.3	>80～250	6.3
	>3～50	0.8	>3～30	0.8		>250～500	12.5	>250～500	12.5
	>50～500	1.6	>30～250	1.6	IT13	≤30	3.2	≤30	3.2
			>250～500	3.2		>30～120	6.3	>30～120	6.3
						>120～500	12.5	>120～500	12.5

表 3-4-32　　与常用、优先公差带相适应的表面粗糙度 Ra 值

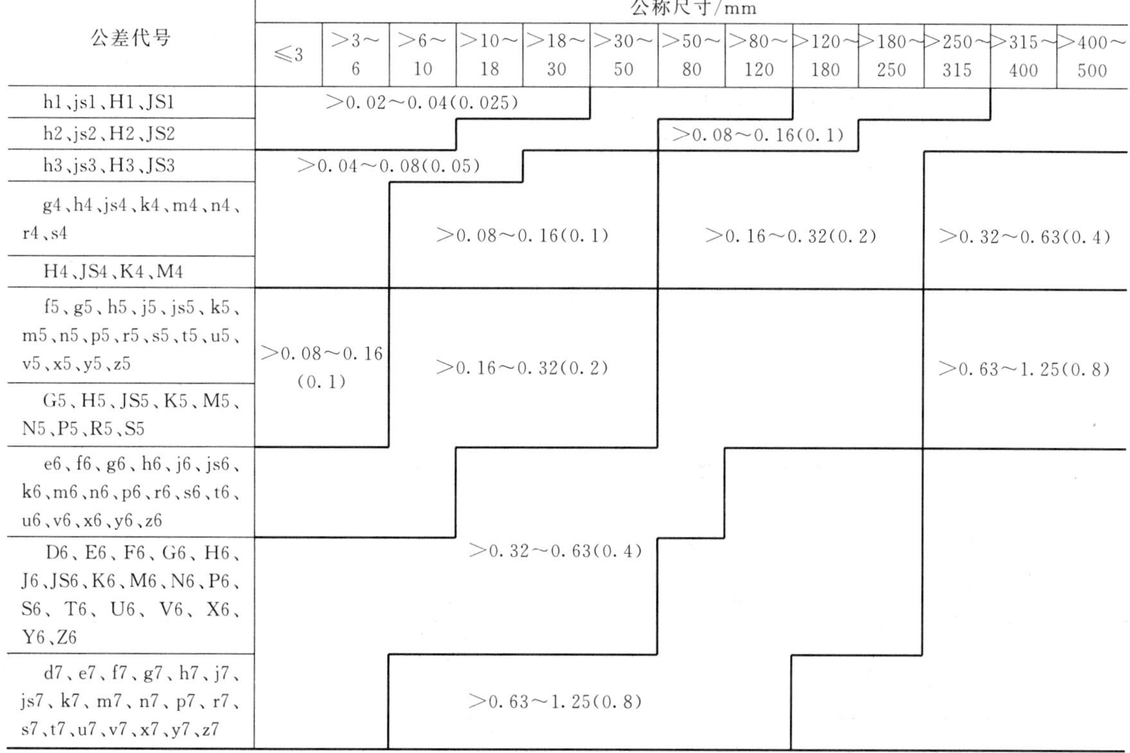

公差代号	公称尺寸/mm												
	≤3	>3～6	>6～10	>10～18	>18～30	>30～50	>50～80	>80～120	>120～180	>180～250	>250～315	>315～400	>400～500
h1、js1、H1、JS1	>0.02～0.04(0.025)	>0.02～0.04(0.025)	>0.02～0.04(0.025)	>0.02～0.04(0.025)	>0.02～0.04(0.025)	>0.04～0.08(0.05)	>0.04～0.08(0.05)	>0.04～0.08(0.05)	>0.08～0.16(0.1)	>0.08～0.16(0.1)	>0.08～0.16(0.1)	>0.16～0.32(0.2)	>0.16～0.32(0.2)
h2、js2、H2、JS2	>0.02～0.04(0.025)	>0.02～0.04(0.025)	>0.02～0.04(0.025)	>0.04～0.08(0.05)	>0.04～0.08(0.05)	>0.04～0.08(0.05)	>0.08～0.16(0.1)	>0.08～0.16(0.1)	>0.08～0.16(0.1)	>0.16～0.32(0.2)	>0.16～0.32(0.2)	>0.16～0.32(0.2)	>0.16～0.32(0.2)
h3、js3、H3、JS3	>0.04～0.08(0.05)	>0.04～0.08(0.05)	>0.04～0.08(0.05)	>0.04～0.08(0.05)	>0.08～0.16(0.1)	>0.08～0.16(0.1)	>0.16～0.32(0.2)	>0.16～0.32(0.2)	>0.16～0.32(0.2)	>0.16～0.32(0.2)	>0.32～0.63(0.4)	>0.32～0.63(0.4)	>0.32～0.63(0.4)
g4、h4、js4、k4、m4、n4、r4、s4	>0.04～0.08(0.05)	>0.04～0.08(0.05)	>0.08～0.16(0.1)	>0.08～0.16(0.1)	>0.08～0.16(0.1)	>0.08～0.16(0.1)	>0.16～0.32(0.2)	>0.16～0.32(0.2)	>0.16～0.32(0.2)	>0.16～0.32(0.2)	>0.32～0.63(0.4)	>0.32～0.63(0.4)	>0.32～0.63(0.4)
H4、JS4、K4、M4	>0.04～0.08(0.05)	>0.04～0.08(0.05)	>0.08～0.16(0.1)	>0.08～0.16(0.1)	>0.08～0.16(0.1)	>0.08～0.16(0.1)	>0.16～0.32(0.2)	>0.16～0.32(0.2)	>0.16～0.32(0.2)	>0.16～0.32(0.2)	>0.32～0.63(0.4)	>0.32～0.63(0.4)	>0.32～0.63(0.4)
f5、g5、h5、j5、js5、k5、m5、n5、p5、r5、s5、t5、u5、v5、x5、y5、z5	>0.08～0.16(0.1)	>0.08～0.16(0.1)	>0.16～0.32(0.2)	>0.16～0.32(0.2)	>0.16～0.32(0.2)	>0.16～0.32(0.2)	>0.32～0.63(0.4)	>0.32～0.63(0.4)	>0.32～0.63(0.4)	>0.32～0.63(0.4)	>0.63～1.25(0.8)	>0.63～1.25(0.8)	>0.63～1.25(0.8)
G5、H5、JS5、K5、M5、N5、P5、R5、S5	>0.08～0.16(0.1)	>0.08～0.16(0.1)	>0.16～0.32(0.2)	>0.16～0.32(0.2)	>0.16～0.32(0.2)	>0.16～0.32(0.2)	>0.32～0.63(0.4)	>0.32～0.63(0.4)	>0.32～0.63(0.4)	>0.32～0.63(0.4)	>0.63～1.25(0.8)	>0.63～1.25(0.8)	>0.63～1.25(0.8)
e6、f6、g6、h6、j6、js6、k6、m6、n6、p6、r6、s6、t6、u6、v6、x6、y6、z6	>0.16～0.32(0.2)	>0.16～0.32(0.2)	>0.16～0.32(0.2)	>0.32～0.63(0.4)	>0.32～0.63(0.4)	>0.32～0.63(0.4)	>0.32～0.63(0.4)	>0.63～1.25(0.8)	>0.63～1.25(0.8)	>0.63～1.25(0.8)			
D6、E6、F6、G6、H6、J6、JS6、K6、M6、N6、P6、S6、T6、U6、V6、X6、Y6、Z6	>0.32～0.63(0.4)	>0.32～0.63(0.4)	>0.32～0.63(0.4)	>0.32～0.63(0.4)	>0.32～0.63(0.4)	>0.32～0.63(0.4)	>0.63～1.25(0.8)	>0.63～1.25(0.8)	>0.63～1.25(0.8)	>0.63～1.25(0.8)			
d7、e7、f7、g7、h7、j7、js7、k7、m7、n7、p7、r7、s7、t7、u7、v7、x7、y7、z7	>0.32～0.63(0.4)	>0.32～0.63(0.4)	>0.63～1.25(0.8)	>0.63～1.25(0.8)	>0.63～1.25(0.8)	>0.63～1.25(0.8)	>0.63～1.25(0.8)	>0.63～1.25(0.8)					

续表

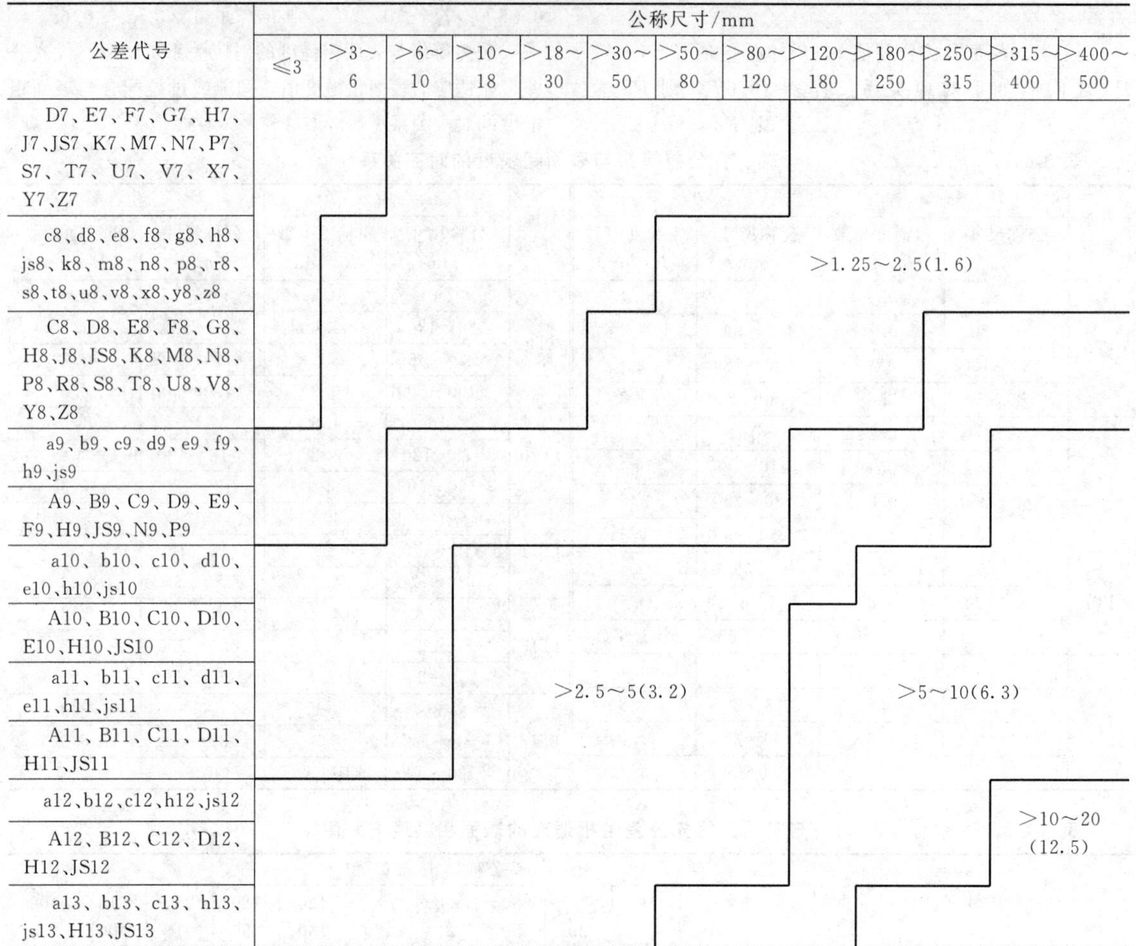

公差代号	公称尺寸/mm												
	≤3	>3~6	>6~10	>10~18	>18~30	>30~50	>50~80	>80~120	>120~180	>180~250	>250~315	>315~400	>400~500
D7、E7、F7、G7、H7、J7、JS7、K7、M7、N7、P7、S7、T7、U7、V7、X7、Y7、Z7													
c8、d8、e8、f8、g8、h8、js8、k8、m8、n8、p8、r8、s8、t8、u8、v8、x8、y8、z8										>1.25~2.5(1.6)			
C8、D8、E8、F8、G8、H8、J8、JS8、K8、M8、N8、P8、R8、S8、T8、U8、V8、Y8、Z8													
a9、b9、c9、d9、e9、f9、h9、js9													
A9、B9、C9、D9、E9、F9、H9、JS9、N9、P9													
a10、b10、c10、d10、e10、h10、js10													
A10、B10、C10、D10、E10、H10、JS10													
a11、b11、c11、d11、e11、h11、js11						>2.5~5(3.2)					>5~10(6.3)		
A11、B11、C11、D11、H11、JS11													
a12、b12、c12、h12、js12													
A12、B12、C12、D12、H12、JS12													>10~20(12.5)
a13、b13、c13、h13、js13、H13、JS13													

注：1. 本表适用于一般通用机械，并且不考虑形状公差对表面粗糙度的要求。

2. 对于特殊的配制配合时，如配合件孔、轴公差等级相差较多时，应按其较高等级的公差带选取。

3. 对于中型机械中采用配合制时，应仍按完全互换性配合要求的公差选取。

4. 括号内为常用数据。

表 3-4-33　　间隙或过盈配合与表面粗糙度的关系

间隙或过盈/μm	表面粗糙度 Ra/μm		间隙或过盈/μm	表面粗糙度 Ra/μm	
	轴	孔		轴	孔
≤2.5	0.025	0.05	>6.5~10	0.10	0.40
>2.5~4	0.05	0.10	>10~16	0.20	
>4~6.5		0.20	>16~25		
			>25~40	0.40	0.80

(3) 加工方法与表面粗糙度

表面粗糙度与加工方法有密切关系，各种加工方法能达到的表面粗糙度 Ra 的值见表 3-4-34~表 3-4-36。

表 3-4-34　　各种加工方法能达到的表面粗糙度 Ra 的值

加工方法	表面粗糙度 Ra 值													
	0.012	0.025	0.05	0.10	0.20	0.40	0.80	1.60	3.20	6.30	12.5	25	50	100
砂模铸造										—	—	—	—	—
壳型铸造										—	—	—	—	—

续表

加工方法		表面粗糙度 Ra 值													
		0.012	0.025	0.05	0.10	0.20	0.40	0.80	1.60	3.20	6.30	12.5	25	50	100
金属模铸造									—	—	—	—	—	—	
离心铸造									—	—	—	—	—		
精密铸造								—	—	—	—	—			
蜡模铸造							—	—	—	—	—	—			
压力铸造							—	—	—	—	—				
热轧											—	—	—	—	—
模锻									—	—	—	—	—	—	—
冷轧						—	—	—	—	—	—	—			
挤压							—	—	—	—	—				
冷拉						—	—	—	—	—	—				
锉						—	—	—	—	—	—	—	—		
刮削						—	—	—	—	—	—	—			
刨削	粗										—	—	—		
	半精								—	—	—				
	精						—	—	—						
插削									—	—	—	—	—		
钻孔								—	—	—	—	—	—		
扩孔	粗										—	—	—		
	精								—	—	—				
金刚镗孔				—	—	—	—								
镗孔	粗										—	—	—	—	
	半精							—	—	—	—				
	精						—	—	—						
铰孔	粗								—	—	—	—			
	半精						—	—	—	—					
	精				—	—	—	—	—						
拉削	精						—	—	—	—					
	半精				—	—	—								
滚铣	粗									—	—	—	—		
	半精						—	—	—	—	—				
	精						—	—	—						
端面铣	粗									—	—	—			
	半精						—	—	—	—	—				
	精					—	—	—	—						
车外圆	粗										—	—	—		
	半精								—	—	—	—			
	精					—	—	—	—						
金刚车			—	—	—	—									
车端面	粗										—	—	—		
	半精								—	—	—	—			
	精						—	—	—						
磨外圆	粗							—	—	—	—				
	半精					—	—	—	—						
	精		—	—	—	—	—								
磨平面	粗								—	—					
	半精						—	—	—						
	精		—	—	—	—	—								

续表

加工方法		表面粗糙度 *Ra* 值													
		0.012	0.025	0.05	0.10	0.20	0.40	0.80	1.60	3.20	6.30	12.5	25	50	100
珩磨	平面		—	—	—	—	—	—	—						
	圆柱	—	—	—	—	—	—								
研磨	粗					—	—	—	—						
	半精			—	—	—	—								
	精	—	—	—	—										
抛光	一般				—	—	—	—	—						
	精	—	—	—	—										
滚压抛光				—	—	—	—	—	—	—					
超精加工	平面	—	—	—	—	—	—								
	柱面	—	—	—	—	—	—								
化学磨								—	—	—	—	—	—		
电解磨		—	—	—	—	—	—	—	—						
电火花加工								—	—	—	—	—	—		
切割	气割										—	—	—	—	—
	锯								—	—	—	—	—	—	—
	车									—	—	—	—		
	铣											—	—	—	
	磨								—	—	—				
螺纹加工	丝锥板牙							—	—	—	—				
	梳铣							—	—	—	—				
	滚					—	—	—							
	车							—	—	—	—	—			
	搓螺纹							—	—	—	—				
	滚压						—	—	—	—	—				
	磨					—	—	—	—						
	研磨			—	—	—	—	—							
齿轮及花键加工	刨							—	—	—	—				
	滚							—	—	—	—				
	插							—	—	—	—				
	磨				—	—	—	—							
	剃					—	—	—	—						
电光束加工						—	—	—	—	—	—				
激光加工						—	—	—	—	—	—				
电化学加工				—	—	—	—	—	—	—	—	—			

注：本表作为一般情况参考。

表 3-4-35 **各种加工方法能达到的表面粗糙度 *Rz* 值**

加工方法	*Rz*/μm								
	0.16	0.40	1.0	2.5	6	16	40	100	250
火焰切割							—	—	
砂型铸造							—	—	—
壳型铸造						—	—	—	
压力铸造					—	—	—	—	
锻造				—	—	—	—	—	
爆破成形					—	—	—	—	—
成形加工				—	—	—	—	—	—
钻孔						—	—		
铣削					—	—	—	—	

续表

加工方法	Rz/μm								
	0.16	0.40	1.0	2.5	6	16	40	100	250
铰孔					——	——	——		
车削			——	——	——	——	——	——	——
磨削		——	——	——	——	——	——		
珩磨	——	——	——	——	——	——			
研磨	——	——	——	——	——	——			
抛光	——	——							

注：本表作为一般情况参考。

表 3-4-36　各种加工方法所能达到的 Rsm、$Rmc(c)$ 值

加工方法			参数值 Rsm/mm	参数值 $Rmc(c)$/%(c=20%)
外圆柱表面	车加工	粗	0.32～1.25	10～15
		半精	0.16～0.40	10～15
		精	0.08～0.16	10～15
		精细	0.02～0.10	10～15
	磨加工	粗	0.063～0.20	10
		精	0.025～0.10	10
		精细	0.008～0.025	40
	超精磨		0.006～0.020	10
	抛光		0.006～0.025	10
	研磨		0.006～0.040	10～15
	滚压		0.025～1.25	10～70
	振动滚压		0.010～1.25	10～70
	电机械加工		0.025～1.25	10～70
	磁磨粒加工		0.008～1.25	10～30
内圆柱表面	钻孔		0.160～0.80	10～15
	扩孔	粗	0.160～0.80	10～15
		精	0.080～0.25	10～15
	铰孔	粗	0.080～0.20	10～15
		精	0.0125～0.04	10～15
		精细	0.008～0.025	10～15
	拉孔	粗	0.080～0.25	10～15
		精	0.020～0.10	10～15
	镗孔	粗	0.25～1.00	10～15
		半精	0.125～0.32	10～15
		精	0.080～0.16	10～15
		精细	0.020～0.10	10～15
	磨孔	粗	0.063～0.25	10
		精	0.025～0.10	10
		精细	0.008～0.025	10
	珩磨	粗	0.063～0.25	10
		精	0.020～0.10	10
		精细	0.006～0.020	10
	研磨		0.005～0.04	10～15
	滚压		0.025～1.00	10～70
	振动滚压		0.10～1.25	10～70
	滚光		0.025	10

加工方法			参数值 Rsm/mm	参数值 $Rmc(c)$/%(c=20%)
平面	端铣	粗	0.160～0.40	10～15
		精	0.080～0.20	10～15
		精细	0.025～0.10	10～15
	平铣	粗	1.25～5.0	10
		精	0.50～2.0	10
		精细	0.160～0.63	10～15
	刨	粗	0.20～1.60	10～15
		精	0.080～0.25	10～15
		精细	0.025～0.125	10～15
	端车	粗	0.20～1.25	10～15
		精	0.080～0.25	10～15
		精细	0.025～0.125	10～15
	拉	粗	0.160～2.0	10～15
		精	0.050～0.5	10～15
	磨	粗	0.100～0.32	10
		精	0.025～0.125	10
		精细	0.010～0.032	10
	刮	粗	0.200～1.00	10～15
			0.063～0.25	10～15
		精	0.040～0.125	10～15
			0.016～0.050	10～15
	滚柱钢球滚压		0.025～5.0	10～70
	振动滚压		0.025～12.5	10～70
	振动抛光		0.010～0.032	10
	研磨		0.008～0.040	10～15
花键侧表面	花键铣	粗	1.00～5.0	10～15
		精	0.10～2.0	10～15
	花键刨		0.08～2.5	10～15
	花键拉		0.08～2.0	10～15
	花键磨	粗	0.100～0.320	10
		精	0.032～0.100	10
	插削		0.080～5.00	10～15
	滚压		0.063～2.00	10～70
齿轮齿面	铣齿		1.25～5.00	10～15
	滚齿		0.32～1.60	10～15
	插齿		0.20～1.25	10～15

续表

加工方法		参数值 Rsm/mm	参数值 Rmc(c)/%(c=20%)
齿轮齿面	拉齿	0.080～2.0	10～15
	碾齿	0.080～5.0	10～15
	剃齿	0.080～5.0	10～15
	磨齿	0.125～0.50	10
	滚压齿	0.040～0.100	10～70
	研磨	0.032～2.00	10～70
螺纹侧面	车刀或梳刀车	0.080～0.25	10～15
	攻螺纹和板牙或自动板牙头切	0.063～0.200	10～15
	铣螺纹 粗	0.125～0.320	10
	铣螺纹 精	0.032～0.125	10
	滚压	0.040～0.100	10～20

4.6 其他常见材料制品表面粗糙度参数及数值

4.6.1 粉末冶金制品表面粗糙度参数及数值

粉末冶金制品为多孔性结构，GB/T 12767—1991单独规定了多孔制品表面粗糙度的评定方法，即将孔隙看作填平到一定深度的平底平面来评定其表面粗糙度。

4.6.1.1 粉末冶金制品表面粗糙度的评定通则

① 在评定粉末冶金制品（如含油轴承）的表面粗糙度时，不应将其表面孔隙作为表面粗糙度的一部分，应在测量中避开孔隙对表面粗糙度数值的影响。

② 在规定表面粗糙度时，必须给出粗糙度参数值和测定时的取样长度两项基本要求，必要时也可规定表面加工纹理、加工方法或顺序和不同区域的粗糙度等附加要求。

③ 为了保证评定结果的可靠性，应在被测表面上选3个或多于3个的不同部位分别进行测量，取其测得值的平均值作为最终测量结果，而每一次测量一般由5个连续的取样长度构成评定长度。如果各部位的测量结果相差甚大（即不同部位测量数值有100%以上的发散），可再补测若干部位，或分别给出各部位的测量结果。

4.6.1.2 评定粉末冶金制品表面粗糙度的参数及其数值系列

采用中线制表面粗糙度，评定参数取轮廓算数平均偏差 Ra，其数值见表3-4-37。对于粉末冶金制品，Ra 的数值一般在 $0.100 \leqslant Ra < 6.3$ 范围内。Ra 的取样长度 l 与评定长度 ln 见表3-4-38。

表3-4-37　轮廓算术平均偏差 Ra 的数值　μm

0.012	0.20	3.2
0.025	0.40	6.3
0.050	0.80	12.5
0.100	1.60	

表3-4-38　Ra 的取样长度 l 与评定长度 ln

Ra/μm	l/mm	$ln(ln=5l)$/mm
≥0.008～0.02	0.08	0.4
>0.02～0.1	0.25	1.25
>0.1～2.0	0.8	4.0
>2.0～10.0	2.5	12.5

4.6.2 塑料件表面粗糙度参数及数值

塑料件的表面功能、加工方法及评定方法不同于金属表面，GB/T 14234—1993《塑料件表面粗糙度》中规定了对塑料件表面粗糙度的参数、参数值和对其要求的一般规则，适用于电子、航空、航天、仪器仪表等产品用塑料件表面粗糙度，其他产品用塑料件也可以参照执行。

4.6.2.1 评定参数及其数值

评定塑料件的表面粗糙度，一般选择轮廓算术平均偏差 Ra 和轮廓最大高度 Rz 中的一个或两个参数，优先推荐使用 Ra。根据表面功能需要，除选用表面粗糙度基本评定参数 Ra、Rz 外，还可以选择附加参数，如轮廓微观不平度的平均间距 Rsm 以及轮廓支承长度率 Rmr。

① 高度参数 Ra、Rz 分别见表3-4-39和表3-4-40，评定塑料体表面粗糙度的取样长度和评定长度见表3-4-41。

表3-4-39　塑料件表面粗糙度 Ra 值　μm

第一系列		第二系列			
0.012	0.8	0.008	0.063	0.50	4.0
0.025	1.6	0.010	0.080	0.63	5.0
0.050	3.2	0.016	0.125	1.00	8.0
0.100	6.3	0.020	0.160	1.25	10.0
0.20	12.5	0.032	0.25	2.0	16.0
0.40	25	0.040	0.32	2.5	20

表3-4-40　塑料件表面粗糙度 Rz 值　μm

第一系列		第二系列			
0.025	3.2	0.032	0.32	4.0	40
0.05	6.3	0.040	0.50	5.0	63
0.100	12.5	0.063	0.63	8.0	80
0.20	25	0.080	1.00	10.0	125
0.40	50	0.125	1.25	16.0	160
0.80	100	2.0	2.0	20	
1.60	200	2.5	2.5	32	

表 3-4-41 评定塑料件表面粗糙度的取样长度 lr　mm

0.08	0.25	0.8	2.5	8

注：评定长度 ln 一般选取 5 个连续取样长度 $ln=5lr$。若被测表面粗糙度均匀性较好，可取小于 5 个取样长度的评定长度；反之，可取大于 5 个取样长度的评定长度。

② 附加参数 Rsm、$Rmr(c)$ 值分别见表 3-4-42 和表 3-4-43。

表 3-4-42　轮廓微观不平度的平均间距 Rsm　mm

0.025	0.050	0.100	0.20	0.40	0.80	1.6

表 3-4-43　轮廓支承长度率 $Rmr(c)$ ($c=20\%$)　%

10	15	20	25	30	40	50	60

4.6.2.2　不同加工方法和不同材料所能达到的塑料件的表面粗糙度

表 3-4-44　不同加工方法和不同材料所能达到的塑料件的表面粗糙度值

加工方法	材　料		Ra 参数值/μm											
			0.012	0.025	0.050	0.100	0.200	0.40	0.80	1.60	3.20	6.30	12.50	25
注塑成型	热塑材料	PMMA(有机玻璃)												
		ABS												
		AS												
		聚碳酸酯												
		聚苯乙烯												
		聚丙烯												
		尼龙												
		聚乙烯												
		聚甲醛												
		聚砜												
		聚氯乙烯												
		聚苯醚												
		氯化聚醚												
		PBT												
	热固材料	氨基塑料												
		酚醛塑料												
		硅酮塑料												
压制和挤压成型	氨基塑料													
	酚醛塑料													
	密胺塑料													
	硅酮塑料													
	DAP													
	不饱和聚酯													
	环氧塑料													
机械加工	有机玻璃													
	尼龙													
	聚四氯乙烯													
	聚氯塑料													
	增强塑料													

4.6.3　电子陶瓷件表面粗糙度参数及数值

4.6.3.1　评定参数及其数值

根据需要，一般从 Ra、Rz 中选定一个或两个参数评定电子陶瓷件表面粗糙度，优先推荐使用 Ra。根据表面功能需要，除选用表面粗糙度基本评定参数 Ra、Rz 外，还可以选择附加参数，如轮廓微观不平度的平均间距 Rsm 及轮廓支承率 Rmr。

① 高度参数 Ra、Rz 分别见表 3-4-45 和表 3-4-

46，评定电子陶瓷件表面粗糙度的取样长度 lr 见表 3-4-47。

表 3-4-45　轮廓算术平均偏差 Ra 数值　μm

第一系列		第二系列			
0.012	0.80	0.010	0.080	0.63	5.0
0.025	1.60	0.016	0.125	1.00	8.0
0.050	3.20	0.020	0.160	1.25	10.0
0.100	6.3	0.032	0.25	2.0	
0.20	12.5	0.040	0.32	2.5	
0.40		0.063	0.50	4.0	

表 3-4-46　轮廓最大高度 Rz 数值　μm

第一系列		第二系列			
0.025	3.2	0.032	0.32	4.0	40
0.050	6.3	0.040	0.50	5.0	63
0.100	12.5	0.063	0.63	8.0	80
0.20	25	0.080	1.00	10.0	
0.40	50	0.125	1.25	16.0	
0.80	100	0.160	2.0	20	
1.60		0.25	2.5	32	

表 3-4-47　评定电子陶瓷件表面粗糙度的取样长度 lr　mm

0.08	0.25	0.8	2.5	8

注：评定长度 ln 一般选取 5 个连续取样长度 $ln=5lr$。若被测表面粗糙度均匀性较好，可取小于 5 个取样长度的评定长度；反之，可取大于 5 个取样长度的评定长度。

② 附加参数 Rsm、$Rmr(c)$ 见表 3-4-48、表 3-4-49。

表 3-4-48　轮廓微观不平度的平均间距 Rsm　mm

0.025	0.050	0.100	0.20	0.40	0.80	1.6

表 3-4-49　评定电子陶瓷件表面粗糙度轮廓支承长度率 $Rmr(c)$ ($c=20\%$)　%

10	15	20	25	30	40	50	60

注：$Rmr(c)$ 是对应不同的水平截距给出的，应首先求出水平截距 c，c 值可以用 μm 表示，也可用 Rz 的百分数表示。

4.6.3.2　不同加工方法和不同材料所能达到的电子陶瓷器件的表面粗糙度

表 3-4-50　不同加工方法和不同材料所能达到的电子陶瓷器件的表面粗糙度值

加工方法	材　料	Ra 参数/μm										
		0.012	0.025	0.050	0.100	0.200	0.40	0.80	1.60	3.20	6.30	12.50
流延法	氧化铝瓷					—	—	—				
静水法	氧化铝瓷							—	—	—		
扎膜挤膜	氧化铝瓷						—	—	—			
	压电陶瓷						—	—	—			
	电容陶瓷						—	—	—			
热压铸	氧化铝瓷							—	—	—		
	滑石瓷							—	—	—		
	氧化铍瓷							—	—	—		
	镁橄榄石瓷						—	—	—	—		
	堇青石瓷							—	—	—		
热压	氧化铝瓷							—	—	—		
	氮化硼						—	—	—			
干压	氧化铝瓷							—	—	—		
	滑石瓷							—	—	—		
	压电陶瓷						—	—	—	—		
	电容陶瓷						—	—	—	—		
	石墨瓷							—	—	—	—	

续表

加工方法	材　料	*Ra* 参数/μm										
		0.012	0.025	0.050	0.100	0.200	0.40	0.80	1.60	3.20	6.30	12.50
挤制	氧化铝瓷								—	—	—	
	刚玉莫来石瓷								—	—	—	
	氧化铍瓷								—	—	—	
	堇青石瓷								—	—	—	
	电阻瓷								—	—	—	
注浆	氧化铝瓷								—	—	—	
	氧化铍瓷								—	—	—	
	滑石瓷								—	—	—	
白坏、拉坏等自由制造	滑石瓷									—	—	—
	堇青石瓷									—	—	—
抛光	氧化铝瓷		—	—	—	—	—					
	氧化铍瓷			—	—	—	—	—				
砥磨 研磨	氧化铝瓷					—	—	—	—	—		
	刚玉莫来石瓷						—	—	—	—		
	滑石瓷						—	—	—			
	结晶硅瓷						—	—	—			

4.6.4　木制件表面粗糙度参数及其数值

4.6.4.1　评定参数及其数值

采用中线制评定表面粗糙度。木制件表面粗糙度参数从 *Ra* 及 *Rz* 中选取。

① 高度参数 *Ra*、*Rz* 分别见表 3-4-51 和表 3-4-52。

表 3-4-51　轮廓算术平均偏差 *Ra* 的数值　μm

0.8	1.6	3.2	6.3	12.5	25	50	100

表 3-4-52　轮廓最大高度 *Rz* 的数值　μm

3.2	6.3	12.5	25	50	100	200	400

表 3-4-53　评定木质件表面糙度的取样长度 *lr*

0.8	2.5	8	25

测量 *Ra* 和 *Rz* 时，可按照表 3-4-54 和表 3-4-55 选用对应的取样长度，此时取样长度值标注在图样上或技术文件中可以省略。当有特殊要求时，应给出相应的取样长度，并在图样上或技术文件中注出。

表 3-4-54　测量 *Ra* 时对应的取样长度

Ra/μm	*lr*/mm
0.8,1.6,3.2	0.8
6.3,12.5	2.5
25,50	8.0
100	25

表 3-4-55　测量 *Rz* 时对应的取样长度

Rz/μm	*lr*/mm
3.2,6.3,12.5	0.8
25,50	2.5
100,200	8
400	25

② 根据表面功能的需要，除表面粗糙度幅度参数（*Ra*，*Rz*）外，可再用轮廓微观不平度的平均间距（*Rsm*）作为附加的评定参数，见表 3-4-56。

表 3-4-56　轮廓微观不平度的平均间距 *Rsm* 的数值　mm

0.4	0.8	1.6	3.2	6.3	12.5

4.6.4.2　不同加工方法和不同材料所能达到的木制件的表面粗糙度

表 3-4-57　不同加工方法和不同材料所能达到的木制件的表面粗糙度值

加工方法	表面树种	参数值范围		
		Ra/μm	*Rz*/μm	*Rpv*/(μm/mm)
手光刨	水曲柳	12.5～25	50～200	12.5～25
	柞木	3.2～25	25～200	12.5～25
	樟子松	3.2～25	25～100	6.3～25
	落叶松	6.3～25	25～100	12.5～50

第3篇

续表

加工方法	表面树种	参数值范围		
		$Ra/\mu m$	$Rz/\mu m$	$Rpv/(\mu m/mm)$
手光刨	柳桉	6.3～50	25～200	12.5～25
	美松	3.2～12.5	25～50	6.3～25
	红杉	3.2～25	25～200	12.5～25
	红松	3.2～12.5	25～50	12.5～25
	色木	3.2～12.5	25～50	6.3～25
砂光	柞木	6.3～25	25～200	25～100
	水曲柳	6.3～50	25～200	25～100
	刨花板	6.3～50	50～200	12.5～50
	人造柚木	3.2～25	12.5～200	25～100
	柳桉	6.3～50	50～200	25～100
	红松	3.2～12.5	25～100	12.5～50
机光刨	柞木	6.3～25	25～100	12.5～25
	红松	6.3～25	50～100	12.5～25
	樟子松	6.3～25	25～100	12.5～25
	落叶松	6.3～25	25～100	12.5～25
	红杉	6.3～26	25～100	12.5～50
	美松	6.3～25	25～100	12.5～50
车削	红松	3.2～25	25～100	—
	落叶松	3.2～12.5	25～100	—
	樟子松	3.2～25	25～100	—
	红杉	12.5～25	50～100	—
	美松	3.2～25	50～100	—
纵铣	樟子松	3.2～12.5	25～100	12.5～25
	美松	3.2～12.5	25～100	12.5～25
	红松	6.3～12.5	25～100	12.5～25
	落叶松	3.2～25	25～100	12.5～25
	红杉	3.2～12.5	25～100	12.5～25
平刨	水曲柳	6.3～50	50～200	12.5～50
	柞木	6.3～50	50～200	12.5～50
	麻栎	3.2～25	25～200	12.5～50
	桦木层压板	3.2～12.5	12.5～50	12.5～25
	柳桉	6.3～50	50～200	12.5～50
	樟子松	3.2～25	25～100	12.5～25
	红松	3.2～25	25～100	12.5～25
	美松	3.2～12.5	25～100	12.5～25
	枫杨	6.3～25	25～100	12.5～50
	落叶松	3.2～25	25～100	12.5～25
	红杉	6.3～50	50～100	12.5～25
	栲木	6.3～25	50～200	12.5～25
压刨	水曲柳	3.2～50	25～200	12.5～50
	柞木	6.3～25	25～200	12.5～50
	麻栎	3.2～25	25～100	12.5～50
	桦木层压板	3.2～25	25～100	12.5～25
	柳桉	6.3～50	50～200	12.5～50
	美松	6.3～25	25～100	12.5～25
	樟子松	3.2～12.5	25～100	12.5～25
	红杉	3.2～12.5	25～100	12.5～25
	美松	3.2～12.5	25～100	12.5～25
	落叶松	3.2～25	25～100	12.5～25
	柞木	6.3～25	25～100	12.5～25

注：除砂光、机光刨及手光刨的测量方向垂直于木材构造纹理外，其他加工方法的测量方向均平行于木材构造纹理方向。

参 考 文 献

［1］ 李学京. 机械制图和技术制图国家标准学用指南［M］. 北京：中国标准出版社，2016.

［2］ GB/T 4459.7—2017 机械制图滚动轴承表示法［S］. 北京：中国标准出版社，2017.

［3］ 全国技术产品文件标准化技术委员会. 技术产品文件标准汇编 技术制图卷（第三版）［M］. 北京：中国标准出版社，2012.

［4］ 全国技术产品文件标准化技术委员会. 技术产品文件标准汇编 CAD制图卷（第二版）［M］. 北京：中国标准出版社，2012.

［5］ 全国技术产品文件标准化技术委员会. 技术产品文件标准汇编 CAD文件管理卷（第二版）［M］. 北京：中国标准出版社，2009.

［6］ 孙开元，郝振洁. 机械工程制图手册［M］. 第二版. 北京：化学工业出版社，2018.

［7］ 张琳娜. 精度设计与质量控制基础［M］. 第3版. 北京：中国质检出版社，2011.

［8］ GB/T 1800.1—2009 产品几何技术规范（GPS）极限与配合 第1部分：公差、偏差和配合的基础［S］. 北京：中国标准出版社，2009.

［9］ GB/T 1800.2—2009 产品几何技术规范（GPS）极限与配合 第2部分：标准公差等级和孔、轴的极限偏差表［S］. 北京：中国标准出版社，2009.

［10］ GB/T 1801—2009 产品几何技术规范（GPS）极限与配合 公差带和配合的选择［S］. 北京：中国标准出版社，2009.

［11］ GB/T 5847—2004 尺寸链子 计算方法［S］. 北京：中国标准出版社，2005.

［12］ GB/T 1182—2018 产品几何技术规范（GPS）几何公差 形状、方向、位置和跳动公差标注［S］. 北京：中国标准出版社，2018.

［13］ GB/T 17852—2018 几何公差 轮廓度公差标注［S］. 北京：中国标准出版社，2018.

［14］ GB/T 18780.1—2002 产品几何技术规范（GPS）几何要素 第1部分：基本术语和定义［S］. 北京：中国标准出版社，2003.

［15］ GB/T 4249—2009 产品几何技术规范（GPS）公差原则［S］. 北京：中国标准出版社，2009.

［16］ GB/T 17851—2010 产品几何技术规范（GPS）几何公差 基准和基准体系［S］. 北京：中国标准出版社，2011.

［17］ GB/T 3505—2009 产品几何技术规范（GPS）表面结构 轮廓法 术语、定义及表面结构参数［S］. 北京：中国标准出版社，2009.

［18］ GB/T 10610—2009 产品几何技术规范（GPS）表面结构 轮廓法 评定表面结构的规则与方法［S］. 北京：中国标准出版社，2009.

［19］ GB/T 1958—2017 产品几何技术规范（GPS）几何公差 检测与验证［S］. 北京：中国标准出版社，2017.